21世纪电工电子实践系列核心教材

电子电路基础实验与实践

编　著◎顾　江　鲁　宏

常熟理工学院教材基金资助出版
资助项目号:JX11022-CB2008005

· 东 南 大 学 出 版 社 ·
·南京·

内容提要

本教材是常熟理工学院教材基金建设项目之一，为切合省级实验示范中心的建设，适应当前教学改革的要求，将传统的实验内容整合成基础实验、设计性实验、课程设计及仿真实验这样几个层次，并增加了一些新内容、新知识。为使读者对电子电路实验有一个整体的认识，本书还系统地介绍了实验中涉及的工具及实验仪器的使用、基本的测试方法及元器件的基础知识。书中介绍了电路分析实验、模拟电路实验及数字电子技术实验，每个实验包括目的、要求、原理、参考电路、测试方法等，此外还介绍了几种常见的仿真设计软件的使用，并提供了一定数量的仿真实验。为使读者更好地理解实验内容及实验现象，每个实验中都有一定数量的预习及实验总结方面的思考题。

本书可以作为高等学校电子信息类专业及相近专业的本、专科生教材和课程设计、毕业设计参考书，也可以作为电子技术专业人员的参考书。

图书在版编目(CIP)数据

电子电路基础实验与实践/顾江，鲁宏编著．—南京：东南大学出版社，2009.1(2021.12 重印)

ISBN 978-7-5641-1536-4

Ⅰ．电… Ⅱ．①顾… ②鲁… Ⅲ．电子电路-实验

Ⅳ．TN710－33

中国版本图书馆 CIP 数据核字(2008)第 212334 号

电子电路基础实验与实践

出版发行 东南大学出版社
出 版 人 江建中
社　　址 南京市四牌楼 2 号
邮　　编 210096

经　　销 江苏省新华书店
印　　刷 广东虎彩云印刷有限公司
开　　本 787 mm×1092 mm 1/16
印　　张 24.75
字　　数 624 千字
书　　号 ISBN 978-7-5641-1536－4/TN・22
版　　次 2008 年 12 月第 1 版
印　　次 2021 年 12 月第 8 次印刷
定　　价 42.00 元

(凡因印装质量问题，请与我社读者服务部联系。电话：025－83792328)

序

电子技术是电类专业的一门重要的技术基础课，课程的显著特点之一是它的实践性。要想很好地掌握电子技术，尤其是模拟电子技术，除了掌握基本器件的原理、电子电路的基本组成及分析方法外，还要掌握电子器件及基本电路的应用技术，因而实验教学成为电子技术教学中的重要环节，是将理论知识付诸于实践的重要手段。

随着科学技术的飞速发展，社会对人才的要求也越来越高，不仅要求人才具有丰富的知识，还要求其具有更强的对知识的运用能力及创造能力，以适应新形势的要求。以往的实验教学中，主要偏重验证性的内容，这种教学模式很难满足现代社会的要求。为适应面向21世纪教育的根本要求，为提高学生对知识的综合运用能力及创新能力，实验课内容应有相应的改变，因此本教材的基本思想是：将传统的实验教学内容划分为基础验证实验、设计性实验、课程设计性实验、仿真实验这样几个层次。

本教材在结合我院电子电路实验教学改革经验的基础上，切合省级实验示范中心的建设，与以往传统的讲义教材相比在以下几个方面有了较大的提高：

1. 更加注重提高学生对电子电路课程工程性和技术性的认识，引导学生自觉地体会电子电路工程性和技术性的特点。

2. 提高了对学生独立完成实验的要求，不再采用以往过细指导的做法，实验任务和目标详细明确，强调学生在整个实验过程中自己发现问题和解决问题，以便培养学生独立解决问题的能力。

3. 按照基础性实验、提高性实验和研究性实验设置了实验的难度梯度，在实验时允许学生自己选择实验课题，以便做到因材施教，发挥每个学生的主观能动性。

4. 适当引入了大规模可编程器件及其开发软件应用和通用电路分析软件应用方面的内容，以便使学生初步了解当前先进的电子设计自动化技术。

5. 在使用本教材时，实验教学的组织、实验设备的管理和器材的发放等管理措施也做了必要的改革，要求在保证完成基本教学内容的基础上开放实验室。

由于电子电路实验课的课堂教学学时较少，本教材在讲述有关电路的设计方法原理时，叙述尽量详细，以便学生自学。本教材提供了大量的设计实例，这些例子不但提供了参考电路和设计方法，同时使学生从例子中可以体会出一些新颖的设计思想、灵活处理电路问题的思路，这对于培养学生的创新能力是十分有利的。

本教材第1、2、3、7、8章由鲁宏编写；第4、5、6章由顾江编写并负责本教材的统稿。

作者水平有限，书中错误、缺点在所难免，恳切希望读者批评指正。

编　者

2008年12月

目　　录

1 电子电路实验的基础知识

1.1 电子电路实验课的意义、目的及要求

1.1.1 电子电路实验课的意义

电子技术是电类专业的一门重要技术基础课，课程的显著特征之一是它的实践性。要想很好地掌握电子技术，除了要掌握基本器件的原理、电子电路的基本组成及分析方法外，还要掌握电子器件及基本电路的应用技术，因而实验课已成为电子技术教学中的重要环节。通过实验可使学生掌握器件的性能、参数及电子电路的内在规律、各功能电路间的相互影响，从而验证理论并发现理论知识的局限性。通过实验教学，可使学生进一步掌握基础知识、基本实验方法及基本实验技能。电子电路的基本实验技能如下：

(1) 电子电路实验技术，包括电路参数测量、调整技术和电子电路系统结构实验分析技术；

(2) 电路参数测量与调整技术，包括测量方法与仪器设备选择技术(测量系统设计技术)、仿真研究技术、误差分析技术等；

(3) 电子电路系统结构实验分析技术，包括传递函数综合分析技术、频率特性实验分析技术等。

由于科学技术的飞速发展，社会对人才的要求越来越高，不仅要求具有丰富的知识，还要求具有更强的对知识的运用能力及创新能力，以适应新形势。以往的实验教学中，主要偏重验证性的内容，这种教学模式很难满足现代社会的要求。为适应面向 21 世纪教育的基本要求，提高学生对知识的综合运用能力及创新能力，在本课程体系中，将传统的实验教学内容划分为基础验证性实验、设计性实验、综合性实验、仿其实验这样几个层次。

通过基础实验教学，可使学生掌握器件的性能、电子电路基本原理及基本的实验方法，从而验证理论并发现理论知识在实际应用中小的局限性，培养学生从枯燥的实验数据中总结规律、发现问题的能力。另外，实验要求分成必做和选做两部分，同时配备了大量的思考题，可使学习优秀的学生有发挥的余地。

通过设计性实验教学，可提高学生对基础知识、基本实验技能的运用能力，掌握参数及电子电路的内在规律，真正理解模拟电路参数"量"的差别和工作"状态"的关系。

通过综合性实验教学，可提高学生对单元功能电路理解，了解各功能电路间的相互影响，掌握各功能电路之间参数的衔接和匹配关系以及模拟电路和数字电路之间的结合，可提高学生综合运用知识的能力。

通过仿真实验教学，可使学生掌握各种仿真软件的应用以及它们的功能、特点，学会电子电路现代化设计方法的应用。在实验中，软件的使用以自学为主，配合具体的题目，培养学生对新知识的掌握和应用能力。

1.1.2 电子电路实验课的特点及学习方法

1) 电子电路实验课的特点

电子电路实验课具有以下一些特点：

(1) 电子器件(如半导体管、集成电路等)品种繁多，特性各异。在进行实验时，首先面临如何正确、合理地选择电子器件的问题。如果选用不当，则将难以获得满意的实验结果，甚至造成电子器件的损坏。因此，必须对所用电子器件的性能有所了解。

(2) 电子器件(特别是模拟电子器件)的特性参数离散性大，电子元件(如电阻、电容等)的元件值也有较大的偏差，这就使得实际电路性能与设计要求有一定的差异，实验时需要进行调试。调试电路所花费的精力有时甚至会超过制作电路所花费的精力。对于调试好的电路，若更换了某个元器件，也需要重新调试。因此，掌握调试方法、积累调试经验，是很重要的。

(3) 一方面，模拟电子器件的特性大多数都是非线性的，因此，在使用模拟电子器件时，就需要考虑如何合理地选择与调整工作点以及如何使工作点稳定。而工作点是由偏置电路确定的，因此偏置电路的设计与调整在模拟电子电路中占有极其重要的地位。另一方面，模拟电子器件的非线性持性使得模拟电子电路的设计难以精确，因此通过实验进行调试是必不可少的。

(4) 模拟电子电路的输入输出关系具有连续性、多样性与复杂性，这就决定了模拟电子电路测试手段的多样性与复杂性。针对不同的问题采用不同的测试方法是模拟电子电路实验的特点之一。数字电子电路的输出输入关系比较简单，但各测试点电平之间的逻辑关系(时序关系)应非常清楚。

(5) 测试仪器的非理想特性(如信号源具有一定的内阻、示波器和毫伏表的输入阻抗不是无穷大等)会对被测电路的工作状态有影响。了解这种影响，选择合适的测试仪器和分析由此引起的测试误差是模拟电子电路实验中的一个不可忽视的问题。

(6) 电子电路中的寄生参数(如分布电容、寄生电感等)和外界的电磁干扰，在一定条件下可能对电路的特性有重大影响，甚至产生自激使电路不能工作，这种情况在工作频率高时尤易发生。因此，元件的合理布局和合理连接方式、接地点的合理选择和地线的合理安排、必要的去耦和屏蔽措施等在模拟电子电路实验中是相当重要的。

(7) 电子电路(持别是模拟电子电路)各单元电路相互连接时，经常会遇到匹配问题。若未能做到很好地匹配，则尽管各单元电路都能正常工作，相互连接后的总体电路也可能不能正常工作。为了做到匹配，除了在设计时就要考虑到这一问题，选择合适的元件参数或采取某些特殊的措施外，在实验时也要注意这一问题。

电子电路实验的上述特点决定了电子电路实验的复杂性，也决定了实验能力和实际经验的重要性。了解这些特点，对掌握电子电路的实验技术，分析实验中出现的问题和提高实验能力是很有益的。

2) 电子电路实验课的学习方法

为了学好电子电路实验课，在学习时应注意以下几点：

(1) 掌握实验课的学习规律。实验课是以实验为主的课程，每个实验都要经历预习、实验和总结三个阶段，每个阶段都有明确的任务与要求。

①预习——预习的任务是弄清实验的目的、内容、要求、方法及实验中应注意的问题，并拟

定出实验步骤，画出记录表格。此外，还要对实验结果做出估计，以便在实验时及时检验实验结果的正确性。预习的是否充分，将决定实验能否顺利完成和收获的大小。

②实验——实验的任务是按照预定的方案进行实验。实验的过程既是完成实验任务的过程，又是锻炼实验能力和培养实验作风的过程。在实验过程中，既要动手，又要动脑；要养成良好的实验作风，做好原始数据的记录，分析与解决实验中遇到的各种问题。

③总结——总结的任务是在实验完成后，整理实验数据，分析实验结果，总结实验收获和写出实验报告，是培养总结归纳能力和编写实验报告能力的主要阶段。一次实验收获的大小，除决定于预习和实验外，总结也具有重要的作用。

(2) 应用已学的理论知识指导实验的进行。首先要从理论上研究实验电路的工作原理与特性，然后制订实验方案。在调试电路时，也要用理论来分析实验现象，从而确定调试措施。盲目调试是错误的，虽然有时也能获得正确的结果，但对调试电路能力的提高不会有什么帮助。实验结果的正确与否及与理论的差异也应从理论的高度进行分析。

(3) 注意实际知识与经验的积累。实际知识和经验需要靠长期积累才能丰富起来。在实验过程中，对所用的仪器与元器件，要记住它们的型号、规格和使用方法；对实验中出现的各种现象与故障，要记住它们的特征；对实验中的经验教训，要进行总结。为此，可准备一本“实验知识与经验记录本”，及时记录与总结，这不仅对当前有用，而且可供以后查阅。

(4) 增强自觉提高实际工作能力的意识。要将实际工作能力的培养从被动变为主动，在学习过程中，有意识地、主动地培养自己的实际工作能力。不应依赖教师的指导，而应力求自己解决实验中的各种问题。要不怕困难与失败，从一定意义上来说，困难与失败正是提高自己实际工作能力的良机。

1.1.3 电子电路实验课的目的

电子电路实验课的目的是加强学生对电子技术基础知识的掌握，使学生通过实验过程掌握电子电路基本的实验技能。要求学生达到的目标可概括为以下几个方面：

(1) 使学生学习一定的元器件使用技术。学会识别元器件的类型、型号、规格，并能根据设计的具体要求选择元器件。元器件是组成电子电路的基本单元，通过导线把不同的元器件连接在一起就组成了电子电路，所以，电子电路实验中的一个核心问题就是元器件的正确使用。元器件的正确使用包括器件电气特性的了解和正确使用、器件机械特性的了解和正确操作、器件管脚的正确识别与使用等。电子电路实验中的许多故障往往都是因为不能正确使用元器件造成的。因此，正确使用电子元器件是电子电路实验的基本教学内容。

(2) 使学生得到一定的基本技能训练，如焊接、组装等。要实现一个电子电路，必须对电路中各种不同的元器件实现正确的电路连接。电路连接技术虽然不像元器件使用技术那样复杂，但判断不同的电子元器件应当采用什么样的连接方法、什么样的连接是正确的，也不是一件容易的事，需要在电子电路实验课程中不断地认识、实践，只有经过反复地操作练习才能掌握正确的电路连接技术。此外，电路连接技术将直接影响电路的基本特性和安全性。因此电路连接技术是电子电路实验的基本教学内容之一，也是必须掌握的一项基本技术。

(3) 使学生学到一定的仪器使用技术。电子电路实验的一个重要内容就是各种类型电子仪器(如万用表、示波器、信号源、稳压电源等)的使用和操作技术。电子仪器的使用包括两个方面的含义：一个是仪器本身技术特性的应用，另一个是被测电路的基本技术特性。只有使仪器本身的技术特性与被测电路的技术特性相对应，才能取得良好的测量结果。对于电类学科的学生来说，正确操作电子仪器是基本学科技术素质和工程素质之一。在电子电路实验课程中，必须十分注意学习并掌握各种仪器设备的正确使用和操作方法。

(4) 使学生学到一定的测量系统设计技术。在进行电子电路设计和调试时，需要使用各种不同的仪器设备对电路进行测量，以确定电路的状态、判断电路是否按设计要求工作并达到了设计指标。为了保证测量对电路没有影响，在电子电路设计和实验中必须对测量系统进行设计，以决定采用什么样的测量系统和如何进行测量。测量系统设计的基本依据是电子电路的电路参数特性，例如电路的最高电压、最高频率、输入和输出电阻、电路的频率特性等。测量系统设计技术不仅涉及测量仪器的知识，还直接与电子电路系统结构有关，因此，测量系统设计技术是一个综合技术，是电子电路实验的基本学习内容之一。只有合理的设计测量系统，才能保证测量结果的正确。

(5) 使学生学到一定的仿真分析技术。仿真分析是一项以计算机和电子技术理论为基础的电子电路实验技术。对于现代电子工程技术人员来说，计算机仿真技术是必不可少的，因为它不仅可以节省电路设计和调试的时间，更可以节约大量的硬件费用。电子系统的计算机仿真技术已经成为现代电子技术中的一个重要组成部分，也成为现代电子工程技术人员的基本技术和工程素质之一。因此，电子电路实验课程的一个重要内容就是学习、使用有关的电子电路设计和仿真软件。在一个电路进入实际制作和调试之前，用计算机仿真软件使电路设计合理，并对电路进行测试，是电子电路实验课程的一个基本内容。

(6) 使学生学到一定的测量结果分析技术。电子电路的一个特点是，电路的功能可以直接从调试过程中得到证实，而有关的技术指标和一些技术特性则需要通过对测量结果的数据进行分析处理才能得到。所以，如何处理实验中的测量结果，是电子电路实验的一项基本技术。

(7) 使学生能够利用实验的方法完成具体任务。如根据具体的实验任务拟定实验方案(测试电路、仪器、测试方法等)，独立地完成实验，对实验现象进行理论分析，并通过对实验数据的分析得到相应的实验结果，撰写规范的实验报告等。

(8) 培养学生独立解决问题的能力。如独立地完成某一设计任务的元器件选择、安装调试，从而使学生具备一定的科学研究能力。

(9) 培养学生实事求是的科学态度和踏实细致的工作作风。

1.1.4　电子电路实验的一般要求

为了使实验能够达到预期效果，确保实验的顺利完成，培养学生良好的工作作风，充分发挥学生的主观能动作用，提出如下基本要求：

1) 实验前的要求

(1) 实验前要充分预习，包括认真阅读理论教材及实验教材，深入了解本次实验的目的，弄清实验电路的基本原理，掌握主要参数的测试方法。

(2) 阅读实验教材中关于仪器使用的章节，熟悉所用仪器的主要性能和使用方法。

(3) 估算测试数据、实验结果，并写出预习报告。

2) 实验中的要求

(1) 按时进入实验室并在规定时间内完成实验任务，遵守实验室的规章制度，实验后整理好实验台。

(2) 严格按照科学的操作方法进行实验，要求接线正确、布线整齐合理。

(3) 按照仪器的操作规程正确使用仪器，不得野蛮操作。

(4) 实验中出现故障时，应利用所学知识冷静分析原因，并能在教师的指导下独立解决。对实验中的现象和实验结果要能进行正确的解释。

3) 实验后的要求

撰写实验报告是整个实验教学中的重要环节，是对工程技术人员的一项基本训练。一份完美的实验报告是一项成功实验的最好答卷，因此实验报告的撰写要按照以下要求进行：

(1) 对于普通的验证性实验的报告要求

①实验报告用规定的实验报告纸书写，上交时应装订整齐。

②实验报告中所有的图都用同一颜色的笔画在坐标纸上。

③实验报告要书写工整，布局合理、美观，不应有涂改。

④实验报告内容要齐全，应包括实验任务、实验原理、实验电路、元器件型号规格、测试条件、测试数据、实验结果、结论分析及教师签字的原始记录等。

(2) 对于设计性实验的报告要求

设计性实验是比验证性实验高一层次的实验，因此实验报告的撰写也有特殊的要求和步骤。

①标题。包括实验名称，实验者的班级、姓名、实验日期等。

②已知条件。包括主要技术指标、实验用仪器(名称、型号、数量)。

③电路原理。如果所设计的电路由几个单元电路组成，则阐述电路原理时，最好先用总体框图说明，然后结合框图逐一介绍各单元电路的工作原理。

④单元电路的设计与调试步骤：

a. 选择电路形式；

b. 电路设计(对所选电路中的各元件值进行定量计算或工程估算)；

c. 电路的装调。

⑤整机联合调试与测试。当各单元电路调试正确后，按以下步骤进行整机联调：

a. 测量主要技术指标。报告中要说明各项技术指标的测量方法，画出测试原理图，记录并整理实验数据，正确选取有效数字的位数。根据实验数据，进行必要的计算，列出表格，在方格纸上绘制出光滑的波形或曲线。

b. 故障分析及说明。说明在单元电路和整机调试中出现的主要故障及解决办法。波形失真的要分析原因。

c. 给制出完整的电路原理图，并标明调试后的各元件参数。

⑥测量结果的误差分析。用理论计算值代替真值，求得测量结果的相对误差，并分析误差产生的原因。

⑦思考题解答与其他实验研究。

⑧电路改进意见及本次实验中的收获体会。

实验电路的设计方案、元器件参数及测试方法等都不可能尽善尽美。实验结束后可进一步修改。如改善电路性能；降低成本；进行实验方案的修正、实验内容的增删、实验步骤的改进等。

每完成一项实验都会有不少收获体会.既有成功的经验,也有失败的教训,应及时总结,不断提高。

每份实验报告除了要包含上述内容外,还应做到文理通顺、字迹端正、图形美观、页面整洁。

1.2 实验室安全操作规程

为了保证人身与仪器设备安全及实验顺利进行,进入实验室后要遵守实验室的规章制度和实验室安全规则。

1.2.1 人身安全

实验室中常见的、危及人身安全的事故是触电,它是人体有电流通过时产生的强烈的生理反应,轻者使身体局部产生不适,严重的将产生永久性伤害,甚至危及生命。为避免事故的发生,进入实验室后应遵循以下规则。

(1) 实验时不允许赤脚,各种仪器设备应有良好的接地线。

(2) 仪器设备、实验装置中通过强电的连接导线应有良好的绝缘外套,芯线不得外露。

(3) 在进行强电或具有一定危险性的实验时,应有两人以上合作。测量高压时,通常单手操作并站在绝缘垫上,或穿上厚底胶鞋。在接通交流 220 V 电源前,应通知实验合作者。

(4) 万一发生触电事故,应迅速切断电源,如距电源开关较远,可用绝缘器具将电源线切断,使触电者立即脱离电源并采取必要的急救措施。

1.2.2 仪器及器件安全

(1) 使用仪器前,应认真阅读使用说明书,掌握仪器的使用方法和注意事项。

(2) 使用仪器时,应按照要求正确接线。

(3) 实验中要有目的地操作仪器面板上的开关(或旋钮),切忌用力过猛。

(4) 实验过程中,精神必须集中。当嗅到焦臭味、见到冒烟和火花、听到“劈啪”响声、感到设备过热及出现保险丝熔断等异常现象时,应立即切断电源,在故障未排除前不得再次开机。

(5) 搬动仪器设备时,必须轻拿轻放。未经允许不得随意调换仪器,更不准擅自拆卸仪器设备。

(6) 仪器使用完毕,应将面板上各旋钮、开关置于合适的位置,如将万用表功能开关旋至“OFF”位置等。

(7) 为保证器件及仪器安全,在连接实验电路时,应该在电路连接完成并检查完毕后,再接电源及信号源。

1.3 实验室常用工具和材料的使用

要快速而准确地安装、调试电子电路,除需要电路的理论知识、实验技能外,检修工具和材料也是必不可少的。本节介绍电子电路制作中所需要的基本工具、材料以及它们的使用方法、技巧和经验。

1.3.1　主要工具

1）螺丝刀

螺丝刀是拆卸和装配螺丝必不可少的工具，有以下几种规格的螺丝刀：

①扁平螺丝刀；

②十字头螺丝刀；

③修表小螺丝刀。

螺丝刀在使用中应注意以下几点：

(1) 根据螺丝口的大小选择合适的螺丝刀，螺丝刀刀口太小会拧毛螺丝口，从而导致螺丝无法拆装。

(2) 在拆卸螺丝时，若螺丝很紧，不要硬去拆卸，应先按顺时针方向拧紧该螺丝，以便让螺丝松动，再按逆时针方向拧下螺丝。

(3) 将螺丝刀刀口在扬声器背面的磁钢上擦几下，使刀口带些磁性，这样在装螺丝时能够吸住它，防止螺丝落到机壳底部。不过，专门用于调整录音机磁头的螺丝刀不要这样处理，否则会使磁头带磁，影响磁头的工作性能。

(4) 在装配螺丝时.不要装一个就拧紧一个，应在全部螺丝装上后，再把对角方向的螺丝均匀拧紧。

2）电烙铁

电烙铁是用来焊接的。为了获得高质量的焊点，除需要掌握焊接技能、选用合适的助焊剂外，还要根据焊接对象、环境温度，合理选用电烙铁。如电子电路均采用晶体管元器件，则焊接温度不宜太高，否则，容易烫坏元器件，所以电烙铁主要选择下列几种：

(1) 20 W 内热式电烙铁，主要用来焊接晶体管、集成电路、电阻器和电容器等元器件。内热式电烙铁具有预热时间快、体积小巧、效率高、重量轻、使用寿命长等优点。

(2) 60 W 左右的电烙铁，可用外热式的，用来焊接一些引脚较粗的元器件，例如变压器、插座引脚等。

另外需要以下辅助设备。

吸锡器，主要用于拆卸集成电路等多引脚元器件。

电烙铁支架，防止电烙铁头碰到工作面上。支架底板要木质的，以绝热；底板中间开一个凹坑，放助焊剂——松香。

买来的电烙铁电源引线一般是橡胶线，当烙铁头碰到引线时就会烫坏皮线，为了安全起见，应换成防火的花线。在更换电源线之后，还要进行安全检查，主要是引线头不能碰到电烙铁的外壳。

1.3.2　主要材料

1）焊锡丝

最好使用低熔点的、细的焊锡丝，因为细焊锡丝管内的助焊剂量正好与焊锡用去量一致，而粗焊锡丝焊锡的量较多。在焊接过程中，若发现焊点成豆腐渣状态，很可能是由于焊锡质量不好，或是由于使用了高熔点的焊锡丝，或是由于电烙铁的温度不够，这种焊点是不可靠的。

2) 助焊剂

用助焊剂来辅助焊接可以提高焊接的质量和速度,是焊接中必不可少的材料。在焊锡丝的管芯中有助焊剂,当烙铁头熔解焊锡丝时,管芯内的助焊剂便与熔解的焊锡熔合在一起。但在焊接电路板时,只用焊锡丝中的助焊剂一般是不够的,需要有专门的助焊剂。助焊剂主要有以下两种:

(1) 成品助焊剂。是酸性的,对线路板有一定的腐蚀作用,用量不要太多,焊完焊点后最好擦去多余的助焊剂。

(2) 松香。松香对线路板没有腐蚀作用,但使用松香后的焊点有斑点,不美观,可以用酒精棉球擦净。

1.3.3 辅助工具

1) 钢针

钢针用来穿孔。调试时拆下元器件后,线路板上的引脚孔会被焊锡堵住,此时用钢针在电烙铁的配合下穿通引脚孔。钢针可以自制:取一根自行车辐条,一端弯成一个圆圈,另一端挫成细针尖状,使之能够穿过线路板上的元器件引脚孔。

2) 刀片

刀片主要用来切断线路板上的铜箔线路。在电路调试中,时常要对某个元器件进行脱开电路的检查,此时用刀片切断与该元器件有关引脚相连的铜箔,可省去拆下该元器件的不便。刀片可以用钢锯条自己制作,也可以用刮胡刀片,要求刀刃锋利,这样切割时不会损伤线路板上的铜箔线路。

3) 镊子

镊子是焊接时不可缺少的辅助工具,可以用来拉引线、送管脚,以方便焊接。另外,当镊子夹住元器件引脚后,烙铁焊接时的热量就会通过镊子传递散发,防止元器件承受更多的热量,减少了元器件烫坏的可能性。镊子的钳口要平整,弹性适中。

4) 剪刀

剪刀可用来修剪引线等软的材料,例如剥去导线外层的绝缘层。剥引线皮的方法是:用剪刀口轻轻夹住引线头,手抓紧引线,将剪刀向外拨动;也可以先在引线头外轻轻剪一圈,割断引线外皮,再剥引线皮。剪刀刀口要锋利,剪刀夹紧引线头时既不能太紧也不能太松:太紧会剪断或损伤内部的引线,太松又剥不下外皮。

5) 钳子

钳子可用来剪硬的材料或作为紧固用的工具。要准备一把尖嘴钳和一把偏口钳,尖嘴钳可以用来安装、加固一些小的零件;偏口钳可以用来剪元器件的引脚,还可以用来拆卸和紧固某些特殊插脚的螺母。

另外,实验室中还常用剥线钳,这是专门的剥引线皮的工具:将待剥表皮的导线插入剥线钳中,夹紧钳柄,拉出导线,则线皮即被剥掉。剥线钳上根据导线粗细规格的不同有不同规格的空挡,使用时应选择合适的空挡。

6）锉刀

锉刀用于锉金属制作的零件、除锈、锉掉元器件管脚的氧化层。

7）面包板

面包板上布满了供插接元器件用的小孔，孔内有导电良好的金属簧片。每列的5个孔在电气上是相同的，而各列之间是不通的。因此，每一列可作为电路中的一个节点，在此节点上，最多可连接5个元器件。面包板的使用很灵活，虽然元器件的排列与引线的走向受到一定限制，但可使所搭接的电路整齐美观。由于用面包板搭接的电路一般用于临时试验，因此所有元器件的引线不必剪短，以便以后继续使用。

用面包板搭接电路的过程是一个将电气原理图变为实际电路的过程。虽然两者在元器件的排列和导线的走向上可能不同，但各元器件间的电气连接关系应该是完全一样的。初学者往往会看原理图，而不会看实际电路，因此，应通过搭接电路来培养看实际电路的能力。

用面包板搭接电路只适用于临时性的实验；对于已定型的电路，则需要采用印制电路板。

1.4 电子测量中的误差分析

在电子电路实验中，被测量有一个真实值，简称真值，它由理论计算求得。在实际测量该量时，由于受到测量仪器精度、测量方法、环境条件或测量者能力等因素的限制，测量值与真值之间不可避免地存在着差异，这种差异称为测量误差。应了解有关测量误差和测量数据处理的知识，以便在实验中合理地选用测量仪器和测量方法，并对实验数据进行正确的分析、处理，获得符合误差要求的测量结果。

1.4.1 测量误差产生的原因及其分类

根据误差的性质及其产生的原因，测量误差分为三类：

1）系统误差

在规定的测量条件下，对同一量进行多次测量时，如果误差的数值保持恒定或按某种确定规律变化，则称这种误差为系统误差。例如，电表零点不准，温度、湿度、电源电压等变化造成的误差，便属于系统误差。

2）偶然误差

在规定的测量条件下对同一量进行多次测量时，如果误差的数值发生不规则的变化，则称这种误差为偶然误差（又称随机误差）。例如，热骚动、外界干扰和测量人员感觉器官无规律的微小变化等引起的误差，便属于偶然误差。

尽管每次测量某个量时，其偶然误差的变化是不规则的，但是实践证明，如果测量的次数足够多，则偶然误差平均值的极限就会趋近于零。所以，多次测量某个量后，它的算术平均值就接近于真值。

3）过失误差

过失误差（又称粗大误差）是指在一定的测量条件下，测量值明显地偏离真值时的误差。从性质上来看，它可能属于系统误差，也可能属于偶然误差，但是它的值一般都明显地超过相同条件下的系统误差和偶然误差，例如读错刻度、记错数字、计算错误及测量方法不对等引起的误差。通过分析，确认是过失误差的测量数据，应该予以删除。

1.4.2　误差的各种表示方法

1）绝对误差

如果用 X_0 表示被测量的真值，用 X 表示测量仪器的示值（标称值），则绝对误差 $\Delta X=X-X_0$。若用高一级标准的测量仪器测得的值作为被测量的真值，则在测量前测量仪器应该由该高一级标准的仪器进行校正，校正量常用修正值表示。对于某一个被测量，高一级标准的仪器的示值减去测量仪器的示值所得的值就是修正值。实际上，修正值就是绝对误差，它们仅仅符号相反。例如，用某电流表测量电流时，电流表的示值为 10 mA，修正值为＋0.04 mA，则被测电流的真值为 10.04 mA。

2）相对误差

相对误差 γ 是绝对误差与被测真值的比值，用百分数表示，即 $\gamma=(\Delta X/X_0)\times100\%$。当 $\Delta X\ll X_0$ 时，$\gamma=(\Delta X/X)\times100\%$。

例如，用频率计测量频率时，频率计的示值为 500 MHz，频率计的修正值为－500 Hz，则

$$\gamma=[500/(500\times10^6)]\times100\%=0.000\,1\%$$

用修正值为－0.5 Hz 的频率计测得频率为 500 Hz 时，

$$\gamma=0.5/500\times100\%=0.1\%$$

从上述这个例子可以看到，尽管后者的绝对误差远小于前者，但是后者的相对误差却远大于前者，因此，前者的测量准确度实际上比后者的高。

3）容许误差（又称最大误差）

测量仪器的准确度常用容许误差表示。它是根据技术条件的要求规定的某一类仪器的误差不应超过的最大范围。通常仪器（包括量具）技术说明书所标明的误差都是指容许误差。

在指针式仪表中，容许误差就是满度相对误差，定义为

$$\gamma_n=(\Delta X/X_n)\times100\%$$

式中，X_n 是表头满刻度读数。指针式仪表的误差主要取决于它本身的结构和制造精度，而与被测量值的大小无关。因此，用上式表示的满度相对误差实际上是绝对误差与一个常数的比值。我国电工仪表的准确度等级有 0.1、0.2、0.5、1.0、1.5、2.5 和 5 共七级。

例如，用一只满度为 150 V、1.5 级的电压表测量电压，其最大绝对误差为 150 V×(±1.5%)＝±2.25 V。若表头的示值为 100 V，则被测电压的真值在 100±2.25＝97.75～102.25 V 范围内；若示值为 10 V，则被测电压的真值在 7.75～12.25 V 范围内。

在无线电测量仪器中，容许误差分为基本误差和附近误差两类。所谓基本误差是指仪器在规定工作条件下，测量范围内出现的最大误差。规定工作条件又称为定标条件，一般包括环境条件（温度、湿度、大气压力、机械振动及冲级等）、电源条件（电源电压、电源频率、直流供电电压及波纹等）和预热时间、工作位置等。

所谓附加误差是指定标条件的一项或几项发生变化时，仪器附加产生的误差。附加误差又分为两类，一为使用条件（如温度、湿度、电源等）发生变化时产生的误差，一为被测对象参数（如频率、负载等）发生变化时产生的误差。

例如，DA22型超高频毫伏表的基本误差为1 mV挡小于±1%，3 mV挡小于±5%；频率附加误差在5 kHz～500 MHz范围内小于±5%，在500 MHz～1 000 MHz范围内小于±30%；温度附加误差为10℃增加±2%（1 mV挡增加±5%）。

1.4.3 削弱和消除系统误差的主要措施

对于偶然误差和过失误差的消除方法，前面已作过简要介绍，这里只讨论消除系统误差的措施。产生系统误差的原因及消除方法如下：

1）*仪器误差*

仪器误差是指由于仪器本身电气或机械等性能不完善所造成的误差。例如，仪器校准不好、定度不准等。消除方法是预先校准，或确定其修正值，以便在测量结果中引入适当的补偿值。

2）*装置误差*

装置误差是由于测量仪器和其他设备放置不当、使用不正确以及外界环境条件改变所造成的误差。为了消除这类误差，测量仪器的安放必须遵守使用规定（例如万用表应水平放置），电表间必须远离，并注意避开过强的外部电磁场等。

3）*人身误差*

人身误差是测量者个人特点所引起的误差。例如，有人读指示刻度习惯于超过或欠少，回路总不能调到真正谐振点上等。为了消除这类误差，应提高测量技能，改变不正确的测量习惯，改进测量方法等。

4）*方法误差或理论误差*

这是一种由于测量方法所依据的理论不够严格，或采用不恰当的简化和近似公式等引起的误差。例如，用伏安法测量电阻时，若直接将电压表的显示值和电流表的显示值之比作为测量的结果，而不计电表本身内阻的影响，则往往引起不能容许的误差。

系统误差按其表现特性还可分为固定的和变化的两类。在一定条件下，若多次重复测量时测出的误差是固定的，则称为固定误差；若测出的误差是变化的，则称为变化误差。

对于固定误差，可用一些专门的测量方法加以抵消，这里只介绍常用的替代法和正负误差抵消法。

（1）替代法

在测量时，先对被测量进行测量，记取测量数据。然后用一个已知标准量代替被测量，观察已知标准量改变的数值。由于两者的测量条件相同，因此可以消除包括仪器内部结构、各种外界因素和装置不完善等所引起的系统误差。

（2）正负误差抵消法

在相反的两种情况下分别进行测量，使两次测量所产生的误差等值而异号，然后取两次测量结果的平均值。例如，在有外磁场影响的场合测量电流值，可先测一次，然后把电流表转动180°再测一次，取两次测量数据的平均值，就可抵消因外磁场影响而引起的误差。

1.5 实验数据的处理方法

1）有效数字

由于存在误差，因此测量的数据总是近似值，它通常由可靠数字和欠准数字两部分组成。例如，由电压表测得的电压 24.8 V 就是一个近似数，24 是可靠数字 8 为欠准数字，即 24.8 为三位有效数字。对于有效值的表示，应注意如下几点。

(1) 有效数字是指从左边第一个非零数字开始，到右边最后一个数字为止的所有数字。例如，测得的频率为 0.0157 MHz，则它是由 1、5、7 三个有效数字组成的频率值，左边的两个零不是有效数字。它可以写成 1.57×10^{-2} MHz，也可写成 15.7 kHz，但不能写成 15 700 Hz。

(2) 如已知误差，则有效值的位数应与误差相一致。例如，仪表误差为±0.01 V，测得电压为 12.352 V，其结果应写成 12.35 V。

(3) 当给出误差有单位时，测量数据的写法应与其一致。

2）数字的舍入规则

为使正、负舍入误差的机会大致相等，现已广泛采用"小于 5 舍，大于 5 入，等于 5 时取偶数"的方法。

1.5.1 数据运算规则

1）加减法运算规则

几个准确度不同的数据相加、相减时，按取舍规则，将小数位数较多的数简化为比小数位数最少的数只多一位数字的数，然后计算。计算结果的小数位数取至与原小数位数最少的数相同。

2）乘除运算规则

两个有效位数不同的数相乘或相除时，将有效数字位数较多的数的位数取为比另一个数多一位，然后进行计算。求得的积或商的有效位数应根据舍入规则保留成与原有效数字位数少的数相同。

为了保证必要的精度，参与乘除法运算的各数及最终运算结果也可以比有效数字位数最少者多一位。

3）乘/开方运算规则

进行乘/开方运算时，底数/被开方数有几位有效数字，运算结果多保留一位有效数字。

4）对数运算规则

数据进行对数运算时，几位数字的数值就应使用几位对数表，以免损失准确度。

1.5.2 等精度测量结果的处理

当对某一量进行等精度测量时，测量值中可能含有系统误差、随机误差和粗大误差，为了给出正确合理的结果，应按下列步骤对测得的数据进行处理：

(1) 查阅仪器使用手册，对测量值进行修正；

(2) 求出算术平均值；

(3) 按贝塞尔公式计算标准偏差；

(4) 根据相关判据，检查和剔除粗大误差，然后重复步骤(2)～(4)，直到没有粗大误差；

(5) 判断有无系统误差，如有应修正或减弱、消除；

(6) 算出算术平均值，并对置信度及置信区间等进行估计。

2 电子电路实验中常用的测试方法

2.1 电子测量概述

在电子电路实验中，常常遇到各种电路参数的测量，由于各参数的性质不同，因此测量方法也不同。下面介绍基本电量在测量中的共性问题及各具体参量在实验过程中常用的测试方法，供学生在实验时参考。

2.1.1 电子测量

测量是为确定被测对象的量值而进行的实验过程。在这个过程中常借助专门的设备，把被测对象直接或间接地与同类已知单位进行比较，取得用数值和单位共同表示的测量结果，如35.22 Ω、598 Hz、42.5 V 等。凡是利用电子技术来进行的测量都可称为电子测量。模拟电路的测量主要包括下面几个方面：

(1) 电量的测量，即电流、电压、电功率等；

(2) 信号特性的测量，如信号波形和失真度、频率、相位、脉冲参数、调幅度、信号频谱、信噪比等；

(3) 元件及电路参数的测量，如电阻、电感、电容、晶体管、场效应管、集成电路及电路的幅频特性、带宽、增益等。

2.1.2 计量的概念

以确定量值为目的的一组操作称为计量。计量的目的是为了确定被计量对象的量值，而它本身是一种操作。也就是说计量是为了保证量值的统一和准确一致进行的一种测量。计量基准分为国家基准、副基准和工作基准。

2.1.3 测量方法的分类

1) 直接测量与间接测量

(1) 直接测量。这是直接从测量的实测数据中得到测量结果的方法，如用电压表测量放大器的直流工作电压，用欧姆表测量电阻等。

(2) 间接测量。这是先测量一些与被测量有函数关系的量，然后通过计算获得被测值的测量方法。如测量电阻上消耗的功率 $P=UI=I^2R=U^2/R$，可以先测量电压、电流或电流、电阻等，然后求出功率 P；又如测量放大器的增益 $A_U=U_o/U_i$，一般是先分别测量放大器的输入电压 U_i 和输出电压 U_o，然后计算得 A_U 的值。

(3) 组合测量。这是兼有直接测量与间接测量的方法，通过联立求解各函数关系式来确定被测量的大小。在计算机上使用该方法求解，更为方便。

2）直读测量法与比较测量法

（1）直读测量法。这是在电测量指示仪表刻度线上读出测量结果的方法，如用电压表测量电压。这种方法根据仪表的读数来判断被测量的大小，量具并不直接参与测量过程。直读测量法操作方便，设备简单，得到广泛应用；但准确度低，一般不能用于高准确度的测量。

（2）比较测量法。这是将被测量与标准量直接进行比较获得测量结果的方法。电桥就是典型例子，它是利用标准电阻（电容、电感）对被测量进行测量。

由上可见，直接测量与直读法、间接测量与比较法并不相同，二者互有交叉。如用电压表、电流表测量功率，是直读法，但又属于间接测量法；又如用电桥测电阻，是比较法，但又属于直接测量法。

3）按被测量性质分类

（1）时域测量。例如电流、电压等，有瞬态量和稳态量，前者用示波器显示其变化规律，后者用指示仪表测量。

（2）频域测量。如测量线性系统的频率特性和信号的频谱特性。

（3）数据域测量。这是利用逻辑分析仪对数字量进行测量的方法。

（4）随机测量。这是对各类干扰信号、噪声的测量，或利用噪声信号源等进行动态测量。

4）其他分类

根据测量方式可分为自动测量和非自动测量；根据测量精确度可分为工程测量和精密测量。

2.2 模拟电子电路基本参数的测试方法

2.2.1 电压的测量方法

在测量电压时，要根据被测电压的性质（直流或交流）、工作频率、波形、被测电路阻抗、测量精度等来选择测量仪表（如仪表量程、阻抗、频率、准确度等级）。

1）直接测量法

用模拟指针式电压表可以直接测量交、直流电压的各主要参数。如磁电式仪表可以测量直流电压；电磁式或电动式仪表可以测出交流电压的有效值，也适用于低频交流电压的测量。

测量时，要考虑电表输入阻抗、量程、频率范围，尽量使被测电压的指示值在仪表满刻度量程的2/3以上，这样可以减少测量误差。

2）比较测量法——示波器法

比较测量法测电压是将已知电压值（一般为峰峰值）的信号波形与被测电压的信号波形做比较，计算出电压值。

（1）示波器测直流电压

将“AC-GND-DC”开关置于“GND”，并拉出触发电平旋钮得到一扫描线，将它移到示波器屏幕刻度中心作为零电压基准；然后将开关置于“DC”，扫描线将上移或下移。根据偏离值就可以算出直流电压值：

$$直流电压=偏离值\times(V/DIV)$$

式中，V/DIV为示波器面板上Y周衰减器的旋钮指示值。扫描线上移为正电压，下移为负电压。

(2) 示波器测交流电压

将示波器的V/DIV微调旋钮和扫描时间/DIV微调旋钮置于校准位置，则荧光屏显示的信号如图2-1所示。

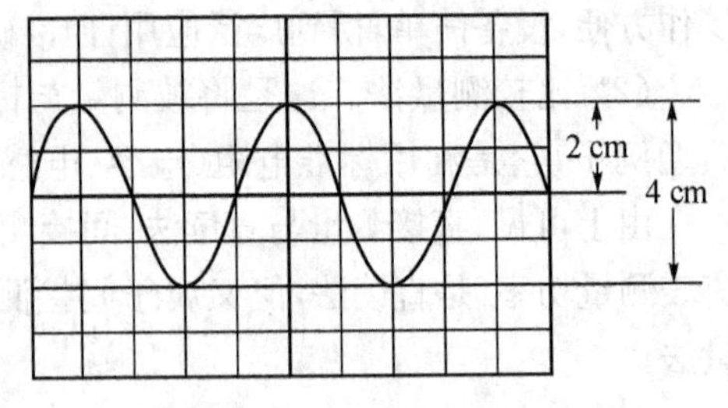

图2-1　交流电压测试图

如V/DIV调在5 V，则图示正弦信号的峰值电压为$U_p=5\ V/DIV\times2\ DIV=10\ V$，图示正弦信号的峰峰值电压为$U_{pp}=5\ V/DIV\times4\ DIV=20\ V$，图示正弦信号的有效值为$U=\frac{U_p}{\sqrt{2}}=\frac{U_{pp}}{\sqrt{2}}=7.07\ V$。

(3) 周期和频率的测量

周期是指一个信号的重复时间间隔，可以用具有时间测量功能的示波器或数字频率计测量。在实验教学中，使用示波器即可满足要求。下面介绍用示波器测量周期的方法。

将示波器X轴扫描速度微调旋钮置于校准位置，将待测信号从Y轴(CH1)输入，将X轴扫描速度转换开关(T/DIV开关)置于适当位置，使波形幅度和显示的周期数易于读取。然后，在稳定的波形上选定可以代表周期的两点，例如将X轴扫描速度转换开关置于0.5 ms/cm挡，则在示波器的荧光屏上显示一个完整周期的正弦波，其在X轴方向上的长度为4 cm，待测信号的周期为4 cm×0.5 ms/cm=2 ms。

这种测量方法简便、直观，但测量精度较差。为了提高测量准确度，可用多周期法，即读出数个周期的时间间隔，再除以周期数。

频率是电信号的一个重要参数，实验中常用示波法和计数法进行测量。

①示波法。用示波器测出信号的周期，根据频率与周期的倒数关系$f=1/T$计算出频率。

②计数法。用数字频率计直接测量频率既方便又准确，是目前广泛采用的一种方法。一般实验室使用的函数信号发生器兼有外测频率的功能，实验时，一般不必另配频率计。

对于非正弦的脉冲信号电压，一般不能用毫伏表来测量，而采用示波器。同样用比较法测量(方法同测正弦交流电压)。以上测量所用示波器为双踪示波器XXX型，如采用其他智能型示波器，如HP示波器，测量频率和周期就更简单了。若想了解采用其他型号示波器测量的方法，可以参阅本书仪器使用章节的内容。

3) 用微差法测量大电压的变化量

为了正确地测量出大电压的微小变化量(如直流稳压源由于电网或负载变化而引起的输出电压的变化)，可以用多位数字电压表直接测量。若无合适的数字电压表，可用微差法测量。如图2-2所示，E是一个标准电源，$E=U_o$。当6 V稳压电源有0.01 V量级的变化时，用大量程电压表难以准确读数；可用一小量程(0～50 mV)电压表来测量，就能得到较高的精度。微差法的测量精度取决于E和小量程电压表精度的组合关系。

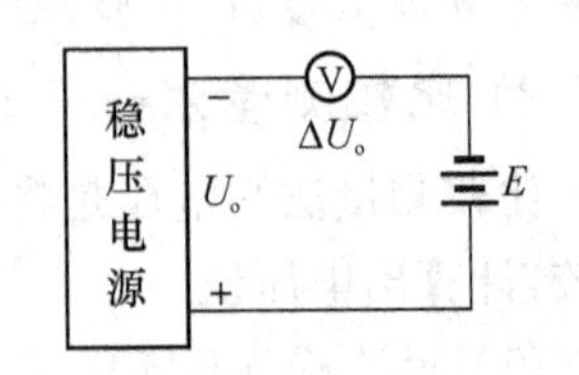

图2-2　微差法电压测量图

2.2.2 阻抗的测量方法

阻抗是描述电路系统传输及变换的一个重要参数。测量条件不一样,阻抗测量值也不一样。

在直流情况下,$R=U/I$;在交流情况下,$Z=\dot{U}/\dot{I}=R+jX$。

下面简单介绍模拟线性电路低频条件下,有缘二端口网络(如放大器)输入电阻和输出电阻的测量方法。

1) 输入电阻的测量方法

放大器的输入电阻 R_i 定义为输入电压 U_i 和输入电流 I_i 之比,即 $R_i=U_i/I_i$。测量 R_i 的方法很多,下面介绍几种常用的方法。

(1) 替代法

测量电路如图 2-3 所示。

当开关 S 置于"1"位置时,测量电压 U_i;当 S 置于"2"位置时,调节 R_P,使 U_i 保持不变,这时 R_P 的阻值即为输入电阻 R_i 的值。

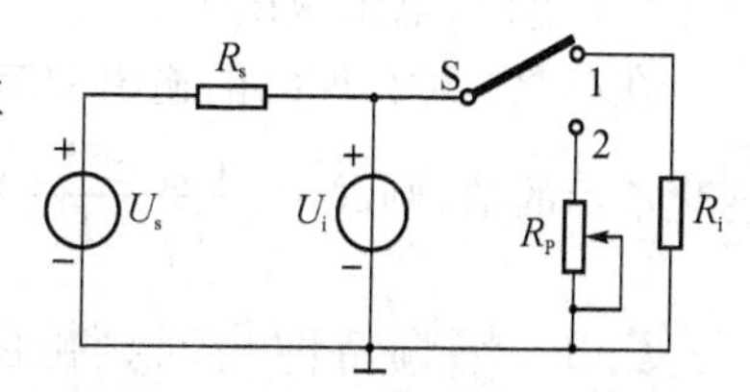

图 2-3 替代法求输入电阻的电路图

(2) 输入换算法

当被测电路的输入电阻为低阻时,测量电路如图 2-4 所示。只要用毫伏表分别测出电阻 R 两端对地电位 U_S 和 U_i 的值,则

$$R_i=\frac{U_i}{I_i}=\frac{U_i}{U_R/R}=\frac{U_i}{U_S-U_i}R_o$$

(3) 输出换算法

当被测电路的输入电阻为高阻时,测量电路如图 2-4 所示。由于毫伏表的内阻与放大电路的输入电阻 R_i 数量级相当,不能直接在输入端测量,因此在输入端串联一个与 R_i 数量级相当的已知电阻 R。由于 R 的接入,使放大电路输出端 U_o 发生变化,在开关 S 闭合或断开两种情况下,分别用毫伏表测量放大电路输出端电压 U_o,则

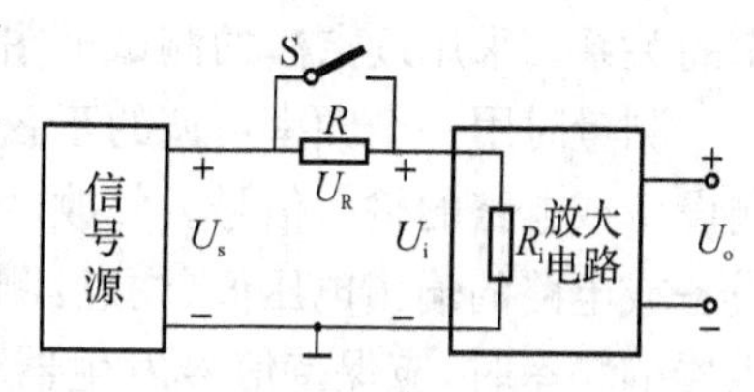

图 2-4 换算法求输入电阻的电路图

当开关 S 闭合时

$$U_i=U_S,U_{o1}=A_UU_S,A_U=U_{o1}/U_S,$$

当开关 S 断开时

$$U_{o2}=A_UU_i=A_U\frac{R_i}{R+R_i}U_S=\frac{R_i}{R+R_i}U_{o1}$$

所以

$$R_i=\frac{U_{o2}}{U_{o1}-U_{o2}}R_o$$

测量 R_i 时应注意以下三点:

①由于 R 两端没有接地点,而电压表一般测量的是对地的交流电压,所以,当测量 R 两端的电压 U_R 时,必须分别测量 R 两端的对地电压 U_S 和 U_i,并按 $U_R=U_S-U_i$ 求出 U_R 值。实际测量时,电阻 R 的数值不宜取得过大,否则容易引入干扰;但也不宜过小,否则测量误差较大,最好 R 与 R_i 接近。

②测量之前,毫伏表应该校零,U_S 和 U_i 最好用同一量程进行测量。

③输出端应接上负载电阻 R_L,并用示波器监视输出波形。应在波形不失真的条件下进行测量。

2) 输出阻抗的测量方法

(1) 换算法

在放大器输入端加入一个固定信号电压,分别测量负载 R_L 断开和接上时的输出电压 U_o 和 U_{oL},则 $R_o=\left(\frac{U_o}{U_{oL}}-1\right)R_L$。

(2) 替代法

首先使电路开路,测出 U_o;然后接一电位器 R_P,调节上 R_P,使 $U'_o=U_o/2$,则 $R_o=R_P$。

(3) 电流、电压变化法

在有源二端口网络的输出端串入一负载电阻 R_L,改变 R_L 值,分别测出输出端电流、电压变化前后的值,则 $R_o=\left|\frac{U_{o1}-U_{o2}}{I_{o1}-I_{o2}}\right|$。

2.2.3 幅频特性与通频带的测量方法

1) 逐点法

测试时利用示波器监视,保持输入信号 U_i 为常数;改变信号的频率,分别测出不同频率对应的不失真的输出电压 U_o 的值,并计算电压增益 $A_U=U_o/U_i$。

(1) 幅频特性的测量

仪器设备或电路的幅频特性是指输入信号的幅度保持不变时,输出信号的幅度相对于频率的关系。采用逐点法的测试框图如图 2-5 所示。

测量时用一个频率可调的正弦信号发生器,保持其输出电压的幅度恒定,将其信号作为被测设备或电路的输入信号。每改变一次信号发生器的频率,用毫伏表或双踪示波器测量被测设备或电路的输出电压值(注意:测量仪器的频带宽度要大于被测电路的带宽,在改变信号发生器的频率时,应保持信号发生器输出的电压值不变,同时被测电路输出的波形不能失真)。测量时,应根据电路幅频特性预期的结果来选择频率点数;测量后,将所测各点的值连接成曲线,就是被测仪器设备或电路的幅频特性,如图 2-6 所示。

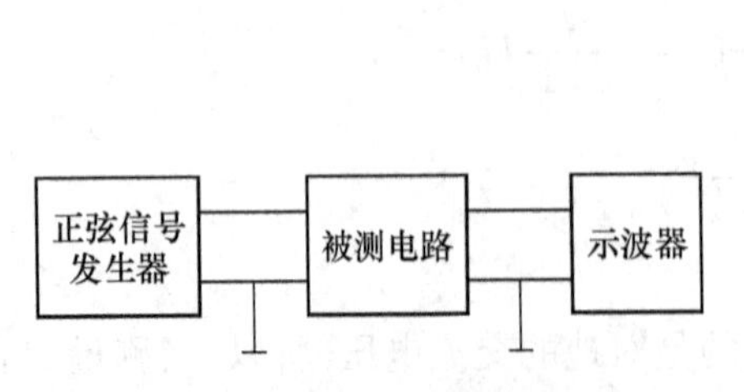

图 2-5 用逐点法测试幅频特性的框图

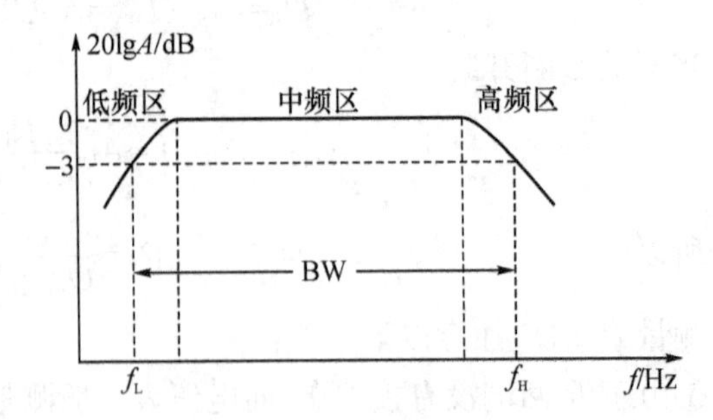

图 2-6 放大器的幅频特性

(2) 通频带(带宽)的测量

通频带(带宽)是表征仪器设备或电路频率特性的一项技术指标,用符号 BW 表示。工程上规定，当增益下降到中频区增益的70.7%（或3 dB）时，对应的低频频率和高频频率分别称为下限截止频率 f_L 和上限截止频率 f_H，通频带 $BW=f_H-f_L$。因为一般有 $f_H \gg f_L$，所以 $BW \approx f_H$。

通频带的大小可在被测仪器设备或电路的频率特性曲线上获得，如图2-6所示。也可用如下方法测量：

①按图2-5接线，保持输入信号电压幅度不变。

②调节输入信号频率，用毫伏表或示波器测出待测仪器设备或电路的最大输出电压值 U_{omax}。

③调低输入信号频率，使待测仪器设备或电路的输出电压为最大值的70.7%，测出此时的频率 f_L。

④调高输入信号频率，使待测仪器设备或电路的输出电压为最大值的70.7%，测出此时的频率 f_H。

⑤通频带为上限截止频率 f_H 和下限截止频率 f_L 之差，即 $BW=f_H-f_L$。

注意：在改变输入信号频率时，要始终保持输入信号电压的幅度不变。

2）扫频法

扫频法就是用扫频仪测量二端口网络幅频特性的方法，这是目前广泛应用的方法。

扫频仪测量网络幅频特性的工作原理框图如图2-7所示。扫频仪将一个与扫描电压同步的扫频信号送入网络输入断开，并将网络输出断开电压检波后送至示波管 Y 轴，则在荧光屏 Y 轴方向显示被测网络输出电压的幅度；X 轴方向即为频率轴，加到 X 轴偏转板上的电压应与扫频信号的频率变化规律一致（注意，扫描电压发生器输出到 X 轴偏转板的电压正符合这一要求），这样示波管屏幕上才能显示出清晰的幅频特性曲线。

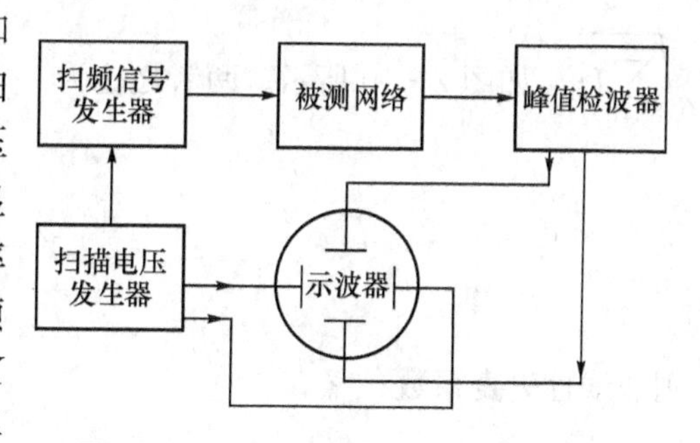

图2-7　用扫频法测量幅频特性的框图

2.2.4　调幅系数的测量方法

用示波器可直接测量调幅波的调幅系数 m_a。

1）直接用包络线法测量调幅系数

采用示波器屏幕测量法来测量调幅系数，如图2-8所示。屏幕上显示出调幅波的波形，读取包络线的峰峰和谷谷之间所占个数 A 和 B，则调幅系数为

$$m_a=\frac{A-B}{A+B}\times 100\%。$$

2）用梯形法（李萨如图形）测量调幅系数

将双踪示波器扫描时间/分度开关转至 X-Y，将调幅信号 $U_m(t)$ 和调制信号 $U_\Omega(t)$ 同时输入 Y 通道（或CH1、CH2）。示波器屏幕上显示如图2-9所示的图形（梯形）。因此，利用下列公式可计算出调幅系数

$$m_a=\frac{A-B}{A+B}\times 100\%$$

其中 A 和 B 分别是梯形垂直方向上的最大和最小高度。

也可以用调幅度测量仪来测量调幅系数。

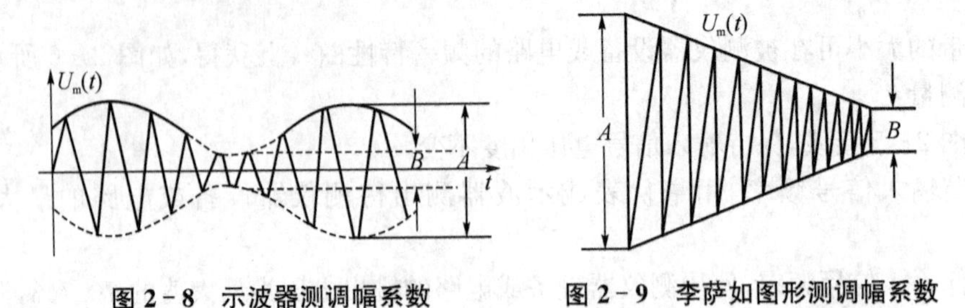

图 2-8　示波器测调幅系数　　图 2-9　李萨如图形测调幅系数

2.2.5　失真系数的测量方法

一个稳定的线性系统在对输入信号响应时，不会产生新的频率分量。如果输出包含有新的频率分量，则系统为非线性。

常采用抑制基波法测非线性失真系数（失真度）。用一个带阻滤波器滤去被测信号的基波分量 U_1 时，用毫伏表在滤波器输出端测出谐波分量 $\sqrt{\sum_{i=2}^{\infty}U_i^2}$ 和不经过滤波器的信号分量 $\sqrt{\sum_{i=1}^{\infty}U_i^2}$，如图 2-10 所示。两者之比为

$$\gamma' = \frac{\sqrt{\sum_{i=2}^{\infty}U_i^2}}{\sqrt{\sum_{i=1}^{\infty}U_i^2}}$$

则非线性失真系数

$$\gamma = \frac{\gamma'}{\sqrt{1-\gamma'^2}}$$

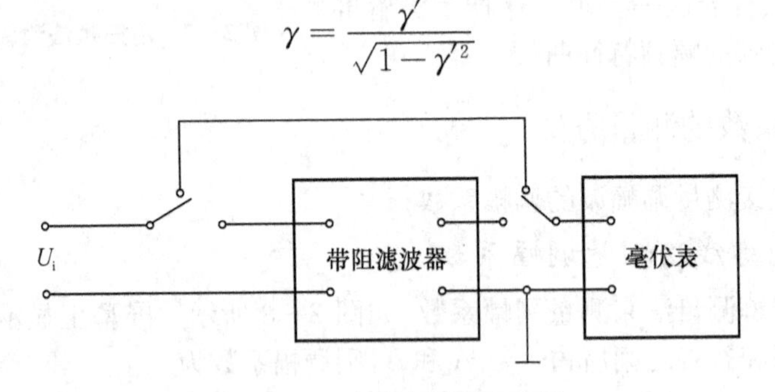

图 2-10　失真度测量示意图

失真度测试仪就是按抑制基波法原理来测量失真度的。

2.3　数字电路中常用的测试方法

数字电路的安装和调试工作是检验、修正设计方案的实践过程，是应用理论知识来解决实践中各类问题的关键环节，是数字电路设计者必须掌握的基本技能，有效的测试方法则是电路

正确运行的基本保证。下面介绍数字电路安装与调试中的一些常用测试方法。

2.3.1 数字集成电路器件的功能测试

在安装电路之前，对所选用的数字集成电路应进行逻辑功能检测，以避免因器件功能不正常增加调试的困难。检测器件功能的方法多种多样，常用的有如下几种：

(1) 仪器检测法。可以用一些简单而实用的数字集成电路测试仪进行检测；

(2) 功能实验检查法。可用实验电路进行逻辑功能测试；

(3) 替代法。可用被测器件替代正常工作的数字电路中的相同器件。

2.3.2 数字电路几种基本电路的测试方法

1) 集成逻辑门电路

静态测试是指在各输入端分别接入不同的电平值，即逻辑“1”接高电平(输入端通过 1 kΩ 电阻接电源正极)，逻辑“0”接低电平(输入端接地)。用数字万用表测量各输入端的逻辑电平，并分析各逻辑电平值是否符合电路的逻辑关系。动态测试是指各输入端分别接入规定的脉冲信号，用示波器观测各输出端的信号，并画出这些脉冲信号的时序波形图，分析它们之间是否符合电路的逻辑关系。

2) 集成触发器电路

静态时，主要测试触发器的复位、置位和翻转功能。动态时，在时钟脉冲的作用下测试触发器的计数功能，用示波器观测电路各处波形的变化情况，据此可以测定输出、输入信号之间的分频关系；输出脉冲的上升和下降时间；触发灵敏度和抗干扰能力以及接入不同负载时，其对输出波形参数的影响。测试时，触发脉冲的宽度一般要大于数微秒，且脉冲的上升沿或下降沿要陡。

3) 计数器电路

静态测试主要测试电路的复位、置位功能。动态测试是指在时钟脉冲作用下测试计数器各输出端的状态是否满足计数功能表的要求，可用示波器观测各输出端的波形，并记录这些波形与时钟脉冲之间的波形关系。

4) 译码显示电路

首先测试数码管各笔段工作是否正常，如共阴极的发光二极管显示器，可以将阴极接地，再将各笔段通过 1 kΩ 电阻接电源正极($+U_{DD}$)，此时各笔段应发光。再在译码器的数据输入端依次输入 0001～1001，则显示器对应显示出数字 1～9。

译码显示电路的常见故障有：

(1) 数码显示器上某字总是“亮”而不“灭”，可能是译码器输出幅度不正常或译码器工作不正常。

(2) 数码显示器上某字总是不“亮”，可能是数码管或译码器的连线不正确或接触不良。

(3) 数码管字符显示模糊，而且不随输入信号变化，可能是译码器的电源电压不正常、连线不正确或接触不良。

3 常用电子仪器仪表的使用

3.1 低频信号发生器

1）面板布置

XD1B 低频信号发生器的前后面板布置如图 3-1 所示。

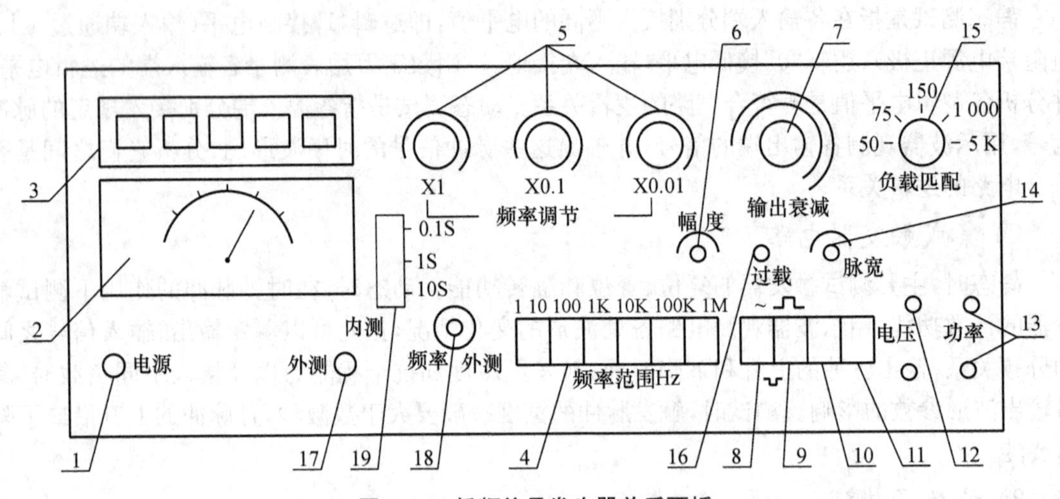

图 3-1 低频信号发生器前后面板

2）面板操作键的说明

(1) 电源开关。

(2) 电压表表头。

(3) 五位显示数字频率计。

(4) 频率范围按键选择开关。

(5) 十进制频率调节。

(6) 输出幅度调节电位器。

(7) 输出步进衰减器。

(8) 正弦与脉冲波形选择。

(9) 脉冲输出时正脉冲与负脉冲选择。

(10) 功率输出控制(按下有输出)。

(11) 功率输出内负载接入控制(按下有接入)。

(12) 电压输出端。

(13) 功率输出端。

(14) 正负脉冲占空比调节。

(15) 负载匹配选择开关。

(16) 过载指示。

(17) 频率计“内测”、“外测”选择。

(18) 频率计外测输入插口。

(19) 频率计闸门时间选择开关。

3) 使用方法

(1) 频率设置

本仪器输出信号的频率(正弦波与脉冲波)均由面板上的按键开关及其上方的波段开关设置,按键开关用来选择频率范围。波段开关按十进制原则确定具体的频率值。从左至右分别为×1、×0.1、×0.01。其中最右边一位×0.1是电位器,可连续进行频率微调,频率设置精确度满足技术条件规定。为得到更加准确的频率,可参看数字频率计在“内测”时的实际读数。

(2) 衰减器的使用及输出阻抗

为得到不同的输出幅度,可以配合调整“幅度调节”电位器和“输出衰减”波段开关。除后面的“TTL输出”插座上的输出信号外,从面板输出的正弦波或脉冲信号幅度均由这两个衰减旋钮控制。其中“幅度调节”是连续的,“输出衰减”是步进衰减。但应注意其中电压输出级输出衰减与功率级输出衰减是同轴调节,但电压输出级衰减要差10 dB,即第一个10 dB对电压输出级不衰减。

从电压输出端看进去的输出阻抗是不固定的,它随“幅度调节”和“输出衰减”两个旋钮的位置不同而改变,但输出阻抗都比较低,特别是在“输出衰减”波段开关位于较大衰减位置时,输出电阻只有几欧姆。使用时应特别注意不能从被测设备端有任何信号电流倒入该仪器的输出端,以防把步进衰减器或其他部分烧毁。

从“功率输出”端看进去的输出阻抗,在“输出衰减”为0dB时,为低阻输出。其值远小于“负载匹配”旋钮所指示的值。在“输出衰减”的其余位置,输出阻抗等于“负载匹配”所指示的值。

(3) 电压输出与功率输出

电压输出的正弦波最大额定电压为5 V_{rms},它有较好失真系数和幅度稳定性,主要用于不需功率的小信号场合。电压输出的正脉冲和负脉冲幅度最大,均大于3.5V_{PP}。功率输出是将电压输出信号经功率放大器放大后的信号输出,主要用于需要一定功率输出的场合。有正弦波输出时需根据被测对象通过负载匹配开关可适当选取五种不同的匹配值,以求获得合理的电压、电流值。

当使用者只需电压输出时,要把功放按键抬起,以防毁坏功率放大器。

当需要使用功率输出时,请先把幅度调节电位器逆时针旋到底,面板右下方“功放”键按下,然后调节“幅度调节”电位器至功率输出达到所需的电压值。当正弦波输出时的负载为高阻抗时,为避免功放因电抗负载成分过大的影响,应把“内负载”按键按下(尤其在频率较高时)。其余两个按键开关是波形选择开关。当需要选择脉冲输出时,左边第一个按键下面通过第二个按键可选择正脉冲或负脉冲输出。这时其上面的脉宽调节旋钮可用于改变输出方波的占空比。在这里值得注意的是,当用功率输出脉冲信号时,由于功率放大器的倒相作用,其输出脉冲与所选脉冲相位正好相反,即当通过选择正极性时,功率输出为负脉冲,选择负极性时,功率输出为正脉冲。而电压输出的脉冲极性则与按键所选相同。

对正弦波信号而言,"功率输出"端子可有平衡和不平衡两种状态。若把接地片与"电压输出"的地线端相连,则为不平衡输出,不连接时在"功率输出"的两个端子之间为平衡输出。功率输出过载时,过载灯亮,同时机内发出报警声,应及时排除。

(4) 频率计与电压表

面板左上角的数码管显示了机内频率的读数。该频率计可"内测"和"外测"。当置"内测"时,频率计显示机内振荡频率;当置"外测"时,频率计的输入信号从"频率外测"插口输入,为适应不同频率的测试需要,可适当改变"闸门时间"旋钮的位置。

数码管下方的表头指示的是机内电压表的读数,机内电压表只用于机内"电压输出"正弦波测量,它显示出机内正弦波振荡经"幅度调节"衰减后的正弦波信号的有效值,而"输出衰减"的步进衰减对它不起作用。因此,实际"电压输出"端子上正弦波信号的大小等于机内电压表指示值再考虑"输出衰减"的衰减分贝数后计算出的数值。

3.2 交流毫伏表

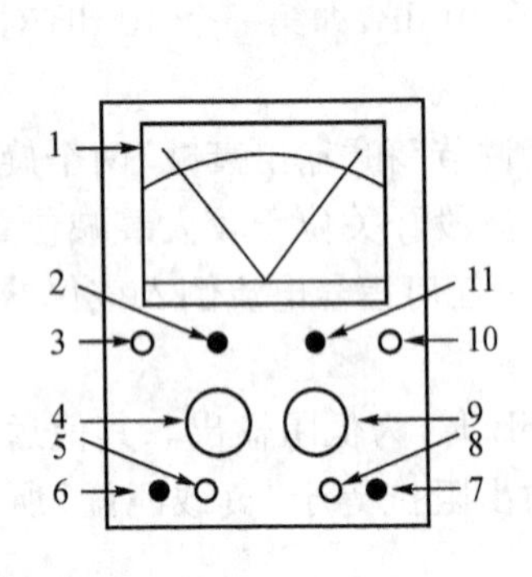

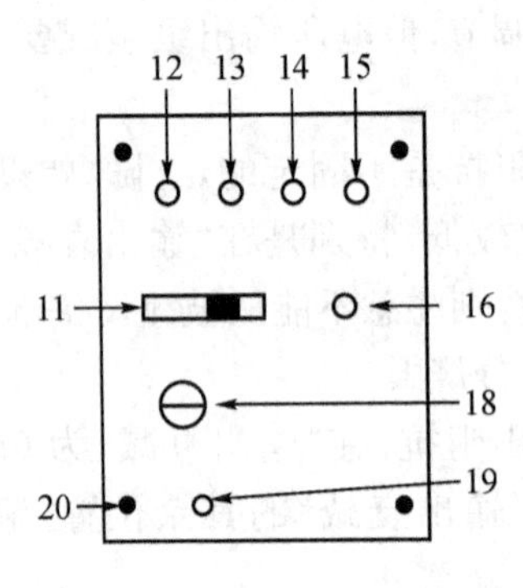

1) 面板说明

(1) 双针电表　有电压及 dB 刻度,黑色刻度是电压及 dBv,红色刻度是 dBm。

(2、11) 分别是黑表针和红表针的机械调零孔。

(3) 指示灯　交流电源接通时灯亮。

(4、9) 通道 1 和通道 2 的量程开关。

(5、8) 信号输入端。

(6、7) 输入地端。

(10) 电源开关。

(12、15) 监视放大器的输出端(红色)。

(13、14) 监视放大器的输出端(黑色)。

(17) 接地/浮地开关。

(18) 保险管座。

(19) 电源线。

(20) 电源线绕线架。

2) 使用注意事项

(1) 本仪器是按正弦波有效值刻度的,只适宜测量失真小的正弦波电压。所以测量时必须确定所测波形没有明显的失真,否则所测结果将不正确。

(2) 当仪器接通电源而没有使用时,量程开关应该放在高量程位置。这是因为该仪器的输入阻抗高达 10 MΩ,极易通过仪器馈线捡拾工频干扰,此干扰幅度足以使得较低量程时“打表”。

(3) 电压测量时,每挡电压读数必须乘以适当的倍率。

(4) 分贝测量。电表的上部有二种分贝刻度,

黑色为 dBv,红色为 dBm。dBv—0 dB=$1V_{rms}$ dBm—0 dB=$0.775V_{rms}$

实际电平读数是量程开关的标称数与表读数的代数和。

例:量程开关置于+20 dB,表的读数为−4 dB,则电平=+20 dB+(−4 dB)=16 dB。

(5) 放大器的使用

HG2170 的每一个通道是高灵敏度的放大器,在后面板上有它的输出端。在任何量程,电表指示在满刻度“1.0”时,输出电压为 $1V_{rms}$。

(6) 输入端浮地功能

本仪器的两个通道的地线是互相独立的。当浮地/接地开关(17)置浮地时,放大器与大地(机壳)断开,置接地时,两个通道电阻与大地(机壳)相连。

3.3 示波器

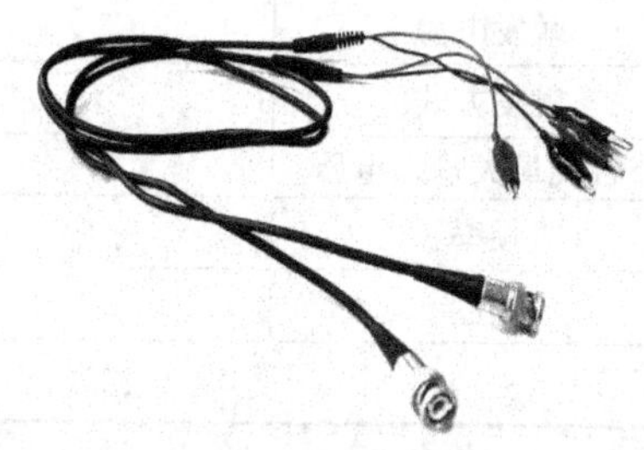

示波器是一种观察电信号波形的电子仪器。可测量周期性信号波形的周期或频率、脉冲波的脉冲宽度和前后沿时间、同一信号任意两点间间隔、同频率两正弦信号间的相位差、调幅波的调幅系数等各种电参量。借助传感器还能观察非电参量随时间的变化过程。

根据用途、结构及性能,示波器一般分为通用示波器、多束示波器(或称多线示波器)、取样示波器、记忆与存储示波器、特殊示波器以及近年来才发展起来的虚拟仪器。本节以 CA8020A 双踪四线示波器来说明示波器的使用。

1) CA8020A 示波器特点

CA8020A 示波器有以下特点:

(1) 交替扫描扩展功能可同时观察扫描扩展和未被扩展的波形,实现双踪四线显示。

(2) 峰值自动同步功能可在多数情况下勿需调节电平旋钮就能获得同步波形,是比较先进

的功能。

(3) 释抑控制功能可以方便地观察多重复周期的双重波形。

(4) 具有电视信号同步功能。

(5) 交替触发功能可以观察两个频率不相关的信号波形。

2) CA8020A 示波器主要技术指标

CA8020A 示波器主要技术指标如表 3-1 所示。

表 3-1　CA8020A 示波器主要技术指标

项目		技术指标
垂直系统	灵敏	5×10^{-3}～5 V/div 分 10 挡
	频宽(−3 dB)	DC～20 MHz
	输入阻抗	直接 1 MΩ,25 pF;经 10∶1 探极 10 MΩ,16 pF
	最大输入电压	400 V(DC+AC 峰值)
	工作方式	CH1、CH2、交替(ALT)、断续(CHOP)、相加(ADD)
水平系统	扫描速度	0.5～0.2$\times10^{-6}$ s/div 分 20
	挡扫描速度	扩展×10,最快扫速 20 ns/div
	灵敏度	同垂直系统
X−Y方式	频宽(−3B)	DC:0～1$\times10^{6}$ Hz,AC:10～1$\times10^{6}$ Hz
	波形	方波
触发系统	触发灵敏度	内:DC～10 MHz 1.0 div　DC～10 MHz 1.5 div 外:DC～10 MHz　0.3 V　DC～20 MHz 0.5 V 电视:(TV signal 0.5 V)
	触发电源	内,外
	触发方式	常态、自动、峰值
	外触发最大输入电压	160 V(DC+AC 峰值)
校正信号	频率	1 kHz
	幅度	0.5 V
电源	220(1±10%) V,50 Hz,40 VA	

3) 面板装置图及面板的控制件作用

CA8020A 示波器面板装置如图 3-2 所示;面板控制件作用如表 3-2 所示。

表 3-2　CA8020A 示波器面板控制件作用

序号	控制件名称	功能
1	辉度(INTEN)	调节光迹的亮度:顺时针调节光迹变亮,逆时针光迹变暗
2	聚焦(FOCUS) 辅助聚焦(ASTIG)	辅助聚焦与聚焦旋钮配合调节,调节光迹的清晰度
3	光迹旋转(ROTAION)	调节扫线与水平刻度线平行
4	电源指示灯	电源接通时,灯亮

（续表 3－2）

序号	控制件名称	功能
5	电源开关(POWER)	接通或开、关电源
6	校准信号(CAL)	提供 0.5 V、1 kHz 的方波信号，用于探极、垂直与水平灵敏度校正
7/8	垂直位移(POSITION)	调节光迹在屏幕上的垂直位置
9	垂直方式(MODE)	CH1 或 CH2：通道 1 单独显示；ALT：两个通道交替显示，实现双踪显示；CHOP：两个通道断线显示，用于扫速较慢时的双踪显示 ADD：用于两个通道的代数和或差
10	通道 2 倒相(CH2INV)	CH2 倒相开关，在 ADD 方式时使 CH1＋CH2 或 CH1－CH2
11/12	垂相衰减开关 VOLTS/div	调节垂直偏转灵敏度，分为 10 挡
13/14	垂直微调(VAR)	调节垂直偏转灵敏度，顺时针旋足为校正位置，读出信号幅度时应为校正位置
15/16	耦合方式 (AC · DC · GND)	选择被测信号输入垂直通道的耦合方式
17/18	CH1 OR X，CH2 OR Y	垂直输入端或 X－Y 工作时 X、Y 输入端；X－Y 工作时 CH1 信号为 X 信号，CH2 信号为 Y 信号
19	水平位移(POSITION)	调节光迹在屏幕上的水平位置
20	电平(LEVEL)	调节被测信号在某一电平触发扫描
21	触发极性(SLOP)	选择信号的上升或下降沿触发扫描
22	触发方式(TRIG MODE)	常态(NORM)：按下常态，无信号时，屏幕上无显示，有信号时，与电平控制配合显示稳定波形；自动(AUTO)：无信号时，屏幕上显示光迹，有信号时，与电平控制配合显示稳定波形；电视场(TV)：用于显示电视场信号；峰值自动(P－P AUTO)：无信号时，屏幕上显示光迹，有信号时，无须调节电平即能获得稳定波形显示
23	触发指示(TRIG'D)	在触发同步时，指示灯亮
24	水平扫速开关(SEC/div)	调节扫描速度，按 1，2，5 分 20 挡
25	水平微调(VAR)	连续调节扫描速度，顺时针旋足为校正位置
26	内触发源 (INT SOURCE)	选择 CH1、CH2 电源或交替触发(VERT MODE)，交替触发受垂直方式开关控制
27	触发源选择	选择内(INT)或外(EXT)触发
28	接地(GND)	与机壳相连的接地端
29	外触发输入(EXT)	外触发输入插座
30	X－Y 方式开关(CH1 X)	选择 X－Y 工作方式
31	扫描扩展开关	按下时扫速扩展 10 倍
32	交替扫描扩展开关	按下时屏幕上同时显示扩展后的波形和未被扩展的波形
33	扫线分离(TRAC SEP)	交替扫描扩展时，调节扩展和未扩展波形的相对距离
34	释抑控制 (HOLD OFF)	改变扫描休止时间，同步多周期复杂波形

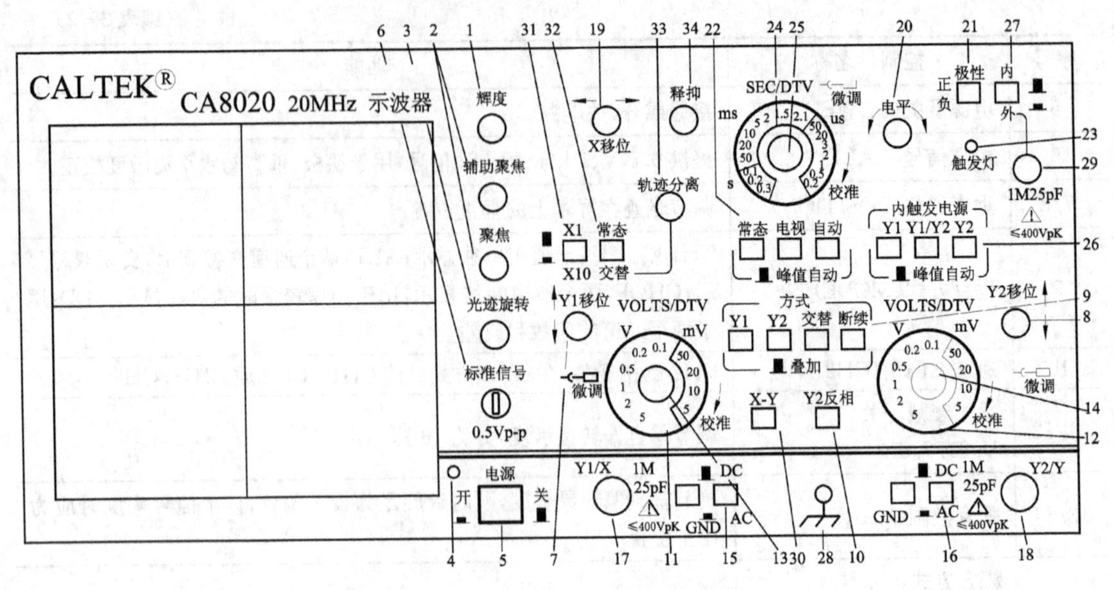

图 3-2 CA8020A 示波器面板装置图

4) CA8020A 示波器操作方法

(1) 检查电源是否符合要求 220(1±10%)V

(2) 仪器校准

• 亮度、聚焦、移位旋钮居中，扫描速度置 0.5 ms/div 且微调为校正位置，垂直灵敏度置 10 mV/div(微调为校正位置)，触发源置内且垂直方式为 CH1，耦合方式置于"AC"，触发方式置"峰值自动"或"自动"。

• 通电预热，调节亮度、聚焦、光迹旋钮，使光迹清晰并与水平刻度平行(不宜太亮，以免示波管老化)。

• 用 10∶1 探极将校正信号输入至 CH1 输入插座，调节 CH1 移位与 X 移位，使波形与图相符合。

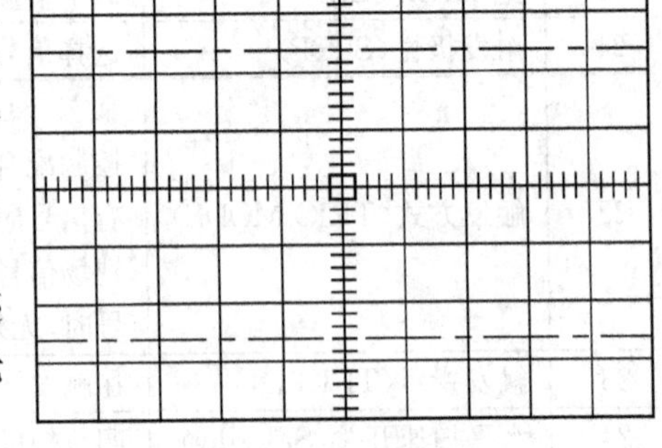

图 3-3 校正信号波形

• 将探极换至 CH2 输入插座，垂直方式置于"CH2"，重复 3 操作，得到与图 3-3 相符合的波形。

(3) 信号连接

• 探极操作

为减少仪器对被测电路影响，一般使用 10∶1 探极，衰减比为 1∶1 的探极用于观察小信号，探极上的接地和被测电路地应采用最短连接，在频率较低，测量要求不高的情况下，可用面板上接地端和被测电路地连接，以方便测试。

• 探极的调整

由于示波器输入特性的差异，在使用 10∶1 探极测试以前，必须对探极进行检查和补偿调节，当校准时如发现方波前后出现不平坦现象时，应调节探头补偿电容。

(4) 进行被测信号输入和有关参量测试

具体旋钮操作,见表 2 或仪器使用说明书。

5) 测量举例

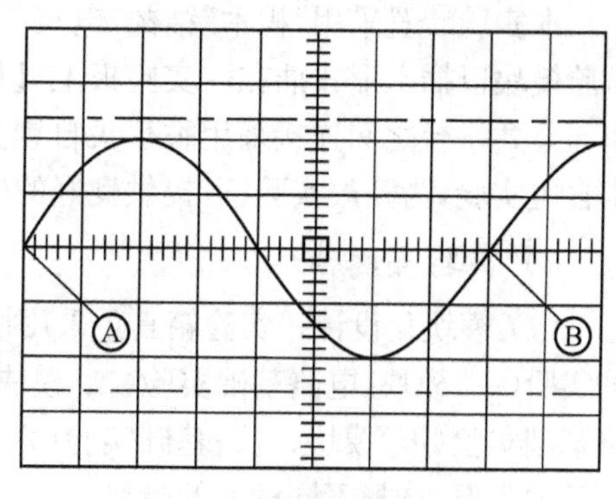

图 3-4 被测信号波形图

[例]:测量某一正弦信号的两点间的时间间隔、信号、频率、周期和幅度。

用 10∶1 探极,将信号输入 CH1 或 CH2 插座,耦合方式置"AC",设置垂直方式为被选通道,触发源置(内),水平扫描时间适当,调整电平使波形稳定(如置峰值自动,则无需调节电平),调整扫速(微调置校正)旋钮,使屏幕上显示 1~2 个信号周期,调整垂直、水平移位,使波形便于观察,得到如图 3-4 所示的波形。测量两点之间的水平刻度,可计算出两点间的时间间隔。如右图所示,可算得被测信号的同期 T 为:

$$T=\frac{\text{一周期的水平距离(格)}\times\text{扫描时间因素(时间/格)}}{\text{水平扩展倍数}}$$

所测信号频率为 $f=1/T=62.5\ \text{kHz}$;垂直偏转灵敏度在校正位置时,被测信号的峰一峰值电压(V_{p-p})为:

$$V_{p-p}=\text{垂直方向的格数}\times\text{垂直偏转因数}\times\text{探头衰减倍数}$$

图示垂直偏转因数为 2 V/div,且为校正位置,用 10∶1 探极,峰一峰点在垂直方向占 4 格,则被测信号峰一峰值为 $V_{p-p}=2\times4\times10\ \text{V}=80\ \text{V}$

利用上述方法,还可算出正弦交流信号的峰值、有效值,还可测量脉冲信号的幅度、周期、频率、直流信号的大小(耦合方式置 DC 位置)。

3.4 实验箱简介

3.4.1 电路分析实验箱系统概述

1) 组成模块

(1) 主板(直流毫安表、可调恒流源、可调电阻、直流稳压源、固定直流电源、函数信号发生器)

(2) 电路基础实验(一)模块

(3) 电路基础实验(二)模块

(4) 电路基础实验(三)模块

(5) 电路基础实验(四)模块

(6) 电路基础实验(五)模块

(7) 电路基础实验(六)模块

2) 实验系统结构

电路分析实验装置主要由主板、箱体、若干个实验模块(选配)、高可靠实验导线等组成。

电路分析实验箱采用模块化设计、设计新颖、美观，方便灵活，耗电省；本科、专科、职业技术院校、中专、技校可根据自身特点进行选择，能够满足不同层次的教学要求。

本实验装置采用“积木”结构，电路的基础试验所需的电路设计成一个公共平台。其具体试验模块以插卡形式插在主实验板上，以便各学校根据自己的教学安排做任意扩展。所有模块与公共平台之间连接采用香蕉头自锁紧插件。可靠性好，性能稳定，测试结果准确，可让学生自主实验，为开放实验室，提供良好的硬件基础。

3) 实验箱特点

(1) 模块化设计。实验箱真正采用模块化设计。实验箱共分为：实验箱电路主板、电路基础实验(一)模块、电路基础实验(二)模块、电路基础实验(三)模块、电路基础实验(四)模块、电路基础实验(五)模块、电路基础实验(六)模块。每个模块均安装透明保护罩。用户可以根据自己的需要，选择不同种类的模块。

(2) 可扩展性。可以根据客户的需要添加其他扩展板，完成其他试验。

(3) 直观简洁。该实验箱的实验板采用独特工艺，正面印有原理图及符号，反面焊有相应元器件，需要测量，调节和观察的部分均在正面，且装有锁紧式接插件，使用直观、可靠，维修方便、简洁，实验电路采用单元电路方式设计，每个单元电路以基本电路为主，再连接不同的元件为该电路参数，也可以通过不同的单元电路组合，完成不同的实验要求。

(4) 实验方便。实验箱电路主板上提供了实验必备的电源和信号源。信号源有函数信号发生器。采用整体与模块结合的结构形式，

(5) 模块组合可以完成系统实验。实验中还可以将多个模块进行连接，完成不同的系统实验。

(6) 各模块紧密结合《电工技术》、《电路分析基础》、《电工原理》、《电路》等重要专业基础理论课程相配合的实验课程教材的理论教学，可以完成电路基础实验。电路基础实验(一)包括：戴维南定理/诺顿定理、基尔霍夫定律/叠加定理、双口网络/互易定理；电路基础实验 (二)是受控源特性的研究，包括 VCVS、VCCS、CCCA、CCVS；电路基础实验(三)包括：回转器、负载阻抗变换器；电路基础实验(四)：RC 一阶电路的响应及应用；电路基础实验(五)包括：RC 串联选频网络、RC 双 T 选频网络、RLC 串联谐振电路。电路基础实验(六)是元件箱模块。

(7) 实验装置中各仪器经过特殊设计，稳定性好，实验线路选择典型，完全与教学内容相配合。

(8) 实验的深度与广度可根据教学需要灵活调整，普及与提高可根据教学的进程作有机地结合，也可以利用实验单元配置的灵活性进行创新型实验。装置采用积木式结构，更换便捷，如要扩展功能或开发新实验，只需添加部件即可，永不淘汰。

(9) 采用整体与模块相结合的结构形式，电源配置、仪表一目了然，模块面板实验电路的示意图线路分明，各实验模块任务明确，操作、维护方便。

4) 安装与连接

将电路基础实验箱模块装到实验箱的扩展区域上，注意保持稳固的连接，否则模块无法固定，实验时不方便。另外四周的四个孔插上固定用的香蕉头，以免摆动，损坏芯片。

5) 使用

将模块固定并连接后，实验操作全部在主电路板上完成，这样方便各种资源的利用和操作

的集中性。需要观察的实验现象，部分有主板上的直流毫安表提供，部分需要借助其他的测量仪器（如数字万用表、双踪示波器等）提供。

3.4.2 模拟电路实验箱介绍

本实验箱主要由分立元件组成，通过连线的方式来组成电路，可完成高等院校模拟电子电路教学的所有内容；并配有 Lattice 公司推出的可编程模拟器件，为高校师生提供了一个学习在系统可编程模拟器件的实验平台。

该实验箱主要包括以下模块：稳压源系列部分，晶闸管整流电路部分，可编程模拟器件下载接口电路部分，直流信号源部分，电源部分，集成函数信号发生器部分，运放系列部分，功率放大部分，A/D 转换部分，D/A 转换部分，模拟可编程器件 ispPAC 10、ispPAC 20、ispPAC 80 部分，电位器部分，晶体管系列部分，差动放大部分，恒温控制部分。各部分的具体分布图参考图 1 实验箱元件分布图。

实验箱都是分立元件，实验电路虽然连接非常灵活，可以自由搭建电路，但连线时存在有误操作损坏元器件的可能，故参考图 1 实验箱元件分布图介绍一下所有模块及相关注意事项，从上到下，从左到右的顺序来讲：

1）稳压源系列部分

(1) 变压器输出：可提供交流电压 7.5 V 和 15 V 两种，AC 为公共端，请勿短接任意两端。

(2) 整流二级管：四个二极管 BD1、BD2、BD3、BD4，由四个二极管可组成整流电路，BD1 和 BD2 连在一起，BD3 和 BD4 连在一起，可作为分立元件用于组成电路中。

(3) 滤波电容：二个 1 000 μF 的电容，可单独用，主要用于滤波电路中，电容有正负极之分，接线时务必接对极性。

(4) 二极管稳压电路：由一个 120 Ω/2 W 的电阻和 9.1 V 稳压管组成。注意 120 Ω 的限流电阻是最小值，做实验时要串入适当的电阻。

(5) 晶体管稳压电路：电路已接好，只须输入整流后的电压，注意极性不要接错，输出幅值可由 1 K 电位器调节。

(6) 固定稳压电路：由 L7905 组成的负稳压电路，电路固定，只须输入滤波后的电压即可。由于是负稳压电路，输入注意极性，不可接反。

(7) 变压器开关和指示灯：控制变压器交流输入。

(8) 可调稳压电路：由 LM317 组成电路已固定，只须输入滤波后的电压，注意极性不可接错，可由 5 K 电位器调节稳压幅值。

2）晶体管整流电路部分

整个电路需要连线，注意整流后的电压输入时极性不要接错，需连线接入 100 K 的电位器、单晶管和晶闸管。

3）可编程模拟器件下载接口电路部分

PC 机通过并行线连接到此 25 针接口电路，由跳线控制下载芯片对象，向 V_{CC} 引入＋5 V 电源给芯片供电，接入电源后指示灯亮。目前软件支持并行口下载模式，USB 接口有待升级用。

4）直流信号源部分

如图 3－6 所示两组直流信号源，实际上是引入电源部分的电压通过电位器分压，为实验电路提供各种直流源和可以连续调节的电压。连接方法：(1) IN1(IN3)输入＋5 V，IN2(IN4)输入－5 V，则 OUT1(OUT2)输出提供直流电压－4.2 V～＋4.2 V；(2) IN1(IN3)输入＋5 V，IN2(IN4)输入地，则 OUT1(OUT2)输出提供直流电压 0.5 V～＋4.5 V；(3) IN1(IN3)输入－5 V，IN2(IN4)输入地，则 OUT1(OUT2)输出提供直流电压－4.5 V～－0.5 V。同样＋12 与－12 V 的接法也是这样，到时按实验要求调节所需直流电源。

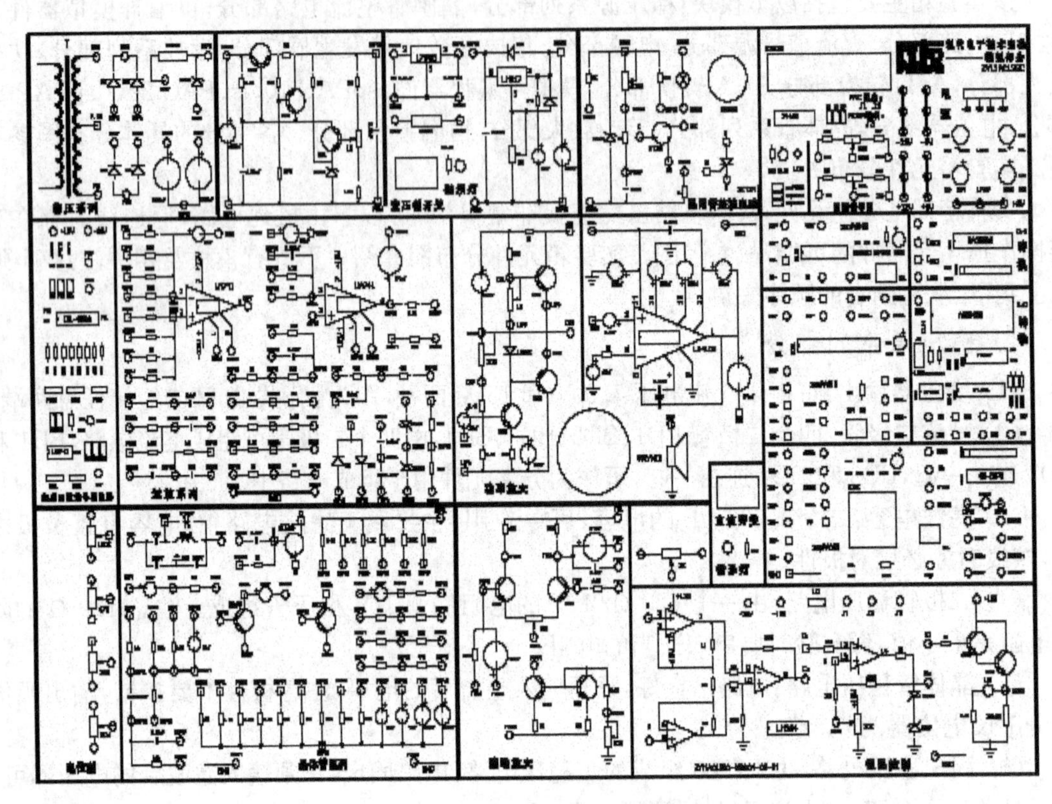

图 3－5　实验箱元件分布图

5）电源部分

整个实验箱的供电部分，提供±5 V，±12 V，＋9 V 电源，通过插孔连线连接到实验中。切勿将直流电源之间短接。

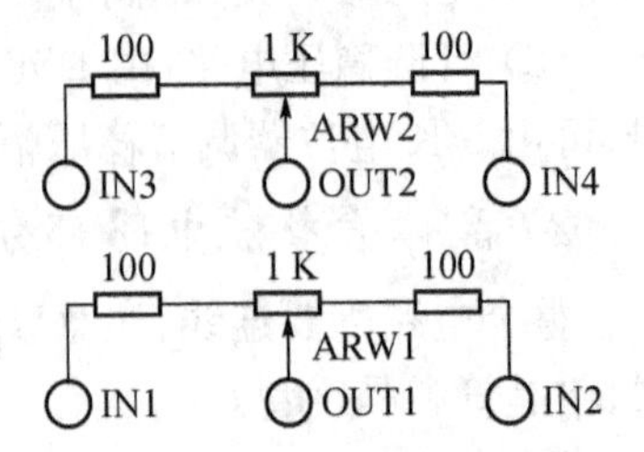

图 3－6　直流信号源插孔图

6）集成函数信号发生器部分

此电路已完成连线，只需连接±12 V 电源即可进行实验，为定性分析实验提供信号源。切勿将±12 V 电源接反，有时信号源没有波形主要是频率调节与幅度调节的电位器调节不当的缘故。由于此信号源上限频率和所调小信号幅度有限，故在定量分析实验时用外置信号源。

7) 运放系列部分

此部分几乎都是分立元件，连线非常灵活，它和晶体管系列部分类似，组成电路图时可用其他部分的分立元件，可完成所有运放的实验。在使用运放时要注意，不能超过其性能参数的极限值，如电源电压范围，最大输入电压范围等。为防止超过极限值或使用疏忽等原因损坏运算放大器，可以采取保护措施，如运放电源接入已固定为±12 V 电压，另外在测量共模输入电压、差模输入电压等运放性能参数时有些运放还会出现“自锁”现象以及永久性的损坏，且共模与差模过载保护电路不同，不能同时加保护，鉴于这种情况，实验中不做相关运放性能参数测试实验，以免烧坏芯片。另外由于 uA741 失调电压很小，在运放的应用实验时影响不大，可以不调零，但注意调零端不可接地或正电源，以免损坏运放。

过载保护措施如下：

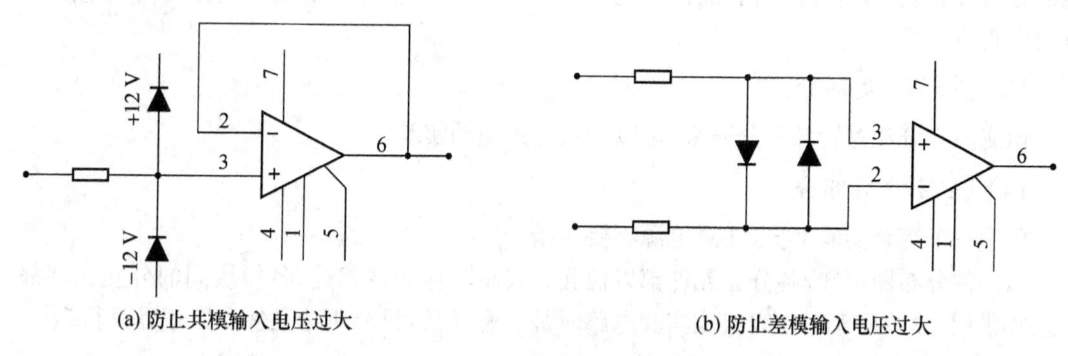

(a) 防止共模输入电压过大

(b) 防止差模输入电压过大

图 3-7 运放过载保护示意图

8) 功率放大部分

(1) 晶体管组成功放：两个电位器需要连接，另外 LTP4、LTP5、LTP6 实际上没有连在一起，需要我们连接。

(2) 集成块组成的功率放大电路：仅输入输出端和+9 V 电源需要连接。

9) 模拟可编程器件 ispPAC 10、ispPAC 20、ispPAC 80 部分

(1) 模拟可编程器件 ispPAC 80：完成低通滤波器的设计。

(2) 模拟可编程器件 ispPAC 10：完成基本放大。

(3) 模拟可编程器件 ispPAC 20：内含比较器。

10) A/D、D/A 转换部分

(1) A/D 转换部分：V_{CC}为+5 V 电源引入端，通过 CS2 来选通通道，通过 A/D 转换软件来观察转换结果。

(2) D/A 转换部分：V_{CC}为+5 V 电源引入端，还须连接电路把 I_{OUT2}、I_{OUT1} 电流转换为电压，用软件实现转换，通过示波器观察结果。

11) 电位器部分

实验箱上有五个不同值的电位器，分别为 1 K，10 K，22 K，47 K，100 K。此处分布了四个。在所有实验中，电位器起改变阻值作用，如图 3-8(a)所示，连接如图 3-8(b)所示任何一种都可以，只要知道改变阻值情况即可，在以后实验中要连接电位器时不再说明接法。

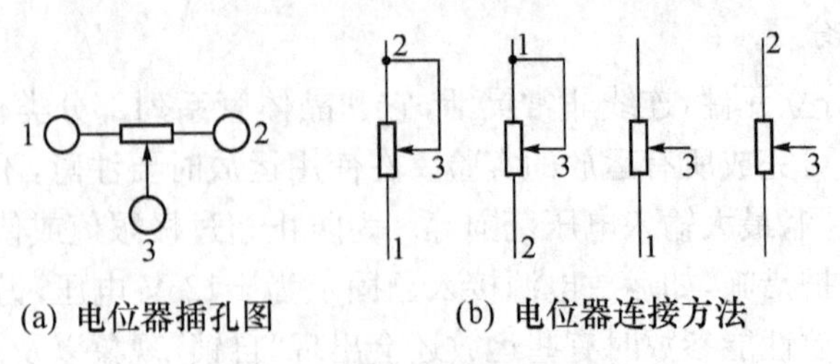

图 3-8 电位器插孔图与连接方法

12）晶体管系列部分

此部分几乎都是分立元件，连线非常灵活，它和运放系列部分类似，组成电路图时可用其他部分的分立元件，可完成所有晶体管的实验。此处实验连线很多，认真连线，确保电路正确再通电实验。

13）差动放大部分

恒流源部分和对管部分分开来，可以做长尾式差动实验。

14）恒温控制部分

此为一个综合实验部分，注意电源不要接错。

从元件分布图可知，各分立元件都以插孔方式跟其他元件相连，各模块间的分立元件都可以互相借用，故按原理图连线组成实验电路时都非常灵活，只要所选元件参数正确就行。

15）放大器干扰、噪声抑制和自激振荡的消除

放大器的调试一般包括调整和测量静态工作点，调整和测量放大器的性能指标：放大倍数、输入电阻、输出电阻和通频带等。由于放大电路是一种弱电系统，具有很高的灵敏度，因此很容易接受外界和内部一些无规则信号的影响。也就是在放大器的输入端短路时，输出端仍有杂乱无规则的电压输出，这就是放大器的噪声和干扰电压。另外，由于安装、布线不合理，负反馈太深以及各级放大器共用一个直流电源造成级间耦合等，也能使放大器没有输入信号时，有一定幅度和频率的电压输出。噪声、干扰和自激振荡的存在妨碍了对有用信号的观察和测量，严重时放大器将不能正常工作。所以必须抑制干扰、噪声和消除自激振荡，才能进行正常的调试和测量。

(1) 干扰和噪声的抑制

把放大器输入短路，在放大器输出端仍可测量到一定的噪声和干扰电压。其频率如果是 50 Hz(或 100 Hz)，一般称为 50 Hz 交流声，有时是非周期性的，没有一定规律。50 Hz 交流声大都来自电源变压器或交流电源线，100 Hz 交流声往往是由于整流滤波不良所造成的。另外，由电路周围的电磁波干扰信号引起的干扰电压也是常见的。由于放大器的放大倍数很高(特别是多级放大器)，只要在它的前级引进一点微弱的干扰，经过几级放大，在输出端就可以产生一个很大的干扰电压。还有，电路中的地线接得不合理，也会引起干扰。

针对实验箱的结构，由于是分立元件连线的方式，容易受外界干扰，比如电源接入干扰信号，或连线不合理、或接地点不合理等，这样在做实验调试过程要求我们抑制干扰和噪声，采取一定的措施：

①搭建电路时连线要求合理，尽量用最少的线连接好电路，输入回路的导线和输出回路、

电源的导线要分开,不要平行或捆扎在一起,以免相互感应。

②电源串入时可以适当加滤波电路。

③选择合理的接地点,尽量把地接在实验箱的插孔与测试钩上,不要把地引出外接而引入干扰。

(2) 自激振荡的消除

检查放大器是否发生自激振荡,可以把输入端短路,用示波器(或毫伏表)接在放大器的输出端进行观察。自激振荡的频率一般为比较高的或极低的数值,而且频率随着放大器元件参数不同而改变(甚至拨动一下放大器连接导线的位置,频率也会改变)。高频振荡主要是由于连线不合理引起的。例如输入和输出线靠得太近,产生正反馈作用。对此要连线尽量少,接线要短等。也可以用一个小电容(例如 1 000 pF 左右)一端接地,另一端逐级接触管子的输入端,或电路中合适部件,找到抑制振荡的最灵敏的一点(即电容接此点时,自激振荡消失),在此处外接一个合适的电阻电容或单一电容(一般 100 pF～0.1 μF,由试验决定),进行高频滤波或负反馈,以压低放大电路对高频信号的放大倍数或移动高频电压的相位,从而抑制高频振荡。一般放大电路在晶体管的基极与集电极接这种校正电路。

低频振荡是由于各级放大电路共用一个直流电源所引起。最常用的消除办法是在放大电路各级之间加上"去耦电路"R 和 C。

电路可靠性和稳定性一直以来是一个很系统和复杂的问题,有兴趣的同学可查相关资料深入学习。

实验箱整个结构以分立元件为基础,这种搭建电路方式易受干扰与自激,但这也是实际设计电路时常常面临的问题,也是我们学习更多知识的最好平台。在做实验时可能碰到许多异常问题,这需要我们在做实验时不仅要学会动手,学会扎实的理论知识,同时,要学会用理论知识解决这些实际问题的能力,从而得到更多的理论知识与实际经验。希望通过本实验箱实验内容的学习,能逐步提高实际动手能力与工程设计能力。

3.4.3 数字电路实验箱简介

1) 组成模块

(1) 数字逻辑电路实验箱主电路板

(2) RAM&ROM 模块扩展板

(3) A/D、D/A 模块扩展板

(4) 数字钟模块扩展板

(5) ALTERA 7128 适配板

(6) LATTICE 1032E 适配板

2) 各个组成模块的主要功能

(1) 信号源单元

该模块为实验箱其他功能模块提供丰富的信号源。主要由固定频率信号源,模拟信号源,单次脉冲源组成。固定频率信号源包含各种频率的方波:1 Hz,10 Hz,100 Hz,500 Hz,1 kHz,10 kHz,100 kHz,200 kHz,500 kHz,1 MHz,2 MHz,4 MHz;模拟信号源包含三角波、正弦波和方波三种波形,通过跳线 TX1,TX2,TX3 改变电容的容值来改变模拟信号源各输出波形的频率段范围，电容有 1 000 pF(102)，0.01 μF(103)，0.1 μF(104)可选，调节电位器 W203 可以细调各波形频率段范围的输出频率，另外调节电位器 W206 可改变模拟信号源正弦波和三角波的输出幅值(方波不可调)，W204 和 W205 调节正弦波的失真度，W202 调节方波的占空比，正弦波和三角波的输出通过拨动“波形选择”开关来选择；单次脉冲源有正脉冲输出和负脉冲输出两种，按下 S201 就会产生一个正的或负的脉冲，它与按下的时间长短无关。当要使用信号源模块中的信号源时，只需要将其接入相应的输入端，对该模块上电即可。

(2) 逻辑电平输出

此模块的主要功能是提供高低电平。当需要一个高电平时，将拨位开关拨上即可，对应的发光二极管发光，同样需要一个低电平将拨位开关拨下即可。除了 16 个拨位开关提供的逻辑电平输出以外，本实验系统还提供由 8 个轻触按键开关组成的电平输出，将其按下输出为低电平，不按始终输出高电平。

(3) 点阵和喇叭

点阵为 8×8 点阵，即有 8 行和 8 列。它的发光规律为：列为低电平，行为高电平时，对应的点发光，例如第一列为低电平，第一行为高电平则对应点阵的最左上角的点亮，即第一行，第一列亮。喇叭是带有功率放大的，调节 W501，可以改变输出功率的大小。

(4) 逻辑电平显示

它的主要作用是对输出电平的高低进行显示，如果发光二极管发光，则对应的输出为高电平，相反发光二极管不发光，则对应的输出为低电平。

(5) 可置换元件库

此元件库的最大特点是元器件的可置换性。元件库中提供了八组元器件的转接装置，您可以根据需要自行选择合适的元件插入库中相应的位置，然后通过实验系统自带的连接线引出。元器件库的可置换性为实验系统的操作使用提供了足够的空间和极度的方便性、灵活性。10 K，100 K 两个多圈精密电位器使得实验箱的硬件资源更加丰富。

(6) 数码管模块

此模块包含两个部分：

①共阴数码管和共阳数码管

此模块设计力求灵活可变，当需要两个共阴的数码管时，只需将共阳数码管拔起，换上共阴数码管即可，同样需要两个共阳数码管，只需将共阴数码管拔起，换上共阳数码管。另外还可以做共阴共阳数码管的单独实验。(实验箱上提供的 TOS5101AH 为共阴数码管，TOS5101BH 为共阳数码管，它们的第 3 脚和第 8 脚为公共端。)

②带驱动显示电路的数码管模块

此模块含有六个带有驱动显示电路的共阴极数码管。数码管由 74LS248 驱动，能够正常显示十进制数字。这种带有驱动显示电路的设计是在经过 6.1 模块的学习以后，节省实验时间的最好选择。

(7) 逻辑笔模块

此模块为使用者提供了一个非常方便而又实用的小工具——逻辑笔。此逻辑笔能够显示逻辑电平的高、低、高阻、脉冲等四种状态。当被测电平为逻辑高电平(高于 2.4 V)时，对应高电平红色指示灯发光。当被测电平为逻辑低电平(低于 0.4 V)时，对应低电平黄色指示灯发光。当被测输出端为高阻态(介于 0.4～2.4 V 之间)时，对应的高阻态绿色指示灯发光。当被测端为脉冲序列时，高低电平指示灯依照脉冲频率，轮换闪烁发光。

3）RAM&ROM 模块

此模块主要是关于大规模集成电路中的存储器实验，分为 RAM 实验和 EEPROM 实验。

（1）RAM 实验

该实验是关于静态 RAM 即 SRAM 的实验，我们所要做的工作就是将数据按照一定的时序写入 RAM 中，然后按照一定的时序关系将其读出，这样来达到模拟实际应用中暂存数据的目的。通过这样一些操作来理解 SRAM 的使用方法和使用规则。

（2）EEPROM 实验

在 EEPROM 中，存有字符的程序，我们所要做的就是将这些数据正确的读出来并显示，因为在微电子高速发展的今天，ASIC 已经应用到各个领域，对于初学这些知识的学生来说，首先要弄清楚它们的基本原理，在此基础上，再学习它们的使用方法。如果条件允许，可以自己编写字符，然后用专用的芯片烧录器将程序写入 EEPROM 中。

4）A/D、D/A 模块

此模块包含 D/A 和 A/D 两个部分的实验。

（1）D/A 转换实验

此实验有两种数据的输入方式，一种是自己通过高低电平输入数据，另外一种就是从计算机的并行口由计算机通过软件发送数据。经过 D/A 转换后，观察显示的模拟输出量，并分析 D/A 转换的原理。

（2）A/D 转换实验

此实验有两种处理数据的方式，一种是自己输入一个模拟量，如直流信号源，正弦波，三角波等，经过 A/D 转换后用逻辑电平显示单元的发光二极管进行数据的显示，另外一种就是将 A/D 采集到的数据由计算机的并行口传送至计算机，通过软件处理后显示在一个界面上。注意做此实验时，转换时钟使用的是信号源单元的 500 kHz 时钟。

5）数字钟模块

数字钟实验由秒计时电路，分计时电路，小时计时电路，校时电路和报时电路组成。首先它们是一个一个单独的部分，只有读懂了它们的原理，才可能将其组成一个完整的数字钟。通过秒计时电路，分计时电路可以观察 60 进制的显示，小时计时电路是一个特殊的 12 进制计数器。

当时钟走的不准，就需要校准，在数字钟实验中，只对分和小时进行校准，它有快校准和慢校准两种方式。当时钟走到了整点，就会模仿电台，进行 4 低音 1 高音报时。

此模块在数字钟的校时和整点报警部分只给出了电路原理图。需要学生自行搭建电路调试，最后实现数字钟的整体组合。这样设计的目的是增加本实验系统的实践动手性，此实验也是本实验系统中，由浅入深的六个数字电路分析、设计与实现实验的开始。此部分实验渐进式为学生充分掌握数字系统的分析、设计与实现方法、手段提供了精心的设计，合理的深度安排，各有侧重的知识点。使得学生通过完成此部分实验，真正领会数字电路系统开发的精髓。

6）ALTERA 7128 适配板

（1）安装

将 ALTERA 7128 适配板装到实验箱主电路板的扩展区域上，注意保持线桥畅通以及稳固的连接,否则芯片无法上电,更无法下载,甚至有可能损坏器件。另外四周的四个孔插上固定用橡胶头,以免摆动,损坏芯片。

(2) 下载

在计算机的并口与7128适配板的并口之间连上实验箱所附25芯电脑线,然后上电,此时适配板上的电源指示灯会发光指示。下载时,按照实验指导书中的步骤操作。

7) LATTICE 1032E 适配板

(1) 安装

将LATTICE 1032适配板装到实验箱主电路板的扩展区域上,注意保持线桥畅通以及稳固的连接,否则芯片无法上电,更无法下载,甚至有可能损坏器件。另外四周的四个孔插上固定用橡胶头,以免摆动,损坏芯片。

(2) 下载

在计算机的并口与1032适配板的并口之间连上实验箱所附25芯电脑线,然后上电,此时适配板上的电源指示灯会发光指示。下载时,按照实验指导书中的步骤操作。

8) 数字逻辑电路实验箱扩展板

(1) 关于线桥结构的说明

本实验系统主电路板与扩展板(包括适配板)的连接方式采用线桥结构。主电路板有2个线桥接口,分别为线桥接口一和线桥接口二;扩展板与适配板可能用到1～2个线桥接口。每一个线桥接口有40路数据(或信号)通路,分别从扩展板的相应输出端连接至主电路板上的IC插座模块中。线桥接口一在每一个扩展板实验中都会用到,它的每个引脚端口引至IC插座模块的第四排,由IC－8(20个端口)、IC－9(14个端口)、A、B、C、D、＋5 V、GND共四十个端口组成。其中IC－8和IC－9的34个端口具有复用性:在进行扩展板实验时它们是输入或输出端口,在进行基础性实验时,它们分别是20PIN和14PIN的IC插座。A、B、C、D四个端口为纯预留端口,它们只与线桥连接。＋5 V和GND端口已经与电源模块＋5 V和GND连接,实验时不用另外连接;线桥接口一从上到下,从左往右引脚值依次递增。插孔数顺序:从DIP20(IC－8)的1脚开始到20脚,再从DIP14(IC－9)的1脚开始到14脚,然后是A、B、C、D、GND、＋5 V。线桥接口二则是专门为7128适配板、1032适配板预留的,它的每个引脚端口引至IC插座模块的第三排,由IC－7组成,同样IC－7的40个端口具有复用性。线桥接口二与DIP40周围的40个插孔一一对应。线脚接口二从上到下,从左往右引脚值依次递增。插孔数顺序:DIP40的1脚开始到40脚。

用户也可以根据实际需要自行设计扩展板,以配合实验系统提供的丰富的硬件资源和信号资源综合使用。这样高二次开发性能的结构也正是本实验系统的设计初衷。

(2) 安装与连接

将数字逻辑电路实验箱扩展板或适配板装到实验箱主电路板的扩展区域上,注意保持线桥畅通以及稳固的连接(注意正反顺序不要接错),否则扩展板无法固定,更无法上电。另外四周的四个孔插上固定用的香蕉头,以免摆动,损坏芯片。做相关扩展板或适配板的实验时扩展板或适配板的线桥接口和主板的线桥接口通过实验箱提供的40芯连接线对应连接。

(3) 使用

将扩展板或适配板固定并连接后,实验操作全部在主电路板上完成,这样方便各种资源的利用和操作的集中性。需要观察的实验现象，部分有扩展板提供，部分通过线桥连接到主电路板上的硬件资源中显示，如果需要借助其他的测量仪器（如数字万用表、双踪示波器等）测量时，在主电路板中都专门留出测试点以供测量。

9）实验注意事项

(1) 电源的打开顺序是：先开交流开关（实验箱中的船形开关），再开直流开关，最后打开各个模块的控制开关。电源关掉的顺序刚好与此相反。

(2) 切忌在实验中带电连接线路，正确的方法是断电后再连线，进行实验。

(3) 实验箱主电路板上所有的芯片出厂时已全部经过严格检验，因此在做实验时切忌随意插拔芯片。

(4) 实验箱中的叠插连接线的使用方法为：连线插入时要垂直，插入后稍做旋转，切忌用力，拔出时用手捏住连线靠近插孔的一端，然后左右旋转几下，连线自然会从插孔中松开、弹出，切忌用力向上拉线，这样很容易造成连线和插孔的损坏。

(5) 实验中应该严格按照老师的要求和实验指导书来操作，不要随意乱动开关，芯片及其他元器件，以免造成实验箱的损坏。

(6) IC 插座的 IC－7 插座中，可以在上面的两个 20PIN 插座（J2、J3 处）中插上相应芯片，只需管脚对应即可；也可以插上 40PIN 芯片（J1、J3 插座中插上相应芯片）；但切忌在 J1 插座与 J2 插座之间装用芯片作实验，因为它们是连通的。

(7) 如果在实验中由于操作不当或其他原因而出现异常情况，如数码管显示不稳定、闪烁，芯片发烫等，首先立即断电，然后报告老师，切忌无视现象，继续实验，以免造成严重后果。

(8) 实验中所用的元件都需要自行配置，元件名称都在实验设备与器件中写出，在实验中不同公司和国家的同种功能的元件可替换，比如 CD 系列的与 CC 系的同各功能的集成芯片可替换。

4 电路分析实验

实验一　常用电工仪表的使用及减小仪表测量误差的方法

一、实验目的

1. 掌握电压表、电流表的使用方法。
2. 了解电压表、电流表内阻的测量方法。
3. 了解电压表、电流表内阻对测量结果的影响及减小仪表内阻产生的测量误差的方法。

二、实验内容

1. 用标准表校验 20 mA 量程的直流毫安表和 5 V 量程的万用电表直流电压挡。
2. 用分压法测定万用电表(MF30)直流电压 1 V 和 5 V 挡量限的内阻。
3. 用分流法测定直流毫安表 2 mA 和 20 mA 挡量限的内阻。
4. 采用同一量程两次测量法测量电路负载 R_L 上的电流。

三、实验仪器与设备

序号	名称	型号与规格	数量	备注
1	直流稳压源	0～30 V	1	主板
2	可调直流恒流源	0～200 mA	1	主板
3	万用电表	MF30 或其他	1	自配
4	标准电流表	—	1	自配
5	标准电压表	—	1	自配
6	直流毫安表	—	1	主板
7	可调电阻	10～100 kΩ	1	主板
8	电阻	—	若干	电路基础实验(三)或电路基础实验(四)或电路基础实验(六)

四、实验原理

1. 根据被测量的性质选择仪表的类型

被测量分为直流量和交流量，交流量又分为正弦交流量和非正弦交流量，应选择相应的直流仪表和交流仪表。如果是正弦交流电压(或电流)，采用任何一种交流电压表(或电流表)均可，一般可从仪表直接读出有效值。如果是非正弦交流电压(或电流)，则测有效值可用电磁系或电动系仪表；测平均值可用整流系仪表；测瞬时值可用示波器；从波形中可求出各点的瞬时值和最大值，测最大值还可用峰值表。

测量交流量时，还应考虑被测量的频率。一般电磁系、电动系和感应系仪表适用频率范围较窄，但特殊设计的电动系仪表可用于中频。整流系仪表适用频率较大。

2. 根据被测线路和被测负载阻抗的大小选择内阻合适的仪表

对电路进行测量时，仪表的接入对电路工作情况的影响应尽可能小，否则测量出来的数据将不反映电路的实际情况。因此用电压表测量负载电压时，电压表内阻越大越好，一般若电压表内阻 $R_V \geqslant 100\ R$（R 为被测负载的总电阻），就可以忽略电压表内阻的影响；电流表串联接入电路进行测量时，其内阻越小，对电路的影响也越小，一般当电流表内阻 $R_A \leqslant \frac{1}{100}R$（$R$ 是与电流表串联的总电阻）时，即可忽略电流表内阻的影响。

电压表、电流表内阻大小与仪表的测量机构（即表头）的灵敏度有关。磁电系仪表灵敏度高，用作电压表时内阻常在 2 000 Ω/V 以上，高的可达 100 kΩ/V；用作电流表时，因灵敏度高的表头所用的分流电阻的阻值小，故磁电系电流表内阻小。电磁系和电动系电压表、电流表内阻的情况与磁电系相反。

3. 根据测量的需要合理选择仪表的准确度等级

仪表准确度就是仪表在规定条件下工作，其标度尺的工作部分的全部分度线上，可能出现的最大基本误差的百分数值。我国目前生产的电工仪表，其准确度有 8 级：即 0.05、0.1、0.2、0.5、1.0、1.5、2.5、5.0 级。仪表准确度等级数值越小，准确度越高，基本误差越小。例如标称准确度为 1.0 的表头，相应量程的最大相对误差为±1.0%。一般电工仪表中，单向标度尺的仪表用得最多，其准确度以标度尺工作部分上量限的百分数表示。若以 K 表示，则有 $\pm K\% = \frac{\Delta_m}{A_m} \times 100\%$，其中 Δ_m 是以绝对误差表示的最大基本误差；A_m 是测量上限。在电工仪表的表盘上一般都标出了仪表的准确度等级符号。仪表的准确度越高，测量误差越小，结果越可靠。但并不是说测量时要尽量选用准确度高的仪表，因为仪表的准确度越高，价格越贵，维修也困难。在准确度较低的仪表可以满足测量要求的情况下，就不必选用准确度高的仪表。通常准确度为 0.1 级和 0.2 级的仪表作标准表和精密测量用；0.5～1.5 级的仪表用于实验室一般测量；1.0～5.0 级的仪表用于一般工业生产测量。

仪表的准确度等级应该定期进行校验。用比较法校验直流电流表、直流电压表时，选取一块比被校表的准确度等级高 1～2 级的仪表作为标准表。校验电压表时，将标准表与被校表并联接入电路中；校验电流表时，将标准表与被校表串联接入电路中，如图 4-1 所示。在表的整个刻度范围内，逐点比较被校表与标准表的差值，并作出校正曲线，横坐标是被校表的读数，纵坐标是被校表读数与标准表读数之差。从校正曲线可查出被校表读数的校正量 Δ。根据最大 Δ 的绝对值与量程之比的百分数，确定被校表的等级。

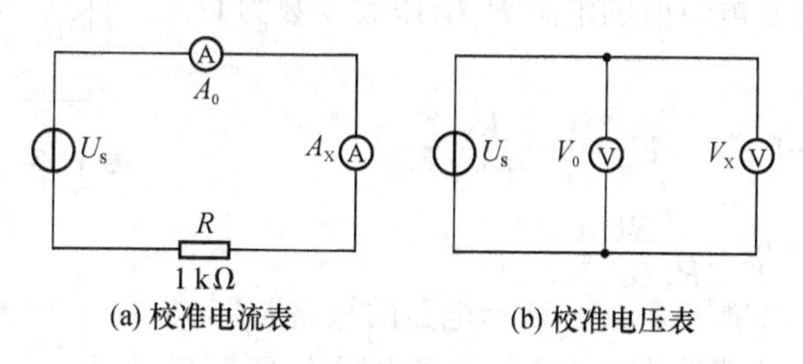

图 4-1　比较法校验仪表电路

4. 按照被测量的大小选用量限合适的仪表

选择仪表时，一般应使被测量的大小在仪表量限的 $\frac{1}{2}$ 或 $\frac{2}{3}$ 以上，如果被测量的大小不到仪表量限的 $\frac{1}{3}$，那就是不合理的。如果用量限比被测量数值大得多的仪表进行测量，则测量误差很大。当然，被测量的大小也不能超过仪表的量限，特别是灵敏度高的电工仪表，因为这可能造成仪表的损坏。

5. 电流表、电压表内阻的测量

(1) 测量电流表的内阻可采用分流法，如图 4-2(a)所示。Ⓐ为被测电流表，内阻设为 R_A。首先断开开关 S，调节电流源的输出电流 I_S，使电流表指针满偏转。然后合上开关 S，并保持 I_S 值不变，调节可调电阻 R_W，使电流表的指针在$\frac{1}{2}$满偏转位置，此时有 $I_A=I_R=\frac{1}{2}I_S$，则 $R_A=R_W$，再测量可调电阻的阻值 R_W 即为电流表的内阻。

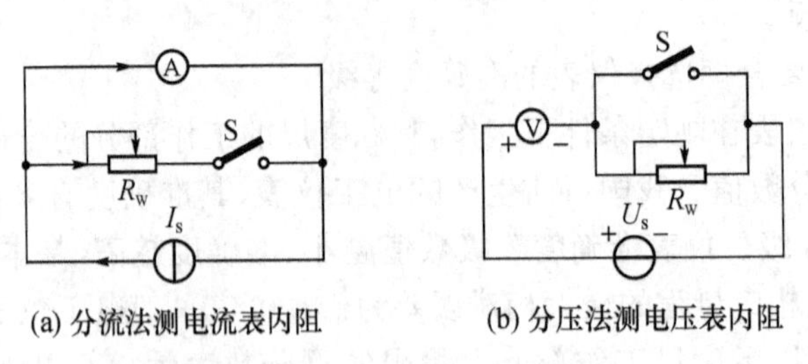

(a) 分流法测电流表内阻　　(b) 分压法测电压表内阻

图 4-2　测量仪表内阻电路

(2) 测量电压表的内阻可采用分压法，如图 4-2(b)所示。Ⓥ为被测电压表，内阻设为 R_V。首先合上开关 S，调节电压源的输出电压 U_S，使电压表指针满偏转。然后断开开关 S，并保持 U_S 值不变，调节可调电阻 R_W，使电压表的指针在$\frac{1}{2}$满偏转位置，此时有 $U_V=U_R=\frac{1}{2}U_S$，$R_V=R_W$，再测量可调电阻的阻值 R_W 即为电压表的内阻。

6. 减小仪表测量误差的方法

若电流表或电压表的内阻不理想，可采用同一量程两次测量法减小由此造成的误差。其中，第一次测量与一般测量一样，但在进行第二次测量时，必须在电路中串入一个已知阻值的附加电阻 R。

(1) 电压测量——测量如图 4-3 所示电路的开路电压 U_0

图 4-3 是两次测量某电路开路电压的示意图。第一次测量，电压表的读数为 U_1（设电压表的内阻为 R_V），第二次测量时电压表应串接一个已知电阻值的电阻 R，电压表读数为 U_2，由图 4-3 可知

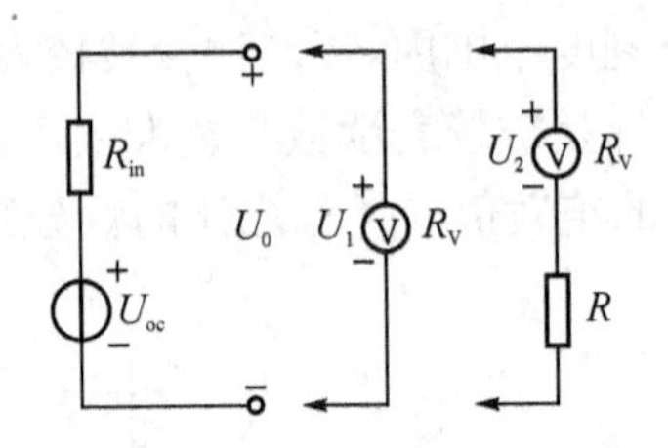

图 4-3　两次测量法测开路电压

$$U_1=\frac{R_V}{R_{in}+R_V}U_{oc}\qquad U_2=\frac{R_V}{R_{in}+R_V+R}U_{oc}$$

解以上两式，可得 $U_o=U_{oc}=\frac{RU_1U_2}{R_V(U_1-U_2)}$。

(2) 电流测量——测量如图 4-4 所示电路的短路电流 I

第一次测量电流表的读数为 I_1（设电流表内阻为 R_A），第二次测量时电流表应串接一个已知电阻值的电阻 R，电流表读数为 I_2，由图 4-4 可知

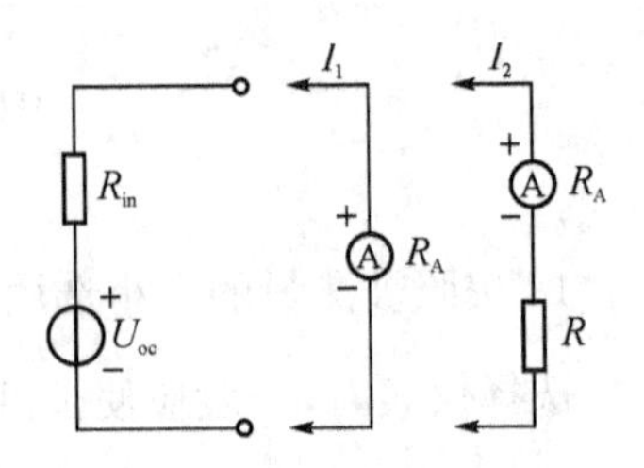

图 4-4　两次测量法测短路电流

$$I_1=\frac{U_{oc}}{R_{in}+R_A}\qquad I_2=\frac{U_{oc}}{R_{in}+R_A+R}$$

解以上两式，可得 $I=\frac{U_{oc}}{R_{in}}=\frac{RI_1I_2}{I_2(R_A+R)-I_1R_A}$。

五、实验注意事项

1. 可调恒流源可通过粗调旋钮和细调旋钮调节其输出量，并由直流毫安表显示其输出量的大小。打开电路分析实验箱电源之前，应使其输出旋钮置于零位，实验时再缓慢地增、减输出。

2. 直流稳压源的输出不允许短路，恒流源的输出不允许开路。

3. 电压表应与电路并联使用，电流表应与电路串联使用，并且都要注意极性与量限的合理选择。

六、实验内容与步骤

1. 按图 4－1 接好电路，U_S 接可调直流稳压电源，调节输出旋钮，使电压从零缓慢地增加。选取一块比被校表的准确度等级高 1～2 级的仪表作为标准表。用标准表校验 20 mA 量程的直流毫安表和 5 V 量程的万用电表直流电压挡。在表的整个刻度范围内，逐点比较被校表与标准表的差值，记录校验数据于表 4－1、表 4－2 中。

表 4－1　校验直流毫安表的数据

被校直流毫安表	I_X/mA					
标准数字电流表	I_O/mA					
绝对误差 $\Delta I=\lvert I_X-I_O\rvert$						

表 4－2　校验直流电压表(万用电表直流电压挡)的数据

被校直流电压表	U_X/V					
标准数字电压表	U_O/V					
绝对误差 $\Delta U=\lvert U_X-U_O\rvert$						

2. 根据"分压法"原理测定万用电表(MF30)直流电压 1 V 和 5 V 挡量限的内阻(数字电压表测量精度高，内阻很大，因而可用于测定指针式万用电表的电压挡内阻)

实验线路如图 4－2(b)所示，其中 R_W 为可调电阻箱的阻值。先将开关 S 闭合，万用电表置 1 V 挡，调节可调电压源输出 U_S，使电压表满偏；再将开关 S 断开，将分压电阻接入电路，保持可调电压源输出 U_S 不变，调节可调电阻箱阻值 R_W，使电压表指示为满偏时的一半，数据记入表 4－3 中，并计算电压表内阻 R_V。改变万用电表量程，重复上述步骤，并将实验数据记入表中。

表 4－3　分压法测电压表内阻

被测表量程	电压表满偏值(V)	电压表半偏值(V)	R_W(kΩ)	R_V(kΩ)
1 V				
5 V				

3. 根据"分流法"原理测定直流毫安表 2 mA、20 mA 挡量限的内阻。

实验线路如图 4－2(a)所示，其中 R_W 为可调电阻箱的阻值。先将开关 S 断开，直流毫安表置2 mA 挡，调节可调恒流源输出 I_S，使电流表满偏；再将开关 S 闭合，将分流电阻接入电路，保持可调恒流源输出 I_S 不变，调节可调电阻箱阻值 R_W，使电流表指示为满偏时的一半，数据记入表4-4中，并计算电流表内阻 R_A。改变直流毫安表量程，重复上述步骤，并将实验数据记入表4-4中。

表 4-4 分流法测电流表内阻

被测表量程	电流表满偏值(mA)	电流表半偏值(mA)	R_W(Ω)	R_A(Ω)
2 mA				
20 mA				

4. 用直流毫安表20 mA挡，采用同一量程两次测量法测量如图4-5所示的电路负载 R_L 上的电流(直流毫安表20 mA挡量限的内阻 R_A 用实验内容3的测定结果)

第一次测量，电流表直接串接到负载 R_L 支路上，读数记为 I_1(设电流表内阻为 R_A)。第二次测量时电流表串接一个已知电阻值的电阻R，再串接到负载 R_L 支路上，读数记为 I_2。根据两次测量结果，计算电路负载 R_L 上的电流。

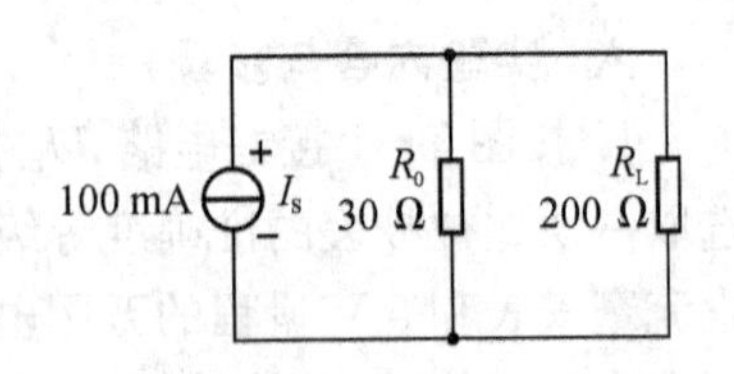

图 4-5 两次测量法测负载电流

七、实验报告要求

1. 做出直流电流表(20 mA挡)的校验报告，标定仪表的等级、内阻。
2. 做出直流电压表(5 V挡)的校验报告，标定仪表的等级、内阻。
3. 做出图4-5同一量程两次测量法测试负载电阻电流的测试报告，给出误差分析。
4. 回答实验思考题。

八、实验思考题

1. 用200 mA挡量程、0.5级电流表测量电流时，可能产生的最大绝对误差为多少？
2. 用量程为20 A的电流表测试实际值为16 A电流时，仪表读数为16.1 A，求测量的绝对误差和相对误差。
3. 计算如图4-5所示电路负载电阻上的电压和电流，并与测量值相比较。
4. 设计一个记录理论计算和两次测量法测量如图4-5所示电路电阻 R_L 上的电流数据的表格。

实验二 常用电路元件的简易测试

一、实验目的

1. 学会万用电表欧姆挡的基本使用方法。
2. 学会用万用电表判别电容器的好坏。
3. 学会晶体管类型与极性的简易判别方法。

二、实验内容

1. 电阻的测量。
2. 电容器好坏的判别。
3. 用万用电表判断元件箱上的两个三极管的类型及其极性。

三、实验仪器与设备

序号	名称	型号规格	数量	备注
1	直流稳压电源	0～30 V	1	主板
2	万用电表	MF30 或其他	1	自配
3	电阻	51 Ω、10 kΩ、100 kΩ 等	若干	电路基础实验(四)或电路基础实验(三)、电路基础实验(六)
4	电容器	0.47 μF、2.2 μF	2	电路基础实验(四)
5	晶体管	NPN、PNP	2	电路基础实验(六)

四、实验原理

电阻、电容、电感线圈、半导体二极管、晶体三极管等都是电路中常用的元器件。多功能电工测量仪表——万用电表，不仅可以用来测量直流电流、交直流电压、电阻等参量的值，还可以判别元器件的好坏及其极性。

1. 万用电表欧姆挡结构原理与电阻的测量

从原理上讲，欧姆挡电路主要是由表头和电池等组成，如图 4－6 所示。用万用电表测电阻值，实质上是测定在一定电压下通过表头的电流大小。由于通过表头的电流与被测电阻 R_X 不是正比关系，所以表盘上的电阻标度尺是不均匀的。万用电表欧姆挡分为×1、×10、×1 K 等数挡，其中 1、10、1 K 等数值为欧姆挡的倍率。被测电阻的实际值等于标度尺上的读数乘以倍率。

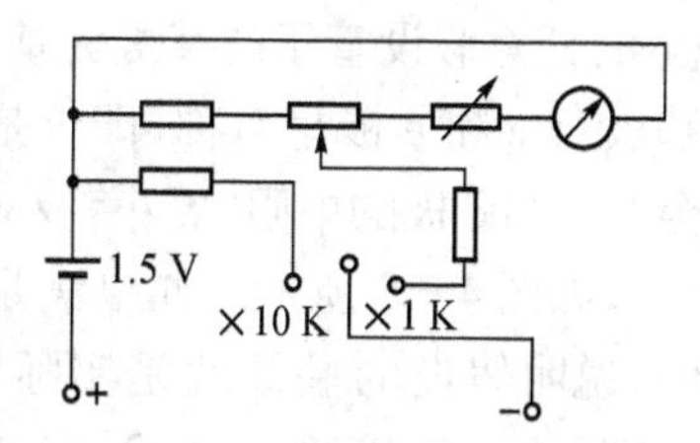

图 4－6　欧姆挡原理电路

由于电池电动势会因使用而下降，所以在测量以前，应先将两表笔短接，转动调零电位器，使指针指在 0 欧姆位置，然后再进行测量。

2. 电容器好坏的简易判别

电容器的好坏和容量的大小可根据电容器放电时电流电压的变化及其时间常数的大小用万用电表进行简易测试。对于 1 μF 以上的固定电容器，用万用电表欧姆挡便可检测出好坏；对于 1 μF 以下的小容量电容器，因其时间常数甚小，需外加直流电源，用万用电表相应的直流电压挡检测。

1 μF 以上电容器的欧姆挡检测法：选用 1 K 的欧姆挡挡位，用两表笔接触电容器两电极，与此同时，观察表针摆动情况。若表针向阻值小的方向摆出，然后又较慢地摆回无穷大处，则电容器是好的；交换表笔再测一次，看表针的回摆情况。摆幅越大的电容器，其电容量也越大。若表笔接触电容器两电极，表针总在无穷大处，或交换表笔后仍然如此，则表明该电容器断路，即已失去容量；若表笔摆出后根本不回摆，则电容器短路，即已被击穿；若表针摆出后回不到无穷大处，则电容器漏电，质量不佳。

若在电路上检查电容器故障，一定要切断电源，并拆开电容一脚检测。

1 μF 以下电容器的电压辅助检测法：对于容量很小的电容器，用欧姆挡检测往往看不出指针的摆动，此时可借助于一个外加直流电压用万用电表电压挡进行检测，具体方法如图 4－7 所示。注意表笔

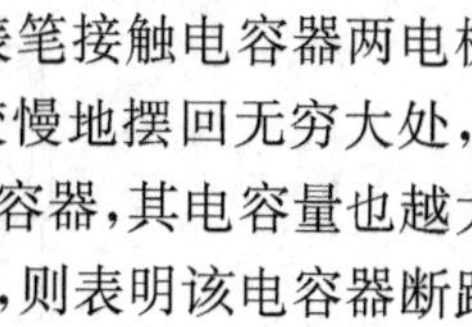

图 4－7　1 μF 以下电容器检测电路

极性和所加直流电压的大小，需与相应的电压挡对应，切不可使外加电压超出所测电容器的耐压。性能良好的电容器，接通电源时，万用电表电压值有较大的摆动，然后缓慢地返回零位。摆幅越大的电容器，电容量也越大。若接通电源时，电压值为零，表针不摆动，交换电容器两电极与电源的连接，表针仍不摆动，则电容器断路；若指针一直指示某一电压值而不回摆，则电容器击穿短路；若摆动后不返回零位，说明电容器漏电，且所指示的电压值越高，漏电量越大。

3. 晶体管类型与极性的判别

由欧姆挡原理电路图可知，插入"－"接线孔的黑表笔是内部电源的正极，而红表笔是内部电源的负极。由于半导体元件的正向耐压和电流的限制，判别其极性时常用×10、×100 和×1 K挡，而禁用×1 和×10 K挡。

利用 PN 结正向电阻小、反向电阻大的原理，用万用电表欧姆挡便可判别出基极 b，同时确定出晶体管的类型。判别出基极后(以 NPN 为例)，根据 $V_c>V_b>V_e$ 时电流放大系数较大，反之电流放大系数很小的原理，便可判别出晶体管的集电极 c 和发射极 e。

(1) 由晶体管结构判别其类型与基极 b：任意假设管子的某极为基极，根据基极对 c 和 e 极呈对称，即仅是基极才会对 c 和 e 极的电阻"要小都小、要大都大"，如图 4-8 所示。如果满足这种条件，说明假设的基极就是实际的基极。否则，换一个极重复测试，直到满足上述条件为止。

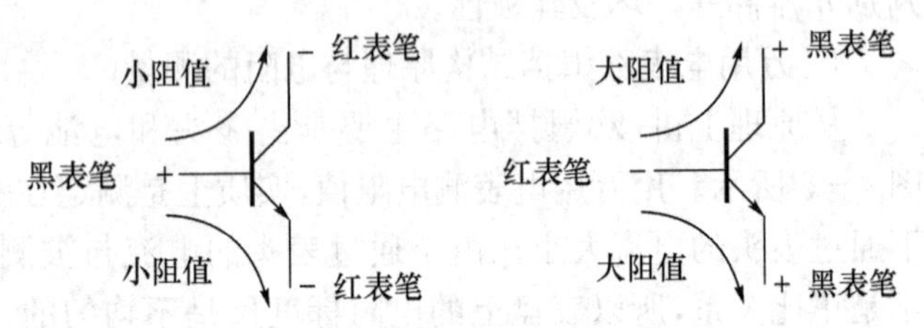

图 4-8　晶体管类型与基极判别依据

基极确定后，看两电阻都小时，是红表笔还是黑表笔接基极：若为黑表笔接基极，则为 NPN 型晶体管，否则，为 PNP 型晶体管。

(2) 由放大原理判别集电极 c 和发射极 e：以 NPN 型晶体管为例，将万用电表两表笔分别接在两未知管脚上，用一约 100 kΩ 左右的电阻在黑表笔与 b 极间接触一下，相当于给基极加上一个偏置电流，观察表针的回摆幅度；对调红、黑两表笔，仍用 100 kΩ 电阻碰触黑表笔与 b 极，再看回摆幅度的大小，如图 4-9 所示。回摆幅度大的一次时黑表笔所接为集电极 c，另一极便为 e 极。实际操作时，也可利用人体电阻代替 100 kΩ 电阻，用手指碰触 b 极与黑表笔。

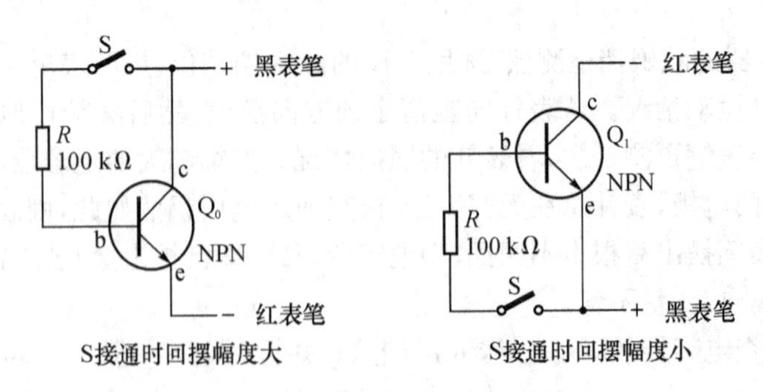

图 4-9　c 极和 e 极判别原理示意图

PNP 型晶体管的测试方法类似，只需用手指触及 b 极与红表笔。回摆幅度大时的那次，红表笔所接为 c 极。

上述是使用指针式万用电表，若使用的是数字显示万用电表，红、黑表笔和指针式万用电表恰好相反。

五、实验注意事项

1. 测电阻前，先进行 0 欧姆调节，每换一次挡位，都要重新调零。

2. 绝不能在带电线路上测量电阻，因为这样做实际上是把欧姆表当电压表使用，极易烧坏万用电表。

3. 检测 1 μF 以下电容器时，注意表笔极性和所加直流电压的大小需与相应的电压挡对应，切不可使外加电压超出所测电容器的耐压。

六、实验内容与步骤

1. 电阻的测量

在电路基础模块上任选两个挡位的电阻测量，根据电阻标称值估计所用万用表欧姆挡量限。指针愈接近欧姆刻度中心读数，测量结果越准确。按表 4－5 要求，将测量结果记入表内。

表 4－5 电阻测量结果记录表

电阻	$R_1(\Omega)$	$R_2(\Omega)$	$R_1//R_2(\Omega)$	$R_1+R_2(\Omega)$
标称值(计算值)				
实测值				

2. 电容器好坏的判别

根据实验原理部分(1 μF 以上电容器的欧姆挡检测法)的描述步骤，用万用电表欧姆挡×1 K挡检测元件箱上 2.2 μF、4.7 μF 的电容器；根据实验原理部分(1 μF 以下电容器的电压辅助检测法)的描述步骤，用万用电表电压挡检测元件箱上 0.1 μF 、0.47 μF 的电容器。

3. 三极管的类型及其极性的判别

用万用电表判别元件箱上的两个三极管的类型及其极性。根据实验原理部分的描述步骤，先判断三极管类型，再判断极性。

七、实验报告要求

1. 结合本实验，将万用电表欧姆挡使用方法及其注意事项作一小结。

2. 记录电阻测量结果。

3. 回答实验思考题。

八、实验思考题

1. 用万用电表欧姆挡检测一未知电容的好坏时，若表针一直指在无穷大处，该电容是否一定断路？为什么？

2. 用最简洁的语言叙述晶体管类型与极性的判别过程。

实验三 电路元件伏安特性的测定

一、实验目的

1. 掌握线性、非线性电阻的概念以及理想、实际电源的概念。

2. 学习线性电阻元件和非线性电阻元件伏安特性的测试方法。

3. 学习电源外特性的测量方法。

4. 掌握应用伏安法判定电阻元件类型的方法。

5. 学习直流稳压电源、直流电压表、直流电流表等仪器的正确使用。

二、实验内容

1. 电阻元件伏安特性的测量。
2. 测定整流二极管的伏安特性。
3. 测定稳压二极管的伏安特性。
4. 测定理想电压源的伏安特性。
5. 测定实际电压源的伏安特性。

三、实验仪器与设备

序号	名称	型号规格	数量	备注
1	直流稳压电源	0～30 V	1	主板
2	直流数字电压表	0～200 V	1	自配
3	直流毫安表	0～200 mA	1	主板
4	电阻	51 Ω,200 Ω	若干	电路基础实验(四)或电路基础实验(六)
5	电位器	1 kΩ	1	自配
6	整流二极管	1N4007	1	电路基础实验(六)
7	稳压二极管	2CW51－3 V	1	电路基础实验(六)

四、实验原理

二端电阻元件的伏安特性是元件的端电压与通过该元件电流之间的函数关系。独立电源和电阻元件的伏安特性可以用电压表、电流表测定,称为伏安测量法。由测得的伏安特性可了解被测元件的性质。

1. 电阻元件

线性电阻元件的伏安特性满足欧姆定理,在关联参考方向下,可表示为 $u=Ri$,其中 R 为常量,称为电阻的阻值。其伏安特性曲线是一条过坐标原点的直线,具有双向性。

非线性电阻元件的阻值 R 不是一个常量,其伏安特性曲线是一条过坐标原点的曲线。非线性电阻的种类很多,而且应用也很广泛,钨丝灯泡、普通二极管、稳压二极管、恒流管和隧道二极管都是非线性电阻元件。

在被测电阻元件上施加不同极性和幅值的电压,测量流过该元件的电流;或在被测电阻元件中通入不同方向或幅值的电流,测量该元件两端的电压,都可得到被测电阻元件的伏安特性。

2. 电压源

理想直流电压源输出固定幅值的电压,输出电流的大小由外电路决定,因此它的外特性曲线是平行于电流轴的直线。实际电压源的电压 U 和电流 I 的关系为 $U=U_S-R_SI$。在线性工作区可以用一个理想电压源 U_S 和内电阻 R_S 相串联的电路模型来表示。实际电压源的外特性曲线和理想电压源的外特性曲线有一个夹角 θ,θ 越大,说明实际电流源内电阻 R_S 越大。

将电压源与一可调电阻 R_L 相连,改变负载电阻 R_L 的阻值,测量相应的电压源电流和端电压,可得到被测电压源的外特性。

3. 电流源

理想电流源输出固定幅值的电流，其端电压由外电路决定，因此它的外特性曲线是平行于电压轴的直线。实际电流源的电流 I 和电压 U 的关系为 $I=I_S-G_SU$。在线性工作区内可以用一个理想电流源和内电导相并联的电路模型来表示。实际电流源的外特性曲线和理想电流源的外特性曲线有一个夹角 θ，θ 越大，说明实际电流源内电导 G_S 越大。

五、实验注意事项

1. 阅读实验中所用仪表的使用介绍，注意量程和功能的选择。注意电压源使用时不能短路。

2. 测二极管正向特性时，稳压电源的输出应由小到大逐渐增加。应时刻注意电流表读数不得超过 20 mA，稳压源输出端切勿碰线短路。

3. 进行不同的实验时，应先估算电压和电流值，合理选择仪表的量程，勿使仪表超量程；仪表的极性亦不可接错。

六、实验内容与步骤

1. 线性电阻元件伏安特性的测量

取 $R=200\ \Omega$ 作为被测元件，先将稳压电源的输出调为 12 V，关闭电源，按图 4－10 接线。经检查无误后，接通电源，调节可变电阻器，使电压表示数分别为表 4－6 中所列数值，记录相应的电流值于表中（注意有效数字的读取），绘制 $U-I$ 关系曲线图。

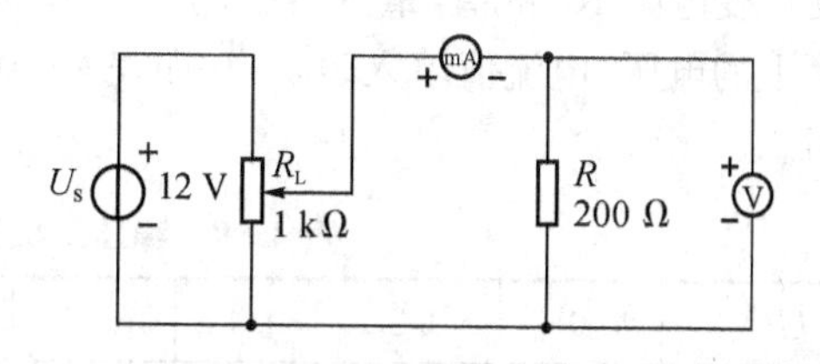

图 4－10　测试线性电阻元件伏安特性的电路图

表 4－6　电阻元件伏安特性测量数据

U(V)	0	2	4	6	8	10
I(mA)						

2. 非线性电阻元件伏安特性的测量

(1) 测定整流二极管的伏安特性

被测对象为半导体二极管。由于硅二极管、锗二极管的正向导通压降不一样，为了使特性曲线测得准确，先从低到高初测出一组电压值，由测量结果描出曲线草图，然后根据形状，合理选取电压值进行测量。曲线曲率大的地方，相邻电压数值要选得靠近一些；曲率小的地方，可选的疏一些。按图 4－11 接线，U_S 为可调稳压电源，VD 是整流二极管，可变电阻 R_L 用以调节电压，r 为限流电阻，用以保护二极管。测二极管 VD 的正向特性时，调节电源输出电压为 12 V，改变可变电阻 R_L 的值。二极管正向电流不得超过 25 mA，正向压降可在 0～0.75 V 之间取值，特别是在0.5～0.75 V 之间应多取几个测试点。作反向特性实验时，只需将图 4－11 中的二极管 VD 反接，使 $R_L=1\ \text{k}\Omega$，可调稳压源的输出电压 U_S 从 0 V 开始缓慢增加，二极管反向电压可在 0～30 V 之间取值。由于二极管是单向性元件，注意使用中其端钮的接线。线路连好后，按表 4－7和表 4－8

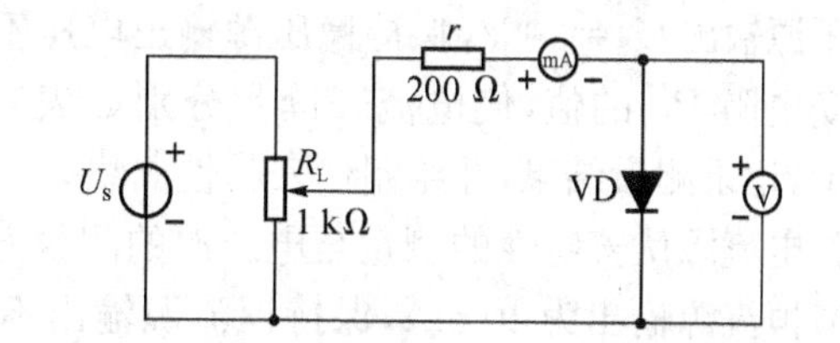

图 4－11　测试非线性电阻正向伏安特性电路图

所列数据观测并记录结果，在 $U-I$ 平面中绘出其伏安特性曲线。

表 4-7　整流二极管正向伏安特性测量数据

U(V)	0	0.2	0.4	0.5	0.55	0.6	0.65	0.7	0.75
I(mA)									

表 4-8　整流二极管反向伏安特性测量数据

U(V)	0	−5	−10	−15	−20	−25	−30
I(mA)							

(2) 测定稳压二极管的伏安特性

将整流二极管换成稳压二极管，按如图 4-11 所示电路接线，调节电压源输出电压为 8 V，改变可变电阻 R_L 的值，重复实验内容(1)，其正、反向电流不得超过±20 mA。将被测稳压二极管上的电压、电流值填入表 4-9 和表 4-10 中。根据被测数据，绘制稳压二极管伏安特性曲线图。

表 4-9　稳压二极管正向伏安特性测量数据

U(V)	0	0.2	0.4	0.6	0.65	0.7	0.72	0.74	0.76	0.78
I(mA)										

表 4-10　稳压二极管反向伏安特性测量数据

U(V)	0	−1.5	−2	−2.5	−2.8	−3	−3.1	−3.2	−3.5	−3.55
I(mA)										

3. 测定理想电压源、电流源伏安特性

被测对象是直流稳压电源，由于其内阻 $R_0 \leqslant$ 30 mΩ，在和外电路电阻相比可忽略不计的情况下，其输出电压基本维持不变，可视为一理想电压源。实验电路如图 4-12 所示，其中 $r=200\ \Omega$ 为限流电阻，R_L 为 1 kΩ 可变电阻器。接好电路，调节稳压源输出 $U_S=10$ V，保持稳压源输出电压不变，改变电阻 R_L 的值，使电流表读数分别如表 4-11 所示，记录测量结果，并绘制伏安特性曲线。

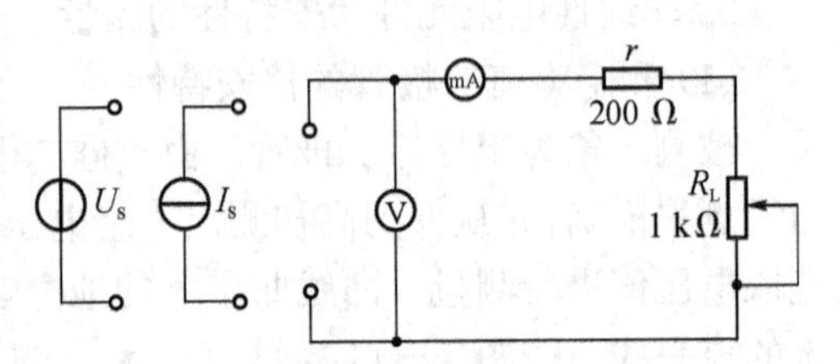

图 4-12　测定理想电源伏安特性电路图

电流源伏安特性的测量与电压源的测量方法一致，将电流源按如图 4-12 所示电路连接，调节恒流源输出为 10 mA，保持恒流源输出不变，改变电阻 R_L 的值，使电压表读数分别如表 4-11 所示，记录测量结果。

表 4-11　理想电源伏安特性测量数据

$r=200\ \Omega$　　$R_L=0\sim1\ k\Omega$

电压源	I(mA)	10	15	20	30	40	45
	U_S(V)						
电流源	U(V)	3	4	6	8	10	11
	I_S(mA)						

4. 测定实际电压源的伏安特性

直流稳压电源其内阻很小，为了了解实际电压源的伏安特性，选取一个电阻作为稳压电源的内阻，串联组成一个实际电压源模型，然后测量其伏安特性。实验电路如图 4-13 所示，调节稳压源输出 $U_S=12$ V，保持稳压源输出电压不变，改变电阻 R_L 的值，使电流表读数分别如表 4-12 所示，记录测量结果，并绘制伏安特性曲线、写出解析式。

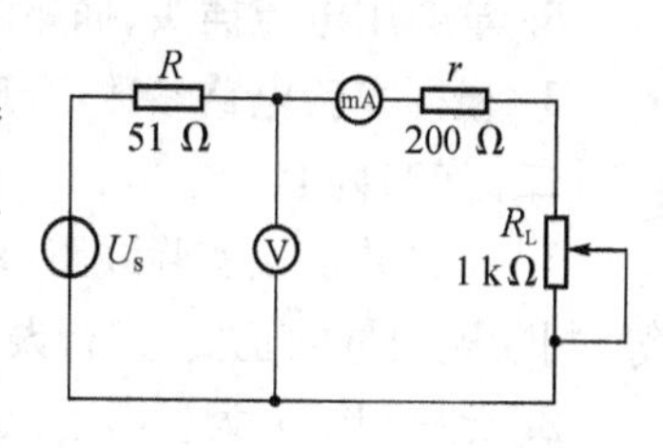

图 4-13　测定实际电压源伏安特性电路图

表 4-12　实际电压源伏安特性测量数据

I(mA)	10	15	20	25	30	35	40
U(V)							

七、实验报告要求

1. 根据测量数据，在坐标纸上按比例绘制出伏安特性曲线，由特性曲线求出各种情况下实际电源的内阻值，并与实验给定的内阻值相比较，分析引起误差的主要原因。

2. 简要解释各特性曲线的物理意义。

3. 根据伏安特性曲线，判断各元件的性质和名称。由线性电阻的特性曲线求出其电阻值。

4. 根据实验结果，总结、归纳被测各元件的特性。

八、实验思考题

1. 线性电阻和非线性电阻的概念是什么？电阻器与二极管的伏安特性有何区别？

2. 设某器件伏安特性曲线的函数式为 $I=f(U)$，试问在逐点绘制曲线时，其坐标量应如何放置？

3. 稳压二极管与普通二极管有何区别？其用途如何？

4. 用伏安法测量电阻元件伏安特性曲线的电路如图 4-14(a)所示。由于电流表内阻不为零，电压表的读数包括了电流表两端的电压，给测量结果带来了误差。为了使被测元件伏安特性更准确，设电流表的内阻已知，如何用作图的方法对测得的伏安特性曲线进行校正？若将实验电路换为电压表后接，如图 4-14(b)所示，电流表的读数包括了流经电压表支路的电流，设电压表的内阻为已知，对测得的伏安特性又如何校正？

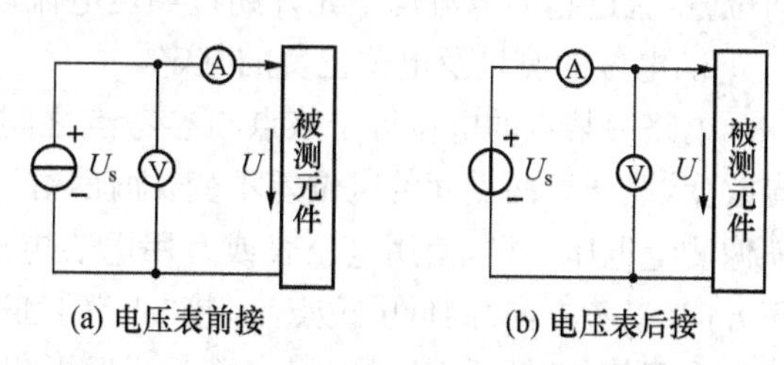

图 4-14　用伏安法测电阻元件的伏安特性曲线

实验四　电路基本测量

一、实验目的

1. 掌握电流表、电压表、万用电表、稳压电源的使用方法。
2. 学习电流、电压的测量及误差分析。
3. 掌握电位的测量及电位正负的判定。
4. 掌握电路电位图的绘制方法。
5. 学会用电流插头、插座测量各支路电流的方法。
6. 根据实验电路参数，合理选择仪表量程，掌握挡位的选择及正确读数的方法。

二、实验内容

1. 布置并连接实验线路，调节可调稳压源输出，使用电压表、电流表测量电路电压、电流等，判断被测量的正负，进行误差分析；用电流插头、插座测量各支路电流。

2. 分别以 c、e 为参考节点，测量混联电路中各节点电位及相邻两点之间的电压值，判定电位的正负；通过计算验证电路中任意两节点间的电压与参考点的选择无关，并根据实验数据绘制电路电位图。

三、实验仪器与设备

序号	名称	型号规格	数量	备注
1	可调直流稳压源	0～30 V	2	主板
2	直流数字电压表	—	1	自配
3	直流数字电流表	—	1	自配
4	直流毫安表	—	1	主板
5	基尔霍夫定律实验线路板	—	1	电路基础实验(一)

四、实验原理

1. 滑动变阻器的使用

滑动变阻器是一种常用的电工设备。它可作为可变电阻，用以调节电路中的电流，使负载得到大小合适的电流；也可作为电位器，用以改变电路的端电压，使负载得到所需要的电压。滑动变阻器的额定值有最大电阻 R_N 和额定电流 I_N。在各种使用场合，不论滑动触头处于任何位置，流过它的电流均不允许超过额定电流，否则会烧坏滑动变阻器。

2. 电位的测量及电位正负的判定

电路中某点的电位等于该点与参考点之间的电压。参考点选择不同，各节点的电位也相应改变，但任意两点间的电位差不变，即任意两点间电压与参考点电位的选择无关。测量电位就像测量电压一样，使用电压表或万用电表电压挡。如果将仪表接“－”的黑表笔放在电路的正方向(参考方向)的低电位点上，接“＋”的红表笔放在正方向的高电位点上，表针正偏转，则读数取正值；表针反偏，则应将表笔对调后再测量，读数取负值。

3. 电位图的绘制

若以电路中的电位值作纵坐标，电路中各点位置(电阻或电源)作横坐标，将测量到的各点电位在该坐标平面中标出，并把标出点按顺序用直线相连接，就得到电路的电位变化图。每一段直线段表示某两点间电位的变化情况;而且任意两点的电位变化,即为该两点之间的电压。

在电路中,电位的参考点可任意选定。对于不同参考点,所绘出的电位图不同,但其各点电位变化的规律是一样的。

4. 电压和电流的测量与读数

在电路测量中,电流表应与被测电路串联,电压表要与被测电路并联。在直流电路中,要注意仪表正极端必须与电路高电位点连接,否则,仪表会出现反摆,甚至损坏。接线前,应估算电路参数后,正确选择仪表的量程:量程选择太小会使电参数超过仪表量程,损坏仪表;量程选择太大又会增加测量误差。根据误差理论分析,一般应当使读数在 1/2～2/3 满刻度之间。一定准确度的仪表,所选量程越接近被测值,测量结果的误差就越小。

5. 电流插座和插头的设置

为了用同一电流表测量多个支路电流,电流表并不直接串入电路,而是用几个电流插座来代替。将电流插座接入被测电流支路,电流插头两接线端与一个电流表两接线端相接;只要将电流插头插入电流插座的两接触铜片间,电流就流经电流表,测得所需支路电流。

6. 电路故障分析与排除

(1) 实验中常见故障

①连线:连线错误、接触不良、短路或断路。

②元件:元件错误或元件值错误,包括电源输出错误。

③参考点:电源、实验电路、测试仪器之间公共参考点连接错误等等。

(2) 故障检查

故障检查方法很多,一般根据故障类型,确定部位,缩小范围,在小范围内逐点检查,最后找出故障点并给予排除。简单实用的方法是用万用电表(电压挡或电阻挡)在通电或断电状态下检查。

①通电检查法:用万用电表电压挡或电压表,在接通电源的情况下,若根据实验原理,电路某两点应该有电压,万用电表测不出电压;某两点不应该有电压,万用电表测出了电压;所测电压值与电路原理不符,则故障即在此两点间。

②断电检查法:电工实验过程中,经常会遇到接触不良或连接导线内部断开的隐性故障,利用万用电表可以较方便地寻找到这类故障点。在测量过程中发现某点或某部分电路在数值上与理论值相差甚远或时有时无时,可以大致推断出故障区域;然后切断电源,用万用电表欧姆挡测量故障区域内的端钮、接线、焊点或元件,当发现某处应当是接通而阻值较大时,即为故障点。

五、实验注意事项

1. 使用指针式仪表时,要特别关注表针的偏转情况,及时调换表的挡位,防止指针打弯或仪表损坏。

2. 测量电位时,不但要读出数值,还要判断实际方向,并与设定的参考方向进行比较,若不一致,则该数值前加“－”号。

3. 使用电流测试线时,红色插头接电流表“＋”,黑色插头接电流表“－”。

4. 使用数字直流电压表测量电位时,黑表笔端插入参考点,红表笔端插入被测各点,若显示正值,则表明该点电位为正(即该点电位高于参考点电位);若显示负值,表明该点电位为负值(即该点电位低于参考点电位)。

5. 使用数字直流电压表测量电压时，红表笔端接入被测电压参考方向的正(+)端，黑表笔插入被测电压参考方向的负(−)端，若显示正值，则表明电压参考方向与实际方向一致；若显示负值，表明电压参考方向与实际方向相反。

六、实验内容与步骤

1. 实验线路如图 4－15 所示，实验前先任意设定三条支路的电流参考方向，如图 I_1、I_2、I_3 所示。

(1) 分别将两路直流稳压电源接入电路，按如表 4－13 所列数据调节稳压电源输出电压。

(2) 熟悉电流插头的结构，将电流插头的两接线端接至直流数字毫安表的"＋"、"－"两端，并分别插入三条支路的三个电流插座中，记录电流值，填入表 4－13 中。

(3) 用直流数字电压表分别测量两路稳压电源的输出电压及电阻元件上的电压值，将测量结果记入表 4－13 中。

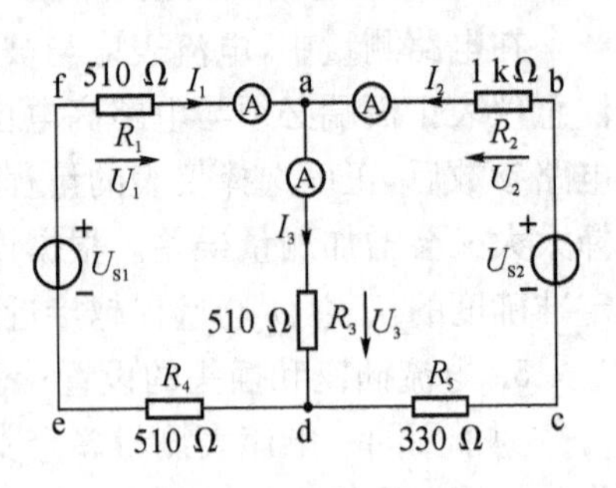

图 4－15　实验电路

表 4－13　电路基本测量实验数据

	U_{S1}	U_{S2}	U_1	U_2	U_3	I_1	I_2	I_3
$U_{S1}=12$ V,$U_{S2}=10$ V								
$U_{S1}=6$ V,$U_{S2}=12$ V								
$U_{S1}=12$ V,$U_{S2}=5$ V								

2. 令 $U_{S1}=12$ V,$U_{S2}=10$ V，分别以 c、e 为参考节点，测量图 4－15 中各节点电位及相邻两点之间的电压值，将测量结果记入表 4－14 中。通过计算验证电路中任意两节点间的电压与参考点的选择无关，并根据实验数据绘制电路电位图。

表 4－14　不同参考点的电位与电压

参考点	V、U	V_a	V_b	V_c	V_d	V_e	V_f	U_{ab}	U_{bc}	U_{cd}	U_{da}	U_{af}	U_{fe}	U_{de}
c 节点	计算值													
	测量值													
	相对误差													
e 节点	计算值													
	测量值													
	相对误差													

七、实验报告要求

1. 计算表 4－14 中所列各值，总结出有关参考点与各电压间的关系。

2. 根据实验数据，绘制电位图形。

3. 回答实验思考题。

4. 写出实验心得体会。

八、实验思考题

1. 测量电压、电流时，如何判断数据前的正负号？负号的意义是什么？

2. 电位出现负值，其意义是什么？

3. 电路中同时需要±12 V电源供电，现有两台0～30 V可调稳压电源，问怎样连接才能实现其要求？试画出电路图。

4. 若I_1或I_2与图4－15中所标方向相反，测量时能否判定？其含义如何？

实验五　基尔霍夫定律的验证

一、实验目的

1. 验证基尔霍夫电流定律（KCL）和电压定律（KVL）。

2. 学会测定电路的开路电压与短路电流；加深对电路参考方向的理解。

二、实验内容

计算并验证基尔霍夫定理。

三、实验仪器与设备

序号	名称	型号规格	数量	备注
1	可调直流稳压电源	0～30 V	1	主板
2	直流数字电压表	—	1	自配
3	直流毫安表	—	1	主板
4	万用电表	MF30或其他	1	自配
5	基尔霍夫定律实验线路板	—	1	电路基础实验（一）

四、实验原理

基尔霍夫定律是电路理论中最基本也是最重要的定律之一，它概括了集总电路中电流和电压分别应遵循的基本规律。

基尔霍夫电流定律（KCL）：在集总电路中，任何时刻，对于任一节点，所有支路的电流代数和恒等于零，即$\sum i=0$。

基尔霍夫电压定律（KVL）：在集总电路中，任何时刻，沿任一回路，所有支路的电压代数和恒等于零，即$\sum u=0$。

电路中各个支路的电流和支路的电压必然受到两类约束，一类是由元件本身造成的约束，另一类是由元件相互连接关系造成的约束，基尔霍夫定律表述的是第二类约束。

在电路理论中，参考方向是一个重要的概念，它具有重要的意义。在电路中，往往不知道某一个元件两端电压的真实极性或流过电流的真实流向，只有预先假定一个方向，这个方向就是参考方向。在测量或计算中，如果得出某个元件两端电压的极性或电流的流向与参考方向相同，则把该电压值或电流值取为正值；否则把该电压或电流取为负值，表示电压的极性或电流的流向与参考方向相反。

五、实验注意事项

1. 验证KCL、KVL时，电流源的电流及电压源两端电压都要进行测量，实验中给定的已知量仅作参考。

2. 防止电源两端碰线短路。

3. 使用电流测试线时，将电流插头的红接线端接电流表“＋”端，电流插头的黑接线端接电流表“－”端。

4. 使用数字直流电压表测量电压时，红表笔端接入被测电压参考方向的正(＋)端，黑表笔端插入被测电压参考方向的负(－)端，若显示正值，则表明电压参考方向与实际方向一致；若显示负值，表明电压参考方向与实际方向相反。

5. 使用指针式电流表进行测量时，要识别电流插头所接电流表的“＋”、“－”极性。倘若不知极性，则电表指针可能反偏(电流为负值时)，必须调换电流表的极性，重新测量。此时指针正偏，但读得的电流值必须冠以负号。

六、实验内容与步骤

1. 实验前先任意设定三条支路的电流参考方向，如图 4-16 中的 I_1、I_2、I_3 所示。

2. 分别将两路直流稳压电源接入电路，令 $U_{S1}=6\ V$，$U_{S2}=12\ V$。

3. 将电流插头分别插入三条支路的三个电流插座中，红接线端接电流表“＋”端，电流插头的黑接线端接电流表“－”端。选择合适的电流表挡位，记录电流值到表 4-15。

4. 用直流数字电压表分别测量两路电源输出电压及电阻元件上的电压值，并记录到表 4-15。

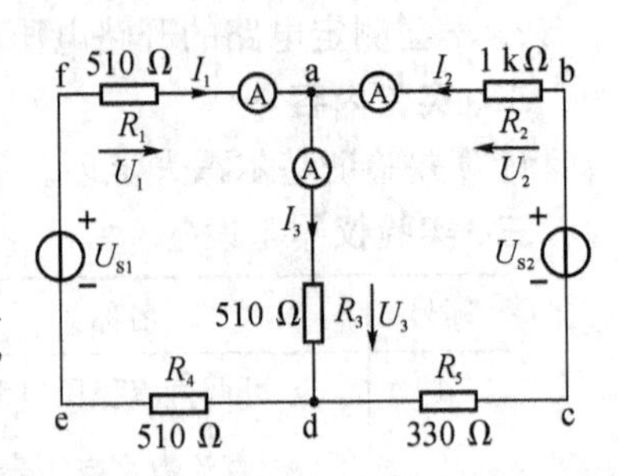

图 4-16　基尔霍夫定理的验证

5. 将测得的各电流、电压值分别代入 $\sum i=0$ 和 $\sum u=0$，计算并验证基尔霍夫定律，作出必要的误差分析。

表 4-15　基尔霍夫定理实验数据

被测量	I_1	I_2	I_3	U_{S1}	U_{S2}	U_{fa}	U_{ab}	U_{cd}	U_{ad}	U_{de}
计算值										
测量值	2.92	14.13	14.13	6	11.85	0.98	－5.87	－1.95	4.03	0.98
相对误差										

七、实验报告要求

1. 根据实验数据，选定实验电路中的任一个节点，验证 KCL 的正确性。

2. 根据实验数据，选定实验电路中的任一个闭合回路，验证 KVL 的正确性。

3. 回答实验思考题 2。

八、实验思考题

1. 根据图 4-16 的电路参数，计算出待测电流 I_1、I_2、I_3 和各电阻上的电压值，记入表 4-15 中，以便测量时，可正确选择毫安表和电压表的量程。

2. 实验中，若用指针式万用表直流毫安挡测各支路电流，什么情况下可能出现毫安表指针反偏？应如何处理？在记录数据时应注意什么？若用直流数字毫安表进行测量时，又会有什么显示呢？

实验六　叠加原理

一、实验目的

1. 验证线性电路叠加原理的正确性。

2. 通过实验加深对叠加原理的内容和适用范围的理解。

3. 学会分析测试误差的方法。

二、实验内容

1. 分别令U_{S1}电源单独作用、U_{S2}电源单独作用、U_{S1}和U_{S2}共同作用、1.3U_{S2}单独作用，验证线性电路叠加原理。

2. 将电阻换成二极管，验证非线性电路不满足叠加原理。

三、实验仪器与设备

序号	名称	型号规格	数量	备注
1	可调直流稳压源	0～30 V	1	主板
2	直流数字电压表	—	1	自配
3	直流毫安表	—	1	主板
4	叠加原理实验线路板	—	1	电路基础实验(一)

四、实验原理

叠加原理是分析线性电路时非常有用的网络定理，它反映了线性电路的一个重要规律：在含有多个独立电源的线性电路中，任意支路的电流或电压等于各个独立电源分别单独激励时，该支路所产生的电流或电压的代数和。电路中某一电源单独激励时，其余不激励的理想电压源用短路线来代替，不激励的电流源用开路线来代替。

含有受控源的电路应用叠加原理时，在各独立电源单独激励的过程中，一定要保留所有的受控源。

线性电路的齐次性是指当激励信号(某独立源的值)增加或减小K倍时，电路的响应(即在电路其他电阻元件上所建立的电流或电压值)也将增加或减小K倍。

叠加原理只适用于线性电路。且在线性电路中，因为功率与电压、电流不是线性关系，所以计算功率时不能应用叠加原理。

五、实验注意事项

1. 用电流插头测量各支路电流时，应注意仪表的极性及数据表格中记录的“+”、“−”。

2. 注意仪表量程的及时更换。

六、实验内容与步骤

1. 按图 4－17 电路接线，取U_{S1}＝12 V，U_{S2}＝10 V。

2. 令U_{S1}电源单独作用(将开关S_1投向U_{S1}侧，开关S_2投向短路侧)，用直流数字电压表和毫安表(使用电流插头)测量各支路电流及各电阻元件两端电压，将数据记入表 4－16 中。

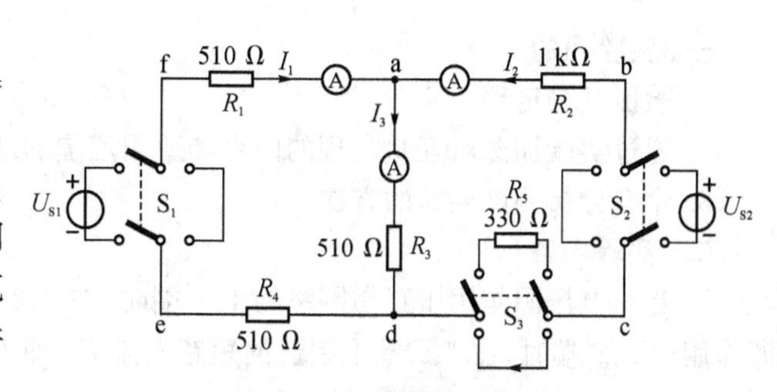

图 4－17　叠加原理实验电路

表 4-16　线性电路测量数据

测量项目	U_{S1}	U_{S2}	I_1	I_2	I_3	U_{ab}	U_{cd}	U_{ad}	U_{de}	U_{fa}
U_{S1}单独作用										
U_{S2}单独作用										
U_{S1}、U_{S2}共同作用										
1.3U_{S2}单独作用										

3. 令U_{S2}电源单独作用(将开关 S_2 投向U_{S2}侧,开关 S_1 投向短路侧),重复实验步骤 2。

4. 令U_{S1}和U_{S2}共同作用(将开关 S_1 和 S_2 分别投向U_{S1}和U_{S2}侧),重复实验步骤 2。

5. 将U_{S2}调至 13 V,即 1.3U_{S2}电源单独作用(将开关 S_2 投向U_{S2}侧,开关 S_1 投向短路侧),重复实验步骤 2。

6. 将如图 4-17 所示电路中的 R_5 换为二极管 N4007(将开关 S_3 投向二极管侧),其余同上述实验步骤,验证非线性电路不满足叠加原理,将数据记入表 4-17 中。

表 4-17　非线性电路测量数据

测量项目	U_{S1}	U_{S2}	I_1	I_2	I_3	U_{ab}	U_{cd}	U_{ad}	U_{de}	U_{fa}
U_{S1}单独作用										
U_{S2}单独作用										
U_{S1}、U_{S2}共同作用										
1.3U_{S2}单独作用										

七、实验报告要求

1. 根据实验数据验证线性电路的叠加性与齐次性。
2. 将理论值与实测值相比较,分析误差产生的原因。
3. 回答实验思考题 1。

八、实验思考题

1. 用电流实测值及电阻标称值计算 R_1、R_2、R_3 上消耗的功率,以实例说明功率能否叠加。
2. 用实验方法验证叠加原理时,如果电源内阻不允许忽略,实验应如何进行?

实验七　互易定理

一、实验目的

1. 验证互易定理。
2. 通过实验加深对互易定理的内容和适用范围的理解。
3. 学会分析测试误差的方法。

二、实验内容

1. 当一电压源作用于互易网络的 1、1′端时,在 2、2′端上引起的短路电流 I_2 等于同一电压源作用于 2、2′端时,在 1、1′端上引起的短路电流 I'_1,即 $I_2=I'_1$。测量互易网络(1)中图(a)、(b)两电路各支路电流值,验证互易定理(1)。

2. 当一电流源 I_S 接入 1、1′端时，在 2、2′端引起的开路电压 U_2，等同于将此电流源移到 2、2′端，在 1、1′端引起的开路电压 U'_1，即 $U_2=U'_1$。测量互易网络(2)中图(a)、(b)两电路中端口电压值，验证互易定理(2)。

三、实验仪器与设备

序号	名称	型号规格	数量	备注
1	可调直流稳压源	0～30 V	1	主板
2	可调恒流源	0～200 mA	1	主板
3	直流数字电压表	—	1	自配
4	直流数字毫安表	—	1	主板
5	互易定理实验线路板	—	1	电路基础实验(一)

四、实验原理

互易是不含受控源的线性网络的主要特征之一。如果把一个由线性电阻、电容和电感(包括互感)元件构成的二端口网络称为互易网络，则互易定理可以叙述为：

(1) 当一电压源作用于互易网络的 1、1′端时，在 2、2′端上引起的短路电流 I_2 等于同一电压源作用于该互易网络的 2、2′端时，在 1、1′端上引起的短路电流 I'_1。如图 4-18 所示，即 $I_2=I'_1$。

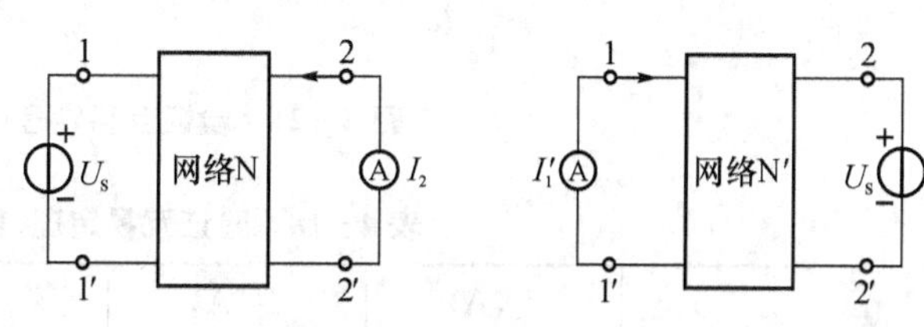

图 4-18　互易网络(1)

(2) 当一电流源 I_S 接入 1、1′端时，在 2、2′端引起的开路电压 U_2 等于将此电流源移到 2、2′端，在 1、1′端引起的开路电压 U'_1，如图 4-19 所示，即 $U_2=U'_1$。

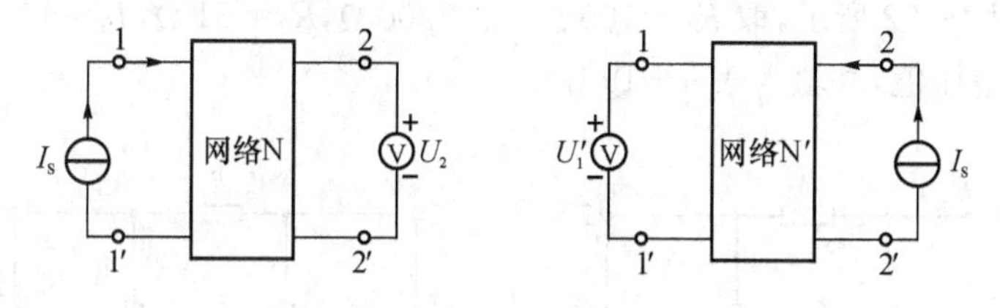

图 4-19　互易网络(2)

(3) 当一电流源 I_S 接入 1、1′端，在 2、2′端引起短路电流 I_2，然后在 2、2′端接入电压源 U_S，在 1、1′端引起开路电压 U'_1，如图 4-20 所示。如果 I_S 和 U_S 在任何时间都相等(指波形相同、数值相等)，则有 $I_2(\mathrm{A})=U'_1(\mathrm{V})$。

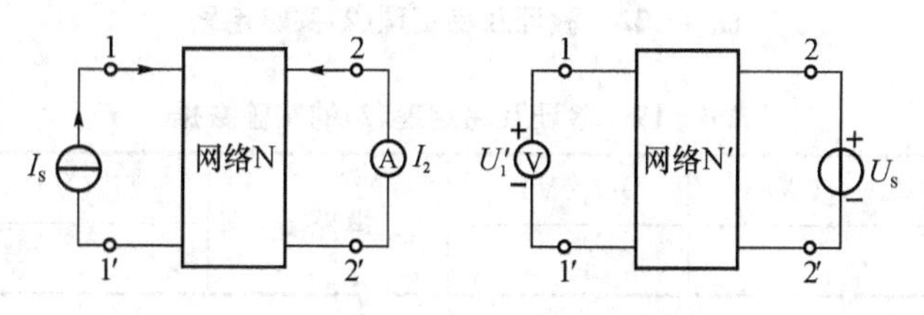

图 4-20　互易网络(3)

五、实验注意事项

1. 测量时注意仪表量程之间的转换，切不可用电流表去测量电压。

2. 改接线路时要关掉电源。

3. 用电流插头测量各支路电流时，应注意仪表的极性及数据表格中记录的“+”、“−”。

六、实验内容与步骤

1. 验证互易定理(1)

实验线路如图 4 - 21 所示，取 $R_1=100\ \Omega$，$R_2=200\ \Omega$，$R_3=51\ \Omega$，$U_S=10$ V。测量图(a)、(b)两电路各支路电流值，并填入表 4 - 18 中。

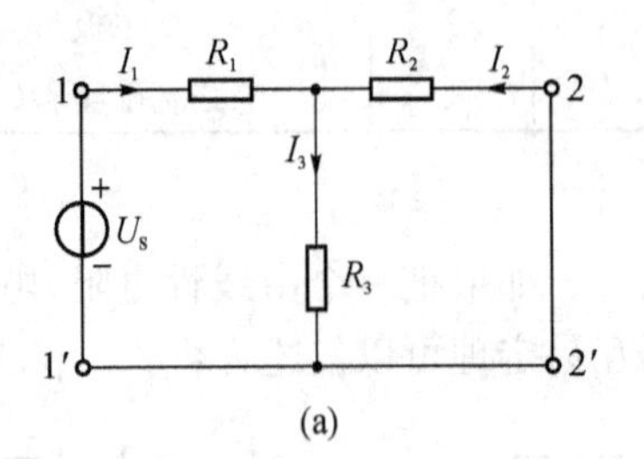

(a)

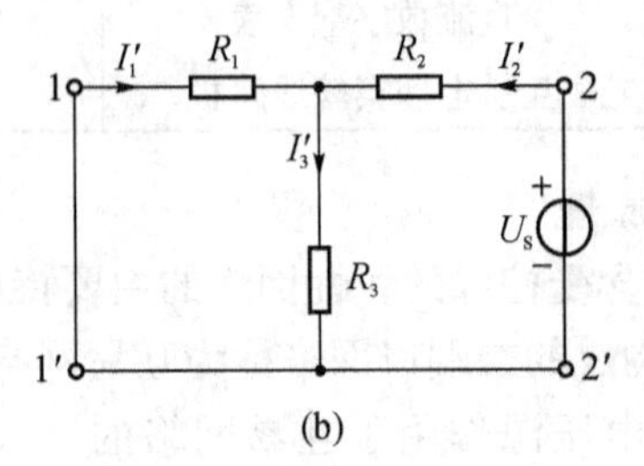

(b)

图 4 - 21　验证互易定理(1)实验电路

表 4 - 18　验证互易定理(1)的实验数据

电路 a	I_1(A)	I_2(A)	电路 b	I_1'(A)	I_2'(A)

2. 验证互易定理(2)

实验线路如图 4 - 22 所示，取 $R_1=100\ \Omega$，$R_2=200\ \Omega$，$R_3=51\ \Omega$，$I_S=10$ mA。测量图(a)、(b)两电路中端口电压值，并填入表 4 - 19 中。

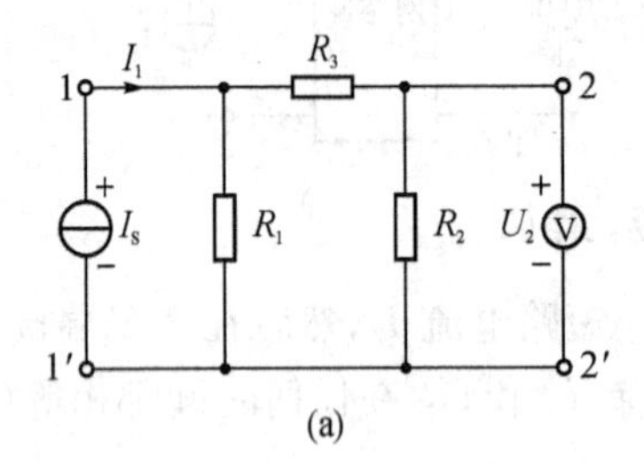

(a)

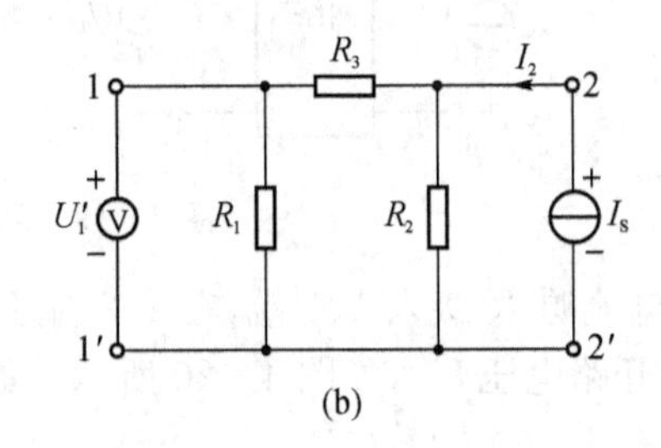

(b)

图 4 - 22　验证互易定理(2)实验电路

表 4 - 19　验证互易定理(2)的实验数据

电路 a	I_S(A)	U_2(V)	电路 b	U_1'(V)	I_S(A)

七、实验报告要求

1. 指出表 4 - 18 中哪两个电流互易，表 4 - 19 中哪两个电压互易，验证互易定理。

2. 将理论值与实测值相比较，分析误差产生的原因。

3. 回答实验思考题。

八、实验思考题

1. 一个由电阻器、耦合电感器和变压器所组成的二端口网络是否是互易网络？

2. 设计一个验证互易定理(3)的实验电路，并验证互易定理(3)。

实验八 戴维南定理与诺顿定理

一、实验目的

1. 通过验证戴维南定理与诺顿定理，加深对等效概念的理解。

2. 学习测量有源二端网络开路电压和等效电阻的方法。

二、实验内容

1. 测量开路电压 U_{oc}、短路电流 I_{sc} 和等效电阻 R_0。

2. 测量有源二端网络的外特性。

3. 测量等效电压源的外特性、等效电流源的外特性。

三、实验仪器与设备

序号	名称	型号规格	数量	备注
1	可调直流稳压源	0～30 V	1	主板
2	可调直流恒流源	0～200 mA	1	主板
3	直流数字电压表	—	1	自配
4	直流数字毫安表	—	1	主板
5	万用电表	MF30 或其他	1	自配
6	可调电阻	10～100 kΩ	1	主板
7	戴维南定理实验线路板	—	1	电路基础实验(一)

四、实验原理

1. 戴维南定理

任何一个线性有源二端网络(或称单口网络)，对外电路来说，总可以用一个理想电压源和电阻相串联的有源支路代替，其中理想电压源的电压等于原网络端口的开路电压 U_{oc}，其内阻等于原网络中所有独立电源为零值时入端等效电阻 R_0(见图 4-23)。

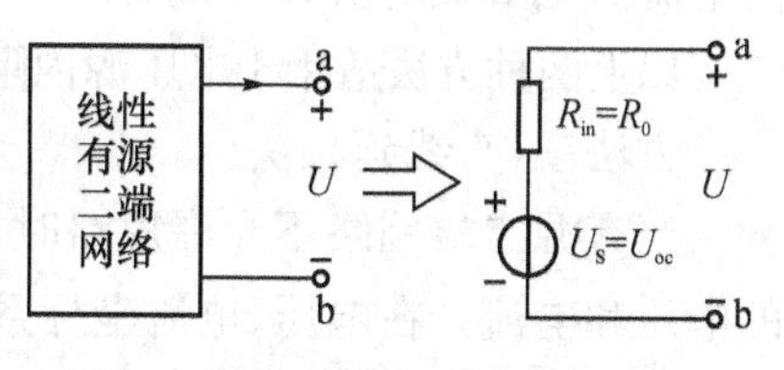

图 4-23 戴维南定理等效电路

2. 诺顿定理

诺顿定理是戴维南定理的对偶形式，它指出任何一个线性有源二端网络，对外电路而言，总可以用一个理想电流源和电导并联的有源支路来代替，其电流源的电流等于原网络端口的短路电流 I_{sc}，其电导等于原网络中所有独立电源为零时的入端等效电导 G_0(见图 4-24)。

应用戴维南定理和诺顿定理时，被变换的二端网络必须是线性的，它可以包含独立电源或受控电源，但是与外部电路之间除直接相联系外，不允许存在任何耦合。

3. 开路电压U_{oc}的测量

方法一：直接测量法

当有源二端网络的等效电阻R_0远小于电压表内阻R_V时，可直接用电压表测量有源二端网络的开路电压，如图4-25(a)所示。一般电压表内阻并不是很大，最好选用数字电压表，它灵敏度高、输入电阻大，通常其输入电阻在10 MΩ以上，有的高达数百兆欧姆，对被测电路影响很小，从工程角度来说，用其所得的电压就是有源二端网络的开路电压。

方法二：零示法

在测量具有高内阻有源二端网络的开路电压时，用电压表进行直接测量会造成较大的误差，为了消除电压表内阻的影响，往往采用零示法，如图4-25(b)所示。

零示法是用一低内阻的稳压电源与被测有源二端网络进行比较，当稳压电源的输出电压E_S与有源二端网络的开路电压U_{oc}相等时，电压表的读数将为零，然后将电路断开，此时测得的稳压电源的输出电压，即为被测有源二端网络的开路电压。

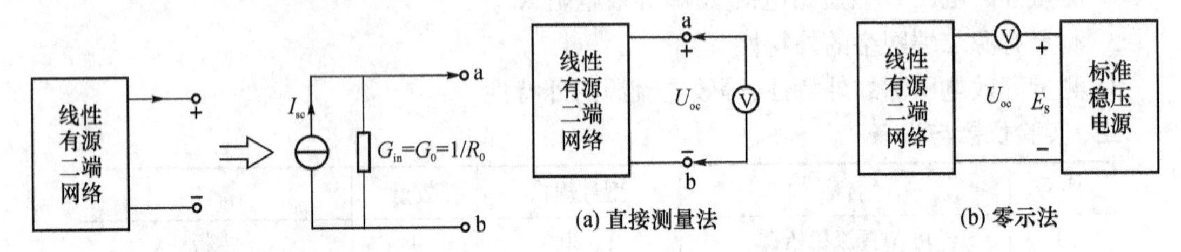

(a) 直接测量法　　(b) 零示法

图4-24　诺顿定理等效电路　　**图4-25　开路电压的测量**

4. 等效电阻R_0的测量

方法一：直接测量法

即用数字万用电表的电阻挡直接测量。测量时首先让有源二端网络中所有独立电源为零，即理想电压源用短路线来代替，理想电流源用开路线代替。这时电路变为无源二端网络，用万用电表欧姆挡直接测量a、b间的电阻即可。

方法二：加压求流法

让有源二端网络中所有独立电源为零，在a、b端施加一已知直流电压U，测量流入二端网络的电流I，则等效电阻$R_0=U/I$。

以上两种方法适用于电压源内阻很小和电流源内阻很大的场合。

方法三：直线延长法

当有源二端网络不允许短路时，先测出开路电压U_{oc}，然后测出有源二端网络的负载电阻的电压和电流。在电压、电流坐标系中标出$(U_{oc},0)$、(U_1,I_1)两点，过两点作直线，与横轴的交点为$(0,I_{sc})$，则$I_{sc}=\dfrac{U_{oc}}{U_{oc}-U_1}I_1$，所以$R_0=\dfrac{U_{oc}-U_1}{I_1}$。

方法四：两次求压法

先测量一次有源二端网络的开路电压U_{oc}，然后在a、b端接入一个已知电阻R_L，再测出电阻R_L两端的电压U_L，则等效电阻$R_0=\left(\dfrac{U_{oc}}{U_L}-1\right)\times R_L$。

显见，以上两种测求方法与有源二端网络的内部结构无关，或者说对网络内电路结构可以不去考虑，这正是戴维南定理和诺顿定理在电路分析与实验测试技术中得到广泛应用的原因。

五、实验注意事项

1. 测量时，注意仪表量程的更换。切不可用电流表测量电压，以防烧毁电流表。

2. 实验步骤 7 中，电源置零时，不可将直流稳压源直接短接。

3. 用万用电表直接测 R_0 时，网络内的独立源必须先置零，以免烧坏万用电表；其次欧姆挡必须调零。

六、实验内容与步骤

1. 利用戴维南定理估算开路电压U'_{oc}、等效电阻 R'_0、短路电流 I'_{sc}

按图 4－26 的实验电路接线，设$U_S=12$ V，$I_S=10$ mA，利用戴维南定理估算开路电压U'_{oc}、等效电阻 R'_0、短路电流 I'_{sc}，将计算值填入表 4－20 中。使用仪表测量各量时，应合理选择量程。

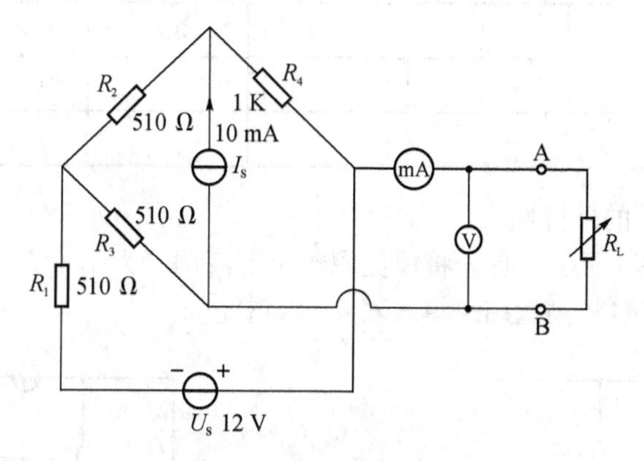

图 4－26　戴维南定理实验电路

表 4－20　实验数据表

U'_{oc}(V)	R'_0(Ω)	I'_{sc}(mA)

2. 测量开路电压 U_{oc}

将开关 S 投向可变电阻箱一侧，负载开路。用电压表测量 A、B 之间的电压，即为开路电压 U_{oc}，填入表 4－21 中。

3. 测量短路电流 I_{sc}和等效电阻 R_0

将开关 S 投向短路侧，测量短路电流 I_{sc}。利用 $R_0=U_{oc}/I_{sc}$，可得等效电阻 R_0，填入表 4－21中。

表 4－21　实验数据表

U_{oc}(V)	I_{sc}(mA)	R_0(Ω)	
		U_{oc}/I_{sc}	实测值

4. 测量有源二端网络的外特性

将可变电阻 R_L(可调电阻箱)接入电路 A、B之间，将开关 S 投向可变电阻箱一侧，测量有源二端网络的外特性。按表 4-22 中所列电阻调节 R_L，记录电压表、电流表读数，填入表 4-22 中。

表 4-22　有源二端网络外特性测量数据

$R_L(\Omega)$	0	100	200	300	450	1 000
U(V)						
I(mA)						

5. 测量等效电压源的外特性

实验线路如图 4-27 所示。首先将直流稳压电源输出电压调节为 $U_S=U_{oc}$，然后串入等效内阻 R_0，按步骤 4 测量，将测量结果填入表 4-23 中。

表 4-23　等效电压源外特性测量数据

$R_L(\Omega)$	0	100	200	300	450	1 000
U(V)						
I(mA)						

6. 测量等效电流源的外特性

实验线路如图 4-28 所示。首先将恒流源输出电流调节为 $I_S=I_{sc}$，然后并联等效电导 $G_0=1/R_0$，按照步骤 4 测量，将测量结果填入表 4-24 中。

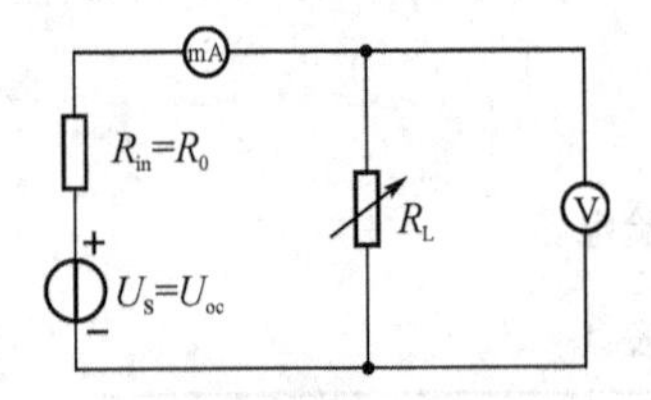

图 4-27　测量等效电压源的外特性

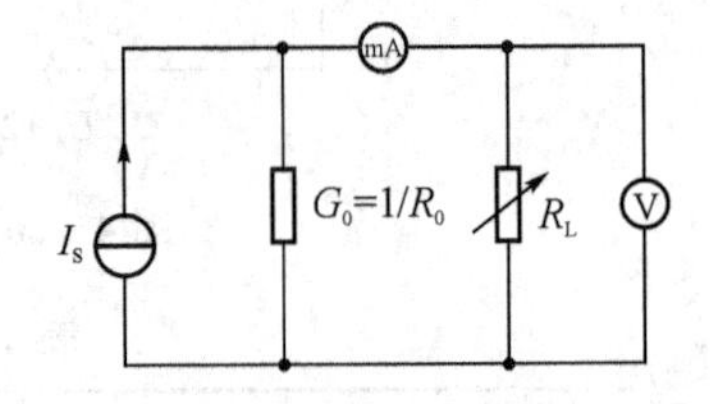

图 4-28　测量等效电流源外特性

表 4-24　等效电流源外特性测量数据

$R_L(\Omega)$	0	100	200	300	450	1 000
U(V)						
I(mA)						

7. 测定有源二端网络等效电阻(入端电阻)的其他方法

将被测有源二端网络内的所有独立源置零(将电流源 I_S 断开，去掉电压源，并将原电压源两端用一根导线相连)，然后用伏安法或直接用万用电表的欧姆挡去测 A、B 两点之间的电阻，此即被测网络的等效内阻 R_0(网络的入端电阻 R_i)。

七、实验报告要求

1. 根据测量数据，在同一坐标系中绘制等效前后的 $U-I$ 曲线。
2. 将理论值与实验所测数据相比较，分析误差产生的原因。
3. 回答实验思考题。

八、实验思考题

1. 在求有源二端网络等效电阻时，如何理解“原网络中所有独立电源为零值”？

2. 若在稳压电源两端并入一个 3 kΩ 的电阻，对本实验的测量结果有无影响？为什么？

3. 说明测量有源二端网络开路电压及等效内阻的几种方法，并比较其优缺点。

实验九　电压源与电流源等效变换及最大功率传输定理

一、实验目的

1. 掌握电流源和电压源进行等效变换的条件。

2. 验证最大功率传输定理，掌握直流电路中功率匹配条件。

二、实验内容

1. 测定理想电压源外特性；测定实际电压源外特性。

2. 测定理想电流源外特性；测定实际电流源外特性。

3. 测定电源等效变换条件。

4. 验证最大功率传输定理。

三、实验仪器与设备

序号	名称	型号规格	数量	备注
1	可调直流稳压源	0～30 V	1	主板
2	直流数字电压表	—	1	自配
3	直流毫安表	—	1	主板
4	电压等效变换实验线路板	—	1	电路基础实验(三)或电路基础实验(四)或电路基础实验(六)
5	最大功率传输定理实验线路板	—	1	电路基础实验(三)或电路基础实验(四)或电路基础实验(六)

四、实验原理

1. 电源等效变换

一个实际的电源，就其外部特性而言，可以看成一个电压源，也可以看成一个电流源。由于实际电压源存在一定的内电阻 R_S，在正常(或称线性)工作区域内，随着输出电流的增加，输出电压大致按线性规律下降。当电流增大超过额定值后，电压可能会急剧下降直至为零，此时电压源工作在非正常区。在正常工作区域内，其端口特性方程 $U=U_S-R_SI$，可以等效为戴维南电路，如图 4-29(a)所示。

同理，实际电流源存在一定的内电导 G_S，在正常工作区域内，随着输出电压的增加，输出电流大致按线性规律下降。当电压增大超过额定值后，电流可能会急剧下降直至为零，此时电流源工作在非正常区。在正常工作区域内，其端口特征方程 $I=I_S-G_SU$，可以等效为诺顿电路，如图 4-29(b)所示。

设有一个电压源和一个电流源分别与相同的外电阻连接，只要满足以下关系：$I_S=U_S/R_S$、$R_S=1/G_S$，就有 $I=I'$、$U=U'$。由此可见，两种电源形式对于外电路是完全等效的，因此两种电压源可以互相替换而对外电路没有任何影响。利用电源等效变换条件，可以很方便地把一个串联内阻为 R_S 的电压源 U_S 变换成一个并联内阻为 R_S 的电流源 U_S/R_S；反之，也可以很容易地把一个电流源变换成一个等效的电压源。

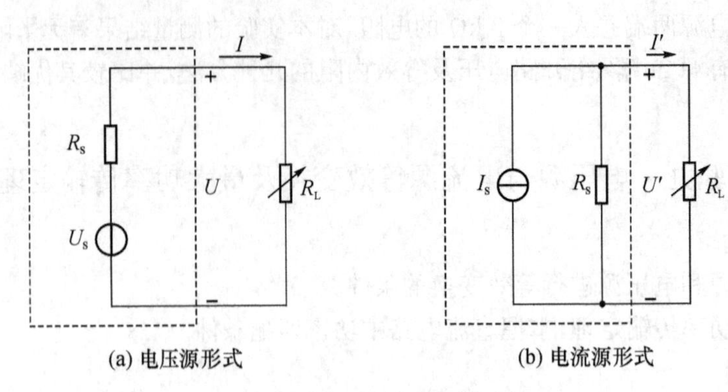

(a) 电压源形式　　　　(b) 电流源形式

图 4-29　等效电路

电压源和电流源对外电路而言，相互间是等效的；但对电源内部讲，是不等效的。理想电压源和理想电流源本身之间没有等效的关系，因为对理想电压源（$R_S=0$）讲，其短路电流 I_S 为无穷大；对理想电流源（$R_0=\infty$）讲，其开路电压 U_0 为无穷大，都不能得到有限的数值，故两者之间不存在等效变换的条件。

2. 最大功率传输定理

一个实际电源或一个线性有源一端口网络，不管它内部具体电路如何，都可以等效化简为理想电压源 U_S 和一个电阻 R_S 的串联支路，如图 4-30 所示。当负载 R_L 与电源内阻 R_S 相等时，负载 R_L 可获得最大功率，即 $P_{MAX}=I^2R_L=\frac{U_S^2R_L}{(R_S+R_L)^2}=\frac{U_S^2}{4R_S}$，电路的效率为 $\eta=\frac{I^2R_L}{I^2(R_S+R_L)}\times100\%=50\%$。

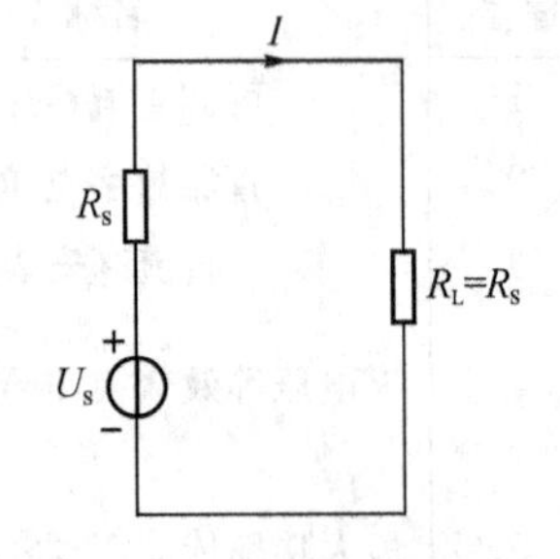

图 4-30　负载从给定电源获得功率的电路

五、实验注意事项

1. 在测试电压源外特性时，不要忘记测空载时的电压值，在改变负载时，不容许负载短路。测试电流源外特性时，不要忘记测短路时的电流值，在改变负载时，不容许负载开路。

2. 换接线路时，必须先关闭电源开关。

3. 直流仪表的接入应注意极性与量程。

六、实验内容与步骤

1. 测定理想电压源、实际电压源外特性

按图 4-31(a)接线，U_S 为 6 V 直流稳压电源，可视为理想电压源；R_L 为可调电阻。调节 R_L 电阻值，记录电压表和电流表读数，填入表 4-25 中。按图 4-31(b)接线，虚线框可模拟为一个实际的电压源，$U_S=6$ V，$R_S=150\ \Omega$，$R_L=1$ kΩ，调节 R_L 值，记录两表读数。填入表 4-26 中。

表 4-25　理想电压源外特性实验数据

R_L(Ω)	200	300	400	500	800	1 000	∞
U(V)							
I(mA)							

表 4－26　实际电压源外特性实验数据

$R_L(\Omega)$	200	300	400	500	800	1 000	∞
$U(V)$							
$I(mA)$							

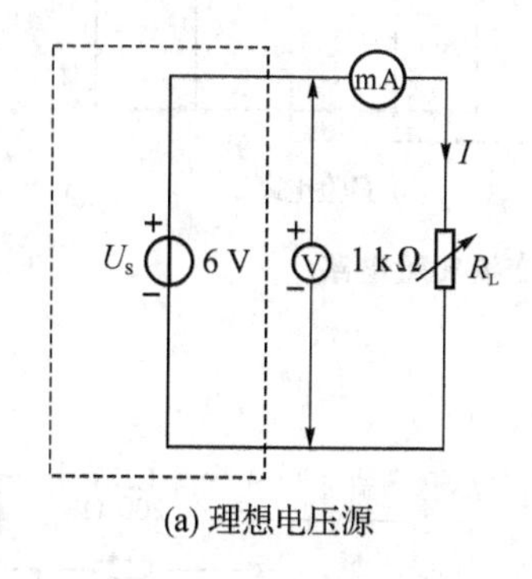

(a) 理想电压源

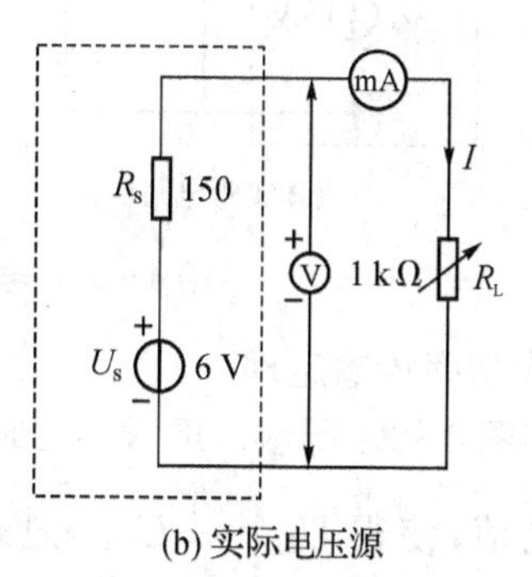

(b) 实际电压源

图 4－31　测定电压源的外特性

2. 测定理想电流源、实际电流源外特性

按图 4－32 接线，I_S 为直流电流源，视为理想电流源，调节其输出为 $I_S=5$ mA、$G_S=1/R_S$。$R_L=1$ kΩ，调节 R_L 值(用电阻箱作为负载)，令 R_S 分别为 150 Ω 和∞，记录这两种情况下的电压表和电流表的读数，填入表 4－27 和表 4－28 中。

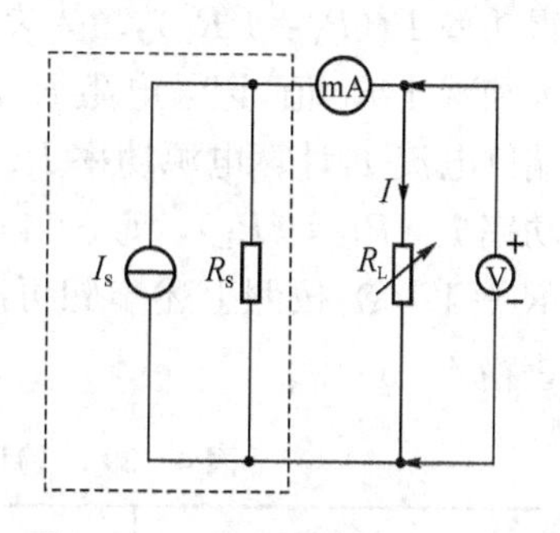

图 4－32　测定电流源的外特性

表 4－27　理想电流源外特性实验数据($R_S=\infty$)

$R_L(\Omega)$	0	200	400	500	600	800	1 000
$U(V)$							
$I(mA)$							

表 4－28　实际电流源外特性实验数据($R_S=150$ Ω)

$R_L(\Omega)$	0	200	400	500	600	800	1 000
$U(V)$							
$I(mA)$							

3. 测定电源等效变换条件

按图 4－33 线路接线，图(a)、(b)线路负载电阻 R_L 阻值相同。首先读取图 4－33(a)线路两表的读数，然后调节图 4－33(b)线路中的恒流源 I_S，令两表的读数与图 4－33(a)的读数相等，记录 I_S 值，验证等效变换条件的正确性。

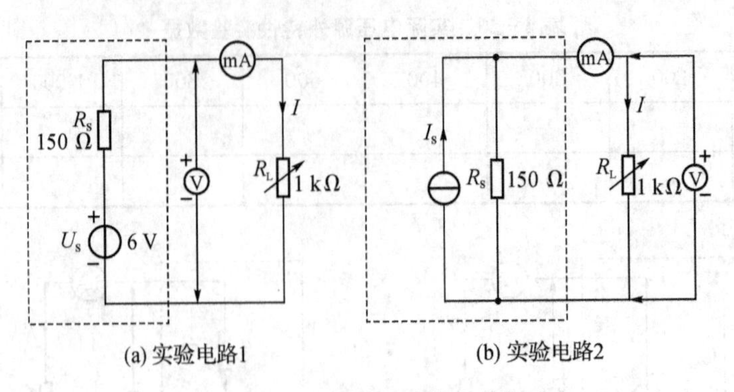

(a) 实验电路1　　(b) 实验电路2

图 4-33　电源等效变换实验电路

4. 验证最大功率传输定理

实验电路如图 4-34 所示。取 $R_1=200\ \Omega$，调节电位器 R_L 的值，使得 $U_L=\frac{1}{2}U_S$。记录电阻 R_L、电流 I、电压 U_L，计算电源功率 $P(P=U_SI)$，负载获得功率 $P_1(P_1=I^2R_L)$，填入表 4-29。

增大和减小 R_L 值，记录电阻 R_L，测量端口电压 U_L、端口电流 I，计算电源功率 $P(P=U_SI)$，负载获得功率 $P_1(P_1=I^2R_L)$，填入表4-29 中。

取 $R_2=470\ \Omega$，按照上述步骤再次测量，记录数据于表格 4-30 中。

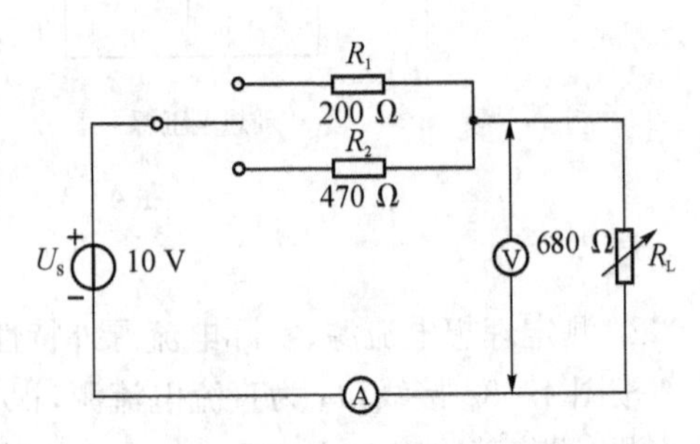

图 4-34　验证最大功率输出定理实验电路

表 4-29　验证最大功率传输定理数据($R_1=200\ \Omega$)

$R_L(\Omega)$									
测量值	I(mA)								
	U_L(V)								
计算值	P(W)								
	P_1(W)								

表 4-30　验证最大功率传输定理数据($R_2=470\ \Omega$)

$R_L(\Omega)$										
测量值	I(mA)									
	U_L(V)									
计算值	P(W)									
	P_1(W)									

七、实验报告要求

1. 根据实验数据绘制出电源的四条外特性，并总结、归纳各电源的特性。
2. 从实验结果验证电源等效变换条件。

3. 根据电路参数求出理论上的 P_{max}，与实测值 P 进行比较，计算相对误差。

4. 计算传输最大功率 P 时电路的效率。

八、实验思考题

1. 分析理想电压源和实际电压源输出端发生短路情况时，对电源的影响。

2. 电压源、电流源的外特性为什么呈下降趋势？理想电压源和理想电流源的输出在任何负载下是否都保持恒值？

3. 理想电流源和理想电压源之间能否等效变换？为什么？

4. 实际电流源和实际电压源之间等效变换的条件是什么？

实验十　受控源特性研究

一、实验目的

1. 测试受控源的外特性及其转移参数，加深对受控源的理解。

2. 熟悉由运算放大器组成受控源电路的分析方法，了解运算放大器的应用。

二、实验内容

1. 测量受控源 VCVS 的转移特性 $U_2=f(U_1)$ 及负载特性 $U_2=f(I_L)$。

2. 测量受控源 VCCS 的转移特性 $I_L=f(U_1)$ 及负载特性 $I_L=f(U_2)$。

3. 测量受控源 CCVS 的转移特性 $U_2=f(I_1)$ 及负载特性 $U_2=f(I_L)$。

4. 测量受控源 CCCS 的转移特性 $I_L=f(I_1)$ 及负载特性 $I_L=f(U_2)$。

三、实验仪器与设备

序号	名称	型号规格	数量	备注
1	可调直流稳压电源	0～30 V	1	主板
2	可调直流恒流源	0～200 mA	1	主板
3	直流数字电压表	—	1	自配
4	直流数字毫安表	—	1	主板
5	可调电阻箱	0～99 999 Ω	1	主板
6	受控源	—	1	电路基础实验(二)

四、实验原理

1. 电源有独立电源(如电池、发电机等)与非独立电源(受控源)之分，独立源与受控源的区别是：独立源的电势或电流是某一个固定的值或某一时间的函数，它不与电路的其余部分的状态有关，是独立的；而受控源的电势或电流的值是电路的另一支路电压或电流的函数，是非独立的。

2. 受控源是双口元件，两个端口一个为控制端口，另一个为受控端口。受控端口的电流或电压受到控制端口电流或电压的控制。根据控制变量与受控变量的不同组合，受控源可以分为四类：电压控制电压源(VCVS)，其特性为 $U_2=\mu U_1$、$I_1=0$；电压控制电流源(VCCS)，其特性为 $I_S=g_m U_1$、$I_1=0$；电流控制电压源(CCVS)，其特性为 $U_2=r_m I_1$、$U_1=0$；电流控制电流源(CCCS)，其特性为 $I_2=\alpha I_1$、$U_1=0$。

3. 用运算放大器与电阻元件组成不同的电路，可以实现上述四种类型的受控源。受控源的电压或电流受电路中其他电压或电流的控制，当这些控制电压或电流为零时，受控源的电压或电流也为零。因此，它反映的是电路中某处电压或电流控制另一处电压或电流这一现象，它本身不直接起激励作用。

4. 运算放大器的“+”端和“−”端之间等电位，通常称为“虚短”；运算放大器的输入端电流等于零，通常称为“虚断”。运算放大器的理想电路模型为一受控源，在它的外部接入不同的电路元件，可以实现信号的模拟运算或模拟变换。放大器电路的输入与输出有公共接地端，这种连接方式称为共地连接。电路的输入、输出无公共接地点的接地方式称为浮地连接。

5. 用运放构成四种类型基本受控源的线路原理分析。

(1) 电压控制电压源(VCVS)的电路如图 4-35 所示。

由于运放的虚短路特性，有 $U_p=U_n=U_1$，故 $i_2=\frac{U_n}{R_2}=\frac{U_1}{R_2}$。又因为 $i_1=i_2$，所以 $U_2=i_1R_1+i_2R_2=i_2(R_1+R_2)=\frac{U_1}{R_2}(R_1+R_2)=\left(1+\frac{R_1}{R_2}\right)U_1$。即运放的输出电压 U_2 只受输入电压的控制，与负载 R_L 大小无关，电路模型如图 4-39(a)所示。

转移电压比 $\mu=\frac{U_2}{U_1}=1+\frac{R_1}{R_2}$，其中 μ 为无量纲，又称为电压放大系数。

这里的输入输出有公共接地点。

(2) 电压控制电流源(VCCS)将图 4-36 的 R_1 看成一个负载电阻 R_L，如图 4-36 所示。

运算放大器的输出电流 $i_L=i_R=\frac{U_n}{R}=\frac{U_1}{R}$，即运放的输出电流 i_L 只受输入电压 U_1 的控制，与负载 R_L 大小无关。电路模型如图4-39(b)所示。

转移电导 $g_m=\frac{i_L}{U_1}=1/R$。

这里的输入输出无公共接地点。

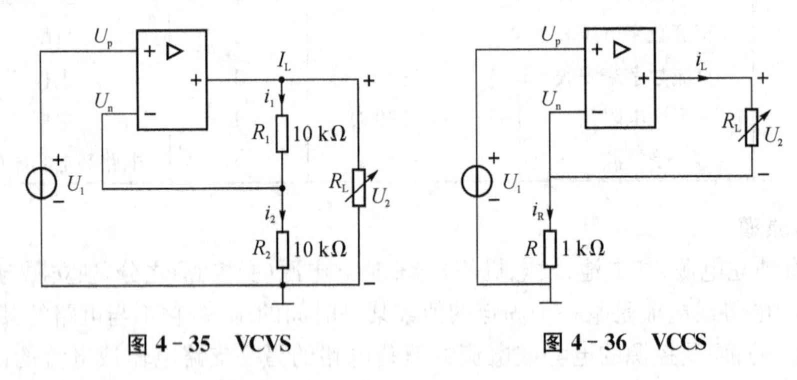

图 4-35　VCVS　　　　图 4-36　VCCS

(3) 电流控制电压源的电路如图 4-37 所示。

由于运放的“+”端接地，所以 $U_p=0$，“−”端电压 U_n 也为零。此时运放的“−”端称为虚地点。显然，流过电阻 R 的电流 i_1 等于网络的输入电流 I_S。

此时运放的输出电压 $U_2=-i_1R=-i_SR$，即输出电压 U_2 只受输入电流 i_S 的控制，与负载 R_L 大小无关，电路模型如图 4-39(c)所示。

转移电阻 $r_m=\frac{U_2}{I_S}=-R$。

(4) 电流控制电流源的电路如图 4-38 所示。

$$U_a = -i_2R_2 = -i_1R_1$$

$$I_L = i_1 + i_2 = i_1 + \frac{R_1}{R_2}i_1 = (1+\frac{R_1}{R_2})i_1 = (1+\frac{R_1}{R_2})i_S$$

即输出电流只受输入电流 i_S 的控制，与负载 R_L 大小无关。电路模型如图 4-39(d)所示。转移电流比 $\alpha = \frac{i_L}{i_S} = \left(1+\frac{R_1}{R_2}\right)$ α 为无量纲，又称电流放大系数。此电路为浮地联接。

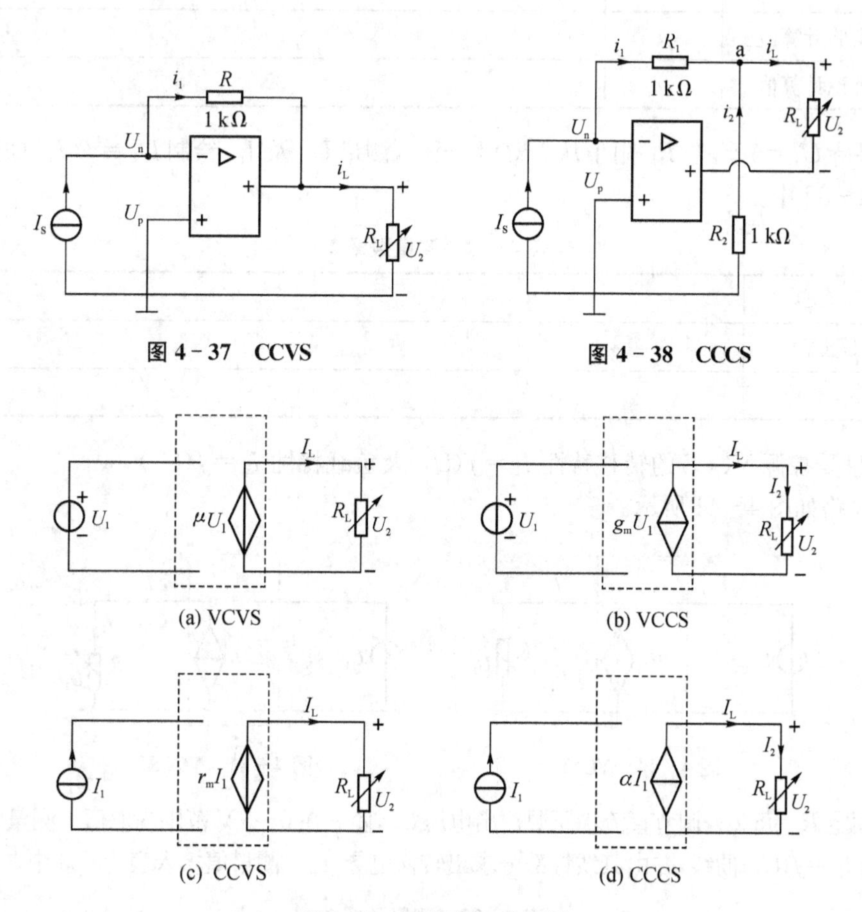

五、实验注意事项

1. 实验中，注意运放的输出端不能与地短接；输入电压不宜过高，最好小于 5 V，不得超过 10 V；输入电流不能过大，应在几十微安至几毫安之间。

2. 在用恒流源供电的实验中，不要使恒流源负载开路。

3. 运算放大器应有电源供电(±15 V 或者±12 V)，其正负极性和管脚不能接错。

六、实验内容与步骤

1. 测量受控源 VCVS 的转移特性 $U_2 = f(U_1)$ 及负载特性 $U_2 = f(I_L)$

实验线路如图 4-40 所示，U_1 为可调直流稳压电源，R_L 为元件箱模块可调电阻箱。运算放大器应有电源供电(±15 V 或者±12 V)，其正负极性和管脚不能接错。实验前，将固定直流电源部分的±12 V、GND 接入模块上方的±12 V、GND 插座。

(1) 固定 $R_L=2\,k\Omega$,调节直流稳压电源输出电压 U_1,使其在 0～4 V 范围内取值。测量 U_1 及相应的 U_2 值,绘制 $U_2=f(U_1)$ 曲线,并由其线性部分求出转移电压比 u。测量值填入表 4-31 中。

表 4-31　测量数据 1

测量值	U_1(V)	
	U_2(V)	
实验计算值	u	
理论计算值	u	

(2) 保持 $U_1=5$ V,令 R_L 阻值从 1 kΩ 增至∞,测量 U_2 及 I_L,绘制 $U_2=f(I_1)$ 曲线。测量值填入表 4-32 中。

表 4-32　测量数据 2

R_L(kΩ)	
U_2(V)	
I_L(mA)	

2. 测量受控源 VCCS 的转移特性 $I_L=f(U_1)$ 及负载特性 $I_L=f(U_2)$

实验线路如图 4-41 所示。

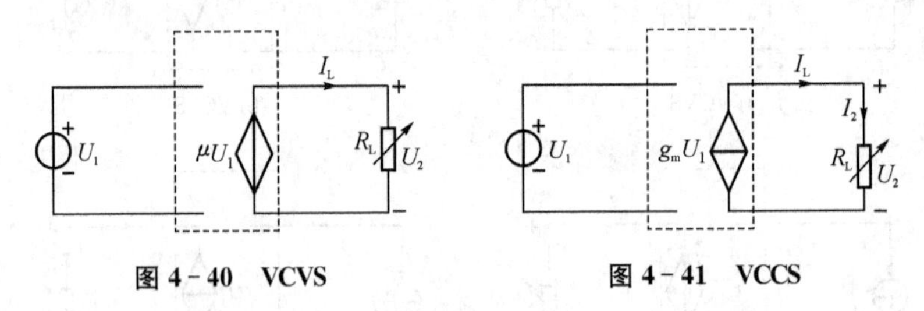

图 4-40　VCVS　　图 4-41　VCCS

(1) 固定 $R_L=5\,k\Omega$,调节直流稳压源输出电压 U_1,使其在 0～5 V 范围内取值。测量 U_1 及相应的 I_L,绘制 $I_L=f(U_1)$ 曲线,并由其线性部分求出转移电导 g_m。测量值填入表 4-33 中。

表 4-33　测量数据 3

测量值	U_1(V)	
	I_L(mA)	
实验计算值	g_m(S)	
理论计算值	g_m(S)	

(2) 保持 $U_1=2$ V,令 R_L 从 0 增至 3 kΩ。测量相应的 I_L 及 U_2,绘制 $I_L=f(U_2)$ 曲线。测量值填入表 4-34 中。

表 4－34　测量数据 4

R_L(kΩ)	
I_L(mA)	
U_2(V)	

3. 测量受控源 CCVS 的转移特性 $U_2=f(I_1)$及负载特性 $U_2=f(I_L)$

实验线路如图 4－42 所示。I_1 为可调直流恒流源，R_L 为可调电阻箱。

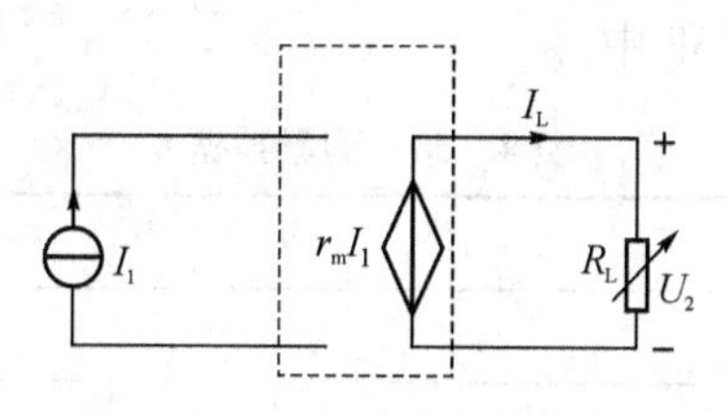

图 4－42　CCVS

(1) 固定 $R_L=2$ K，调节直流恒流源输出电流 I_1，使其在 0～0.8 mA 范围内取值。测量 I_1 及相应的 U_2 值，绘制 $U_2=f(I_1)$曲线，并由其线性部分求出转移电阻 r_m。测量值填入表 4－35 中。

表 4－35　测量数据 5

测量值	I_1(mA)	
	U_2(V)	
实验计算值	r_m(kΩ)	
理论计算值	r_m(kΩ)	

(2) 保持 $I_1=0.3$ mA，令 R_L 从 1 kΩ 增至∞。测量 U_2 及相应 I_L 值，绘制 U_2 及 I_L 值，绘制负载特性曲线 $U_2=f(I_L)$。测量值填入表 4－36 中。

表 4－36　测量数据 6

R_L(kΩ)	
U_2(V)	
I_L(mA)	

4. 测量受控源 CCCS 的转移特性 $I_L=f(I_1)$及负载特性 $I_L=f(U_2)$

实验线路如图 4－43 所示，I_1 为可调直流恒流源，R_L 为可调电阻箱。

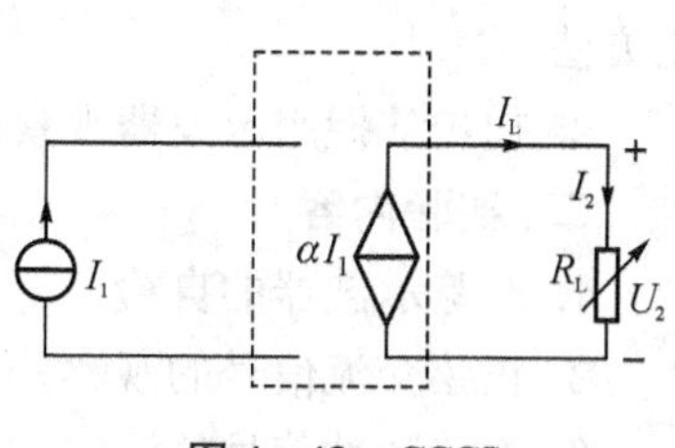

图 4－43　CCCS

(1) 固定 $R_L=2$ kΩ，调节直流恒流源输出电流 I_1，使其在 0～0.8 mA 范围内取值。测量 I_1 及相应的 I_L 值，绘制 $I_L=f(I_1)$曲线，并由其线性部分求出转移电流比 α。测量值填入表 4－37 中。

表 4-37 测量数据 7

测量值	I_1(mA)	
	I_L(mA)	
实验计算值	α	
理论计算值	α	

(2) 保持 $I_1=0.3$ mA，令 R_L 从 0 增至 10 kΩ。测量 I_L 及 U_2 值，绘制负载特性曲线 $I_L=f(U_2)$ 曲线。测量值填入表 4-38 中。

表 4-38 测量数据 8

R_L(kΩ)	
I_L(mA)	
U_2(V)	

七、实验报告要求

1. 简述实验原理、实验目的，画出各实验电路图，整理实验数据。
2. 用所测数据计算各种受控源系数，并与理论值进行比较，分析误差原因。
3. 回答实验思考题。
4. 总结运算放大器的特点以及自己对实验的体会。

八、实验思考题

1. 受控源与独立源相比有何异同点。
2. 试比较四种受控源的代号、电路模型、控制量与被控制量之间的关系。
3. 受控源的 u、g_m、r_m 和 α 的意义是什么？如何测得？
4. 若令受控源的控制量极性反向，试问其输出量极性是否发生变化？
5. 在测试四种受控源特性时，是否出现转移特性或输出特性与理论值不符的现象？请给予解释。

实验十一 典型电信号的观察与测量

一、实验目的

1. 熟悉电路分析实验箱装置上函数信号发生器的布局；各电位器、拨码开关的作用及其使用方法。
2. 初步掌握用示波器观察电信号波形；定量测出正弦信号和脉冲信号的波形参数。

二、实验内容

1. 双踪示波器的自检。
2. 正弦交流信号的观察。
3. 方波脉冲信号的测定。

三、实验仪器与设备

序号	名称	型号与规格	数量	备注
1	双踪示波器	—	1	自配
2	函数信号发生器	—	1	主板
3	交流毫伏表	—	1	自配
4	频率计	—	1	自配

四、实验原理

1. 正弦交流信号和方波脉冲信号是常用的电激励信号，由函数信号发生器提供。

正弦交流信号的波形参数有幅值U_m、周期T(或频率f)和初相ϕ；方波脉冲信号的波形参数有幅值U_m、脉冲重复周期T及脉宽t_k。本实验装置能提供频率范围为1 Hz～1 MHz，幅值在0～20 V之间连续可调的上述信号。不同类型的输出信号由波形选择开关来选取。

2. 电子示波器是一种信号图形观察和测量仪器，可定量测出电信号的波形参数可从荧光屏的Y轴刻度尺并结合其量程分挡选择开关(Y轴输入电压灵敏度分挡选择开关)读得电信号的幅值；从荧光屏的X轴刻度尺并结合其量程分挡选择开关(时间扫描速度分挡选择开关)读得电信号的周期、脉宽、相位差等参数。为了能完成对各种不同波形、不同信号的观察和测量，示波器上还有一些其他的调节和控制旋钮，在实验中应自己动手加以摸索和掌握，并注意总结实用经验。一台双踪示波器可以同时观察和测量两个信号波形。

五、实验注意事项

1. 示波器的辉度不要过亮，尤其是光点长期停留在荧光屏上不动时，应将辉度调暗，以延长示波器的使用寿命。

2. 调节仪器旋钮时，动作不要过猛。实验前，需熟读双踪示波器的使用说明，特别是观测双踪时，要特别注意开关、旋钮的操作与调节。

3. 调节示波器时，要注意触发开关和电平调节旋钮的配合使用，以使显示的波形稳定。

4. 作定量测定时，“t/div”和“V/div”的微调旋钮应旋置“标准”位置。

5. 信号源的接地端与示波器的接地端要连在一起，以防外界干扰影响测量的准确性。

6. 做好实验预习，准备好画图用的图纸。

六、实验内容与步骤

1. 双踪示波器的自检

将示波器的Y轴输入插口Y_A或Y_B端用同轴电缆接至双踪示波器面板部分的“标准信号”输出，然后开启示波器电源，指示灯亮；稍后，协调地调节示波器面板上的“辉度”、“聚焦”、“辅助聚焦”、“X轴位移”、“Y轴位移”等旋钮，使在荧光屏的中心部分显示出线条细而清晰、亮度适中的方波波形。选择幅度和扫描速度的灵敏度，并将它们的微调旋钮旋至“校准”位置，从荧光屏上读出标准信号的幅值与频率，并与标称值作比较，如相差较大，请老师给予校准。

2. 正弦信号的观察

(1) 将示波器的幅度或扫描速度微调旋钮调至“校准”位置。

(2) 通过电缆，将信号发生器的正弦波输出口与示波器的Y_A或Y_B插座相连。

(3) 接通电源，调节信号源的频率旋钮，使输出频率分别为50 Hz、1.5 kHz和20 kHz(由频率计读得)，输出幅值分别为有效值0.1 V、1 V，3 V(由交流毫伏表读得)。调节示波器Y轴

和 X 轴的灵敏度至合适的位置，并将它们的微调旋钮旋至“校准”位置，从荧光屏上读得幅值及周期，记入表 4－39 中和表 4－40 中。

表 4－39　测量数据 1

频率计读数(Hz) / 项目测定	正弦信号频率的测定		
	50 Hz	1.5 kHz	2 kHz
示波器“t/div”的位置			
一个周期占有的格数			
信号周期(s)			
计算所得频率(Hz)			

表 4－40　测量数据 2

交流毫伏表读数(V) / 项目测定	正弦波信号幅值的测定		
	0.1	1	3
示波器“V/div”的位置			
峰峰值波形占有的格数			
峰值			
计算所得有效值			

3. 方波脉冲信号的测定

(1) 将函数信号发生器的波形选择开关置于方波位置。

(2) 调节信号源的输出幅度为 3 V(用示波器测定)，分别观测 100 Hz、3 kHz 和 30 kHz 方波信号的波形参数。

(3) 使信号频率保持在 3 kHz，调节示波器幅度和脉宽旋钮，观察波形参数的变化并记录。

七、实验报告要求

1. 整理实验中显示的各种波形，绘制有代表性的波形。

2. 总结实验中所用仪器的使用方法及观察电信号的方法。

3. 如用示波器观察正弦信号，在荧光屏上出现如图 4－44 所示情况时，说明测试系统中哪些旋钮的位置不对？应如何调节？

4. 记录心得体会及其他。

八、实验思考题

1. “t/div”、和“V/div”的含义是什么？

2. 应用双踪示波器观察到如图 4－45 所示的两个波形，Y 轴的“V/div”置于 0.5 V，“t/div”置于 20 μS，试问两个波形信号的波形参数为多少？

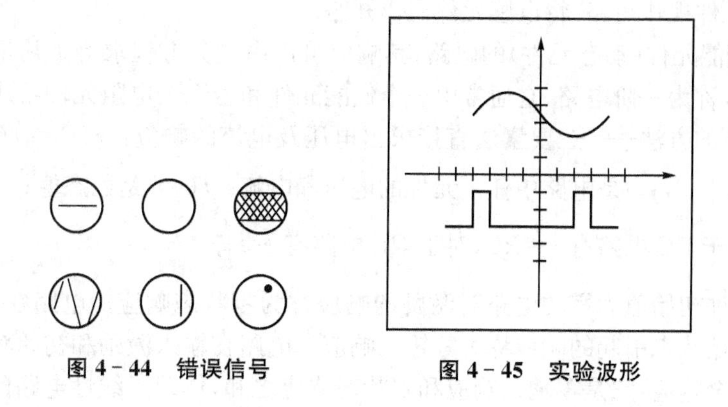

图 4-44　错误信号　　图 4-45　实验波形

实验十二　RC 一阶电路的响应及其应用

一、实验目的

1. 研究一阶 RC 电路的零输入响应、零状态响应和全响应的变化规律和特点。
2. 了解 RC 电路在零输入、阶跃激励和方波激励情况下响应的基本规律和特点。
3. 测定一阶电路的时间常数 τ，了解电路参数对时间常数的影响。
4. 掌握积分电路和微分电路的基本概念。
5. 学习用示波器观察和分析电路的响应。

二、实验内容

1. 观测 RC 电路的矩形响应和 RC 积分电路的响应。
2. 观测 RC 微分电路的响应。

三、实验仪器与设备

序号	名称	型号规格	数量	备注
1	函数信号发生器	—	1	主板
2	双踪示波器	—	1	自配
3	一阶、二阶实验线路板	—	1	电路基础实验(四)

四、实验原理

1. RC 电路的时域响应

从一种稳定状态到另一种稳定状态往往不能跃变，而需要一定的过程(时间)，这个物理过程称为过渡过程。所谓稳定状态，是电路中的电流和电压在给定的条件下已达到某一稳定值(对交流而言是指它的幅值到达稳定)，简称稳态。电路的过渡过程往往极为短暂，所以在过渡过程时的工作状态称为暂态，过渡过程又称为暂态过程。

从 $t=0_-$ 到 $t=0_+$ 的瞬间，电感元件中的电流和电容元件上的电压不能跃变，称为换路定则。换路定则仅适用于换路瞬间，可根据它来确定 $t=0_+$ 时电路中电压和电流之值，即暂态过程的初始值。

在直流激励下，换路前，如果储能元件储有能量，并设电路已处于稳态，则在 $t=0_-$ 电路中，电容元件可视作开路，电感元件可视作短路；如果储能元件没有储能，则在 $t=0_-$ 和 $t=0_+$ 的电路中，可将电容元件视作短路，将电感元件视作开路。

含有 L、C 储能元件（动态元件）的电路，其响应可以由微分方程求解。凡是可用一阶微分方程描述的电路，称为一阶电路，它通常由一个储能元件和若干个电阻元件组成。对于一阶电路，可用一种简单的方法——三要素法直接求出电压及电流的响应：$f(t)=f(\infty)+[f(0_+)-f(\infty)]e^{-\frac{t}{\tau}}$，其中，$f(t)$ 是电路中任一元件的电压和电流；$f(\infty)$ 是稳态值；$f(0_+)$ 是初始值；τ 是时间常数，对于 RC 电路有 $\tau=RC$，对于 RL 电路有 $\tau=\frac{L}{R}$。

所有储能元件初始值为零的电路对激励的响应称为零状态响应。电路在无激励情况下，由储能元件的初始状态引起的响应称为零输入响应。电路在输入激励和初始状态共同作用下引起的响应称为全响应，它是零输入响应和零状态响应之和，体现了线性电路的可加性。全响应也可看成是稳态响应和暂态响应之和，暂态响应的初始值与初态和输入有关，而其随时间变化的规律仅决定于电路的 R、C 参数；稳态响应仅与输入有关。当 $t\to\infty$ 时，暂态过程趋于零，过渡过程结束，电路进入稳态。

2. RC 电路的时间常数 τ

如图 4-46 所示电路为一阶 RC 电路。RC 电路充放电的时间常数 τ 可以从示波器观察的响应波形中估算出来。设时间坐标单位 t 确定，对于充电曲线来说，幅值上升到终值的 63.2%所需的时间即为一个 τ（见图 4-47(a)）；对于放电曲线来说，幅值下降到初值的 36.8%所需的时间即为一个 τ（见图 4-47(b)）。时间常数 τ 越大，衰减越慢。

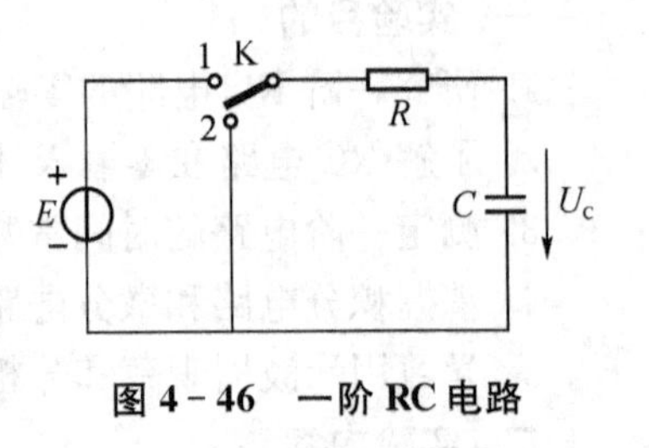

图 4-46　一阶 RC 电路

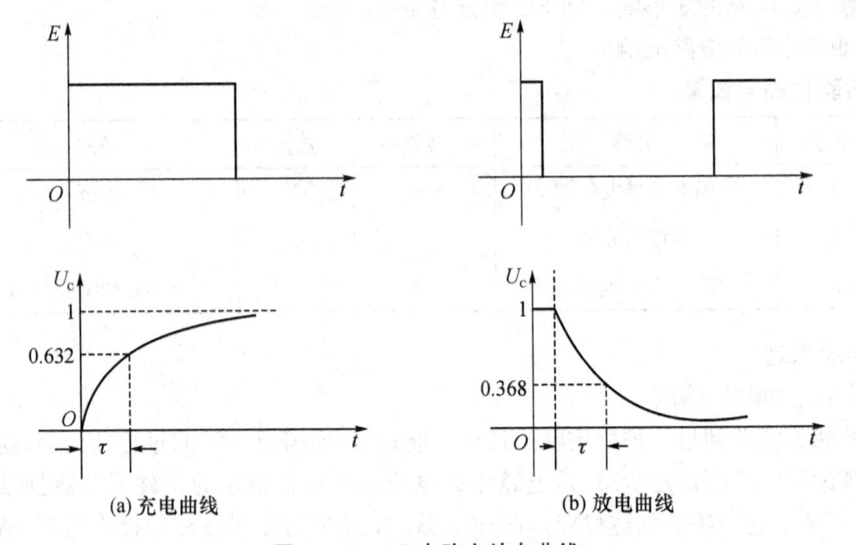

(a) 充电曲线　　(b) 放电曲线

图 4-47　RC 电路充放电曲线

3. 微分电路

微分电路和积分电路是 RC 一阶电路中比较典型的电路，对电路元件参数和输入信号的周期有着特定的要求。微分电路必须满足两个条件：一是输出电压必须从电阻两端取出，二是由于 R 值很小，因而 $\tau=RC\ll t_p$，其中 t_p 为输入矩形方波 u_i 的 1/2 周期。如图 4-48 所示，因为此时电路的输出信号电压近似与输入信号电压的导数成正比，故称为微分电路。

只有当时间常数远小于脉宽时，才能使输出很迅速地反映出输入的跃变部分。而当输入跃变进入恒定区域时，输出也近似为零，形成一个尖峰脉冲波，故微分电路可以将矩形波转变成尖脉冲波，且脉冲宽度越窄，输入与输出越接近微分关系。

4. 积分电路

积分电路必须满足两个条件：一是输出电压必须从电容两端取出，二是 $\tau=RC\gg t_p$。如图 4-49 所示，因为此时电路的输出信号电压近似与输入信号电压对时间的积分成正比，故称为积分电路。

由于 $\tau=RC\gg t_p$，因此充放电很缓慢，U_C 增长和衰减很缓慢。充电时 $U_o=U_C\ll U_R$，因此 $U_i=U_R+U_o\approx U_R$。积分电路能把矩形波转换为三角波、锯齿波。为了得到线性度好且具有一定幅度的三角波，需要掌握时间常数 τ 与输入脉冲宽度的关系。方波的脉宽越小电路的时间常数 τ 越大，充放电越缓慢，所得三角波的线性越好，但幅度亦随之下降。

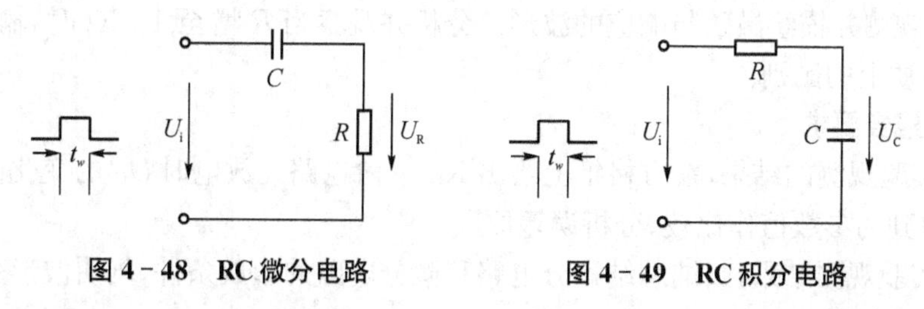

图 4-48 RC 微分电路　　图 4-49 RC 积分电路

五、实验注意事项

1. 调节电路分析实验装置各旋钮时，动作不要过猛。实验前，需熟读双踪示波器的使用说明，特别是观测双踪时，要特别注意开关、旋钮的操作与调节。

2. 信号源的接地端与示波器的接地端要连在一起，以防外界干扰影响测量的准确性。

3. 示波器的辉度不应过亮，尤其是光点长期停留在荧光屏上不动时，应将辉度调暗，以延长示波器的使用寿命。

4. 熟读仪器的使用说明，做好实验预习，准备好画图用的图纸。

六、实验内容与步骤

实验线路板的结构如图 4-50 所示，认清 R、C 元件的布局及其标称值，各开关的通断位置等。

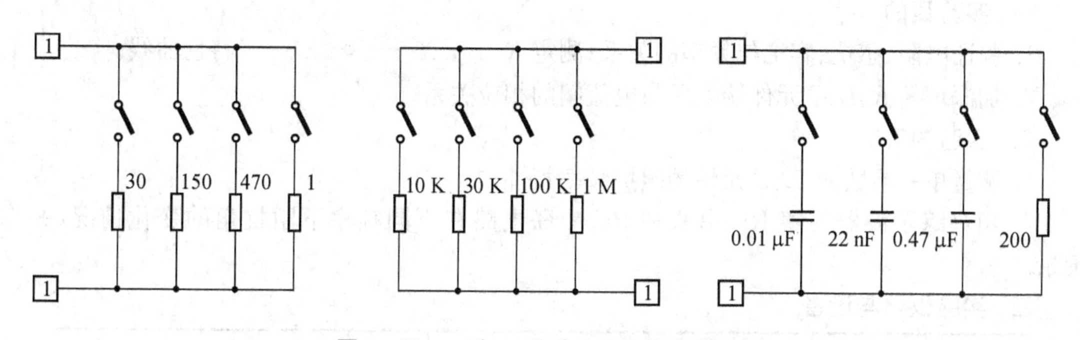

图 4-50 一阶、二阶动态电路实验线路板

1. 观测 RC 电路的矩形响应和 RC 积分电路的响应

(1) 选择动态电路板上的 R、C 元件，使 $R=30\ \text{k}\Omega$、$C=1\,000\ \text{pF}(0.001\ \mu\text{F})$ 组成如图 4-46

所示的 RC 充放电电路，E 为函数信号发生器输出。取 $U_{max}=3\ V$、$f=1\ kHz$ 的方波电压信号，并通过两根同轴电缆，将激励源 U_i 和响应 U_C 的信号分别连至示波器的两个输入口 Y_A 和 Y_B，这时可在示波器的屏幕上观察到激励与响应的变化规律。

(2) 令 $R=30\ k\Omega$、$C=0.01\ \mu F$，观察、描绘响应的波形，并根据电路参数求出时间常数。少量地改变电容值或电阻值，定性地观察其对响应的影响，记录观察到的现象。

(3) 增大 R、C 的值，使之满足积分电路的条件 $\tau=RC\gg t_p$，观察其对响应的影响。

2. 观测 RC 微分电路的响应

(1) 选择动态电路板上的 R、C 元件，组成如图 4-48 所示的微分电路。令 $C=0.01\ \mu F$、$R=1\ k\Omega$，在同样的方波激励($U_m=3\ V$、$f=1\ kHz$)作用下，观测并描绘激励与响应的波形。

(2) 少量地增减 R 值，定性地观测对响应的影响，并作记录，描绘响应的波形。

(3) 令 $C=0.01\ \mu F$、$R=100\ k\Omega$(元件箱)，计算 τ 值。在同样的方波激励($U_{max}=3\ V$，$f=1\ kHz$)作用下，观测并描绘激励与响应的波形。分析并观察当 R 增至 $1\ M\Omega$ 时，输入、输出波形较之前有何本质上的区别。

七、实验报告要求

1. 根据实验观测的结果，在方格纸上绘出 RC 一阶电路充放电时 U_C 的变化曲线将曲线测得值与计算得到的参数值作比较，分析误差原因。

2. 根据实验观测结果，归纳总结积分电路和微分电路的形成条件，阐明波形变换的特征。

八、实验思考题

1. 什么样的电信号可作为 RC 一阶电路零输入响应、零状态响应和完全响应的激励信号？

2. 已知 RC 一阶电路中 $R=30\ k\Omega$，$C=0.01\ \mu F$，试计算时间常数 τ，并根据 τ 值的物理意义，拟订测量 τ 的方案。

3. 何谓积分电路和微分电路？它们必须具备什么条件？它们在方波脉冲信号的激励下，输出信号的波形的变化规律如何？这两种电路有何功用？

实验十三　R、L、C 元件阻抗特性的测定

一、实验目的

1. 验证电阻、感抗、容抗与频率的关系；测定 $R-f$，X_L-f 与 X_C-f 特性曲线。

2. 加深理解 R、L、C 元件端电压与电流间的相位关系。

二、实验内容

1. 测量单一参数 R、L、C 元件的阻抗频率特性。

2. 用双踪示波器观察 RL 串联和 RC 串联电路在不同频率下阻抗角的变化情况，并作记录。

三、实验仪器与设备

序号	名称	型号规格	数量	备注
1	函数信号发生器	—	1	主板
2	频率计	—	1	自配

（续表）

序号	名称	型号规格	数量	备注
3	交流毫伏表	—	1	自配
4	双踪示波器	—	1	自配
5	实验电路元件	$R=1\ \text{k}\Omega, L=10\ \text{mH}$，$C=1\ \mu\text{F}, r=200\ \Omega$	1	电路基础实验（四）或电路基础实验（六）

四、实验原理

1. 单一参数 $R-f$、X_L-f 与 X_C-f 阻抗频率特性曲线

在正弦交流信号作用下，电阻元件 R 两端电压与流过的电流有关系式 $\dot{U}=R\dot{I}$。

在信号源频率 f 较低的情况下，略去附加电感及分布电容的影响，电阻元件的阻值与信号源频率无关，其阻抗频率特性 $R-f$ 如图 4-51 所示。

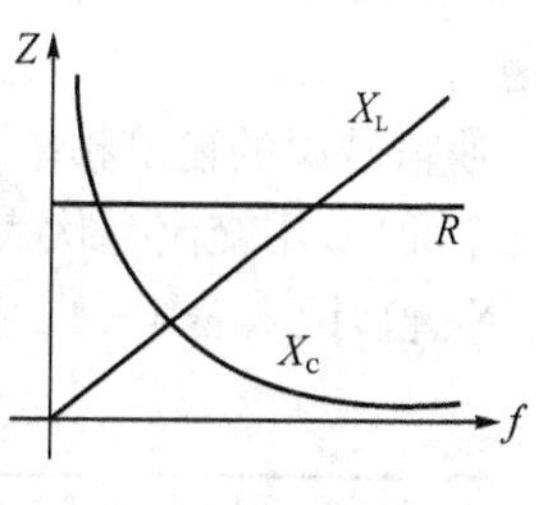

图 4-51　阻抗频率特性

如果不计线圈本身的电阻 R_L，又在低频时略去分布电容的影响，可将电感元件视为纯电感，有关系式 $\dot{U}_L= jX_L\dot{I}$，感抗 $X_L=2\pi fL$，感抗随信号频率而变，阻抗频率特性 X_L-f 如图 4-51 所示。

在低频时略去附加电感的影响，可将电容元件视为纯电容元件，有关系式 $\dot{U}_C=-jX_C\dot{I}$，容抗 $X_C=\dfrac{1}{2\pi fC}$，容抗随信号源频率而变，阻抗频率特性 X_C-f 如图 4-51 所示。

2. 单一参数 R、L、C 阻抗频率特性的测试电路

如图 4-52 所示。图中 R、L、C 为被测元件，r 为电流取样电阻。改变信号源频率，测量 R、L、C 元件两端电压 U_R、U_L、U_C，流过被测元件的电流可由 r 两端电压除以 r 得到。

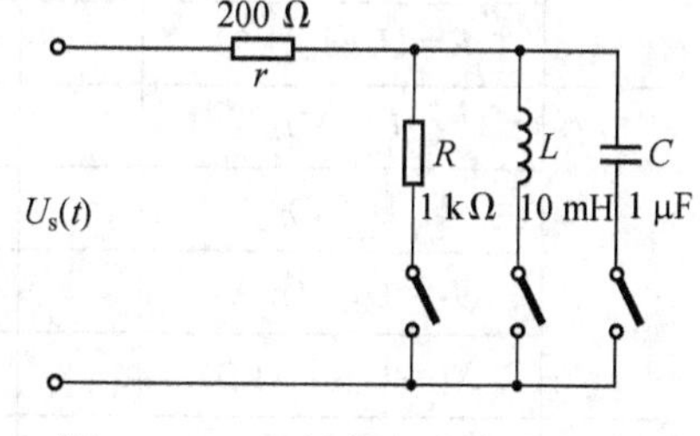

图 4-52　阻抗频率特性测试电路

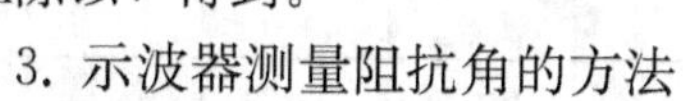

3. 示波器测量阻抗角的方法

元件的阻抗角（即相位差 φ）随输入信号频率的变化而改变，可用实验方法测得阻抗角的频率特性曲线 $\varphi\sim f$。

将欲测量相位差的两个信号分别接到双踪示波器 Y_A 和 Y_B 两个输入端。调节示波器有关旋钮，使示波器屏幕上出现两条大小适中、稳定的波形，如图 4-53 所示。荧光屏上数得水平

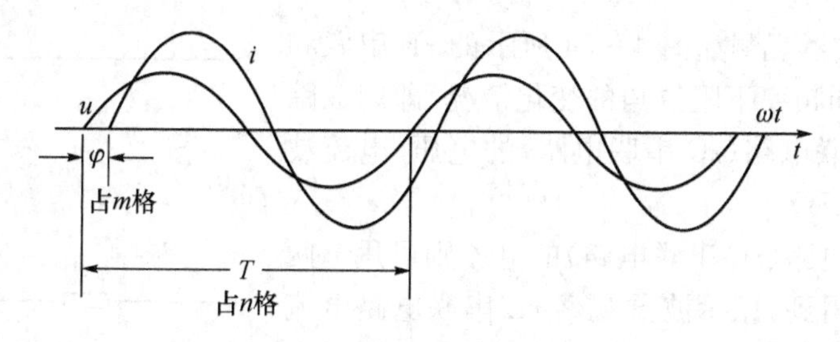

图 4-53　示波器测量阻抗角（相位差）

方向一个周期占 n 格，相位差占 m 格，则实际的相位差 $\varphi=m\times\frac{360°}{n}$。

五、实验注意事项

1. 实验前仔细阅读实验原理部分。

2. 信号源的接地端与示波器的接地端、交流毫伏表的接地端要连在一起，以防外界干扰影响测量的准确性。

3. 用双踪示波器同时观察两路波形时，应该注意两路信号的共地问题。

六、实验内容与步骤

1. 测量单一参数 R、L、C 元件的阻抗频率特性。实验线路如图 4-52 所示，通过电缆线将函数信号发生器输出的正弦信号接至电路输入端，作为激励源 u，并用交流毫伏表（或者示波器）测量，使激励电压的有效值为 $U=3$ V，且在整个实验过程中保持不变（注意接地端的共地问题）。

使信号源的输出频率从 200 Hz 逐渐增至 5 kHz（用频率计测量），并使开关分别接通 R、L、C 三个元件，用交流毫伏表分别测量 U_R、U_r；U_L、U_r；U_C、U_r，通过计算得到各个频率点的 R、X_L、X_C 值，记入表 4-41 中。

表 4-41　数据测量 1

	频率 f(Hz)	200	500	1 000	2 000	2 500	3 000	4 000	5 000
R	U_R(V)								
	U_r(V)								
	$I_R=U_r/r$(mA)								
	$R=U_R/I_R$(kΩ)								
L	U_L(V)								
	U_r(V)								
	$I_L=U_r/r$(mA)								
	$X_L=U_L/I_L$(kΩ)								
C	U_C(V)								
	U_r(V)								
	$I_C=U_r/r$(mA)								
	$X_C=U_C/I_C$(kΩ)								

2. 用双踪示波器观测如图 4-54 所示的 rL 串联和 rC 串联电路在不同频率下阻抗角的变化情况，即用双踪示波器观测 rL 串联电路（rC 串联电路）的电压、电流波形的相位差，并作记录。

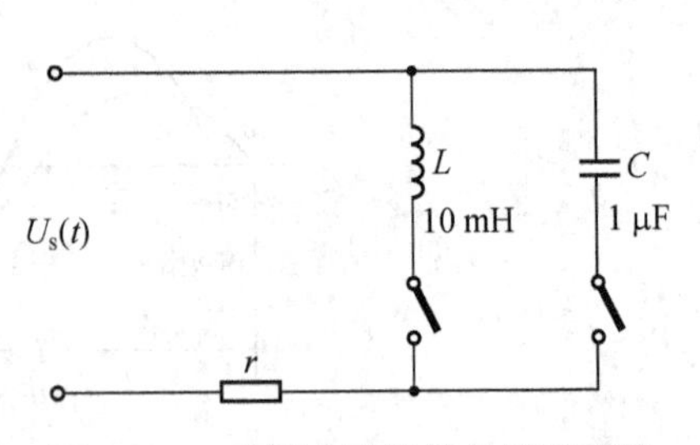

图 4-54　串联电路阻抗角测试电路

流过 rL 串联电路（rC 串联电路）的电流则可用 r 两端电压 U_r 除以 r 得到，用示波器观察 rL 串联电路电流波形，可通过观察该电流流过的电阻 r 上的电压波形来实现。rL 串联电路(rC 串联电路)两端的电压与输入端的激励电压相等,用双踪示波器观察电压波形可通过观察输入端电压波形来实现。注意两路信号的共地问题。

表 4－42　数据测量 2

频率 f	200 Hz	500 Hz	1 kHz	2 kHz	2.5 kHz	3 kHz	4 kHz	5 kHz
n (格)								
m(格)								
φ(°)								

七、实验报告要求

1. 根据实验数据,在方格纸上绘制 R、L、C 三个元件的阻抗频率特性曲线,从中可以得出什么结论?

2. 根据实验数据,在方格纸上绘制 rL 串联、rC 串联电路的阻抗角频率特性曲线,并总结归纳出结论。

八、实验思考题

1. 图 4－52 中各元件流过的电流如何求得?

2. 怎样用双踪示波器观察 rL 串联和 rC 串联电路阻抗角的频率特性?

实验十四　二阶动态电路的响应及其测试

一、实验目的

1. 研究 RLC 串联电路的电路参数与其暂态过程的关系。

2. 观察二阶电路在过阻尼、临界阻尼和欠阻尼三种情况下的响应波形,加深对二阶电路响应的认识和理解。

3. 利用响应波形,计算二阶电路暂态过程的有关参数。

4. 掌握观察动态电路状态轨迹的方法。

二、实验内容

1. RLC 串联电路的研究

观察二阶电路的零输入响应和零状态响应由过阻尼到临界阻尼,最后到欠阻尼的变化过渡过程。改变电路参数时,记录 ωd 与 δ 的变化。

2. GCL 并联电路的研究

观察二阶电路的零输入响应和零状态响应由过阻尼到临界阻尼,最后到欠阻尼的变化过渡过程。改变电路参数时,记录 ωd 与 δ 的变化。

三、实验设备与仪器

序号	名称	型号规格	数量	备注
1	函数信号发生器	—	1	主板
2	双踪示波器	—	1	自配
3	一阶、二阶动态电路实验线路板	—	1	电路基础实验(四)
4	电位器	10 kΩ	1	主板

四、实验原理

用二阶微分方程描述的动态电路为二阶电路。一个二阶电路在方波正、负阶跃信号的激励下，可获得零状态与零输入响应，其响应的变化轨迹决定于电路的固有频率。

简单而典型的二阶电路是一个 RLC 串联电路和 GCL 并联电路，这二者之间存在着对偶关系。

1. RLC 串联电路

(1) 如图 4-55 所示的 R、L、C 串联电路是典型的二阶电路。电路的零输入响应只与电路的参数有关，对不同的电路参数，其响应有不同的特点：

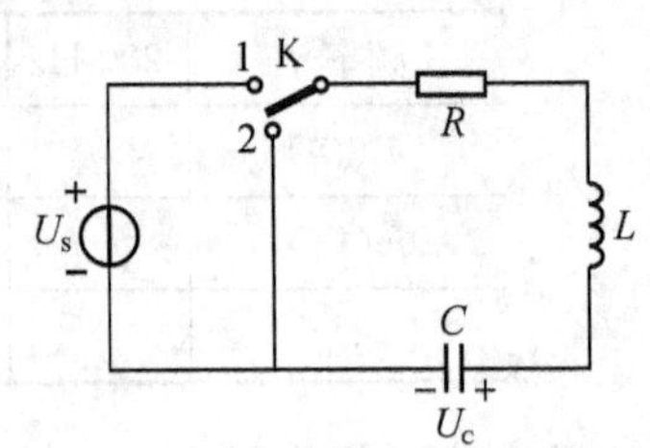

图 4-55 RLC 串联电路

当 $R > 2\sqrt{\frac{L}{C}}$ 时，响应是非振荡性的，称为过阻尼情况，零输入响应为非振荡性的放电过程，零状态响应为非振荡性的充电过程。响应电压波形如图 4-56 所示。

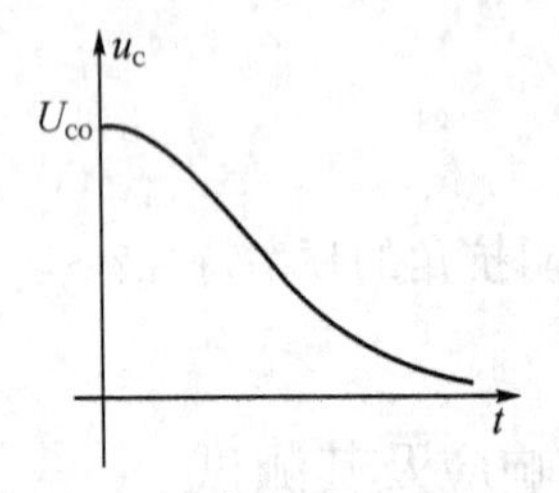

(a) RLC串联电路零输入响应电压波形

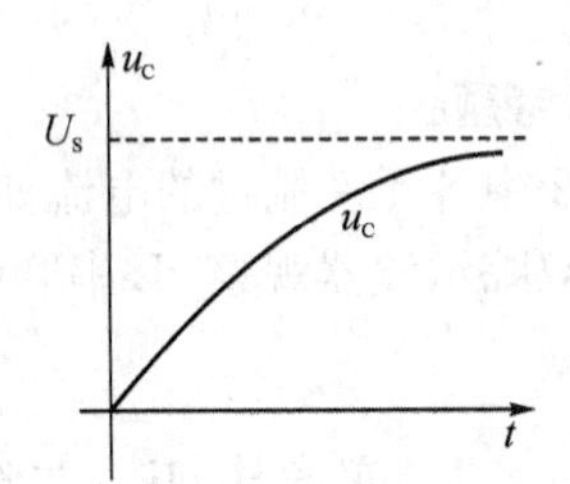

(b) RLC串联电路零状态响应电压波形

图 4-56 过阻尼状态

当 $R<2\sqrt{\frac{L}{C}}$ 时，零输入响应中的电压、电流具有衰减振荡的特点，称为欠阻尼状态，衰减系数 $\delta=\frac{R}{2L}$。$\omega_0=\frac{1}{\sqrt{LC}}$ 是在 $R=0$ 情况下的振荡角频率，称为无阻尼振荡电路的固有角频率。在 $R\neq0$ 时，R、L、C 串联电路的固有振荡角频率 $\omega_d=\sqrt{\omega_0^2-\delta^2}$ 将随 $\delta=\frac{R}{2L}$ 的增加而下降。零输入响应的过渡过程为振荡性的放电过程，零状态响应的过渡过程为振荡充电过程。其响应电压波形如图 4-57 所示。

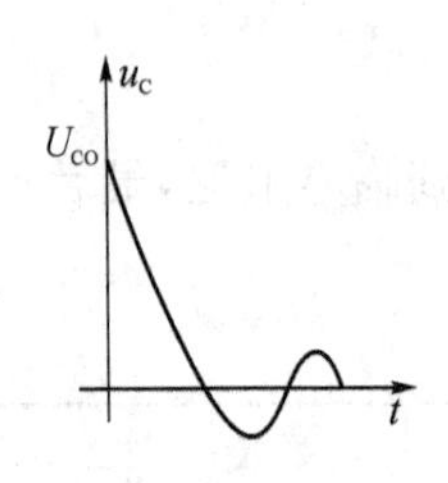

(a) RLC串联电路零输入响应电压波形

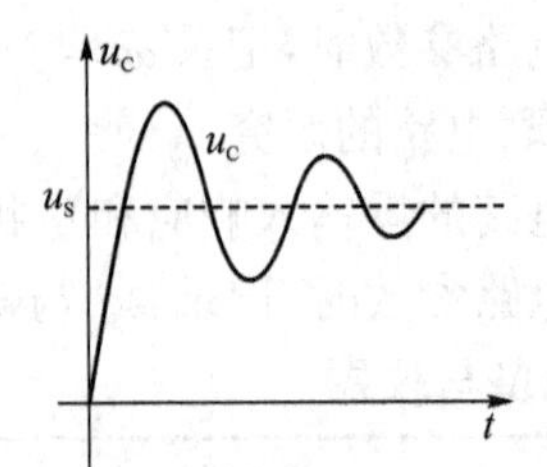

(b) RLC串联电路零状态响应电压波形

图 4-57 欠阻尼状态

当 $R=2\sqrt{\frac{L}{C}}$ 时，有 $\delta=\omega_0$，$\omega_d=\sqrt{\omega_0^2-\delta^2}=0$。暂态过程介于非周期与振荡之间，响应临

近振荡，称为临界状态，其本质属于非周期暂态过程。在临界情况下，放电过程是单调衰减过程，仍然属于非振荡。

(2) 欠阻尼状态下的衰减系数 δ 和振荡角频率 ω_d 可以通过示波器观测电容、电压的波形求得。图 4-58 是 RLC 串联电路接至方波激励时，呈现衰减振荡暂态过程的波形。相邻两个最大值的间距为振荡周期 T_d，$\omega_d=2\pi/T_d$，对于零输入响应，相邻两个最大值的比值为 $U_{1m}/U_{2m}=e^{\delta T_d}$，所以衰减系数 $\delta=\frac{1}{T_d}\ln\frac{U_{1m}}{U_{2m}}$。

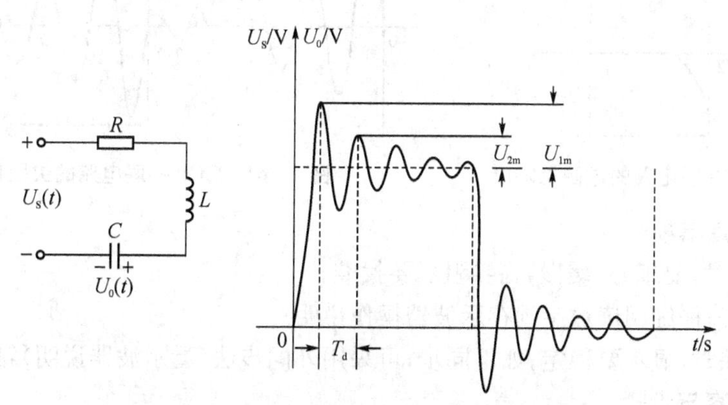

图 4-58　RLC 串联电路接至方波激励及衰减振荡的波形

除了在以上各图所示的 $u-t$ 或 $i-t$ 坐标系上研究动态电路的暂态过程以外，还可以在相平面作同样的研究工作。相平面也是直角坐标系，其横轴表示被研究的物理量 x，纵轴表示被研究的物理量对时间的变化率 $\mathrm{d}x/\mathrm{d}t$。由电路理论可知，对于 RLC 串联电路，可取电容电压 u_C、电感电流 i_L 为两个状态变量。因为 $i_L=i_C=C\frac{\mathrm{d}u_c}{\mathrm{d}t}$，所以 u_C 取为横坐标，i_L 取为纵坐标，构成研究该电路的状态平面。每一时刻的 u_C、i_L，可用相平面上的某点表示，称为相迹点。u_C、i_L 随时间变化的每一个状态可用相平面上的一系列相迹点表示。一系列相迹点相连得到的曲线，称为状态轨迹(或相轨迹)。用示波器显示动态电路状态轨迹的原理与显示李萨如图形完全一样，本实验中将 RLC 串联电路的 u_C、i_L 分别送入示波器的 X 轴输入和 Y 轴输入，便可得到状态轨迹。

2. GCL 并联电路

如图 4-59 所示电路为 GCL 并联电路。电路的微分方程为：$LC\frac{\mathrm{d}^2 i_L}{\mathrm{d}t^2}+GL\frac{\mathrm{d}i_L}{\mathrm{d}t}+i_L=\frac{U_S}{R_1}(t\geqslant 0)$。

令 $\delta=\frac{G}{2C}$，δ 称为衰减系数，$G=1/R$；$\omega_0=\frac{1}{\sqrt{LC}}$，$\omega_0$ 称为固有频率；$\omega_d=\sqrt{\omega_0^2-\delta^2}$，$\omega_d$ 称为振荡角频率。

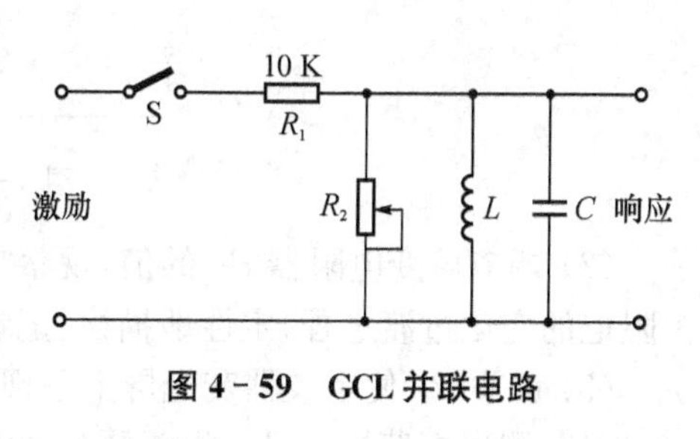

图 4-59　GCL 并联电路

方程的解分三种情况：

$\delta>\omega_0$，称为过阻尼状态，响应为非振荡性的衰减过程。

$\delta=\omega_0$，称为临界阻尼状态，响应为临界过程。

$\delta<\omega_0$，称为欠阻尼状态，响应为振荡性的衰减过程。

实验中,可通过调节电路的元件参数值,改变电路的固有频率 ω_0 之值,从而获得单调地衰减和衰减振荡的响应,并可在示波器上观察到过阻尼、临界阻尼和欠阻尼这三种响应的波形,如图 4-60 和图 4-61 所示。

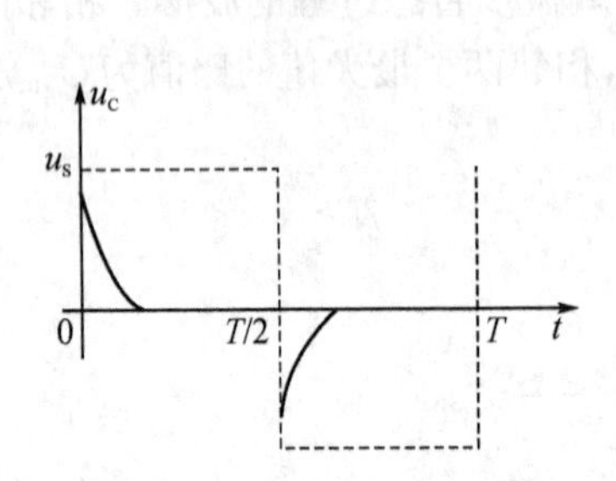

图 4-60 GCL 并联电路的过阻尼响应

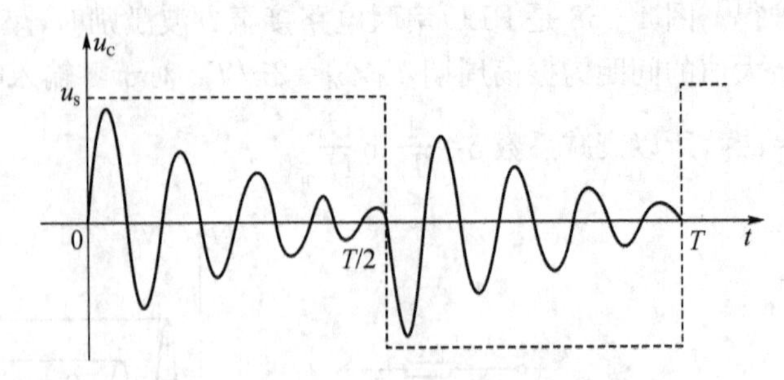

图 4-61 GCL 并联电路的欠阻尼响应

五、实验注意事项

1. 调节 R_2 时,要细心、缓慢,临界阻尼要找准。
2. 实验前,请仔细阅读数字锁存示波器操作说明。
3. 观察双踪时,显示要稳定;如不同步,可采用外同步法(看示波器说明)触发。

六、实验内容与步骤

1. RLC 串联电路的研究

(1) 动态电路板与实验十二相同,如图 4-50 所示。利用动态电路板中的元件与开关的配合作用,组成如图 4-62 所示的 RLC 串联电路。令取样电阻 $r=100\ \Omega$,$L=10\ \text{mH}$,$C=1\ 000\ \text{pF}$, R_L 为 10 kΩ 可调电阻器(元件箱)。令函数信号发生器的输出为 $U_m=3\ \text{V}$,$f=1\ \text{kHz}$ 的方波脉冲信号,通过同轴电缆线接至激励端;同时用同轴电缆线将激励端和响应输出端接至双踪示波器的 Y_A 和 Y_B 两个输入口。

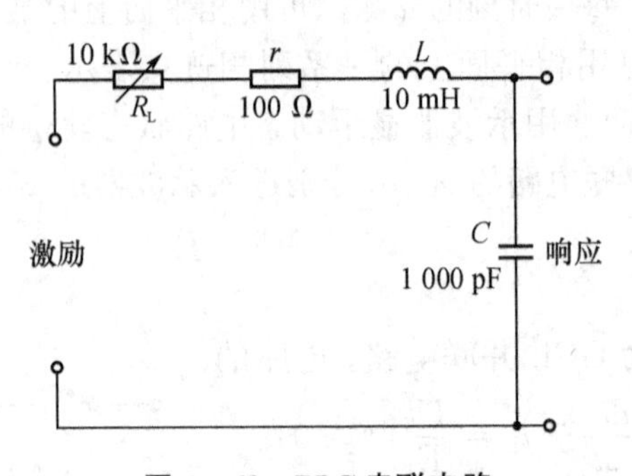

图 4-62 RLC 串联电路

(2) 调节可变电阻器 R_L 的值,观察二阶电路的零状态响应由过阻尼到临界阻尼,最后到欠阻尼的变化过渡过程,定性地描绘、记录响应的典型变化波形。

(3) 调节 R_L 使示波器荧光屏上呈现稳定的欠阻尼响应波形,用示波器光标测量按钮(cursor 按钮)测出振荡周期 T_d,相邻两个最大值 U_{1m}、U_{2m},计算出此时电路的衰减常数 δ 和振荡角频率 ω_d($\omega_d=2\pi/T_d$,衰减系数 $\delta=\dfrac{1}{T_d}\ln\dfrac{U_{1m}}{U_{2m}}$)。

(4) 改变一组电路常数,比如增减 L 或 C 的值,重复步骤 2 的测量并作记录。随后仔细观察改变电路参数时,ω_d 与 δ 的变化趋势并作记录。

表 4-43 测量数据 1

电路参数	元件参数				测量值		
实验次数	$r(\Omega)$	R_L	L(mH)	C(pF)	T_d	U_{1m}	U_{2m}
1	100	调至某一欠阻尼状态	4.7	1 000			
2	100		10	1 000			
3	100		10	0.01			

2. GCL 并联电路的研究

(1) 动态电路板与实验十二相同，如图 4-50 所示。利用动态电路板中的元件与开关的配合作用，组成如图 4-63 所示的 GCL 并联电路。令 $R_1=10\ \text{k}\Omega$，$L=10$ mH，$C=1\ 000$ pF，R_2 为 10 kΩ 电位器(可调电阻)。令函数信号发生器的输出为 $U_{max}=3$ V，$f=1$ kHz 的方波脉冲信号，通过同轴电缆线接至图的激励端；同时用同轴电缆线将激励端和响应输出端接至双踪示波器的 Y_A 和 Y_B 两个输入口。

(2) 调节可变电阻器 R_2 的值，观察二阶电路的零状态响应由过阻尼到临界阻尼，最后到欠阻尼的变化过渡过程，定性地描绘、记录响应的典型变化波形。

(3) 调节 R_2 使示波器荧光屏上呈现稳定的欠阻尼响应波形，用示波器光标测量按钮(cursor 按钮)测出振荡周期 T_d，相邻两个最大值 U_{1m}、U_{2m}，计算此时电路的衰减常数 δ 和振荡角频率 ω_d。

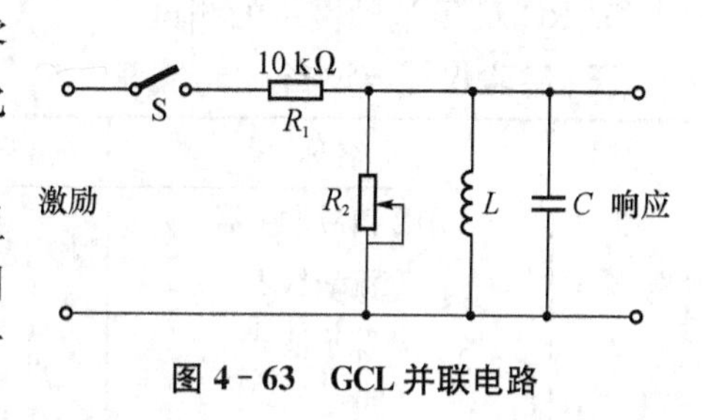

图 4-63 GCL 并联电路

(4) 改变一组电路常数，比如增减 L 或 C 之值，重复步骤 2 的测量并作记录。随后仔细观察改变电路参数时，ω_d 与 δ 的变化趋势并作记录。

表 4-44 测量数据 2

电路参数	元件参数				测量值		
实验次数	R_1(kΩ)	R_2	L(mH)	C	T_d	U_{1m}	U_{2m}
1	10	调至某一欠阻尼状态	4.7	1 000 pF			
2	10		10	1 000 pF			
3	10		10	0.01 μF			
4	30		10	0.01 μF			

七、实验报告要求

1. 根据观测结果，在方格纸上描绘二阶电路过阻尼、临界阻尼和欠阻尼的响应波形。
2. 测算欠阻尼振荡曲线上的衰减常数 δ 和振荡角频率 ω_d。
3. 归纳总结电路元件参数的改变对响应变化趋势的影响。

八、实验思考题

1. 根据二阶电路实验电路板元件的参数，计算处于临界阻尼状态的 R_2 值。

2. 在示波器荧光屏上，如何测得二阶电路零输入响应欠阻尼状态的衰减常数 δ 和振荡角频率 ω_d？

实验十五　RC 电路的频率响应及选频网络特性测试

一、实验目的

1. 测定 RC 电路的频率特性，并了解其应用意义。
2. 熟悉文氏电桥电路的结构特点及其应用。
3. 学会用交流毫伏表和示波器测定文氏电桥电路的幅频特性和相频特性。
4. 熟练使用低频信号发生器和交流毫伏表。

二、实验内容

1. 低通选频电路的测试。
2. 高通选频电路的测试。
3. RC 选频网络的幅频特性测试。
4. RC 串并联电路的相频特性测试。
5. RC 双 T 选频网络的测试。

三、实验仪器与设备

序号	名称	型号规格	数量	备注
1	函数信号发生器	—	1	主板
2	交流毫伏表	—	1	自配
3	双踪示波器	—	1	自配
4	实验电路元件	1 kΩ，0.1 μF	若干	电路基础实验(三)或电路基础实验(四)或电路基础实验(六)
5	RC 选频网络实验线路板	—	1	电路基础实验(五)

四、实验原理

在交流电路中，电容元件的容抗和电感元件的感抗都与频率有关，当电源电压(激励)的频率改变时(即使电压的幅值不变)，电路中电流和各部分电压(响应)的大小和相位也随之改变。响应与频率的关系称为电路的频率特性或频率响应。所谓滤波就是利用容抗或感抗随频率改变而改变的特性，对不同频率的输入信号产生不同的响应，让需要的某一频带信号通过，抑制不需要的其他频率信号。

1. RC 低通滤波电路

电路如图 4 - 64 所示。RC 低通滤波电路输出信号取自电容两端，电路输出电压与输入电压的比值称为电路的转移函数或传递函数，用 $T(j\omega)$表示，它是一个复数。

$$T(j\omega)=\frac{\dot{U}_o}{\dot{U}_I}=\frac{\frac{1}{j\omega C}}{R+\frac{1}{j\omega C}}=\frac{1}{1+j\omega RC}=|T(j\omega)|\underline{/\varphi(\omega)}$$

设 $\omega_0=\frac{1}{RC}$，则 $T(j\omega)=\frac{\dot{U}_o}{\dot{U}_I}=\frac{1}{\sqrt{1+(\omega RC)^2}}\underline{/\varphi(\omega)}=\frac{1}{\sqrt{1+\left(\frac{\omega}{\omega_0}\right)^2}}\underline{/\varphi(\omega)}$。表示$|T(j\omega)|$随 ω 变化的特性称为幅频特性，表示 $\varphi(\omega)$随 ω 变化的特性称为相频特性，两者统称为频率

特性。

在实际应用中，输出电压不能下降过多。通常规定当输出电压下降到输入电压的70.7%，即$|T(j\omega)|$下降到0.707时为最低限。此时，$\omega=\omega_0$，其中ω_0称为截止频率，又称为半功率点频率。将频率范围$0<\omega<\omega_0$称为通频带；当$\omega<\omega_0$时，$|T(j\omega)|$变化不大，接近等于1；当$\omega>\omega_0$时，$|T(j\omega)|$明显下降。这表明上述RC电路具有使低频信号较易通过且抑制较高频率信号的作用，故称为低通滤波电路。

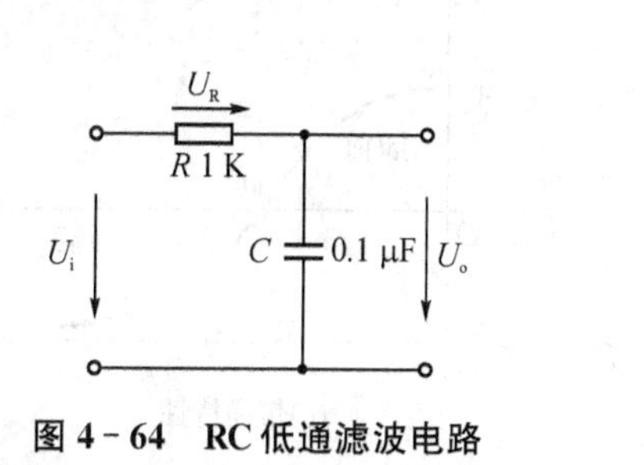

图 4-64　RC低通滤波电路

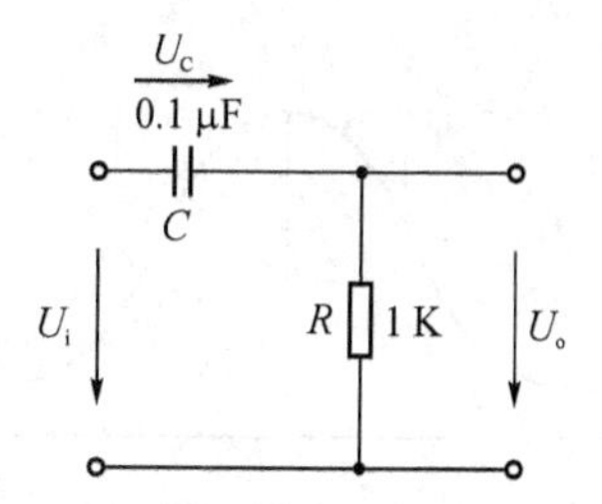

图 4-65　RC高通滤波电路

2. RC高通滤波电路

电路如图4-65所示。RC高通滤波电路输出信号取自电阻两端，电路的传递函数为

$$T(j\omega)=\frac{\dot{U}_o}{\dot{U}_I}=\frac{R}{R+\frac{1}{J\omega C}}=\frac{j\omega RC}{1+j\omega RC}=|T(j\omega)|\angle\varphi(\omega)$$

设$\omega_0=\frac{1}{RC}$，则$T(j\omega)=\frac{\dot{U}_o}{\dot{U}_I}=\frac{1}{\sqrt{1+(\frac{1}{\omega RC})^2}}\angle\varphi(\omega)=\frac{1}{\sqrt{1+\left(\frac{\omega_0}{\omega}\right)^2}}\angle\varphi(\omega)$。

上述RC电路具有使高频信号较易通过且抑制较低频率信号的作用，故称为高通滤波电路。

3. RC串并联选频网络

电路如图4-66所示。文氏电桥电路是一个RC串并联电路，该电路结构简单，被广泛应用于低频振荡电路中作为选频环节，可以获得高纯度的正弦波电压。在用函数信号发生器的正弦输出信号作为图4-66的激励信号U_i，并保持U_i值不变的情况下，改变输入信号的频率f，用交流毫伏表或示波器测出输出端相应于各个频率点下的输出电压U_o的值。将这些数据画在以频率f为横轴、U_o为纵轴的坐标纸上，用一条光滑的曲线连接，该曲线就是上述电路的幅频特性曲线。

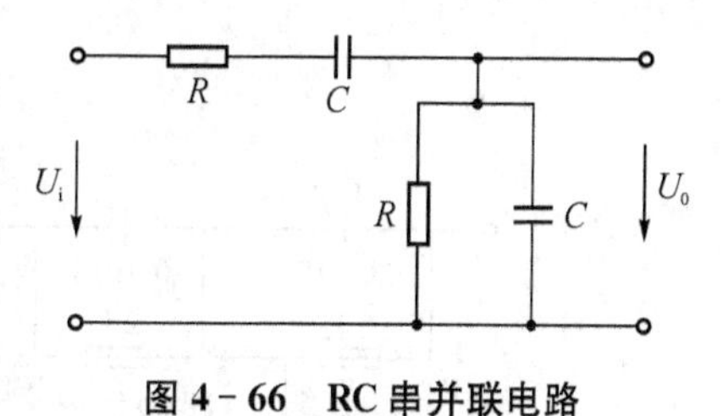

图 4-66　RC串并联电路

文氏电桥的一个特点是其输出电压幅度不仅会随输入信号的频率改变而改变，而且还会出现一个与输入电压同相位的最大值，如图4-67(a)所示。

由电路分析得知，该电路的频率特性为

$$T(j\omega)=\frac{\dot{U}_o}{\dot{U}_I}=\frac{1}{\left(1+\frac{R_1}{R_2}+\frac{C_1}{C_2}\right)+j\left(\omega R_1C_1-\frac{1}{\omega R_2C_2}\right)}$$

若取$R_1=R_2=R$、$C_1=C_2=C$，则

$$T(j\omega)=\frac{\dot{U}_o}{\dot{U}_I}=\frac{1}{3+j\left(\omega RC-\frac{1}{\omega RC}\right)}$$

当 $\omega=\omega_0=\frac{1}{RC}$ 时，即 $f=f_0=\frac{1}{2\pi RC}$ 时，电路呈谐振状态，f_0 称为电路固有频率。

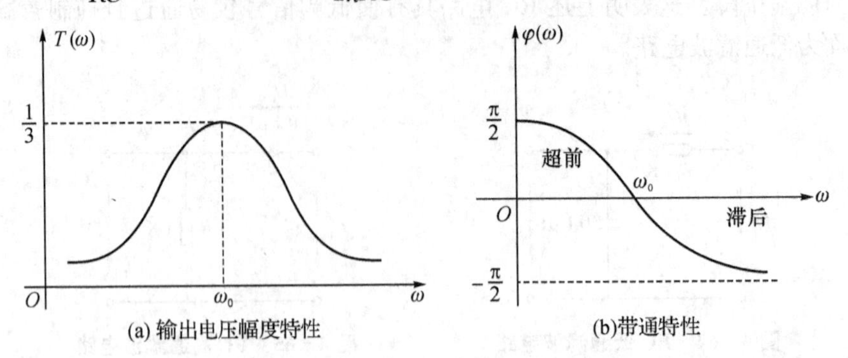

图 4-67　带通滤波电路的频率特性

此时，U_o 与 U_i 同相位，$T(j\omega)=\frac{\dot{U}_o}{\dot{U}_I}=\frac{1}{3}$。由图 4-67(b) 可知，RC 串并联电路具有带通特性，当 $\omega>\omega_0$，U_o 滞后于 U_i；$\omega<\omega_0$，U_o 超前于 U_i。

4. RC 双 T 选频网络

如图 4-68 所示是一个 RC 双 T 选频网络，它的特点是在一个较窄的频带内有极显著的带阻特性。一般情况下，RC 双 T 选频网络的元件的量值都取简单的对称关系。用同样方法可以测量 RC 双 T 选频网络的幅频特性。

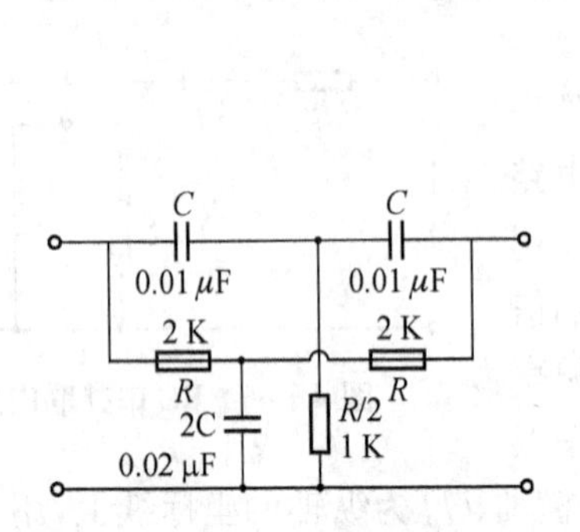

图 4-68　RC 双 T 选频网络电路图

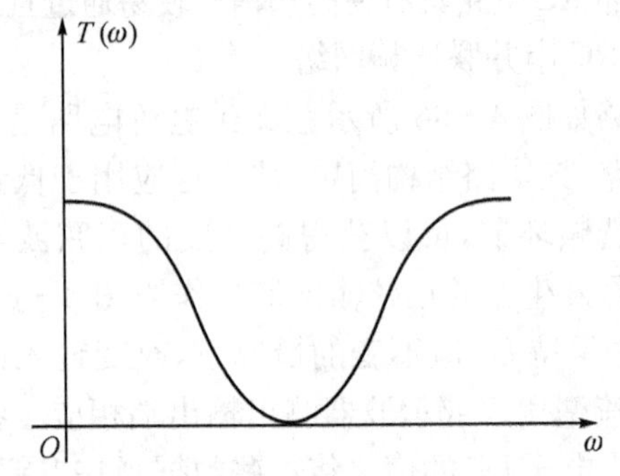

图 4-69　RC 双 T 选频网络幅频特性曲线

在用函数信号发生器的正弦输出信号作为图 4-68 的激励信号 U_i，并保持 U_i 值不变的情况下，改变输入信号的频率 f，用交流毫伏表或示波器监视 U_i 并测出输出端相应于各个频率点下的输出电压 U_o 的值。将这些数据画在以频率 f 为横轴，U_o 为纵轴的坐标纸上，用一条光滑的曲线连接，该曲线就是上述电路的幅频特性曲线，如图 4-69 所示。

5. 绘制被测电路的相频特性曲线

在正弦稳态情况下，网络的响应相量与激励相量之比称为频域网络函数。当频率为截止角频率，即 $f=f_0$ 时，幅频特性有最大值$\frac{1}{3}$，相频特性为 0，这正是它被称为选频网络的原因。

实验中，可根据输入电压与输出电压同相位的原理确定预选频率 f_0。

将上述电路的输入和输出分别接到双踪示波器的 Y_A 和 Y_B 两个输入端，改变输入正弦信号的频率，观测相应的输入和输出波形间的时延 τ 及信号周期 T，则两波形间的相位差为

$$\varphi=\frac{\tau}{t}\times 360^\circ=\varphi_o-\varphi_i\text{（输出相位与输入相位之差）}$$

将各个不同频率下的相位差 φ 测出，即可绘制被测电路的相频特性曲线，如图 4－67(b) 所示。

五、实验注意事项

1. 由于信号源内阻的影响，注意在调节输出频率时，应同时调节输出幅度，使实验电路的输入电压保持不变。

2. 为消除电路内外干扰，要求毫伏表与信号源“共地”。

六、实验内容与步骤

1. 低通电路测试

按如图 4－64 所示电路接线，$R=1\ \text{k}\Omega$，$C=0.1\ \mu\text{F}$。改变信号源的频率 f(由频率计读得)，保持 $U_i=3$ V(有效值)，分别测量表 4－45 中所列频率的 U_{o1}。

表 4－45　低通电路实验数据

序数	1	2	3	4	5	6	7	8	9	10
f	50 Hz	100 Hz	200 Hz	500 Hz	1 kHz	1.3 kHz	1.6 kHz	1.8 kHz	2 kHz	5 kHz
U_i(mV)										
U_{o1}(mV)										

2. 高通电路测试

按如图 4－65 所示电路接线，$R=1\ \text{k}\Omega$，$C=0.1\ \mu\text{F}$。改变信号源的频率 f(由频率计读得)，保持 $U_i=3$ V(有效值)，测得 U_{02} 值填入表 4－46 中。

表 4－46　高通电路实验数据

序数	1	2	3	4	5	6	7	8	9	10
f	100 Hz	500 Hz	1 kHz	1.3 kHz	1.6 kHz	2.5 kHz	4 kHz	5 kHz	10 kHz	20 kHz
U_i(mV)										
U_{o1}(mV)										

3. RC 选频网络的幅频特性测试

(1) 在实验板上按图 4－66 电路选取一组参数(如 $R=1\ \text{k}\Omega$，$C=0.1\ \mu\text{F}$)。

(2) 调节信号源的输出电压为 3 V 的正弦信号，接入图 4－66 的输入端。

(3) 改变信号源的频率 f(由频率计读得)，并保持 $U_i=3$ V(有效值)不变，测量输出电压 U_o(可先测量 $\beta=\dfrac{1}{3}$ 时的电路频率，然后再在 f_0 左右设置其他频率点测量 U_o)，数据记入表 4－47 中。

(4) 可另选一组参数(如 $R=200\ \Omega$，$C=2.2\ \mu\text{F}$)重复测量，数据记入表4－47 中。

表 4-47　RC 选频网络的幅频特性测试

$R=1\ \text{k}\Omega, C=0.1\ \mu\text{F}$															
f	300	700	1 kΩ	1.1 kΩ	1.2 kΩ	1.3 kΩ	1.4 kΩ	1.5 kΩ	1.6 kΩ	1.7 kΩ	1.8 kΩ	2 kΩ	2.5 kΩ	4 kΩ	6 kΩ
U_i(V)															
U_o(V)															
$R=200\ \Omega, C=2.2\ \mu\text{F}$															
f	100	200	250	300	350	400	450	500	550	600	700	800	900	1 kΩ	2 kΩ
U_i(V)															
U_o(V)															

4. RC 选频网络的相频特性测试

按实验原理 4 中的内容、方法步骤进行。选定两组电路参数进行测量，数据记入表 4-48 中。

表 4-48　RC 选频网络的相频特性

$R=1\ \text{k}\Omega, C=0.1\ \mu\text{F}$							
f(Hz)							
T(ms)							
τ(ms)							
φ							
$R=200\ \Omega, C=2.2\ \mu\text{F}$							
f(Hz)							
T(ms)							
τ(ms)							
φ							

5. RC 双 T 选频网络的测试

测试如图 4-68 所示的双 T 型滤波器的幅频特性，自拟表格，记录测试数据。

七、实验报告要求

1. 根据表中数据，在坐标纸上分别作出低通、高通及选频电路的幅频特性。要求用频率取对数坐标，求出 f_0 或 ω_0，说明电路的作用。

2. 取 $f=f_0$ 时的数据，验证是否满足 $U_o=\frac{1}{3}U_i$、$\varphi=0$。

3. 回答实验思考题。

4. 总结分析本次实验结果。

八、实验思考题

1. 根据电路参数，估算电路两组参数的固有频率 f_0。

2. 推导 RC 串并联电路的幅频、相频特性的数学表达式。

3. 为什么 RC 电路具有移相作用？

实验十六　RLC 串联谐振电路

一、实验目的

1. 观察谐振现象，加深对串联谐振电路特性的理解。
2. 学习测定 RLC 串联谐振电路的频率特性曲线。
3. 测量电路的谐振频率，研究电路参数对谐振特性的影响。
4. 掌握交流毫伏表的使用方法。

二、实验内容

1. 按图 4－70 接线，$R=510\ \Omega$，$L=30\ \text{mH}$，$C=0.1\ \mu\text{F}$。调整函数信号发生器，使其波形为正弦波，输出电压有效值为 3 V。用交流毫伏表监测电阻 R 两端的电压 U_R，调节函数信号发生器的输出频率(注意维持信号源的输出幅度不变)，当 U_R 的读数为最大值时，频率计上的频率值即为谐振频率 f_0。

2. 用交流毫伏表分别测量电路发生谐振时的 U_i、U_R、U_L、U_C，记入表 4－49 中。

3. 调节函数信号发生器的频率输出，在 f_0 附近分别选几个测量点，测量不同频率时的 U_R 值，记入表 4－50 中。并根据计算结果，绘制谐振曲线(标出 Q 值)。

三、实验设备

序号	名称	型号与规格	数量	备注
1	函数信号发生器	—	1	主板
2	交流毫伏表	—	1	自配
3	双踪示波器	—	1	自配
4	频率计	—	1	自配
5	谐振电路实验线路板	—	1	电路基础实验(五)
6	电阻	$R=510\ \Omega$、$2\ \text{k}\Omega$	若干	电路基础实验(四)或电路基础实验(六)
7	电感	$L=27\ \text{mH}$	1	电路基础实验(四)
8	电容	$C=0.1\ \mu\text{F}$、$0.01\ \mu\text{F}$	若干	电路基础实验(四)或电路基础实验(六)

四、实验原理

1. RLC 串联谐振的条件

在如图 4－70 所示的 RLC 串联电路上，施加一正弦电压，则该电路的阻抗是电流角频率的函数，即

$$Z=R+j\left(\omega L-\frac{1}{\omega C}\right)=|Z|\angle\varphi$$

当 $\omega L-\dfrac{1}{\omega C}=0$ 时，电路处于串联谐振状态，谐振角频率和谐振频率分别为

$$\omega_0=\frac{1}{\sqrt{LC}},\ f_0=\frac{1}{2\pi\sqrt{LC}}$$

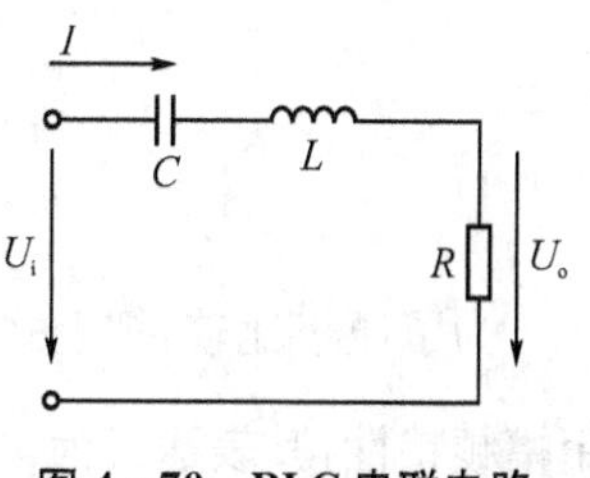

图 4－70　RLC 串联电路

显然，谐振频率仅与元件 L、C 的数值有关，而与电阻 R 和激励电源的角频率 ω 无关。f_0 反映了串联电路的一个固有性质。对于每一个 RLC 串联电路，总有一个对应的谐振频率 f_0。

2. 电路处于谐振状态时的特性

(1) 由于谐振时回路总电抗 $X_0=\omega_0 L-\frac{1}{\omega_0 C}=0$，因此，回路阻抗 Z_0 最小，整个电路相当于一个纯电阻回路，激励电源的电压与回路电流同相位。

(2) 由于感抗 $\omega_0 L$ 与容抗 $\frac{1}{\omega_0 C}$ 相等，所以，电感上的电压 U_L 与电容上的电压 U_C 数值相等，相位相差 180°。电感上的电压(或电容上的电压)与激励电压之比称为品质因数 Q，即

$$Q=\frac{U_L}{U_S}=\frac{U_C}{U_S}=\frac{\omega_0 L}{R}=\frac{1}{\omega_0 CR}=\frac{1}{R}\sqrt{\frac{L}{C}}$$

在 L 和 C 为定值的条件下，Q 值仅仅决定于回路电阻 R 的大小。若 $Q>1$，则谐振时 $U_L=U_C>U$。

(3) 在激励电压(有效值)不变的情况下，回路中的电流 $I=\frac{U_S}{R}$ 为最大值。

3. 串联谐振电路的频率特性

回路的响应电流与激励电源的角频率的关系称为电流的幅频特性(表明其关系的图形为串联谐振曲线)，表达式为

$$I(\omega)=\frac{U_S}{\sqrt{R^2+\left(\omega L-\frac{1}{\omega C}\right)^2}}=\frac{U_S}{R\sqrt{1+Q^2\left(\eta-\frac{1}{\eta}\right)^2}}=\frac{I_0}{\sqrt{1+Q^2\left(\eta-\frac{1}{\eta}\right)^2}}$$

其中，$I_0=\frac{U_S}{R}$，$\eta=\frac{\omega}{\omega_0}$。

当电路中的 L、C 保持不变时，改变 R 的大小，可以得到不同 Q 值的电流的幅频特性曲线，如图 4-71 所示。显然，Q 值越高，R 值越小，曲线越尖锐，其选频性能提高，通频带变窄；反之 Q 值越小，选频性能变差，通频带加宽。

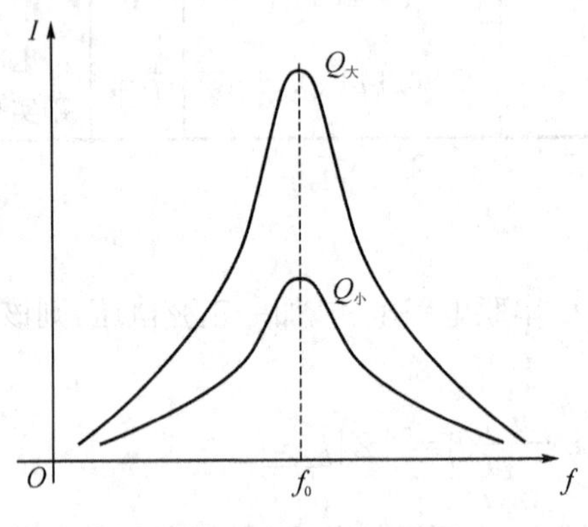

图 4-71 幅频特性曲线

为了便于比较，把上式归一化。研究电流比 $\frac{I}{I_0}$ 与角频率比 $\frac{\omega}{\omega_0}$ 之间的函数关系，即所谓的通用幅频特性，其表达式为

$$\frac{I}{I_0}=\frac{1}{\sqrt{1+Q^2\left(\eta-\frac{1}{\eta}\right)^2}}$$

其中，I_0 为谐振时的回路响应电流。显然 Q 值越大，在一定的频率偏移下，电流比下降得越厉害。

取电路电流 I 作为响应，当输入电压 U_i 维持不变时，在不同信号频率的激励下，测出电阻 R 两端电压 U_0 的值，则 $I=U_0/R$。然后以 f 为横坐标，以 I 为纵坐标，绘出光滑的曲线，此即幅频特性曲线，亦电流谐振曲线，如图 4-72 所示。幅频特性曲线可以通过计算得出，或用实验方法测定。

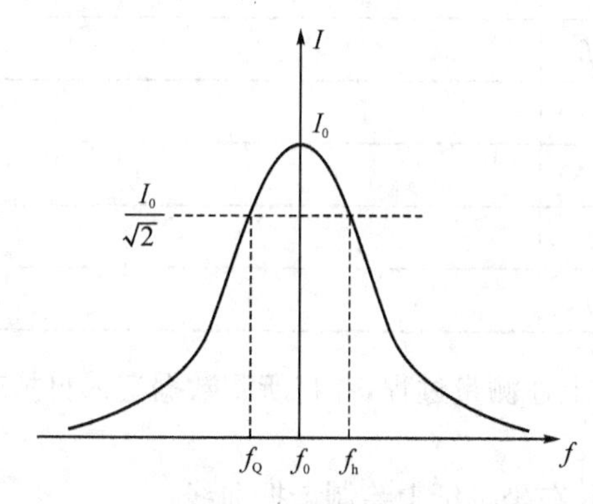

图 4-72　电流谐振曲线

五、实验注意事项

1. 使用交流毫伏表测量电压值读数时要注意量程是否有改变。

2. 在谐振频率附近，应加大测量密度。

3. 每次改变信号源频率时，都要用毫伏表测量信号源的功率输出端电压，并调节"幅度调节"旋钮，使之保持 5 V 不变。

4. 使用毫伏表测量前，要先校正零点。

六、实验内容与步骤

1. 按图 4-70 接线，$R=510\ \Omega$，$L=30\ \text{mH}$，$C=0.1\ \mu\text{F}$。调整函数信号发生器，使其波形为正弦波，输出电压有效值为 3 V。用交流毫伏表监测电阻 R 两端的电压 U_R，调节函数信号发生器的输出频率（注意要维持信号源的输出幅度不变），当 U_R 的读数为最大值时，频率计上的频率值即为谐振频率 f_0（学生可以直接使用谐振电路实验电路板，也可以用元器件自己搭建一个串联谐振电路。）

2. 用交流毫伏表分别测量电路发生谐振时的 U_i、U_R、U_L、U_C，记入表 4-49 中。如果用双踪示波器测量，则应注意共地问题。

表 4-49　测量数据 1

条件	U_i(V)	U_R(V)	U_L(V)	U_C(V)
$R=510\ \Omega$				
$R=2\ \text{k}\Omega$				

3. 调节函数信号发生器的频率输出，在 f_0 附近分别选几个测量点，测量不同频率时的 U_R 值，记入表 4－50 中，并根据计算结果，绘制谐振曲线(标出 Q 值)。

表 4－50　测量数据 2

负载	项目		频率 f(kHz)		
			1.0 kHz	f_0	4.0 kHz
R=510 Ω L=30 mH C=0.1 μF	测量值	U_R(V)			
	计算值	I(mA)			
		I/I_0			
		f/f_0			
R=2 kΩ L=30 mH C=0.1 μF	测量值	U_R(V)			
	计算值	I(mA)			
		I/I_0			
		f/f_0			

4. 取 C=0.01 μF，重复上述测量过程，并将所测数据记入自拟表格中。

七、实验报告要求

1. 完成表格中的计算，并在坐标纸上绘制谐振曲线。

2. 计算实验电路的通频带、谐振频率 ω_0 和品质因数 Q，并与实测值相比较，分析产生误差的原因。

3. 回答实验思考题。

八、实验思考题

1. 怎样判断串联电路已经处于谐振状态？

2. 对于通过实验获得的谐振曲线，分析电路参数对它的影响。

3. 说明通频带与品质因数及选择性之间的关系。

4. 怎样利用表 4－50 中的数据求得电路的品质因数 Q？

5. 电路谐振时，电感和电容的端电压比信号源的输出电压要高，为什么？

实验十七　双口网络研究

一、实验目的

1. 测定无源线性双口网络的传输参数。

2. 已知传输参数，作出 T 型和 Π 型等效电路。

3. 研究双口网络及其等效电路在有载情况下的性能。

二、实验内容

1. 按同时测量法(在网络的输入口加上电压，在输入、输出两个端口同时测量其电压和电流)，分别测定两个双口网络的传输参数 A_1、B_1、C_1、D_1 和 A_2、B_2、C_2、D_2，并列出它们的传输方程。

2. 将两个双口网络级联后，用两端口分别测量法(实验前应仔细阅读实验原理部分的两端口分别测量法)测量级联后等效双口网络的传输参数 A、B、C、D,并验证等效双口网络传输参数与级联的两个双口网络传输参数之间的关系。

三、实验仪器与设备

序 号	名 称	型号与规格	数 量	备 注
1	可调直流稳压源	0～30 V	1	主板
2	直流数字电压表	—	1	自配
3	直流毫安表	—	1	主板
4	双口网络实验线路板	—	1	电路基础实验(一)

四、实验原理

1. 二端口的转移函数(传递函数)就是用拉氏变换形式表示的输出电压或电流与输入电压或电流之比(注意二端口内部必须没有独立电源和附加电源)。当二端口没有外接负载,输入激励无内阻抗时,称二端口无端接。

在实际应用中,二端口常在一个复杂系统中起着耦合两部分电路,并完成某种功能的作用。因此可以认为在二端口的两个端口处通常各接有一个一端口,接于输入端口的表示具有内阻抗的电源,接于输出端口的表示负载阻抗,称二端口有端接。

对于有端接的二端口,它的转移函数不仅与其本身的参数有关,还与端接阻抗有关。二端口的转移函数属网络函数,只是响应和激励不是同一端口变量。

转移函数的极点和零点的分布与二端口内部的元件及联接方式等密切相关,而极点、零点的分布又决定了电路的特性。

2. 任意一个二端口网络,如图 4－73 所示,其外特性可通过端口电压 U_1、U_2 与端口电流 I_1、I_2 之间的关系来表征。对应的等效电路参数有开路阻抗参数、短路导纳参数、传输参数和混合参数等。

图 4－73 二端口网络

若将二端口网络的输入端电流 I_1 和输出端电流 I_2 作自变量,电压 U_1 和 U_2 作因变量,则开路阻抗参数的特性方程为 $U_1=Z_{11}I_1+Z_{12}I_2$, $U_2=Z_{21}I_1+Z_{22}I_2$。

若将二端口网络的输入端电压 U_1 和输出端电压 U_2 作自变量,电流 I_1 和 I_2 作因变量,则短路导纳参数的特性方程为 $I_1=Y_{11}U_1+Y_{12}U_2$, $I_2=Y_{21}U_1+Y_{22}U_2$。

若将二端口网络的输出端电压 U_2 和电流 I_2 作自变量,输入端电压 U_1 和电流 I_1 作因变量,则传输参数的特性方程 $U_1=AU_2-BI_2$, $I_1=CU_2-DI_2$。

若将二端口网络的输入端电流 I_1 和输出端电压 U_2 作自变量,输入端电压 U_1 和输出端电流 I_2 作因变量,则混合参数的特性方程 $U_1=H_{11}I_1+H_{12}U_2$, $I_2=H_{21}I_1+H_{22}U_2$。

3. 可以通过实验测试的方法来获得双口网络的任意一种等效参数。

(1) 根据 $I_1=Y_{11}U_1+Y_{12}U_2$, $I_2=Y_{21}U_1+Y_{22}U_2$,得

$$Y_{11}=\frac{I_1}{U_1}(U_2=0) \quad Y_{12}=\frac{I_1}{U_2}(U_1=0)$$

$$Y_{21}=\frac{I_2}{U_1}(U_2=0) \quad Y_{22}=\frac{I_2}{U_2}(U_1=0)$$

Y_{11}、Y_{21}分别是端口1、1′的输入导纳和转移导纳，Y_{22}、Y_{12}分别是端口2、2′的输入导纳和转移导纳，由于4个参数可以分别根据在短路条件下计算或测定出来，所以又称为短路参数。根据互易定理，对于由线性R、L(M)、C元件所构成的任何无源二端口来说，$Y_{21}=Y_{12}$总是成立的。所以，对任何一个无源线性二端口，只要三个独立的参数就足以表征它的性能了。一个二端口从任一端口看进去，它的电气特性是一样的，简称为对称二端口。对于对称二端口的Y参数，$Y_{11}=Y_{22}$，只有2个是独立的。

(2) 根据$U_1=Z_{11}I_1+Z_{12}I_2$，$U_2=Z_{21}I_1+Z_{22}I_2$，得

$$Z_{11}=\frac{U_1}{I_1}(I_2=0)\quad Z_{12}=\frac{U_1}{I_2}(I_1=0)$$

$$Z_{21}=\frac{U_2}{I_1}(I_2=0)\quad Z_{22}=\frac{U_2}{I_2}(I_1=0)$$

Z_{11}、Z_{21}分别是端口1、1′的开路输入阻抗和转移阻抗，Z_{22}、Z_{12}分别是端口2、2′的开路输入阻抗和转移阻抗。

对于含有受控源的线性R、L(M)、C二端口，利用特勒根定理可以证明互易定理不再成立，因此$Y_{21}\neq Y_{12}$、$Z_{21}\neq Z_{12}$。

(3) 根据$U_1=AU_2-BI_2$，$I_1=CU_2-DI_2$，得

$$A=\frac{U_1}{U_2}(I_2=0)\quad B=\frac{U_1}{-I_2}(U_2=0)$$

$$C=\frac{I_1}{U_2}(I_2=0)\quad D=\frac{I_1}{-I_2}(U_2=0)$$

A、B、C、D称为二端口的一般参数，传输参数，T参数，或A参数，其值完全决定于网络的拓扑结构及各支路元件的参数值，这四个参数表征了该双口网络的基本特征，A是两个电压的比值，是一个无量纲的量；B是短路转移阻抗，C是开路转移导纳，D是两个电流的比值，也是无量纲的。对于无源线性二端口来说，A、B、C、D四个参数中将只有三个是独立的，根据$Y_{21}=Y_{12}$，得$AD-BC=1$，对于对称的二端口，由于$Y_{11}=Y_{22}$，有$A=D$。

由上可知，只要在网络的输入口加上电压，在两个端口同时测量其电压和电流，即可求出A、B、C、D四个参数，此即为双端口同时测量法。

若要测量一条远距离输电线构成的双口网络，采用同时测量法就很不方便，这时可采用分别测量法，即先在输入口加电压，而将输出口开路和短路，在输入口测量电压和电流，由传输方程可得：

$$R_{1o}=\frac{U_{1o}}{I_{1o}}=\frac{A}{C}(\text{令 } I_2=0\text{，即输出口开路时})$$

$$R_{1S}=\frac{U_{1S}}{I_{1S}}=\frac{B}{D}(\text{令 } U_2=0\text{，即输出口短路时})$$

然后在输出口加电压，而将输入口开路和短路，在输出口测量电压和电流，此时可得

$$R_{2o}=\frac{U_{2o}}{I_{2o}}=\frac{D}{C}(\text{令 } I_1=0\text{，即输入口开路时})$$

$$R_{2S}=\frac{U_{2S}}{I_{2S}}=\frac{B}{A}(\text{令 } U_1=0\text{，即输入口 A 短路时})$$

R_{1o}，R_{1S}，R_{2o}，R_{2S}分别表示一个端口开路和短路时另一端口的等效输入电阻，这四个参数中有三个是独立的$\left(\frac{R_{10}}{R_{2o}}=\frac{R_{1S}}{R_{2S}}=\frac{A}{D}\right)$即$AD-BC=1$

至此，可求四个传输参数

$A=\sqrt{R_{1o}/(R_{2o}-R_{2S})}$，$B=R_{2S}A$，$C=A/R_{1o}$，$D=R_{2o}C$

(4) 根据 $U_1=H_{11}I_1+H_{12}U_2$，$I_2=H_{21}I_1+H_{22}U_2$，得

$$H_{11}=\frac{U_1}{I_1}(U_2=0)\quad H_{12}=\frac{U_1}{U_2}(I_1=0)$$

$$H_{21}=\frac{I_2}{I_1}(U_2=0)\quad H_{22}=\frac{I_2}{U_2}(I_1=0)$$

$H_{11}=1/Y_{11}$　$H_{22}=1/Z_{22}$　H_{21} 为两个电流之间的比值，H_{12} 为两个电压之间的比值。

对于无源线性二端口，H 参数中只有三个是独立的，$H_{21}=-H_{12}$。对于对称的二端口，由于 $Y_{11}=Y_{22}$ 或 $Z_{11}=Z_{22}$，则有 $H_{11}H_{22}-H_{12}H_{21}=1$。

4. 不管用什么形式的电路参数来表征双口网络的端口特征，对于互易双口，其电路参数只有三个是独立的。依此构造最简单的互易双口的等效电路，只需三个负阻抗。通常采用互易双口的开路阻抗参数，构造 T 型等效电路。采用互易双口的短路导纳参数，构造 II 型等效电路。

5. 一个复杂的二端口可看成是由若干个简单的二端口按某种方式联接而成。二端口可按多种不同的方式互相联接：级联（链联）、串联、并联。二端口的级联（如图 4－74 所示），T 为复合二端口的 T 参数矩阵，它与二端口 P_1 和 P_2 的 T 参数矩阵的关系为 $T=T'T''$。当两个二端口按并联方式联接时，两个二端口的输入电压和输出电压被分别强制为相同。Y 为复合二端口的 Y 参数矩阵，它与二端口 P_1 和 P_2 的 Y 参数矩阵的关系为 $Y=Y'+Y''$。当两个二端口按串联方式联接时，只要端口条件仍然成立，复合二端口的 Z 参数矩阵与串联联接的两个二端口的 Z 参数矩阵有如下关系：$Z=Z'+Z''$。

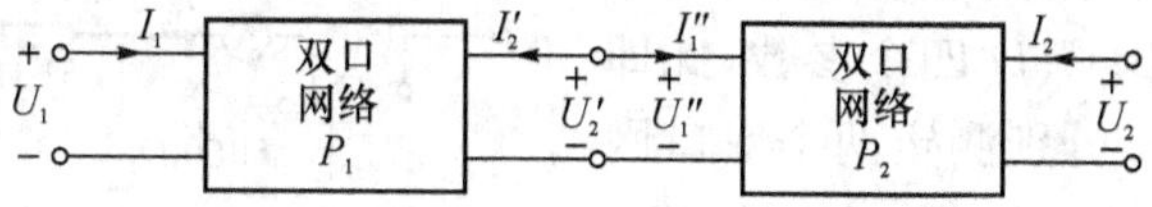

图 4－74　两个双口网络级联

6. 在二端口网络输出端接上一个负载阻抗 Z_L，在输入端接一内阻抗为 Z_S 的电压源 U_S，则二端网络的输入阻抗为输入端电压与电流之比，即 $Z_{IN}=\frac{U_1}{I_1}$，根据 A 参数方程，得 $Z_{IN}=\frac{AU_2-BI_2}{CU_2-DI_2}$　由于 $U_2=-Z_LI_2$，所以 $Z_{IN}=\frac{AZ_L+B}{CZ_L+D}$　$Z_0=\frac{DZ_S+B}{CZ_S+A}$

输入阻抗是双口网络参数与负载阻抗 Z_L 的函数，对于不同的双口，Z_{IN} 与 Z_L 的关系不同。对电源来说，双口网络起到了变换其负载阻抗的作用。同理，对负载来说，双口网络起到了变换电源内阻抗的作用。当输入阻抗等于电源内阻抗，输出阻抗等于负载阻抗时，即 $Z_{IN}=Z_S=Z_{C1}$　$Z_0=Z_L=Z_{C2}$

则有如下关系式　$Z_{C1}=\sqrt{\frac{AB}{CD}}$　$Z_{C2}=\sqrt{\frac{DB}{AC}}$

可见，Z_{C1} 与 Z_{C2} 只是双口网络的函数，定义为双口网络的特性阻抗。当有载双口的电源内阻抗和负载阻抗分别等于相应侧的特性阻抗时，称为阻抗匹配。

7. 双口网络频率特性曲线的测试可采用逐点描绘法。使用双踪示波器、交流毫伏表测试双口网络转移电压比的测试电路。

(1) 测试幅频特性曲线：保持信号发生器的输出电压U_1恒定，改变其频率，用交流毫伏表测出对应不同频率时输出端的输出电压U_2，计算$\frac{U_2}{U_1}$的值，即可描绘出以f为横轴，$\frac{U_2}{U_1}$为纵轴的幅频特性曲线。

(2) 测试相频特性曲线：保持信号发生器的输出电压恒定，改变其频率，观测相应的输入和输出波形延时S及信号的周期T，则两波形间的相位差为$\varphi=\frac{S}{T}\times 360^\circ$，即可描绘出以$f$为横轴，$\varphi$为纵轴的相频特性曲线。

(3) 李萨如图形法测f_0：李萨如图形是在断开示波器内部扫描的情况下，分别在示波器的水平和垂直偏转板上加上正弦电压，在荧光屏上出现的图形。当所加的两个正弦电压频率、相位相同时，李萨如图形为一条与X轴成一定夹角的直线。

五、实验注意事项

1. 测量电流时，要注意判别电流表的极性及选取适合的量程(根据所给的电路参数，估计电流表量程)。

2. 两个双口网络级联时，应将一个双口网络Ⅰ的输出端与另一双口网络Ⅱ的输入端联接。

六、实验内容与步骤

双口网络实验线路如图 4－75 所示。将直流稳压电源输出电压调至 10 V，作为双口网络的输入。

1. 按同时测量法(在网络的输入口加上电压，在输入、输出两个端口同时测量其电压和电流，即可求出A、B、C、D四个参数，此即为双端口同时测量法。)分别测定两个双口网络的传输参数A_1、B_1、C_1、D_1和A_2、B_2、C_2、D_2，并列出它们的传输方程。

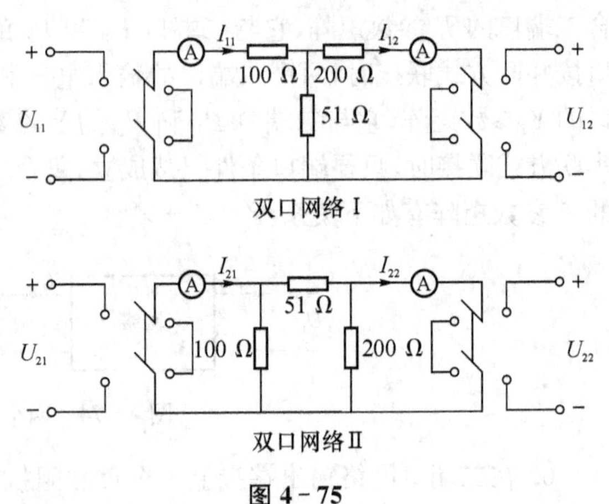

双口网络Ⅰ

双口网络Ⅱ

图 4－75

表 4－51 测量数据 1

		测 量 值			计 算 值	
双口网络Ⅰ	输出端开路 $I_{12}=0$	U_{110}(V)	U_{120}(V)	I_{110}(mA)	A_1	B_1
	输出端短路 $U_{12}=0$	U_{11S}(V)	I_{11S}(mA)	I_{12S}(mA)	C_1	D_1
双口网络Ⅱ		测 量 值			计 算 值	
	输出端开路 $I_{22}=0$	U_{210}(V)	U_{220}(V)	I_{210}(mA)	A_2	B_2
	输出端短路 $U_{22}=0$	U_{21S}(V)	I_{21S}(mA)	I_{22S}(mA)	C_2	D_2

2. 将两个双口网络级联后，如图4－76所示，用两端口分别测量法（实验前仔细阅读实验原理部分的两端口分别测量法）测量级联后等效双口网络的传输参数 A、B、C、D，并验证等效双口网络传输参数与级联的两个双口网络传输参数之间的关系。

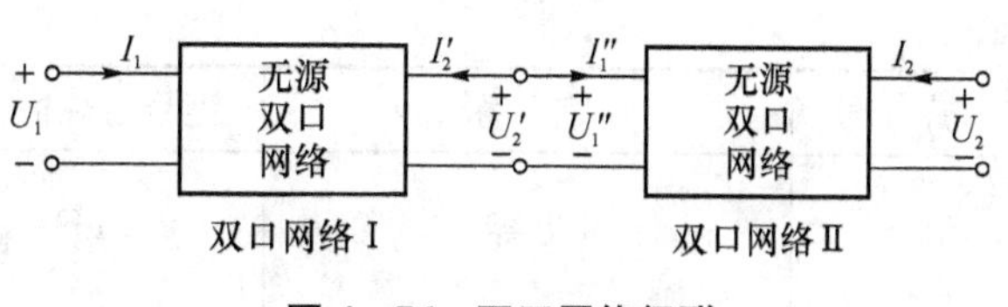

图 4－76　双口网络级联

表 4－52　测量数据 2

输出端开路 $I_2=0$			输出端短路 $U_2=0$			计算传输参数
U_{10}(V)	I_{10}(mA)	R_{10}(Ω)	U_{1S}(V)	I_{1S}(mA)	R_{1S}(Ω)	
输入端开路 $I_1=0$			输入端短路 $U_1=0$			$A=$
U_{20}(V)	I_{20}(mA)	R_{20}(Ω)	U_{2S}(V)	I_{2S}(mA)	R_{2S}(Ω)	$B=$
						$C=$ $D=$

七、实验报告要求

1. 完成对数据表格的测量和计算任务。
2. 列写参数方程。
3. 验证级联后等效双口网络的传输参数与 级联的两个双口网络传输参数之间的关系。
4. 总结、归纳双口网络的测试技术。
5. 心得体会及其他。

八、实验思考题

试述双口网络同时测量法与分别测量法的测量步骤，优缺点及其适用情况。

实验十八　负阻抗变换器的研究

一、实验目的

1. 了解负阻抗变换器的原理及其运放实现。
2. 通过负阻器加深对负电阻（阻抗）特性的认识，掌握对含有负阻的电路的分析测量方法。

二、实验设备

序　号	名　称	型号与规格	数　量	备　注
1	可调直流稳压源	0～30 V	1	主板
2	直流数字电压表		1	自配
3	直流毫安表		1	主板
4	负阻抗变换器实验电路模块		1	电路基础实验（三）
5	可调电阻	0～100 K	1	主板
6	电感		若干	电路基础实验（四）、电路基础实验（六）
7	万用电表		1	自配

（续表）

序　号	名　称	型号与规格	数　量	备　注
8	电容	0.1 μF	1	电路基础实验（三）或电路基础实验（四）或电路基础实验（六）
9	双踪示波器		1	自配
10	函数信号发生器		1	主板
11	交流毫伏表		1	自配

三、实验原理

负阻抗变换器（NIC）是一种二端口器件，如图 4－77 所示。

通常，把端口 1—1′处的 U_1 和 I_1 称为输入电压和输入电流，而把端口 2—2′处的 U_2 和 $-I_2$ 称为输出电压和输出电流。U_1、I_1 和 U_2、I_2 的指定参考方向如图 4－77 中所示。根据输入电压和电流与输出电压和电流的相互关系，负阻抗变换器可分为电流反向型（CNIC）和电压反向型（VNIC）两种，对于 CNIC，有

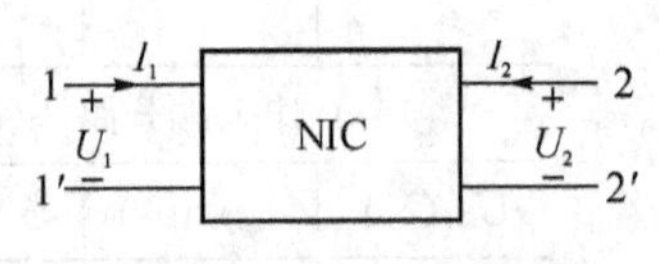

图 4－77　负阻抗变换器

$$U_1=U_2 \quad I_1=(-K_1)(-I_2)$$

式中 K_1 为正的实常数，称为电流增益。由上式可见，输出电压与输入电压相同，但实际输出电流 $-I_2$ 不仅大小与输入电流 I_1 不同（为 I_1 的 $1/K_1$ 倍）而且方向也相反。换言之，当输入电流的实际方向与它的参考方向一致时，输出电流的实际方向与它的参考方向相反（即和 I_2 的参考方向相同）。对于 VNIC，有

$$U_1=-K_2U_2 \quad I_1=-I_2$$

式中 K_2 是正的实常数，称为电压增益。由上式可见，输出电流 $-I_2$ 与输入电流 I_1 相同，但输出电压 U_2 不仅大小与输入电压 U_1 不同（为 U_1 的 $1/K_2$ 倍）而且方向也相反。若在 NIC 的输出端口 2—2′接上负载 Z_L，则有 $U_2=-I_2Z_L$。对于 CNIC，从输入端口 1—1′看入的阻抗为

$$Z_{in1}=\frac{U_1}{I_1}=\frac{U_2}{K_1I_2}=-\frac{1}{K_1}Z_L$$

对于 VNIC，从输入端口 1—1′看入的阻抗为

$$Z_{in1}=\frac{U_1}{I_1}=\frac{-K_2U_2}{-I_2}=K_2\frac{U_2}{I_2}=-K_2Z_L$$

若倒过来，把负载 Z_L 接在输入端口 1—1′，则有 $U_1=-I_1Z_L$，从输出端口 2—2′看入，对于 CNIC，有

$$Z_{in2}=\frac{U_2}{I_2}=\frac{U_1}{\frac{1}{K_1}I_1}=\frac{K_1U_1}{I_1}=-K_1Z_L$$

对于 VNIC，有

$$Z_{in2}=\frac{U_2}{I_2}=\frac{-\frac{1}{K_2}U_1}{-I_1}=\frac{U_1}{K_2I_1}=-\frac{1}{K_2}Z_L$$

综上所述，NIC 是这样一种二端口器件，它把接在一个端口的阻抗变换成另一端口的负阻抗。

NIC可用受控源来实现，图4-78(a)和(b)分别给出了实现CNIC和VNIC的原理图。

实用上通常采用运算放大器来实现NIC。本实验所用的CNIC即由线性集成运算放大器(HA17741型)构成，在一定的电压、电流范围内具有良好的线性度，其原理电路如图4-79所示。

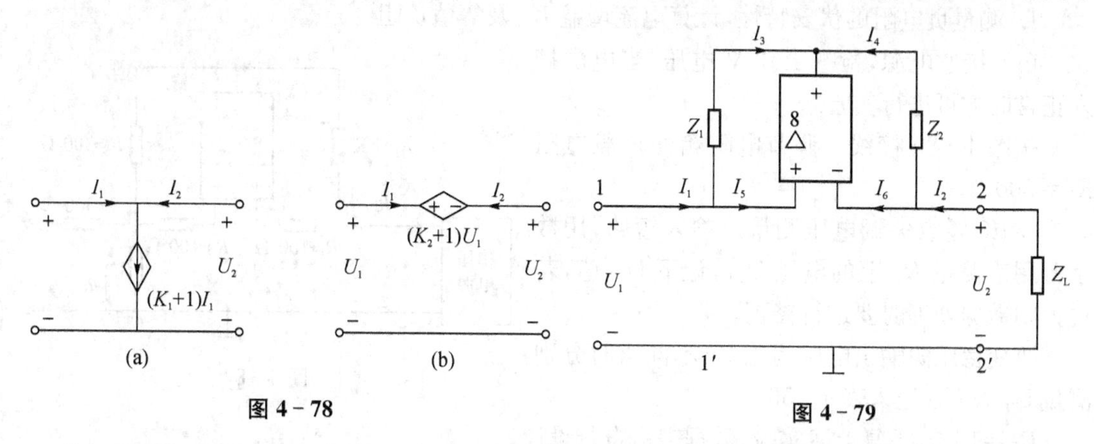

图4-78　　图4-79

我们把选用的运算放大器作为理想运算放大器来处理，则根据理想运算放大器的以下性质：

电压放大倍数A→∞，即运算放大器的同相、反相两个输入端如果不是直接接在理想电压源(或受控电压源)，则两个输入端的电压相等(虚短路)。

输入阻抗Z_i→∞，即电入两个输入端的电流为零。应有

$U_1=U_2$，$I_3Z_1=I_4Z_2$，$I_1=I_3$和$I_2=I_4$，因此，得

$$I_1Z_1=I_2Z_2$$

$$I_1=\frac{Z_2}{Z_1}I_2=K_1I_2$$

式中，$K_1=Z_2/Z_1$为电流增益。

输入端口1—1′看入的阻抗为

$$Z_{in1}=\frac{U_1}{I_1}=\frac{U_2}{K_1I_2}=-\frac{1}{K_1}Z_L$$

本实验中，取$Z_1=R_1=1\ k\Omega$，$Z_2=R_2=300\ \Omega$，得

$$K_1=\frac{R_2}{R_1}=\frac{300}{1\ 000}=\frac{3}{10}$$

当$Z_L=R_L$时

$$Z_{in1}=-\frac{1}{K_1}Z_L=-\frac{10}{3}R_L$$

当$Z_L=\frac{1}{j\omega C}$时

$$Z_{in1}=-\frac{1}{K_1}Z_L=-\frac{10}{3}\frac{1}{j\omega C}=j\omega L'$$

其中，$L'=\frac{10}{3}\times\frac{1}{\omega^2C}$

当$Z_L=j\omega L$时，

$$Z_{in1}=-\frac{1}{K_1}Z_L=-\frac{10}{3}j\omega L=\frac{1}{j\omega C'}$$

其中，$C'=\frac{3}{10}\times\frac{1}{\omega^2 L}$

四、实验内容

1. 测量负电阻的伏安特性，计算电流增益 K_1 及等值负阻

(1) 接通电源，检查±12 V 电压，当电源接入正常时方可进行实验。

按图 4-80 接线。调节电阻箱使负载电阻 $R_L=500\ \Omega$。

CNIC 零点失调电压测量。输入短路，用数字万用表测量 R_1 上的电压 U_{R1}，记下 U_{R1} 值，若过大则数据处理时要进行修正。

改变稳压源输出电压为正、负不同值时分别测量 U_1 及 U_{R1} 记入表 4-53。

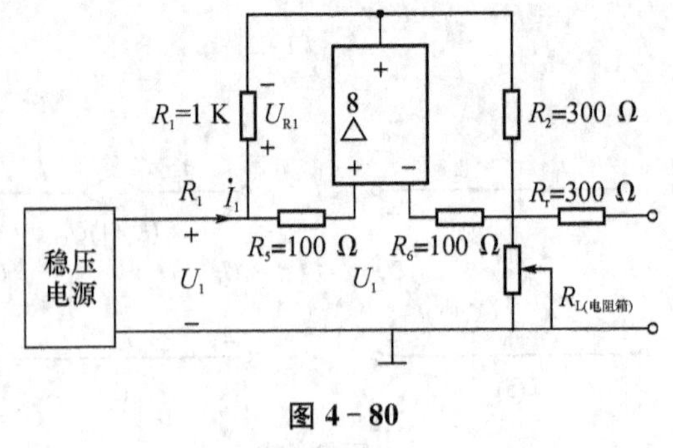

图 4-80

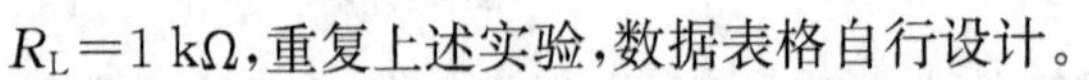
$R_L=1\ \text{k}\Omega$，重复上述实验，数据表格自行设计。

由前面可知，流入运算放大器输入端的电流为零，故 I_1 全部流过 R_1 因此 I_1 可由式 $I_1=\frac{U_{R1}}{R_1}$ 算出。注意 U_{R1} 的参考方向，当 U_{R1} 的实际方向与参考方向相反时，测得的 U_{R1} 读数为负，则 I_1 也为负值，即 I_1 的实际方向与参考方向相反。

表 4-53　$R_L=500\ \Omega$

U_1(V)	3	2	1	−1	−2	−3
U_{R1}(V)						
$I_1=U_{R1}/R_1$(mA)						
$R_-=U_1/I_1$(Ω)						

计算负电阻的平均值 $R_-^a=\frac{\sum_{j=1}^{n}R_-(j)}{n}$，负电阻的理论计算值

$$R'_-=-\frac{1}{K_1}R_L=-\frac{10}{3}R_L$$

表 4-54　误差计算列表

R_L(Ω)	R_-^a(Ω)	R'_-(Ω)	$\Delta R_-=R_-^a-R'_-$(Ω)	$(\Delta R_-/R'_-)\times100\%$
500				
1 000				

(2) 注意事项

CNIC 的输入电压绝对值 $|U_1|<3$(V)，输入电流绝对值 $|I_1|<3$(mA)。

本实验也可采用正弦交流信号源。但应注意信号源内阻 $R_S<8\ \Omega$，因 CNIC 的 1—1′端口为短路稳定端口，过高的信号源内阻会使 CNIC 不稳定。若 R_S 超过 8 Ω，则可在信号源输出端口并联一个电阻箱调节电阻箱的阻值使等值输出电阻小于 8 Ω。应该指出，并联电阻将使信号

源输出电压降低，当信号源内阻 R_S 较大时，尤为严重，这一点要特别注意。

2. 测定负内阻电压源的外特性

按图 4－81 接线。若稳压电源的内阻近似为零，则 1—1′端口的左边部分相当于电源电压为 U_S 内阻为 R_S+R_{f1} 的有源二端网络（R_{f1} 为 $FUSE_1$ 的熔断丝电阻）。根据 CNIC 的性质，2—2′端口的左边电路也等效于一个有源二端网络，而且等效电源电压仍为 U_S，等效内阻 $R'_S=-K_1(R_S+R_{f1})=-\frac{R_2}{R_1}(R_S+R_{f1})$ 为负电阻。

换言之，2—2′端口的左边电路就是一个具有负内阻的电压源。按照图 4－81 所示的电压、电流参考方向，有

$U_2=U_1=U_S-I_1(R_S+R_{f1})$ 而

$I_1=K_1I_2$，得

$$U_2=U_S+I_2[-K_1(R_S+R_{f1})]$$

上式的等效电路如图 4－82(a)所示。

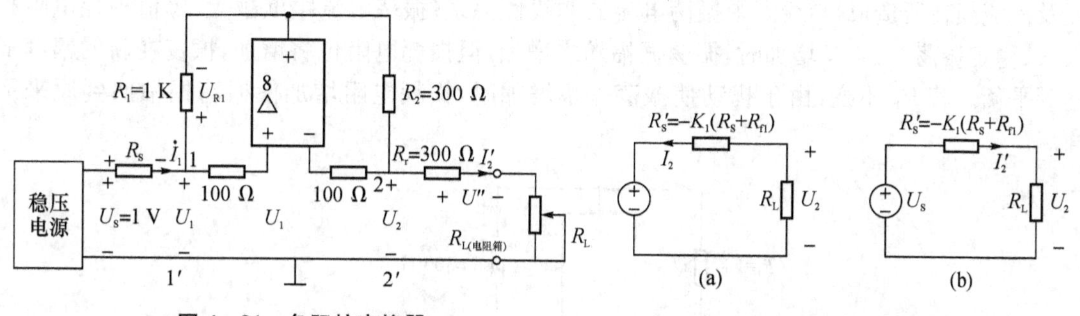

图 4－81 负阻抗变换器

图 4－82 等效电路图

通常，规定电源支路的电流参考方向与电压参考方向相反

因此取 $I_2{}'=-I_2$，则

$$U_2=U_S-I'_2[-K_1(R_S+R_{f1})]=U_S+K_1I'_2(R_S+R_{f1})$$

上式的等效电路如图 4－82(b)所示。此时，负载 R_L 上的电流参考方向就和电压参考方向一致了。

固定 $U_S=1$ V，$R_S=500$ Ω。改变 R_L 取 0→∞范围内不同值时分别测量 U_2 及 U'' 记入表 4－55。由公式 $I'_2=\frac{U''}{R_7+R_{f_2}}$，算出电流 I'_2（R_{f2} 为 $FUSE_2$ 的熔丝电阻），并绘出负内阻电压源的实测外特性曲线和理论计算的外特性曲线 $U_2=f(I'_2)$。

注意事项：$R_L=0$ Ω，负内阻电压源可能不稳定，U_S 变成负载被充电。解决办法之一是迅速测量在 $R_L=0$ Ω 时的 U_2 及 U''。

表 4－55 $U_S=1$ V $R_S=500$ Ω

R_L(Ω)	0	100	200	1 K	100 K	∞
U_2(V)						
U''(V)						

3. 负阻振荡器

在分析二阶电路时可知，若 RLC 串联电路的电阻 $R<2\sqrt{\frac{L}{C}}$，则该电路的冲激响应为衰减振荡。如果在电路中串联一个负电阻 R_-，则当 $R+R_-=0$ 时，电路的冲激响应为等幅振荡；当 $R+R_-<0$ 时，电路的冲激响应为增幅振荡。根据这一原理便可方便地构成负阻振荡器。

按图 4-83 接线。逐步增大 R_S，使电路总电阻为负值，借助于电路中的微小扰动便可建立振荡。由于负阻的作用振荡振幅逐渐增大，当振荡幅度达到所需值时，可减小 R_S 使电路总电阻为零以维持等幅振荡。如不减小 R_S，则振荡振幅将一直增大至运算放大器输出达到非线性为止。

为了维持等幅振荡，必须严格使电路总电阻为零。即使如此，由于电路中总是存在某些扰动，等幅振荡也很难长久稳定。所以，在实用的负阻振荡器中，一般都设有幅度负反馈电路，使电路中的正电阻(或负电阻)随振荡振幅的增大而增大(或减小)。实验中可以用一个 40 W 日光灯镇流器(铁芯线圈)替换电路中的电感 L，利用铁芯线圈中等值损耗电阻(由铁芯的磁滞损耗及涡流损耗所造成)与线圈中振荡电流的非线性关系(振荡电流幅度越大，等值损耗电阻越大)来稳定振荡。当 R_S 增加时，振荡振幅随之增加，但损耗电阻也将增加，振荡在新的幅度下达到平衡。若 R_S 不变，由于扰动使振荡振幅增加时，损耗电阻增加使振荡振幅回到原来平衡点。

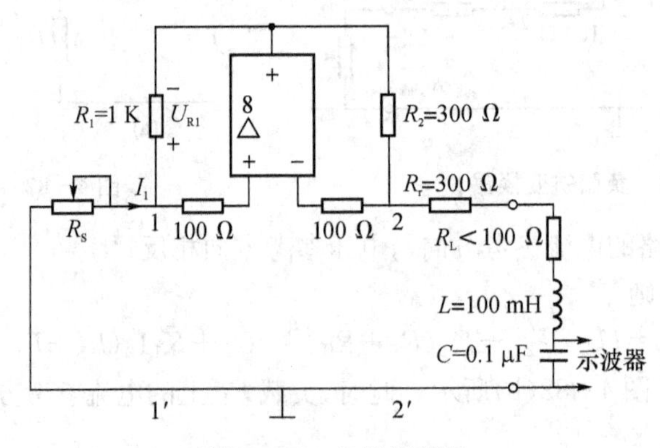

图 4-83 负阻振荡器

实验中要求调节 R_S 使电路发生等幅振荡，记下 R_S 的值(精确到个位)。为了增加精确度，可以从不振荡到刚开始建立稳定的振荡波形记录一次 R'_S，再从有振荡波形到无振荡波形记录一次 R''_S，然后求平均 R_S。同时测出振荡频率和输出的峰—峰值。

4. 阻抗变换

在 CNIC 输出端口 2—2′上接电容 C，则从输入端口 1—1′看入的等效阻抗为

$$Z_{eg}=-\frac{1}{K_1}Z_L=-\frac{1}{K_1}\frac{1}{j\omega C}=j\frac{1}{K_1\omega C}=j\omega L_{eg}$$

可见等效阻抗呈电感性，等效电感 L_{eg} 为

$$L_{eg}=\frac{1}{K_1\omega^2 C}=-\frac{10}{3}\frac{1}{\omega^2 C}$$

式中 K_1 为 CNIC 的电流增益。

按图 4-84 接线。将函数发生器选定为正弦波输出，调节函数发生器输出电压，使 $U_1\leqslant$

1 V。改变函数发生器正弦输出频率 f，当 f 取为 200 Hz—900 Hz 范围内不同值时分别测量 U_1 及 U_{R1} 记入表 4 - 56。应该指出，若信号源内阻 R_S 超过 8 Ω，可能产生高频振荡，可在信号源输出端并联一个电阻箱调节电阻箱的阻值使等值输出电阻小于 8 Ω。

用双踪示波器观察 U_1、I_1 的相位关系。从图 4 - 84 接线可知，实际观察的是 $-U_1$ 及 $-I_1$ 的波形和相位关系。

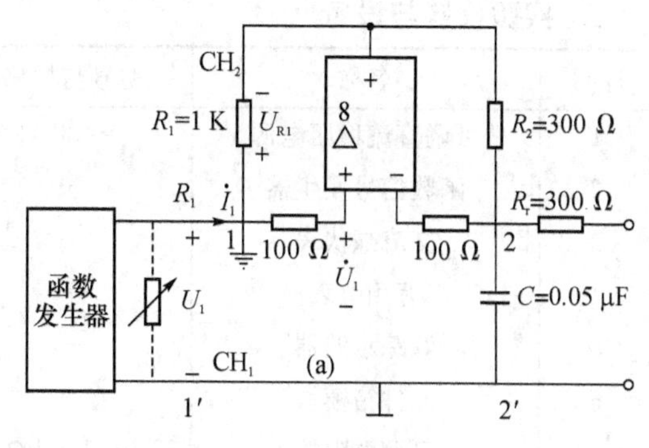

图 4 - 84 阻抗变换

表 4 - 56

f(Hz)	200	300	400	500	600	700	800	900
U_1(V)								
U_{R1}(V)								
$I_1=U_{R1}/R_1$(mA)								
$I_{eg}=U_1/R_1$(mA)								
$L_{eg}=Z_{eg}/2\pi f$(H)								
$L=1/K_1(2\pi f)^2C$(H)								

五、实验报告要求

1. 完成以上实验内容所规定的计算、曲线绘制和分析比较。
2. 总结对负阻抗变换器的认识。
3. 回答思考题。

六、实验思考题

什么是负阻抗变换器？负阻抗变换器有哪两种类型？具有什么性质？

实验十九　回转器及其应用

一、实验目的

1. 了解回转器的基本特性及其运放实现。
2. 掌握回转器参数的测试方法，了解回转器的应用。

二、实验内容

1. 测定回转电阻
2. 验证回转器的线性性质 $r_2=U_2/I_1$(Ω)
3. 验证非互易性
4. 用回转器和电容来模拟电感

三、实验仪器与设备

序号	名称	型号与规格	数量	备注
1	可调直流稳压电源	0～30 V	1	主板
2	函数信号发生器	—	1	主板
3	交流毫伏表	—	1	自配
4	万用电表	—	1	自配
5	双踪示波器	—	1	自配
6	元件箱模块	—	1	电路基础实验(六)
7	可调电阻箱	0～100 kΩ	1	主板
8	回转器实验线路板	—	1	电路基础实验(三)
9	电容	0.1 μF	1	电路基础实验(三)或电路基础实验(四)或电路基础实验(六)

四、实验原理

回转器的概念由 B. D. H. Tellegen 于 1948 年提出，六十年代由 L. P. Huelsman 及 B. A. Sheei 等人用运算放大器及晶体管电路实现。回转器是一种二端口器件，其电路符号如图 4-85 所示。它的电流与电压的关系为

$$I_1 = gU_2$$
$$I_2 = -gU_1$$

或写成

$$U_1 = -rI_2$$
$$U_2 = rI_1$$

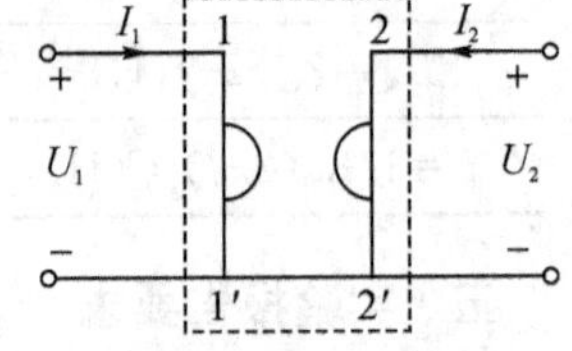

图 4-85　回转器

式中，g 和 $r=\frac{1}{g}$分别称为回转电导和回转电阻，简称回转常数。用矩阵形式可表示为

$$\begin{bmatrix} I_1 \\ I_2 \end{bmatrix} = \begin{bmatrix} 0 & g \\ -g & 0 \end{bmatrix} \begin{bmatrix} U_1 \\ U_2 \end{bmatrix}$$

或

$$\begin{bmatrix} U_1 \\ U_2 \end{bmatrix} = \begin{bmatrix} 0 & -r \\ r & 0 \end{bmatrix} \begin{bmatrix} I_1 \\ I_2 \end{bmatrix}$$

若在回转器 2—2′端口接以负载阻抗 Z_L，则在 1—1′端口看入的输入阻抗为

$$Z_{in1} = \frac{U_1}{I_1} = \frac{-rI_2}{I_1} = \frac{-rI_2}{U_2/r} = \frac{-r^2 I_2}{U_2} = \frac{-r^2 I_2}{-Z_L I_2} = \frac{r^2}{Z_L}$$

如果负载阻抗 Z_L 在 1—1′端口，则从 2—2′端口看入的等效阻抗为

$$Z_{in2} = \frac{U_2}{I_2} = \frac{rI_1}{-U_1/r} = \frac{r^2 I_1}{-U_1} = \frac{r^2 I_1}{Z_L I_1} = \frac{r^2}{Z_L}$$

由上可见，回转器的一个端口的阻抗是另一端口的阻抗的倒数(乘上一定比例常数)，且与方向无关(即具有双向性质)。利用这种性质，回转器可以把一个电容元件“回转”成一个电感元件或反之。例如在 2—2′端口接入电容 C，在正弦稳态条件下，即 $Z_L=\frac{1}{j\omega C}$，则在 1－1′端口看入的等效阻抗为

$$Z_{\text{in1}}=\frac{r^2}{Z_L}=\frac{r^2}{1}=j\omega r^2C=j\omega L_{\text{eg}}$$

式中，$L_{\text{eg}}=r^2C$ 为 1—1′端口看入的等效电感。

同样，在 1—1′端接电容 C，在正弦稳态条件下，从 2—2′看进去的输入阻抗 Z_{in2} 为

$$Z_{\text{in2}}=\frac{U_2}{I_2}=\frac{rI_1}{I_2}=\frac{rI_1}{-\frac{U_1}{r}}=-r^2\cdot\frac{I_1}{U_1}=-r^2\cdot\frac{I_1}{-I_1\cdot\frac{1}{j\omega C}}=r^2\cdot j\omega C=j\omega L_{\text{eg}}$$

式中 $L_{\text{eg}}=r^2C$

可见回转器具有双向特性。

回转器具有的这种能方便地把电容"回转"成电感的性质在大规模集成电路生产中得到重要的应用。

回转器是一个无源元件。这可以证明如下，按回转器的定义公式，有

$$P_1+P_2=U_1I_1+U_2I_2=-rI_2I_1+rI_1I_2=0$$

上式说明回转器既不发出功率又不消耗功率。

一般说来，线性定常无源双口网络满足互易定理，而回转器虽然也是属于线性定常无源网络，但并不满足互易定理。这一点可以简单论证如下。参照图 4-85，如果在 1—1′端口送入电流 $I_1=1$ 安，则在 2—2′端口开路时，有 $I_2=0$，而 $U_2=r$ 伏。反之，在 2—2′端口送入电流 $\hat{I}_2=1$ 安，在 1—1′端口的开路电压 $\hat{U}_1=-r$ 伏。可见 $\hat{U}_1\neq U_2$，即不满足互易定理。

回转器可以用多种方法来构成。现介绍一种基本构成方法。把回转器的导纳矩阵分解为

$$r=\begin{bmatrix}0 & g\\ -g & 0\end{bmatrix}=\begin{bmatrix}0 & g\\ 0 & 0\end{bmatrix}+\begin{bmatrix}0 & 0\\ -g & 0\end{bmatrix}$$

这样就可以用两个极性相反的电压控制电流源构成回转器，如图 4-86 所示。

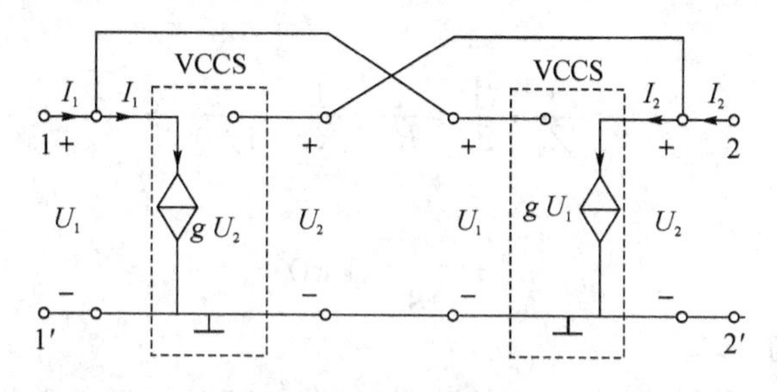

图 4-86　回转器

本实验使用的回转器由两个运算放大器组成，如图 4-87 所示。假设：

1. 运算放大器是理想运算放大器，即：输入阻抗 $Z_i\to\infty$，流入两个输入端的电流为零，电压放大倍数 $A\to\infty$，两个输入端的电压相等（虚短路）。

2. 回转器的输入幅度不超过允许值，以保证运算放大器在线性区工作。

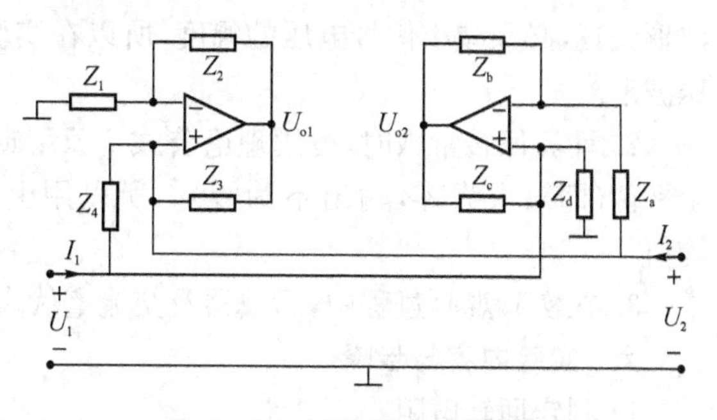

图 4-87　回转器实验电路图

根据以上假设，则图 4-87 中有：

$$U_{o1}=\left(1+\frac{Z_2}{Z_1}\right)U_2$$

$$U_{o2}=\left(1+\frac{Z_b}{Z_a}\right)U_1+\left(-\frac{Z_b}{Z_a}\right)U_2$$

容易推导图 4-87 二端口网络的电压、电流矩阵方程如下：

$$\begin{bmatrix}I_1\\I_2\end{bmatrix}=\begin{bmatrix}\frac{1}{Z_d}+\frac{1}{Z_4}-\frac{Z_b}{Z_aZ_c} & \frac{Z_b}{Z_aZ_c}-\frac{1}{Z_4}\\ -\frac{1}{Z_4}-\frac{1}{Z_a} & \frac{1}{Z_a}+\frac{1}{Z_4}-\frac{Z_2}{Z_1Z_3}\end{bmatrix}\begin{bmatrix}U_1\\U_2\end{bmatrix}$$

已知回转器的电压、电流矩阵方程为

$$\begin{bmatrix}I_1\\I_2\end{bmatrix}=\begin{bmatrix}0 & g\\ -g & 0\end{bmatrix}\begin{bmatrix}U_1\\U_2\end{bmatrix}$$

比较以上两个矩阵方程，应有

$$\frac{1}{Z_d}+\frac{1}{Z_4}-\frac{Z_b}{Z_aZ_c}=0$$

$$\frac{1}{Z_a}+\frac{1}{Z_4}-\frac{Z_2}{Z_1Z_3}=0$$

$$\frac{Z_b}{Z_aZ_c}-\frac{1}{Z_4}=g$$

$$-\frac{1}{Z_4}-\frac{1}{Z_a}=-g$$

现选定

$$Z_1=Z_d=R_1=1\ \text{k}\Omega \qquad Z_2=Z_3=Z_c=R_2=100\ \Omega$$
$$Z_4=Z_a=R_3=2\ \text{k}\Omega \qquad Z_b=R_4=300\ \Omega$$

则回转电导为

$$g=\frac{1}{Z_a}+\frac{1}{Z_a}=\frac{1}{R_3}+\frac{1}{R_3}=\frac{1}{1\ 000}\ \text{S}$$

或回转阻为

$$r=\frac{1}{g}=1\ \text{k}\Omega$$

五、实验注意事项

1. 回转器的正常工作条件是 u_1、i_1 的波形必须是正弦波，为了避免运放进入饱和状态使波形失真，必须减小信号电压的幅度，所以在实验中，应该用示波器监视回转器输入端口的电压波形。

2. 计算回转常数时，可用理论公式 I_1/U_2 或 I_2/U_1，但因实际的运放并非理想，不可能完全平衡(即输入为零，输出不为零)。所以用上述两公式计算结果不完全相等，一般取其平均值。

3. 在实验观测过程中，示波器及交流毫伏表的电源线均应使用两脚插头。

六、实验内容与步骤

1. 测定回转电阻

(1) 接通电源，检查±12 V 电压，当电源接入正常时方可进行实验。

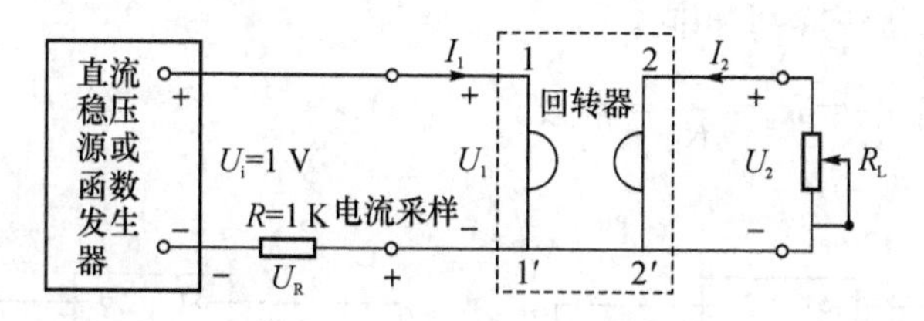

图 4 - 88　测定回转电阻电路图

(2) 按图 4 - 88 接线。调节 R_L 为 500 Ω→∞范围内不同值时分别测量 U_1,U_2 及 U_R。将测量数据记入表 4 - 57 并计算出回转电阻 r。回转电阻可由下式求出：$r=\sum_{i=1}^{n} r_{ai}/n(\Omega)$。

表 4 - 57

$R_L(\Omega)$	500	1 K	2 K	4 K	7 K	12 K	20 K	32 K	50 K	∞
U_1(V)										
U_R(V)										
$I_1=U_R/R$(mA)										
U_2(V)										
$I_2=-U_2/R_L$(mA)										
$r_1=U_2/I_1(\Omega)$										
$r_2=-U_2/I_2(\Omega)$										
$r_a=(r_1+r_2)/2(\Omega)$										

(3) 注意事项

实验时既可采用直流稳压源提供的直流电压又可采用函数发生器提供的正弦交流电压。当采用直流电源时，输入电压和输入电流应分别不超过 3 V 和 3 mA；当采用交流电源时，输入电压和输入电流的有效值应分别小于 2 V 和 2 mA，频率可固定在 200 Hz。

2. 验证回转器的线性性质 $r_2=U_2/I_1(\Omega)$

回转器在额定工作频率范围内是线性元件，这一点可以用图 4 - 89 的线路加以验证。

(1) $R_L=2$ kΩ，改变稳压电源输出电压为不同值时分别测量 U_1 及 U_R。将测量数据记入表 4 - 58 并计算出输入电阻 R_{in}。

表 4 - 58　$R_L=2$ kΩ

U_i(V)	3	2	1	−1	−2	−3
U_1(V)						
U_R(V)						
$I_1=U_R/R$(mA)						
$R_{in}=U_1/I_1(\Omega)$						

(2) 固定 $R_L=5$ kΩ，改变稳压电源输出电压为不同值时分别测量 U_1 及 U_R。数据表格自行设计，并计算出输入电阻 R_{in}。

(3) 注意事项与实验内容 1 相同。

由实验数据验证：$\dfrac{U_1}{I_1}=R_{in}=\dfrac{r^2}{R_L}$＝常数

3. 验证非互易性

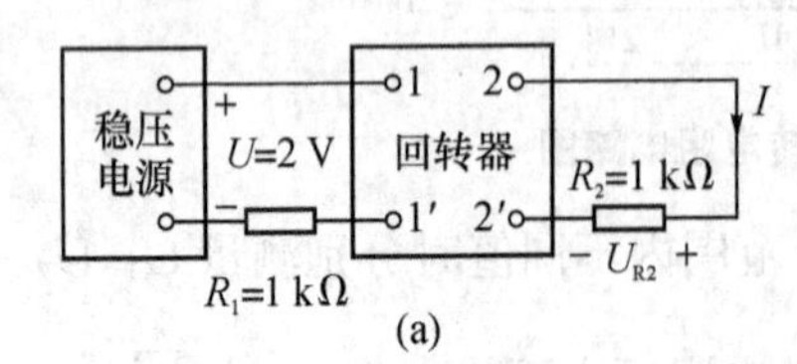

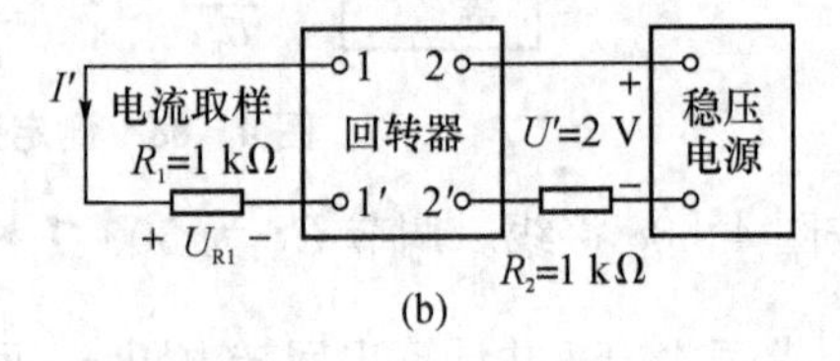

图 4-89　验证非互易性实验电路图

(1) 按图 4-89(a)接线。调节稳压电源输出电压使 $U=2$ V，用数字万用表测量 U_{R2}。

(2) 按图 4-89(b)接线。保持稳压电源输出电压使 $U'=2$ V，用数字万用表测量 U_{R1}(注意读数的正负性)。

(3) 数据表格自行设计。

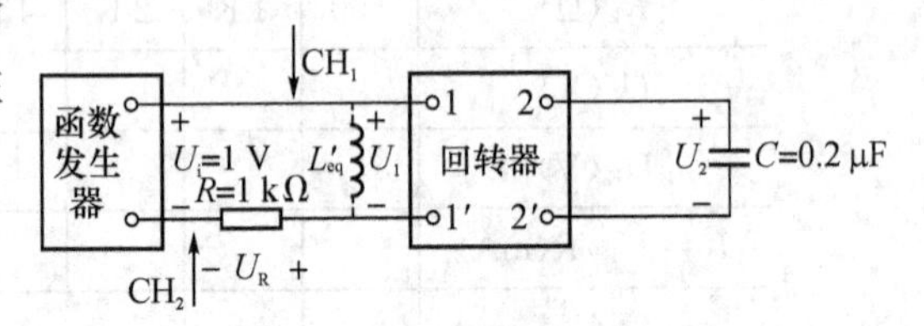

图 4-90　模拟电感

4. 用回转器和电容来模拟电感

按图 4-90 接线。函数发生器选定正弦波输出，调节函数发生器输出电压使 $U_i=1$ V，在 200 Hz～1 kHz 范围内变化函数发生器频率(注意：频率变化时，负载变化，U_i 会有变化)，用晶体管毫伏表测量在不同频率值时的 U_i、U_1 及 U_R 将数据记入表 4-59。

表 4-59

	200	300	400	500	600	700	800	900	1 000
U_i(V)									
U_1(V)									
U_R(mV)									
$I_1=U_R/R$(mA)									

七、实验报告要求

1. 完成以上实验内容所规定的计算，进行必要的分析比较。
2. 回答思考题。

八、实验思考题

1. 总结回转器的性质、特点和应用。
2. 从你的实验数据能否证明回转器的无源性。

5 模拟电子电路实验

5.1 实验要求

(1) 实验前必须充分预习,完成指定的预习任务。预习要求如下:

①熟悉实验箱简介及相关注意事项。

②认真阅读实验指导书,分析、掌握实验电路的工作原理,并进行必要的估算。

③复习与实验相关的课本内容。

④了解实验目的。

⑤了解实验中所用各仪器的使用方法及注意事项。

(2) 使用仪器和实验箱前必须了解其性能、操作方法及注意事项,在使用时应严格遵守。

(3) 实验时接线要认真,在仔细检查,确定无误后才能接通电源,初学或没有把握应经指导教师审查同意后再接通电源。

(4) 模拟电路实验注意如下:

①在进行小信号放大实验时,由于所用信号发生器及连接线的缘故,往往在进入放大器前就出现噪声或不稳定,易受外界干扰,且我们的简易信号源调不到 50 毫伏以下,实验时可采用在放大器输入端加衰减的方法加以改进。一般可用实验箱中电阻组成衰减器,这样连接线上信号电平较高,不易受干扰。在定性分析实验时可以用我们的信号源,但定量分析实验时建议最好用外置信号源,特别是测量频率特性实验时要求很高的上限频率,只能用外置信号源。为了实验效果更好,我们采用外置信号源做实验。

②三极管 h_{FE} 与 h_{fe} 是不同物理意义量,只有在信号很小,理论上三极管工作近似在线性状态时才认为近似相等,实际上万用表所测出的直流放大倍数 h_{FE} 与交流放大倍数 h_{fe} 是不相同的。

③在做实验内容时所有信号都是定量分析,为了克服干扰相应提高输入信号,为此在做实验时发现信号输入不当时自己适当调节,满足实验要求为主。

④由于各个三极管参数的分散特性,定量分析时同一实验电路用到不同的三极管时可能所测的数据不一致,实验结果不一致,甚至出现自激等情况使实验电路做不出实验的现象,这样需要自己适当调节电路参数。另外,在搭建电路时连线要最少,节点要最少,防止连线干扰,产生电路自激等,从而影响实验结果。

(5) 由于实验箱大部分是分立元件,连线时容易误操作损坏元器件,故实验时应注意观察,若发现有破坏性异常现象(例如有元件冒烟、发烫或有异味)应立即关断电源,保持现场,报告指导教师。找到原因、排除故障,经指导教师同意再继续实验。

(6) 实验过程中需要改接线时,应关断电源后才能拆、接线。连线时在保证接触良好的前提下应尽量轻插轻拔,检查电路正确无误后方可通电实验。拆线时若遇到连线与插孔连接过紧的情况,应用手捏住连线插头的塑料线端,左右摇晃,直至连线与插孔松脱,切勿用蛮力强行拔出。

(7) 打开电源开关时指示灯将被点亮,若指示灯异常,如不亮或闪烁,则说明电源未接入或实验电路接错致使电源短路,一旦发现指示灯闪烁应立即关断电源开关,检查实验电路,找到原因、排除故障,经指导教师同意再继续实验。

(8) 转动电位器时,切勿用力过猛,以免造成元件损坏。请勿直接用手触摸芯片、电解电容等元件,更不可用蛮力推、拉、摇、压元器件,以免造成损坏。

(9) 实验过程中应仔细观察实验现象,认真记录实验结果(数据、波形、现象)。所记录的实验结果经指导教师审阅签字后再拆除实验线路。

(10) 实验结束后,必须关断电源,并将仪器、设备、工具、导线等按规定整理好。

(11) 实验后每个同学必须按要求独立完成老师要求完成的实验报告。

5.2　万用表测定二极管和三极管的方法

5.2.1　万用表粗测晶体管

万用表测晶体管时,应置于电阻挡,当万用表置于 $R\times1$、$R\times100$、$R\times1$ K 挡时,表内电压源为 1.5 V。

1) 测晶体二极管

万用表置 $R\times1$ K 挡,两表笔分别接二极管的两极,若测得的电阻较小(硅管数千欧、锗管数百欧),说明二极管的 PN 结处于正向偏置,则黑表笔接的是正极,红表笔接的是负极。反之二极管处于反相偏置时呈现的电阻较大(硅管约数百千欧以上,锗管约数百千欧),则红表笔接的是正极,黑表笔接的是负极。

若正反向电阻均为无穷大或均为零或比较接近,说明二极管内部开路或短路或性能变差。

稳压二极管与变容二极管的 PN 结都具正向电阻小反向电阻大的特点,其测量方法与普通二极管相同。

由于发光二极管不发光时,其正反向电阻均较大,因此一般用万用表的 $R\times10$ K 挡测量,其测量方法与普通二极管相同。或者用另一种办法,即将发光二极管与一数百欧(如 330 Ω)电阻串联,然后加 3～5 V 的直流电压,若发光二极管亮,说明二极管正向导通,则与电源正端相接的为正极,与负端相接的为负极。如果二极管反接,则该二极管不亮。

红外发射二极管、红外接收二极管均可用 $R\times10$ kΩ 挡测量其正负极,方法同测普通二极管相同。

2) 测晶体三极管

利用万用表可以判别三极管的类型和极性,其步骤如下:

(1) 判别基极和管型时万用表置 $R\times1$ K 挡,先将红表笔接某一假定基极 B,黑表笔分别接另两个极,如果电阻均很小(或很大),而将红黑两表笔对换后测得的电阻都很大(或很小),则假定的基极是正确的。基极确定后,红笔接基极,黑笔分别接另两极时测得的电阻均很小,则此管为 PNP 型三极管,反之为 NPN 型。

(2) 判别发射极 E 和集电极 C。若被测管为 PNP 三极管，假定红笔接的是 C 极，黑笔接的是 E 极。用手指捏住 B、C 两极(或 B、C 间串接一个 100 kΩ 电阻)但不要使 B、C 直接接触。若测得电阻较小(即 I_c 小)，则红笔接的是集电极 C，黑笔接的是发射极 E。如果两次测得的电阻相差不大说明管子的性能较差。按照同样方法可以判别 NPN 型三极管的极性。

(3) 9011 和 9013 系列的为 NPN 管，9012 为 PNP 管，它们管脚向下，平面面向我们的管脚按顺时针的顺序为 E，B，C。

5.2.2　体管的主要参数及其测试

1) 晶体三极管的主要参数

直流放大系数 $\bar{\beta}$：集电极直流 I_{CQ} 与基极直流电流 I_{BQ} 之比，即 $\bar{\beta}=I_{CQ}/I_{BQ}$。交流放大系数 $\beta(h_{te})$：三极管在有信号输入时，集电极电流的变化量 ΔI_C 与基极电流的变化量 ΔI_B 之比，即 $\beta=\Delta I_C/\Delta I_B$。穿透电流 I_{CEO}：基极开路，C、E 间加反向电压时的集电极电流。反向击穿电压 U_{CEO}：基极开路时 C、E 间的反向击穿电压。直流输入电阻：$R_{BE}=U_{BEQ}/I_{BQ}$。交流输入电阻：r_{be}，$r_{be}=\Delta U_{BE}/\Delta I_B$($U_{BEQ}$ 为定值)。

2) 场效管的主要参数

饱和漏电流 I_{DDS} 漏源电压 U_{DS} 一定(10 V)，当栅源电压 $U_{GS}=0$ 时的漏极电流 I_D，即 $I_D=I_{DSS}$。夹断电压 U_P、U_{DS} 一定(10 V)，改变 U_{GS} 使 I_D 等于一个微小电流(50 μA)，这时的 $U_{GS}=U_P$。低频跨导 g_m 表征场效应管放大能力的重要参数，即

$$g_m=\Delta I_{DS}/\Delta U_{GS}(U_{DS}=10\ \text{V 时})$$

3DJ6F 的管脚面向自己，从标志点顺时针数起为 S、D、G。

3) β 与 $\bar{\beta}$ 值的测试

β 与 $\bar{\beta}$ 的物理意义和求法都是不同的量，如果万用表有测 h_{FE} 功能的可直接测出 $\bar{\beta}$，否则我们采用基本共射放大电路来测 β 与 $\bar{\beta}$ 值，电路图如下：

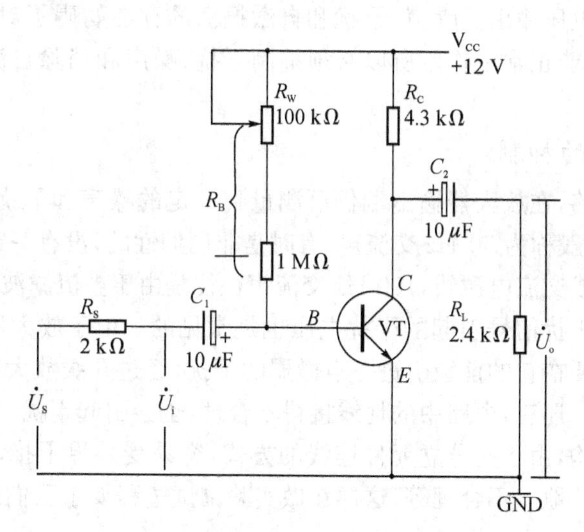

图 5-1　基本共射放大电路

用万用电表表笔接在 U_{CE} 两端，调电位器 R_W，使 $U_{CE}\approx 5$ V，作为工作点 U_{CEQ} 之值。把万用

电表改接在 U_{BE} 两端，测量 U_{BEQ} 值。将测量结果 R_B、U_{CEQ}、U_{BEQ} 及 V_{CC} 按下列公式计算出 $\bar{\beta}$：

$$U_{CEQ}=V_{CC}-I_{CQ}\cdot R_C$$

$$I_{CQ}=\frac{V_{CC}-U_{CEQ}}{R_C}$$

$$I_{BQ}=\frac{V_{CC}-U_{BEQ}}{R_B}$$

$$\bar{\beta}=\frac{I_{CQ}}{I_{BQ}}$$

多测几次取平均值作为 $\bar{\beta}$ 结果，对不同 $\bar{\beta}$ 的三极管重新调节 R_W，重复上述步骤即可，实际上上述方法就是万用表测量 h_{FE} 的方法。

在上面所调静态工作点情况下，输入一个 1 kHz 的小信号经放大后不失真的情况下测出放大倍数，然后用下列公式推出 β 的值：

$$A_V=\frac{\dot{U}_o}{\dot{U}_i}=-\beta\frac{R_C\parallel R_L}{r_{be}}$$

$$r_{be}=300+(1+\beta)\frac{26\ \text{mV}}{I_{EQ}}$$

多测几次取平均值作为 β 结果。

5.3 放大器干扰、噪声抑制和自激振荡的消除

放大器的调试一般包括调整和测量静态工作点，调整和测量放大器的性能指标：放大倍数、输入电阻、输出电阻和通频带等。由于放大电路是一种弱电系统，具有很高的灵敏度，因此很容易接受外界和内部一些无规则信号的影响。也就是在放大器的输入端短路时，输出端仍有杂乱无规则的电压输出，这就是放大器的噪声和干扰电压。另外，由于安装、布线不合理，负反馈太深以及各级放大器共用一个直流电源造成级间耦合等，也能使放大器没有输入信号时，有一定幅度和频率的电压输出。噪声、干扰和自激振荡的存在妨碍了对有用信号的观察和测量，严重时放大器将不能正常工作。所以必须抑制干扰、噪声和消除自激振荡，才能进行正常的调试和测量。

1）干扰和噪声的抑制

把放大器输入短路，在放大器输出端仍可测量到一定的噪声和干扰电压。其频率如果是 50 Hz(或 100 Hz)，一般称为 50 Hz 交流声，有时是非周期性的，没有一定规律。50 Hz 交流声大都来自电源变压器或交流电源线，100 Hz 交流声往往是由于整流滤波不良所造成的。另外，由电路周围的电磁波干扰信号引起的干扰电压也是常见的。由于放大器的放大倍数很高(特别是多级放大器)，只要在它的前级引进一点微弱的干扰，经过几级放大，在输出端就可以产生一个很大的干扰电压。还有，电路中的地线接得不合理，也会引起干扰。

针对实验箱的结构，由于是分立元件连线的方式，容易受外界干扰，比如电源接入干扰信号，或连线不合理、或接地点不合理等，这样在做实验调试过程要求我们抑制干扰和噪声，采取一定的措施：

(1) 搭建电路时连线要求合理，尽量用最少的线连接好电路，输入回路的导线和输出回路、电源的导线要分开，不要平行或捆扎在一起，以免相互感应。

(2) 电源串入时可以适当加滤波电路。

(3) 选择合理的接地点,尽量把地接在实验箱的插孔与测试钩上,不要把地引出外接而引入干扰。

2) 自激振荡的消除

检查放大器是否发生自激振荡,可以把输入端短路,用示波器(或毫伏表)接在放大器的输出端进行观察。自激振荡的频率一般为比较高的或极低的数值,而且频率随着放大器元件参数不同而改变(甚至拨动一下放大器连接导线的位置,频率也会改变)。高频振荡主要是由于连线不合理引起的。例如输入和输出线靠得太近,产生正反馈作用。对此要连线尽量少,接线要短等。也可以用一个小电容(例如1 000 pF 左右)一端接地,另一端逐级接触管子的输入端,或电路中合适部件,找到抑制振荡的最灵敏的一点(即电容接此点时,自激振荡消失),在此处外接一个合适的电阻电容或单一电容(一般 100 pF～0.1 μF,由试验决定),进行高频滤波或负反馈,以压低放大电路对高频信号的放大倍数或移动高频电压的相位,从而抑制高频振荡。一般放大电路在晶体管的基极与集电极接这种校正电路。

低频振荡是由于各级放大电路共用一个直流电源所引起。最常用的消除办法是在放大电路各级之间加上"去耦电路"R 和 C。

电路可靠性和稳定性一直以来是一个很系统和复杂的问题,有兴趣的同学可查相关资料深入学习。

实验箱整个结构以分立元件为基础,这种搭建电路方式易受干扰与自激,但这也是实际设计电路时常常面临的问题,也是我们学习更多知识的最好平台。在做实验时可能碰到许多异常问题,这需要我们在做实验时不仅要学会动手,学会扎实的理论知识,同时,要学会用理论知识解决这些实际问题的能力,从而得到更多的理论知识与实际经验。希望通过本实验箱实验内容的学习,能逐步提高实际动手能力与工程设计能力。

5.4 模拟电子电路实验

实验一 函数信号发生器的调试

一、实验目的

1. 了解单片多功能集成电路函数信号发生器的功能及特点。

2. 会用示波器测量波形的各种参数。

3. 掌握正弦波失真调节、频率调节和幅度调节的方法。

二、实验仪器

1. 双踪示波器

2. 频率计

三、实验原理

1. ICL8038 是单片集成函数信号发生器,其内部框图如图 5－3 所示。它由恒流源 I_1 和 I_2、电压比较器 A 和 B、触发器、缓冲器和三角波变正弦波电路等组成。外接电容 C 由两个恒流源充电和放电,电压比较器 A、B 的阈值分别为电源电压(指 $U_{CC}+U_{EE}$)的 2/3 和 1/3。恒流源 I_1 和 I_2 的大小可通过外接电阻调节,但必须 $I_2>I_1$。当触发器的输出为低电平时,恒流源

I_2 断开，恒流源 I_1 给 C 充电，它的两端电压 U_C 随时间线性上升，当 U_C 达到电源电压的 2/3 时，电压比较器 A 的输出电压发生跳变，使触发器输出由低电平变为高电平，恒流源 I_2 接通，由于 $I_2 > I_1$（设 $I_2 = 2I_1$），恒流源 I_2 将电流 $2I_1$ 加到 C 上反充电，相当于 C 由一个净电流 I 放电，C 两端的电压 U_C 又转为直线下降。当它下降到电源电压的 1/3 时，电压比较器 B 的输出电压发生跳变，使触发器的输出由高电平跳变为原来的低电平，恒流源 I_2 断开，I_1 再给 C 充电，……如此周而复始，产生振荡。若调整电路，使 $I_2 = 2I_1$，则触发器输出为方波，经反相缓冲器由管脚⑨输出方波信号。C 上的电压 U_C，上升与下降时间相等，为三角波，经电压跟随器从管脚③输出三角波信号。将三角波变成正弦波是经过一个非线性的变换网络（正弦波变换器）而得以实现，在这个非线性网络中，当三角波电位向两端顶点摆动时，网络提供的交流通路阻抗会减小，这样就使三角波的两端变为平滑的正弦波，从管脚②输出，而尖端存在一点失真。

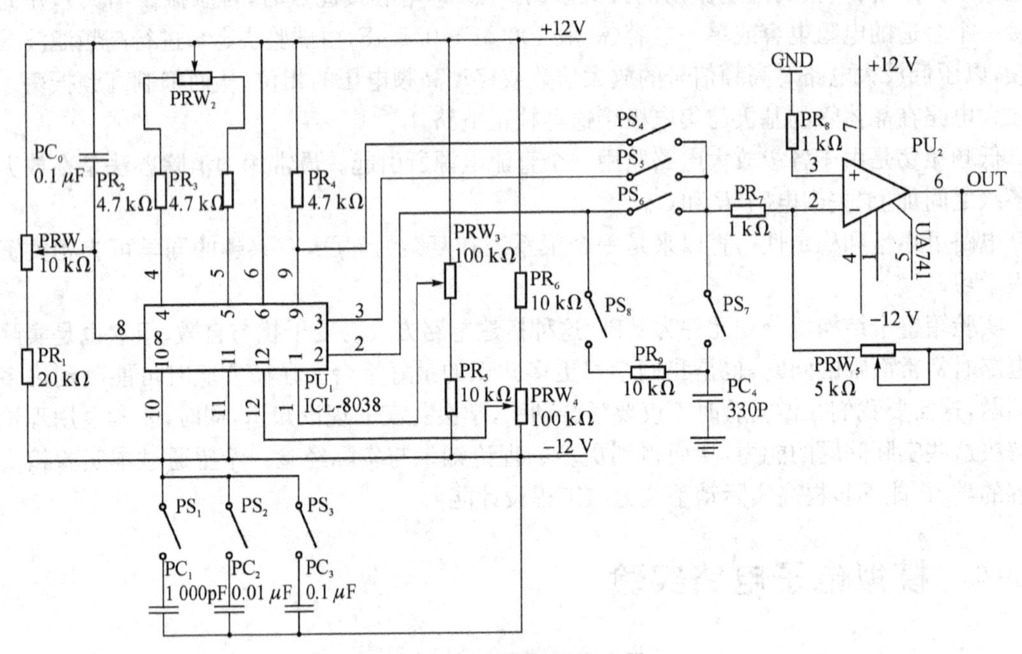

图 5－2　函数信号发生器

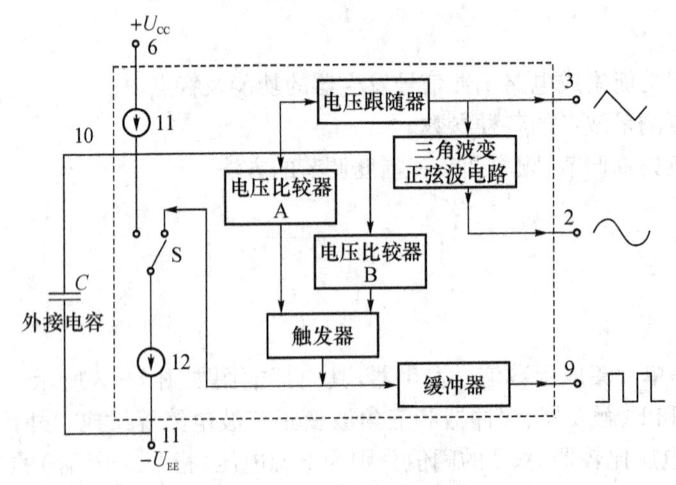

图 5－3　ICL8038 原理框图

2. ICL8038 管脚功能图

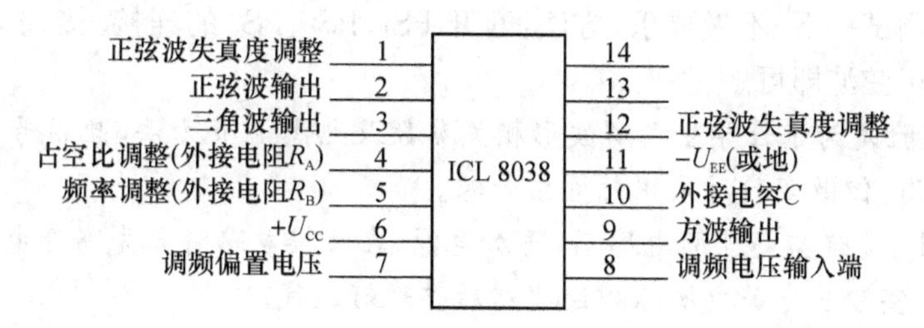

图 5-4 ICL8038 管脚图

四、实验内容

PTP_7 和 PTP_8 用作扩展外接电容用，电容越小，频率越大，PS_1、PS_2、PS_3 对应值为 1 000 P、0.01 μF、0.1 μF。

1. 连线

参考实验原理图 5-2，对照实验箱集成函数信号发生器实际电路部分，连接好跳线 PS3，正确连接电路电源线＋12 V 和－12 V(从电源部分±12 V 插孔用连接线接入，千万不要接反，否则损坏集成芯片)，打开直流开关通电。

2. 测试信号源的输出范围

连接好跳线 PS_4，用示波器观察 OUT 为方波波形，调节电位器 PRW_2，测出方波的占空比(单位周期内高电平所占整个周期的比例)范围情况，调节电位器 PRW_1，测出方波的频率(示波器在扫描速率为 1 ms 挡的情况下，一个周期的方波占一个格子为 1 kHz，也可用频率计直接测出)范围情况；调节电位器 PRW_5，测出方波的幅值(峰峰值)范围情况，并都列表记录之。

3. 调节观察波形

连接好跳线 PS_4，调节电位器 PRW_2，使方波的占空比为 50％；调节电位器 PRW_1，使方波的频率为 1 kHz；调节电位器 PRW_5，使方波的幅值为 5 V(峰峰值)，把 PS_4 换为 PS_5，用示波器观察 OUT 为三角波波形，调节电位器 PRW_1，测出三角波的频率范围情况，调节电位器 PRW_5，测出三角波的幅值(峰峰值)范围情况，并都列表记录之。另外调节电位器 PRW_2，观察三角波变为锯齿波(占空比不为 50％)的情况。

4. 调节正弦波波形

连接好跳线 PS_4，调节电位器 PRW_2，使方波的占空比为 50％；调节电位器 PRW_1，使方波的频率为 1 kHz；调节电位器 PRW_5，使方波的幅值为 5 V(峰峰值)，把 PS_4 换为 PS_6，用示波器观察 OUT 为正弦波波形，若有明显失真，反复调节 PRW_3、PRW_4，使正弦波无明显的失真(一旦调好就不要再动 PRW_3、PRW_4)，调节电位器 PRW_1，测出正弦波的频率范围情况，调节电位器 PRW_5，测出正弦波的幅值(峰峰值)范围情况，并都列表记录之。

5. 在断开电源情况下，分别取 PS_1 和 PS_2 连接，重复上述步骤。

PS_1、PS_2、PS_3 相对应的电容值越小，输出频率越大，且不同的电容所对的频率段不同，每个频率段所包括的频率范围不同，故上述所有步骤所给的 1 kHz 的频率值不是很恰当，仅作为实验参考值。测量各种波形的频率、占空比、幅度要保证波形不是很明显失真，且在有效范围内，如调节 PRW_5 阻值很小时，无论怎么调节 PRW_1、PRW_2、PRW_3、PRW_4 电位器仍无法有波形出现。原理图中还有一个一级无源低通滤波电路，PTP_3 插孔处可以引入电容，通过并入电容改变截止频率，此滤波电路可以对正弦波起一定的滤波作用(由于无源滤波电路存在负载效应,效果不是很好,此引入滤波电路,抛砖引玉,具体滤波器的设计参考后续实验内容),有兴趣的同学可以接入调试一下,不做要求,方法:断开 PS_4、PS_5、PS_6 的连接,接入 PS_7、PS_8,调节一个无明显失真的正弦波即可。

注:(1) 此实验是为了让学生了解波形相关参数及熟悉调节方法,此信号源可作为定性分析实验的信号源用,但做实验时采用外置信号源。

(2) 通电规则:先连接好实验电路后,再加电源,在改接电路时要先断开电源再接线然后加电,在做完每个小实验应先关电源撤掉连线然后整理好连线。

实验二　晶体管共射极单管放大器

一、实验目的

1. 掌握放大器静态工作点的调试方法,学会分析静态工作点对放大器性能的影响。
2. 掌握放大器电压放大倍数、输入电阻、输出电阻及最大不失真输出电压的测试方法。
3. 熟悉常用电子仪器及模拟电路实验设备的使用。

二、实验仪器

1. 双踪示波器
2. 万用表
3. 交流毫伏表
4. 信号发生器

三、实验原理

1. 放大器静态指标的测试

图 5-5 为电阻分压式工作点稳定单管放大器实验电路图。它的偏置电路采用 R_{B2} 和 R_{B1} 组成的分压电路,并在发射极中接有电阻 R_E,以稳定放大器的静态工作点。当在放大器的输入端加入输入信号 U_i 后,在放大器的输出端便可得到一个与 U_i 相位相反,幅值被放大了的输出信号 U_o,从而实现了电压放大。

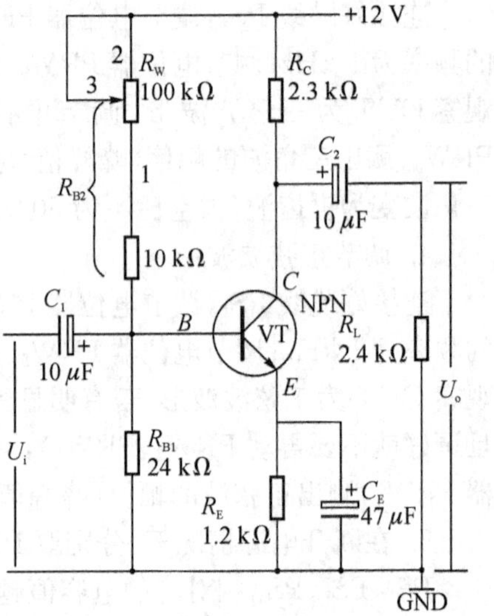

图 5-5　共射极单管放大器实验电路

在图 5-5 电路中,当流过偏置电阻 R_{B1} 和 R_{B2} 的电流远大于晶体管 T 的基极电流 I_B 时(一般 5~10 倍),则它的静态工作点可如下估算,V_{CC} 为供电电源,此处为 +12 V。

$$U_B \approx \frac{R_{B1}}{R_{B1}+R_{B2}} V_{CC} \quad (2-1)$$

$$I_E = \frac{U_B - U_{BE}}{R_E} \approx I_C \quad (2-2)$$

$$U_{CE} = V_{CC} - I_C (R_C + R_E) \quad (2-3)$$

电压放大倍数

$$A_V = -\beta \frac{R_C \parallel R_L}{r_{be}} \quad (2-4)$$

输入电阻

$$R_i = R_{B1} \parallel R_{B2} \parallel r_{be} \tag{2-5}$$

输出电阻

$$R_0 \approx R_C \tag{2-6}$$

※放大器静态工作点的测量与调试

(1) 静态工作点的测量

测量放大器的静态工作点，应在输入信号 $U_i=0$ 的情况下进行，即将放大器输入端与地端短接，然后选用量程合适的数字万用表，分别测量晶体管的集电极电流 I_C 以及各电极对地的电位 U_B、U_C 和 U_E。一般实验中，为了避免断开集电极，所以采用测量电压，然后算出 I_C 的方法，例如，只要测出 U_E，即可用 $I_C \approx I_E = \frac{U_E}{R_E}$ 算出 I_C（也可根据 $I_C = \frac{V_{CC}-U_C}{R_C}$，由 U_C 确定 I_C），同时也能算出。

(2) 静态工作点的调试

放大器静态工作点的调试是指对三极管集电极电流 I_C（或 U_{CE}）调整与测试。

静态工作点是否合适，对放大器的性能和输出波形都有很大的影响。如工作点偏高，放大器在加入交流信号以后易产生饱和失真，此时 u_o 的负半周将被削底，如图 5-6(a)所示，如工作点偏低则易产生截止失真，即 u_o 的正半周被缩顶（一般截止失真不如饱和失真明显），如图 5-6(b)所示。这些情况都不符合不失真放大的要求。所以在选定工作点以后还必须进行动态调试，即在放大器的输入端加入一定的 u_i，检查输出电压 u_o 的大小和波形是否满足要求。如不满足，则应调节静态工作点的位置。

改变电路参数 U_{CC}、R_C、R_B（R_{B1}、R_{B2}）都会引起静态工作点的变化，如图 5-7 所示，但通常多采用调节偏电阻 R_{B2} 的方法来改变静态工作点，如减小 R_{B2}，则可使静态工作点提高等。

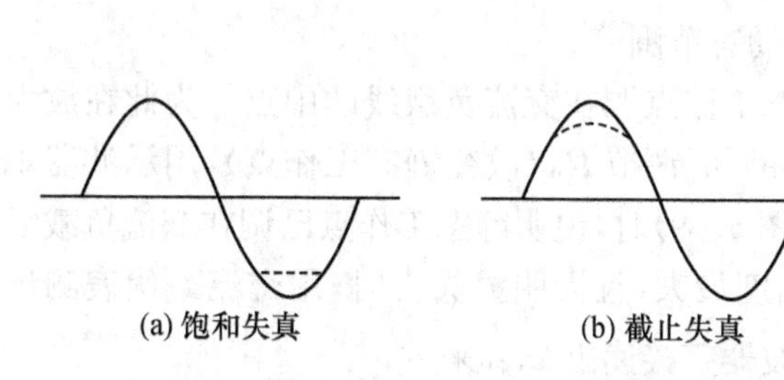

图 5-6　静态工作点对 U_o 波形失真的影响

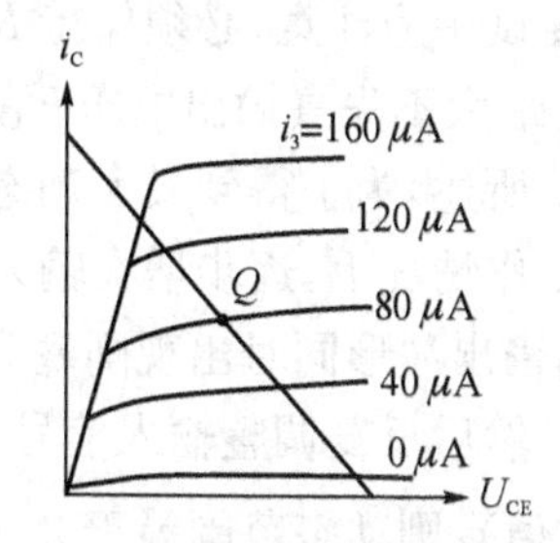

图 5-7　电路参数对静态工作点的影响

最后还要说明的是，上面所说的工作点"偏高"或"偏低"不是绝对的，应该是相对信号的幅度而言，如信号幅度很小，即使工作点较高或较低也不一定会出现失真。所以确切的说，产生波形失真是信号幅度与静态工作点设置配合不当所致。如须满足较大信号的要求，静态工作点最好尽量靠近交流负载线的中点。

2. 放大器动态指标测试

放大器动态指标测试包括电压放大倍数、输入电阻、输出电阻、最大不失真输出电压（动态范围）和通频带等。

(1) 电压放大倍数 A_V 的测量

调整放大器到合适的静态工作点，然后加入输入电压 u_i，在输出电压 u_o 不失真的情况下，用交流毫伏表测出 u_i 和 u_o 的有效值 U_i 和 U_o，则

$$A_V = \frac{U_o}{U_i} \tag{2-7}$$

(2) 输入电阻 R_i 的测量

为了测量放大器的输入电阻,按图 5-8 电路在被测放大器的输入端与信号源之间串入一已知电阻 R,在放大器正常工作的情况下,用交流毫伏表测出 U_S 和 U_i,则根据输入电阻的定义可得

$$R_i = \frac{U_i}{I_i} = \frac{U_i}{\frac{U_R}{R}} = \frac{U_i}{U_S - U_i} R \tag{2-8}$$

测量时应注意

①测量 R 两端电压 U_R 时必须分别测出 U_S 和 U_i,然后按 $U_R = U_S - U_i$ 求出 U_R 值。

②电阻 R 的值不宜取得过大或过小,以免产生较大的测量误差,通常取 R 与 R_i 为同一数量级为好,本实验可取 $R = 1 \sim 2\ \text{k}\Omega$。

(3) 输出电阻 R_o 的测量

按图 5-8 电路,在放大器正常工作条件下,测出输出端不接负载 R_L 的输出电压 U_o 和接入负载后输出电压 U_L,根据

$$U_L = \frac{R_L}{R_o + R_L} U_o \tag{2-9}$$

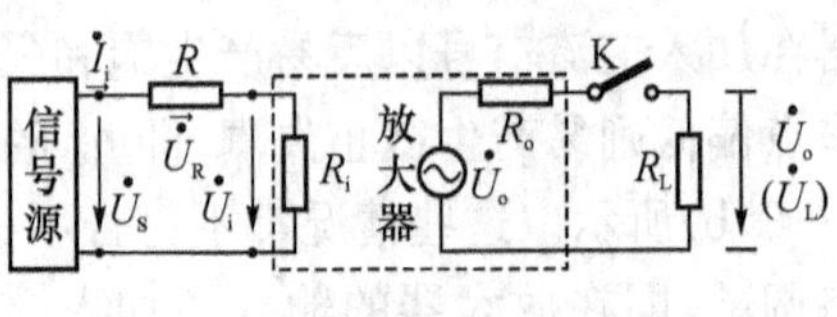

图 5-8　输入、输出电阻测量电路

即可求出 R_o。

$$R_o = \left(\frac{U_o}{U_L} - 1\right) R_L \tag{2-10}$$

在测试中应注意,必须保持 R_L 接入前后输入信号的大小不变。

(4) 最大不失真输出电压 U_{OPP} 的测量(最大动态范围)

如上所述,为了得到最大动态范围,应将静态工作点调在交流负载线的中点。为此在放大器正常工作情况下,逐步增大输入信号的幅度,并同时调节 R_W(改变静态工作点),用示波器观察 u_o,当输出波形同时出现削底和缩顶现象(见图 5-9)时,说明静态工作点已调在交流负载线的中点。然后反复调整输入信号,使波形输出幅度最大,且无明显失真时,用交流毫伏表测出 U_o(有效值),则动态范围等于 $2\sqrt{2}U_o$。或用示波器直接读出 U_{OPP} 来。

(5) 放大器频率特性的测量

放大器的频率特性是指放大器的电压放大倍数 A_V 与输入信号频率 f 之间的关系曲线。单管阻容耦合放大电路的幅频特性曲线如图 5-10 所示:

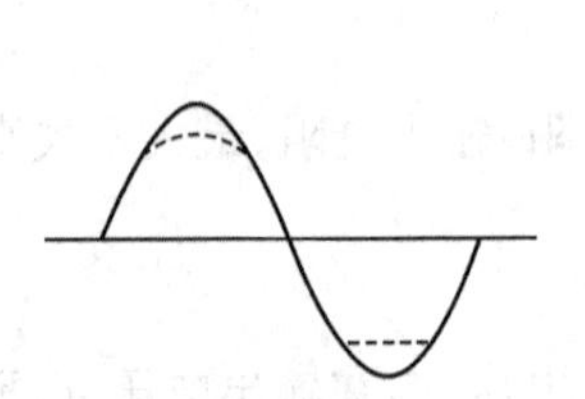

图 5-9　静态工作点正常,输入信号太大引起的失真

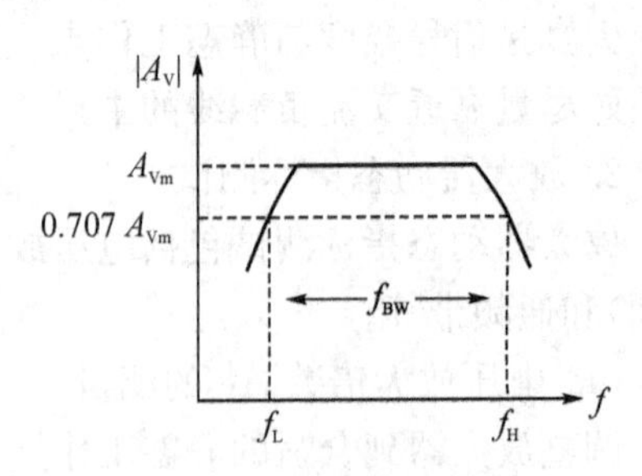

图 5-10　幅频特性曲线

A_{Vm}为中频电压放大倍数，通常规定电压放大倍数随频率变化下降到中频放大倍数的$1/\sqrt{2}$倍，即$0.707A_{Vm}$所对应的频率分别称为下限频率f_L和上限频率f_H，则通频带

$$f_{BW}=f_H-f_L \tag{2-11}$$

放大器的幅频特性就是测量不同频率信号时的电压放大倍数A_V。为此可采用前述测A_V的方法，每改变一个信号频率，测量其相应的电压放大倍数，测量时要注意取点要恰当，在低频段与高频段要多测几点，在中频可以少测几点。此外，在改变频率时，要保持输入信号的幅度不变，且输出波形不能失真。

四、实验内容

1. 连线

在实验箱的晶体管系列模块中，按图5-5所示连接电路，最后连接电源部分的+12 V。

2. 测量静态工作点

静态工作点测量条件：输入接地即使$U_i=0$。

$U_i=0$，打开直流开关，调节R_W，使$I_C=2.0$ mA（即$U_E=2.4$ V），用万用表测量U_B、U_E、U_C、R_{B2}值，记入表5-1。

表5-1 $I_C=2.0$ mA

测量值				计算值		
U_B(V)	U_E(V)	U_C(V)	R_{B2}(kΩ)	U_{BE}(V)	U_{CE}(V)	I_C(mA)

3. 测量电压放大倍数

调节一个频率为1 kHz、峰峰值为50 mV的正弦波作为输入信号U_i。同时用双踪示波器观察放大器输入电压U_i和输出电压U_o的波形，在U_o波形不失真的条件下用毫伏表测量，并用双踪示波器观察U_o和U_i的相位关系，记入表5-2。

表5-2 $I_C=2.0$ mA $U_i=$ mV（有效值）

R_C(kΩ)	R_L(kΩ)	U_o(V)	A_V	观察记录一组U_o和U_i波形
2.4	∞			
1.2	∞			
2.4	2.4			

注意：由于晶体管元件参数的分散性，定量分析时所给U_i为50 mV不一定适合，具体情况需要根据实际给适当的U_i值，以后不再说明。由于U_o所测的值为有效值，故峰峰值U_i需要转化为有效值或用毫伏表测得的U_i来计算A_V值。切记万用表、毫伏表测量都是有效值，而示波器观察的都是峰峰值。

4. 观察静态工作点对电压放大倍数的影响

在步骤3的$R_C=2.4$ kΩ，$R_L=\infty$连线条件下，调节一个频率为1 kHz、峰峰值为50 mV的正弦波作为输入信号U_i连到放大电路。调节R_W，用示波器监视输出电压波形，在u_o不失真的条件下，测量数组I_C和U_o的值，记入表5-3。测量I_C时，要使$U_i=0$。

表 5-3 $R_C=2.4\ \text{k}\Omega$ $R_L=\infty$

I_C(mA)			2.0		
U_o(V)					
A_V					

5. 观察静态工作点对输出波形失真的影响

在步骤 3 的 $R_C=2.4\ \text{k}\Omega$,$R_L=\infty$连线条件下,使 $u_i=0$,调节 R_W,使 $I_C=2.0$ mA(参见本实验步骤 2),测出 U_{CE}值。调节一个频率为 1 kHz、峰峰值为 50 mV 的正弦波作为输入信号 U_i 连到放大电路,再逐步加大输入信号,使输出电压 U_o 足够大但不失真。然后保持输入信号不变,分别增大和减小 R_W,使波形出现失真,绘出 U_o 的波形,并测出失真情况下的 I_C 和 U_{CE}值,记入表 5-4 中。每次测 I_C 和 U_{CE}值时要使输入信号为零(即使 $u_i=0$)。

表 5-4 $R_C=2.4\ \text{k}\Omega$ $R_L=\infty$

I_C(mA)	U_{CE}(V)	U_o 波形	失真情况	管子工作状态
2.0				

6. 测量最大不失真输出电压

在步骤 3 的 $R_C=2.4\ \text{k}\Omega$,$R_L=2.4\ \text{k}\Omega$ 连线条件下,同时调节输入信号的幅度和电位器 R_W,用示波器和毫伏表测量 U_{OPP}及 U_o 值,记入表 5-5。

表 5-5 $R_C=2.4\ \text{k}\Omega$ $R_L=2.4\ \text{k}\Omega$

I_C(mA)	U_{im}(mV)有效值	U_{om}(V)有效值	U_{OPP}(V)峰峰值

7. * 测量输入电阻和输出电阻

如图 5-8 所示,取 $R=2$ K,置 $R_C=2.4\ \text{k}\Omega$,$R_L=2.4\ \text{k}\Omega$,$I_C=2.0$ mA。输入 $f=1$ kHz、峰峰值为 50 mV 的正弦信号,在输出电压 u_o 不失真的情况下,用毫伏表测出 U_S,U_i 和 U_L,用公式(2-8)算出 R_i。

保持 U_S 不变,断开 R_L,测量输出电压 U_o,参见公式(2-10)算出 R_o。

8. * 测量幅频特性曲线

取 $I_C=2.0$ mA,$R_C=2.4\ \text{k}\Omega$,$R_L=2.4\ \text{k}\Omega$。保持上步输入信号 u_i 不变,改变信号源频率 f,逐点测出相应的输出电压 U_o,自作表记录之。为了频率 f 取值合适,可先粗测一下,找出中频范围,然后再仔细读数。

实验三 晶体管两级放大器

一、实验目的

1. 掌握两级阻容放大器的静态分析和动态分析方法。
2. 加深理解放大电路各项性能指标。

二、实验仪器

1. 双踪示波器
2. 万用表
3. 交流毫伏表
4. 信号发生器

三、实验原理

实验电路图如图 5 - 11 所示。

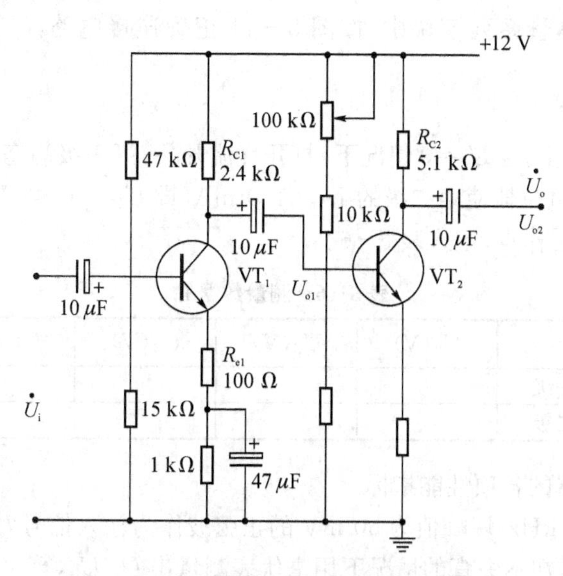

图 5 - 11　晶体管两级阻容放大电路

1. 阻容耦合因有隔直作用,故各级静态工作点互相独立,只要按实验二分析方法,一级一级地计算就可以了。

2. 两级放大电路的动态分析

(1) 中频电压放大倍数的估算

$$A_\mu = A_{\mu1} \times A_{\mu2} \tag{3-1}$$

单管基本共射电路电压放大倍数的公式如下:

单管共射
$$A_\mu = -\frac{\beta R'_L}{r_{be} + (1+\beta)R_e} \tag{3-2}$$

要特别注意的是,公式中的 R'_L,不仅是本级电路输出端的等效电阻,还应包含下级电路等效至输入端的电阻,即前一级输出端往后看总的等效电阻。

(2) 输入电阻的估算

两级放大电路的输入电阻一般来说就是输入级电路的输入电阻,即:

$$R_i \approx R_{i1} \tag{3-3}$$

(3) 输出电阻的估算

两级放大电路的输出电阻一般来说就是输出级电路的输出电阻,即:

$$R_o \approx R_{o2} \tag{3-4}$$

3. 两级放大电路的频率响应

(1) 幅频特性

已知两级放大电路总的电压放大倍数是各级放大电路放大倍数的乘积，则其对数幅频特性便是各级对数幅频特性之和，即：

$$20\lg|\dot{A}_{\mu}|=20\lg|\dot{A}_{\mu1}|+20\lg|\dot{A}_{\mu2}| \tag{3-5}$$

(2) 相频特性

两级放大电路总的相位为各级放大电路相位移之和，即

$$\varphi=\varphi_1+\varphi_2 \tag{3-6}$$

四、实验内容

1. 在实验箱的晶体管系列模块中，按图 5-11 正确连接电路，U_i、U_o 悬空，接入+12 V 电源。

2. 测量静态工作点：

在步骤 1 连线基础上，在 $U_i=0$ 情况下，打开直流开关，第一级静态工作点已固定，可以直接测量。调节 100 kΩ 电位器使第二级的 $I_{C2}=1.0$ mA(即 $U_{E2}=0.43$ V)，用万用表分别测量第一级、第二级的静态工作点，记入表 5-6。

表 5-6　测量数据 1

	U_B(V)	U_E(V)	U_C(V)	I_C(mA)
第一级				
第二级				

3. 测试两级放大器的各项性能指标

调节一个频率为 1 kHz、峰峰值为 50 mV 的正弦波作为输入信号 U_i。用示波器观察放大器输出电压 U_o 的波形，在不失真的情况下用毫伏表测量出 U_i、U_o，算出两级放大器的倍数，输出电阻和输入电阻的测量按实验二方法测得，U_{o1} 与 U_{o2} 分别为第一级电压输出与第二级电压输出。A_{V1} 为第一级电压放大倍数，$A_{V2}(U_{o2}/U_{o1})$ 为第二级电压放大倍数，A_V 为整个电压放大倍数，根据接入的不同负载测量性能指标记入表 5-7。

表 5-7　测量数据 2

负载	U_i(mV)	U_{o1}(V)	U_{o2}(V)	U_o(V)	A_{V1}	A_{V2}	A_V	R_i(kΩ)	R_o(kΩ)
$R_L=\infty$									
$R_L=10$ K									

4. 测量频率特性曲线

保持输入信号 U_i 的幅度不变，改变信号源频率 f，逐点测出 $R_L=10$ K 时相应的输出电压 U_o，用双踪示波器观察 U_o 与 U_i 的相位关系，自作表记录数据。为了频率 f 取值合适，可先粗测一下，找出中频范围，然后再仔细读数。

实验四　场效应管放大器

一、实验目的

1. 了解结型场效应管的性能和特点。
2. 进一步熟悉放大器动态参数的测试方法。

二、实验仪器

1. 双踪示波器

2. 万用表

3. 交流毫伏表

4. 信号发生器

三、实验原理

实验电路如图 5 - 12 所示。

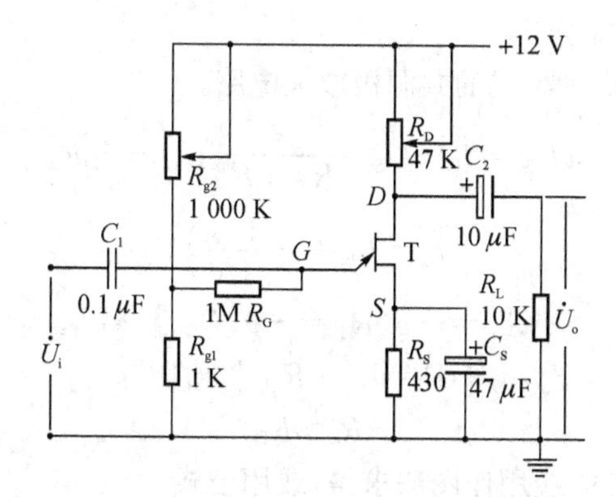

图 5 - 12　结型场效应管共源级放大器

1. 结型场效应管的特性和参数

场效应管的特性主要有输出特性和转移特性。如图 5 - 13 所示为 N 沟道结型场效应管 3DJ6F 的输出特性和转移特性曲线。其直流参数主要有饱和漏极电流 I_{DSS}，夹断电压 U_P 等；交流参数主要有低频跨导 $g_m = \frac{\Delta I_D}{\Delta U_{GS}} | U_{GS} =$ 常数

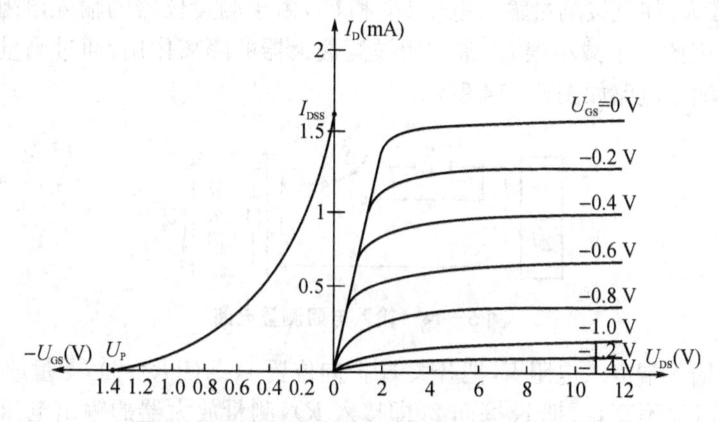

图 5 - 13　3DJ6F 的输出特性和转移特性曲线

表 5 - 8 列出了 3DJ6F 的典型参数值及测试条件。

表 5-8　3DJ6F 典型参数值

参数名称	饱和漏极电流 I_{DSS}(mA)	夹断电压 U_P(V)	跨导 g_m(μA/V)
测试条件	$U_{DS}=10$ V $U_{GS}=0$ V	$U_{DS}=10$ V $I_{DS}=50\ \mu$A	$U_{DS}=10$ V $I_{DS}=3$ mA $f=1$ kHz
参数值	1～3.5	$<\|-9\|$	$>1\,000$

2. 场效应管放大器性能分析

图 5-13 为结型场效应管组成的共源极放大电路。

静态工作点
$$U_{GS}=U_G-U_S=\frac{R_{g1}}{R_{g1}+R_{g2}}U_{DD}-I_DR_S \tag{4-1}$$

$$I_D=I_{DSS}\left(1-\frac{U_{GS}}{U_P}\right)^2 \tag{4-2}$$

中频电压放大倍数
$$A_V=-g_mR'_L=-g_mR_D\parallel R_L \tag{4-3}$$

输入电阻
$$R_i=R_G+R_{g1}\parallel R_{g2} \tag{4-4}$$

输出电阻
$$R_o\approx R_D \tag{4-5}$$

式中跨导 g_m 可由特性曲线用作图法求得，或用公式

$$g_m=\frac{2I_{DSS}}{U_P}\left(1-\frac{U_{GS}}{U_P}\right) \tag{4-6}$$

计算。但要注意，计算时 U_{GS} 要用静态工作点处之数值。

3. 输入阻的测量方法

场效应管放大器静态工作点、电压放大倍数和输出电阻的测量方法，与实验二中晶体管放大器测量方法相同。其输入电阻的测量，从原理上讲，也可采用实验二中所述方法，但由于场效应管的 R_i 比较大，如直接测量输入电压 U_S 和 U_i，由于测量仪器的输入电阻有限，必然会带来较大的误差。因此为了减小误差，常利用被测放大器的隔离作用，通过测量输出电压 U_o 来计算输入电阻。测量电路如图 5-14 所示。

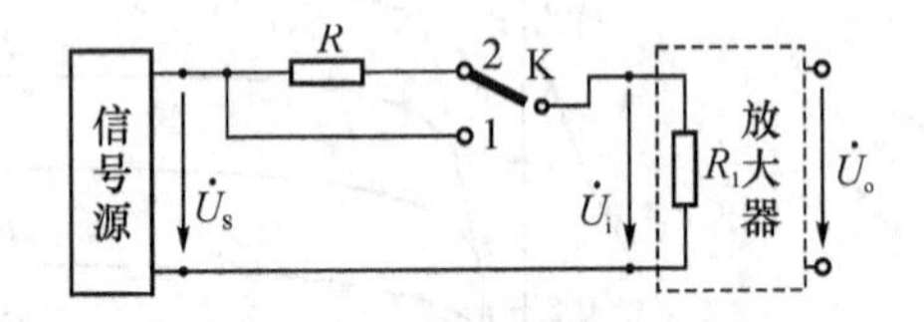

图 5-14　输入电阻测量电路

在放大器的输入端串入电阻 R，把开关 K 掷向位置 1(即使 $R=0$)，测量放大器的输入电压 $U_{o1}=A_VU_S$；保持 U_S 不变，再把 K 掷向 2(即接入 R)，测量放大器的输出电压 U_{o2}。由于两次测量中 A_V 和 U_S 保持不变，故 $U_{o2}=A_VU_i=\frac{R_i}{R+R_i}U_SA_V$ 由此可以求出

$$R_i=\frac{U_{o2}}{U_{o1}-U_{o2}}R \tag{4-7}$$

式中 R 和 R_i 不要相差太大，本实验可取 R=100～200 kΩ。

四、实验内容

1. 按图 5-12 展开连线，且使电位器 R_D 初始值调到 4.3 kΩ。

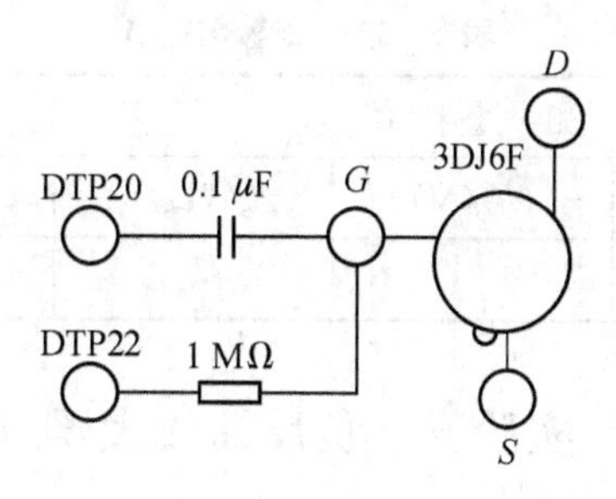

图 5 - 15

2. 静态工作点的测量和调整

(1) 查阅场效应管的特性曲线和参数，记录下来备用，如图 5 - 13 所示可知放大区的中间部分：U_{DS}在 4～8 V 之间，U_{GS}在－1～－0.2 V 之间。

(2) 使 $U_i=0$，打开直流开关，用万用表测量 U_G、U_S 和 U_D。检查静态工作点是否在特性曲线放大区的中间部分。如合适则把结果记入表 5 - 9。

(3) 若不合适，则适当调整 R_{g2}，调好后，再测量 U_G、U_S 和 U_D 记入表 5 - 9。

表 5 - 9　测量数据 1

测量值						计算值		
U_G(V)	U_S(V)	U_D(V)	U_{DS}(V)	U_{GS}(V)	I_D(mA)	U_{DS}(V)	U_{GS}(V)	I_D(mA)

3. 电压放大倍数 A_V、输入电阻 R_i 和输出电阻 R_o 的测量

(1) A_V 和 R_o 的测量

按图 5 - 12 电路实验，把 R_D 值固定在 4.3 kΩ 接入电路，在放大器的输入端加入频率为 1 kHz、峰峰值为 200 mV 的正弦信号 U_i，并用示波器监视输出 u_o 的波形。在输出 u_o 没有失真的条件下，分别测量 $R_L=\infty$和 $R_L=10$ kΩ 的输出电压 U_o(注意：保持 U_i 不变)，记入表 5 - 10。

表 5 - 10　测量数据 2

	测量值				计算值		U_i 和 U_o 波形
	U_i(V)	U_o(V)	A_V	R_o(kΩ)	A_V	R_o(kΩ)	
$R_L=\infty$							
$R_L=10$ K							

用示波器同时观察 u_i 和 u_o 的波形，描绘出来并分析它们的相位关系。

(2) R_i 的测量

按图 5 - 14 改接实验电路，把 R_D 值固定在 4.3 K 接入电路，选择合适大小的输入电压 U_S，将开关 K 掷向"1"，测出 $R=0$ 时的输出电压 U_{o1}，然后将开关掷向"2"(接入 R)，保持 U_S 不变，再测出 U_{o2}，根据公式

$$R_i=\frac{U_{o2}}{U_{o1}-U_{o2}}R$$

求出 R_i，记入表 5 - 11。

表 5-11　测量数据 3

测量值			计算值
U_{o1}(V)	U_{o2}(V)	R_i(kΩ)	R_i(kΩ)

实验五　负反馈放大器

一、实验目的

1. 通过实验了解串联电压负反馈对放大器性能的改善。
2. 了解负反馈放大器各项技术指标的测试方法。
3. 掌握负反馈放大电路频率特性的测量方法。

二、实验仪器

1. 双踪示波器
2. 万用表
3. 交流毫伏表
4. 信号发生器

三、实验原理

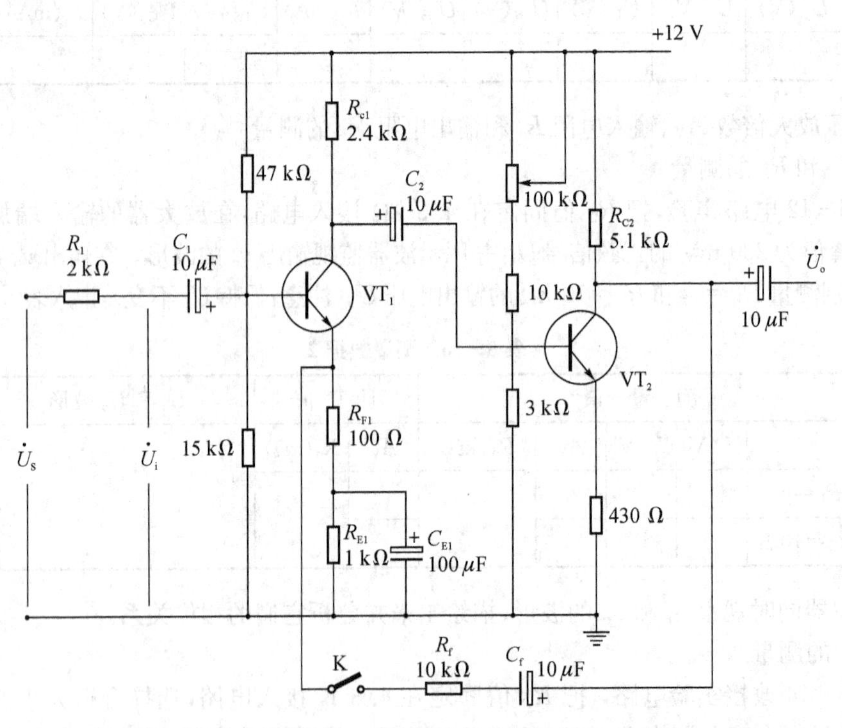

图 5-16　带有电压串联负反馈的两级阻容耦合放大器

图 5-16 为带有负反馈的两极阻容耦合放大电路，在电路中通过 R_f 把输出电压 U_o 引回到输入端，加在晶体管 VT_1 的发射极上，在发射极电阻 R_{F1} 上形成反馈电压 U_f。根据反馈网络从基本放大器输出端取样方式的不同，可知它属于电压串联负反馈。基本理论知识参考课本。

电压串联负反馈对放大器性能的影响主要有以下几点：

1. 负反馈使放大器的放大倍数降低，A_{Vf}的表达式为：

$$A_{Vf}=\frac{A_V}{1+A_VF_V} \tag{5-1}$$

从式中可见，加上负反馈后，A_{Vf}比 A_V 降低了$(1+A_VF_V)$倍，并且$|1+A_VF_V|$愈大，放大倍数降低愈多。深度反馈时，

$$A_{Vf}\approx\frac{1}{F_V} \tag{5-2}$$

2. 反馈系数

$$F_V=\frac{R_{F1}}{R_f+R_{F1}} \tag{5-3}$$

3. 负反馈改变放大器的输入电阻与输出电阻

负反馈对放大器输入阻抗和输出阻抗的影响比较复杂。不同的反馈形式，对阻抗的影响不一样。一般并联负反馈能降低输入阻抗；而串联负反馈则提高输入阻抗，电压负反馈使输出阻抗降低；电流负反馈使输出阻抗升高。

输入电阻
$$R_{if}=(1+A_VF_V)R_i \tag{5-4}$$

输出电阻
$$R_{of}=\frac{R_o}{1+A_VF_V} \tag{5-5}$$

4. 负反馈扩展了放大器的通频带

引入负反馈后，放大器的上限频率与下限频率的表达式分别为：

$$f_{Hf}=(1+A_VF_V)f_H \tag{5-6}$$

$$f_{Lf}=\frac{1}{1+A_VF_V}f_L \tag{5-7}$$

$$BW=f_{Hf}-f_{Lf}\approx f_{Hf}(f_{Hf}\gg f_{Lf}) \tag{5-8}$$

可见，引入负反馈后，f_{Hf}向高端扩展了$(1+A_VF_V)$倍，f_{Lf}向低端扩展了$(1+A_VF_V)$倍，使通频带加宽。

5. 负反馈提高了放大倍数的稳定性。

当反馈深度一定时，有

$$\frac{dA_{Vf}}{A_{Vf}}=\frac{1}{1+A_VF_V}\cdot\frac{dA_V}{A_V} \tag{5-9}$$

可见引入负反馈后，放大器闭环放大倍数 A_{Vf}的相对变化量$\frac{dA_{Vf}}{A_{Vf}}$比开环放大倍数的相对变化量$\frac{dA_V}{A_V}$减少了$(1+A_VF_V)$倍，即闭环增益的稳定性提高了$(1+A_VF_V)$倍。

四、实验内容

1. 按图 5-16 正确连接线路，K 先断开即反馈网络(R_f+C_f)先不接入。

2. 测量静态工作点

打开直流开关，使$U_S=0$，第一级静态工作点已固定，可以直接测量。调节 100 K 电位器使第二级的 $I_{C2}=1.0$ mA(即 $U_{E2}=0.43$ V)，用万用表分别测量第一级、第二级的静态工作点，记入表 5-12。

表 5-12　测量数据 1

	U_B(V)	U_E(V)	U_C(V)	I_C(mA)
第一级				
第二级				

3. 测试基本放大器的各项性能指标

测量基本放大电路的 A_V、R_i、R_o 及 f_H 和 f_L 值并将其值填入表 5-13 中，测量方法参考实验三，输入信号频率为 1 kHz，U_i 的峰峰值为 50 mV。

4. 测试负反馈放大器的各项性能指标

在接入负反馈支路 R_f=10 K 的情况下，测量负反馈放大器的 A_{Vf}、R_{if}、R_{of} 及 f_{Hf} 和 f_{Lf} 值并将其值填入表 5-13 中，输入信号频率为 1 kHz，U_i 的峰峰值为 50 mV。

表 5-13　测量数据 2

K \ 数值		U_S (mV)	U_i (mV)	U_o (V)	A_V	R_i (kΩ)	R_o (kΩ)	f_H (kHz)	f_L (Hz)
基本放大器（K 断开）	$R_L=\infty$								
	R_L=10 kΩ								
负反馈放大器（K 闭合）	$R_L=\infty$								
	R_L=10 kΩ								

注：测量值都应统一为有效值的方式计算，绝不可将峰峰值和有效值混算，示波器所测量的为峰峰值，万用表和毫伏表所测量的为有效值。测 f_H 和 f_L 时，输入 U_i=50 mV，f=1 kHz 的交流信号，测得中频时的 U_o 值，然后改变信号源的频率，先 f 增加，使 U_o 值降到中频时的 0.707 倍，但要保持 U_i=50 mV 不变，此时输入信号的频率即为 f_H，降低频率，使 U_o 值降到中频时的 0.707 倍，此时输入信号的频率即为 f_L。

5. 观察负反馈对非线性失真的改善

先接成基本放大器（K 断开），输入 f=1 kHz 的交流信号，使 U_o 出现轻度非线性失真，然后加入负反馈 R_f=10 K（K 闭合）并增大输入信号，使 U_o 波形达到基本放大器同样的幅度，观察波形的失真程度。

实验六　射极跟随器

一、实验目的

1. 掌握射极跟随器的特性及测试方法
2. 进一步学习放大器各项参数测试方法

二、实验仪器

1. 双踪示波器
2. 万用表
3. 交流毫伏表
4. 信号发生器

三、实验原理

图 5－17 为射极跟随器，输出取自发射极，故称其为射极跟随器。R_B 调到最小值时易出现饱和失真，R_B 调到最大值时易出现截止失真，由于本实验不需要失真情况，故 $R_W=100\ k\Omega$ 取值比较适中，若想看到饱和失真使 $R_W=0\ k\Omega$，增加输入幅度即可出现，若想看到截止失真使 $R_W=1\ M\Omega$，增加输入幅度即可出现，有兴趣的同学可以验证一下。本实验基于图 5－17 做实验，现分析射极跟随器的特点。

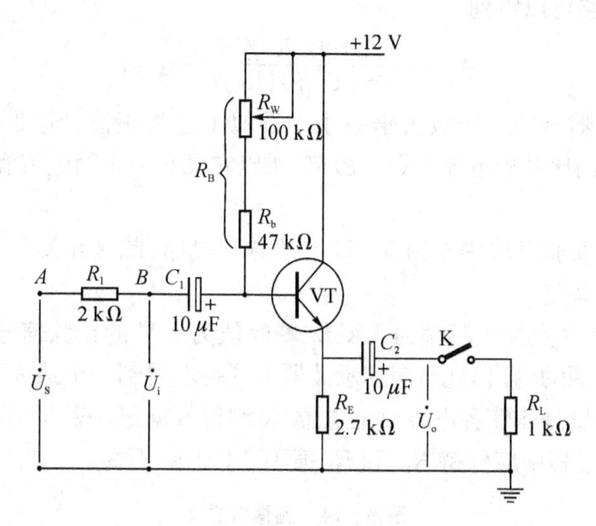

图 5－17 射极跟随器实验电路

其特点是

1. 输入电阻 R_i 高

$$R_i=r_{be}+(1+\beta)R_E \tag{6-1}$$

如考虑偏置电阻 R_B 和负载电阻 R_L 的影响，则

$$R_i=R_B//[r_{be}+(1+\beta)(R_E//R_L)] \tag{6-2}$$

由上式可知射极跟随器的输入电阻 R_i 比共射极单管放大器的输入电阻 $R_i=R_B//r_{be}$ 要高的多。输入电阻的测试方法同单管放大器，实验线路如图 5－17 所示，

$$R_i=\frac{U_i}{I_i}=\frac{U_i}{U_S-U_i}R_1 \tag{6-3}$$

即只要测得 A、B 两点的对地电位即可。

2. 输出电阻 R_o 低

$$R_o=\frac{r_{be}}{\beta}//R_E\approx\frac{r_{be}}{\beta} \tag{6-4}$$

如考虑信号源内阻 R_S，则

$$R_o=\frac{r_{be}+(R_S//R_B)}{\beta}//R_E\approx\frac{r_{be}+(R_S//R_B)}{\beta} \tag{6-5}$$

由上式可知射极跟随器的输出电阻 R_o 比共射极单管放大器的输出电阻 $R_o=R_C$ 低得多。三极管的 β 愈高，输出电阻愈小。

输出电阻 R_o 的测试方法亦同单管放大器，即先测出空载输出电压 U_o，再测接入负载 R_L 后的输出电压 U_L，根据

$$U_L=\frac{U_o}{R_o+R_L}R_L \tag{6-6}$$

即可求出 R_o

$$R_o=\left(\frac{U_o}{U_L}-1\right)R_L \tag{6-7}$$

3. 电压放大倍数近似等于1

按照图5-17电路可以得到

$$A_V=\frac{(1+\beta)(R_E /\!/ R_L)}{r_{be}+(1+\beta)(R_E /\!/ R_L)}<1 \tag{6-8}$$

上式说明射极跟随器的电压放大倍数小于近似1且为正值。这是深度电压负反馈的结果。但它的射极电流仍比基极电流大$(1+\beta)$倍,所以它具有一定的电流和功率放大作用。

四、实验内容

1. 在晶体管系列实验模块中按图5-17正确连接电路,此时开关K先开路。

2. 静态工作点的调整

打开直流开关,在B点加入频率为1 kHz、峰峰值为1 V的正弦信号U_i,输出端用示波器监视,调节R_W及信号源的输出幅度,使在示波器的屏幕上得到一个最大不失真输出波形,然后置$U_i=0$,用万用表测量晶体管各电极对地电位,将测得数据记入表5-14。

在下面整个测试过程中应保持R_W和R_b值不变(即I_E不变)。

表5-14 测量数据1

U_E(V)	U_B(V)	U_C(V)	$I_E=U_E/R_E$(mA)

3. 测量电压放大倍数A_V

接入负载$R_L=1\ \text{k}\Omega$,在B点加入频率为1 kHz、峰峰值为1 V的正弦信号U_i,调节输入信号幅度,用示波器观察输出波形U_o,在输出最大不失真情况下,用毫伏表测U_i、U_o值。记入表5-15。

表5-15 测量数据2

U_i(V)	U_o(V)	$A_V=U_o/U_i$

4. 测量输出电阻R_o

接上负载$R_L=1$ K,在B点加入频率为1 kHz、峰峰值为1 V的正弦信号U_i,用示波器监视输出波形,用毫伏表测空载输出电压U_o,有负载时输出电压U_L,记入表5-16。

表5-16 测量数据3

U_o(V)	U_L(V)	$R_o=(U_o/U_L-1)R_L$(kΩ)

5. 测量输入电阻R_i

在A点加入频率为1 kHz、峰峰值为1 V的正弦信号U_S,用示波器监视输出波形,用交流

毫伏表分别测出 A、B 点对地的电位 U_S、U_i，记入表 5－17。

表 5－17 测量数据 4

U_S(V)	U_i(V)	$R_i=\frac{U_i}{U_S-U_i}R$(kΩ)

6. 测射极跟随器的跟随特性

接入负载 $R_L=1$ kΩ，在 B 点加入频率为 1 kHz、峰峰值为 1 V 的正弦信号 U_i，并保持不变，逐渐增大信号 U_i 幅度，用示波器监视输出波形直至输出波形不失真时，测所对应的 U_L 值，计算出 A_V 记入表 5－18。

表 5－18 测量数据 5

	1	2	3	4
U_i(V)				
U_L(V)				
A_V				

实验七 差动放大器

一、实验目的

1. 加深理解差动放大器的工作原理，电路特点和抑制零漂的方法。
2. 学习差动放大电路静态工作点的测试方法。
3. 学习差动放大器的差模、共模放大倍数、共模抑制比的测量方法。

二、实验仪器

1. 双踪示波器
2. 万用表
3. 交流毫伏表
4. 信号发生器

三、实验原理

如图 5－18 所示电路为具有恒流源的差动放大器，其中晶体管 T_1、T_2 称为差分对管，它与电阻 R_{B1}、R_{B2}、R_{C1}、R_{C2} 及电位器 R_{W1} 共同组成差动放大的基本电路。其中 $R_{B1}=R_{B2}$，$R_{C1}=R_{C2}$，R_{W1} 为调零电位器，若电路完全对称，静态时，R_{W1} 应处为中点位置，若电路不对称，应调节 R_{W1}，使 U_{01}、U_{02} 两端静态时的电位相等。

晶体管 T_3、T_4 与电阻 R_{E3}、R_{E4}、R 和 R_{W2} 共同组成镜像恒流源电路，为差动放大器提供恒定电流 I_o。要求 T_3、T_4 为差分对管。R_1 和 R_2 为均衡电阻，且 $R_1=R_2$，给差动放大器提供对称的差模输入信号。由于电路参数完全对称，当外界温度变化，或电源电压波动时，对电路的影响是一样的，因此差动放大器能有效地抑制零点漂移。

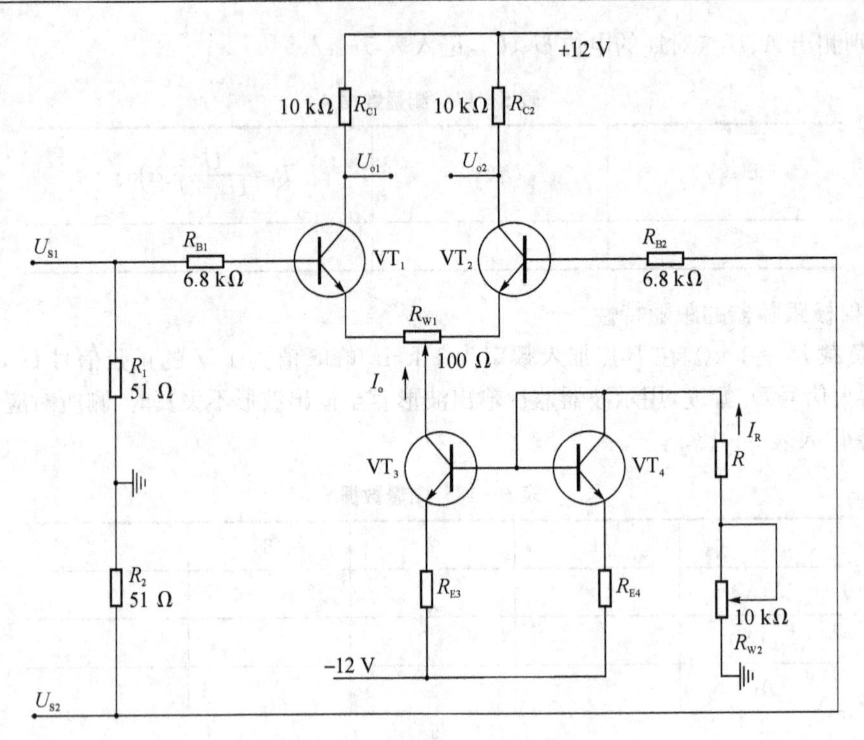

图 5-18　恒流源差动放大器

1. 差动放大电路的输入输出方式

如图 5-18 所示电路，根据输入信号和输出信号的不同方式可以有四种连接方式。

(1) 双端输入—双端输出。将差模信号加在 U_{S1}、U_{S2} 两端，输出取自 U_{o1}、U_{o2} 两端。

(2) 双端输入—单端输出。将差模信号加在 U_{S1}、U_{S2} 两端，输出取自 U_{o1} 或 U_{o2} 到地的信号。

(3) 单端输入—双端输出。将差模信号加在 U_{S1} 上，U_{S2} 接地（或 U_{S1} 接地而信号加在 U_{S2} 上），输出取自 U_{o1}、U_{o2} 两端。

(4) 单端输入—单端输出。将差模信号加在 U_{S1} 上，U_{S2} 接地（或 U_{S1} 接地而信号加在 U_{S2} 上），输出取自 U_{o1} 或 U_{o2} 到地的信号。

连接方式不同，电路的性能参数不同。

2. 静态工作点的计算

静态时差动放大器的输入端不加信号，由恒流源电路得

$$I_R = 2I_{B4} + I_{C4} = \frac{2I_{C4}}{\beta} + I_{C4} \approx I_{C4} = I_o \tag{7-1}$$

I_o 为 I_R 的镜像电流。由电路可得

$$I_o = I_R = \frac{-V_{EE} + 0.7\ \text{V}}{(R + R_{W2}) + R_{E4}} \tag{7-2}$$

由上式可见 I_o 主要由 $-V_{EE}$（-12 V）及电阻 R、R_{W2}、R_{E4} 决定，与晶体管的特性参数无关。

差动放大器中的 VT_1、VT_2 参数对称，则

$$I_{C1} = I_{C2} = I_o/2 \tag{7-3}$$

$$V_{C1} = V_{C2} = V_{CC} - I_{C1}R_{C1} = V_{CC} - \frac{I_o R_{C1}}{2} \tag{7-4}$$

$$h_{ie}=300\ \Omega+(1+h_{fe})\frac{26\ \text{mV}}{1\ \text{mA}}=300\ \Omega+(1+h_{fe})\frac{26\ \text{mV}}{I_o/2\ \text{mA}} \tag{7-5}$$

由此可见，差动放大器的工作点主要由镜像恒流源 I_o 决定。

3. 差动放大器的重要指标计算

(1) 差模放大倍数 A_{Vd}

由分析可知，差动放大器在单端输入或双端输入，它们的差模电压增益相同。但是，要根据双端输出和单端输出分别计算。在此分析双端输入，单端输入自己分析。设差动放大器的两个输入端输入两个大小相等，极性相反的信号 $V_{id}=V_{id1}-V_{id2}$。双端输入—双端输出时，差动放大器的差模电压增益为

$$A_{Vd}=\frac{V_{od}}{V_{id}}=\frac{V_{od1}-V_{od2}}{V_{id1}-V_{id2}}=A_{Vi}=\frac{-h_{fe}R'_L}{R_{B1}+h_{ie}+(1+h_{fe})\frac{R_{W1}}{2}} \tag{7-6}$$

式中 $R'_L=R_C\parallel\frac{R_L}{2}$。$A_{Vi}$ 为单管电压增益。

双端输入—单端输出时，电压增益为

$$A_{Vd1}=\frac{V_{od1}}{V_{id}}=\frac{V_{od1}}{2V_{id1}}=\frac{1}{2}A_{Vi}=\frac{-h_{fe}R'_L}{2\left[R_{B1}+h_{ie}+(1+h_{fe})\frac{R_{W1}}{2}\right]} \tag{7-7}$$

式中 $R'_L=R_C\parallel R_L$。

(2) 共模放大倍数 A_{VC}

设差动放大器的两个输入端同时加上两个大小相等，极性相同的信号即 $V_{ic}=V_{i1}=V_{i2}$.

单端输出的差模电压增益

$$A_{VC1}=\frac{V_{oC1}}{V_{iC}}=\frac{V_{oC2}}{V_{iC}}=A_{VC2}=\frac{-h_{fe}R'_L}{R_{B1}+h_{ie}+(1+h_{fe})\frac{R_{W1}}{2}+(1+h_{fe})R'_e}\approx\frac{R'_L}{2R'_e} \tag{7-8}$$

式中 R'_e 为恒流源的交流等效电阻。即

$$R'_e=\frac{1}{h_{oe3}}\left(1+\frac{h_{fe3}R_{E3}}{h_{ie3}+R_{E3}+R_B}\right) \tag{7-9}$$

$$h_{ie3}=300\ \Omega+(1+h_{fe})\frac{26\ \text{mV}}{I_{E3}\,\text{mA}} \tag{7-10}$$

$$R_B\approx(R+R_{W2})/\!/R_{E4} \tag{7-11}$$

由于 $\frac{1}{h_{oe3}}$ 一般为几百千欧，所以 $R'_e\gg R'_L$

则共模电压增益 $A_{VC}<1$，在单端输出时，共模信号得到了抑制。

双端输出时，在电路完全对称情况下，则输出电压 $A_{oC1}=V_{oC2}$，共模增益为

$$A_{VC}=\frac{V_{oc1}-V_{oc1}}{V_{iC}}=0 \tag{7-12}$$

上式说明，双单端输出时，对零点漂移，电源波动等干扰信号有很强的抑制能力。

注：如果电路的对称性很好，恒流源恒定不变，则 U_{o1} 与 U_{o2} 的值近似为零，示波器观测 U_{o1} 与 U_{o2} 的波形近似于一条水平直线。共模放大倍数近似为零，则共模抑制比 K_{CMR} 为无穷大。如果电路的对称性不好，或恒流源不恒定，则 U_{o1}、U_{o2} 为一对大小相等极性相反的正弦波（示波器幅度调节到最低挡），用长尾式差动放大电路可观察到 U_{o1}、U_{o2} 分别为正弦波，实际上对管参

数不一致，受信号频率与对管内部容性的影响，大小和相位可能有出入，但不影响正弦波的出现。

(3) 共模抑制比 K_{CMR}

差动放大电器性能的优劣常用共模抑制比 K_{CMR} 来衡量，即：

$$K_{CMR}=\left|\frac{A_{Vd}}{A_{VC}}\right| \text{或} K_{CMR}=20\lg\left|\frac{A_d}{A_C}\right|(\text{dB}) \tag{7-13}$$

单端输出时，共模抑制比为：

$$K_{CMR}=\frac{A_{Vd1}}{A_{VC}}=\frac{h_{fe}R'_e}{R_{B1}+h_{ie}+(1+h_{fe})\frac{R_{W1}}{2}} \tag{7-14}$$

双端输出时，共模抑制比为：

$$K_{CMR}=\left|\frac{A_{Vd}}{A_{VC}}\right|=\infty \tag{7-15}$$

四、实验内容

1. 参考本实验所附差动放大模块元件分布图，对照实验原理图如图 5-18 所示正确连接。

2. 调整静态工作点。

打开直流开关，不加输入信号，将输入端对地短路，调节恒流源电路的 R_{W2}，使 $I_o=1$ mA，即 $I_o=2V_{RC1}/R_{C1}$。再用万用表直流挡分别测量差分对管 T_1、T_2 的集电极对地的电压 V_{C1}、V_{C2}，如果 $V_{C1}\neq V_{C2}$ 应调整 R_{W1} 使满足 $V_{C1}=V_{C2}$。若始终调节 R_{W1} 与 R_{W2} 无法满足 $V_{C1}=V_{C2}$，可适当调电路参数如 R_{C1} 或 R_{C2}，使 R_{C1} 与 R_{C2} 不相等以满足电路对称，再调节 R_{W1} 与 R_{W2} 满足 $V_{C1}=V_{C2}$。然后分别测 V_{C1}、V_{C2}、V_{B1}、V_{B2}、V_{E1}、V_{E2} 的电压，记入自制表中。

3. 测量差模放大倍数 A_{Vd}。

从输入端输入 $V_{id}=50$ mV(峰峰值)、$f=1$ kHz 的差模信号，用毫伏表分别测出双端输出差模电压 $V_{od}(U_{o1}-U_{o2})$ 和单端输出电压 $V_{od1}(U_{o1})$、$V_{od2}(U_{o2})$ 且用示波器观察他们的波形(V_{od} 的波形观察方法：用两个探头，分别测 V_{od1}、V_{od2} 的波形，微调挡相同，按下示波器 Y2 反相按键，在显示方式中选择叠加方式即可得到所测的差分波形)。并计算出差模双端输出的放大倍数 A_{vd} 和单端输出的差模放大倍数 A_{Vd1} 或 A_{Vd2}。记入自制的表中。

4. 测量共模放大倍数 A_{VC}。

将输入端两点连接在一起，R_1 与 R_2 从电路中断开，从输入端输入 10 V(峰峰值)，$f=1$ kHz的共模信号，用毫伏表分别测量 T_1、T_2 两管集电极对地的共模输出电压 U_{oC1} 和 U_{oC2} 且用示波器观察他们的波形，则双端输出的共模电压为 $U_{oC}=U_{oC1}-U_{oC2}$，并计算出单端输出的共模放大倍数 A_{VC1}(或 A_{VC2})和双端输出的共模放大倍数 A_{VC}。

5. 根据以上测量结果，分别计算双端输出，和单端输出共模抑制比，即 K_{CMR}(单)和 K_{CMR}(双)。

6. *有条件的话可以观察温漂现象，首先调零，使 $V_{C1}=V_{C2}$(方法同步骤 2)，然后用电吹风吹 T_1、T_2，观察双端及单端输出电压的变化现象。

7. 用一固定电阻 $R_E=10$ kΩ 代替恒流源电路，即将 R_E 接在 $-V_{EE}$ 和 R_{W1} 中间触点插孔之间组成长尾式差动放大电路，重复步骤 3、4、5，并与恒流源电路相比较。

实验八　RC 正弦波振荡器

一、实验目的

1. 进一步学习 RC 正弦波振荡器的组成及其振荡条件。
2. 学会测量、调试振荡器。

二、实验仪器

1. 双踪示波器
2. 频率计

三、实验原理

实验电路如图 5－19 所示：

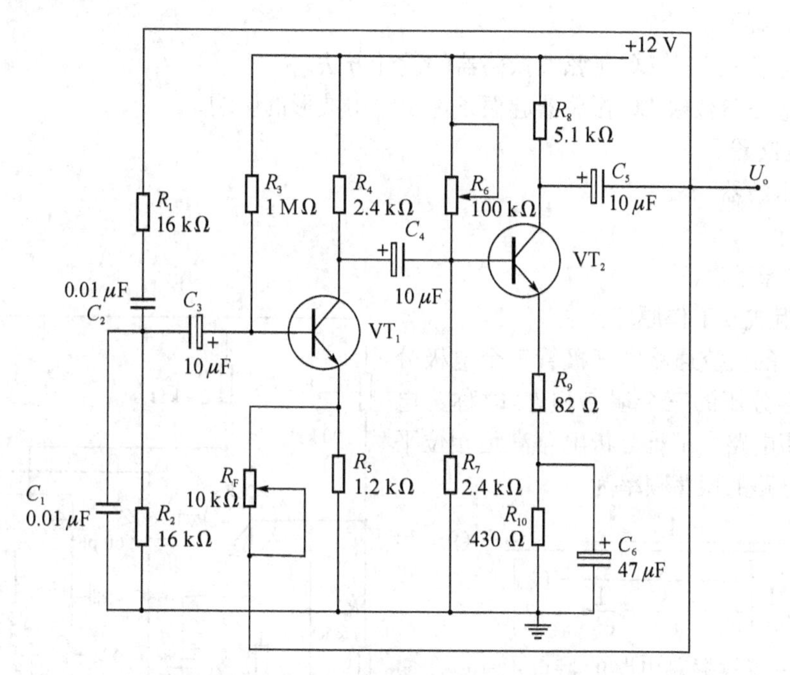

图 5－19　RC 串并联选频网络振荡器

从结构上看，正弦波振荡器是没有输入信号的，带选频网络的正反馈放大器。若用 R、C 元件组成选频网络，就称为 RC 振荡器，一般用来产生 1 Hz～1 MHz 的低频信号。上图为 RC 串并联（文氏桥）网络振荡器。

电路型式如图 5－20 所示。

振荡频率　　$f_0=\frac{1}{2\pi RC}$　　(8－1)

起振条件　　$|\dot{A}|>3$　　(8－2)

电路特点　可方便地连续改变振荡频率，便于加负反馈稳幅，容易得到良好的振荡波形。

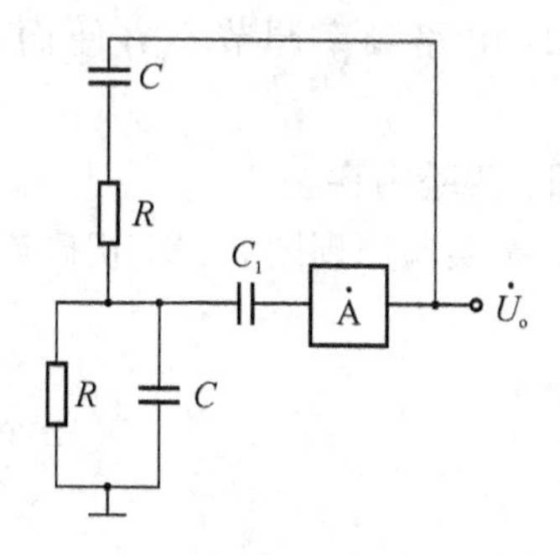

图 5－20　RC 串并联网络振荡器原理图

四、实验内容

1. 在晶体管系列模块中按图 5－19 正确连接线路。

2. 断开 RC 串并联网络，测量放大器静态工作点及电压放大倍数（参考实验二内容），记录之。

3. 接通 RC 串并联网络，打开直流开关，调节 R_F 并使电路起振，用示波器观测输出电压 U_o 波形，调节 R_F 使获得满意的正弦信号，记录波形及其参数。

4. 用频率计或示波器测量振荡频率，并与计算值(995 Hz)进行比较。

5. 改变 R 或 C 值，用频率计或示波器测量振荡频率，并与计算值（用公式 8－1 来计算）进行比较。

实验九　LC 正弦波振荡器

一、实验目的

1. 掌握电容三点式 LC 正弦波振荡器的设计方法。

2. 研究电路参数对 LC 振荡器起振条件及输出波形的影响。

二、实验仪器

1. 双踪示波器

2. 频率计

三、实验原理

1. 电路组成及工作原理：

图 5－21 的交流通路中三极管三个电极分别与回路电容分压的三个端点相连，故称为电容三点式振荡电路。不难分析电路满足相位平衡条件。该电路的振荡频率为

$$f_o \approx \frac{1}{2\pi\sqrt{L\left[\dfrac{1}{\dfrac{1}{C_1}+\dfrac{1}{C_2}+\dfrac{1}{C_3}}+C_4\right]}} \qquad (9-1)$$

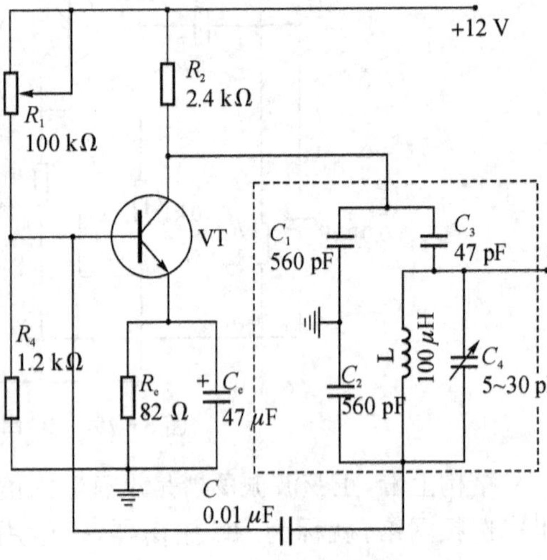

图 5－21　电容三点式振荡电路

2. 电容三点式振荡电路的特点：

(1) 电路振荡频率较高，回路 C_1 和 C_2 容值可以选得很小。

(2) 电路频率调节不方便而且调节范围较窄。

四、实验内容

1. 按实验原理图 5－21 正确连接电路图。

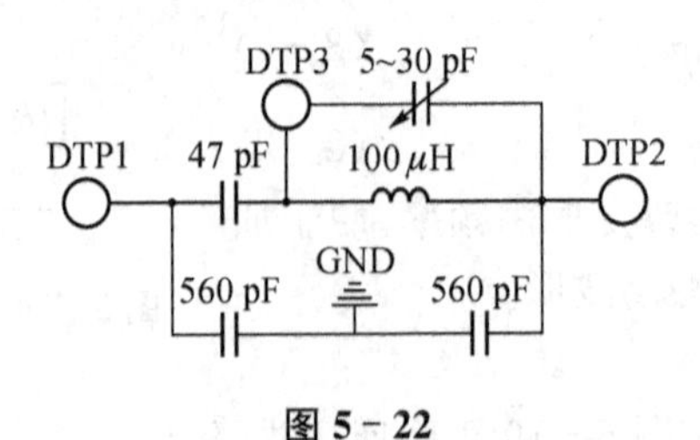

图 5－22

2. 打开直流开关，用示波器观察振荡输出的波形 U_o，若未起振调节 R_1 使电路起振得到一个比较好的正弦波波形。

3. 用公式(9－1)计算出理论频率范围。

4. 用示波器观察波形，改变可调电容 C_4 的值(可调范围为 5～30 P)，估测出频率范围，记录之。比较一下理论值，并画出对应波形图。

实验十　集成运算放大器指标测试

一、实验目的

1. 掌握运算放大器主要指标的测试方法。

2. 通过对运算放大器 μA741 指标的测试，了解集成运算放大器组件的主要参数的定义和表示方法。

二、实验仪器

1. 双踪示波器
2. 万用表
3. 交流毫伏表
4. 信号发生器

三、实验原理

本实验采用的集成运放型号为 μA741。②脚和③脚为反相和同相输入端，⑥脚为输出端，⑦脚和④分别为正(V_{CC})、负($-V_{EE}$)电源端，①脚和⑤脚为失调调零端。⑧脚为空脚。表 5－19 为 μA741 的典型参数规范。

表 5－19　T＝25℃　$U_{CC}=U_{EE}=15$ V

参数名称	参数值	参数名称	参数值
输入失调电压	1～5 mV	输出电阻	75 Ω
输入失调电流	10～20 nA	转换速率	0.5 V/μs
输入偏置电流	80 nA	输出电压峰值	±13 V
输入电阻	2 MΩ	输出电流峰值	±20 mA
输入电容	1.5 pF	共模输入电压	±13 V
开环差动电压增益	100 dB	差模输入电压	±30 V
共模抑制比	90 dB	应用频率	10 kHz

1. 输入失调电压 U_{oS}

输入失调电压 U_{oS}是指输入信号为零时，输出端出现的电压折算到同相输入端的数值。失调电压测试电路如图 5－23 所示，

测量此时的输出电压 U_{o1} 即为输出失调电压，则输入失调电压为

$$U_{oS}=\frac{R_1}{R_1+R_F}U_{o1} \tag{10-1}$$

实际输出的 U_{o1} 可能为正，也可能为负，高质量的运放 U_{oS}一般在 1 mV 以下。

测试中应注意：将运放调零端开路。

2. 输入失调电流 I_{oS}

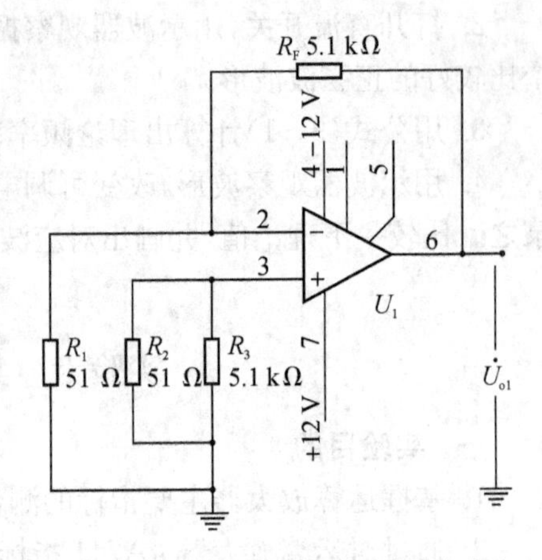

图 5 - 23　输入失调电压 U_{oS} 测试电路

输入失调电流 I_{oS} 是指当输入信号为零时，运放的两个输入端的基极偏置电流之差，

$$I_{oS}=|I_{B1}-I_{B2}| \qquad (10-2)$$

由于 I_{B1}，I_{B2} 本身的数值已很小(微安级)，因此它们的差值通常不是直接测量的，测试电路如图 5 - 24 所示，测试分两步进行。

(1) 按图 5 - 23 测出输出电压 U_{o1}，这是由输入失调电压 U_{oS} 所引起的输出电压。

(2) 按图 5 - 24，测出两个电阻 R_{B1}、R_{B2} 接入时的输出电压 U_{o2}，若从中扣除输入失调电压 U_{oS} 的影响，则输入失调电流 I_{oS} 为

$$I_{oS}=|I_{B1}-I_{B2}|=|U_{o2}-U_{o1}|\frac{R_1}{R_1+R_F}\frac{1}{R_{B1}} \qquad (10-3)$$

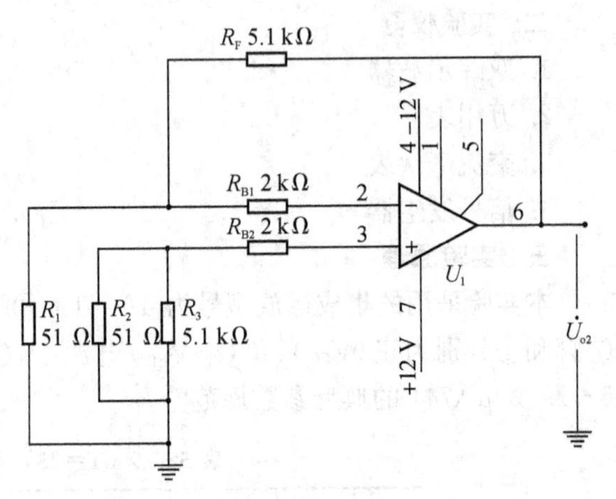

图 5 - 24　输入失调电流 I_{oS} 测试电路

一般，I_{oS} 在 100 mA 以下。测试中应注意：将运放调零端开路。

3. 输入偏置电流 I_{iB}

输入偏置电流 I_{iB} 是指在无信号输入时，运放两输入端静态基极电流的平均值，$I_{iB}=\frac{1}{2}(I_{B1}+I_{B2})$ 一般是微安数量级，若 I_{IB} 过大，不仅在不同信号内阻的情况下对静态工作点有较大的影响，而且也要影响温漂和运算精度，所以输入偏置电流越小越好。测量输入偏置电流的电路如图 5 - 25 所示。

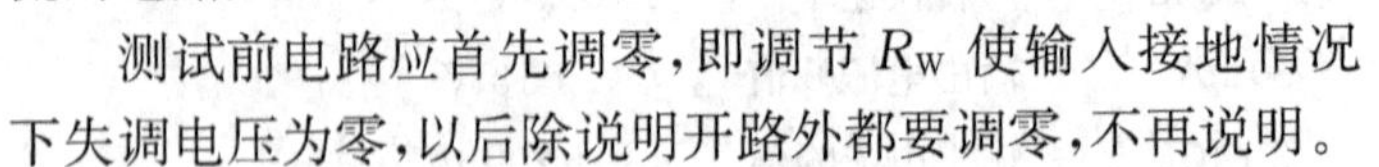

测试前电路应首先调零，即调节 R_W 使输入接地情况下失调电压为零，以后除说明开路外都要调零，不再说明。

4. 开环差模放大倍数 A_{ud}

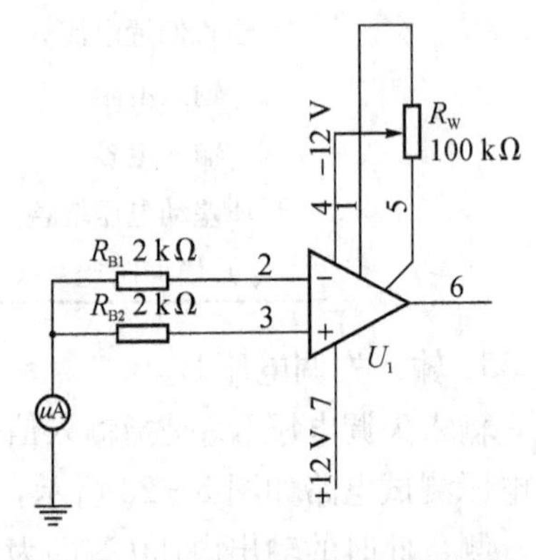

图 5 - 25　输入偏置电流测试电路

集成运放在没有外部反馈时的支流差模放大倍数称为开环差模电压放大倍数，用 A_{ud} 表示。它定义为开环输出电压 U_o 与两个差分输入端之间所加信号电压 U_{id} 之比

$$A_{ud}=\frac{U_o}{U_{id}} \qquad (10-4)$$

按定义 A_{ud} 应是信号频率为零时的直流放大倍数，但为了测试方便，通常采用低频(几十赫兹以下)正弦交流信号进行测量。由于集成运放的开环电压放大倍数很高，难以直接进行测量，故一般采用闭环测量方法。A_{ud} 的测试方法很多，现采用交、直流同时闭环的测量方法，如图 5 - 26 所示。

被测运放一方面通过 R_F、R_1、R_2 完成直流闭环，以抑制输出电压漂移，另一方面通过 R_F

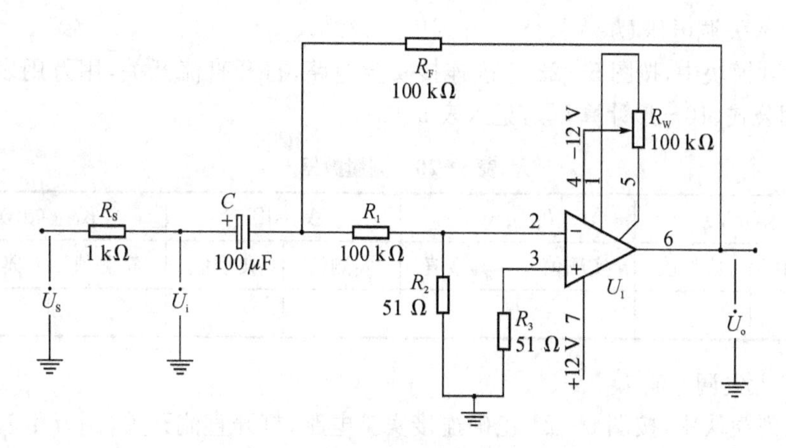

图 5-26 开环差模放大倍数 A_{ud} 测试电路

和 R_S 实现交流闭环，外加信号 Us 经 R_1、R_2 分压，使 U_{id}足够小，以保证运放工作在线性区，同相输入端电阻 R_3 应与反相输入端电阻 R_2 相匹配，以减小输入偏置电流的影响，电容 C 为隔直电容。被测运放的开环电压放大倍数为

$$A_{ud}=\frac{U_o}{U_{id}}=(1+\frac{R_1}{R_2})\frac{U_o}{U_i} \tag{10-5}$$

5. 共模抑制比 K_{CMR}

K_{CMR}的测试电路如图 5-27 所示。

集成运放的差模电压放大倍数 A_d 与共模电压放大倍数 A_C 之比称为共模抑制比

$$K_{CMR}=\left|\frac{A_d}{A_C}\right| \text{ 或 } K_{CMR}=20\lg\left|\frac{A_d}{A_C}\right| \text{(dB)} \tag{10-6}$$

理想运放对输入的共模信号其输出为零，但在实际的集成运放中，其输出不可能没有共模信号的成分，输出端共模信号愈小，说明电路对称性愈好，也就是说运放对共模干扰信号的抑制能力愈强，即 K_{CMR}愈大。

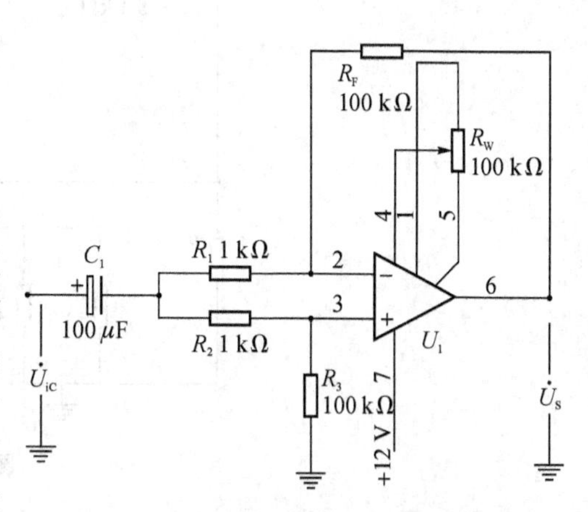

图 5-27 共模抑制比 K_{CMR} 测试电路

集成运放工作在闭环状态下的差模电压放大倍数为

$$A_d=-\frac{R_F}{R_1} \tag{10-7}$$

当接入共模输入信号 U_{iC}时，测得 U_{oC}，则共模电压放大倍数为

$$A_C=\frac{U_{oC}}{U_{iC}} \tag{10-8}$$

得共模抑制比为

$$K_{CMR}=\left|\frac{A_d}{A_c}\right|=\frac{R_F}{R_1}\frac{U_{iC}}{U_{oC}} \tag{10-9}$$

四、实验内容

为防正负电源接反损坏集成块，运放系列实验中 μA741 的电源已接上。另外输出端切忌不可短路，否则将会损坏集成块。

1. 测量输入失调电压 U_{oS}

在运放系列模块中，按图 5－23 正确连接实验电路，打开直流开关，用万用表测量输出端电压 U_{o1}，并用公式(10－1)计算 U_{oS}，记入表 5－20。

表 5－20　测量数据

U_{oS}(mV)		I_{oS}(μA)		A_{ud}(dB)		K_{CMR}(dB)	
实测值	典型值	实测值	典型值	实测值	典型值	实测值	典型值

2. 测量输入失调电流 I_{oS}

在运放系列模块中，按图 5－24 正确连接实验电路，打开直流开关，用万用表测量 U_{o2}，并用公式(10－3)计算 I_{oS}，记入表 5－20。

3. 测量输入偏置电流 I_{iB}

若无微安级精度仪器此实验略过，有则先调零(调零方法：如下图所示连接电路，调节 R_W 使 U_o 为零即调零完毕，断开电路其他连线，若保持调零端的电位器 R_W 接入运放中，则后续实验可不用调零。调零时必须小心，不要使电位器的接线端与地线或正电源线相碰，否则会损坏运算放大器)后，如图 5－25 正确连接电路，记录所测数据。

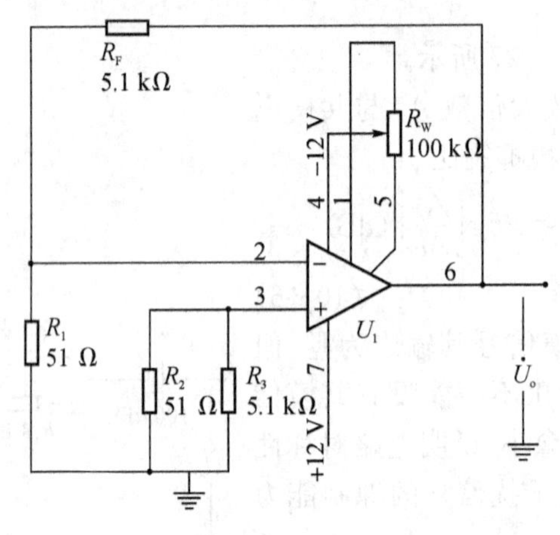

图 5－28

4. 测量开环差模电压放大倍数 A_{ud}

先调零(方法见步骤 3 说明)，然后按图 5－26 正确连接实验电路，运放输入端加入一个频率 20 Hz，峰峰值为 100 mV 正弦信号，用示波器监视输出波形。用毫伏表测量 U_o 和 U_i，并用公式(10－5)计算 A_{ud}，记入表 5－20。

5. 测量共模抑制比 K_{CMR}

先调零(方法见步骤 3 说明)，然后按图 5－27 正确连接实验电路，运放输入端加 $f=100$ Hz，$U_{iC}=10$ V(峰峰值)正弦信号，用毫伏表测量 U_{oC} 和 U_{ic}，并用公式(10－8)、式(10－9)计算 A_C 及 K_{CMR}，记入表 5－20。

实验十一　集成运算放大器的基本应用

——模拟运算电路

一、实验目的

1. 研究由集成运算放大器组成的比例、加法、减法和积分等基本运算电路的功能。

2. 了解运算放大器在实际应用时应考虑的一些问题。

二、实验仪器

1. 双踪示波器

2. 万用表

3. 交流毫伏表

4. 信号发生器

三、实验原理

集成运算放大器在线性应用方面，可组成比例、加法、减法、积分、微分、对数、指数等模拟运算电路。

1. 反相比例运算电路

电路如图 5-29 所示。对于理想运放，该电路的输出电压与输入电压之间的关系为

$$U_o=-\frac{R_F}{R_1}U_i \tag{11-1}$$

为减小输入级偏置电流引起的运算误差，在同相输入端应接入平衡电阻 $R_2=R_1/\!/R_F$。

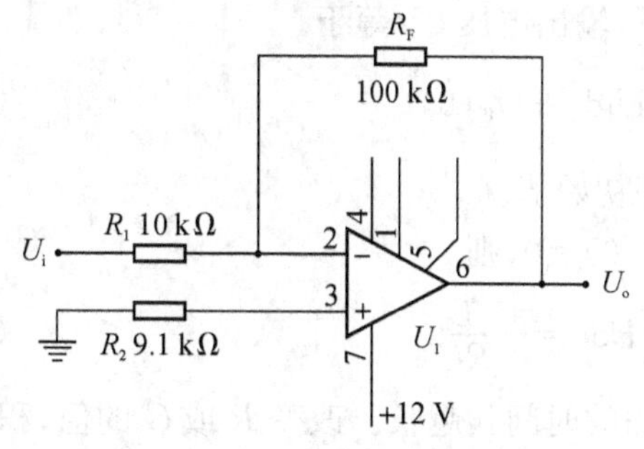

图 5-29　反相比例运算电路

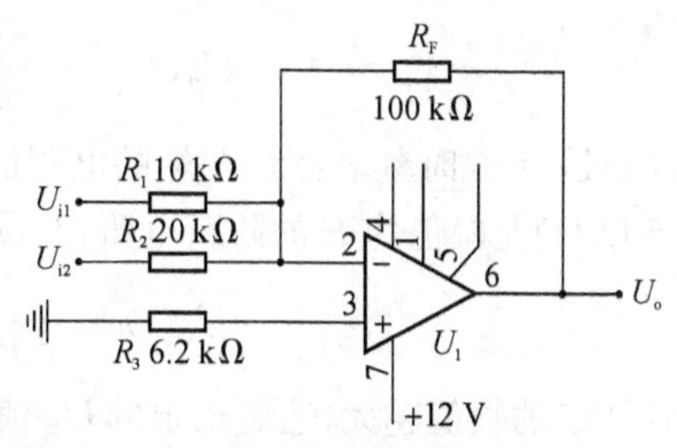

图 5-30　反相加法运算电路

2. 反相加法电路

电路如图 5-30 所示，输出电压与输入电压之间的关系为

$$U_o=-\left(\frac{R_F}{R_1}U_{i1}+\frac{R_F}{R_2}U_{i2}\right)\qquad R_3=R_1/\!/R_2/\!/R_F \tag{11-2}$$

3. 同相比例运算电路

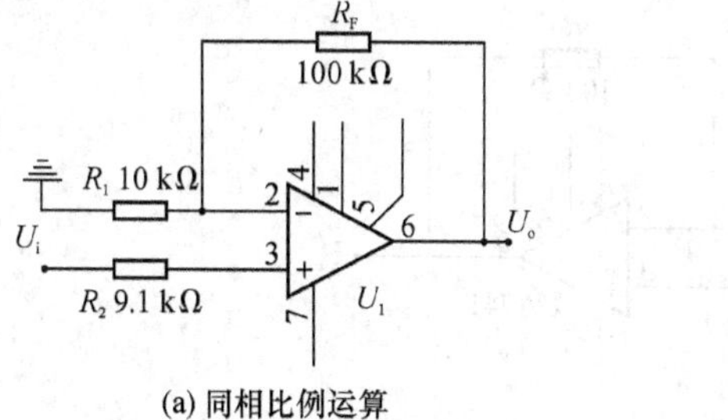

(a) 同相比例运算

(b) 电压跟随器

图 5-31　同相比例运算电路

图 5－31(a)是同相比例运算电路，它的输出电压与输入电压之间的关系为

$$U_o=\left(1+\frac{R_F}{R_1}\right)U_i \qquad R_2=R_1 /\!/ R_F \tag{11-3}$$

当 $R_1\to\infty$ 时，$U_o=U_i$，即得到如图 5－31(b)所示的电压跟随器。图中 $R_2=R_F$，用以减小漂移，并起保护作用。一般 R_F 取 10 kΩ，太小起不到保护作用，太大则影响跟随性。

4. 差动放大电路(减法器)

对于如图 5－32 所示的减法运算电路，当 $R_1=R_2$，$R_3=R_F$ 时，有如下关系式

$$U_o=\frac{R_F}{R_1}(U_{i2}-U_{i1}) \tag{11-4}$$

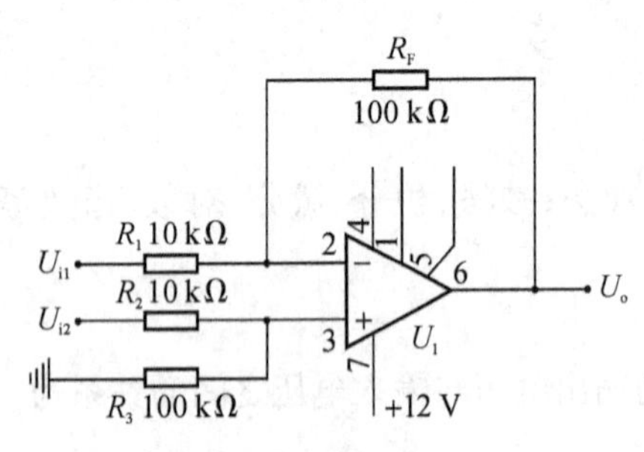

图 5－32　减法运算电路

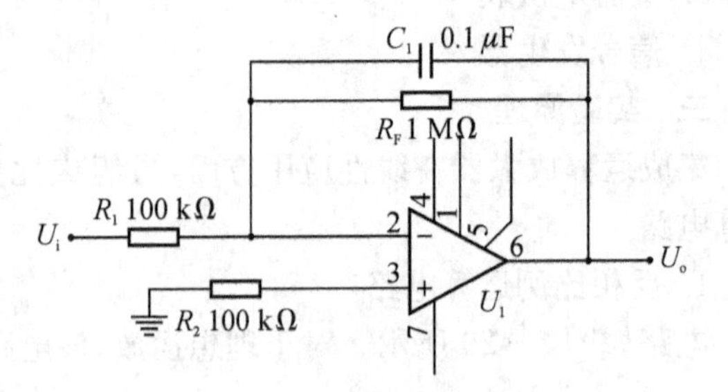

图 5－33　积分运算电路

5. 积分运算电路

反相积分电路如图 5－33 所示。在理想化条件下，输出电压 U_o 等于

$$U_o(t)=-\frac{1}{RC}\int_0^t U_i\,\mathrm{d}t+U_C(0) \tag{11-5}$$

式中 $U_C(0)$ 是 $t=0$ 时刻电容 C 两端的电压值，即初始值。

如果 $U_i(t)$ 是幅值为 E 的阶跃电压，并设 $U_C(0)=0$，则

$$U_o(t)=-\frac{1}{RC}\int_0^t E\,\mathrm{d}t=-\frac{E}{RC}t \tag{11-6}$$

此时，RC 的数值越大，达到给定的 U_o 值所需的时间就越长。改变 R 或 C 的值，积分波形也不同：一般方波变换为三角波，正弦波移相。

6. 微分运算电路

微分电路的输出电压正比于输入电压对时间的微分，一般表达式为

$$U_o=-RC\frac{\mathrm{d}u_i}{\mathrm{d}t} \tag{11-7}$$

利用微分电路可实现波形的变换，如矩形波变换为尖脉冲。

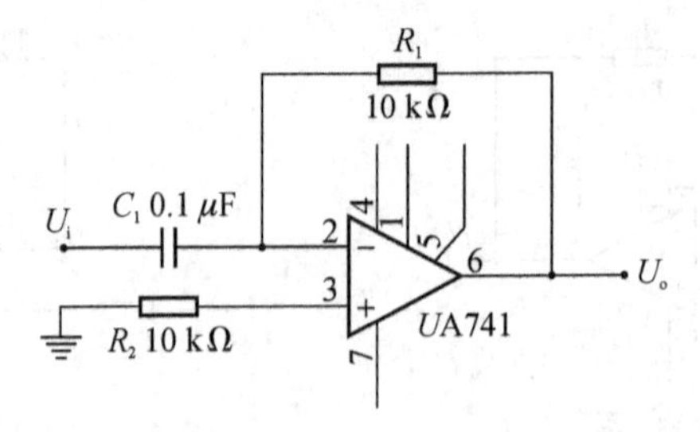

图 5－34　微分运算电路

7. 对数运算电路

对数电路的输出电压与输入电压的对数成正比，其一般表达式为

$$u_o = K\ln u_i \tag{11-8}$$

式中，K 为负系数。利用集成运放和二极管组成如图 5－35 所示的基本对数运算电路。

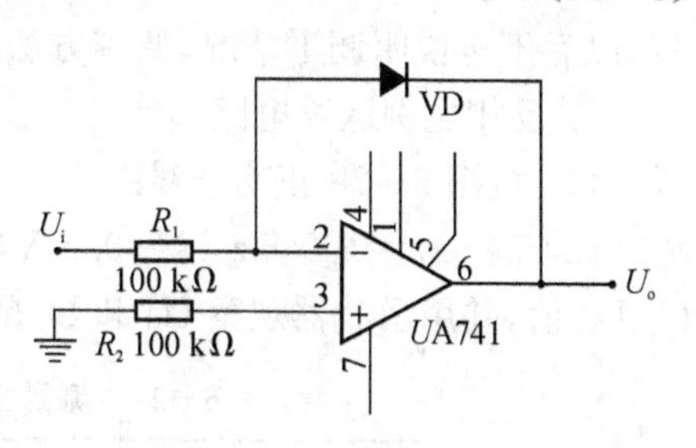

图 5－35　对数运算电路

由于对数运算精度受温度、二极管内部载流子及内阻影响，仅在一定的电流范围才满足指数特性，不容易调节，故本实验仅供有兴趣的同学调试。按如图 5－35 所示正确连接实验电路，VD 为普通二极管。取频率为 1 kHz、峰峰值为 500 mV 的三角波作为输入信号 U_i，打开直流开关，输入和输出端接双踪示波器，调节三角波的幅度，观察输入和输出波形如图 5－36 所示：在三角波上升沿阶段输出较凸的下降沿，在三角波下降沿阶段输出较凹的上升沿。若波形的相位不对，应适当调节输入频率。

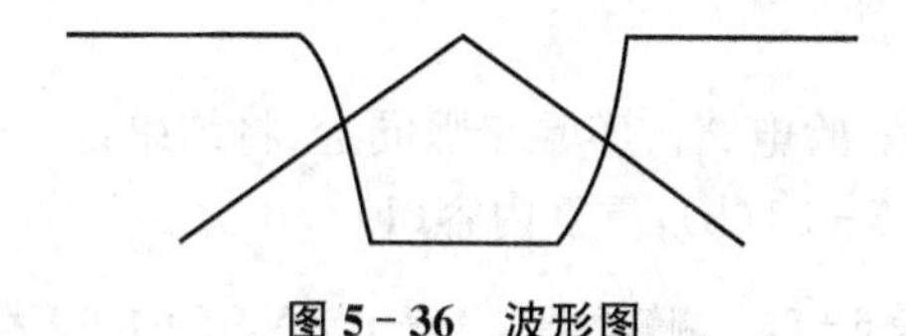

图 5－36　波形图

8. 指数运算电路

指数电路的输出电压与输入电压的指数成正比，其一般表达式为

$$u_o = Ke^{u_i} \tag{11-9}$$

式中，K 为负系数。利用集成运放和二极管组成如图 5－37 基本指数电路。

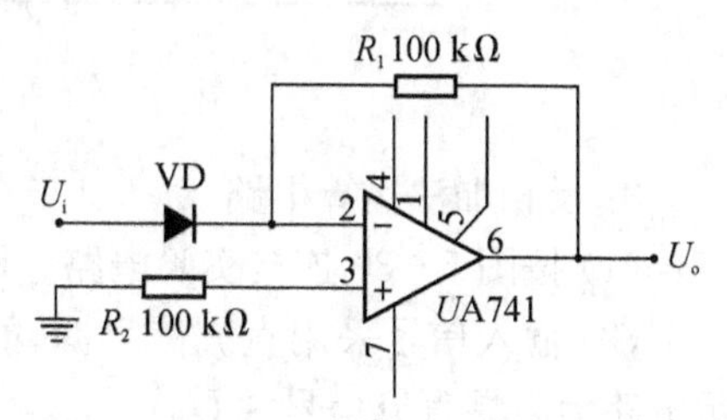

图 5－37　指数运算电路

由于指数运算精度受温度、二极管内部载流子及内阻影响，本实验仅供有兴趣的同学调试。按如图5－37 所示正确连接实验电路，VD 为普通二极管。取频率为 1 kHz、峰峰值为 1 V 的三角波作为输入信号 U_i，打开直流开关，输入和输出端接双踪示波器，调节三角波的幅度，观察输入和输出波形如图 5－38 所示：在三角波上升阶段输出有一个下降沿的指数运算；在下降沿阶段输出有一个上升沿的指数运算。若波形的相位不对，应适当调节输入频率。

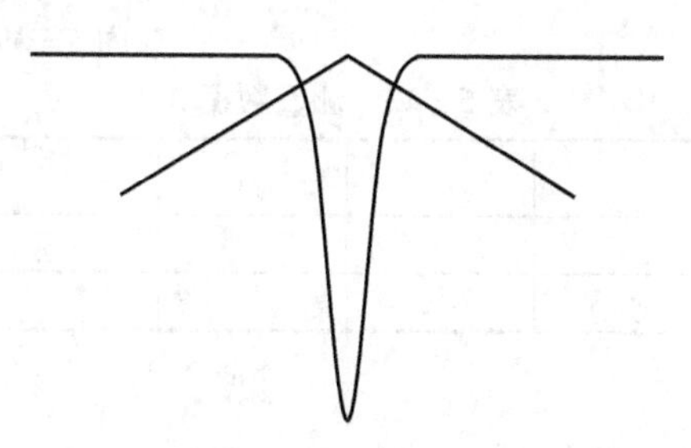

图 5－38　波形图

四、实验内容

实验时切忌将输出端短路，否则会损坏集成块。输入信号时先按实验所给的值调好信号源再加入运放输入端。做实验前应先对运放调零，若失调电压对输出影响不大，可以不用调零，以后不再说明调零情况，调零方法见实验十步骤3。

1. 反相比例运算电路

(1) 按图5-29正确连线。

(2) 输入 $f=100$ Hz，$U_i=0.5$ V(峰峰值)的正弦交流信号。打开直流开关，用毫伏表测量 U_i、U_o 值，并用示波器观察 U_o 和 U_i 的相位关系，记入表5-21。

表5-21　测量数据1($U_i=0.5$ V(峰峰值)，$f=100$ Hz)

U_i(V)	U_o(V)	U_i 波形	U_o 波形	A_V	
				实测值	计算值

2. 同相比例运算电路

(1) 按图5-31(a)连接实验电路。实验步骤同上，将结果记入表5-22。

(2) 将图5-31(a)改为5-31(b)，重复内容(1)。

表5-22　测量数据2($U_i=0.5$ V，$f=100$ Hz)

U_i(V)	U_o(V)	U_i 波形	U_o 波形	A_V	
				实测值	计算值

3. 反相加法运算电路

(1) 按图5-30连接实验电路。

(2) 输入信号采用直流信号源，如图5-39所示电路为简易直流信号源 U_{i1}、U_{i2}：

用万用表测量输入电压 U_{i1}、U_{i2}(且要求均大于零小于0.5 V)及输出电压 U_o，记入表5-23。

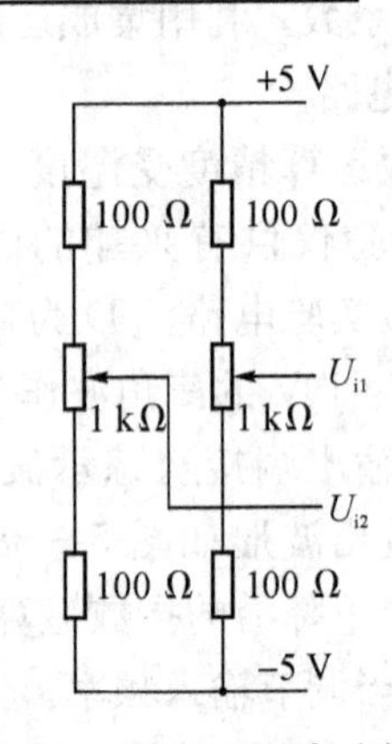

图5-39　简易可调直流信号源

表5-23　测量数据3

U_{i1}(V)					
U_{i2}(V)					
U_o(V)					

4. 减法运算电路

(1) 按图5-32连接实验电路。

(2) 采用直流输入信号，实验步骤同内容3，记入表5-24。

表 5-24 测量数据 4

U_{i1}(V)				
U_{i2}(V)				
U_o(V)				

5. 积分运算电路

(1) 按如图 5-33 所示连接电路。

(2) 取频率约为 100 Hz,峰峰值为 2 V 的方波作为输入信号 U_i。打开直流开关,输出端接示波器,可观察到三角波。

6. 微分运算电路

(1) 按如图 5-34 所示连接电路。

(2) 取频率约为 100 Hz,峰峰值为 0.5 V 的方波作为输入信号 U_i。打开直流开关,输出端接示波器,可观察到尖顶波。

实验十二 集成运算放大器的基本应用
—— 波形发生器

一、实验目的

1. 学习用集成运放构成正弦波、方波和三角波发生器。

2. 学习波形发生器的调整和主要性能指标的测试方法。

二、实验仪器

1. 双踪示波器

2. 频率计

3. 交流毫伏表

三、实验原理

1. RC 桥式正弦波振荡器(文氏电桥振荡器)

图 5-40 中 RC 串、并联电路构成正反馈支路,同时兼作选频网络;R_1、R_2、R_W 及二极管等元件构成负反馈和稳幅环节。调节电位器 R_W,可以改变负反馈深度,以满足振荡的振幅条件,并改善波形。利用两个反向并联二极管 VD_1、VD_2 正向电阻的非线性特性实现稳幅。VD_1、VD_2 应采用硅管(温度稳定性好),且特性匹配,才能保证输出波形的正、负半周对称。R_3 是为了削弱二极管非线性影响,以改善波形失真的状况。

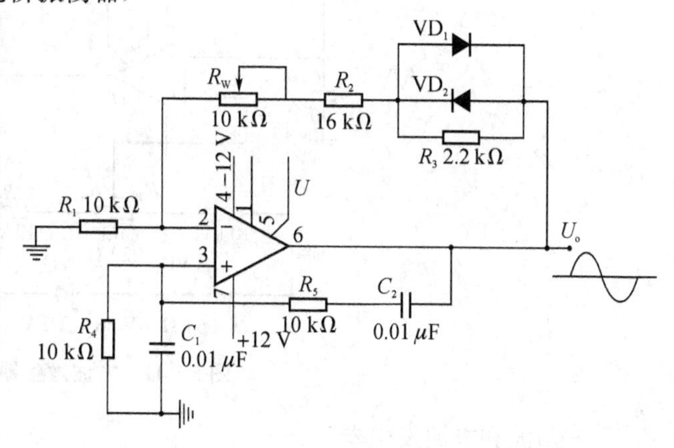

图 5-40 RC 桥式正弦波振荡器

电路的振荡频率
$$f_o=\frac{1}{2\pi RC} \tag{12-1}$$

起振的幅值条件
$$\frac{R_F}{R_1}>2 \tag{12-2}$$

式中，$R_F=R_W+R_2+(R_3 \parallel r_D)$；$r_D$ 是二极管正向导通电阻。

调整 R_W，使电路起振且波形失真最小。如不能起振，说明负反馈太强，应适当加大 R_F；如波形失真严重，应适当减小 R_F。

改变选频网络的参数 C 或 R，即可调节振荡频率。一般采用改变电容 C 作频率量程切换，调节 R 作频率量程内的细调。

2. 方波发生器

由集成运放构成的方波发生器和三角波发生器，一般包括比较器和 RC 积分器两大部分。如图 5-41 所示为由滞回比较器及简单 RC 积分电路组成的方波—三角波发生器。它的特点是线路简单，但三角波的线性度较差。主要用于产生方波，或对产生的三角波要求不高的场合。

电路的振荡频率
$$f_o=\frac{1}{2R_fC_f\ln\left(1+\frac{2R'_2}{R'_1}\right)} \tag{12-3}$$

R_W 从中点触头分为 R_{W1} 和 R_{W2}，$R'_1=R_1+R_{W1}$，$R'_2=R_2+R_{W2}$。

方波的输出幅值
$$U_{om}=\pm U_z \tag{12-4}$$

式中，U_Z 为两级稳压管的稳压值。

三角波的幅值
$$U_{cm}=\frac{R'_2}{R'_1+R'_2}U_Z \tag{12-5}$$

调节电位器 $R_W\left(改变\ \frac{R'_2}{R'_1}\right)$，可以改变振荡频率，但三角波的幅值也随之变化。如要不影响三角波的幅值，则可通过改变 R_f（或 C_f）来实现。

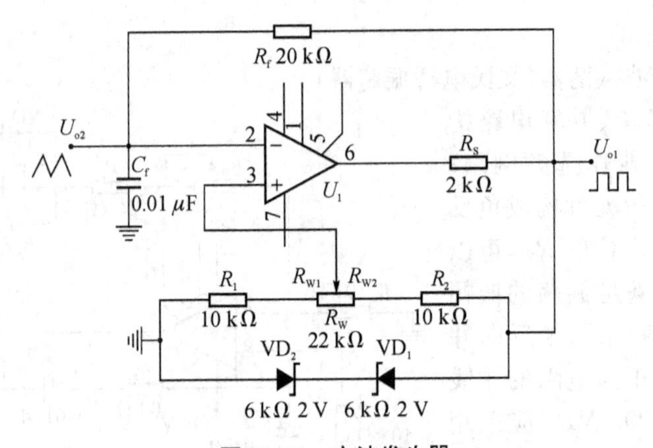

图 5-41　方波发生器

3. 三角波和方波发生器

如把滞回比较器和积分器首尾相接形成正反馈闭环系统，如图 5-42 所示，则比较器输出的方波经积分器积分可得到三角波，三角波又触发比较器自动翻转形成方波，这样就构成三角波、方波发生器。由于采用运放组成积分电路，因此可实现恒流充电，使三角波线性大大改善。

电路的振荡频率
$$f_o=\frac{R_2}{4R_1(R_f+R_W)C_f} \quad (12-6)$$

方波的幅值
$$U_{om}=\pm U_Z \quad (12-7)$$

三角波的幅值
$$U_{1m}=\pm R_1 \cdot U_Z/R_2 \quad (12-8)$$

调节 R_W 可改变振荡频率，改变 R_1/R_2 可调节三角波的幅值。

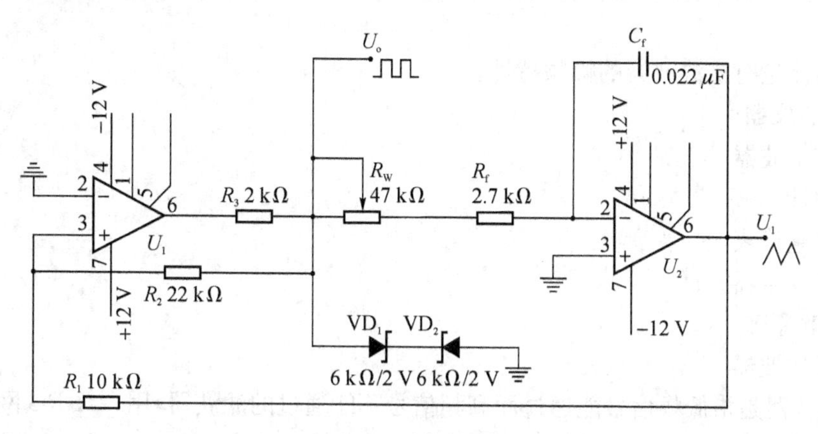

图 5-42 三角波、方波发生器

四、实验内容

1. RC 桥式正弦波振荡器

(1) 按图 5-40 连接实验电路，输出端 U_o 接示波器。

(2) 打开直流开关，调节电位器 R_W，使输出波形从无到出现正弦波，再到出现失真。描绘 U_o 的波形，记下临界起振、正弦波输出及失真情况下的 R_W 值，分析负反馈强弱对起振条件及输出波形的影响。

(3) 调节电位器 R_W，使输出电压 U_o 幅值最大且不失真。用交流毫伏表分别测量输出电压 U_o、反馈电压 U_+（运放③脚电压）和 U_-（运放②脚电压），分析研究振荡的幅值条件。

(4) 用示波器或频率计测量振荡频率 f_o，然后在选频网络的两个电阻 R 上并联同一阻值电阻，观察记录振荡频率的变化情况，并与理论值进行比较。

(5) 断开二极管 VD_1、VD_2，重复(3)的内容，将测试结果与(3)进行比较，分析 VD_1、VD_2 的稳幅作用。

2. 方波发生器

(1) 将 22 kΩ 电位器(R_W)调至中心位置，按图 5-41 接入实验电路。正确连接电路后，打开直流开关，用双踪示波器观察 U_{o1} 及 U_{o2} 的波形(注意对应关系)，测量幅值及频率并记录。

(2) 改变 R_W 动点的位置，观察 U_{o1}、U_{o2} 幅值及频率变化情况。把动点调至最上端和最下端，用频率计测出频率范围并记录。

(3) 使 R_W 恢复到中心位置，将稳压管 VD_1 两端短接，观察 U_o 波形，分析 VD_2 的限幅作用。

3. 三角波和方波发生器

(1) 按图 5-42 连接实验电路，打开直流开关，调节 R_W 起振，用双踪示波器观察 U_o 和 U_1 的波形，测量其幅值、频率及 R_W 并记录。

(2) 改变 R_W 的位置，观察对 U_o、U_1 幅值及频率的影响。

(3) 改变 R_1(或 R_2)的位置，观察对 U_o、U_1 幅值及频率的影响。

实验十三　集成运算放大器的基本应用信号处理

——有源滤波器

一、实验目的

1. 熟悉用运放、电阻和电容组成有源低通滤波、高通滤波和带通、带阻滤波器;熟悉这些滤波器的特性。

2. 学会测量有源滤波器的幅频特性。

二、实验仪器

1. 双踪示波器

2. 频率计

3. 交流毫伏表

4. 信号发生器

三、实验原理

1. 低通滤波器

低通滤波器是指低频信号能通过而高频信号不能通过的滤波器,用一级 RC 网络组成的称为一阶 RC 有源低通滤波器,如图 5-43 所示。

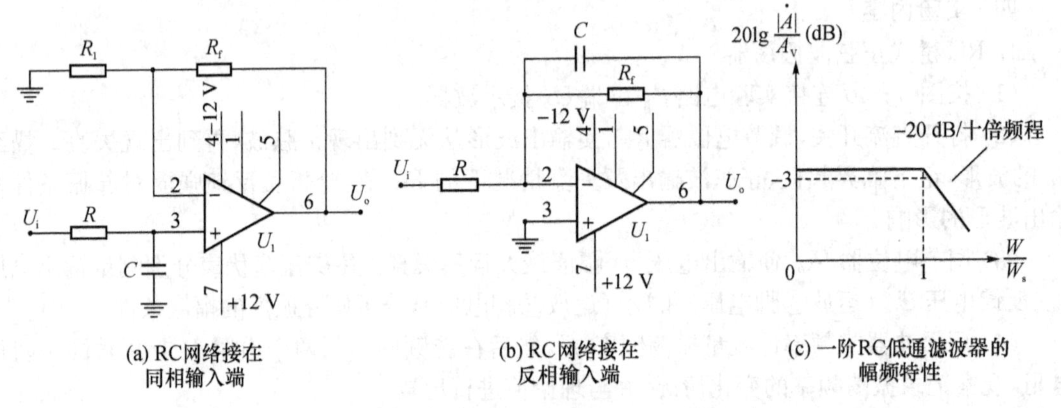

图 5-43　基本的有源低通滤波器

为了改善滤波效果,在图 5-43(a)的基础上再加一级 RC 网络。为了克服在截止频率附近通频带范围内幅度下降过多的缺点,通常将第一级电容 C 的接地端改接到输出端,如图 5-44 所示,这样就成为一个典型的二阶有源低通滤波器。

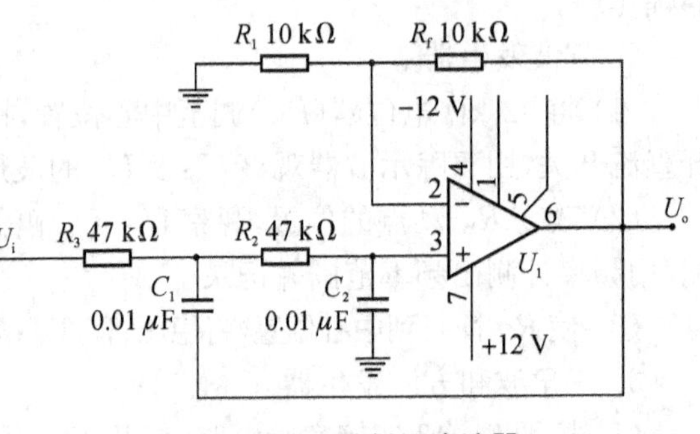

图 5-44　二阶低通滤波器

这种有源滤波器的幅频率特性为

$$\dot{A}=\frac{\dot{U}_o}{\dot{U}_i}=\frac{A_\mu}{1+(3-A_\mu)SCR+(SCR)^2}$$

$$=\frac{A_\mu}{1-\left(\frac{\omega}{\omega_0}\right)^2+j\frac{1}{Q}\frac{\omega}{\omega_0}} \qquad (13-1)$$

式中，$A_\mu = 1 + \frac{R_f}{R_1}$ 为二阶低通滤波器的通带增益。

$\omega_0 = \frac{1}{RC}$ 为截止频率，是二阶低通滤波器通带与阻带的界限频率。

$Q = \frac{1}{3 - A_\mu}$ 为品质因数，它的大小影响低通滤波器在截止频率处幅频特性的形状。

S 为 $j\omega$。

2. 高通滤波器

只要将低通滤波电路中起滤波作用的电阻、电容互换，即可变成有源高通滤波器，如图5－45 所示。其频率响应和低通滤波器是"镜象"关系。

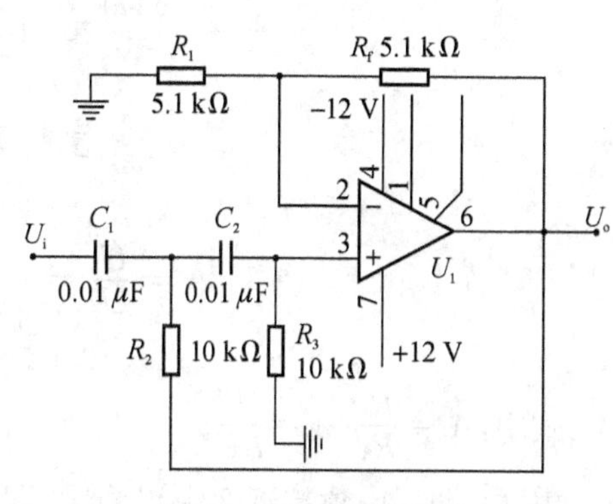

图 5－45　高通滤波器

这种高通滤波器的幅频特性为

$$A = \frac{U_o}{U_1} = \frac{(SCR)^2 A_\mu}{1 + (3 - A_\mu)SCR + (SCR)^2}$$

$$= \frac{\left(\frac{\omega}{\omega_0}\right)^2 A_\mu}{1 - (\frac{\omega}{\omega_0})^2 + j\frac{1}{Q}\frac{\omega}{\omega_0}} \qquad (13-2)$$

式中，A_μ、ω_0、Q 的意义与前同。

3. 带通滤波器

这种滤波电路的作用是只允许在某一个通频带范围内的信号通过，而比通频带下限频率低和比上限频率高的信号都被阻断。典型的带通滤波器可以将二阶低通滤波电路中的一级改成高通而成。如图 5－46 所示，它的输入输出关系

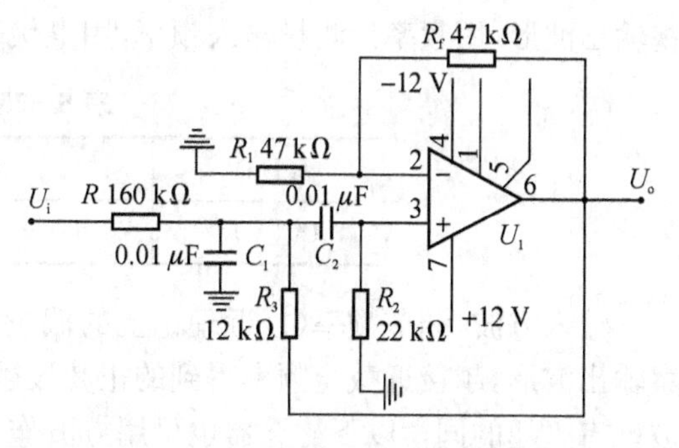

图 5－46　典型二阶带通滤波器

$$\dot{A} = \frac{\dot{U}_o}{\dot{U}_i} = \frac{\left(1 + \frac{R_f}{R_1}\right)\left(\frac{1}{\omega_0 RC}\right)\left(\frac{S}{\omega_0}\right)}{1 + \frac{B}{\omega_0}\frac{S}{\omega_0} + \left(\frac{S}{\omega_0}\right)^2} \qquad (13-3)$$

中心角频率

$$\omega_0 = \sqrt{\frac{1}{R_2 C^2}\left(\frac{1}{R} + \frac{1}{R_3}\right)} \qquad (13-4)$$

频带宽

$$B = \frac{1}{C}\left(\frac{1}{R} + \frac{2}{R_2} - \frac{R_f}{R_1 R_3}\right) \qquad (13-5)$$

选择性

$$Q = \frac{f_0}{B} \qquad (13-6)$$

这种电路的优点是改变 R_f 和 R_1 的比例就可改变频带宽而不影响中心频率。

4. 带阻滤波器

如图 5－47 所示，这种电路的性能和带通滤波器相反，即在规定的频带内，信号不能通过（或受到很大衰减），而在其余频率范围，信号则能顺利通过。常用于抗干扰设备中。

这种电路的输入、输出关系为

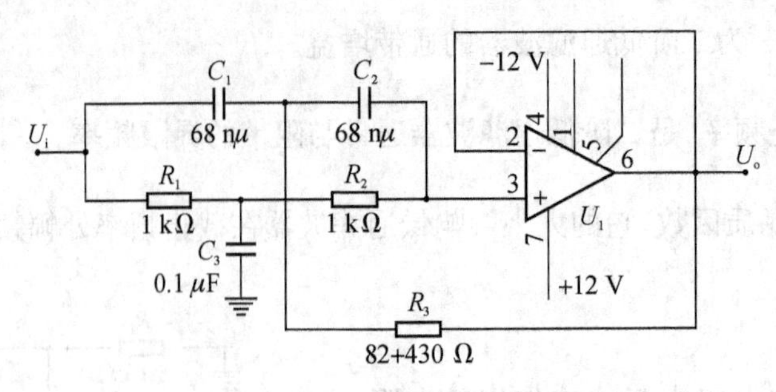

图 5-47　二阶带阻滤波器

$$\dot{A}=\frac{\dot{U}_o}{\dot{U}_i}=\frac{\left[1+\left(\frac{S}{\omega_0}\right)^2\right]A_\mu}{1+2(2-A_\mu)\frac{S}{\omega_0}+\left(\frac{S}{\omega_0}\right)^2} \tag{13-7}$$

式中，$A_\mu=\frac{R_f}{R_1}$；$\omega_0=\frac{1}{RC}$。

由式可见，A_μ 愈接近 2，$|\dot{A}|$ 愈大，即起到阻断范围变窄的作用。

四、实验内容

1. 二阶低通滤波器

实验电路如图 5-44 正确连接电路图，打开直流开关，取 $U_i=1$ V(峰峰值)的正弦波，改变其频率(接近理论上的截止频率 338 Hz 附近改变)，并维持 $U_i=1$ V(峰峰值)不变，用示波器监视输出波形，用频率计测量输入频率，用毫伏表测量输出电压 U_o，记入表 5-25。

表 5-25　测量数据 1

f(Hz)	
U_o(V)	

输入方波，调节频率(接近理论上的截止频率 338 Hz 附近调节)，取 $U_i=1$ V(峰峰值)，观察输出波形，越接近截止频率得到的正弦波越好，频率远小于截止频率时波形几乎不变仍为方波。有兴趣的同学以下滤波器也可用方波作为输入，因为方波频谱分量丰富，可以用示波器更好的观察滤波器的效果。

2. 二阶高通滤波器

实验电路如图 5-45 正确连接电路图，打开直流开关，取 $U_i=1$ V(峰峰值)的正弦波，改变其频率(接近理论上的高通截止频率 1.6 kHz 附近改变)，并维持 $U_i=1$ V(峰峰值)不变，用示波器监视输出波形，用频率计测量输入频率，用毫伏表测量输出电压 U_o，记入表 5-26。

表 5-26　测量数据 2

f(Hz)	
U_o(V)	

3. 带通滤波器

实验电路如图 5-46 正确连接电路图，打开直流开关，取 $U_i=1$ V(峰峰值)的正弦波，改变其频率(接近中心频率为 1 023 Hz 附近改变)，并维持 $U_i=1$ V(峰峰值)不变，用示波器监视输出波形，用频率计测量输入频率，用毫伏表测量输出电压 U_o，自拟表格记录之。理论值中心频率为 1 023 Hz，上限频率为 1 074 Hz，下限频率为 974 Hz。

(1) 实测电路的中心频率 f_0。

(2) 以实测中心频率为中心，测出电路的幅频特性。

4. 带阻滤波器

实验电路选定为如图 5－47 所示的双 T 型 RC 网络，打开直流开关，取 $U_i=1$ V(峰峰值)的正弦波，改变其频率(接近中心频率为 2.34 kHz 附近改变)，并维持 $U_i=1$ V(峰峰值)不变，用示波器监视输出波形，用频率计测量输入频率，用毫伏表测量输出电压 U_o，自拟表格记录之。理论值中心频率为 2.34 kHz。

(1) 实测电路的中心频率。

(2) 测出电路的幅频特性。

实验十四 集成运算放大器的基本应用
——电压比较器

一、实验目的

1. 掌握比较器的电路构成及特点。

2. 学会测试比较器的方法。

二、实验仪器

1. 双踪示波器

2. 万用表

三、实验原理

1. 图 5－48 所示为一最简单的电压比较器，U_R 为参考电压，输入电压 U_i 加在反相输入端。图 5－48(b)为(a)图比较器的传输特性。

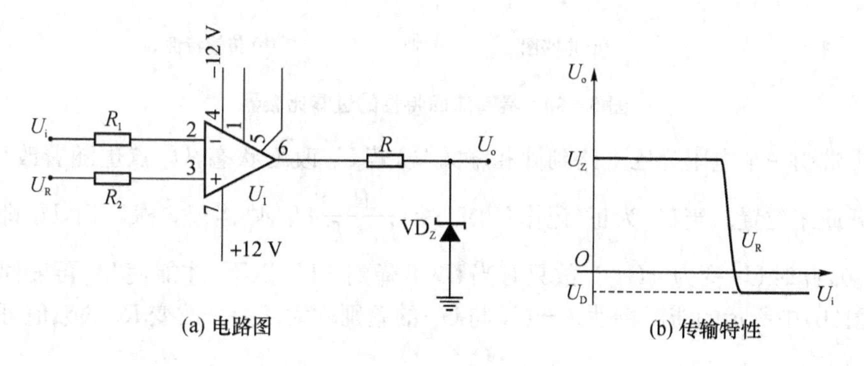

图 5－48 电压比较器

当 $U_i<U_R$ 时，运放输出高电平，稳压管 VD_Z 反向稳压工作。输出端电位被其箝位在稳压管的稳定电压 U_Z，即：

$$U_o=U_Z$$

当 $U_i>U_R$ 时，运放输出低电平，VD_Z 正向导通，输出电压等于稳压管的正向压降 U_D，即

$U_o=-U_D$。

因此，以 U_R 为界，当输入电压 U_i 变化时，输出端反映出两种状态。高电位和低电位。

2. 常用的幅度比较器有过零比较器、具有滞回特性的过零比较器（又称 Schmitt 触发器）、双限比较器（又称窗口比较器）等。

(1) 图 5－49 为简单过零比较器

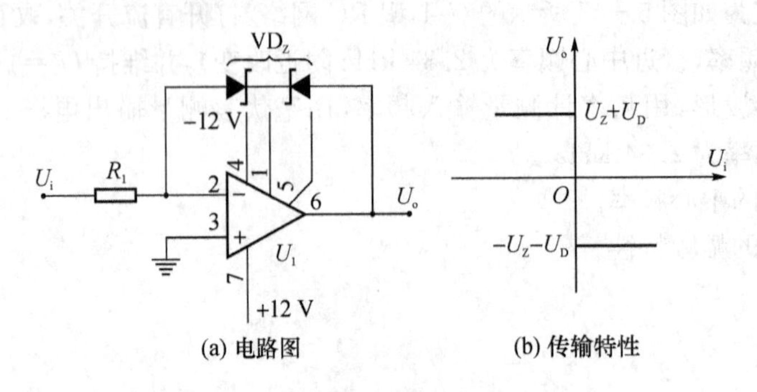

(a) 电路图　　(b) 传输特性

图 5－49　过零比较器

(2) 图 5－50 为具有滞回特性的过零比较器

过零比较器在实际工作时，如果 U_i 恰好在过零值附近，则由于零点漂移的存在，U_o 将不断由一个极限值转换到另一个极限值，这在控制系统中，对执行机构将是很不利的。为此，就需要输出特性具有滞回现象。如图 5－50 所示：

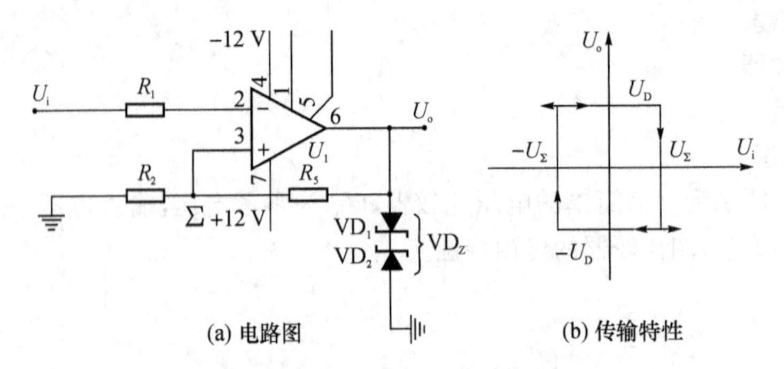

(a) 电路图　　(b) 传输特性

图 5－50　具有滞回特性的过零比较器

从输出端引一个电阻分压支路到同相输入端，若 U_o 改变状态，U_Σ 点也随着改变电位，使过零点离开原来位置。当 U_o 为正（记作 U_D）$U_\Sigma=\frac{R_2}{R_f+R_2}U_D$，则当 $U_D>U_\Sigma$ 后，U_o 即由正变负（记作 $-U_D$），此时 U_Σ 变为 $-U_\Sigma$。故只有当 U_i 下降到 $-U_\Sigma$ 以下，才能使 U_o 再度回升到 U_D，于是出现图(b)中所示的滞回特性。$-U_\Sigma$ 与 U_Σ 的差别称为回差。改变 R_2 的数值可以改变回差的大小。

(3) 窗口（双限）比较器

简单的比较器仅能鉴别输入电压 U_i 比参考电压 U_R 高或低的情况，窗口比较电路是由两个简单比较器组成，如图 5－51 所示，它能指示出 U_i 值是否处于 U_R^+ 和 U_R^- 之间。

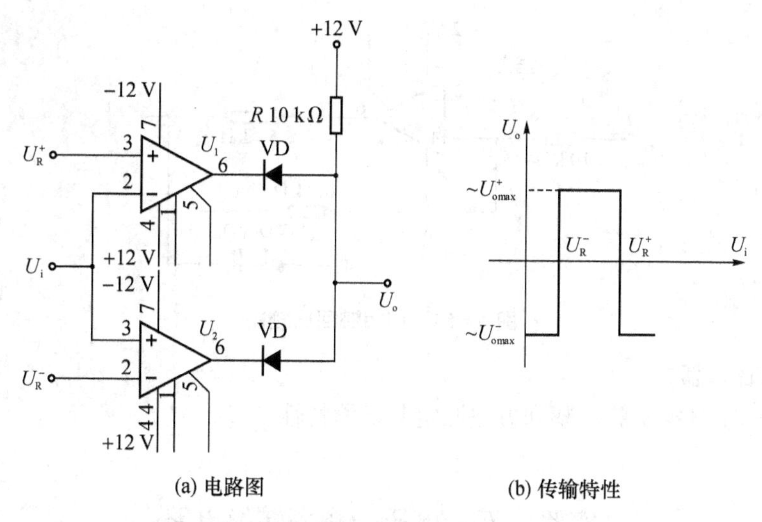

(a) 电路图　　(b) 传输特性

图 5－51　两个简单比较器组成的窗口比较器

四、实验内容

1. 过零电压比较器

(1) 如图 5－52 所示在运放系列模块中正确连接电路，打开直流开关，用万用表测量 U_i 悬空时的 U_o。

(2) 从 U_i 输入 500 Hz、峰峰值为 2 V 的正弦信号，用双踪示波器观察 U_i—U_o 波形。

(3) 改变 U_i 幅值，测量传输特性曲线。

2. 反相滞回比较器

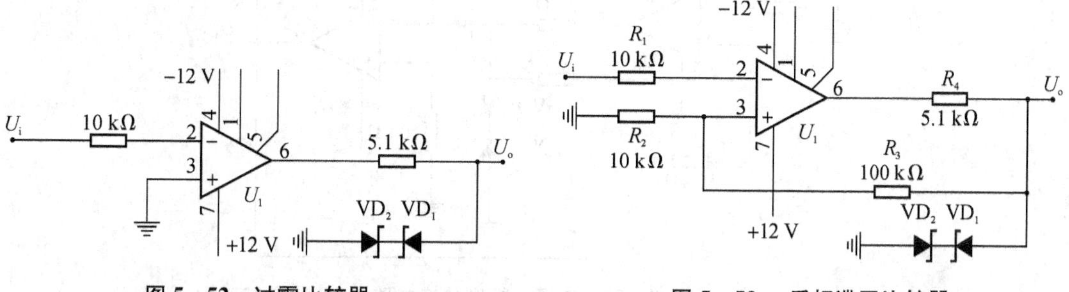

图 5－52　过零比较器　　**图 5－53　反相滞回比较器**

(1) 如图 5－53 所示正确连接电路，打开直流开关，调好一个－4.2 V→＋4.2 V 可调直流信号源作为 U_i，用万用表测出 U_i 由＋4.2 V→－4.2 V 时 U_o 值发生跳变时 U_i 的临界值。

(2) 同上，测出 U_i 由－4.2 V→＋4.2 V 时 U_o 值发生跳变时 U_i 的临界值。

(3) 把 U_i 改为接 500 Hz，峰峰值为 2 V 的正弦信号，用双踪示波器观察 U_i—U_o 波形。

(4) 将分压支路 100 kΩ 电阻(R_3)改为 200 kΩ(100 kΩ＋100 kΩ)，重复上述实验，测定传输特性。

3. 滞回比较器

(1) 如图 5－54 所示正确连接电路，参照 2，自拟实验步骤及方法。

(2) 将结果与 2 相比较。

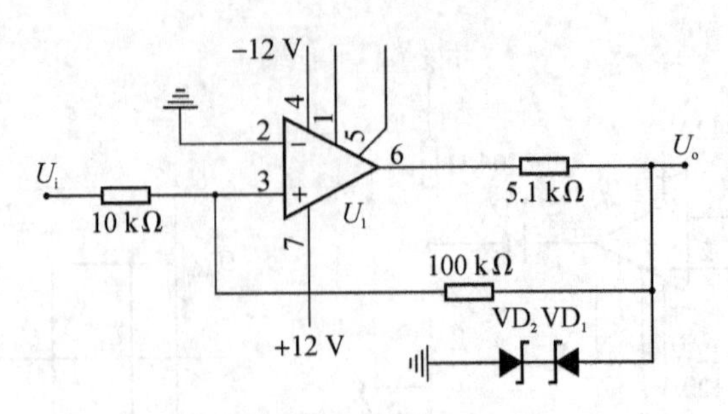

图 5-54　同相滞回比较器

4. ＊窗口比较器

参照图 5-51 自拟实验步骤和方法测定其传输特性。

实验十五　电压—频率转换电路

一、实验目的

1. 了解电压—频率转换电路的组成及调试方法。

二、实验仪器

1. 双踪示波器
2. 万用表

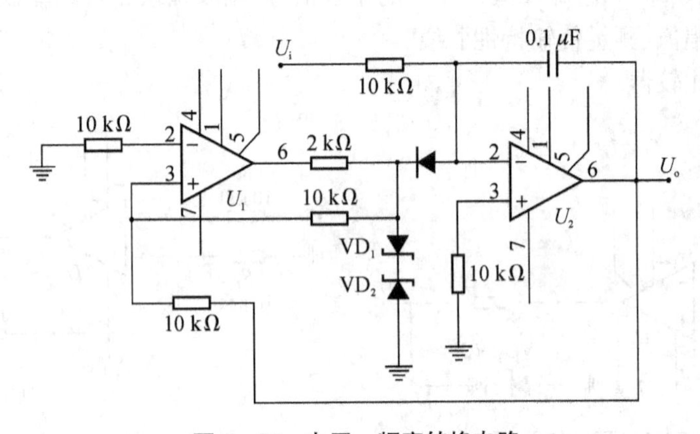

图 5-55　电压—频率转换电路

三、实验电路

如图 5-55 所示电路实际上就是一个矩形波、锯齿波发生电路，只不过这里是通过改变输入电压 U_i 的大小来改变波形频率，从而将电压参量转换成频率参量。

四、实验内容

1. 按图 5-55 接线，调好一个 0.5 V→+4.5 V 可调直流信号源作为 U_i 输入。

2. 按表 5-27 的内容，测量电路的电压—频率转换关系，分别调节直流源的各种不同的值，用示波器监视 U_o 波形和测量 U_o 波形频率。

表 5-27 测量数据

	U_i(V)	0.5	1	2	3	4	4.5
用示波器测得	T(ms)						
	f(Hz)						

3. 作出电压—频率关系曲线,改变电容 0.1 μF 为 0.01 μF,观察波形何变化。

实验十六 D/A、A/D 转换器

一、实验目的

1. 解 A/D 和 D/A 转换器的基本工作原理和基本结构
2. 掌握大规模集成 A/D 和 D/A 转换器的功能及其典型应用

二、实验仪器

1. 双踪示波器
2. 万用表

三、实验原理

本实验将采用大规模集成电路 DAC0832 实现 D/A 转换,ADC0809 实现 A/D 转换,通过 PC 机并行口来实现转换过程。

1. D/A 转换器 DAC0832

DAC0832 是采用 CMOS 工艺制成的单片电流输出型 8 位数/模转换器。器件的核心部分采用倒 T 型电阻网络的 8 位 D/A 转换器,由倒 T 型 $R-2R$ 电阻网络、模拟开关、运算放大器和参考电压 V_{REF} 四部分组成。运算的输出电压为

$$U_o = -\frac{V_{REF}R_F}{2^n R}(D_{n-1}\cdot 2^{n-1} + D_{n-2}\cdot 2^{n-2} + \cdots + D_0\cdot 2^0) \qquad (16-1)$$

由上式可见,输出电压 U_o 与输入的数字量成正比,这就实现了从数字量向模拟量的转换,数字量通过 PC 机来输入。

一个 8 位的 D/A 转换器,它有 8 个输入端,每个输入端是 8 位二进制数的一位,有一个模拟输出端,输入可有 $2^8=256$ 个不同的二进制组态,输出为 256 个电压之一,即输出电压不是整个电压范围内任意值,而只能是 256 个可能值。

如图 5-56 所示为 DAC0832 的引脚图。

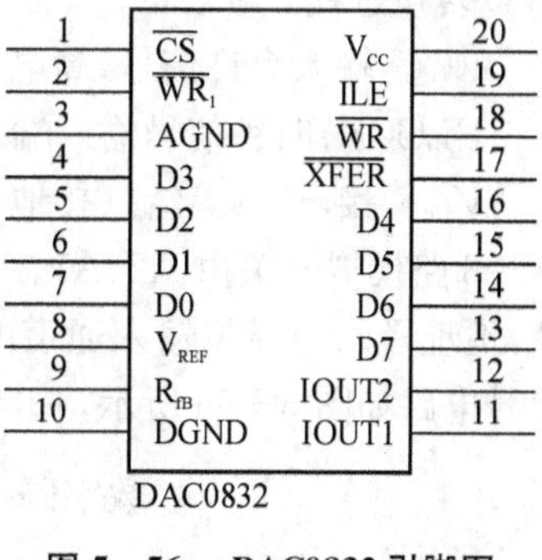

D0～D7:数字信号输入端,我们通过 PC 机用软件来发送数字信号。

ILE:输入寄存器允许,高电平有效。

$\overline{CS}$:片选信号,低电平有效。

$\overline{WR1}$:写信号 1,低电平有效。

$\overline{XFER}$:传送控制信号,低电平有效。

$\overline{WR}$:写信号,低电平有效。

IOUT1,IOUT2:DAC 电流输出端。

R_{fb}:反馈电阻,是集成在片内的外接运放的反馈电阻。

引脚	名称	名称	引脚
1	$\overline{CS}$	V_{CC}	20
2	$\overline{WR_1}$	ILE	19
3	AGND	$\overline{WR}$	18
4	D3	$\overline{XFER}$	17
5	D2	D4	16
6	D1	D5	15
7	D0	D6	14
8	V_{REF}	D7	13
9	R_{fB}	IOUT2	12
10	DGND	IOUT1	11

DAC0832

图 5-56 DAC0832 引脚图

要注意的一点是:DAC0832 的输出是电流,要转换为电压,还必须经过一个外接的运算放大器,为了要求 D/A 转换器输出为双极性,我们用两个运放来实现,实验线路如图 5-57 所示。

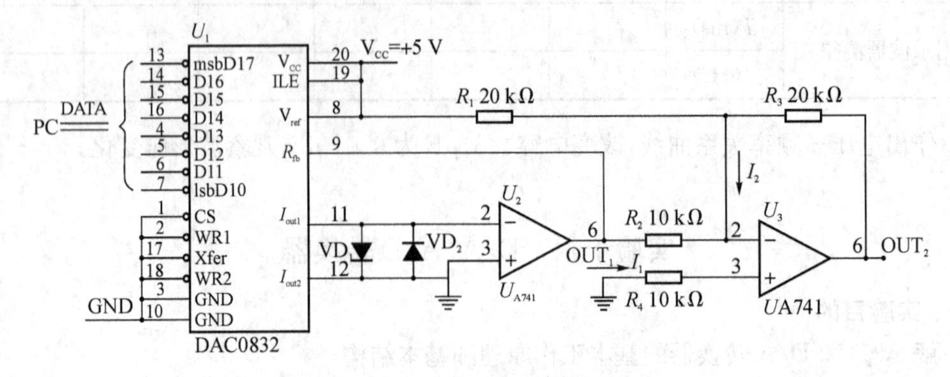

图 5-57　D/A 转换实验线路

上图所示单极性输出电压为:

$$V_{OUT1}=-V_{REF}(\text{数字码}/256) \tag{16-2}$$

双极性输出电压为:

$$V_{OUT2}=-((R_3/R_2)V_{OUT1}+(R_3/R_1)V_{REF}) \tag{16-3}$$

化简得:

$$V_{OUT2}=\frac{(\text{数字码}-128)}{128}\times V_{REF} \tag{16-4}$$

2. A/D 转换器 ADC0809

ADC0809 是采用 CMOS 工艺制成的单片 8 位 8 通道逐次渐近型模/数转换器,其引脚排列如图 5-58 所示。

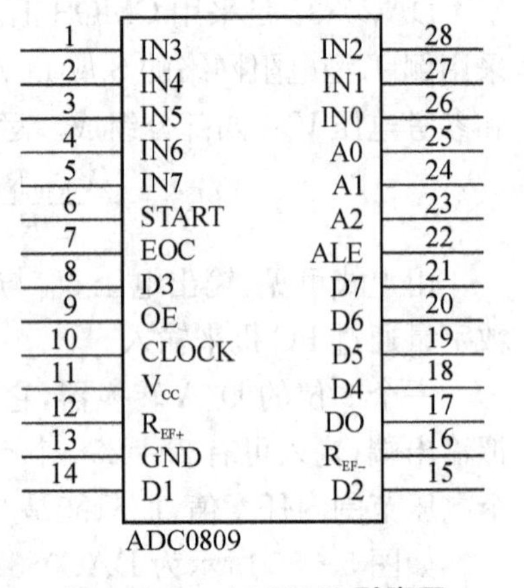

图 5-58　ADC0809 引脚图

IN0~IN7:8 路模拟信号输入端。

A2、A1、A0:地址输入端

ALE:地址锁存允许输入信号,在此脚施加正脉冲,上升沿有效,此时锁存地址码,从而选通相应的模拟信号通道,以便进行 A/D 转换。

START:启动信号输入端,应在此脚施加正脉冲,当上升沿到达时,内部逐次逼近寄存器复位,在下降沿到达后,开始 A/D 转换过程。

EOC:输入允许信号,高电平有效。

CLOCK:时钟信号输入端,外接时钟频率一般为 640 kHz。

V_{REF+} 接+5 V,V_{REF-} 接地。

8 路模拟开关由 A2、A1、A0 三地址输入端选通 8 路模拟信号中的任何一路进行 A/D 转换,地址译码与模拟输入通道的选通关系为 000→IN0,001→IN1 以此类推,111→IN7。时钟信号电路如图 5-59 所示,一旦选通通道 X(0~7 通道之一),其转换关系为:

$$\text{数字码}=V_{INX}\times\frac{256}{V_{REF}}\quad \text{且 } 0\leqslant V_{INX}\leqslant V_{REF}=+5\text{ V} \tag{16-5}$$

实验电路如图 5-60 所示:

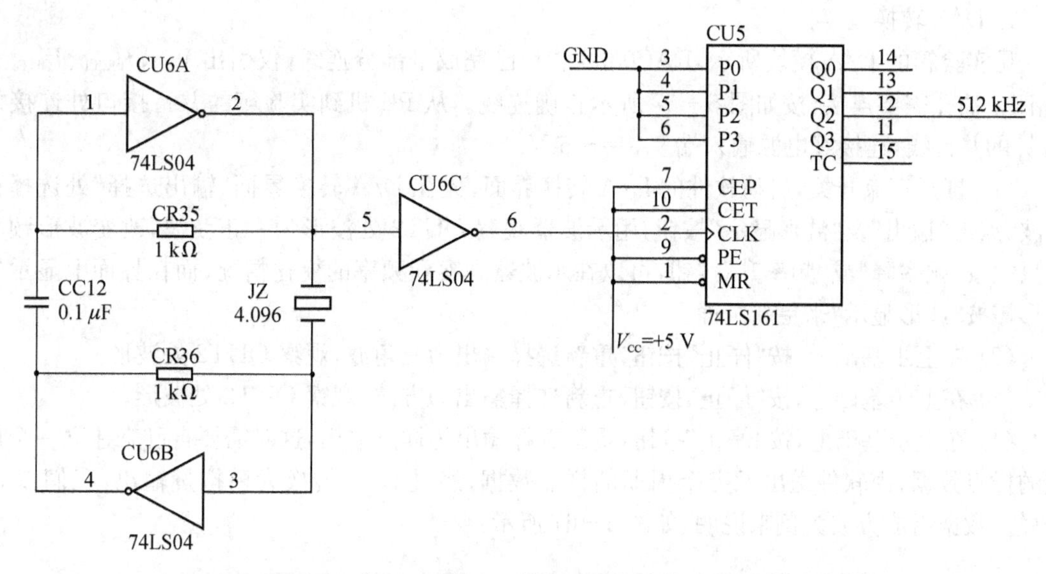

图 5-59 时钟产生电路

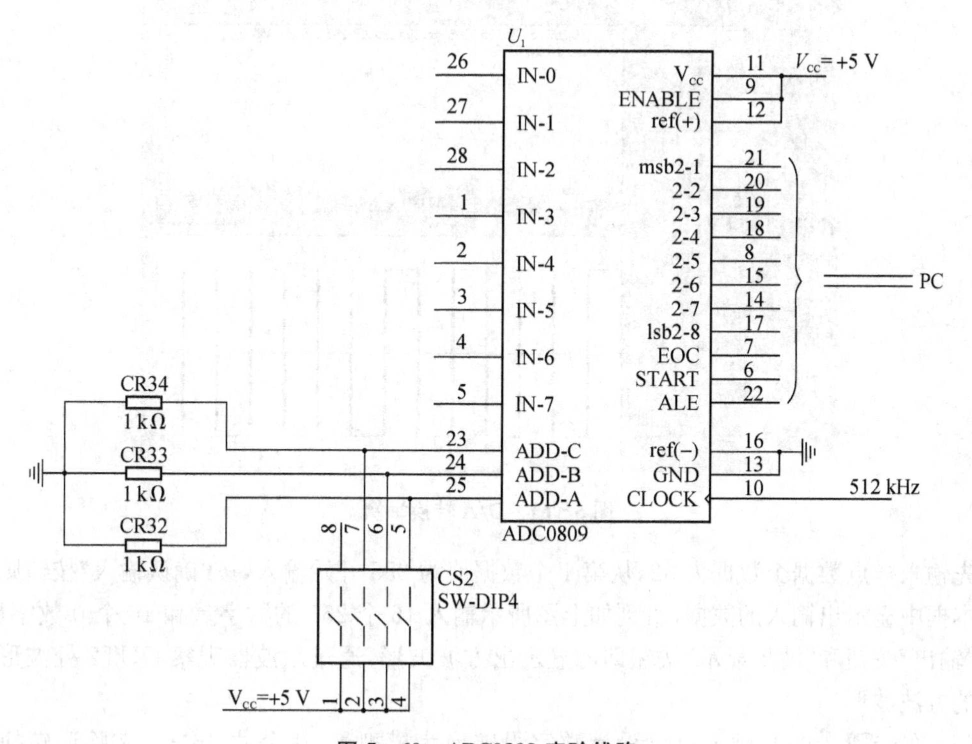

图 5-60 ADC0809 实验线路

要注意一点的是：若输入有负极性值时需要经过运放把电压转化到有效正电压范围内。

四、实验内容

先在 PC 机安装数模、模数转换程序（软件见附带光盘，安装以默认方式进行，软件运行环境 CMOS 设置并行口工作模式为 EPP 方式），开启数模、模数转换程序界面。

1. D/A 转换

见实验箱的 D/A 模块所示，DAC0832 芯片已完成了部分连线，仅引出 V_{CC}、I_{OUT1}、I_{OUT2} 和 R_{fB} 四个插孔需要连接，按如图 5－57 所示正确连线。从 PC 机到实验箱的并行接口处连接好 25 针的并行线，连接好电源输入端 $V_{CC}=+5$ V：

(1) 打开直流开关，启动软件的 D/A 转换界面，先在 D/A 转换界面“输出选择”处选择正弦波，点击“输出”及“波形显示”按钮，用示波器观察 OUT2 处波形为一正弦波，改变波形频率时只须按“频率降”或“频率升”按钮，可以在示波器观察到频率的变化情况，而在界面上显示的图形需按“波形显示”来更新画面。

(2) 在上步基础上，按“停止”按钮，重新选择输出为三角波，观察 OUT2 处波形。

(3) 在上步基础上，按“停止”按钮，重新选择输出为方波，观察 OUT2 处波形。

(4) 在上步基础上，按“停止”按钮，重新选择输出为样点输出，这时需要自己来建立一个周期的样点数据，由软件送出无穷个周期的样点数据，经过 D/A 转换为模拟量输出，我们以 32 个样点数据组成方波为例来说明，如图 5－61 所示：

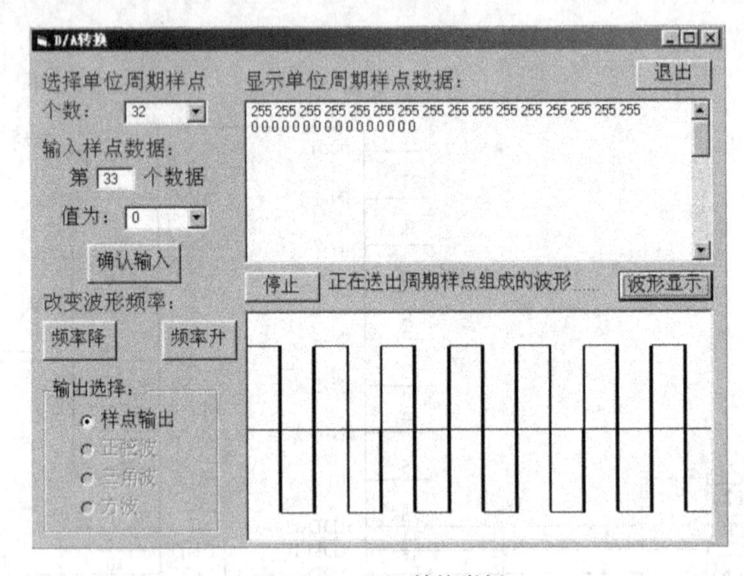

图 5－61　D/A 转换举例

先输入样点数据个数据为 32，从第 1 个数据值为 255 开始输入，按“确认输入”按钮则在显示文本框中显示出输入的数据，直到如上图所示输入 16 个 255 的数字量和 16 个 0 数字量，然后按“输出”按钮和“波形显示”按钮即可显示出方波波形，通过示波器观察 OUT2 处波形为所组成的方波波形。

(5) 在步骤 4 的基础上自已设计数字量转换为模拟量，用公式 16－4 来验证转换的正确性。

2. A/D 转换

在 25 针并行口下方连接跳线 J3，通过连接第三列跳线可做 A/D 实验，连接 J1、J2 可做模拟可编程实验。切不可同时连接跳线，此连接跳线 J3。

见 A/D 转换模块中，针对如图 5－60 所示实验原理图，时钟信号已接好，拨码开关 CS2 控制选通信号(拨码开关 CS2 标志 2、3、4 对应连接 A2、A1、A0，向上拨时为高电平“1”，向下拨时为低电平“0”，选通 000→IN0，001→IN1 以此类推，111→IN7)，V_{CC}为+5 V 电源输入端，只须连接好并行线和+5 V 电源。

(1) 用直流信号源作为信号从 IN0 输入，由拨码开关选通 000→IN0，启动 A/D 转换程序，输入为 4.5 V 时按“采样数据”按钮，得到数据跟公式(16 - 5)计算的数据比较是否跟实际转换的一致。调节信号源使输入为 4.0 V、3.5 V、3.0 V、2.5 V、2.0 V、1.5 V、1 V 时记录所转换数字量，自拟表格记录之。

(2) 由于 AD 转换时只识别正电压值且最高不超过+5 V，这样我们需要处理好输入模拟量，运放模块处连接如下电路，信号源从 IN 输入一个100 Hz 正弦波，OUT 输出连接到 IN0，用示波器观察 OUT 处波形，调节信号源和右图的 R_4 使 OUT 信号幅值在有效范围，即波形峰峰值在 0～5 V 之间。

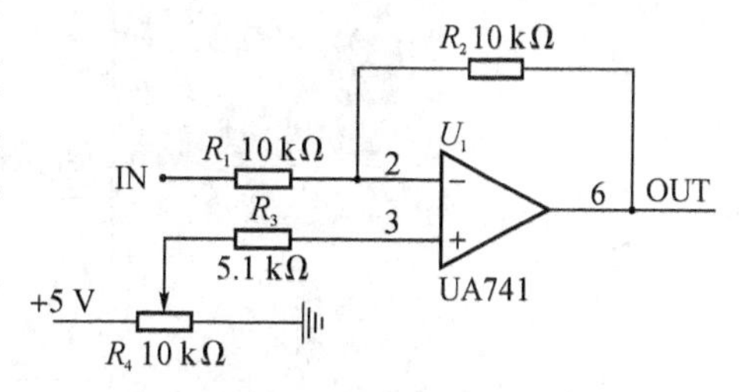

图 5 - 62　信号调节

启动 A/D 转换程序(请在 Win98 系统下运行该软件做实验)，按“采样数据”按钮，等待数据采样完毕，然后我们通过软件处理数据，按“图形显示”按钮，对比示波器波形和采样点描绘的波形是否一致，在数据框和图形框中数据和图形样点是一一对应的，可以通过数据处理的各种按钮功能来观察转换的正确性，另外可以保存自己的数据和图形。

(3) 上例是正弦波，自行设计方波、三角波的采样情况，进行 A/D 转换验证。

附：串行口实现 D/A、A/D 转换实验

一、实验原理

仍采用 DAC0832 实现 D/A 转换，ADC0809 实现 A/D 转换，通过 PC 机串行口来实现转换过程。由于在做并行口 D/A 转换实验时，输出数据是实时送出的，而部分高校用的是虚拟示波器，占用了并行口，这样需要两台电脑一起来完成此实验，带来了很多不便，为此，推出了通过外配串行口 A/D、D/A 扩展板来做相同的实验，A/D、D/A 芯片的工作原理是一样的，可参考并行口 A/D、D/A 相关介绍，实验内容所涉及的公式跟前面是一致的。

二、实验内容

用串行线连接好 A/D、D/A 转换扩展板与 PC 机的串口，先在 PC 机安装数模模数转换安装程序(软件见附带光盘，安装以默认方式进行)。另外由于误操作软件导致通信失败情况请按 A/D、D/A 扩展板 Reset 复位键。

1. D/A 转换

扩展板已完成了大部分连线，仅引出 V_{CC}、GND、I_{OUT1}、I_{OUT2} 和 R_{fB} 五个插孔需要和主板的运放连接，按如图 5 - 57 所示正确连线。连接好电源输入端 V_{CC}=+5 V 和共地线 GND。

(1) 打开直流开关，开启数模模数转换程序界面，点击上拉菜单“检测串口”的“设置串口”选项，出现“串口设置”对话框，选择正确的通信端口(COM1 或 COM2)，按确定按钮，提示通信成功(若提示通信失败，先检查 V_{CC}与 GND 是否连接好，是否电源接通，若排除以上原因，可按 A/D、D/A 扩展板 Reset 复位键后再重新设置串口)。

(2) 点击上拉菜单“D/A 转化”，出现“D/A 转化” 界面，先在 D/A 转换界面“输出选择”处

选择正弦波，点击“输出”及“波形显示”按钮后，界面显示如图 5－63 所示，用示波器观察 OUT2 处波形为一正弦波。

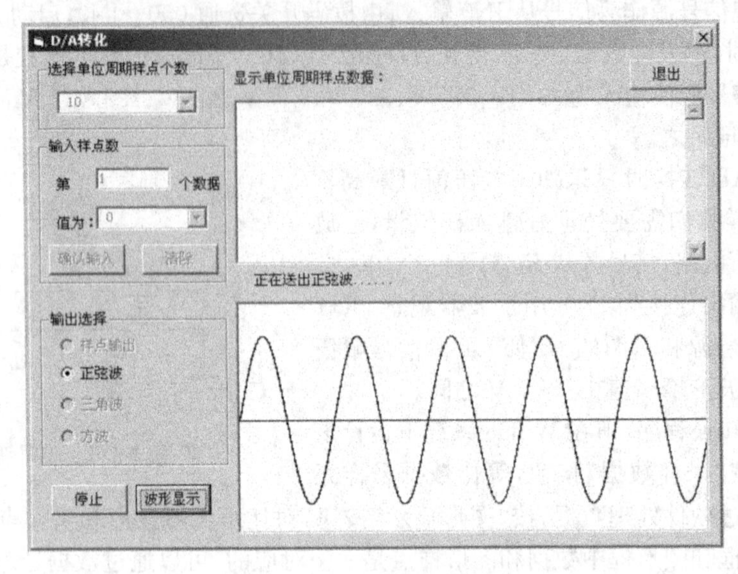

图 5－63　输出正弦波波形

(3) 在上步基础上，按“停止”按钮，重新选择输出为三角波，观察 OUT2 处波形。

(4) 在上步基础上，按“停止”按钮，重新选择输出为方波，观察 OUT2 处波形。

(5) 在上步基础上，按“停止”按钮，重新选择输出为样点输出，这时需要自己来建立一个周期的样点数据，由软件送出一个周期的样点数据，经过单片机与 D/A 转换为模拟量输出，我们以 100 个样点数据组成方波为例来说明，如图 5－64 所示。

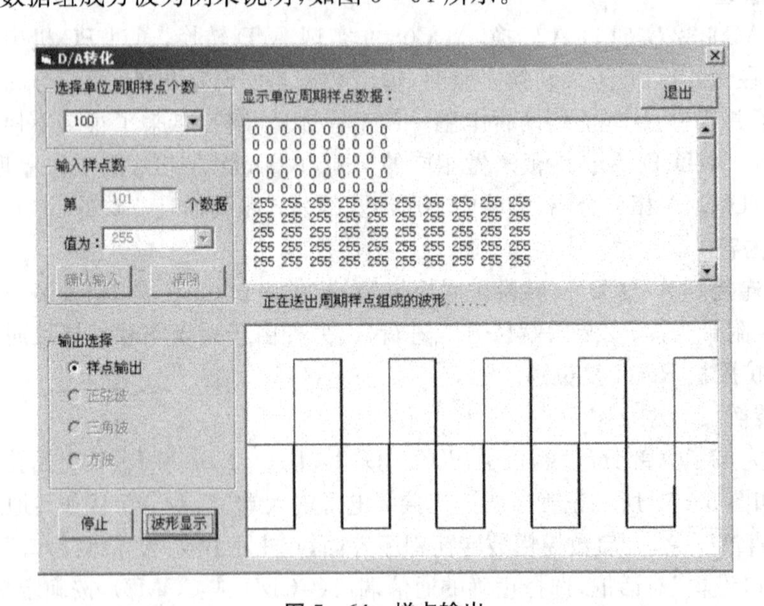

图 5－64　样点输出

先输入样点数据个数据为 100，从第 1 个数据值为 0 开始输入，按“确认输入”按钮则在显示文本框中显示出输入的数据，直到如上图所示输入 50 个 0 的数字量和 255 个 0 数字量，然后按“输出”按钮和“波形显示”按钮即可显示出方波波形，通过示波器观察 OUT2 处波形为所组成的方波波形。

(6) 在步骤 5 的基础上自已设计数字量转换为模拟量，用公式 16 - 4 来验证转换的正确性。注意样点尽量多些，样点少了波形可能不是很好，最高样点数为 200 个。

2. A/D 转换

扩展板已完成了大部分连线，仅引出 IN0～IN7 插孔，拨码开关 CS2 控制选通信号(拨码开关 CS2 标志 2、3、4 对应连接 A2、A1、A0，向上拨时为高电平“1”，向下拨时为低电平“0”，选通 000→IN0，001→IN1 以此类推，111→IN7)，先连接好串行口接线及 A/D、D/A 转换扩展板的电源输入端 $V_{CC}=+5$ V 和共地线 GND。

(1) 用直流信号源作为信号从 IN0 输入，由拨码开关选通 000→IN0，打开直流开关，开启数模模数转换程序界面，点击上拉菜单“检测串口”的“设置串口”选项，出现“串口设置”对话框，选择正确的通信端口，按确定按钮，提示通信成功为止。

(2) 点击上拉菜单“A/D 转化”，出现“A/D 转化” 界面，输入为 4.5 V 时按“采样数据”按钮(通信出现异常请按 A/D、D/A 扩展板 Reset 复位键，另外采样的数据可能有 1～2 个量纲的误差)，得到数据跟公式 16 - 5 计算的数据比较是否跟实际转换的一 致。调节信号源使输入为 4.0 V、3.5 V、3.0 V、2.5 V、2.0 V、1.5 V、1 V 时记录所转换数字量，自拟表格记录之。

(3) 由于 AD 转换时只识别正电压值且最高不超过＋5 V，这样我们需要处理好输入模拟量，在主板上运放模块处连接图 5 - 62，信号源从 IN 输入一个 100 Hz 正弦波，OUT 输出连接到 IN0，用示波器观察 OUT 处波形，调节信号源和图 5 - 62 的 R_4 使 OUT 信号幅值在有效范围，即波形峰峰值在 0～5 V 之间。按“采样数据”按钮，等待数据采样完毕，然后我们通过软件处理数据，按“图形显示”按钮，对比示波器波形和采样点描绘的波形是否一致，在数据框和图形框中数据和图形样点是一一对应的，可以通过数据处理的各种按钮功能来观察转换的正确性，另外可以保存自己的数据和图形。由于串行口传输速率和芯片性能限制，采集频率要求很低，且采集数据易受外界干扰，波形不是很好，有兴趣的同学可以采集方波及三角波。

实验十七 低频功率放大器

——OTL 功率放大器

一、实验目的

1. 进一步理解 OTL 功率放大器的工作原理。
2. 加深理解 OTL 电路静态工作点的调整方法。
3. 学会 OTL 电路调试及主要性能指标的测试方法。

二、实验仪器

1. 双踪示波器
2. 万用表
3. 毫伏表
4. 直流毫安表
5. 信号发生器

三、实验原理

如图 5 - 65 所示为 OTL 低频功率放大器。其中由晶体三极管 VT_1 组成推动级(也称前置放大级)，VT_2、VT_3 是一对参数对称的 NPN 和 PNP 型晶体三极管，它们组成互补推挽 OTL 功放电路。由于每一个管子都接成射极输出器形式，因此具有输出电阻低，负载能力强等优点，适合于作功率输出级。VT_1 管工作于甲类状态，它的集电极电流 I_{C1} 由电位器 R_{W1} 进行调节。I_{C1} 的一部分流经电位器 R_{W2} 及二极管 D，给 VT_2、VT_3 提供偏压。调节 R_{W2}，可以使 VT_2、VT_3 得到合适的静态电流而工作于甲、乙类状态，以克服交越失真。静态时要求输出端中点 A 的电位 $U_A=\frac{1}{2}U_{CC}$，可以通过调节 R_{W1} 来实现，又由于 R_{W1} 的一端接在 A 点，因此在电路中引入交、直流电压并联负反馈，一方面能够稳定放大器的静态工作点，同时也改善了非线性失真。

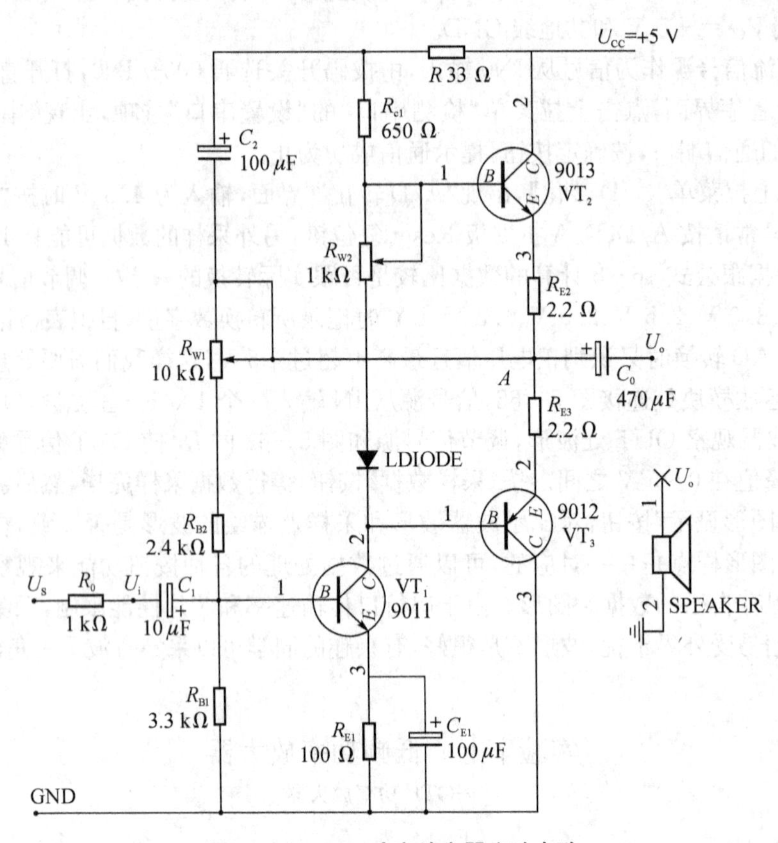

图 5－65　OTL 功率放大器实验电路

当输入正弦交流信号 U_i 时，经 VT_1 放大、倒相后同时作用于 VT_2、VT_3 的基极，U_i 的负半周使 VT_2 管导通（VT_3 管截止），有电流通过负载 R_L（用喇叭作为负载 R_L，喇叭接线如下：只要把输出 U_o 用连接线连接到插孔 LMTP 即可），同时向电容 C_0 充电，在 U_i 的正半周，VT_3 导通（VT_2 截止），则已充好电的电容器 C_0 起着电源的作用，通过负载 R_L 放电，这样在 R_L 上就得到完整的正弦波。

C_2 和 R 构成自举电路，用于提高输出电压正半周的幅度，以得到大的动态范围。由于信号源输出阻抗不同，输入信号源受 OTL 功率放大电路的输入阻抗影响而可能失真，R_0 作为失真时的输入匹配电阻。调节电位器 R_{W2} 时影响到静态工作点 A 点的电位，故调节静态工作点采用动态调节方法。为了得到尽可能大的输出功率，晶体管一般工作在接近临界参数的状态，如 I_{CM}，$U_{(BR)CEO}$ 和 P_{CM}，这样工作时晶体管极易发热，有条件的话晶体管有时还要采用散热措施，由于三极管参数易受温度影响，在温度变化的情况下三极管的静态工作点也跟随着变化，这样定量分析电路时所测数据存在一定的误差，我们用动态调节方法来调节静态工作点，受三极管对温度的敏感性影响所测电路电流是个变化量，我们尽量在变化缓慢时读数作为定量分析的数据来减小误差。

※OTL 电路的主要性能指标：

1. 最大不失真输出功率 P_{om}

理想情况下 $P_{om}=\frac{1}{8}\frac{U_{CC}^2}{R_L}$，在实验中可通过测量 R_L 两端的电压有效值，来求得实际的

$$P_{om}=\frac{U_0^2}{R_L} \tag{17-1}$$

2. 效率 η

$$\eta=\frac{P_{om}}{P_E}\cdot 100\% \tag{17-2}$$

P_E——直流电源供给的平均功率

理想情况下 $\eta_{max}=78.5\%$。在实验中，可测量电源供给的平均电流 I_{dc}（多测几次 I 取其平均值），从而求得

$$P_E=U_{CC}\cdot I_{dc} \tag{17-3}$$

负载上的交流功率已用上述方法求出，因而也就可以计算实际效率了。

3. 频率响应

详见实验二有关部分内容。

4. 输入灵敏度

输入灵敏度是指输出最大不失真功率时，输入信号 U_i 之值。

四、实验内容

1. 连线

按图 5-65 正确连接实验电路，输出先开路。

2. 静态工作点的测试

用动态调试法调节静态工作点，先使 $R_{W2}=0$，U_S 接地，打开直流开关，调节电位器 R_{W1}，用万用表测量 A 点电位，使 $U_A=\frac{1}{2}U_{CC}$。再断开 Us 接地线，输入端接入频率为 $f=1$ kHZ、峰峰值为 50 mV 的正弦信号作为 U_S，逐渐加大输入信号的幅值，用示波器观察输出波形，此时，输出波形有可能出现交越失真（注意：没有饱和和截止失真），缓慢增大 R_{W2}，由于 R_{W2} 调节影响 A 点电位，故需调节 R_{W1}，使 $U_A=\frac{1}{2}U_{CC}$（在 $U_S=0$ 的情况下测量）。从减小交越失真角度而言，应适当加大输出极静态电流 I_{C2} 及 I_{C3}，但该电流过大，会使效率降低，所以通过调节 R_{W2} 一般以 50 mA 左右为宜。通过调节 R_{W1} 使 $U_A=\frac{1}{2}U_{CC}$（在 $U_S=0$ 的情况下测量）。若观察无交越失真（注意：没有饱和和截止失真）时，停止调节 R_{W2} 和 R_{W1}，恢复 $U_S=0$，测量各级静态工作点（在 I_{C2}、I_{C3} 变化缓慢的情况下测量静态工作点），记入表 5-28。

表 5-28　$I_{C2}=I_{C3}=$　mA　$U_A=2.5$ V

	T_1	T_2	T_3
U_B(V)			
U_C(V)			
U_E(V)			

注意：

①在调整 R_{W2} 时，一是要注意旋转方向，不要调得过大，更不能开路，以免损坏输出管。

②输出管静态电流调好，如无特殊情况，不得随意旋动 R_{W2} 的位置。

③在 I_{C2}、I_{C3} 受温度变化缓慢的情况下测量静态工作点（通过测量电压除以 2.2 Ω 来计算 I_{C2}、I_{C3}）

3. 最大输出功率 P_{om} 和效率 η 的测试

(1) 测量 P_{om}

输入端接 $f=1$ kHz、50 mV 的正弦信号 U_S，输出端接上喇叭即 R_L，用示波器观察输出电压 U_o 波形。逐渐增大 U_i，使输出电压达到最大不失真输出，用交流毫伏表测出负载 R_L 上的电压 U_{om}，则用下面公式计算出 P_{om}。

$$P_{om}=\frac{U_{om}^2}{R_L}$$

(2) 测量 η

当输出电压为最大不失真输出时，在 $U_S=0$ 情况下，用直流毫安表测量电源供给的平均电流 I_{dc}（多测几次 I 取其平均值）读出表中的电流值，此电流即为直流电源供给的平均电流 I_{dc}（有一定误差），由此可近似求得 $P_E=U_{cc}I_{dc}$，再根据上面测得的 P_{om}，即可求出 $\eta=\frac{P_{om}}{P_E}$。

4. 输入灵敏度测试

根据输入灵敏度的定义，在步骤 2 基础上，只要测出输出功率 $P_o=P_{om}$ 时（最大不失真输出情况）的输入电压值 U_i 即可。

5. 频率响应的测试

测试方法同实验二，记入表 5-29。

表 5-29　$U_i=$　mV

				f_L		fo		f_H			
f(Hz)						1 000					
U_o(V)											
A_V											

在测试时，为保证电路的安全，应在较低电压下进行，通常取输入信号为输入灵敏度的 50%。在整个测试过程中，应保持 U_i 为恒定值，且输出波形不得失真。

实验十八　低频功率放大器

——集成功率放大器

一、实验目的

1. 了解功率放大集成块的应用。
2. 学习集成功率放大器基本技术指标的测试。

二、实验仪器

1. 双踪示波器
2. 万用表
3. 毫伏表
4. 直流毫安表
5. 信号发生器

三、实验原理

集成功率放大器由集成功放块和一些外部阻容元件构成。集成功放块的种类很多,本实验采用的集成功放块型号为 LA4102(芯片内部电路参考相关资料),由三级电压放大,一级功率放大以及偏置、恒流、反馈、退耦电路组成。管脚图如图5－66 所示。

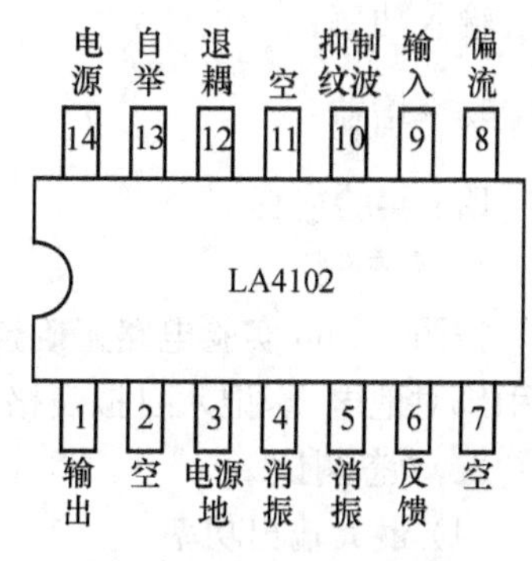

图 5－66　LA4102 管脚图

LA4102 接成典型电路如图 5－67 所示。

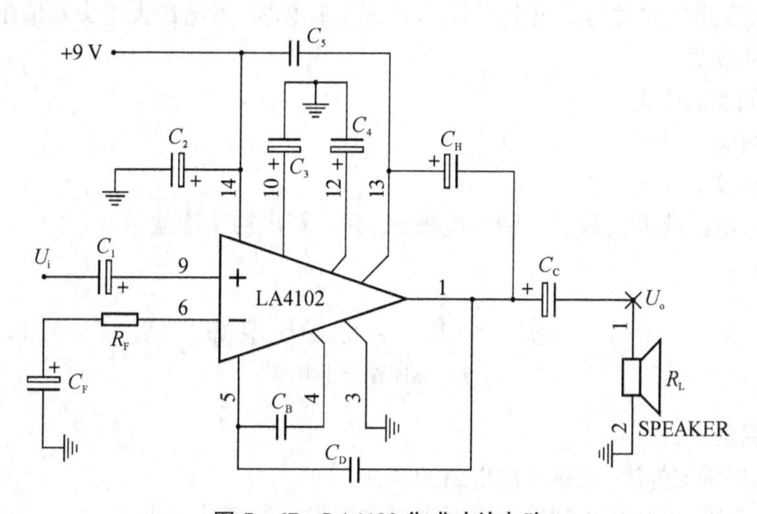

图 5－67　LA4102 集成功放电路

R_F、C_F——与内部电阻 R_{11} 组成交流负反馈支路,控制电路的闭环电压增益 A_V,即:$A \approx R/R_F$(R=20 kΩ 的内部阻值)。

C_B——相位补偿。C_B 减小,频带增加,可消除高频自激。

C_c—— OTL 电路的输出端电容,两端的充电电压等于 $V_{cc}/2$,C_c 一般取耐压大于 V_{cc} 的几百微法电容。

C_D—— 反馈电容,消除自激振荡,C_D 一般取几百皮法。

C_H—— 自举电容。

C_3、C_4—— 滤除纹波，一般取几十至几百微法。

C_2—— 电源去耦滤波，可消除低频自激。

C_5—— 滤掉高频自激。

电源电压 $V_{cc}=9$ V，最大输出功率 $P_{omax}=1.2$ W，当带有散热片时，$P_{omax}=2.25$ W，由于喇叭的功率为 0.5 W，需增大反馈电阻使输出功率匹配，电路固定为 $R_F=1$ K，输出功率不是理想的最大值。

功率放大器的主要指标测试：

不失真输出功率 P_o：　$$P_{omax}=V_o^2/R_L \tag{18-1}$$

输入功率：　$$P_{imax}=V_i^2/R_i \tag{18-2}$$

功率增益：　$$A_P=10\lg\frac{P_o}{P_i} \tag{18-3}$$

四、实验内容

1. 静态测试

按图 5-66 实验电路正确连线，再接通＋9 V 直打开直流开关，测量静态总电流及集成块各引脚对地电压，记入自拟表格中。

2. 动态测试

(1) 最大输出功率

输入端接 1 kHz、50 mV 正弦信号，用示波器观察 OUT 输出电压波形，逐渐加大输入信号幅度，使输出电压为最大不失真输出，然后输出端接喇叭，用示波器观察最大不失真输出波形 U_o，用交流毫伏表测量此时的输出电压 U_{om}，整理实验数据，算出最大不失真输出功率 P_{om}。

(2) 输入灵敏度

测试方法同实验十七。

(3) 频率响应

测试方法同实验十七。

(4) * 测试电压放大倍数 A_V，输入电阻 R_i，并计算出功率增益 A_p。

实验十九　直流稳压电源

——晶体管稳压电源

一、实验目的

1. 研究单相桥式整流、电容滤波电路的特性。

2. 掌握稳压管、串联晶体管稳压电源主要技术指标的测试方法。

二、实验仪器

1. 双踪示波器

2. 万用表

3. 毫伏表

三、实验原理

1. 稳压管稳压实验电路如图 5-68 所示。

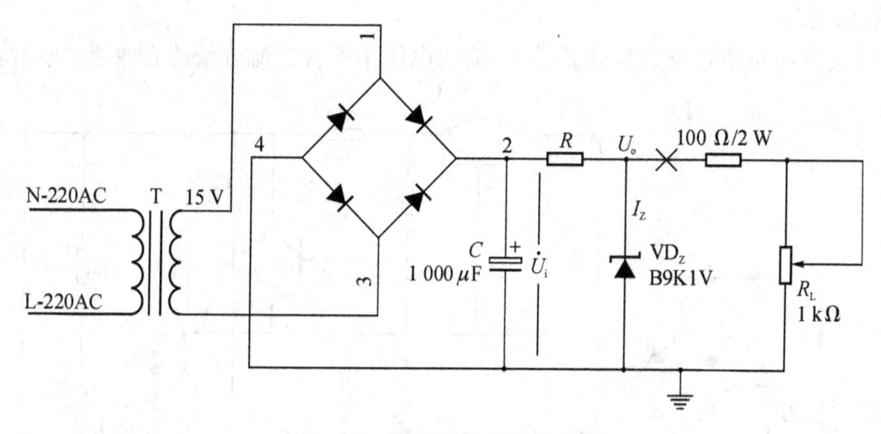

图 5 - 68　稳压管稳压实验电路

其整流部分为单相桥式整流、电容滤波电路，稳压部分分两种情况分析：

(1) 若电网电压波动，使 U_I 上升时，则

$$U_I\uparrow\rightarrow U_o\uparrow\rightarrow I_Z\uparrow\uparrow\rightarrow I_R\uparrow\rightarrow U_R\uparrow\rightarrow U_o\downarrow$$

(2) 若负载改变，使 I_L 增大时，则

$$I_L\uparrow\rightarrow I_R\uparrow\rightarrow U_o\downarrow\rightarrow I_Z\downarrow\downarrow\rightarrow I_R\downarrow\rightarrow U_R\downarrow\rightarrow U_o\uparrow$$

从上可知稳压电路必须还要串接限流电阻 R(82 Ω+430 Ω+120 Ω/2 W)，根据稳压管的伏安特性，为防止外接负载 R_L 时短路则串上 100 Ω/2 W 电阻，保护电位器。才能实现稳压。

2. 串联晶体管稳压实验电路如图 5 - 69 所示，稳压电源的主要性能指标。

(1) 输出电压 U_o 和输出电压调节范围

$$U_o=\frac{R_7+R_{W1}+R_8}{R_8+R'_{W1}}(U_Z+U_{BE2}) \tag{19-1}$$

调节 R_{W1} 可以改变输出电压 U_o。

(2) 最大负载电流 I_{cm}

(3) 输出电阻 R_o

输出电阻 R_o 定义为：当输入电压 U_I(稳压电路输入)保持不变，由于负载变化而引起的输出电压变化量与输出电流变化量之比，即

$$R_0=\frac{\Delta U_o}{\Delta I_o}\bigg|U_I=\text{常数} \tag{19-2}$$

(4) 稳压系数 S(电压调整率)

稳压系数 S 定义为：当负载保持不变，输出电压相对变化量与输入电压相对变化量与输入电压相对变化量之比，即

$$S=\frac{\Delta U_o/U_o}{\Delta U_I/U_I}\bigg|R_L=\text{常数} \tag{19-3}$$

由于工程上常把电网电压波动±10%做为极限条件，因此也有将此时输出电压的相对变化 $\Delta U_o/U_o$ 做为衡量指标，称为电压调整率。

(5) 纹波电压

输出纹波电压是指在额定负载条件下，输出电压中所含交流分量的有效值(或峰峰值)。

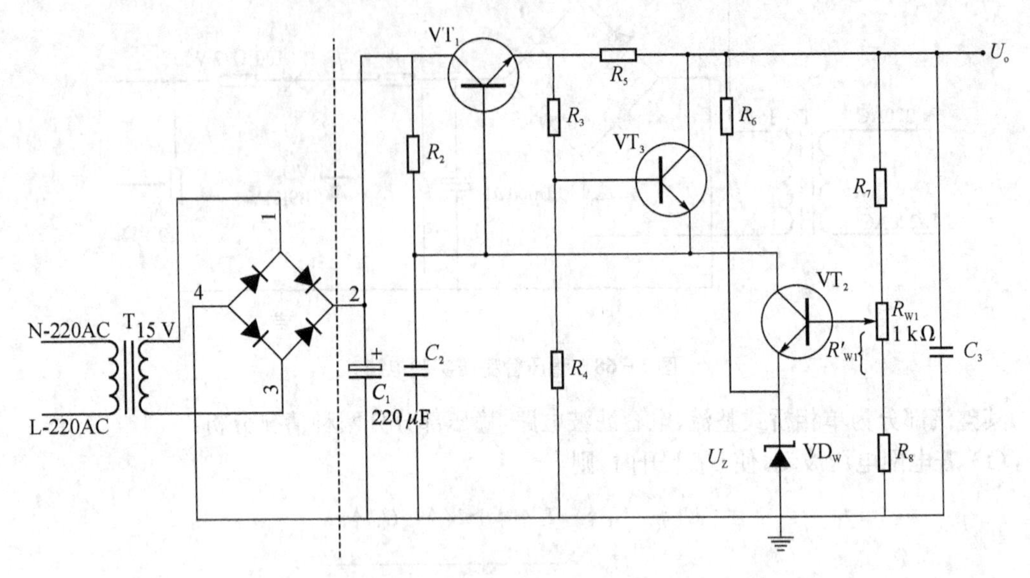

图 5-69　串联型稳压电源实验电路

四、实验内容

1. 整流滤波电路测试

在稳压源实验模块中，按图 5-70 连接实验电路。

(1) 取 $R_L = 240\ \Omega$ 不加滤波电容，打开变压器开关，用万用表测量直流输出电压 U_o 及纹波电压 $\widetilde{U}_o$，并用示波器观察 15 V 交流电压和 U_o 波形，记入表 5-29。

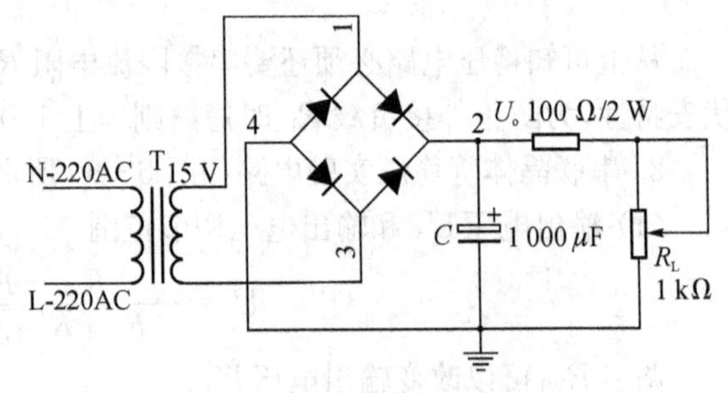

图 5-70　整流滤波电路

(2) 取 $R_L = 240\ \Omega$，$C = 1\ 000\ \mu F$，重复内容(1)的要求，记入表 5-29。

(3) 取 $R_L = 120\ \Omega$，$C = 1\ 000\ \mu F$，重复内容(1)的要求，记入表 5-30。

注意：每次改接电路时，必须切断变压器电源。

表 5-30　$U_2 = 15$ V

绘出电路图		U_o	$\widetilde{U}_0$	U_o 波形
$R_L = 240\ \Omega$				
$R_L = 240\ \Omega$ $C = 1\ 000\ \mu F$				
$R_L = 120\ \Omega$ $C = 1\ 000\ \mu F$				

2. 稳压管稳压电源性能测试

(1) 按图 5-68 正确连接实验电路,U_o 在开路时,打开变压器开关,用万用表测出稳压源稳压值。

(2) 接负载时,调节 R_L,用万用表测出在稳压情况下的最小负载。

(3) 断开变压器开关,把 15 V 交流输入换为 7.5 V 输入,重复(1)、(2)内容。

注:限流电阻 R 值为 82 Ω+430 Ω+120 Ω/2W,注意大于 7V 的稳压管具有正温度系数,即在稳压电路长时间工作时随稳压管温度升高稳压值上升。

3. 串联型稳压电源性能测试

完成电路图 5-69 实验电路图的连接。

(1) 开路初测

稳压器输出端负载开路,接通 15 V 变压器输出电源,打开变压器开关,用万用表电压挡测量整流电路输入电压 U_2(即虚线左端二级管组成的整流电路中 1 和 3 两端的电压,注仅此处用交流挡测,所测为有效值),滤波电路输出电压 U_I(即虚线左端二级管组成的整流电路中 2 和 4 两端的电压)及输出电压 U_o。调节电位器 R_{W1},观察 U_o 的大小和变化情况,如果 U_o 能跟随 R_{W1} 线性变化,这说明稳压电路各反馈环路工作基本正常。否则,说明稳压电路有故障,因为稳压器是一个深负反馈的闭环系统,只要环路中任一个环节出现故障(某管截止或饱和),稳压器就会失去自动调节作用。此时可分别检查基准电压 U_Z,输入电压 U_I,输出电压 U_o,以及比较放大器和调整管各电极的电位(主要是 U_{BE} 和 U_{CE}),分析它们的工作状态是否都处在线性区,从而找出不能正常工作的原因。排除故障以后就可以进行下一步测试。同样的断开电源,测试 7.5V 整流输入电压时的可调范围。

(2) 带负载测量稳压范围

带负载为 100 Ω/2 W 和串联 1K 电位器 R_{W2},接通 15 V 变压器输出电源,打开变压器开关,调节 R_{W2} 使输出电流 I_o=25 mA。再调节电位器 R_{W1},测量输出电压可调范围 U_{omin}~U_{omax}。

(3) 测量各级静态工作点

在(2)测量稳压范围基础上调节输出电压 U_o=9 V,输出电流 I_o=25 mA,测量各级静态工作点,记入表 5-31。

表 5-31 U_2=15 V U_o=9V I_0=25 mA

	T_1	T_2	T_3
U_B(V)			
U_C(V)			
U_E(V)			

(4) 测量稳压系数 S

取 I_o=25 mA,按表 5-31 改变整流电路输入电压 U_2(模拟电网电压波动),分别测出相应的稳压器输入电压 U_I 及输出直流电压 U_o,记入表 5-32。

(5) 测量输出电阻 R_o

取 U_2=15 V,改变 R_{W2},使 I_o 为空载、25 mA 和 50 mA,测量相应的 U_o 值,记入表 5-33。

表 5-32　$I_0=25$ mA

测试值			计算值
U_2(V)	U_I(V)	U_o(V)	S
7.5			$S=$
15		9	

表 5-33　$U_2=15$ V

测量值		计算值
I_o(mA)	U_o(V)	$R_o(\Omega)$
空载		$R_{o12}=$
25	9	
50		$R_{o23}=$

(6) 测量输出纹波电压

纹波电压用示波器测量其峰峰值 U_{0P-P},或者用毫伏表直接测量其有效值,由于不是正弦波,有一定的误差。取 $U_2=15$ V,$U_o=9$ V,$I_0=25$ mA,测量输出纹波电压 $\widetilde{U}_o$,记录之。

实验二十　直流稳压电源

——集成稳压器

一、实验目的

1. 学会集成稳压器的特点和性能指标的测试方法。
2. 学会用集成稳压器设计稳压电源。

二、实验仪器

1. 双踪示波器
2. 万用表
3. 毫伏表

三、实验原理

78、79 系列三端式集成稳压器的输出电压是固定的,在使用中不能进行调整。另有可调式三端稳压器 LM317(正稳压器)和 LM337(负稳压器)。

1. 固定式三端稳压器:

图 5-71 是用三端式稳压器 7905 构成实验电路图。滤波电容 C 一般选取几百～几千微法。在输入端必须接入电容器 C_1(数值为 0.33 μF),以抵消线路的电感效应,防止产生自激振荡。输出端电容 C_0(0.1 μF)用以滤除输出端的高频信号,改善电路的暂态响应。

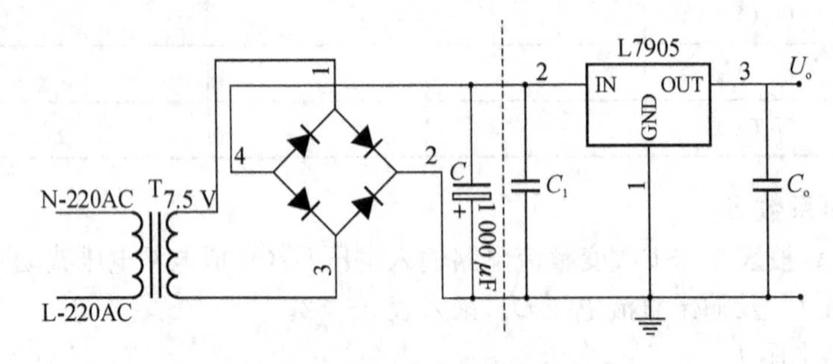

图 5-71　固定式稳压电源电路

2. 可调式三端稳压器

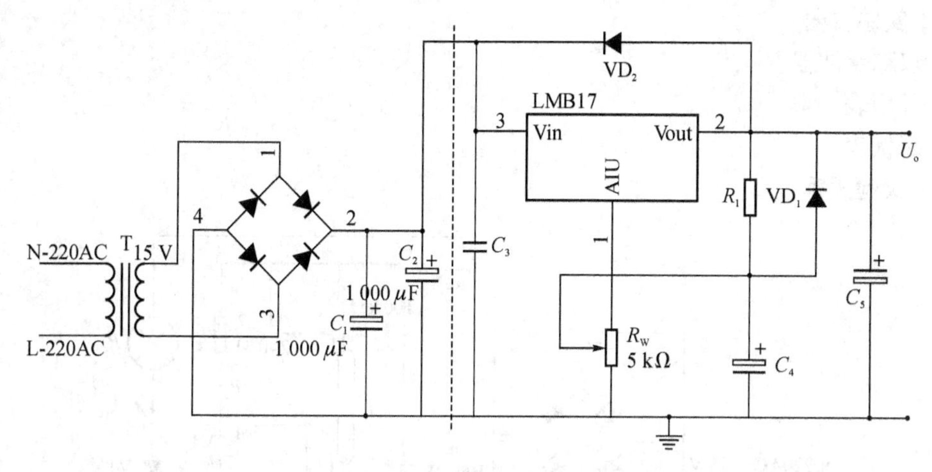

图 5－72　可调集成稳压电源电路

图 5－72 为可调式三端稳压电源电路，可输出连续可调的直流电压，其输出电压范围在 1.25～37 V，最大输出电流为 1.5 A，稳压器内部含有过流、过热保护电路。如图 5－72 所示，C_1，C_2 为滤波电容，D_1 保护二极管，以防稳压器输出端短路而损坏集成块。

四、实验内容

1. 固定稳压电源电路测试

按图 5－71 正确连接电路，打开变压器开关后：

(1) 开路时用万用表测出稳压源稳压值

(2) 接负载(在 U_o 输出端接上 100/2 W＋1 K 电位器 R_{W1})时，调节 R_L，用万用表测出在稳压情况下的 U_o 变化情况。

2. 可调稳压电源电路测试

按图 5－72 正确连接电路，打开变压器开关后：

(1) 观察输出电压 U_o 的范围

①开路情况下的稳压范围

②带负载(在 U_o 输出端接上 100/2 W＋1 K 电位器 R_{W1})调节 R_{W1} 为 240 Ω 时，调节 R_W，观察输出电压 U_o 的范围。

(2) 测量稳压系数 S，参考实验十九，取 R_{W1} 为 240 Ω，在 U_i 为 7.5 V 和 15 V 时求出 S。

(3) 测量输出电阻 R_o，参考实验十九。

(4) 测量纹波电压，参考实验十九。

(2)(3)(4)的测试方法同实验十九，把测量结果记入自拟表格中。

3. ＊针对所学和实际调试情况，自己设计一个固定稳压正电源和可调稳压负电源。

实验二十一　晶闸管可控整流电路

一、实验目的

1. 学习单结晶体管和晶闸管的简易测试方法。

2. 熟悉单结晶体触发电路(阻容移相桥触发电路)的工作原理及调试方法。

3. 熟悉用单结晶体管触发电路控制电路控制晶闸管调压电路的方法。

二、实验仪器

1. 双踪示波器
2. 万用表
3. 毫伏表

三、实验原理

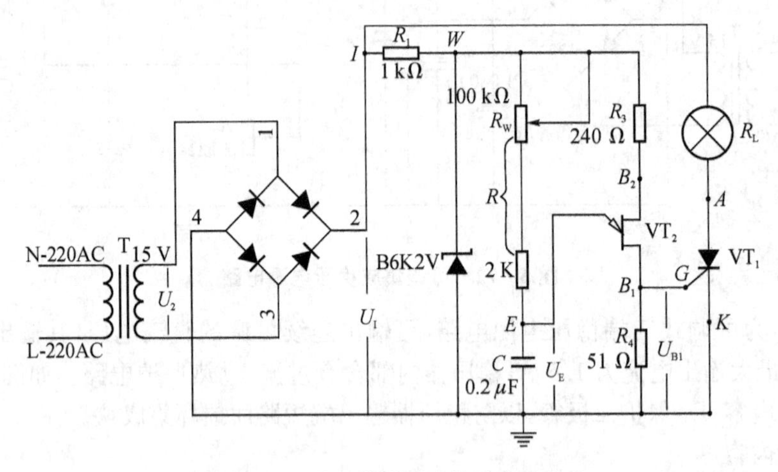

图 5-73　单相半控桥式整流实验电路

可控整流电路的作用是把交流电变换为电压值可以调节的直流电。图 5-73 所示为单相半控桥式整流实验电路。主电路由负载 R_L(电灯)和晶闸管 T_1 组成,触发电路为单结晶体管 T_2 及一些阻容元件构成的阻容移相桥触发电路。改变晶闸管 T_1 的导通角,便可调节主电路的可控输出整流电压(或电流)的数值,这点可由电灯负载的亮度变化看出。晶闸管导通角的大小决定于触发脉冲的频率 f,由公式

$$f=\frac{1}{RC\ln\left(\frac{1}{1-\eta}\right)} \tag{21-1}$$

可知,当单结晶体管的分压比 η(一般在 0.5～0.8 之间)及电容 C 值固定时,则频率 f 大小由 R 决定,因此,通过调节电位器 R_W,使可以改变触发脉冲频率,主电路的输出电压也随之改变,从而达到可控调压的目的。

用万用电表的电阻挡可以对单结晶体管和晶闸管进行简易测试。

图 5-74 为单结晶体管 BT33 管脚排列、结构图及电路符号。好的单结晶体管 PN 结正向电阻 R_{EB1}、R_{EB2} 均较小,且 R_{EB1} 稍大于 R_{EB2},PN 结的反向电阻 R_{B1E}、R_{B2E} 均应很大,根据所测阻值,即可判断出各管脚及管子的质量优劣。

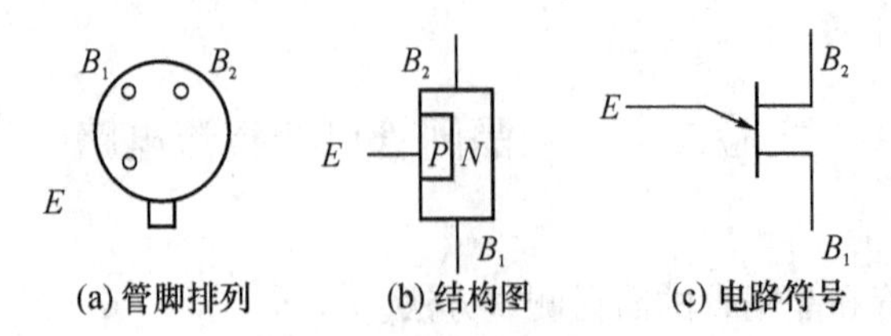

图 5-74　单结晶体管 BT33

图 5-75 为晶闸管 3CT3A 管脚排列、结构图及电路符号。晶闸管阳极(A)——阴极(K)及阳极(A)——门极(G)之间的正、反向电阻 R_{AK}、R_{KA}、R_{AG}、R_{GA} 均很大，而 G—K 之间为一个 PN 结，PN 结正向电阻应较小，反向电阻应很大。

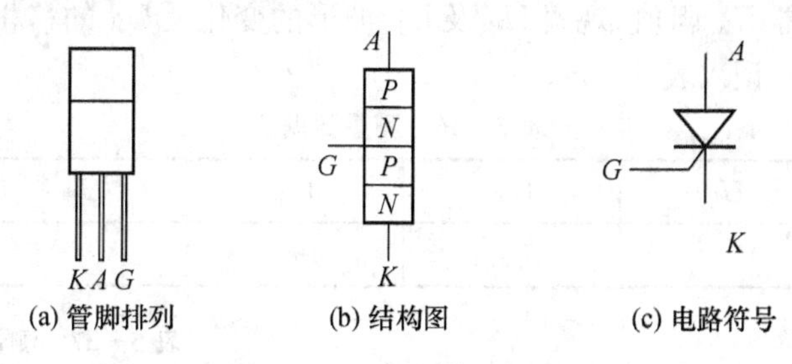

(a) 管脚排列　(b) 结构图　(c) 电路符号

图 5-75　晶闸管 3CT3A

四、实验内容

1. 单结晶体管的简易测试

用万用表分别测量 EB1、EB2 间正、反向电阻，记入表 5-34。

表 5-34　测量数据 1

R_{EB1}(Ω)	R_{EB2}(Ω)	R_{B1E}(kΩ)	R_{B2E}(kΩ)	结论

2. 晶闸管的简易测试

用万用电表 $R\times1$ K 挡分别测量 A—K、A—G 间正、反向电阻；用 $R\times10$ Ω 挡测量 G—K 间正、反向电阻，记入表 5-35。

表 5-35　测量数据 2

R_{AK}(kΩ)	R_{KA}(kΩ)	R_{AG}(kΩ)	R_{GA}(KΩ)	R_{GK}(kΩ)	R_{KG}(kΩ)	结论

3. 晶闸管导通，关断条件测试

(1) 在晶闸管整流电路模块中，晶闸管和灯泡如图 5-76 所示连接，打开直流开关。

①开路时观察管子是否导通(导通时电灯亮，关断时电灯熄灭)；

②加 5 V 正向电压，观察管子是否导通；

③管子导通后，在去掉＋5 V 门极电压和反接门极电压情况下，观察管子是否继续导通。

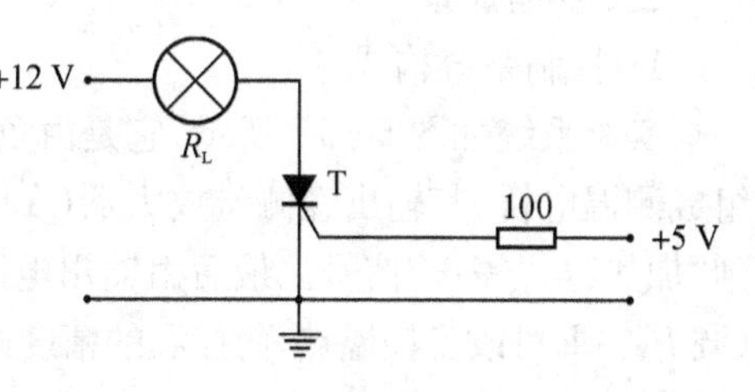

图 5-76　晶闸管导通、关断条件测试

(2) 晶闸管导通后

①去掉＋12 V 阳极电压，观察管子是否关断(导通时电灯亮，关断时电灯熄灭)；

②反接阳极电压，观察管子是否关断。

4. 晶闸管可控整流电路

按图 5-73 正确连接实验电路。切记电容 C 大小为 0.2 μF 电容。

(1) 单结晶体管触发电路

①断开主电路(把灯泡取下),接通变压器开关,测量 U_2 值。用示波器依次观察并记录交流电压 U_2、整流输出电压 U_I($I-0$)、削波电压 U_W($W-0$)、锯齿波电压 U_E($E-0$)、触发输出电压 U_{B1}($B1-0$)。记录波形时,注意各波形间对应关系,并标出电压幅度。记入表 5-35。

②改变移相电位器 R_W 阻值,观察 U_E 及 U_{B1} 波形的变化及 U_{B1} 的移相范围(最小到最大脉冲宽度即占空比范围),记入表 5-36。

表 5-36　测量数据 3

U_2	U_I	U_W	U_E	U_{B1}	移相范围

(2) 可控整流电路

断开变压器电源,接入负载灯泡 R_L,再接通变压器电源,调节电位器 R_W,使电灯由暗到中等亮,再到最亮,用示波器观察晶闸管两端电压 U_{T1}(A—K)、负载两端电压 U_L 波形,并用万用表测量交流压降 U_{T1}、负载直流电压 U_L 及变压器交流电压 U_2 有效值记入表 5-37。

表 5-37　测量数据 4

	暗	较亮	最亮
U_L 波形			
U_{T1} 波形			
U_L(V)			
U_2(V)			

实验二十二　综合应用实验——控温电路研究

一、实验目的

1. 学习用各种基本电路组成实用电路的方法。
2. 学会系统测量和调试。

二、实验仪器

1. 万用表
2. 温度计

三、实验原理

1. 控制系统构成

实验系统如图 5-77 所示,它是由负温度系数电阻特性的热敏电阻(NTC 元件)R_t 为一臂组成测温电桥,其输出经测量放大器(A_1、A_2、A_3 组成)放大后由滞回比较器进行比较处理,得到“加热”与“停止”信号。最后由输出电路 T_1、T_2 通过 R_{16} 进行系统加热。改变测温电桥 U_A 值(调 R_{W1})即可改变控温点,而控温的精度则由滞回比较器的滞环宽度确定。R_t 和 R_{16}(100/2 W)困绑在一起。

2. 控制温度的标定

首先确定控制温度的范围。设控温范围的 $t_1 \sim t_2$(℃),严密的标定形式为:将 NTC 元件 R_t 置于恒温槽中,使恒温槽温度为室温 t_1,调整 R_{W1} 使 $U_C=U_D$,此时的 R_W 位置标为 t_1,同理可标定 t_2 的位置。根据控温精度要求,可在 $t_1 \sim t_2$ 之间标作若干点,在电位器 R_{W1} 上标注相应的温度刻度即可。控温电路工作时只要将 R_{W1} 对准所要求温度,即可实现恒温控制。实际试验时,由于不具备恒温槽条件,此实验仅模拟恒温控制的原理,对精度要求不高,另外受 NTC

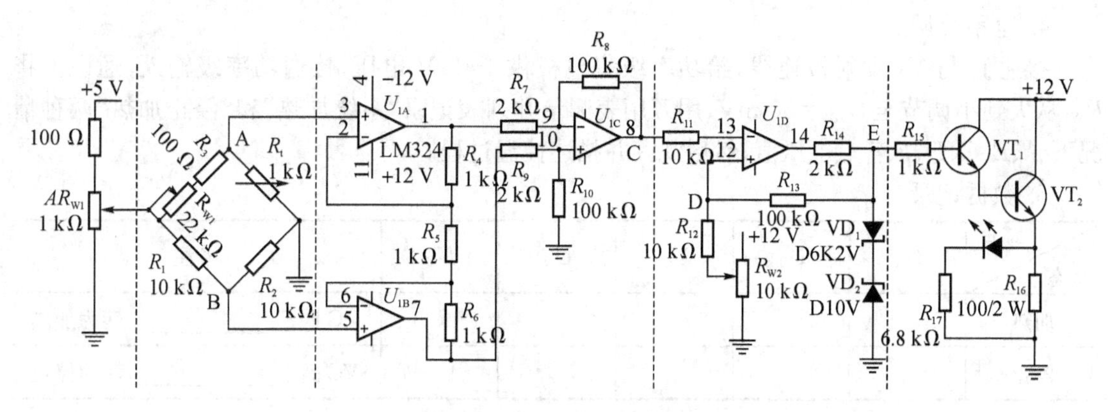

图 5－77　控温实验电路

元件限制，只能升温，不能制冷，但控制原理是一样的。我们调节 R_{W1} 在 t_1（室温）和 t_2（模拟升温，设定 $U_{AB}=30$ mV）进行比较、调试和原理的说明。

3. 实验电路分析

(1) 设系统开始工作时温度较低，由于 R_t 的负温度特性，温度低则 R_t 较大，U_{AB}亦大。设 B 点电位不变，A 点电位相应升高，由电路 A_1、A_2、A_3 的组态可看出，U_c 输出电位很低。此时，U_E 为高电位，T_1、T_2 导通，系统开始加热，温度升高，且 U_D 维持在 $U_{D高}$ 状态。

(2) 温度的升高，使 R_t 下降，U_{AB}下降，U_C 有上升趋势，但刚开始时仍然是 $U_C<U_{D高}$，滞回比较器维持在 U_E 高电平输出，系统继续加热。

(3) 温度继续升高，U_C 上升到一定值，此时 $U_C\approx U_{D高}$。滞回比较器状态翻转，U_E 变为低电平，停止加热并有 $U_{D低}$ 状态。

(4) 停止加热后温度下降，U_C 有下降趋势，但刚开始仍然是 $U_C>U_{D低}$，比较器维持在输出 U_E 低电平状态，继续停止加热，一直到 U_C 下降到满足 $U_C\approx U_{D低}$，比较器状态又翻转，U_E 输出重新变为高电平，系统开始加热，电路回复到状态(1)。

实验中的加热装置用一个 100 Ω/2 W 的电阻模拟，将此电阻靠近 R_t 即可，调节 R_{W2} 使 $U_R=4$ V，当调节 R_{W1} 由最大值逐渐减小到灯息和灯亮临界状态时为 t_1，跟据滞回比较器的传输特性，此时 $U_C=U_D$，而此时 100 Ω/2 W 电阻的温度就是当前室温。继续调小 R_{W1}，系统可以在新的控温点 t_2 上实现自动控制(见图 5－78)。

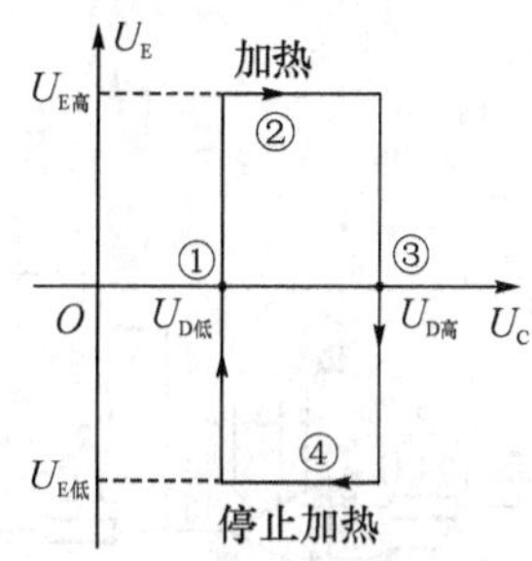

图 5－78　过程分析

四、实验内容与步骤

1. 电桥电路连接与试验

R_{W1}取 22 kΩ 电位器，连接电路，接入电桥电路＋5 V 电源，调节 AR_{W1}使电桥工作电压为 1 V，调节 R_{W1}，使 $U_{AB}\approx 0$。

2. 放大电路连接与试验

连接放大电路输入端 3、5 脚与 A、B 间的连线，U_J 口左侧供＋12 V 和－12 V 电源，微调 R_{W1}使 U_{AB}电位少量增大，用示波器(Y 通道，DC 输入方式)可看到 U_C 电位较大幅度变化。

3. 滞回比较器连接及调试

接通滞回放大器输入端电路，连入 R_{W2}，通电后调节 R_{W2}，设定 U_{W2} 为 4 V。改变 R_{W1}，测 $U_C\sim U_E$，列表记录数据并作图表达滞回曲线。

4. 全系统调试

接通 J_3 与 T_2 发射极连线，给功率级集电极供 +12 V 电压，接通功率级输入，通电。将 R_{W1} 从大到小调节至 $U_{AB}=30$ mV，用万用表测量并列表记录“系统加热”和“停止加热”两种情况下 A、B、C、D、E 各点电压值，然后观察并描述控温过程。

5. 数据记录

项目 状态	U_A	U_B	U_C	U_D	U_E	备注
加热						VC 低于________，转为加热
停止						VC 高于________，转为停止

实验二十三　综合应用实验——波形变换电路

一、实验目的

1. 学习用各种基本电路组成实用电路的方法。
2. 进一步掌握电路的基本理论及实验调试技术。

二、实验仪器

1. 双踪示波器
2. 万用表
3. 毫伏表
4. 频率计

三、实验原理

我们采用方波—三角波—正弦波变换的电路设计方法。电路图如图 5－79 所示。

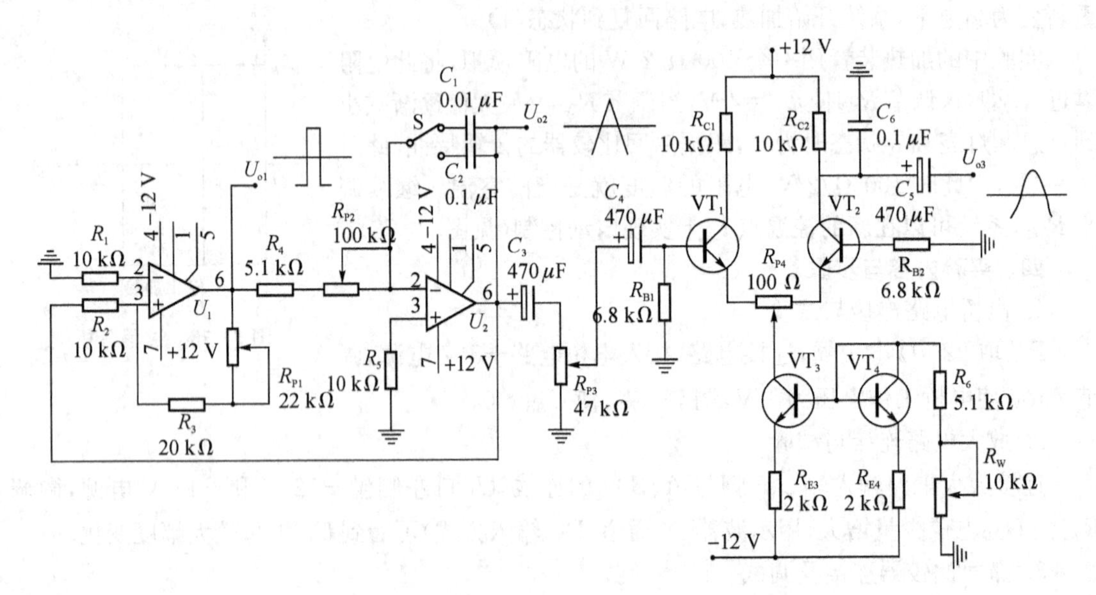

图 5－79　三角波—方波—正弦波函数发生器实验电路

如图 5 - 79 所示电路是由三级单元电路组成的，在调试多级电路时，通常按照单元电路的先后顺序进行分级调试与级联。

四、实验内容

对照图 5 - 79，开关 S 相当于选择连接上那个电容，现连接 C_1，此综合实验用到了运放系列模块和差动放大模块，在这两个模块中按图 5 - 79 连接好完整的电路。

1. 方波—三角波发生器的调试

将 R_{P3} 与 C_4 断开，由于比较器 U_1 与积分器 U_2 组成正反馈闭环电路，同时输出方波与三角波，这两个单元电路可以同时调试。先使 $R_{P1}=10\ \text{k}\Omega$，$R_{P2}$ 取 2.5 kΩ～70 kΩ 内的任一阻值，否则电路可能会不起振。只要电路接线正确，U_{01} 输出为方波，U_{o2} 为三角波。

(1) 打开直流开关，用示波器监视 U_{o1}、U_{o2} 波形，微调 R_{P1}，用毫伏表测量三角波的幅度范围，调节 R_{P2}，用频率计测量出可连续调节的频率范围。

(2) 把电容 C_1 换为 C_2，重复内容(1)。

2. 三角波—正弦波变换电路的调试

(1) 回顾实验七差动放大器的实验内容。

(2) 将 R_{P3} 与 C_4 连接，调节 R_{P3} 使三角波的输出幅度适当，此时 U_{o3} 的输出波形应接近正弦波，调整 R_{P4}、R_W 可改善正弦波波形。

3. 性能指标测量与误差分析

恢复好完整的电路连接图：

(1) 输出波形

用示波器观察正弦波、方波、三角波的波形，并调节好波形记录之。

(2) 频率范围

函数发生器的输出的频率范围一般分为若干波段，低频信号发生器的频率范围为：1～10 Hz，10～100 Hz，100 Hz～1 kHz，1～10 kHz，10～100 kHz，100 kHz～1 MHz 等六个波段，测出本实验函数发生器可输出那几个波段。

(3) 输出电压

输出电压一般指输出波形的峰峰值，用示波器测量出各种波形的最大峰峰值。

(4) * 波形特性

表征正弦波特性的参数是非线性失真系数(一般要求小于 3%)，表征三角波特性的参数也是非线性失真系数(一般要求小于 2%)。表征方波特性的参数是上升时间，一般要求小于 100 ns(1 kHz，最大输出时)。若有失真度测试仪可以测试一下失真系数。

5.5　在系统可编程模拟电路

5.5.1　ispPAC 简介

在 21 世纪来临的前夕，1999 年 11 月，Lattice 公司又推出了在系统可编程模拟电路，翻开了模拟电路设计方法的新篇章。为电子设计自动化(EDA)技术的应用开拓了更广阔的前景。与数字的在系统可编程大规模集成电路(ispLSI)一样，在系统可编程模拟器件允许设计者使用开发软件在计算机中设计、修改模拟电路，进行电路特性模拟，最后通过编程电缆将设计方案下载至芯片中。在系统可编程器件可实现三种功能:①信号调理;②信号处理;③信号转换。信号调理主要是能够对信号进行放大、衰减、滤波。信号处理是指对信号进行求和、求差、积分运算。信号转换是指能把数字信号转换成模拟信号。

目前已推出了五种器件:ispPAC 10、ispPAC 20 和 ispPAC 30、ispPAC 80 和 ispPAC 81,我们选用 ispPAC 10、ispPAC 20、ispPAC 80 三种器件来说明目前模拟可编程功能及其应用。

(1) ispPAC 的开发软件为 PAC Designer,对计算机的软、硬件配置要求如下:

①Windows 95/98/NT

②16 MB RAM

③10 MB 硬盘

④Pentium CPU

(2) 软件的主要特征:

①设计输入方式:原理图输入

②模拟:可观测电路的幅频和相频特性

③支持的器件

ispPAC 10

ispPAC 20

ispPAC 80

④内含用于低通滤波器设计的宏

⑤能将设计直接下载

5.5.2 在系统可编程模拟电路的结构

1) 在系统可编程模拟电路提供三种可编程性能

(1) 可编程功能:具有对模拟信号进行放大、转换、滤波的功能。

(2) 可编程互联:能把器件中的多个功能块进行互联,能对电路进行重构,具有百分之百的电路布通率。

(3) 可编程特性:能调整电路的增益、带宽和阈值。可以对电路板上的 ispPAC 器件反复编程,编程次数可达10 000次。把高集成度,精确的设计集于一片 ispPAC 器件中,取代了由许多独立标准器件所实现的电路功能。

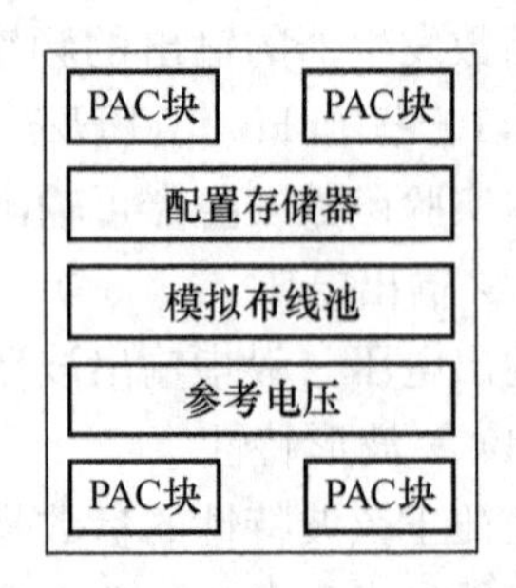

图 5-80 ispPAC 10 内部结构框图

ispPAC 10 器件的结构由四个基本单元电路、模拟布线池、配置存储器、参考电压、自动校正单元和 ISP 接口所组成(见图 5-80)。器件用 5 V 单电源供电。基本单元电路称为 PAC 块(PACblock),它由两个仪用放大器和一个输出放大器所组成,配以电阻、电容构成一个真正的差分输入,差分输出的基本单元电路,如图 5-82 所示。

所谓真正的差分输入,差分输出是指每个仪用放大器有两个输入端,输出放大器的输出也有两个输出端。电路的输入阻抗为 10^9,共模抑制比 69 dB,增益调整范围−10 至+10。PAC 块中电路的增益和特性都可以用可编程的方法来改变,采用一定的方法器件可配置 1 至10 000 倍的各种增益。输出放大器中的电容 C_F 有 128 种值可供选择。反馈电阻 R_F 可以断开或连通。器件中的基本单元可以通过模拟布线池(Analog Routing Pool)实现互联,以便实现各种电路的组合。

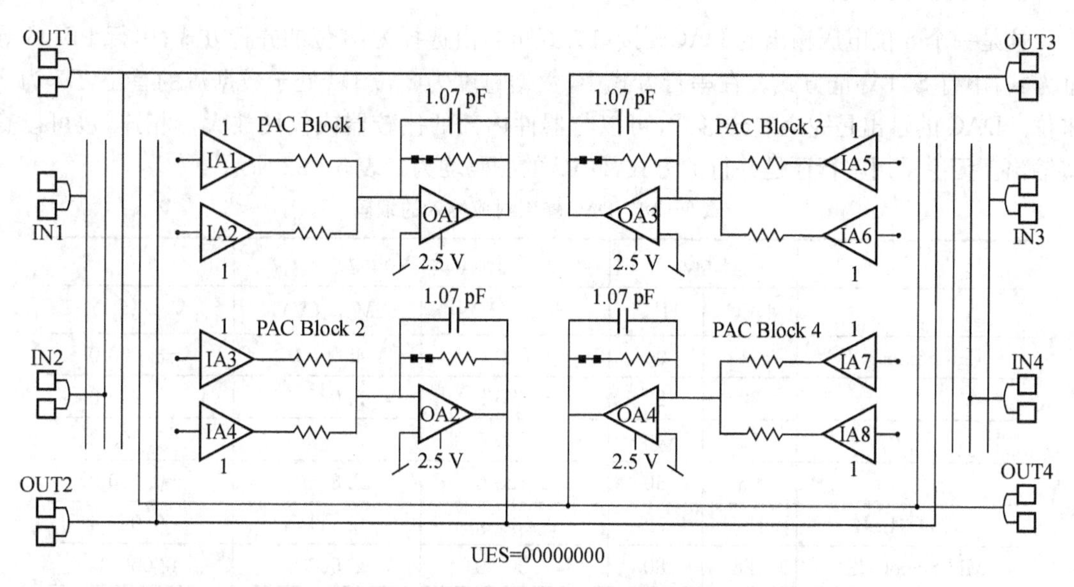

图 5-81　ispPAC 10 内部电路

每 PAC 块都可以独立地构成电路，也可以采用级联的方式构成电路以实现复杂的模拟电路功能。图 5-84 表示了两种不同的连接方法。图 5-84(a)表示各个 PAC 块作为独立的电路工作，图 5-84(b)为四个 PAC 块级联构成一个复杂的电路。利用基本单元电路的组合可进行放大、求和、积分、滤波。可以构成低通双二阶有源滤波器和梯型滤波器，且无需在器件外部连接电阻、电容元件。

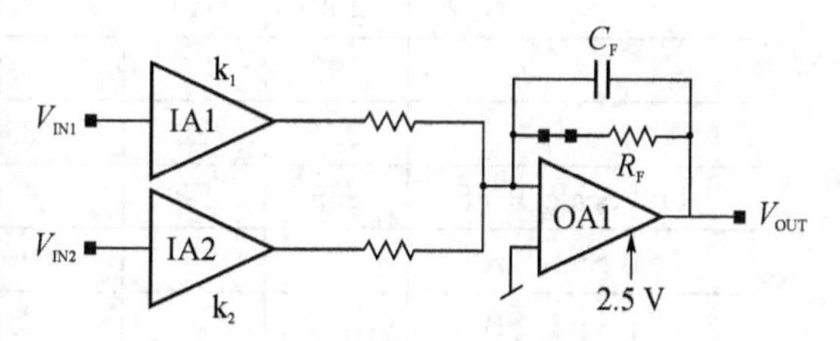

图 5-82　ispPAC 中的 PAC 块(PACblock)

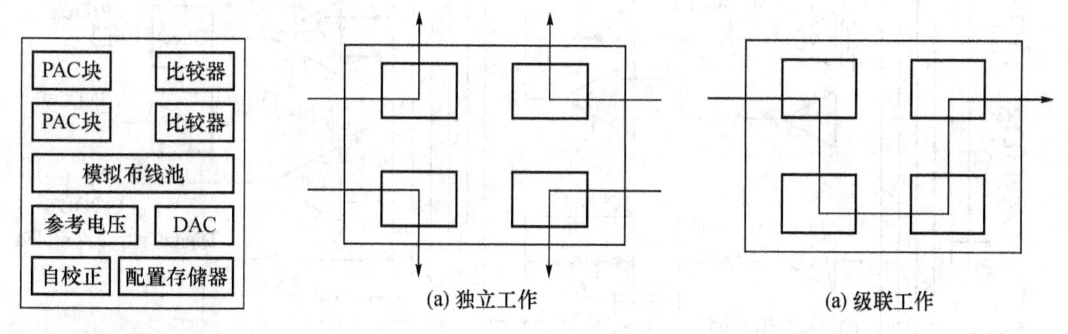

(a) 独立工作　　(a) 级联工作

图 5-83　ispPAC 10 中不同的使用形式

图 5-84　ispPAC 10 中不同的使用形式

2）DAC PACell

这是一个 8 位电压输出的 DAC。接口方式可自由选择为：8 位的并行方式；串行 JTAG 寻址方式；串行 SPI 寻址方式。在串行方式中，数据总度为 8 位 D0 处于数据流的首位，D7 为最末位。DAC 的输出是完全差分形式，可以与器件内部的比较器或仪用放大器相连，也可以直接输出。无论采用串行还是并行的方式，DAC 的编码均为如表 5－38 所示。

表 5－38　DAC 输出对应输入的编码

	Code		Nominal Voltage		
	DEC	HEX	V_{out+} (V)	V_{out-} (V)	V_{out} (V_{diff})
－Full Scale(－FS)	0	00	1.000 0	4.000 0	－3.000 0
	32	20	1.375 0	3.625 0	－2.250 0
	64	40	1.750 0	3.250 0	－1.500 0
	96	60	2.125 0	2.875 0	－0.750 0
MS－1LSB	127	7F	2.488 83	2.511 7	－0.023 4
Mid Scale(MS)	128	80	2.500 0	2.500 0	0.000 0
MS＋1LSB	129	81	2.511 7	2.488 3	0.023 4
	160	A0	2.875 0	2.125 0	0.750 0
	192	C0	3.250 0	1.750 0	1.500 0
	224	E0	3.625 0	1.375 0	2.250 0
＋Full Scale(＋FS)	255	FF	3.988 3	1.011 7	2.976 6
LSB Step Size			X＋0.011 7	X－0.011 7	0.023 4
＋FS＋1LSB			4.000 0	1.000 0	3.000 0

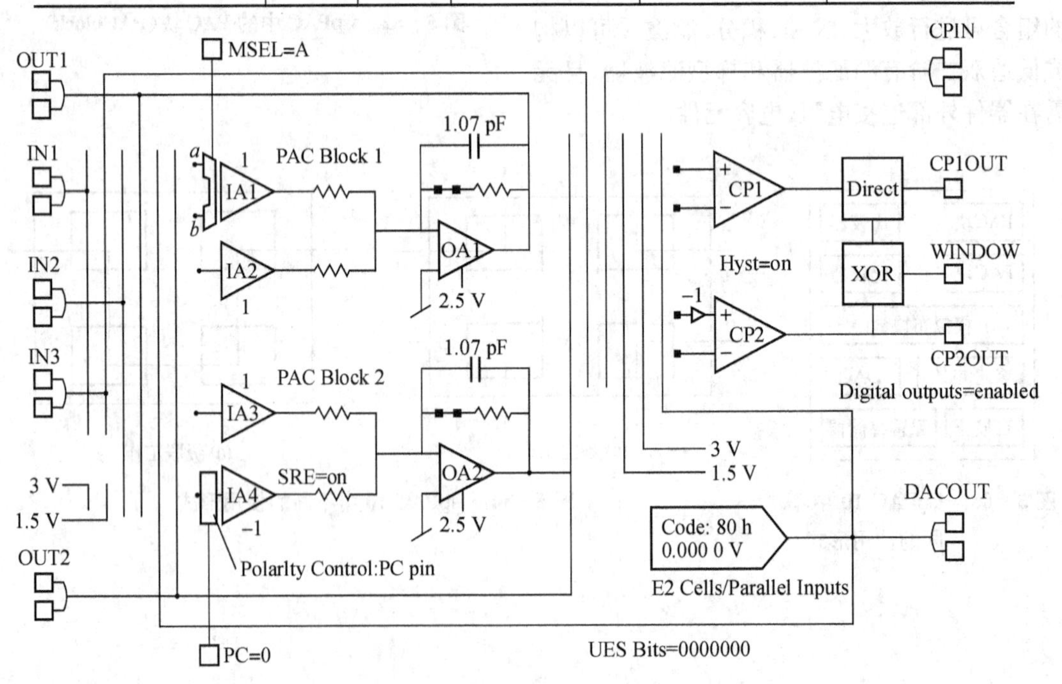

图 5－85　ispPAC 20 内部电路

3）多路输入控制

ispPAC 20(见图 5－85)中有两个 PAC 块(见图 5－86)，它的结构与 ispPAC 10 基本相同。但增加了一个多路输入控制端。通过器件的外部引脚 MSEL 来控制，MSEL 为 0 时，A 连接至 IA1；MSEL 为 1 时，B 连接至 IA1。

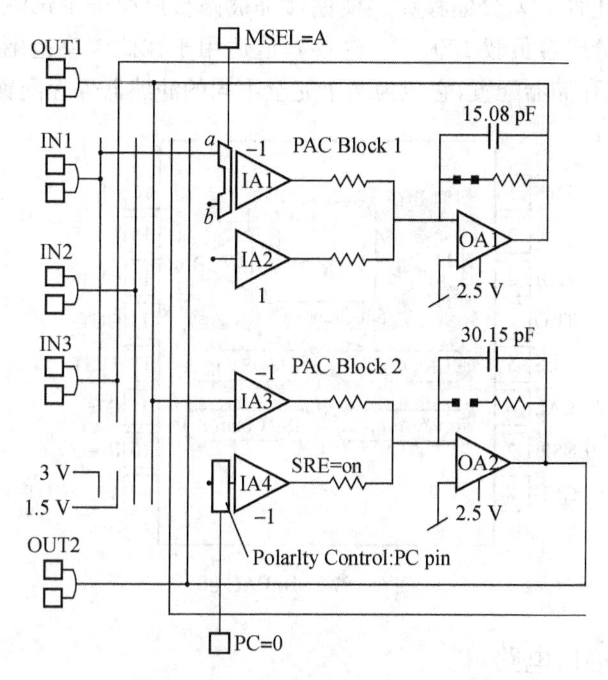

图 5－86 ispPAC 20 中的 PAC 块

4）极性控制

前面已经谈 ispPAC 10 中放大器的增益调整范围为－10～＋10。而在 ispPAC 20 中 IA1，IA2，IA3，和 IA4 的增益调整范围为－10～－1。实际上，得到正的增益只要把差分输入的极性反向，即乘以－1 就行了。通过外部引脚 PC 来控制 IA4 的增益极性。PC 引脚 1 时，增益调整范围为－10 ～－1；PC 引脚为 0 时，增益调整范围为＋10～＋1。

5）比较器

在 ispPAC 20 中有两个可编程，双差分比较器。比较器的基本工作原理与常规的比较器相同，当正的输入端电压相对与负的输入端为正时，比较器的输出为高电平，否则为低电平。比较器还有一些可选择的功能。

6）ispPAC 80

ispPAC 80(见图 5－87)可实现五阶、连续时间、低通模拟滤波器，无需外部元件或时钟。在 PAC-Designer 设计软件中的集成滤波器数据库提供数千个模拟滤波器，频率范围从 50～500 kHz。可对任意一个五阶低通滤波器执行仿真和编程，滤波器类型为：Gaussian、Bessel、Butterworth、Legendre、两个线性相位等纹波延迟误差滤波器(Linear Phase Equiripple Delay Error filter)，3 个 Chebyshev，12 个有不同脉动系数的 Elliptic 滤波器。

ispPAC 80 内含一个增益 1、2、5 或 10 可选的差分输入仪表放大器(IA)，和一个多放大器差分滤波器 PACblock，此 PACblock 包括一个差分输出求和放大器(OA)。通过片内非易失 E^2CMOS^7 可配置增益设置和电容器值。器件配置由 PAC-Designer 软件设定，经由 JTAG 下载电缆下载到 ispPAC 80。

器件的 1×10^9 ohm 高阻抗差分输入使得有可能改进共模抑制，差分输出使得可以在滤波器之后使用高质量的电路。差分偏移和共模偏移都被修整成少于 1 mV。规定差分电阻负载最小为 300 ohms，差分电容负载 100 pF。这些数值适用于在此频率范围内的多数应用场合。此外，ispPAC 80 有双存储器配置，它能为两个完全不同的滤波器保存配置。

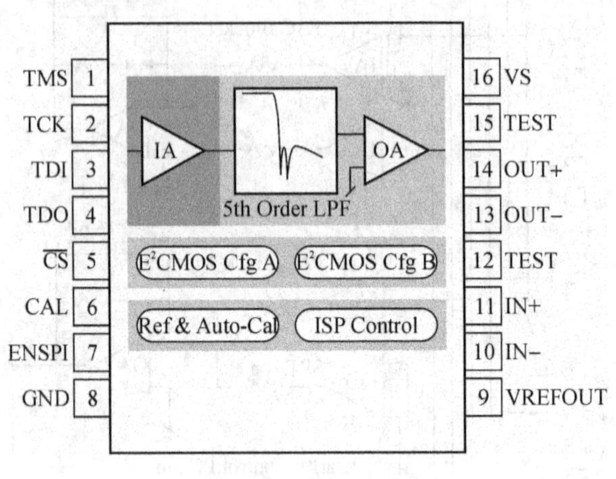

图 5－87　ispPAC 80

5.5.3　PAC 的接口电路

(1) 模拟信号输入至 ispPAC 器件时，要根据输入信号的性质考虑是否需要设置外部接口电路。这主要分成三种情况。

①若输入信号共模电压接近 $V_S/2$(+2.5 V)，则信号可以直接与 ispPAC 的输入引脚相连。

②倘若信号中未含有这样的直流偏置，那么需要有外部电路，如图 5－88 所示。

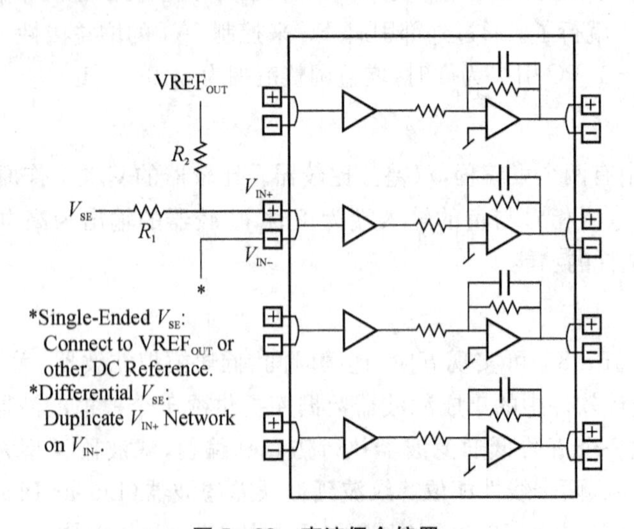

图 5－88　直流偶合偏置

③倘若是交流偶合，输入电压范围不在1～4 V，外加电路如图5－88所示。此电路构成了一个高通滤波器，其截止频率为1/(2(RC)，电路给信号加了一个直流偏置。电路中的$VREF_{out}$可以用两种方式给出。直接与器件的$VREF_{out}$引脚相连时，电阻最小取值为200 kΩ；采用$VREF_{out}$缓冲电路，电阻最小取值为600 Ω。

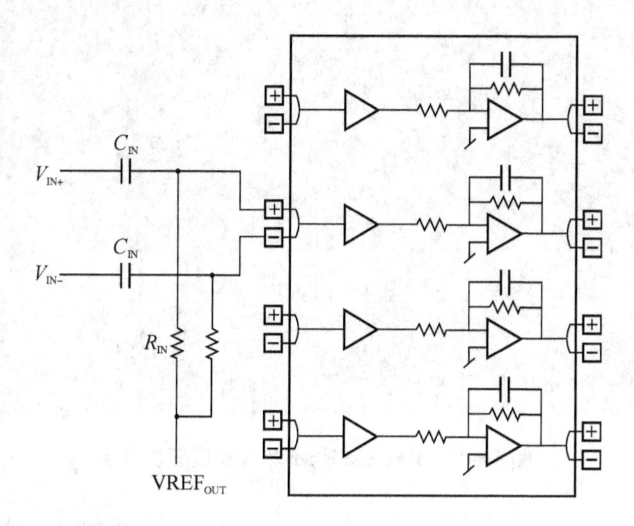

图5－89　具有直流偏置的交流偶合输入

(2) $VREF_{out}$缓冲电路

$VREF_{out}$输出为高阻抗，当用作为参考电压输出时，要进行缓冲。如图5－89所示。注意PAC块的输入不连接，反馈连接端要闭合。此时输出放大器的输出为$VREF_{out}$或2.5 V，这样每个输出成为$VREF_{out}$电压源，但不能将两个输出端短路。

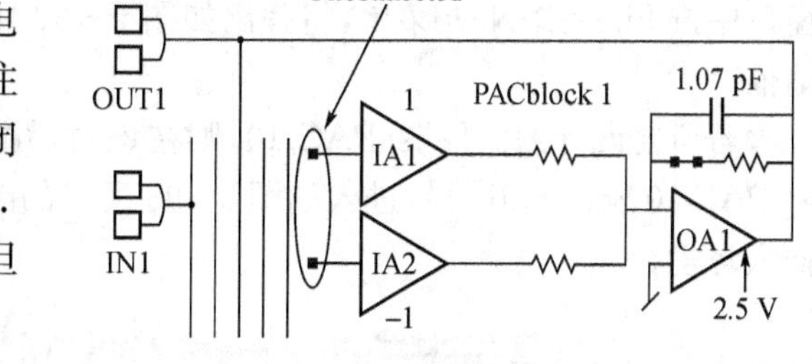

图5－90　PAC块用作$VREF_{out}$

5.5.4　PAC-Designer软件及开发实例

1) PAC-Designer软件的安装

(1) PAC-Designer软件的安装步骤：

①打开附带的光盘PAC-Designer软件的根目录下：Start＝＞ispPAC＝＞software

②运行pacd13. exe，根据提示步骤进行安装。安装完毕后重新启动计算机。

③如若PC机配置不是奔腾级的，可安装1.2版本即运行setup. exe，根据提示步骤进行安装，安装完毕后重新启动计算机。我们以最新的1.3版本pacd13. exe安装方式来介绍使用情况。

(2) 将PAC-Designer软件自带的许可文件license. dat，拷贝至C:\PAC-Designer（假定软件安装在C盘）目录下。

2) PAC-Designer软件的使用方法

(1) Start＝＞Programs＝＞Lattice Semiconductor＝＞PAC-Designer 1.3菜单(或双击桌面PAC-Designer 1.3图标)，进入PAC-Designer软件集成开发环境(主窗口)，如图5－91

所示。

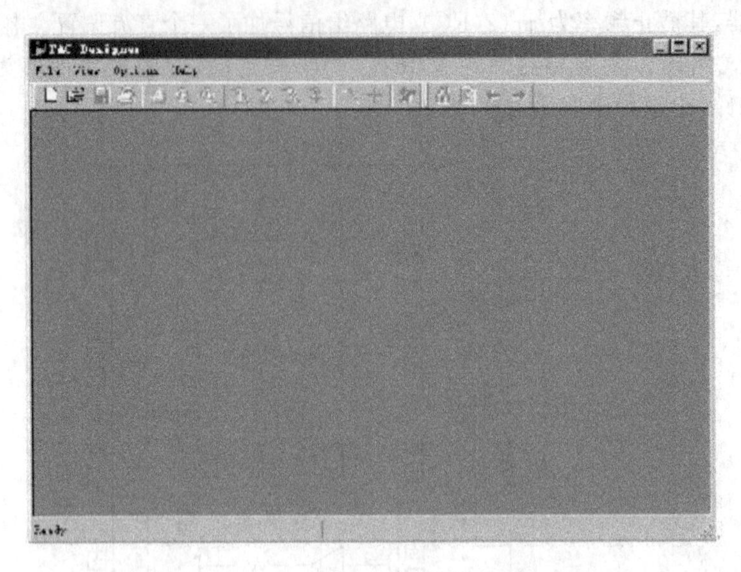

图 5 - 91　PAC-Designer 软件集成开发环境

(2) 设计输入

PAC-Designer 软件提供给用户进行 ispPAC 器件设计的是一个图形设计输入接口。在 PAC-Designer 软件主窗口中按 File=>New 菜单,将弹出如图 5 - 92 所示的对话框:

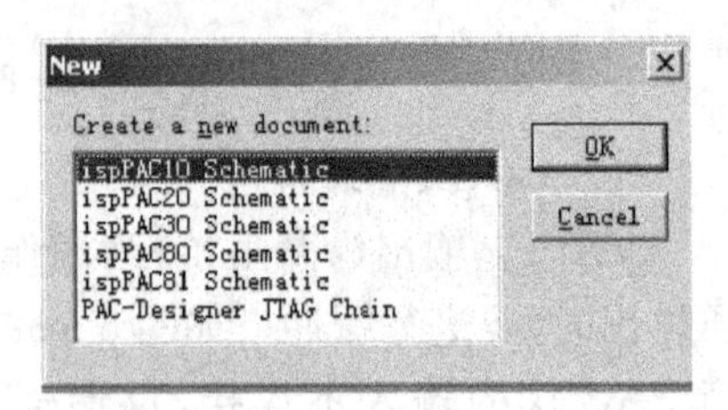

图 5 - 92　产生新文件的对话框

若所要设计的器件 ispPAC 10,则在该对话框中选择 ispPAC 10 Schematic 栏,进入如图 5 - 93 所示的图形设计输入环境。

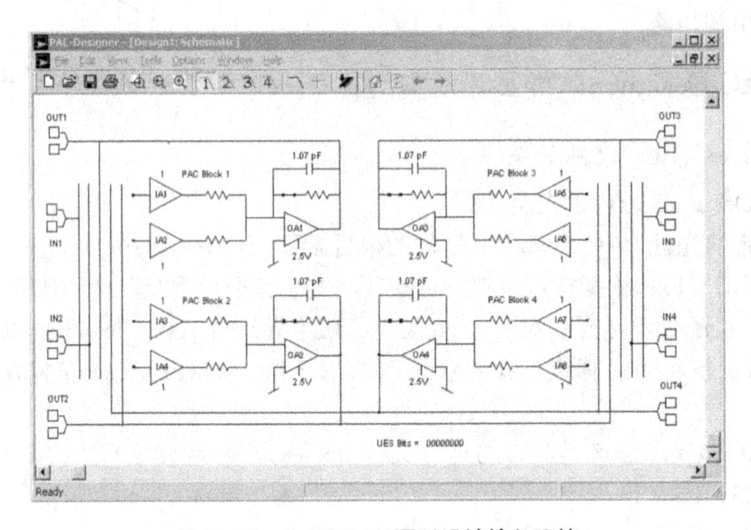

图 5 - 93　ispPAC 10 图形设计输入环境

如图 5 - 93 所示的图形设计输入环境中清晰地展示了 ispPAC 10 的内部结构:两个输入仪用放大器(IA)和一个输出运算放大器(OA)组成一个 PACBlock;四个 PACBlock 模块组成

整个 ispPAC 10 器件。因此用户在进行设计时所需做的工作仅仅是在该图的基础上添加连线和选择元件的参数。图形设计输入环境提供了良好的用户界面,绘制原理图的大部分操作可用鼠标来完成,因此有必要对设计过程中鼠标所处的各种状态作一简单介绍,参见表 5-39。

表 5-39 PAC-Designer 软件中鼠标的类型

状态类型编号	鼠标状态	功能描述
①标准类型		PAC-Design 图形输入环境中的标准鼠标类型。
②位于元件上方		该状态指示鼠标位于一个可编辑的元件上方。双击鼠表左键可编辑元件参数。
③位于连接点上方		该状态指示鼠标位于一个可编辑的连接点上方(尚未按鼠标时)。按下鼠标左键并移动开始画连接线。
④画一根连接线(鼠标位于一个有效的连接点上方)		将连线拖至一个有效的连接点上方时鼠标处于该状态。放开鼠标按钮将画上(或去除)一根连线。
⑤画一根连接线(鼠标位于一个无效的连接点上方)		将连线拖至一个无效的连接点上方时鼠标处于该状态。放开鼠标按钮将取消连线操作。
⑥选择放大区域		按 View=>Zoom In Select 菜单或 Zoom In Select 快速按钮可进入该状态。该状态可选择要放大的矩形区域。

为直观地介绍 PAC-Designer 的使用方法,这里举一个双二阶滤波器的设计实例贯穿整个软件使用介绍。该双二阶滤波器的原理图如图 5-94 所示。

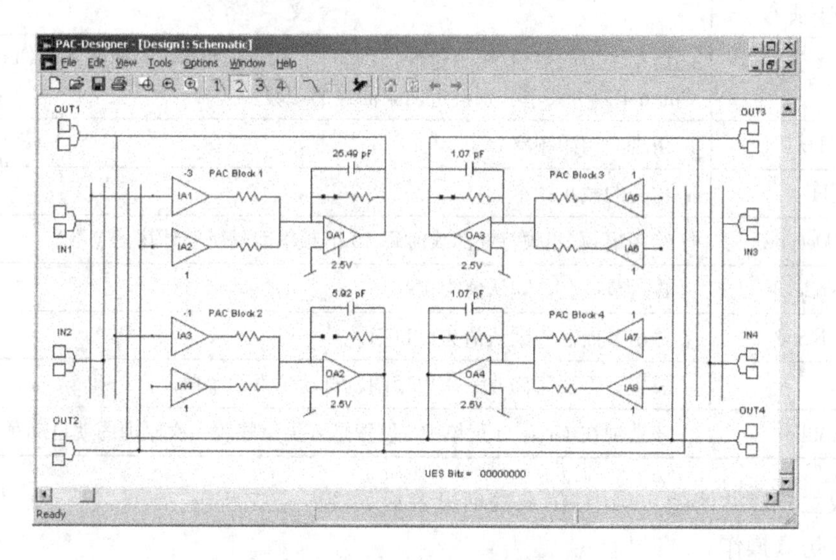

图 5-94 双二阶滤波器设计实例

要在图 5-93 的基础上完成这样一个滤波器,其步骤如下:

①添加连线

如先画 IN1 与 IA1 之间的连线。先将鼠标移至 IA1 的输入端，鼠标状态如表 5－38 中的类型③所示。按住鼠标左键将其移至 IN1 引线上，直至鼠标状态变为类型④，释放左键，连线就画上了。重复上述操作，添加所有连线。

②编辑元件

如先编辑元件 IA1 调整其增益。先将鼠标移至元件 IA1 的上方，鼠标状态如表 6.1 中的类型②所示。双击鼠标左键，弹出一个 Polarity & Gain Level 的对话框，在该菜单的滚动条中选择－3 后按 OK 钮。这样 IA1 的增益就被调整为－3。当然您也可以用 Edit=>Symbol 菜单来完成相同操作。按类似的操作步骤可完成 PACBlock 中反馈电容容值以及反馈电阻回路开断等的设定。

至此，双二阶滤波器的设计输入就完成了，按 File=>Save 菜单存盘。

③设计仿真

当完成设计输入后，您需要对您的设计作一下仿真以验证电路的特性 是否与设计的初衷相吻合。PAC-Designer 软件的仿真结果是以幅频和相频曲线的形式给出的。

仿真的操作步骤是：

①设置仿真参数

按 Options=>Simulator 菜单，产生如图 5－95 所示的对话框。

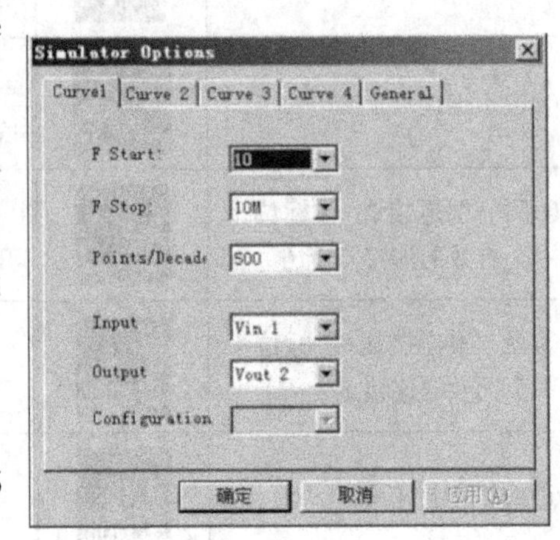

图 5－95 仿真参数设置对话框

对话框中各选项的含义如表 5－40 所示：

表 5－40 Simulator Options 中各选项的含义

选 项	含 义
Curve 1 至 4	仿真输出的幅频/相频特性曲线可同时显示四条不同的曲线。Curve 1 至 Curve 4 四个菜单分别设定四条曲线的参数。
F start(Hz)	仿真的初始频率
F stop(Hz)	仿真的截止频率
Points/Decade	绘制幅频/相频特性曲线时每 10 倍频率间隔所要计算的点数
Input Node	输入节点名。默认值为 IN1。
Output Node	输出节点名。默认值为 OUT1。
General	设置是否要每修改一次原理图就自动仿真的菜单。
Run Simulator…	该选项在 General 菜单中。设置是否要每修改一次原理图就自动仿真。

在本双二阶滤波器的实例中，仿真选项设置成如图 5－95 所示。

②执行仿真操作

在完成仿真参数设置后即可按 Tools=>Run Simulator 菜单进行仿真操作。对于本实例，仿真结果如图 5－96 所示。

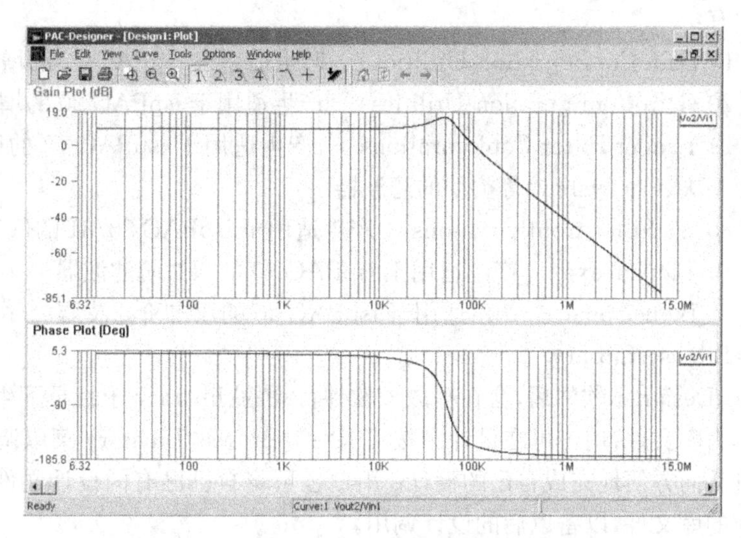

图 5-96 双二阶滤波器的仿真曲线

由于幅频/相频曲线为对数曲线,为减少观看时的读数误差,PAC-Designer 软件提供了十字型读数标尺的功能:选中 View=>Cross Hair 菜单,将鼠标移至曲线上某一点,单击鼠标左键,及可看见便于读数用的十字型标尺。与此同时,在窗口的右下角会显示对应的频率值、幅值和相位值。

(3) 器件编程

完成设计输入和仿真操作后,最后一步工作是对 PAC 器件进行编程。ispPAC 器件的硬件编程接口电路是 IEEE1149.1—1990 定义的 JTAG 测试接口。对 ispPAC 器件编程仅需要一个标准的+5V 电源和四芯的 JTAG 串行接口。有关 JTAG 操作的细节可查看 IEEE 的有关说明或 ispPAC 光盘上的数据手册中的产品细节部分。

所有编程操作需要一台 PC 机和含有 ispPAC 器件的模拟电子电路实验箱,以及用于两者间通信的、连接于 PC 并行口和 ispPAC 器件 JTAG 串型接口的编程电缆一根。

在正确连接完硬件部分,+5V 的单电源供电,在 25 针并行口下方通过连接 J1、J2 跳线(不可同时连接 J3)后,执行 Tools=>Download 菜单即可完成整个器件编程工作。Tools=>Verify 菜单是验证 ispPAC 中已编程的内容是否与原理图所示的一致。Tools=>Upload 菜单是将 ispPAC 中已编程的内容读出并显示在原理图中。

(4) PAC-Designer 软件的几个重要的功能

至此,PAC-Designer 软件的重要操作流程已经介绍完毕。为了进一步熟练运用该软件,这里介绍一下该软件的其他几个重要的功能:

①Tools=>Design Utilities 菜单

该菜单具有根据用户定义的参数值自动生成满足条件的增益、双二阶、巴特沃斯(Butterworth)、切比雪夫(Chebyshev)等类型的滤波器,并可直接下载应用。

启动该菜单会产生如图 5-97 所示的对话框。

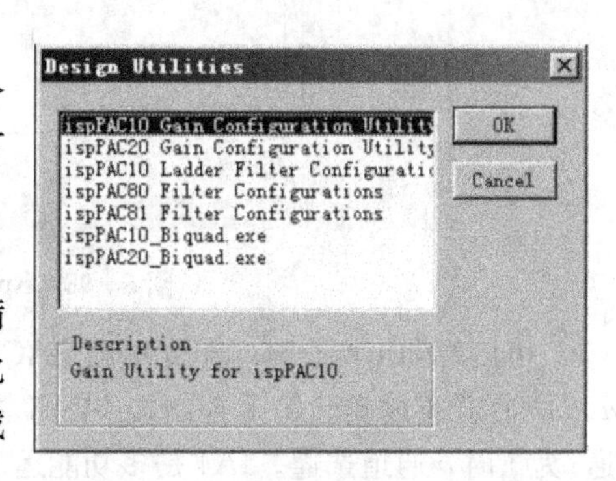

图 5-97 Design Utilities 对话框

该对话框中有：

a. ispPAC 10 Gain Configuration Utilities － 产生适用于 ispPAC 10 的增益

b. ispPAC 20 Gain Configuration Utilities － 产生适用于 ispPAC 20 的增益

c. ispPAC 10_Ladder Filter Configurations － 产生适用于 ispPAC 10 的巴特沃斯(Butterworth)、切比 雪夫(Chebyshev)等类型的滤波器

d. ispPAC 80/81 Filter Configurations －产生适用于 ispPAC 80/81 的低通滤波器

e. ispPAC 10_Biquad. exe － 产生适用于 ispPAC 10 的双二阶滤波器

f. ispPAC 20_Biquad. exe － 产生适用于 ispPAC 20 的双二阶滤波器

• File=>Browse Library

安装完 PAC-Designer 软件后，会在存放该软件目录的\libarary 子目录下生成一系列. pac 的设计源文件作为库文件，用户可在设计中按 File=>Browse Libarary 菜单调用这些文件并在此基础上改进从而方便地完成自己的设计。用户也可将自己已有的设计文件(*. pac)放入该目录下作为新的库文件，以备以后的设计调用。

• Edit=>Security

该菜单可以用来选择设计下载至 ispPAC 器件后能否允许被读出，起加密保护作用。

3) ispPAC 20 器件的软件的设计方法

设计输入如图 5－92 对话框选择 ispPAC 20 Schematic，点击 OK，进入如图 5－98 所示图形设计输入环境。

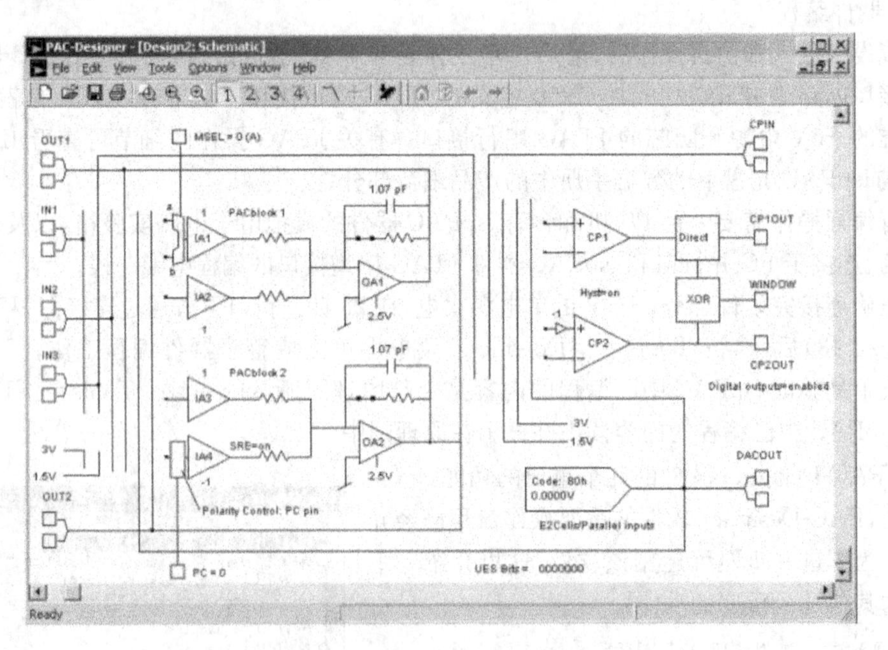

图 5－98　ispPAC 20 图形设计输入环境

可以看到由两个基本单元电路 PACblock1 和 PACblock2 块。IA1 模块相当于两个运放，a、b 两通道通过实验箱上控制端 MSEL 控制，当外部插孔 MSEL 输入电平为 0 时，a 通道选通；为 1 时 b 通道选通。IA4 是多功能运放，有一个极性控制端 PC，通过外部插孔 PC 控制，也可在内部软件控制极性进行模拟仿真，方法如下：双击 PC=0/1 处，可弹出一“PC Pin Simulation Stimulus”对话框，当 PC 为 0 时，增益调整为＋10～＋1；为 1 时增益调整为－10～－1。还有两个比较器 CP1、CP2，有一比较器的迟滞控制 Hyst＝on/off，可通过双击此处弹出“Comparator Hysteresis Control”对话框来选择开关。CP1OUT 有两种输出选择，双击“direct”处可弹出“Comparator CP1 Buffer Control”对话框，一种直接输出，另一种用于 IA4 极性控制输入信号，相应双击“Polarity control：PC pin”弹出“IA4 Polarity Control”对话框选择 CP1OUT 即可应用，若用外部 PC 控制极性则还原为 PC 选项。另外有一 WINDOW 输出口，有两种选择模式，双击“XOR”，可弹出“Comparator Window mode”进行选择。此外还有 DAC 模块，可以使用内部数据库，也使用外部的数据，数据口 D7—D0 通过拨码开关来输入，通过双击“E2Cells/Parallel inputs”弹出控制画面来控制，相应连接对应插孔的电平来控制。

下面是比较器实例，它将外部 CPIN 信号（任意包函 DACOUT 幅值的正弦波信号）与 DACOUT（内部数据）比较，通过示波器可看到比较的结果（方波）（见图 5－99）。

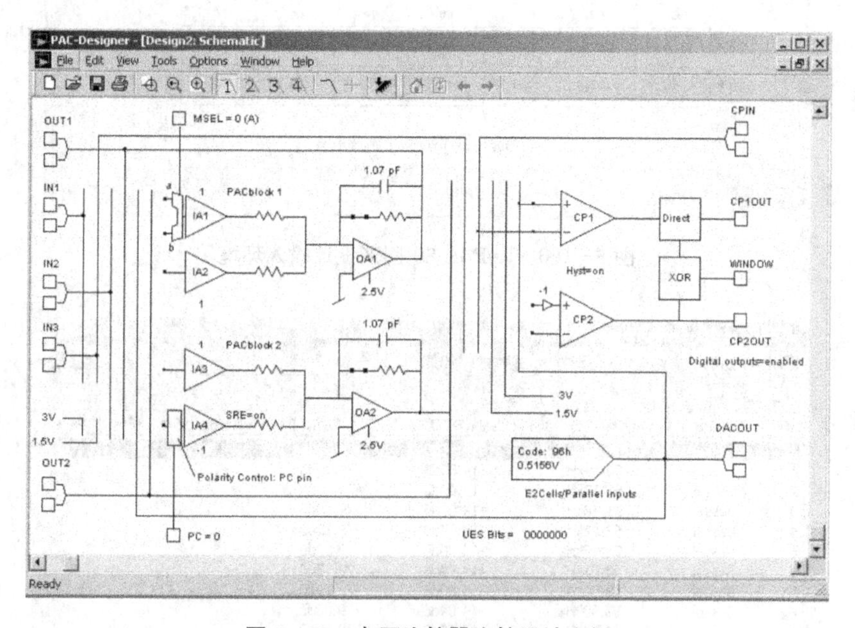

图 5－99　电压比较器比较设计实例

4）ispPAC 80 器件的软件设计方法

ispPAC 80 的内核是一个五阶滤波器，其软件设计方法与 ispPAC 10、ispPAC 20 稍有不同，现简介如下。

在图 5－92“产生新文件的对话框”中，选择 ispPAC 80 Schematic 栏，进入如图 5－100 所示的 ispPAC 80 的图形设计输入环境：

每片 ispPAC 80 器件可以同时存贮两组不同参数的五阶滤波器配置（CfgA 和 CfgB），在进行设计前其默认值是空的（CfgA unknown，CfgB unknown），如图 5－100 所示。

ispPAC Designer 软件含有八千多种不同类型和参数的五阶滤波器库，设计者可以调用该库从而方便地完成设计，方法如下。先设计第一个配置（CfgA）：双击 CfgA unknown 所在的矩形框，产生如图 5－101 所示的五阶滤波器库。

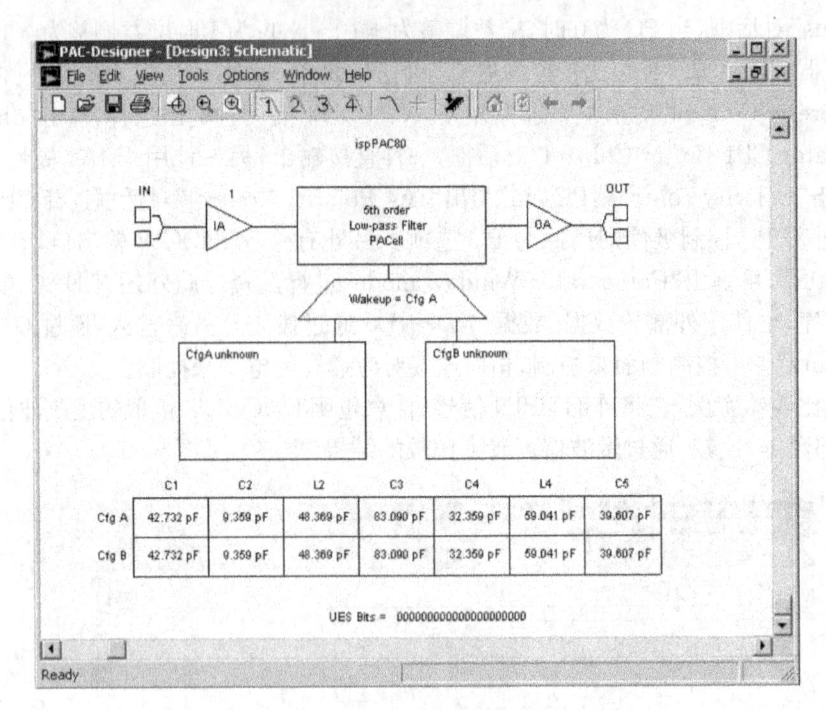

图 5－100　ispPAC 80 图形设计输入环境

PAC-Designer - [Design3: Filter Configurations]

File Edit View Tools Options Window Help

ID	FilterType	Cut Off: Fc = -3dB	Gain @ 2 X Fc	Gain @ 10 X Fc	Pass Band Freq. (Fp)	Pa
0	Bessel	49.87kHz	-14.05dB	-79.07dB		
1	Bessel	50.34kHz	-14.00dB	-79.00dB		
2	Bessel	51.10kHz	-14.07dB	-79.16dB		
3	Bessel	51.46kHz	-14.07dB	-79.09dB		
4	Bessel	52.02kHz	-14.04dB	-79.15dB		
5	Bessel	52.47kHz	-14.00dB	-79.07dB		
6	Bessel	53.01kHz	-14.04dB	-79.15dB		
7	Bessel	53.54kHz	-14.09dB	-79.14dB		
8	Bessel	53.90kHz	-14.04dB	-79.08dB		
9	Bessel	54.54kHz	-14.10dB	-79.18dB		
10	Bessel	55.02kHz	-14.06dB	-79.10dB		
11	Bessel	55.51kHz	-14.04dB	-79.09dB		
12	Bessel	55.92kHz	-14.01dB	-79.03dB		
13	Bessel	56.56kHz	-14.06dB	-79.13dB		
14	Bessel	56.97kHz	-14.01dB	-79.03dB		
15	Bessel	57.46kHz	-14.11dB	-79.10dB		
16	Bessel	57.82kHz	-13.94dB	-78.96dB		
17	Bessel	58.39kHz	-14.02dB	-79.04dB		

Ready

图 5－101　五阶滤波器库

该库中含有各种不同类型的滤波器，如巴塞尔滤波器（Bessel）、线性滤波器、高斯滤波器（Gaussian）、巴特沃斯滤波器（Butterworth）、椭圆滤波器等，每种类型的滤波器根据其参数值的不同，又分为不同的具体型号，共计 8 244 种。

根据设计要求选定一种滤波器，如第 4 001 种（ID 号为 4000）的椭圆滤波器，双击该 ID 号，将该种滤波器拷贝进 ispPAC 80 的第一组配置 Configuration A 中。同样可再选一种滤波器并将其拷贝进 Configuration B 中。这时，图 5－100 中的 ispPAC 80 图形设计输入环境变成图

5－102所示。

在图5－102中，双击输入仪用运放IA图标，可以调整输入增益倍数(1，2，5或10)。同样，双击Wakeup＝Cfg A的梯形图标，可以设置激活配置Cfg A或Cfg B。

在上述设计输入完毕后，按Tools＝>Run Simulator菜单，可对设计进行仿真，其方法与ispPAC 10的仿真方法相同。

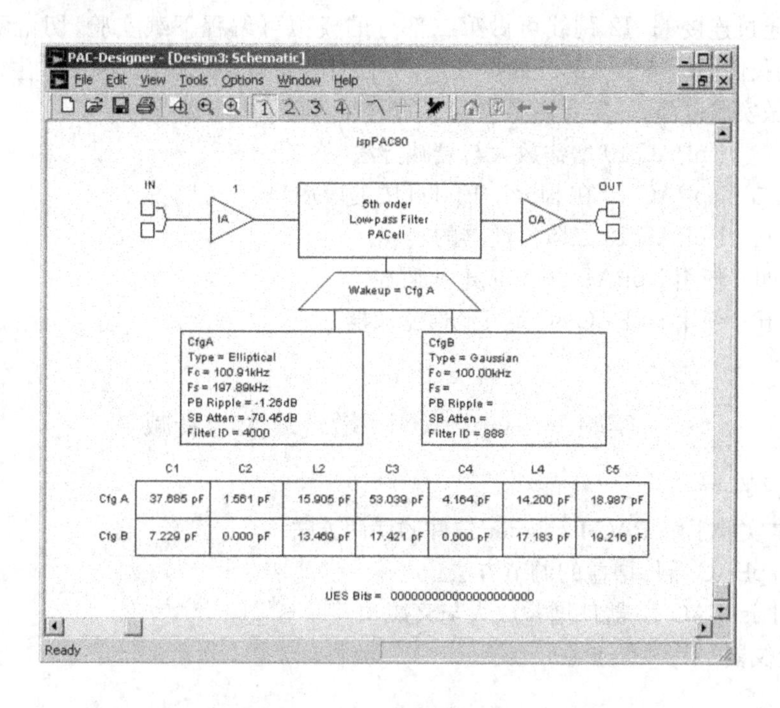

图5－102 调入滤波器库后的ispPAC 80图形设计输入环境

若仿真结果仍与设计要求有所偏差，则还可以调整图5－102中的滤波器参数C_1，C_2，L_2，C_3，C_4，L_4和C_5(双击该处即可进入参数调整状态)。这些参数的含义如图5－103所示。

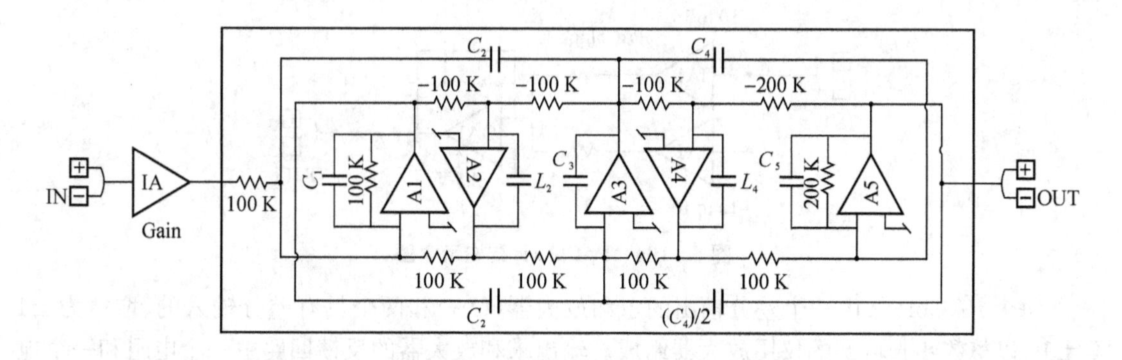

图5－103 ispPAC 80内部的五阶滤波器简化结构示意图

5.5.5 参考实验

此模拟电子电路实验箱可编程模拟电路部分PAC-Designer软件使用1.3最新版，下载方式采用JTAG模式来下载所设计原理图，我们分五个实验，完成对可编程模拟器件的熟悉和应用，同时，同学们可对照第一部分用分立元件完成同样实验内容的优缺点。如果想知道更多的相关知识，可以到 www. latticesemi. com 网站了解更多的知识。

首先了解一下可编程实验的硬件环境，模拟电子电路实验箱内含有三种可编程实验的硬件器件，通过跳线来选择下载芯片，另外在模拟可编程实验箱元件布图所示(25针并行口下方)J1、J2、J3处，通过连接J1、J2跳线可做第二部分的模拟可编程下载实验，切记不可同进接上J3。所有实验我们仍保持第一部分插拨方式，所有引脚通过插孔输出，保持学生连线动手的方式做实验，在做实验以前，一定要熟悉前四节的内容。实验内容如下：

(1) 实验一　ispPAC 10 增益放大与衰减方法

(2) 实验二　ispPAC 10 在 Single-Ended 中的应用

(3) 实验三　ispPAC 10 二阶滤波器的实现

(4) 实验四　使用 ispPAC 20 完成电压监控

(5) 实验五　使用 ispPAC 80 完成低通滤波器

实验一　ispPAC 10 增益放大与衰减

一、实验目的：

1. 通过本实验了解 PAC-Designer 软件的使用方法。

2. 了解 ispPAC 器件增益的调节方法。

3. 会设计 ispPAC 10 器件增益放大与衰减。

二、实验仪器

示波器

三、实验原理

每片 ispPAC 10 器件由四个集成可编程模拟宏单元(PACblock)组成的，图 5-104 所示的是 PACblock 的基本结构。

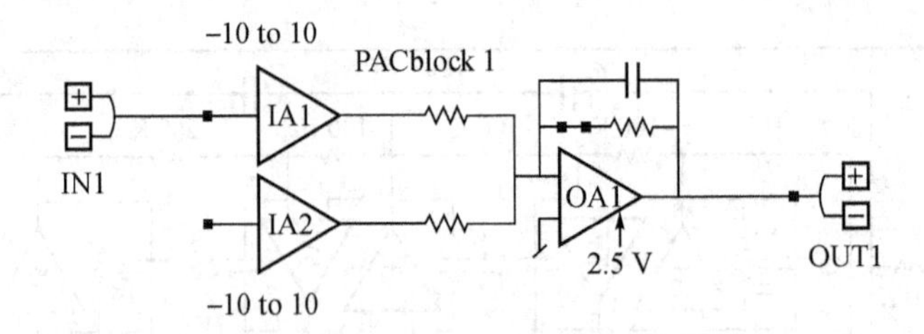

图 5-104　PACblock 结构示意图

每个 PACblock 由一个差分输出的求和放大器(OA)和两个具有差分输入的、增益为±1至±10以整数步长可调的仪用放大器组成。输出求和放大器的反馈回路由一个电阻和一个电容并联组成。其中，电阻回路有一个可编程的开关控制其开断；电容回路中提供了120多个可编程电容值以便根据需要构成不同参数的有源滤波器电路。

1. 通用增益设置

通常情况下，PACblock 中单个输入仪用放大器的增益可在±1至±10的范围内按整数步长进行调整。如图 5-105 所示，将 IA1 的增益设置为 4，则可得到输出 V_{OUT1} 相对于输入 V_{IN1}

为 4 的增益;将 IA1 的增益设置为－4,则可得到输出 V_{OUT1} 相对于输入 V_{IN1} 为－4 的增益。

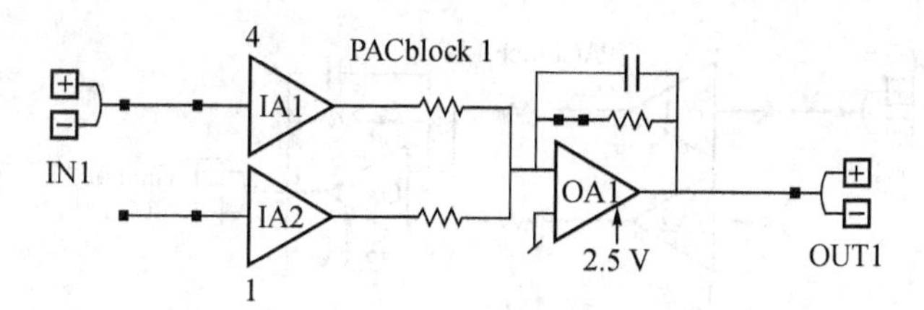

图 5－105 增益为 4 的 PACblock 配置图

设计中如果无需使用输入仪用放大器 IA2,则可在图 5－105 的基础上加以改进,得到最大增益为±20 的放大电路,如图 5－106 所示:

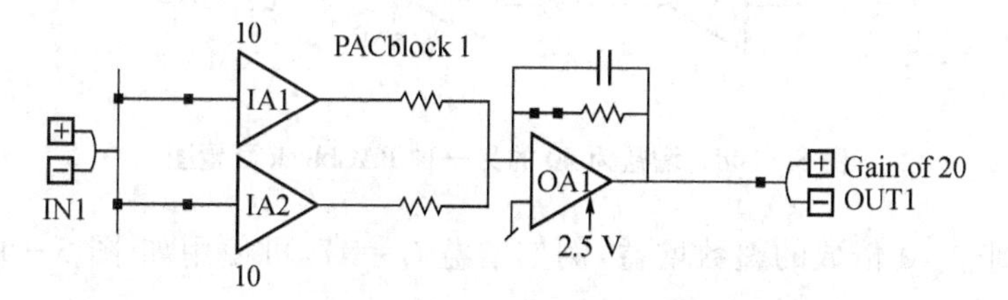

图 5－106 增益为 20 的 PACblock 配置图

在图 5－106 中,输入放大器 IA1、IA2 的输入端直接接信号输入端 IN1,构成加法电路,整个电路的增益 OUT1/IN1 为 IA1 和 IA2 各自增益的和。

如果要得到增益大于±20 的放大电路,可以将多个 PACblock 级联。图 5－107 所示的是增益为 40 的连接方法。

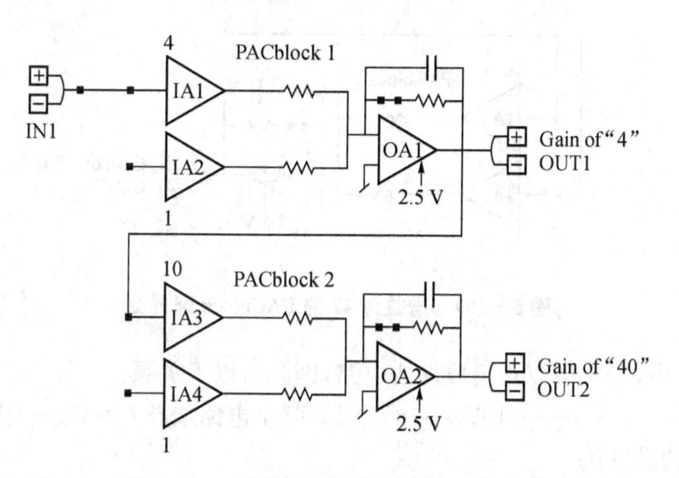

图 5－107 增益为 40 的 PACblock 配置图

图 5－107 中使用了两个 PACblock:IA1、IA2 和 OA1 为第一个 PACblock 中的输入、输出放大器,IA3、IA4 和 OA2 为第二个 PACblock 中的输入、输出 放大器。第一个 PACblock 的输出端 OUT1 接 IA3 的输入端。这样,第一个 PACblock 的增益 $G_1=V_{OUT1}/V_{IN1}=4$,第二个 PACblock 的增益 $G_2=V_{OUT2}/V_{OUT1}=10$。整个电路的增益 $G=V_{OUT2}/V_{IN1}=G_1*G_2=4*10=40$。

如果将第二个 PACblock 中的输入放大器组成加法电路,那么可以用另一 种方式构成增益为 40 放大电路，如图 5-108 所示。

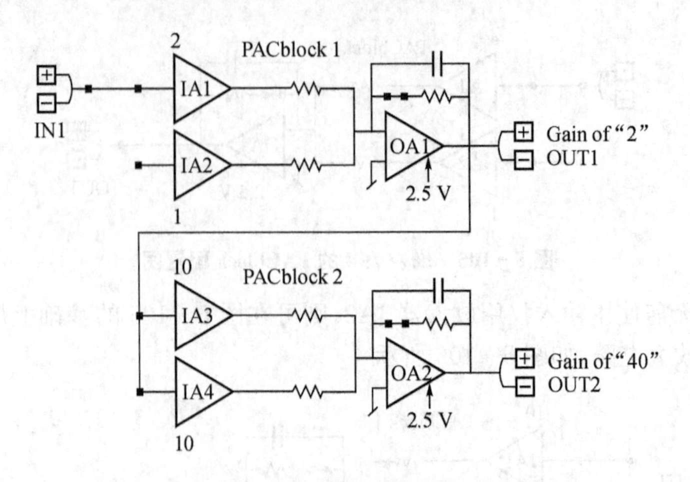

图 5-108　增益为 40 的另一种 PACblock 配置图

如果要得到非 10 倍数的整数增益，例如增益 $G=47$，可使用如 图 5-109 所示的配置方法。

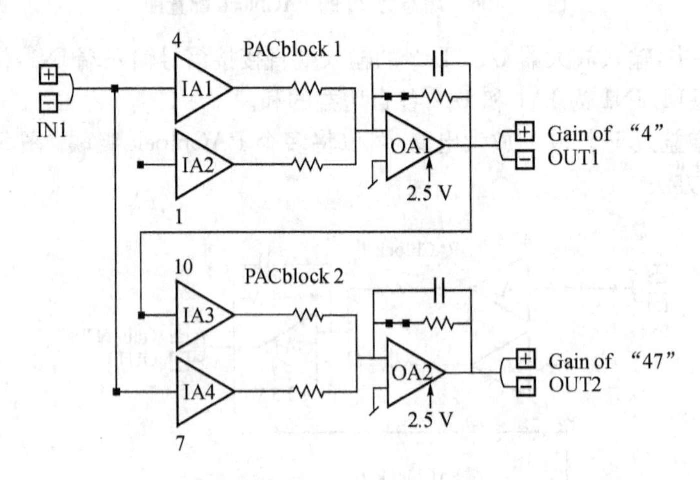

图 5-109　增益为 47 的 PACblock 配置图

在图 5-109 中，IA3 和 IA4 组成加法电路，因此有以下关系：

$V_{OUT1}=4*V_{IN1}$　$V_{OUT2}=10V_{OUT1}+7IN1$　整个电路增益 $G=V_{OUT2}/V_{IN1}=47$。

2. 分数增益的设置法

除了各种整数倍增益外，配合适当的外接电阻，ispPAC 器件可以提供任意 的分数倍增益的放大电路。例如，想得到一个 5.7 倍的放大电路，可按图 5-110 所示的电路设计。

图 5-110 中，通过外接两个 50 K 和 11.1 K 的电阻分压，得到输入电压：

$V_{IN2}=11.1/(50+50+11.1)V_{in}=0.0999V_{in}\approx V_{in}/10$ 而 $V_{out1}=5*V_{in}+V_{IN2}=5*V_{in}+7*(V_{in}/10)=5.7V_{in}$

因此　$G=V_{out1}/V_{in}=5.7$

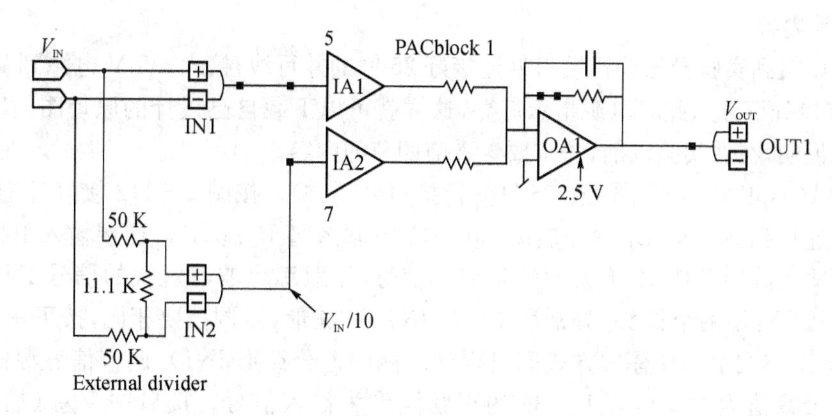

图 5-110 增益为 5.7 的 PACblock 配置图

3. 整数比增益设置法

运用整数比技术，ispPAC 器件提供给用户一种无需外接电阻而获得某些整数比增益的电路，如增益为 1/10，7/9 等等。图 5-111是整数比增益技术示意图。

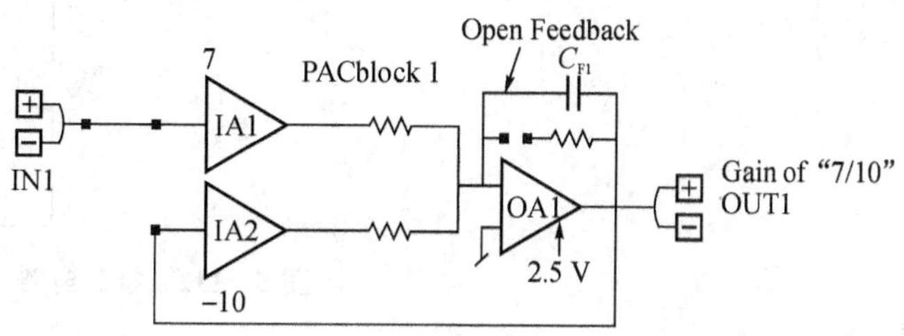

图 5-111 整数比增益技术示意图

在图 5-111 中，输出放大器 OA1 的电阻反馈回路必须开路。输入仪用放大器 IA2 的输入端接 OA1 的输出端 OUT1，并且 IA2 的增益需设置为负值以保持整个电路的输入、输出同相。在整数比增益电路中，假定 IA1 的增益为 G_{IA1}，IA2 的增益为 G_{IA2}，整个电路的增益为 $G=-G_{IA1}/G_{IA2}$。若如图 5-111 中选取 $G_{IA1}=7$，$G_{IA2}=-10$，整个电路增益为 $G=0.7$。在采用整数比增益电路时，若发现有小的高频毛刺影响测量精度，这时需稍稍增大 C_{F1} 的电容值。为方便读者查询，表 5-41 列出了所有的整数比增益值。

表 5-41 IA2 作为反馈单元的整数比增益

IA2	IA1									
	1	2	3	4	5	6	7	8	9	10
−1	1	2	3	4	5	6	7	8	9	10
−2	0.5	1	1.5	2	2.5	3	3.5	4	4.5	5
−3	1/3	2/3	1	4/3	5/3	2	7/3	8/3	3	10/3
−4	0.25	0.5	0.75	1	1.25	1.5	1.75	2	2.25	2.5
−5	0.2	0.4	0.6	0.8	1	1.2	1.4	1.6	1.8	2
−6	1/6	1/3	0.5	2/3	5/6	1	7/6	4/3	1.5	5/3
−7	1/7	2/7	3/7	4/7	5/7	6/7	1	8/7	9/7	10/7
−8	0.125	0.25	0.375	0.5	0.625	0.75	0.875	1	1.125	1.25
−9	1/9	2/9	1/3	4/9	5/9	2/3	7/9	8/9	1	10/9
−10	0.1	0.2	0.3	0.4	0.5	0.6	0.7	0.8	0.9	1

四、实验内容

1. 从 PC 机到实验箱的并行接口处连接好 25 针的并行线，接入+5 V 电源到 V_{CC}插孔（在 25 针并行接口处下方），此时电源指示灯亮，这样就可以下载自己设计的原理图。以后实验中此步骤不再说明，在做实验以前，一定要熟悉前四节的内容。

2. 连接好 ispPAC 10 跳线（在 25 针并行接口处下方）。按图 5－112 接好外围接口电路，信号源输出连接到 SIGNAL，IN_+连接 ispPAC 10 输入脚 $IN1_+$、IN_-连接输入 $IN1_-$，用双踪示波器观察输入波形 IN1（由于放大的是差模信号，用双踪示波器观察的信号 $IN1=IN1_+-IN1_-$。方法如下：用两个探头，分别测 $IN1_+$、$IN1_-$的波形，微调挡要相同，按下示波器 Y2 反相按键，在显示方式中选择叠加方式即可得到所测的差分波形 IN1），调节信号源使 IN1 处的波形为一个峰峰值为 200 mV、1 kHz 的正弦波作为输入信号。接口中 V_{REF}（插孔引出）为 2.5 V接到 IN_-中。

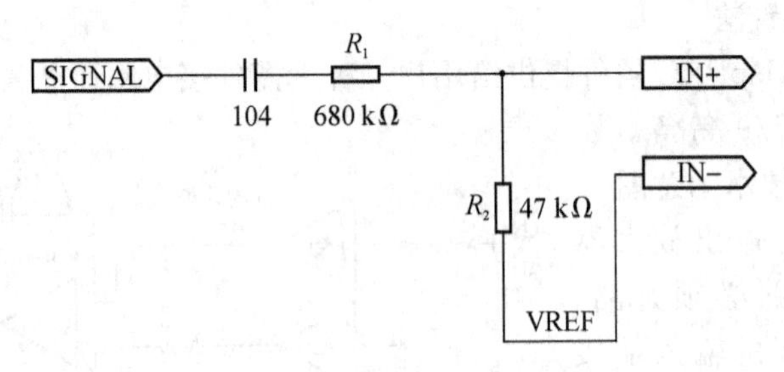

图 5－112　接口电路

3. 可按 File=>Browse Libarary 菜单打开 ispPAC 10_Gainx100. pac 增益，下载并显示成功菜单，按确定即可实现相应增益。用双踪示波器观察输出 OUT1（方法同上）波形 OUT1 放大了 10 倍，修改 IA1 增益，记录相应 OUT1 变化情况。

4. 仍调用 ispPAC 10_Gainx100. pac 增益原理图，测量放大了 100 倍的 OUT2 作为输出，由于限幅作用出现失真，有两种方法在线下载使输出不失真：

a) 调节信号源使输出刚好不失真；

b) 改变 IA1 和 IA3 的增益值。

实验二　ispPAC 10 在 Single-Ended 中的应用

一、实验目的

1. 通过本实验掌握 PAC-Designer 软件的使用方法。

2. 了解 ispPAC 10 器件单端输入的应用。

二、实验仪器

1. 示波器

2. 万用表

三、实验原理

本实验扼要地介绍了 ispPAC 10 器件当用在输入和输出级与单端信号进行接口的能力。ispPAC 10 有 8 个差分仪表放大器。最大输入信号范围和其相应的共模电压范围都是输入增益设置的函数。最大输入电压乘以单个单元的增益不能超过该单元的输出范围，否则将出现限幅。最大保证输入范围为 1 V 至 4 V，当电源电压为 5.0V 时，其容差为 0.3 V。

单端信号可以被连接到 ispPAC 10 的输入，并且一半的差分输出可以用来驱动单端负载。所以，除了全差分输入和输出的特点外，仅仅输入或者仅仅输出或者两者都可以用于单端应用系统。对于那些同时拥有单端通路和差分信号通路的系统，ispPAC 10 能很容易与这两种类型电路接口。为了让 ispPAC 10 差分输入与单端信号接口，其中一个差分输入需要连接到一个 DC 偏置上，最好是 2.5 V 的 VREFOUT 信号。输入信号必须要么是 AC 耦合的，要么是有一个 DC 偏置，该偏置相当于其他输入的 DC 水平。既然输入电压被定义为 VIN（VIN＋－VIN－），可以忽略共模电平。如果输入信号电平接近 2.5 V，那么它可以直接连接到 ispPAC 10 输入。如果 DC 电平不接近 2.5 V，则必须添加一个偏置电路来调整 DC 电平到 2.5 V。可以用一个简单的阻抗排列来偏置一个信号到 2.5 V（图 5－113）。

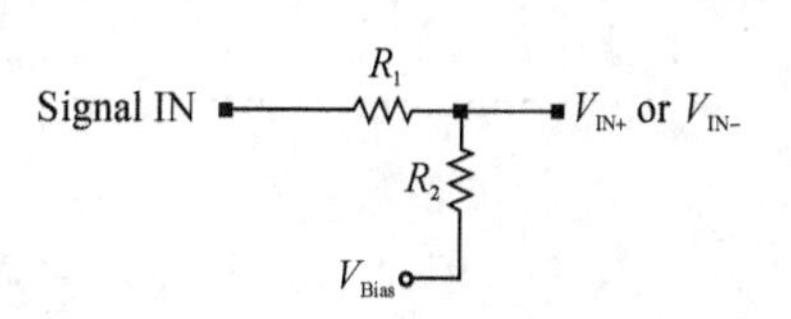

图 5－113　偏置电路

$$V_{IN+}=\frac{V_{IN}\cdot R_2}{R_1+R_2}+\frac{V_{Bias}\cdot R_1}{R_1+R_2} \tag{5.2-1}$$

注意：若公式 5.2－1 所示，输入信号被衰减。对于 AC 耦合的那些信号，ispPAC 10 输入需要一个 2.5 V 的 DC 偏置。一个简单的偏置网络可以由两个电阻器和耦合电路（图 5－115）中的电容器组成。此网络形成一个高通滤波器，截止频率为（$1/2\pi RC$）。DC 参考应当等于 VS/2（＋2.5 V）。可以使用 V_{REFOUT} 或者一个不用的 PACblock 的输出。当使用 V_{REFOUT} 引脚时，电阻器的阻值应当等于 100 K 或者更大一些。如果使用一个 PACblock 的输出，这些电阻器的阻值可以很小，小到 600。

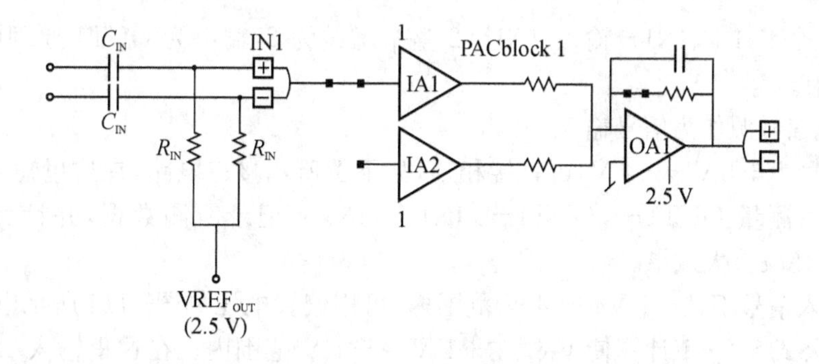

图 5－114　交流双端输入

对于需要单向输出的那些应用场合，只使用一半的差分输出对。输出对的另一个输出应当让其开路。如果不使用可选的 CMVIN 引脚的话，输出的 DC 电平将为 2.5 V。如果负载不是 AC 耦合，它将下拉一个恒定电流。使用一个差分输出可以把供用的输出电压摆动（3 V_{pp} 对 6 V_{pp}）减半。既然不管是差分式还是单向，输出电流是不变的，所以单个输出作为一个差分输出，它能驱动两倍负载（300 对 600 或者 2 000 pF 对 1 000 pF）。如果负载要求 DC 电流，那么供用给电压摆动的数量要减少。输出电流能达到 10 mA，所以任意一个 DC 直流提高了供用的最小负载阻抗。

当用传统运算放大器与其他电路接口时，很容易把一个 ispPAC 10 的差分输出信号转换为用一个标准差分放大器配置（图 5－115 所示的）的单端信号。

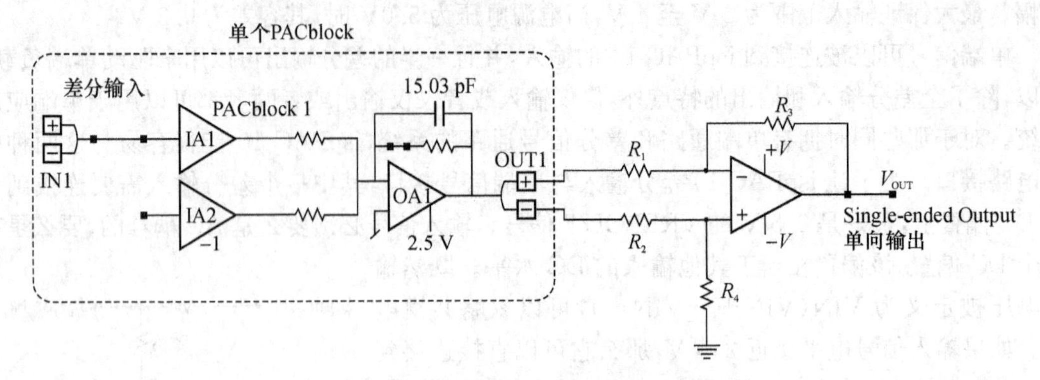

图 5－115　ispPAC 10 驱动差分放大器

当输出用做单端时，性能上有些降低，主要是输出偏移。因为是差分结构，所以从输入到输出，"共模"偏移和误差受到了抑制。当输出用做单端时，与输出级有关的共模误差不能被取消掉。DC 偏移 V_{OUT+} 或者是 V_{OUT-} 与 V_{REFOUT} 有 15 mV 的偏差。总而言之，ispPAC 10 的差分结构有助于减小与共模信号有关的噪声。

四、实验内容

1. 从 PC 机到实验箱的并行接口处连接好 25 针的并行线，接入＋5 V 电源到 V_{CC} 插孔（在 25 针并行接口处下方），此时电源指示灯亮，这样就可以下载自己设计的原理图。连接好 ispPAC 10 跳线，不输入任何信号和下载空原理图，用数字万用表测量输出电压 OUTx＋、OUTx－（x＝1 或 2、3、4），理论上 OUTx＋＝OUTx－＝2. 5 V，差模电压 OUTx＝0 V，记录所测数据。

2. 设计一个 IN1＋、IN1－输入，IA1＝2 整个增益为 2，输出为 OUT1 原理图下载到 ispPAC 10 器件中。

3. 用直流信号源作为信号输入

(1) 若信号为＋1 V—＋4 V，可直接相连，如下图所示接口电路，在这里输入 3 V 的直流电压，用万用表测量 OUT1＋，OUT1－，IN1＋，IN1－记录所测数据，并计算出差模电压 OUT1、IN1 并比较放大效果。

(2) 若输入信号不在＋1 V～＋4 V 范围内，可用偏置电压如图－113 所示电路，一般 V_{Bias} 为 2. 5 V，用公式 5. 2－1 计算使 V_{IN+} 在＋1 V～＋4 V 范围内。在这里输入 12 V 的直流电压，我们设置 R_1＝47 K，R_2＝10 K 已满足条件，用万用表测量 OUT1＋，OUT1－，IN1＋，IN1－记录所测数据，并计算出差模电压 OUT1、IN1 并比较放大效果。

4. 从信号发生器中调节 1 kHz 的正弦波作为输入信号，输入信号之前需接入接口电路：

(1) 若交流信号源峰峰电压值小于 3 V，接口电路如实验一图 5－112 所示接口电路不需要 R_1 电阻即通过电容直接输入 IN1＋，R_2 保持不变，用示波器观察效果。

(2) 若交流信号源峰峰电压值大于等于 3 V，我们设计输入信号的峰峰值在 30 V 以内，接口电路如实验一图 5－112 所示连线，使 IN1＋的电压在＋1 V～＋4 V范围内，即加上了偏置电路，用示波器观察效果，更大时自行设计。

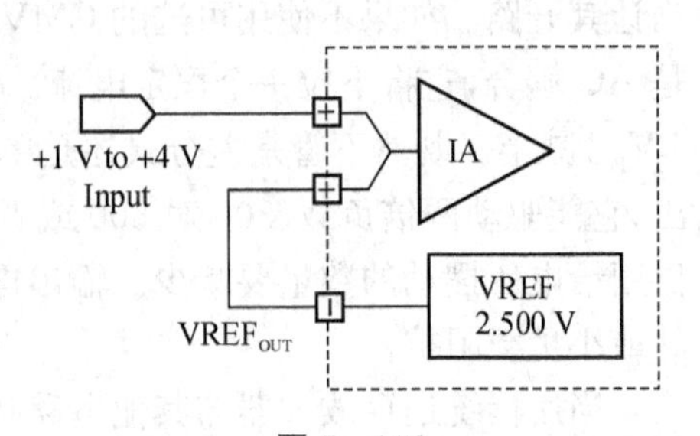

图 5－116

实验三 ispPAC 10 二阶滤波器的实现

一、实验目的

1. 了解 ispPAC 10 器件滤波器的设计方法。

2. 学会用软件自动产生电路图的应用。

二、实验仪器

示波器

三、实验原理

在一个实际的电子系统中，它的输入信号往往受干扰等原因而含有一些不必要的成分，应当把它衰减到足够小的程度。在另一些场合，我们需要的信号和别的信号混在一起，应当设法把前者挑选出来。为了解决上述问题，可采用有源滤波器。

这里主要叙述如何用在系统可编程模拟器件实现滤波器。通常用三个运算放大器可以实现双二阶型函数的电路。双二阶型函数能实现所有的滤波器函数，低通、高通、带通、带阻。双二阶函数的表达式如下，式中 $m=1$ 或 0，$n=1$ 或 0。

$$T(s)=K\frac{ms^2+cs+d}{ns^2+ps+b}$$

这种电路的灵敏度相当低，电路容易调整。另一个显著特点是只需要附加少量的元件就能实现各种滤波器函数。首先讨论低通函数的实现，低通滤波器的转移函数如下。

$$T_{\text{lp}}(s)=V_{\text{o}}/V_{\text{in}}=\frac{-d}{s^2+ps+b}$$

$$(s^2+ps+b)V_{\text{o}}=-dV_{\text{in}}$$

$$V_o=-\frac{b}{s(s+p)}V_0-\frac{d}{s(s+p)}V_{\text{in}}$$

上式又可写成如下形式

$$V_{\text{o}}=(-1)\left(-\frac{k_1}{s}\right)\left[\left(-\frac{k_2}{s+p}\right)V_{\text{o}}+\left(-\frac{d/k_1}{s+p}\right)V_{\text{in}}\right]\quad b=k_1k_2$$

最后一个等式的方框图为

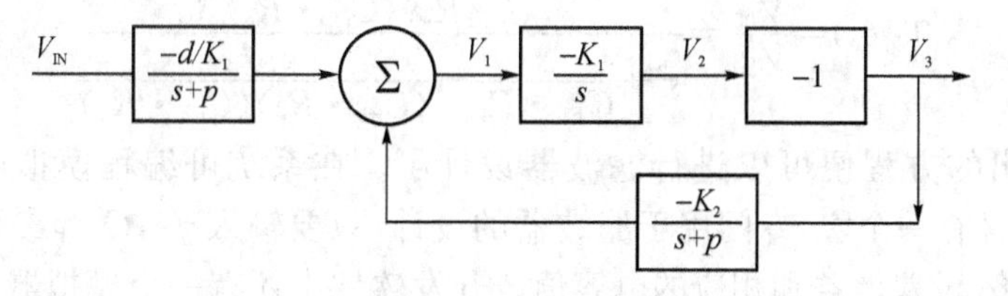

图 5-117 方框图

不难看出方框图中的函数可以分别用反向器电路、积分电路、有损积分电 路来实现。把各个运算放大器电路代入图 5-117 所示的方框图即可得到图 5-118 电路。

然而现在已不再需要用电阻、电容、运放搭电路，调试电路了。利用在系统可编程器件可以很方便的实现此电路。ispPAC 10 能够实现方框图中的每一个功能块。PAC 块可以对两个信号进行求和或求差，K 为可编程增益，电路中把 k_{11}、k_{12}、k_{22} 设置成 +1，把 k_{21} 设置成 −1。因此三运放的双二阶型函数的电路用两个 PAC 块就可以实现。在开发软件中使用原理图输入方式，把两个 PAC 块 连接起来，电路如图 5－119 所示。

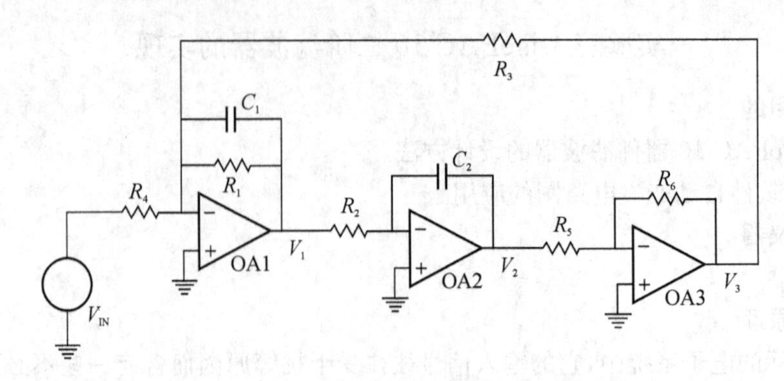

图 5－118　三运放组成的双二阶型滤波器

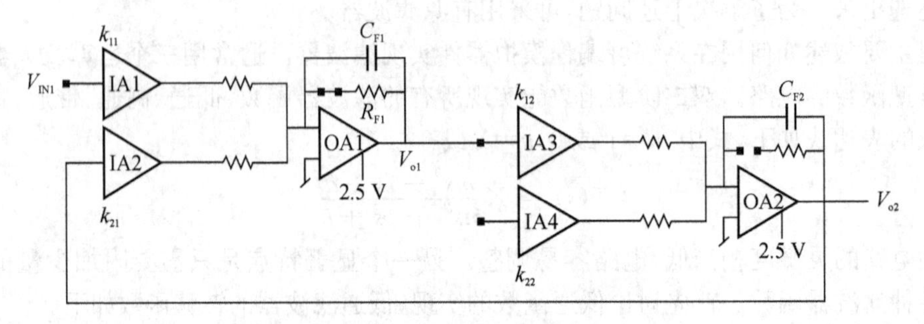

图 5－119　用 ispPAC 10 构成的双二阶滤波器

电路中的 C_F 是反馈电容值，R_e 是输入运放的等效电阻。其值为 250 K。两个 PAC 块的输出分别为 V_{o1} 和 V_{o2}。可以分别得到两个表达式，第一个表达式为带通函数，第二个表达式为低通函数。

$$T_{bp}(s)=\frac{V_{o1}}{V_{in1}}=\frac{\dfrac{-k_{11}s}{C_{F1}R_e}}{s^2+\dfrac{s}{C_{F1}\cdot R_e}-\dfrac{k_{12}k_{21}}{(C_{F1}\cdot R_e)(C_{F2}\cdot R_e)}}$$

$$T_{lp}(s)=\frac{V_{02}}{V_{in1}}=\frac{\dfrac{k_{11}k_{12}}{(C_{F1}R_e)(C_{F2}\cdot R_e)}}{s^2+\dfrac{s}{C_{F1}\cdot R_e}-\dfrac{k_{12}k_{21}}{(C_{F1}\cdot R_e)(C_{F2}\cdot R_e)}}$$

根据上面给出的方程便可以进行滤波器设计了。在系统可编程模拟电路的 开发软件 PAC Designer 中含有一个宏，专门用于滤波器的设计，只要输入 f_0，Q 等参数，即可自动产生双二阶滤波器电路，设置增益和相应的电容值。开发软件中还有一个模拟器，用于模拟滤波器的幅频和相频特性。

四、实验内容

1. 从 PC 机到实验箱的并行接口处连接好 25 针的并行线，接入＋5 V 电源到 V_{CC} 插孔（在 25 针并行接口处下方），此时电源指示灯亮，这样就可以下载自己设计的原理图。连接好跳线 ispPAC 10，进入 ispPAC 10 原理图设计窗口，打开 Tools＝>Design Utilities 菜单，见第四节图 4.7 Design Utilities 对话框选择 ispPAC 10_Biquad.exe 项专门用于双二阶滤波器的设计，在 Biquad Filter 对话框中输入 F_Q＝36.07 kHz，Q＝3.49，DC Gain 为 10，Optiome 选择 Q，

PACBlocks 默认值，点击“Generate Schematic”产生原理图。然后退出对话框。

2. 运行 Tools=>Run Simulator 软件仿真观察模拟滤波器的幅频和相频特性，经分析可知 PACBlock1 块为带通波波器，PACBlock2 低通滤波器。成功下载此滤波器的设计。

3. 用方波作为输入信号，幅值适当大小，由于 PACBlock3/4 没用，我们把 PACBlock3 的输出 OUT3+作为参考电压 V_{REFout}，接口电路同实验一图 5-112 所示，把 680 K 换为 10 K，47 K 换为 10 K，把 IN1 作为示波器观察输入测试点。

4. 调节信号源从最大频率调至最小频率、最小频率调至最大频率的过程中(包含中心频率 36.07 kHz 在内)，用示波器观察带通滤波器 OUT1 输出。

5. 调节信号源从最大频率调至最小频率、最小频率调至最大频率的过程中(包含截止频率 36.07 kHz 在内)，用示波器观察低通滤波器 OUT2 输出。

实验四　使用 ispPAC 20 完成电压监控

一、实验目的

1. 熟悉 ispPAC 20 环境设计。

2. 了解 ispPAC 20 的应用。

二、实验仪器

万用表

三、实验原理

如图 5-120 所示，从 DAC 块取出比较电压，也可通过外部输入比较电压，若 OUT2 电压大于 DACOUT，则 CP1OUT 为高电平，否则不变，可以把 CP1OUT 接发光二极管用来监控，一旦过压就发光，这样可以控制电压在某一范围之内来提高电路工作精度。图所示 OUT2=10 * IN2(IN2+－IN2－)跟参考电压比较，在 IN2+变化超过一定值指示灯亮即报警。

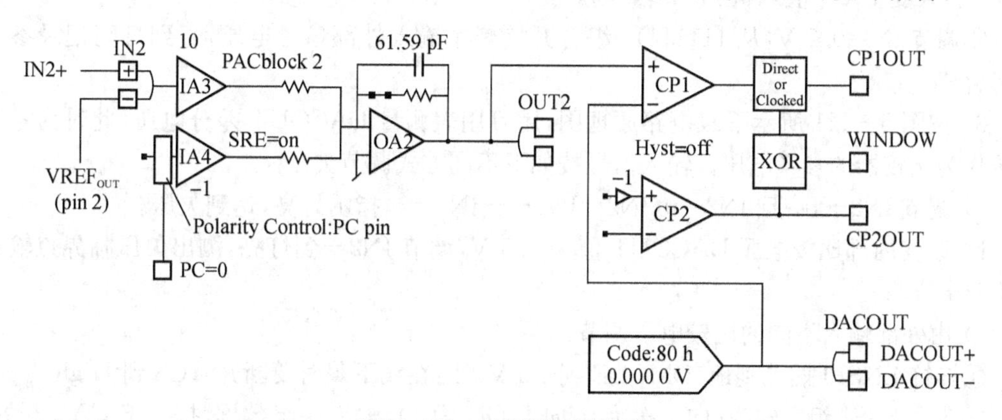

图 5-120　过压测量原理图

同理，如图 5-121 所示，一旦电压低于 DACOUT 电压二极管发光。

四、实验内容

1. 从 PC 机到实验箱的并行接口处连接好 25 针的并行线，接入+5 V 电源到 V_{CC}插孔(在 25 针并行接口处下方)，此时电源指示灯亮，这样就可以下载自己设计的原理图。连接好跳线 ispPAC 20，接口电路取直流信号源，输入 IN2+=2.5 V，IN2－=V_{REF}，输出 CP1OUT 接

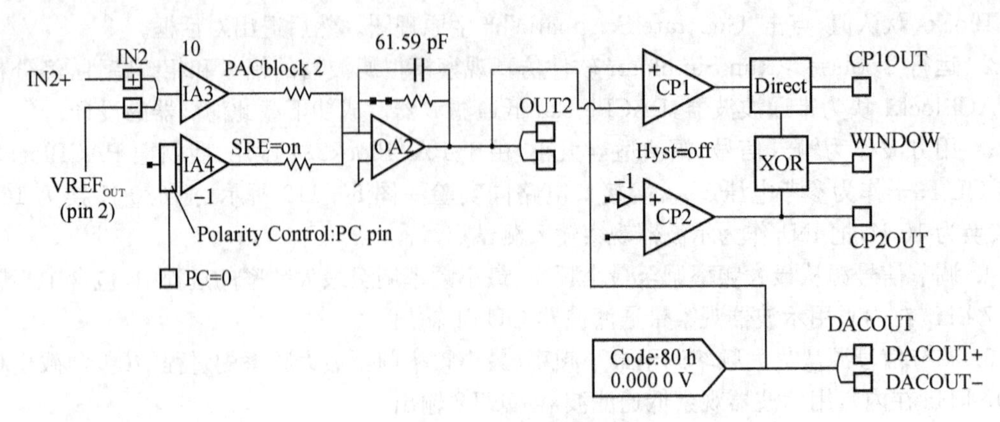

图 5 - 121　欠压测量原理图

ETP39,ETP38 接地。

2. 按图 5 - 120 所示下载电路原理图,用万用表测量 DACOUT 差分电压(此时为零),此电压作为比较器的参考电压。输入信号按如下不同方式调节过压。

a) 调节 IN2+,一旦 IN2>0(IN2=IN2+-IN2-),指示灯亮,达到过压。

b) 改变内部比较电压 DACOUT 值为 1.5 V,调节 IN2+到灯亮,测出过压临界点输入电压 IN2+值。

c) 由外部输入不同的比较电压调节:

①连接 ENSPI 插孔到地,DMODE 到+5 V(注:在线下载时要断开),CS 到 High 插孔。

②改变 ESS1 组合输入(向下拨为 0,向上 ON 为 1),输入一组数据,按一下 CAL 开关,用万用表测量 DACOUT 值,并跟内部电压值 0~255 组合比较是否对应一致。

③调节 IN2=0,输入 10000000(0 V 参考电压且为临界值,可能灯亮也可能灯灭),按下 CAL 后,改变 IN2+值,一旦 IN2>0 则灯亮。

④调节 IN=0.2 V,从 11111111 组合开始减小输入外部参考电压,直到灯亮记录参考电压组合值。

3. 按图 5 - 121 所示下载电路原理图,用万用表测量 DACOUT 差分电压(此时为零),此电压作为比较器的参考电压。输入信号按如下不同方式调节欠压。

a) 调节 IN2+,一旦 IN2<0(IN2=IN2+-IN2-),指示灯亮,达到欠压。

b) 改变内部比较电压 DACOUT 值为 1.5 V,调节 IN2+到灯亮,测出欠压临界点输入电压 IN2+值。

c) 由外部输入不同的比较电压调节:

①连接 ENSPI 插孔到地,DMODE 到+5 V(注:在线下载时要断开),CS 到 High。

②改变 ESS1 组合输入(向下拨为 0,向上 ON 为 1),输入一组数据,按一下 CAL 开关,用万用表测量 DACOUT 值,并跟内部电压值 0~255 组合比较是否对应一致。

③调节 IN=0,输入 10000000(0 V 参考电压且为临界值,可能灯亮也可能灯灭),按下 CAL 后,改变 IN2+值,一旦 IN2<0 则灯亮。

④调节 IN=0.2 V,从 00000000 组合开始增加输入外部参考电压,直到灯亮记录参考电压组合值。

实验五 使用 ispPAC 80 低通可编程的低通滤波器

一、实验目的

1. 熟悉各种类型的滤波器。

2. 会用调节所需滤波器的参数。

二、实验仪器

示波器

三、实验原理

ispPAC 80 是个五阶、连续时间、低通集成模拟滤波器。无须外部元件或时钟。用户能以 7 个以上的拓扑结构实现数千个模拟滤波器，频率范围从 50 kHz 到 100 kHz。当此 IC 焊接到一个印刷电路板上后，使用 PAC-Designer 软件，用户能选择滤波器类型，观看仿真的性能表现和配置整个设计成在系统。可为适合的应用把器件配置保存在非易失 E2 存储器里或可访问的在系统内。

ispPAC 80 可编程、低通滤波器 IC 执行许多运算放大器线路，电阻器和电容器来完成有着可编程系数的五阶滤波器。任何地方都可设定滤波器的连续时间截止频率，其值大约 50 kHz 到大约 300 kHz 到 500 kHz 之间，精度 0.6% 或更高。当执行模数转换和改造数模转换器，以及其他复杂的滤波网络时，ispPAC 80 实现的滤波器非常适合于防混叠滤波器。1×10^9 ohm 的高阻抗差分输入使得有可能改进共模抑制，差分输出使得可以在滤波器之后使用高质量的电路。差分偏移和共模偏移都被修整成少于 1 mV。为了得到最佳 THD，规定差分电阻负荷最小为 300 ohms，差分电容负载 100 pF。这些数值适用于在此频率范围内的多数应用场合。此外，ispPAC 80 有个双存储器配置，所以它能为两个完全不同的滤波器保存配置。这通常减少了多滤波器系统的元件数量，考虑到了测试模式或其他系统改进。ispPAC 80 包含一个增益 1、2、5 或 10 可选的差分输入仪表放大器(IA)，和一个多放大器差分滤波器 PACblock，此 PACblock 包括一个差分输出求和放大器(OA)。通过片内非易失 E2CMOS 芯片可配置增益设置和电容器值。器件配置由 PAC-Designer 软件设定，经由 JTAG 下载电缆下载到 ispPAC 80。

PAC-Designer 支持对 ispPAC 80 和任意一个五阶低通滤波器执行仿真和编程，集成滤波器数据库提供数千个 Gaussian，Bessel，Butterworth 和 Legendre 类型的滤波器，还有两个线性相位均波延迟误差滤波器(Linear Phase Equiripple Delay Error filter)，3 个 Chebyshev 和 12 个 Elliptic 有不同脉动系数的滤波器。其他滤波器类型，通过对单个元件编程，可用一个 ispPAC 80 器件来实现。

四、实验内容

1. 寻找相关资料了解各种滤波器的特性。

2. 从 PC 机到实验箱的并行接口处连接好 25 针的并行线，接入+5 V 电源到 V_{CC} 插孔(在 25 针并行接口处下方)，此时电源指示灯亮，这样就可以下载自己设计的原理图。下载一个低通滤波器，打开 File=>New，选择 ispPAC 80 Schematic 选项，双击它打开设计环境，双击 CfgA unknown 处打开低通滤波器库，我们选择 ID 号为 1058 的 Buttworth 滤波器，截止频率 54.03 kHz，双击此栏，在“Copy Filter Configuration”对话框中选择 Configuration A，然后点“OK”，回到设计环境，成功下载原理图。

3. 用方波作为输入信号，接口电路如下图所示，把 IN 作为示波器观察输入测试点，输入信号的峰峰值为 4 V。

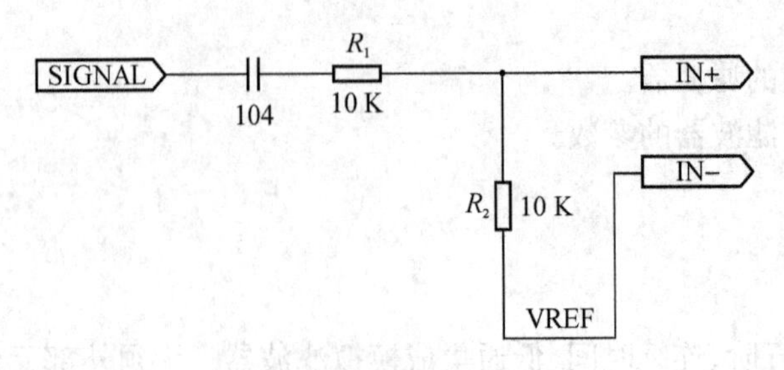

图 5-122

4. 调节信号源从最小频率调至接近了截止频率(54.03 kHz)的过程中，用示波器观察低通滤波器 OUT+输出。记录波形变化情况。

5. 调节信号源从最大频率调至接近了截止频率(54.03 kHz)的过程中，用示波器观察低通滤波器 OUT+输出。记录波形变化情况。

6 数字电子技术实验

6.1 数字逻辑电路实验基本知识

1) 数字集成电路封装

中、小规模数字 IC 中最常用的是 TTL 电路和 CMOS 电路。TTL 器件型号以 74(或 54)作前缀,称为 74/54 系列,如 74LS10、74F181、54S86 等。中、小规模 CMOS 数字集成电路主要是 4XXX/45XX(X 代表 0～9 的数字)系列,高速 CMOS 电路 HC(74HC 系列),与 TTL 兼容的高速 CMOS 电路 HCT(74HCT 系列)。TTL 电路与 CMOS 电路各有优缺点,TTL 速度高,CMOS 电路功耗小、电源范围大、抗干扰能力强。由于 TTL 在世界范围内应用极广,在数字电路教学实验中,我们主要使用 TTL74 系列电路作为实验用器件。

数字 IC 器件有多种封装形式。为了教学实验方便,实验中所用的 74 系列器件封装选用双列直插式。双列直插式封装有以下特点:

(1) 正面(上面)看,器件一端有一个半园的缺口,这是正方向的标志。缺口左边的引脚号为 1,引脚号按逆时针方向增加。双列直插式封装 IC 引脚数有 8、14、16、20、24、28 等若干种。

(2) 双列直插器件有两列引脚。引脚之间的间距是 2.54 毫米。两列引脚之间的距离能够稍作改变,引脚间距不能改变。将器件插入实验台上的插座中去或者从插座中拔出时要小心,不要将器件引脚扭弯或折断。

(3) 74 系列器件一般右下角的最后一个引脚是 GND,左上角的引脚是 V_{CC}。例如,14 引脚器件引脚 7 是 GND,引脚 14 是 V_{CC};20 引脚器件引脚 10 是 GND,引脚 20 是 V_{CC}。但也有一些例外,例如 16 引脚的双 JK 触发器 74LS76,引脚 13(不是引脚 8)是 GND,引脚 5(不是引脚 16)是 V_{CC}。所以使用集成电路器件时要先看清楚它的引脚图,找对电源和地,避免因接线错误造成器件损坏。

本实验箱上的接线采用自锁紧插头、插孔(插座)。使用自锁紧插头、插孔接线时,首先把插头插进插孔中,然后将插头按顺时针方向轻轻一拧则锁紧。拔出插头时,首先按逆时针方向轻轻拧一下插头,使插头与插孔之间松开,然后将插头从插孔中拔出。不要使劲拔插头,以免损坏插头和连线。

必须注意,不能带电插、拔器件。插、拔器件只能在关断电源的情况下进行。

2) 数字电路测试及故障查找、排除

设计好一个数字电路后,要对其进行测试,以验证设计是否正确。测试过程中,发现问题要分析原因,找出故障所在并解决它。数字电路实验遵循以下几点原则。

(1) 数字电路测试

数字电路测试大体上分为静态测试和动态测试两部分。静态测试指的是,给定数字电路若干组静态输入值,测试数字电路的输出值是否正确。数字电路设计好后,在实验台上连接成一个完整的线路。把线路的输入接电平开关输出,线路的输出接电平指示灯,按功能表或状态表的要求,改变输入状态,观察输入和输出之间的关系是否符合设计要求。静态测试是检查设计是否正确,接线是否无误的重要一步。

在静态测试基础上,按设计要求在输入端加上动态脉冲信号,观察输出端波形是否符合设计要求,这是动态测试。有些数字电路只需要进行静态测试即可,有些数字电路则必须进行动态测试,一般地说,时序电路应进行动态测试。

(2) 数字电路的故障查找和排除

在数字电路实验中,出现问题是难免的。重要的是分析问题,找出问题出现的原因,以便解决它。一般地说,有四个方面的原因产生问题(故障):器件故障、接线错误、设计错误和测试方法不准确。在查找故障过程中,首先要熟悉经常发生的典型故障。

①器件故障

器件故障是器件失效或器件接插问题引起的故障,表现为器件工作不正常。不言而喻,器件失效肯定会引起工作不正常,这需要更换一个好器件。器件接插问题,如管脚折断或者器件的某个(或某些)引脚没插到插座中等,也会使器件工作不正常。对于器件接插错误有时不易发现,需仔细检查。判断器件失效的方法是用集成电路测试仪测试器件。需要指出的是,一般的集成电路测试仪只能检查器件的某些静态特性。对负载能力等静态特性和上升沿、下降沿、延迟时间等动态特性,一般的集成电路测试仪不能测试。测试器件的这些参数,须使用专门的集成电路测试仪。

②接线错误

接线错误是最常见的错误。据统计,在教学实验中,70%以上的故障是由接线错误引起的。常见的接线错误包括忘记接器件的电源和地;连接线和插孔接触不良(连线经多次使用后,有可能外面的塑料包皮完好,但内部线断);连线多接、漏接、错接;连线过长、过乱造成干扰。接线错误造成的现象多种多样,例如器件的某个功能模块不工作或者工作不正常,器件不工作或发热,电路中一部分工作状态不稳定等。解决方法大致包括:熟悉所用器件的功能及其引脚号,知道器件每个引脚的功能;器件的电源和地一定要接对、接好;检查连线和插孔是否接触良好;检查连线有无错接、多接、漏接;检查连线中有无断线。最重要的是接线前要画出接线图,按图接线,不要凭记忆随想随接;接线要规范、整齐,尽量走直线、短线,以免引起干扰。

③设计错误

设计错误自然会造成与预想的结果不一致。原因是对实验要求没有吃透,或者是对所用器件的原理没有掌握。因此实验前一定要理解实验要求,掌握实验线路原理,精心设计。初始设计完成后一般应对设计进行优化。最后画好逻辑图以及接线图。

④测试方法不正确

如果不发生前面所述三种错误,实验一般会成功。但有时测试方法不正确也会引起观测错误。例如,一个稳定的波形,如果用示波器观测,而示波器没有同步,则会造成波形不稳的假象。因此要学会正确使用所用仪器、仪表。在数字电路实验中,尤其要学会正确使用示波器。在对数字电路测试过程中,由于测试仪器、仪表加到被测电路上后,对于被测电路相当于一个负载,因此测试过程中也有可能引起电路本身工作状态的改变,这点应引起足够的注意。不过,在数字电路实验中,这种现象很少发生。

当实验中发现结果与预期不一致时，千万不要慌乱。应仔细观测现象，冷静思考问题所在。首先检查仪器、仪表的使用是否正确。在正确使用仪器、仪表的前提下，按逻辑图和接线图逐级查找问题出现在何处。通常从发现问题的地方，一级一级地向前测试，直到找出故障的初始发生位置。在故障的初始位置处，首先检查连线是否正确。确认接线无误后，接着检查器件引脚是否全部正确插入插座中，有无引脚折断、弯曲、错插问题。确认无上述问题后，取下器件测试，检查器件的好坏，或者直接换一个好器件。如果器件和接线都正确，则需要考虑设计问题。

6.2 逻辑门电路实验

实验一 晶体管开关特性及其应用实验

一、实验目的

1. 掌握晶体二极管、三极管的开关特性。

2. 掌握限幅器、钳位器和反相器的基本工作原理。

3. 掌握由晶体管实现的基本逻辑门电路。

二、实验原理

1. 晶体二极管的开关特性

由于晶体二极管具有单向导电性，故其开关特性表现在正向导通与反向截止两种不同状态的转换过程。如图 6-1 电路，输入端施加一方波激励信号 U_i，由于二极管电容的存在，因而有充电、放电和存储电荷的建立与消散的过程。因此当加在二极管上的电压突然由正向偏置（$+U_1$）变为反向偏置（$-U_2$）时，二极管并不立即截止，而是出现一个较大的反向电流 I_R（$I_R=-U_2/R$），并维持一段时间 t_s（称为存储时间）后，电流才开始减小，再经过 t_t（称为渡越时间）后，反向电流才等于静态特性上的反向电流 $0.1I_R$，将 $t_{re}=t_s+t_t$ 叫做反向恢复时间，t_{re} 与二极管的结构有关，PN 结面积小，电容小，存储电荷就少，t_s 就短，同时也与正向导通电流和反向电流有关。当选定二极管后，减小正向导通电流和增大反向驱动电流，可加速电路的转换过程。

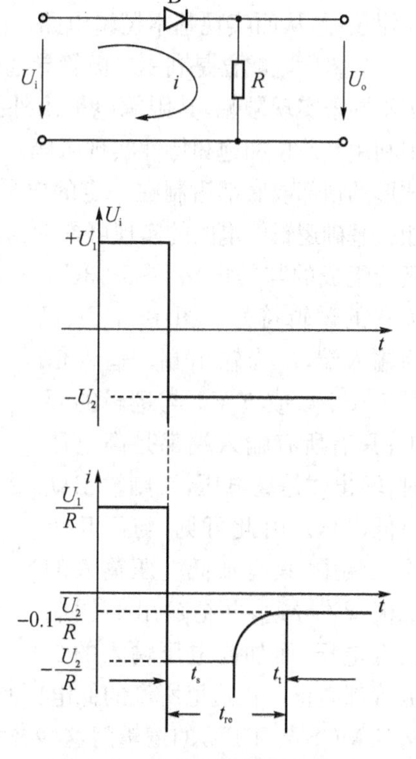

图 6-1 晶体二极管开关特性

2. 晶体三极管的开关特性

晶体三极管的开关特性是指它从截止到饱和、饱和到截止的状态转换过程，而且这种转换都需要一定的时间才能够完成。如图 6-2 为晶体三极管开关特性电路图与对应的输入输出波形图，电路的输入端施加一个足够幅度（在 $-U_2$ 和 $+U_1$ 之间变化）的矩形脉冲电压 U_i 激励信号，则晶体管 T 的集电极输出电流 i_c 和输出电压U_o的波形已不是和输入波形一样的理想方波，其起始部分和平顶部分都延迟了一段时间，上升沿和下降沿都变得缓慢了。为了对晶体三极管开关特性进行定量描述，通常引入以下几个参数来表征：

延迟时间 t_d——从$+U_1$加入，集电极电流 i_c 上升到 $0.1I_{cs}$所需的时间；

上升时间 t_r——i_c 从 $0.1I_{cs}$增长到 $0.9I_{cs}$所需的时间；

存储时间 t_s——从$-U_2$加入，集电极电流 i_c 下降到 $0.9I_{cs}$所需的时间；

下降时间 t_f——i_c 从 $0.9I_{cs}$ 增长到 $0.1I_{cs}$ 所需的时间；

以上参数称为三极管的开关时间参数，它们都是以集电极电流 i_c 的变化为基准的。通常把 $t_{on}=t_d+t_r$ 称为开通时间，它反映了三极管从截止到饱和所需的时间，而把 $t_{off}=t_s+t_f$ 称为关闭时间，它反映了三极管从饱和到截止所需的时间。开关时间和关闭时间总称为三极管的开关时间，它随管子类型不同有很大差别，一般在几十到几百纳秒范围内。

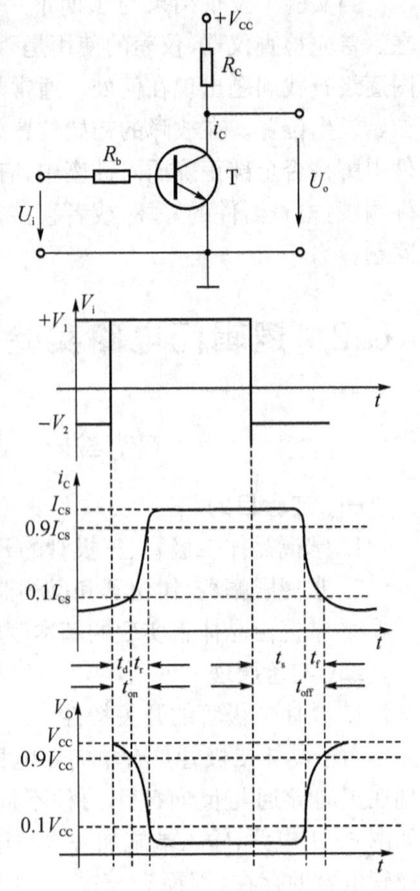

图 6-2　晶体三极管开关特性

3. 利用二极管与三极管的非线性特性，可构成限幅器和钳位器，从而实现基本逻辑电路。

二极管限幅器是利用二极管导通时和截止时呈现的阻抗不同来实现限幅，其限幅电平由外接偏压决定。三极管则利用其截止和饱和特性实现限幅。钳位的目的是将脉冲波形的顶部或底部钳制在一定的电平上。正是上面这些特性，从而实现基本数子逻辑门电路。相关基础逻辑门电路的实现可参考相关教材，此仅举与门电路说明。图6-3(a)表示由半导体二极管组成的与门电路，图6-3(b)为它的逻辑符号。图中 A、B、C 为输入端，L 为输出端。输入信号为+5 V或0 V。与逻辑的要求；只有所有输入端都是高电压时，输出才是高电压，否则输出就是低电压。由此可见，与门几个输入端中，只有加低电压输入的二极管才导通，并把输出 L 钳制在低电压，而加高电压输入的二极管都截止。在这里所说的低电压和高电压不是一个固定的值，而是一个电压范围，且不同结构(CMOS 与 TTL)的逻辑门这些技术参数都不一样，这将在下面实验中进行详细学习。

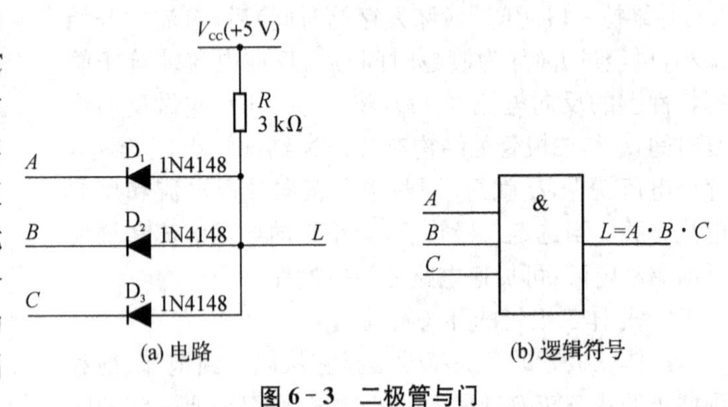

图 6-3　二极管与门

三、实验设备与器件

1. 数字逻辑电路实验箱

2. 1N4148 开关二极管(3 个)、3 kΩ 电阻(1 个)

3. 数字万用表

四、实验预习要求

1. 复习晶体管开关特性原理。

2. 熟悉基本逻辑门的组成原理。

3. 熟悉实验箱基本使用方法和基本使用技巧。

五、实验内容及实验步骤

1. 晶体管开关特性实验说明

器件手册中一般都给出了晶体管在一定条件下测出的反向恢复时间和开关时间,一般开关二极管的反向恢复时间在纳秒(ns)数量级,三极管的开关时间在几十到几百纳秒范围内。从纳秒数量级的量纲分析可知测量晶体管开关特性时对仪器要求较高,普通的双踪示波器无法观察和测量到相关参数,故本实验不要求做,使用时查找到相关器件手册即可。若有精密仪器,有兴趣的同学不妨参考图 6-1 与图 6-2 中的电路图来设计实验电路,并测量出相关参数记录之。

2. 基本逻辑门电路实验

在实验箱元件库模块中按图 6-3 所示连接实验电路,A、B、C 作为输入,用地表示低电压,+5 V 表示高电平,根据 A、B、C 共 8 种输入情况用数字万用表测量出输出量 L 的值,并列表记录之。

六、实验报告

1. 总结晶体管开关特性。

2. 画出二极管或门、三极管反相器的电路图,分析电路实现或门和反相器的原理,并写出相应真值表记录之。

6.3 门电路实验

6.3.1 TTL 门电路实验

实验二 TTL 门电路参数测试

一、实验目的

1. 掌握 TTL 集成与非门的主要性能参数及测试方法。

2. 掌握 TTL 器件的使用规则。

3. 熟悉数字电路测试中常用电子仪器的使用方法。

二、实验原理

制造 TTL 门电路的厂家,通常都要为用户提供各种逻辑器件的数据手册,本实验采用二输入四与非门 74LS00(它的顶视图见附录)来学习 TTL 各项技术参数。74LS00 内含有四个相互独立的与非门,每个与非门有两个输入端。

1. TTL 集成与非门的逻辑功能

单个与非门的逻辑功能框图如图 6-4 所示，当输入端中有一个或一个以上低电平时，输出为高电平；只有输入端全都为高电平时，输出端才是低电平。

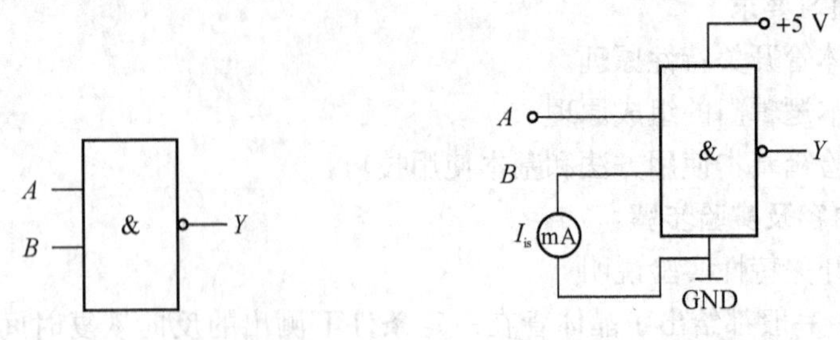

图 6-4　74LS00 的逻辑图　　图 6-5　I_{is}的测试电路图

2. TTL 集成与非门的主要参数

TTL 集成与非门的主要参数有输出高电平 V_{oH}、输出低电平 V_{oL}、输入短路电流 I_{is}、扇出系数 N_o、电压传输特性和平均传输延迟时间 t_{pd}等。

(1) TTL 门电路的输出高电平 V_{oH}

V_{oH}是与非门有一个或多个输入端接地或接低电平时的输出电压值，此时与非工作管处于截止状态。空载时，V_{oH}的典型值为 3.6 V，接有拉电流负载时，V_{oH}下降。

(2) TTL 门电路的输出低电平 V_{oL}

V_{oL}是与非门所有输入端都接高电平时的输出电压值，此时与非工作管处于饱和导通状态。空载时，它的典型值约为 0.2 V，接有灌电流负载时，V_{oL}上升。

(3) TTL 门电路的输入短路电流 I_{is}

它是指当被测输入端接地，其余端悬空，输出端空载时，由被测输入端输出的电流值，测试电路图如图 6-5。

(4) TTL 门电路的扇出系数 N_o

扇出系数 N_o 指门电路能驱动同类门的个数，它是衡量门电路负载能力的一个参数，TTL 集成与非门有两种不同性质的负载，即灌电流负载和拉电流负载。因此，它有两种扇出系数，即低电平扇出系数 N_{oL}和高电平扇出系数 N_{oH}。通常有 $I_{iH}<I_{iL}$，则 $N_{oH}>N_{oL}$，故常以 N_{oL}作为门的扇出系数。

N_{oL}的测试电路如图 6-6 所示，门的输入端全部悬空，输出端接灌电流负载 R_L，调节 R_L 使 I_{oL}增大，V_{oL}随之增高，当 V_{oL}达到 V_{oLm}(手册中规定低电平规范值为 0.4 V)时的 I_{oL}就是允许灌入的最大负载电流，则

$$N_{oL}=I_{oL}/I_{is}\text{，通常 } N_{oL}>8$$

(5) TTL 门电路的电压传输特性

门的输出电压 V_o 随输入电压 V_i 而变化的曲线 $V_o=f(V_i)$称为门的电压传输特性，通过它可读得门电路的一些重要参数，如输出高电平 V_{oH}、输出低电平 V_{oL}、关门电平 V_{off}、开门电平 V_{ON}等值。测试电路如图 6-7 所示，采用逐点测试法，即调节 R_W，逐点测得 V_i 及 V_o，然后绘成曲线。

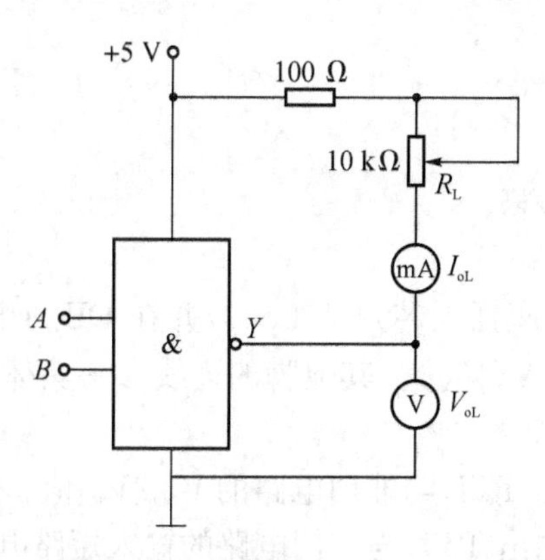

图 6-6　扇出系数的测试电路

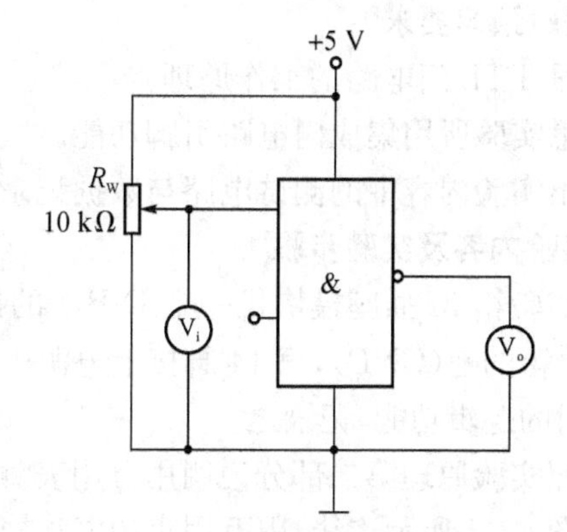

图 6-7　电压传输特性测试电路

(6) TTL 门电路的平均传输延迟时间 t_{pd}

t_{pd}是衡量门电路开关速度的参数，它意味着门电路在输入脉冲波形的作用下，其输出波形相对于输入波形延迟了多少时间。具体的说，它是指输出波形边沿的 0.5 U_m 至输入波形对应边沿 0.5 U_m 点的时间间隔，如图 6-8 所示。一般传输延迟时间短，为纳秒数量级。

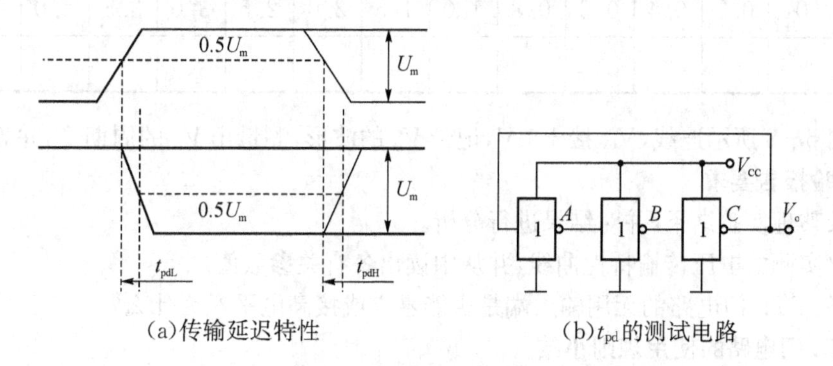

(a)传输延迟特性　　　　(b)t_{pd}的测试电路

图 6-8　传输延迟时间 t_{pd}

图 6-8(a)中的 t_{pdL} 为导通延迟时间，t_{pdH} 为截止延迟时间，平均传输时间为：

$$t_{pd}=(t_{pdL}+t_{pdH})/2$$

t_{pd}的测试电路如图 6-8(b)所示，由于门电路的延迟时间较小，直接测量时对信号发生器和示波器的性能要求较高，故实验采用测量由奇数个非门组成的环形振荡器的振荡周期 T 求之。其工作原理是：假设电路在接通电源后某一瞬间，电路中的 A 点为逻辑"1"，经过三级门的延时后，使 A 点由原来的逻辑"1"变为逻辑"0"；再经过三级门的延时后，A 点重新回到逻辑"1"。电路的其他各点电平也随着变化。说明使 A 点发生一个周期的振荡，必须经过 6 级门(两次循环)的延迟时间。因此平均传输延迟时间为：$t_{pd}=T/6$。TTL 电路的 t_{pd}一般为 10～40 ns。

三、实验设备与器件

1. 数字逻辑电路实验箱
2. 二输入端四与非门 74LS00(1 片)、六反相器 74LS04(1 片)、10.0Ω 电阻(1 个)
3. 数字万用表
4. 双踪示波器

四、实验预习要求

1. 复习 TTL 门电路的工作原理。

2. 熟悉实验所用集成门电路引脚功能。

3. 画出实验内容中的测试电路与数据记录表格。

五、实验内容及实验步骤

1. 在实验箱 IC 插座模块找一个 DIP_14 的插座插上芯片 74LS00，并在 DIP_14 插座的第 7 脚接上实验箱的地(GND)，第 14 脚接上电源＋5 V(V_{CC})。其他脚的连线参考具体的线路图，测试与非门的逻辑功能，记录之。

2. 按照实验原理第二部分说明用万用表测出 TTL 与非门电路的 V_{oH}、V_{oL}值。

3. 按图 6－5 所示连线，用万用表的电流挡测出 TTL 与非门电路的输入短路电流 I_{is}。

4. 按图 6－6 所示连线，先用万用表测试使 V_{oL}等于 V_{oLm}(0.4 V)，再把万用表调到电流挡串入电路测出 I_{oL}，求得扇出系数 N_o。

5. 按图 6－7 所示连线，调节电位器 R_W，使 V_i 从 0 V 向高电平变化，逐点测量 V_i 和 V_o，将结果记入下表中。

V_i	0	0.2	0.4	0.6	0.8	1.0	1.5	2.0	2.5	3.0	3.5	4.0	…
V_o													

6. 按图 6－8 所示连线，V_{CC}接＋5 V，记录 V_o 的波形，测量出 V_o 的周期 T，并算出 t_{pd}。

六、实验报告要求

1. 记录整理实验结果，并对结果进行分析。

2. 画出实测的电压传输特性曲线，并从中读出各有关参数值。

3. 思考：TTL 门电路的无用输入端是否能悬空或接高电平？为什么？

七、TTL 门电路的使用规则小结

1. 接插集成块时，要认清定位标记，不能插反。器件必须先上电源，再上信号源。

2. 对电源要求比较严格，只允许在 5 V±10％的范围内工作，电源极性不可接错。

3. 普通 TTL 与非门不能并联使用(集电极开路门与三态输出门电路除外)，否则不仅会使电路逻辑功能混乱，并会导致器件损坏。

4. 须正确处理闲置输入端。闲置输入端处理方法：

(1) 悬空，相当于正逻辑“1”，对于一般小规模集成电路的数据输入端，实验时允许悬空处理。但易受外界干扰，导致电路的逻辑功能不正常。因此，对于接有长线的输入端，中规模以上的集成电路和使用集成电路较多的复杂电路，所有的控制输入端必须按逻辑要求接入电路，不允许悬空。

(2) 直接接电源电压 V_{CC}(也可串入一只 1～10 kΩ 的固定电阻)或接至某一固定电压(＋2.4 V$<V<$4.5 V)的电源上，或与输入端为接地的多余与非门的输出端相接。

(3) 若前级驱动能力允许，可以与使用的输入端并联。

5. 负载个数不能超过允许值。

6. 输出端不允许直接接地或直接接＋5 V 电源，否则会损坏器件。有时为了使后级电路获得较高的输出电平，允许输出端通过电阻接至 V_{CC}，一般取电阻值为 3～5.1 kΩ。

实验三　TTL 门电路的逻辑功能测试

一、实验目的

1. 测试 TTL 集成芯片中的与门、或门、非门、与非门、或非门与异或门的逻辑功能。

2. 了解测试的方法与测试的原理。

二、实验原理

实验中用到的基本门电路的符号为：

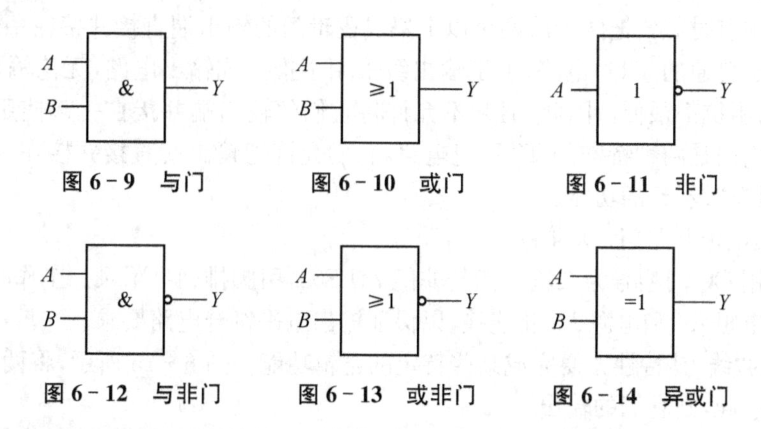

图 6－9　与门　　图 6－10　或门　　图 6－11　非门

图 6－12　与非门　　图 6－13　或非门　　图 6－14　异或门

在测试芯片逻辑功能时输入端用逻辑电平输出单元输入高低电平，然后使用逻辑电平显示单元显示输出的逻辑功能。

三、实验设备与器件

1. 数字逻辑电路实验箱

2. 芯片与门 74LS08、或门 74LS32、非门 74LS04、与非门 74LS00、或非门 74LS02、异或门 74LS86 各一片

四、实验预习及内容

1. 掌握集成芯片 74LS08、74LS32、74LS04、74LS00、74LS02、74LS86 的管脚分布图。

2. 分别列出芯片 74LS08、74LS32、74LS04、74LS00、74LS02、74LS86 的真值表。

五、实验步骤

1. 依次选用芯片 74LS08、74LS32、74LS04、74LS00、74LS02、74LS86 做实验，在实验箱 IC 插座模块找到相应管脚数目的 IC 插座，插上并保持连接正常。

2. 对照附录的相应芯片引脚图，按照芯片的管脚分布图接线，注意确保电源 V_{CC}（+5 V）输入脚和地输入脚的连接，芯片输入端连接到逻辑电平输出单元，通过逻辑电平输出单元控制输入电平，当逻辑输出高电平时对应的发光二极管亮，否则不亮。芯片输出端连接到逻辑电平显示单元，输出高电平时对应的发光二极管亮，否则不亮。

3. 按照芯片各逻辑门的真值表检验芯片的逻辑功能芯。

六、实验报告要求

1. 设计实验中各门电路的真值表表格，将实验结果填写到表中。

2. 根据实验结果，写出各逻辑门的逻辑表达式，并判断逻辑门的好坏。

实验四　TTL 集电极开路门和三态输出门测试

一、实验目的

1. 掌握 TTL 集电极开路门(OC 门)的逻辑功能及应用。

2. 了解集电极负载电阻 R_L 对集电极开路门的影响。

3. 掌握 TTL 三态输出门(3S 门)的逻辑功能及应用。

二、实验原理

数字系统中有时需要把两个或两个以上集成逻辑门的输出端直接并接在一起完成一定的逻辑功能。对于普通的 TTL 电路,由于输出级采用了推拉式输出电路,无论输出是高电平还是低电平,输出阻抗都很低。因此,通常不允许将它们的输出端并接在一起使用,而集电极开路门和三态输出门是两种特殊的 TTL 门电路,它们允许把输出端直接并接在一起使用,也就是说,它们都具有"线与"的功能。

1. TTL 集电极开路门(OC 门)

本实验所用 OC 门型号为二输入四与非门 74LS03,引脚排列见附录。工作时,输出端必须通过一只外接电阻 R_L 和电源 E_C 相连接,以保证输出电平符合电路要求。

(1) 电路的"线与"特性方便完成某些特定的逻辑功能。图 6－15 所示,将两个 OC 门输出端直接并接在一起,则它们的输出:

$$F=F_A\cdot F_B=\overline{A_1A_2}\cdot\overline{B_1B_2}=\overline{A_1A_2+B_1B_2}$$

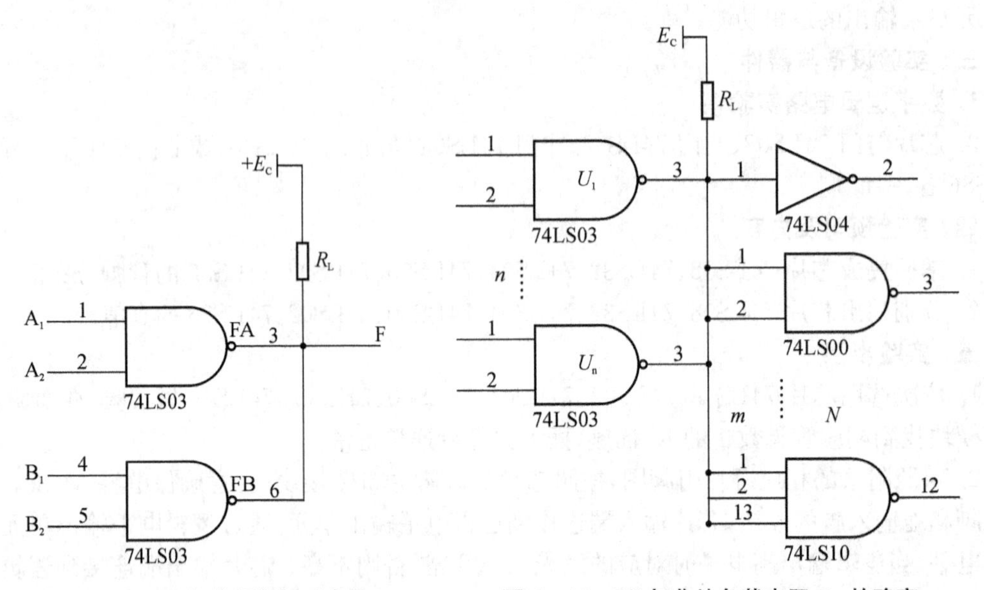

图 6－15　OC 与非门"线与"电路　　　图 6－16　OC 与非站负载电阻 R_L 的确定

即把两个(或两个以上)OC 与非门"线与"可完成"与或非"的逻辑功能。

①实现多路信息采集,使两路以上的信息共用一个传输通道(总线)。

②实现逻辑电平转换,以推动荧光数码管、继电器、MOS 器件等多种器件。

(2) OC 门输出并联运用时负载电阻 R_L 的选择:

如图 6－16 所示,电路由 n 个 OC 与非门"线与"驱动有 m 个输入端的 N 个 TTL 与非门,为保证 OC 门输出电平符合逻辑要求,负载电阻 R_L 阻值的选择范围为:

$$R_{L\max}=\frac{E_C-V_{oH}}{nI_{oH}+mI_{iH}},\ R_{L\min}=\frac{E_C-V_{oL}}{I_{LM}+NI_{iL}}$$

式中：I_{oH}——OC 门输出管截止时（输出高电平 V_{oH}）的漏电流（约为 50 μA）

I_{LM}——OC 门输出低电平 V_{oL} 时允许最大灌入负载电流（约为 20 mA）

I_{iH}——负载门高电平输入电流（$<$50 μA）

I_{iL}——负载门低电平输入电流（$<$1.6 mA）

E_C——R_L 外接电源电压

n—— OC 门个数

N——负载门个数

m——接入电路的负载门输入端总个数

R_L 值须小于 $R_{L\max}$，否则 V_{oH} 将下降，R_L 值须大于 $R_{L\min}$，否则 V_{oL} 将上升，又 R_L 的大小会影响输出波形的边沿时间，在工作速度较高时，R_L 应尽量选取接近 $R_{L\min}$。

2. TTL 三态输出门（3S 门）

TTL 三态输出门是一种特殊的门电路，它与普通的 TTL 门电路结构不同，它的输出端除了通常的高电平、低电平两种状态外（这两种状态均为低阻状态），还有第三种输出状态——高阻态，处于高阻态时，电路与负载之间相当于开路。三态输出门按逻辑功能及控制方式来分有各种不同类型，本实验所用三态门的型号是 74LS125 三态输出四总线缓冲器，图 6-17 是三态输出四总线缓冲器的逻辑符号，它有一个控制端（又称为禁止端或使能端）$\overline{E}$，$\overline{E}=0$ 为正常工作状态，实现 $Y=A$ 的逻辑功能；$\overline{E}=1$ 为禁止状态，输出 Y 是高阻态。这种在控制端加低电平电路才能正常工作的方式称低电平使能。74LS125 的引脚排列见图 6-20。

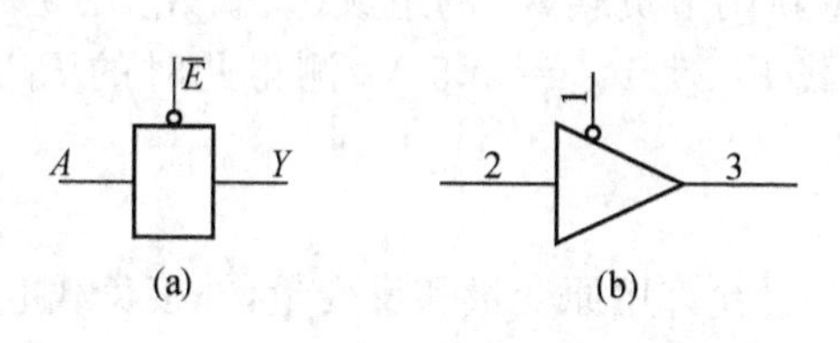

图 6-17 三态四总线缓冲器逻辑符号

表 6-1 74LS125 的功能表

输入		输出
$\overline{E}$	A	F
0	0	0
	1	1
1	0	高阻
	1	

三态电路主要用途之一是实现总线传输，即用一个传输通道（称总线），以选通方式传送多路信息。使用时，要求只有需要传输信息的三态控制端处于使能态（$\overline{E}=0$）其余各门皆处于禁止状态（$\overline{E}=1$）。由于三态门输出电路结构与普通 TTL 电路相同，显然，若同时有两个或两个以上三态门的控制端处于使能态，将出现与普通 TTL 门“线与”运用时同样的问题，因而是绝对不允许的。

三、实验设备与器件

1. 数字逻辑电路实验箱

2. 芯片 74LS00、74LS03、74LS10、74LS04、74LS125 各一片

3. 电阻 200 Ω、3～5 MΩ 电阻（由 3.3 MΩ、680 kΩ 等组成）

4. 数字万用表

5. 双踪示波器

四、实验内容及实验步骤

1. TTL 集电极开路与非门 74LS03 负载电阻 R_L 的确定。

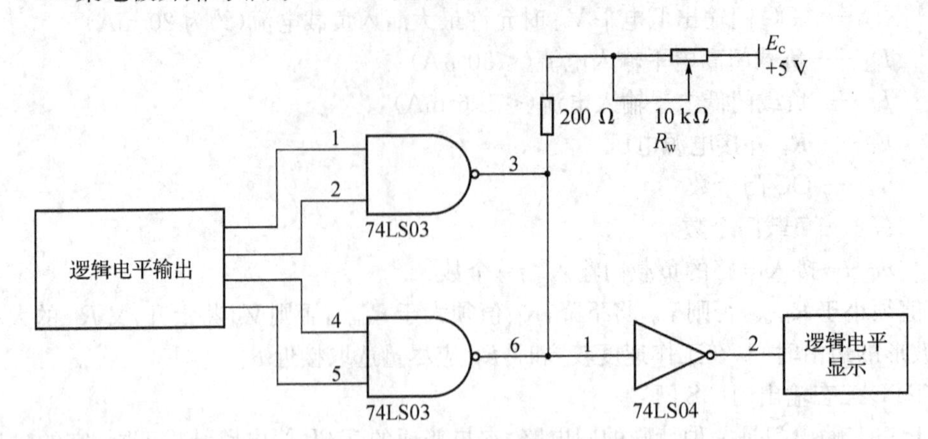

图 6-18　74LS03 负载电阻的确定

在数字逻辑电路实验箱的 IC 插座模块中找一个 DIP_14 的插座插上芯片 74LS03，并在 DIP_14 插座的第 7 脚接上实验箱的地(GND)，第 14 脚接上电源＋5 V(V_{CC})，输入引脚接逻辑电平输出拨位开关。芯片的管脚分配请参考附录或其他资料。

用两个集电极开路与非门“线与”来驱动一个 TTL 非门，按图 6-18 连接实验电路。负载电阻 R_L 由一个 200 Ω 电阻和一个 10 kΩ 电位器 R_W 串接而成，取 $E_C=5$ V。接通电源，用逻辑开关改变两个 OC 门的输入状态，先使 OC 门“线与”输出低电平，调节 R_W 使 $V_{oL}=0.3$ V，测得此时的 R_L 即为 R_{Lmin}，再使电路输出高电平，需要重新调节负载 R_L 的组成(大概 R_L 在 3～5 MΩ 情况下才能使 $V_{oH}=3.5$ V)，重新调节好负载 R_L 使 $V_{oH}=3.5$ V，测得此时的 R_L 即为 R_{Lmax}。

2. 集电极开路门的应用

用 OC 门实现 $F=A\bar{B}+CD+E\bar{F}$，实验时输入变量允许用原变量和反变量，外接负载电阻 R_L 自取合适的值。具体的连线方法同实验内容 1。

3. 三态输出门

(1) 测试 74LS125 三态输出门的逻辑功能：

在数字逻辑电路实验箱 IC 插座模块处，找一个 DIP_14 的插座插上芯片 74LS125，并在 DIP_14 插座的第 7 脚接上实验箱的地(GND)，第 14 脚接上电源＋5 V(V_{CC})，三态门输入端接逻辑电平输出，控制端接单次脉冲源，输出接发光二极管(逻辑电平显示)。逐个测试集成块中四个门的逻辑功能，记入表 6-2中。

表 6-2　74LS125 三态输出门的逻辑功能

输入		输出
E	A	
0	0	
	1	
1	0	
	1	

(2) 三态输出门的应用

将四个三态缓冲器按图 6-19 接线，输入端按图示加输入信号，控制端接逻辑开关，输出端接 LED，先使四个三态门的控制端均为高电平“1”，即处于禁止状态。然后依次使一个门选通，观察 LED 的显示情况。注意，不能让两个门同时选通，图 6-20 中四个选通信号只能选通一个有效。记录实验结果。

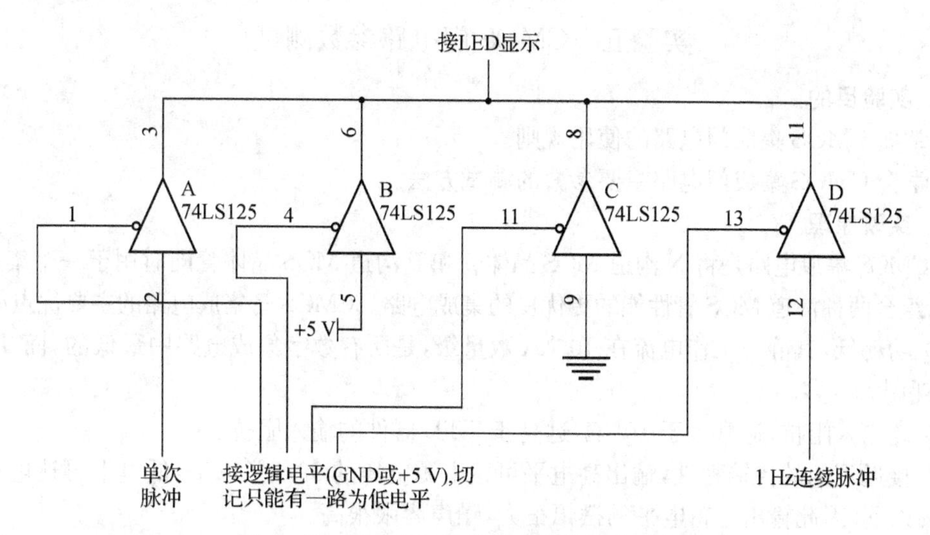

图 6-19 用 74LS125 实现总线传输实验电路

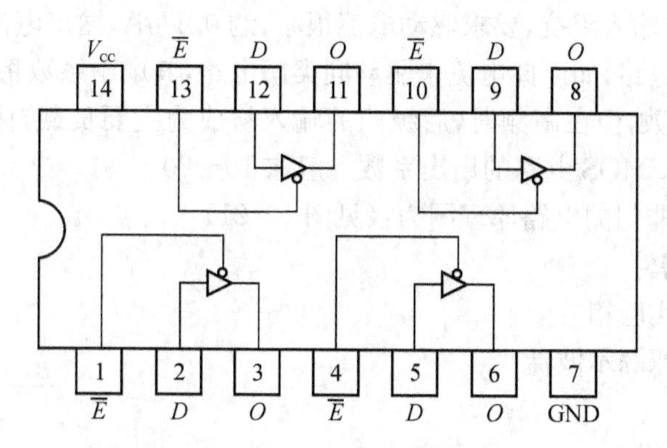

图 6-20 74LS125 引脚排列图

五、实验预习要求

1. 复习 TTL 集电极开路门和三态门工作原理。
2. 计算实验中各 R_L 阻值，并从中确定实验所用 R_L 值(标称值)。
3. 画出用 OC 与非门实现实验内容 2 的逻辑图。

六、实验实验报告

1. 画出实验电路图，并标明有关外接元件值。
2. 整理分析实验结果，总结集电极开路门和三态输出门的优缺点。
3. 思考：在使用总线传输时，总线上能不能同时接有 OC 门与三态输出门？为什么？

6.3.2 CMOS 门电路实验

实验五 CMOS 门电路参数测试

一、实验目的

1. 掌握 CMOS 集成门电路的使用规则。

2. 学会 CMOS 集成门电路主要参数的测试方法。

二、实验原理

1. CMOS 集成电路是将 N 沟道 MOS 晶体管和 P 沟道 MOS 晶体管同时用于一个集成电路中,成为组合两种沟道 MOS 管性能的更优良的集成电路。CMOS 管集成电路的主要优点如下:

(1) 功耗低,其静态工作电流在 10^{-9} A 数量级,是所有数字集成电路中最低的,而 TTL 器件的功耗则大得多。

(2) 高输入阻抗,通常大于 10^{10} Ω,远高于 TTL 器件的输入阻抗。

(3) 接近理想的传输特性,输出高电平可达电源电压的 99.9%以上,低电平可达电源电压的 0.1%以下,因此输出逻辑电平的摆幅很大,噪声容限很高。

(4) 电源电压范围广,可在+3 V～+18 V 范围内正常运行。

(5) 由于有很高的输入阻抗,要求驱动电流很小,约 0.1 μA,输出电流在+5 V电源下约为 500 μA,远小于 TTL 电路,如以此电流来驱动同类门电路,其扇出系数将非常大。在一般低频率时,无需考虑扇出系数,但在高频时,后级门的输入将成为主要负载,使其扇出能力下降,所以在较高频率工作时,CMOS 电路的扇出系数一般取 10～20。

2. CMOS 集成与非门的电路原理图为:(见图 6-21)

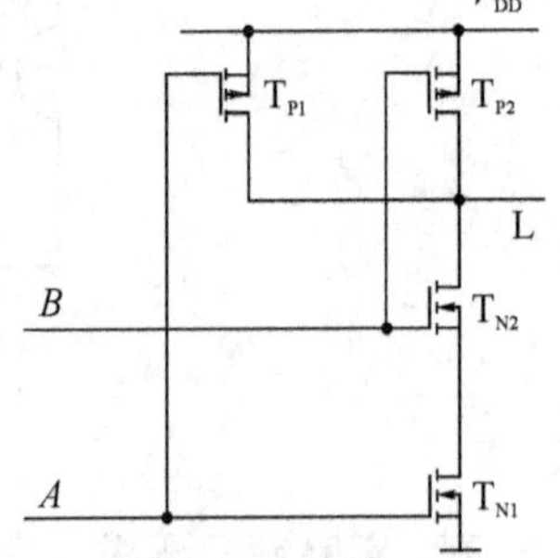

图 6-21 CMOS 与非门的电路原理图

三、实验设备与器件

1. 数字逻辑电路实验箱

2. 数字万用表和双踪示波器

3. 芯片 CD4011

4. 100 Ω 电阻

四、实验内容及实验步骤

1. 在实验箱 IC 插座模块处找一个 DIP_14 的插座插上芯片,并在 DIP_14 插座的第 7 脚接上实验箱的地(GND),第 14 脚接上电源 +5 V(V_{CC})。

2. CMOS 与非门 CD4011 的 5 个参数测试(输出高电平 V_{oH}、输出低电平 V_{oL}、输入短路电流 I_{is}、扇出系数 N_o、电压传输特性和平均传输延迟时间 t_{pd})。实验所需要的电阻和可调电阻使用实验箱主电路板中的元件库。(具体的测量与接线方法和 TTL 电路相同,参考实验二的实验内容)。

3. 观察与非门对脉冲的控制作用:选用与非门按图 6-22 连线,将一个输入端接连续脉冲源(频率为 10 kHz),用示波器观察并记录两种电路的输出波形。

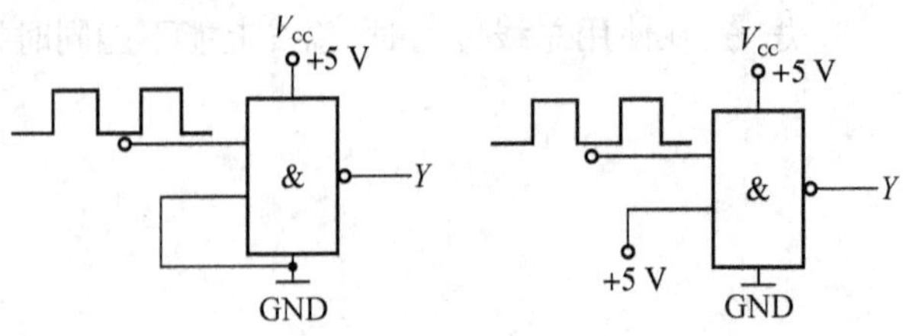

图 6-22 与非门对脉冲的控制作用

五、实验预习要求

1. 复习 CMOS 门电路的工作原理。

2. 熟悉实验所用集成门电路引脚功能。

3. 画出实验内容的测试电路与数据记录表格。

六、实验报告要求

1. 整理实验结果,用坐标画出传输特性曲线。

2. 思考:CMOS 门电路闲置输入端如何处理?

3. 比较一下 TTL 与非门与 CMOS 与非门的异同点。

七、CMOS 门电路的使用规则

1. V_{DD}接电源正极,V_{SS}接电源负极(通常接地),不得接反。CC4000 系列的电源允许电压在+3 V～+18 V 范围内选择,实验中一般选用+5 V～+15 V。

2. 所有输入端一律不准悬空,闲置输入端的处理方法:

(1) 按照逻辑要求,直接接 V_{DD}(与非门)或 V_{SS}(或非门);

(2) 在工作频率不高的电路中,允许输入端并联使用。

3. 输出端不准直接与 V_{DD}或 V_{SS}相连,否则将导致器件损坏。

4. 在装接电路,改变电路连接或插、拔电路时,均应切断电源,严禁带电操作。

5. 焊接、测试和存储时的注意事项:

(1) 电路应存放在导电的容器内,有良好的静电屏蔽。

(2) 焊接时必须切断电源,电烙铁外壳必须良好接地,或拔下烙铁,靠其余热焊接。

(3) 所有的测试信号必须良好接地。

(4) 若信号源与 CMOS 器件使用两组电源供电,应先开通 CMOS 电源,关机时应先关闭信号源最后再关 CMOS 电源。

实验六　CMOS 门电路的逻辑功能测试

一、实验目的

1. 测试 COMS 集成芯片中与门、或门、非门、与非门、或非门与异或门的逻辑功能。

2. 了解测试的方法与测试的原理。

二、实验原理

参见实验三中的实验原理部分。

三、实验设备与器件

1. 数字逻辑电路实验箱。

2. 双踪示波器,数字万用表。

3. 相应 CC4000 系列或 74HC 系列芯片若干。

四、实验预习及内容

实验前先查找以下门电路的真值表,再实验验证它们的逻辑功能:

1. 测试 CC4081(74HC08)(与门)的逻辑功能。

2. 测试 CC4071(74HC32)(或门)的逻辑功能。

3. 测试 CC4069(74HC04)(非门)的逻辑功能。

4. 测试 CC4011(74HC00)(与非门)的逻辑功能。

5. 测试 CC4001(74HC02)(或非门)的逻辑功能。

6. 测试 CC4070(74HC86)(异或门)的逻辑功能。

五、实验步骤

1. 在实验箱 IC 插座模块找到相应管脚数目的 IC 插座，将实验测试用芯片插上保持连接正常。

2. 注意将芯片对应的电源输入脚和地输入脚连接到实验箱电源模块相应插座上，以保证实验正常进行。

3. 按照芯片的管脚分布图接线(注意高低电平的输入和高低电平的显示)。

4. 按照各逻辑门的真值表检验芯片的逻辑功能芯片。

5. 芯片的管脚分配见附录。

六、实验报告要求

1. 画好各门电路的真值表表格，将实验结果填写到表中。

2. 根据实验结果，写出各逻辑门的逻辑表达式，并判断逻辑门的好坏。

3. 思考：根据以上实验，比较思考 TTL 门电路和 COMS 门电路的异同。

实验七　集成逻辑电路的连接和驱动

一、实验目的

1. 了解 TTL 门电路的输出特性。

2. 了解 CMOS 门电路的输出特性。

3. 掌握集成逻辑电路相互衔接时应遵守的规则和实际衔接方法。

二、实验原理

1. TTL 电路输入输出电路性质

当输入端为高电平时，输入电流是反向二极管的漏电流，电流极小。其方向是从外部流入输入端。当输入端处于低电平时，电流由电源 V_{CC}经内部电路流出输入端，电流较大，当与上一级电路衔接时，将决定上级电路应具备的负载能力。高电平输出电压在负载不大时为 3.5 V 左右(当 $V_{CC}=5$ V 时)。低电平输出时，允许后级电路灌入电流，随着灌入电流的增加，输出低电平将升高，一般 LS 系列 TTL 电路允许灌入 8 mA 电流，即可吸收后级 20 个 LS 系列标准门的灌入电流。最大允许低电平输出电压为 0.4 V。

2. CMOS 电路输入输出电路性质

一般 CC 系列的输入阻抗可高达 1 010 Ω，输入电容在 5 pF 以下，输入高电平通常要求在 3.5 V 以上，输入低电平通常在 1.5 V 以下。因 CMOS 电路的输出结构具有对称性，故高低电平具有相同的输出能力，负载能力较小，仅可驱动少量的 CMOS 电路。当输出端负载很轻时，输出高电平将十分接近电源电压；输出低电平时将十分接近地电位。

在高速 CMOS 电路 54/74HC 系列中的一个子系列 54/74HCT，其输入电平与 TTL 电路完全相同，因此在相互取代时，不需考虑电平的匹配问题。

3. 集成逻辑电路的衔接

在实际的数字电路系统中总是将一定数量的集成逻辑电路按需要前后连接起来。这时，前级电路的输出将与后级电路的输入相连并驱动后级电路工作。这就存在着电平的配合和负载能力这两个需要妥善解决的问题。可用下列几个表达式来说明连接时所要满足的条件：

$$V_{oH}(\text{前级}) \geqslant V_{iH}(\text{后级}) \quad V_{oL}(\text{前级}) \leqslant V_{iL}(\text{后级})$$

$$I_{oH}(\text{前级}) \geqslant n \times I_{iH}(\text{后级}) \quad I_{oL}(\text{前级}) \leqslant n \times I_{iL}(\text{后级}) \quad n\text{为后级门的数目}$$

(1) TTL 与 TTL 的连接

TTL 集成逻辑电路的所有系列，由于电路结构形式相同，电平配合比较方便，不需要外接元件可直接连接，主要的限制是受低电平时负载能力的限制。表 6－3 列出了 74 系列 TTL 电路的扇出系数。

表 6－3 74 系列芯片扇出系数比较

	74LS00	74ALS00	7400	74L00	74S00
74LS00	20	40	5	40	5
74ALS00	20	40	5	40	5
7400	40	80	10	40	10
74L00	10	20	2	20	1
74S00	50	100	12	100	12

(2) TTL 驱动 CMOS 电路

TTL 电路驱动 CMOS 电路时，由于 CMOS 电路的输入阻抗高，故驱动电流一般不会受到限制，但在电平配合问题上，低电平是可以的，高电平有困难。因为 TTL 电路在空载时，输出高电平通常低于 CMOS 电路对输入高电平的要求，因此为保证 TTL 输出高电平，后级的 CMOS 电路能可靠工作，通常要外接一个上拉电阻 R，如图 6－23 所示，使输出高电平达到 3.5 V 以上，R 的取值为 2～6.2 kΩ 较合适，这时 TTL 后级的 CMOS 电路的数目可以很多。

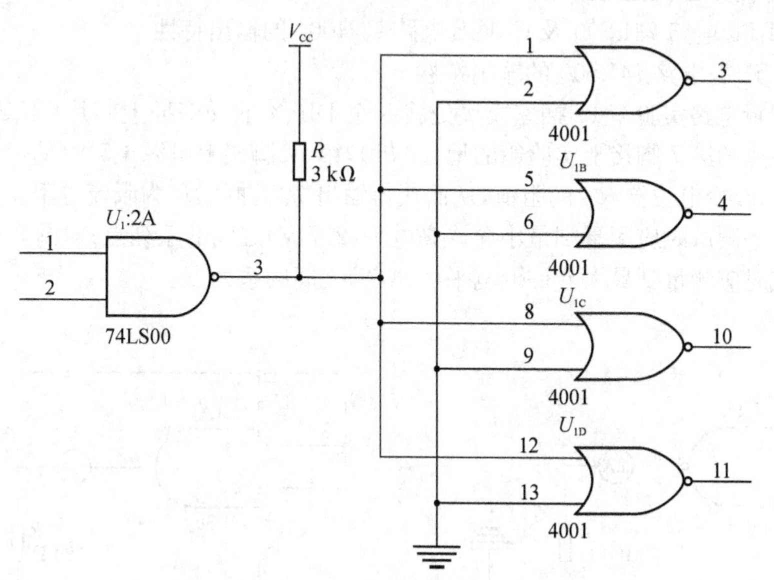

图 6－23 TTL 电路驱动 CMOS 电路

(3) CMOS 驱动 TTL 电路

CMOS 的输出电平能满足 TTL 对输入电平的要求，而驱动电流将受限制，主要是低电平时的负载能力。表 6－4 列出了一般 CMOS 电路驱动 TTL 电路扇出系数，从表中可见，除了 74HC 系列外的其他 CMOS 芯片驱动 TTL 的能力都较低。

表 6-4 各种门的驱动能力

	LS-TTL	L-TTL	TTL	ASL-TTL
CC4001B 系列	1	2	0	2
MC14001B 系列	1	2	0	2
MM74HC 及 74HCT 系列	10	20	2	20

既要使用此系列又要提高其驱动能力时，可采用以下两种方法：

①采用 CMOS 专用驱动器，如 CC4049，CC4050 等芯片。

②将几个同功能的 CMOS 电路并联使用，即将其输入端并联，输出端并联（TTL 电路是不允许并联的）。

(4) CMOS 与 CMOS 的衔接

CMOS 电路之间的连接十分方便，不需另加外接元件。对直流参数来讲，一个 CMOS 电路可带动的 CMOS 电路数量是不受限制的，但在实际使用时，应当考虑后级门输入电容对前级门的传输速度的影响，电容太大时，传输速度下降，因此在高速使用时要考虑负载电容，例如 CC4000T 系列。CMOS 电路在 10 MHz 以上速度运用时应限制在 20 个门以下。

三、实验设备与器件

1. 数字逻辑电路实验箱
2. 数字万用表
3. 芯片 74LS00、74LS04，CC4001、74HC00
4. 100 Ω、470 Ω、3 kΩ 电阻，4.7 kΩ 可调电位器（规格为 3296、在 IC 插座上连接）

四、实验内容及实验步骤

1. 测试 TTL 电路 74LS00 及 CMOS 电路 CC4001 的输出特性

(1) 测试 TTL 电路 74LS00 的输出特性

在数字逻辑电路实验箱 IC 插座模块处找一个 DIP_14 的插座插上芯片 74LS00（CC4001），并在 DIP_14 插座的第 7 脚接上实验箱的地（GND），第 14 脚接上电源 +5 V（V_{CC}）。测试电路如图 6-24 所示，改变电位器 R_W 的阻值，从而获得输出特性曲线，R 为限流电阻。对图 6-24(a) 所示输出高电平测试时应测量到最小允许高电平（2.7 V）之间的系列点；对图 6-24(b) 所示输出低电平测试时应测量到最大允许低电平（0.4 V）之间的系列点。

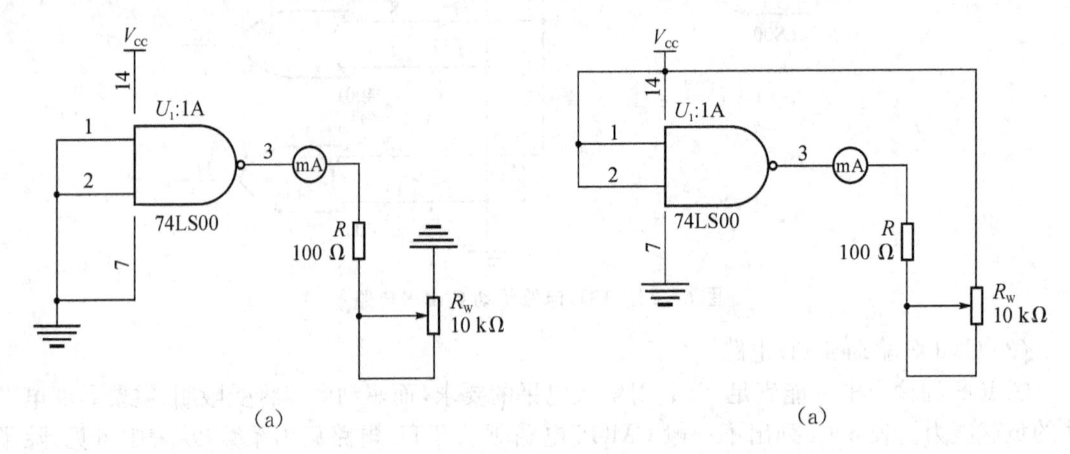

图 6-24 与非门输出特性测试电路

(2) 测试 CMOS 电路 CC4001 的输出特性

同(1)方法，测量出 CC4001 的输出特性，测试时 R 取为 470 Ω，R_W 取 10 kΩ 不变，V_{CC} 为 ＋5 V。输出高电平测试时应测量到最小允许高电平(4.6 V)之间的系列点；输出低电平测试时应测量到最大允许低电平(0.4 V)之间的系列点。

2. TTL 电路驱动 CMOS 电路

用 74LS00 的一个门来驱动 CC4001 的四个门，实验电路如图 6－23。测量连接 3 kΩ 与不连接 3 kΩ 电阻情况下的各芯片逻辑功能及输出的高低电平电压值。

3. CMOS 电路驱动 TTL 电路

电路如图 6－25 所示，被驱动的电路用 74LS04 的 6 个非门并联。电路的输入端接逻辑电平输出模块处的输出插口，6 个输出分别接逻辑电平显示模块处的输入插口。先用 CC4001 的一个门来驱动，观测 CC4001 的输出电平和 74LS04 的输出逻辑功能。然后将 CC4001 的其余三个门，一个个并联接到第一个门上(输入与输入并联，输出与输出并联)，分别观察 CMOS 的输出电平及 74LS04 的逻辑功能。最后用 1/4 74HC00 代替 1/4CC4001，测试其输出电平及系统的逻辑功能。

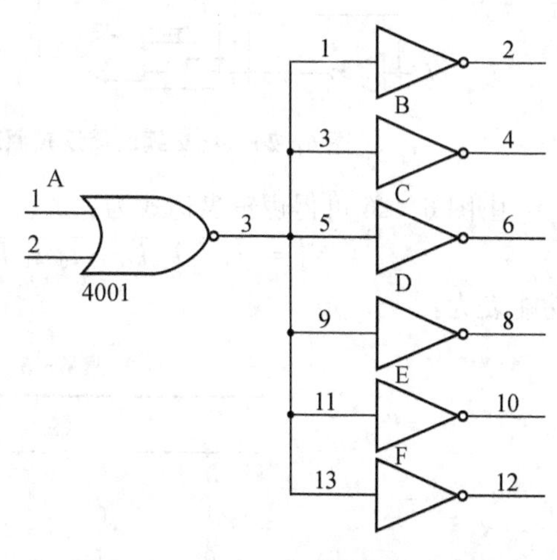

图 6－25　CMOS 电路驱动 TTL 电路

五、实验预习要求

1. 自拟各实验记录用的数据表格及逻辑电平记录表格。

2. 熟悉所用集电路的引脚功能。

六、实验报告要求

1. 整理实验数据，作出输出特性曲线，并加以分析。

2. 通过本次实验，你对不同集成门电路的衔接得出什么结论？

6.4　组合逻辑电路实验

实验八　编码器及其应用

一、实验目的

1. 掌握一种门电路组成编码器的方法。

2. 掌握 8－3 线优先编码器 74LS148，10－4 线优先编码器 74LS147 的功能。

3. 学会使用两片 8－3 线编码器组成 16－4 线编码器。

二、实验原理

1. 4－2 编码器

赋予若干位二进制码以特定含义称为编码，能实现编码功能的逻辑电路称为编码器。编码器有若干个输入，在某一时刻只有一个输入信号被转换成二进制码。图 6－26 是一个最简单的 4 输入、2 位二进制码输出的编码器的逻辑原理图。

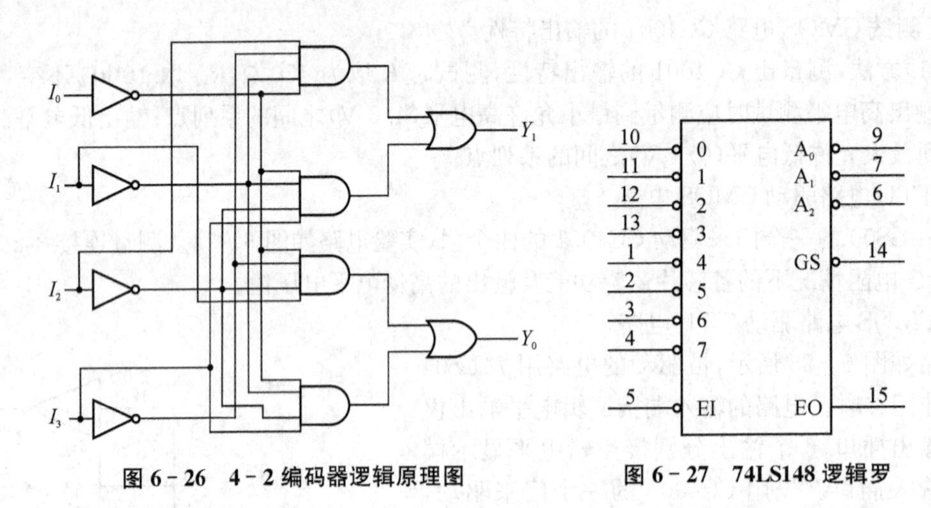

图 6-26　4-2 编码器逻辑原理图　　　　图 6-27　74LS148 逻辑罗

由图 6-26 可得逻辑表达式为：

$$Y_1=\overline{I}_0\,\overline{I}_1 I_2\,\overline{I}_3+\overline{I}_0\,\overline{I}_1\,\overline{I}_2 I_3 \quad Y_0=\overline{I}_0 I_1\,\overline{I}_2\,\overline{I}_3+\overline{I}_0\,\overline{I}_1\,\overline{I}_2 I_3$$

功能表为：

表 6-5　4—2 编码器功能表

输入				输出	
I_0	I_1	I_2	I_3	Y_1	Y_0
1	0	0	0	0	0
0	1	0	0	0	1
0	0	1	0	1	0
0	0	0	1	1	1

由表 6-4 可以看出，当 $I_0 \sim I_3$ 中在某一位输入为 1 时，输出 Y_1Y_0 为相应的代码。例如，当 I_1 为 1 时，输出 Y_1Y_0 为 01。

2. 8—3 线优先编码器 74LS148

上面的编码电路虽然简单，但有两个缺点。其一是，当 I_0 为 1，$I_1 \sim I_3$ 都为 0 和 $I_0 \sim I_3$ 均为 0 时，输出 $Y_1\ Y_0$ 均为 00，这两种情况在实际中必须加以区分；其二是，同时有多个输入被编码时，输出会是混乱的。在实际工作中，同时有多个输入被编码时，必须根据轻重缓急，规定好这些控制对象允许操作的先后次序，即优先识别。能识别信号的优先级并对其进行编码的逻辑部件称为优先编码器。

编码器 74LS148 的作用是将输入端 0～7 这 8 个状态分别编成二进制码输出，它的功能表见表 6-6，它的逻辑图见图 6-27。它有 8 个输入端，3 个二进制码输出端，输入使能端 EI，输出使能端 EO 和优先编码工作状态标志 GS。优先级分别从 I_7 至 I_0 递减。

表 6-6　优先编码器 74LS148 功能表

输入									输出				
EI	0	1	2	3	4	5	6	7	A_2	A_1	A_0	GS	EO
H	×	×	×	×	×	×	×	×	H	H	H	H	H
L	H	H	H	H	H	H	H	H	H	H	H	H	L

（续表 6-6）

输入									输出				
EI	0	1	2	3	4	5	6	7	A_2	A_1	A_0	GS	EO
L	×	×	×	×	×	×	×	L	L	L	L	L	H
L	×	×	×	×	×	×	L	H	L	L	H	L	H
L	×	×	×	×	×	L	H	H	L	H	L	L	H
L	×	×	×	×	L	H	H	H	L	H	H	L	H
L	×	×	×	L	H	H	H	H	H	L	L	L	H
L	×	×	L	H	H	H	H	H	H	L	H	L	H
L	×	L	H	H	H	H	H	H	H	H	L	L	H
L	L	H	H	H	H	H	H	H	H	H	H	L	H

注："H"表示逻辑高电平；"L"表示逻辑低电平；"×"表示逻辑高电平或低电平兼可。

3. 10—4 线优先编码器 74LS147

74LS147 的输出为 8421BCD 码，它的逻辑图见图 6-29，其功能见表 6-7。

表 6-7 优先编码器 74LS147 功能表

输入									输出			
1	2	3	4	5	6	7	8	9	D	C	B	A
H	H	H	H	H	H	H	H	H	H	H	H	H
×	×	×	×	×	×	×	×	L	L	H	H	L
×	×	×	×	×	×	×	L	H	L	H	H	H
×	×	×	×	×	×	L	H	H	H	L	L	L
×	×	×	×	×	L	H	H	H	H	L	L	H
×	×	×	×	L	H	H	H	H	H	L	H	L
×	×	×	L	H	H	H	H	H	H	L	H	H
×	×	L	H	H	H	H	H	H	H	H	L	L
×	L	H	H	H	H	H	H	H	H	H	L	H
L	H	H	H	H	H	H	H	H	H	H	H	L

三、实验设备与器材

1. 数字逻辑电路实验箱。

2. 数字万用表。

3. 芯片 74LS04、74LS148、74LS20 各两片，74LS147、74LS32、74LS08 各一片。

四、实验内容及实验步骤

1. 4—2 线编码器

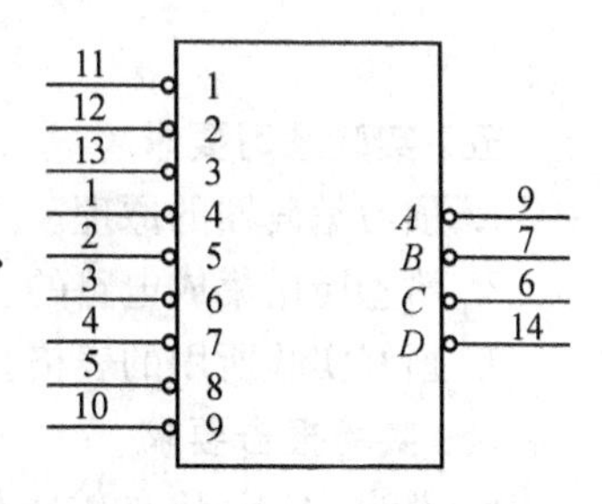

图 6-28 74LS147 逻辑图

在数字逻辑电路实验箱 IC 插座模块中找 5 个 DIP_14（不够可用 DIP_16 等插座代替）的插座插上芯片 74LS04（两片），74LS20（两片），74LS32，并在 DIP_14 插座的第 7 脚接上实验箱的地（GND），第 14 脚接上电源＋5 V（V_{CC}）。将输出端 $Y_0 \sim Y_1$ 分别接两个发光二极管（实验箱主电路板的逻辑电平显示单元），输入端接拨位开关（实验箱主电路板的逻辑电平输出单元）。拨动拨位开关，根据发光二极管显示的变化，逐项验证 4—2 线编码器的功能。芯片的管脚分配请参考附录或其他资料。

2. 8—3 线优先编码器 74LS148

在数字逻辑电路实验箱 IC 插座模块中找一个 DIP₁6 插座插上芯片 74LS148，并在 DIP₁6 插座的第 8 脚接上实验箱的地(GND)，第 16 脚接上电源(V_{CC})。八个输入端接拨位开关(逻辑电平输出)，输出端接发光二极管进行显示(逻辑电平显示)，其他功能引脚的接法参见附录或相关资料。

3. 10—4 线优先编码器 74LS147

测试方法与 74LS148 类似，只是输入与输出脚的个数不同，功能引脚不同。

4. 16—4 线编码器

用两片 74LS148、一片 74LS08 组成 16 位输入、4 位二进制码输出的优先编码器(低电平有效)，按下面的逻辑图连线，并验证它的功能。具体的连线方法同样是在 IC 插座模块上完成，EI2 接低电平，其他输入输出分别接拨位开关(逻辑电平输出)和发光二极管(逻辑电平显示)。

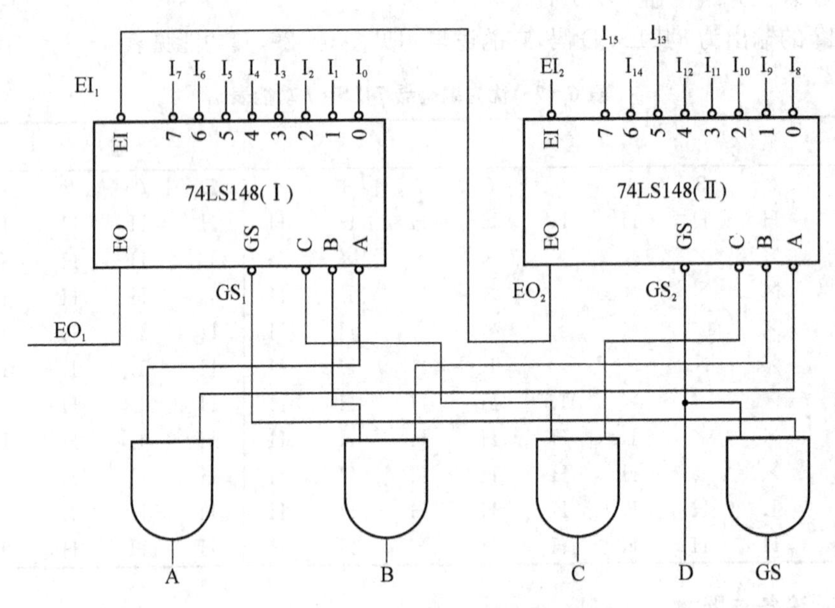

图 6-29　16—4 线优先编码器原理图

五、实验预习要求

1. 预习编码器的原理。

2. 熟悉所用集成电路的引脚功能。

3. 画好实验所用的表格。

六、实验报告要求

1. 说明 74LS148 的输入信号 EI 和输出信号 GS、EO 的作用。

2. 分析 16—4 线优先编码器的工作原理，并自制表格，根据实验结果完成 16—4 线优先编码器的功能表。

实验九　译码器及其应用

一、实验目的

1. 掌握 3—8 线译码器、4—10 线译码器的逻辑功能和使用方法。

2. 掌握用两片 3—8 线译码器连成 4—16 线译码器的方法。

3. 掌握使用 74LS138 实现逻辑函数和做数据分配器的方法。

二、实验原理

译码是编码的逆过程，它的功能是将具有特定含义的二进制码进行辨别，并转换成控制信号，具有译码功能的逻辑电路称为译码器。译码器在数字系统中有广泛的应用，不仅用于代码的转换、终端的数字显示，还用于数据分配，存贮器寻址和组合控制信号等。不同的功能可选用不同种类的译码器。

图 6-30 表示二进制译码器的一般原理图。

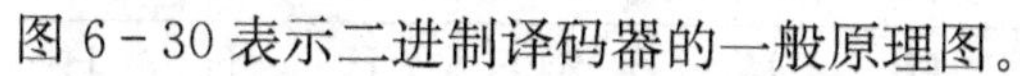

图 6-30　进制译码器的一般原理图

它具有 n 个输入端，2^n 个输出端和一个使能输入端。在使能输入端为有效电平时，对应每一组输入代码，只有其中一个输出端为有效电平，其余输出端则为非有效电平。每一个输出所代表的函数对应于 n 个输入变量的最小项。二进制译码器实际上也是负脉冲输出的脉冲分配器，若利用使能端中的一个输入端输入数据信息，器件就成为一个数据分配器（又称为多路数据分配器）。

1. 3—8 线译码器 74LS138

它有三个地址输入端 A、B、C，它们共有 8 种状态的组合，即可译出 8 个输出信号 Y_0～Y_7。它还有三个使能输入端 E_1、E_2、E_3。功能表见表 6-8 所示，引脚排列见图 6-31 所示。

表 6-8　74LS138 的功能表

输　入						输　出							
E_3	E_1	E_2	C	B	A	Y_0	Y_1	Y_2	Y_3	Y_4	Y_5	Y_6	Y_7
×	H	×	×	×	×	H	H	H	H	H	H	H	H
×	×	H	×	×	×	H	H	H	H	H	H	H	H
L	×	×	×	×	×	H	H	H	H	H	H	H	H
H	L	L	L	L	L	L	H	H	H	H	H	H	H
H	L	L	L	L	H	H	L	H	H	H	H	H	H
H	L	L	L	H	L	H	H	L	H	H	H	H	H
H	L	L	L	H	H	H	H	H	L	H	H	H	H
H	L	L	H	L	L	H	H	H	H	L	H	H	H
H	L	L	H	L	H	H	H	H	H	H	L	H	H
H	L	L	H	H	L	H	H	H	H	H	H	L	H
H	L	L	H	H	H	H	H	H	H	H	H	H	L

2. 4—10 线译码器 74LS42

它的引脚排列见图 6-31 所示，功能表见表 6-9 所示。

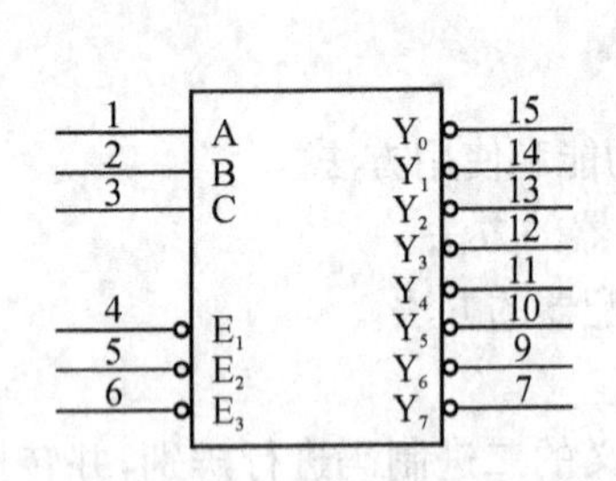

图 6-31　74LS138 的引脚排列图

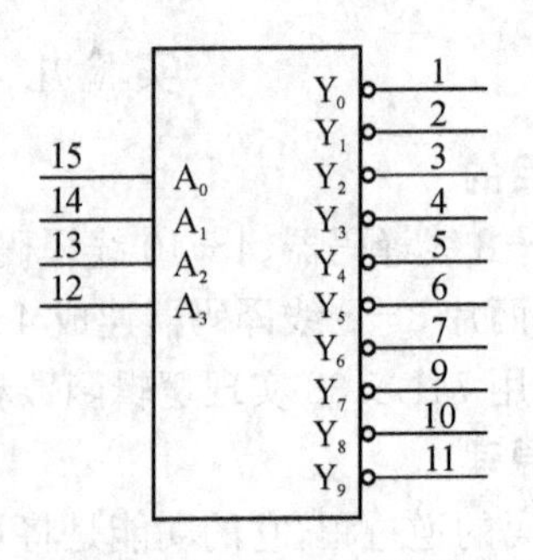

图 6-32　74LS42 的引脚排列图

表 6-9　74LS42 的功能表

BCD 输入				输出									
A_3	A_2	A_1	A_0	Y_0	Y_1	Y_2	Y_3	Y_4	Y_5	Y_6	Y_7	Y_8	Y_9
L	L	L	L	L	H	H	H	H	H	H	H	H	H
L	L	L	H	H	L	H	H	H	H	H	H	H	H
L	L	H	L	H	H	L	H	H	H	H	H	H	H
L	L	H	H	H	H	H	L	H	H	H	H	H	H
L	H	L	L	H	H	H	H	L	H	H	H	H	H
L	H	L	H	H	H	H	H	H	L	H	H	H	H
L	H	H	L	H	H	H	H	H	H	L	H	H	H
L	H	H	H	H	H	H	H	H	H	H	L	H	H
H	L	L	L	H	H	H	H	H	H	H	H	L	H
H	L	L	H	H	H	H	H	H	H	H	H	H	L

三、实验设备与器材

1. 数字逻辑电路实验箱

2. 数字万用表

3. 双踪示波器

4. 芯片 74LS138 两片，74LS42、74LS20 各一片

四、实验内容及实验步骤

1. 74LS138 译码器逻辑功能测试

在数字逻辑电路实验箱 IC 插座模块中找一个 DIP_16 的插座插上芯片 74LS138，并在 DIP_16 插座的第 8 脚接上实验箱的地(GND)，第 16 脚接上电源 +5 V(V_{CC})。将 74LS138 的输出端 $Y_0 \sim Y_7$ 分别接到 8 个发光二极管上(逻辑电平显示单元)，输入端接拨位开关输出(逻辑电平输出单元)，逐次拨动开关，根据发光二极管显示的变化，测试 74LS138 的逻辑功能。

2. 74LS42 译码器逻辑功能测试

测试方法与 74LS138 类似，只是输入与输出脚的个数不同，功能引脚不同。

3. 两片 74LS138 组合成 4－16 线译码器

按图 6-33 连线。

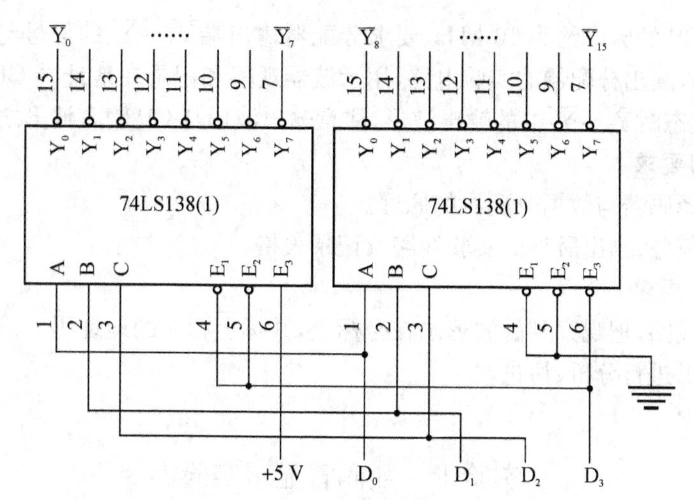

图 6-33　两片 74LS138 组合成 4—16 线译码器

将 16 个输出端接逻辑电平显示(发光二极管),4 个输入端接逻辑电平输出(拨位开关),逐项测试电路的逻辑功能。

4. 用 74LS138 实现逻辑函数和做数据分配器

(1) 实现逻辑函数

一个 3—8 线译码器能产生 3 变量函数的全部最小项,利用这一点能够很方便地实现 3 变量逻辑函数。图 6-34 实现了 $F=\overline{X}\overline{Y}\overline{Z}+\overline{X}Y\overline{Z}+X\overline{Y}\overline{Z}+XYZ$ 功能输出。

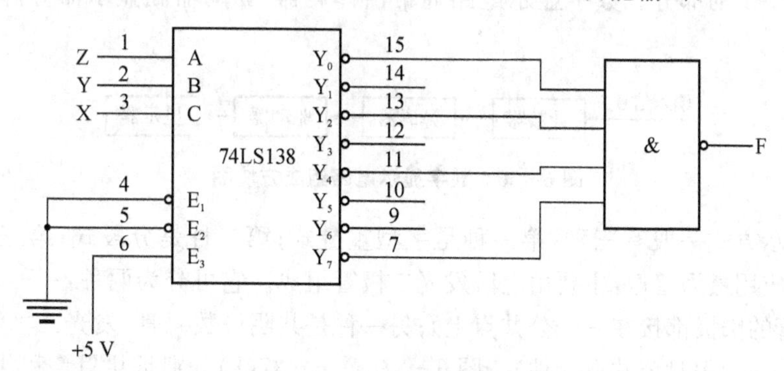

图 6-34　实现逻辑函数

验证电路的功能是否与逻辑函数相一致。具体的接线方法是在 IC 插槽部分找相应插槽插上芯片 74LS138 和 74LS20,X、Y、Z 三个输入端接拨位开关(逻辑电平输出),F 接发光二极管(逻辑电平显示),拨动拨位开关,观察发光二极管的发光情况。

(2) 用做数据分配器

若在 E_3 端输入数据信息,地址码所对应的输出是 E_3 数据的反码;若从 $\overline{E_2}$ 端输入数据信息,令 $E_3=1$, $\overline{E_1}=0$,地址码所对应的输出是 $\overline{E_2}$ 端数据信息的原码。若输入信息是时钟脉冲,则数据分配器便成为时钟脉冲分配器。

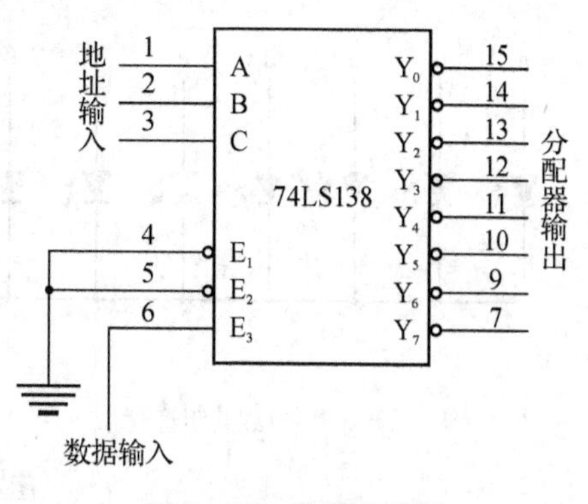

图 6-35　数据分配器

取时钟脉冲 CP 的频率约为 10 kHz，要求分配器输出端$\overline{Y_0}\sim\overline{Y_7}$的信号与 CP 输入信号同相。参照图 6-35，画出分配器的实验电路，用示波器观察和记录在地址端 CBA 分别取 000～111 这 8 种不同状态时$\overline{Y_0}\sim\overline{Y_7}$端的输出波形，注意输出波形与 CP 输入波形之间的相位关系。

五、实验预习要求

1. 复习有关译码器与数据分配器的原理。
2. 根据实验任务，画出所需的实验线路及记录表格。

六、实验报告要求

1. 画出实验线路，把观察到的波形画在坐标上，并标上相应的地址码。
2. 对实验结果进行分析、讨论。

实验十　数码管显示实验

一、实验目的

1. 熟悉共阴、共阳数码管的使用。
2. 掌握数码管的驱动方法。

二、实验原理

在数字测量仪表和各种数字系统中，都需要将数字量直观地显示出来，一方面供人们直接读取测量和运算的结果；另一方面用于监视数字系统的工作情况。因此，数字显示电路是许多数字设备不可缺少的部分。数字显示电路通常由译码器、驱动器和显示器等部分组成，如图 6-36 所示。

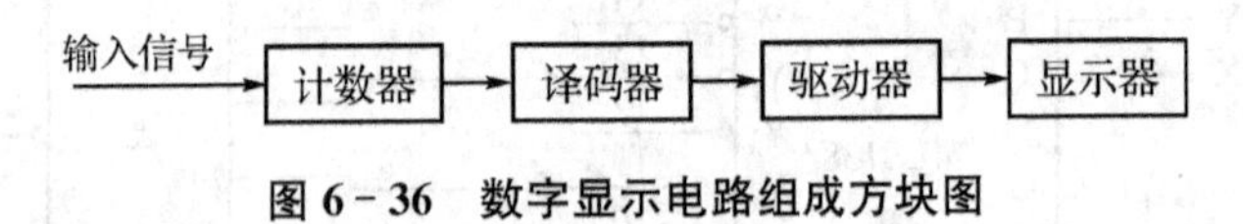

图 6-36　数字显示电路组成方块图

数码的显示方式一般有三种：第一种是字型重叠式；第二种是分段式；第三种是点阵式。目前以分段式应用最为普遍，主要由七段发光二极管组成。它可分为两种：一种是共阳极数码管（发光二极管的阳极都接在一个公共点上）；另一种是共阴极数码管（发光二极管的阴极都接在一个公共点上，使用时公共点接地）。图 6-37(a)、6-37(b)分别是共阴管和共阳管的电路，M(－)表示负极接地，M(＋)表示正极接 V_{CC}。图 6-38(a)、6-38(b)分别是共阴管和共阳管的引出脚功能图。

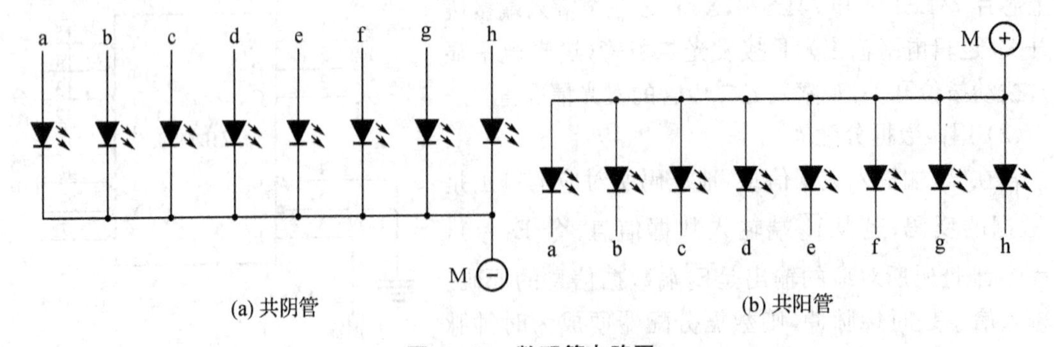

图 6-37　数码管电路图

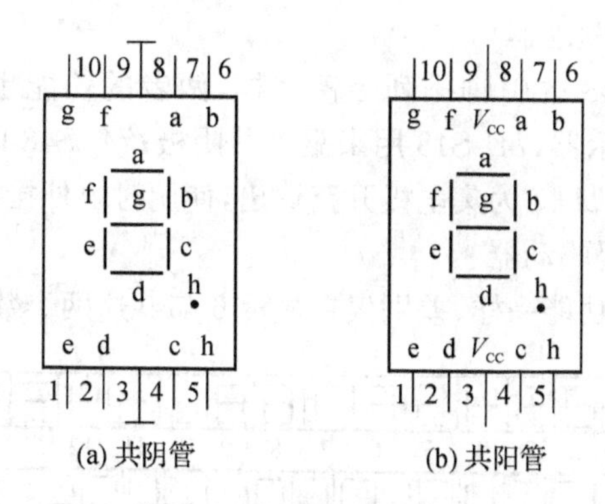

(a) 共阴管　　(b) 共阳管

图 6-38　引出脚功能图

一个 LED 数码管可用来显示一位 0～9 十进制数和一个小数点。小型数码管(0.5 寸和 0.36 寸)每段半导体数码管的正向压降,随显示光(通常为红、绿、黄、橙色)的颜色不同略有差别,通常约为 2～2.5 V,每个半导体数码管的点亮电流在 5～10 mA。数码管要显示 BCD 码所表示的十进制数字就需要有一个专门的译码器,该译码器不但要有译码功能,还要有相当的驱动能力。

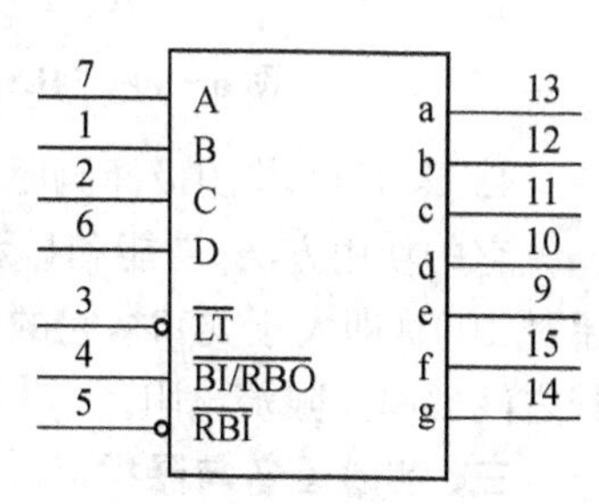

图 6-39　74LS48 的引脚排列

1. 74LS48 共阴极译码驱动器

它的功能表如表 6-10 所示。

表 6-10　74LS48 的功能表

功能或数字	输入						输出								显示字型
	$\overline{LT}$	$\overline{RBI}$	A_3	A_2	A_1	A_0	$\overline{BI}$/RBO	a	b	c	d	e	f	g	
灭灯	×	×	×	×	×	×	0(输入)	0	0	0	0	0	0	0	灭灯
试灯	0	×	×	×	×	×	1	1	1	1	1	1	1	1	8
动态灭零	1	0	0	0	0	0	0	0	0	0	0	0	0	0	灭灯
0	1	1	0	0	0	0	1	1	1	1	1	1	1	0	0
1	1	×	0	0	0	1	1	0	1	1	0	0	0	0	1
2	1	×	0	0	1	0	1	1	1	0	1	1	0	1	2
3	1	×	0	0	1	1	1	1	1	1	1	0	0	1	3
4	1	×	0	1	0	0	1	0	1	1	0	0	1	1	4
5	1	×	0	1	0	1	1	1	0	1	1	0	1	1	5
6	1	×	0	1	1	0	1	0	0	1	1	1	1	1	6
7	1	×	0	1	1	1	1	1	1	1	0	0	0	0	7
8	1	×	1	0	0	0	1	1	1	1	1	1	1	1	8
9	1	×	1	0	0	1	1	1	1	1	1	0	1	1	9
10	1	×	1	0	1	0	1	0	0	0	1	1	0	1	⊏
11	1	×	1	0	1	1	1	0	0	1	1	0	0	1	⊐
12	1	×	1	1	0	0	1	0	1	0	0	0	1	1	⊔
13	1	×	1	1	0	1	1	1	0	0	1	0	1	1	⊏
14	1	×	1	1	1	0	1	0	0	0	1	1	1	1	⊨
15	1	×	1	1	1	1	1	0	0	0	0	0	0	0	灭灯

注:$\overline{BI}$/RBO 是一个特殊端,有时用作输入,有时用作输出。

2. 74LS47 共阳极译码驱动器

它的引脚排列与 74LS48 的引脚排列一模一样，两者的功能也差不多。使用时要注意：74LS47 用来驱动共阳极显示器，74LS48 用来驱动共阴极；74LS48 内部有升压电阻，使用时可以直接与显示器相连，而 74LS47 为集电极开路输出，使用时要外接电阻。

3. 74LS248 共阴极译码驱动器

74LS248 与 74LS48 的功能一样，差别仅在显示 6 与 9 这两个数上，如图 6-40 所示。

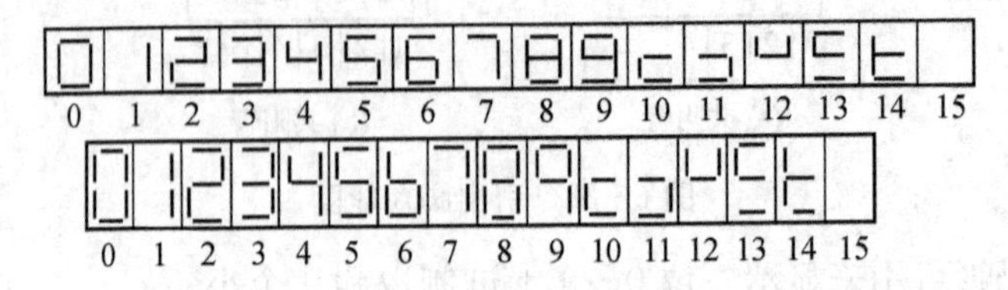

图 6-40　74LS248 与 74LS48 的显示区别(上为 74LS248，下为 74LS48)

4. CC4511 共阴极译码驱动器

它的使用方法、功能和显示效果与 74LS48 基本一样，二者的区别在于 CC4511 的输入码超过 1001(即大于九)时，它的输出全为“0”，数码管熄灭，而且，使用 CC4511 时，输出端与数码管之间要串入限流电阻。

三、实验设备与器材

1. 数字逻辑电路实验箱(带共阴共阳数码管)。

2. 数字万用表。

3. 芯片 74LS47、74LS48、74LS248、CC4511 各一片，1 kΩ 电阻七个。

四、实验内容及实验步骤

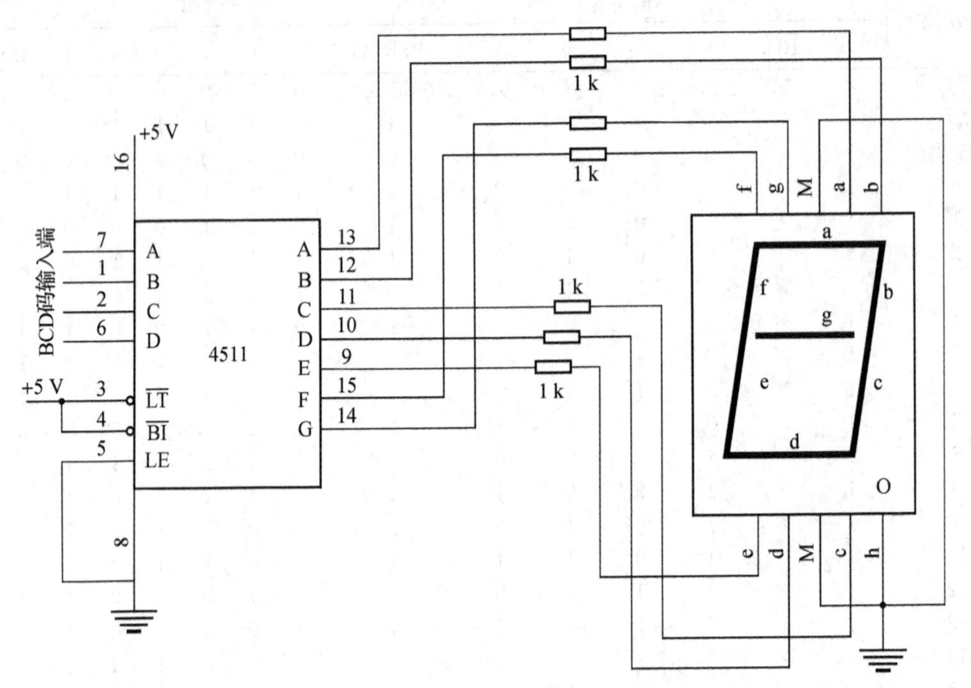

图 6-41　CC4511 驱动 1 位 LED 数码管

1. 按上图连线，验证测试 CC4511 的功能。测试的方法为：首先在实验箱 IC 插座模块相应的位置，插上芯片 CC4511，按照本实验指导书的附录接其电源、地线，BCD 码输入接拨位开关，CC4511 的输出端接共阴数码管的对应段码，注意共阴数码管的第 3 脚和第 8 脚接地。观察 BCD 码输入与数码管的显示情况(从 0000～1111)。

2. 分别换上 74LS47，74LS48，74LS248(注意要改变连线)，验证它们的功能。

五、实验预习要求

1. 预习计数器、译码器和七段发光数码管的原理。

2. 熟悉实验内容，绘出实验电路图。

六、实验报告要求

1. 比较 74LS47、74LS48、74LS248，CC4511 的异同点。

2. 观察、比较和记录各芯片驱动数码管的显示结果。

实验十一 数据选择器及其应用

一、实验目的

1. 掌握数据选择器的逻辑功能和使用方法。

2. 学习用数据选择器构成组合逻辑电路的方法。

二、实验原理

数据选择是指经过选择，把多个通道的数据传送到唯一的公共数据通道上去。实现数据选择功能的逻辑电路称为数据选择器。它的功能相当于一个多个输入的单刀多掷开关，其示意图如图 6-42 所示。

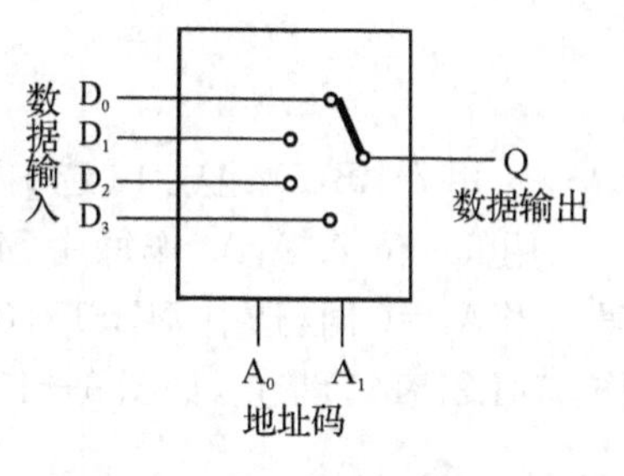

图 6-42 4 选 1 数据选择器示意图

图中有四路数据 D_0～D_3，通过选择控制信号 A_1、A_0(地址码)从四路数据中选中一路数据送至输出端 Q。

1. 8 选 1 数据选择器 74LS151

74LS151 是一种典型的集成电路数据选择器，它有 3 个地址输入端 CBA，可选择 D_0～D_7 这 8 个数据源，具有两个互补输出端，同相输出端 Y 和反相输出端 WN。其引脚图如图 6-43 所示，功能表如表 6-11 所示，功能表中"H"表示逻辑高电平；"L"表示逻辑低电平；"×"表示逻辑高电平或低电平。

图 6-43 74LS151 的引脚图表

表 6-11 74LS151 的功能表

Inputs				Outputs	
Select			Emable		
C	B	A	GN	Y	WN
X	X	X	H	L	L
L	L	L	L	D_0	$\overline{D_0}$
L	L	H	L	D_1	$\overline{D_1}$
L	H	L	L	D_2	$\overline{D_2}$
L	H	H	L	D_3	$\overline{D_3}$
H	L	L	L	D_4	$\overline{D_4}$
H	L	H	L	D_5	$\overline{D_5}$
H	H	L	L	D_6	$\overline{D_6}$
H	H	H	L	D_7	$\overline{D_7}$

2. 双 4 选 1 数据选择器 74LS153

74LS153 数据选择器有两个完全独立的 4 选 1 数据选择器，每个数据选择器有 4 个数据输入端 $I_0 \sim I_3$，两个地址输入端 S_0、S_1，1 个使能控制端 $\overline{E}$ 和一个输出端 Z，它们的功能表如表 6-12 所示，引脚逻辑图如图 6-44 所示。其中，$\overline{EA}$、$\overline{EB}$ 使能控制端(1、15 脚)分别为 A 路和 B 路的选通信号，$I_0 \sim I_3$ 为四个数据输入端，ZA(7 脚)、ZB(9 脚)分别为两路的输出端。S_0、S_1 为地址信号，8 脚为 GND，16 脚为 V_{CC}。

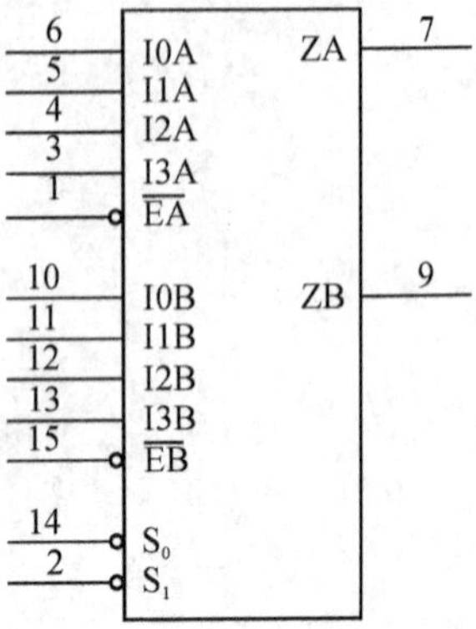

图 6-44　74LS153 引脚逻辑图

表 6-12　74LS153 的真值表

SELECT INPUTS			INPUTS(a or b)				OUTPUT
S_0	S_1	$\overline{E}$	I_0	I_1	I_2	I_3	Z
×	×	H	×	×	×	×	L
L	L	L	L	×	×	×	L
L	L	L	H	×	×	×	H
H	L	L	×	L	×	×	L
H	L	L	×	H	×	×	H
L	H	L	×	×	L	×	L
L	H	L	×	×	H	×	H
H	H	L	×	×	×	L	L
H	H	L	×	×	×	H	H

H+High Vollage Level

L—Low Vollage Level

X—Don't Care

3. 用 74LS151 组成 16 选 1 数据选择器

用低三位 $A_2A_1A_0$ 作每片 74LS151 的片内地址码，用高位 A_3 作两片 74LS151 的片选信号。当 $A_3=0$ 时，选中 74LS151(1)工作，74LS151(2)禁止；当 $A_3=1$ 时，选中 74LS151(2)工作，74LS151(1)禁止，如图 6-45 所示。

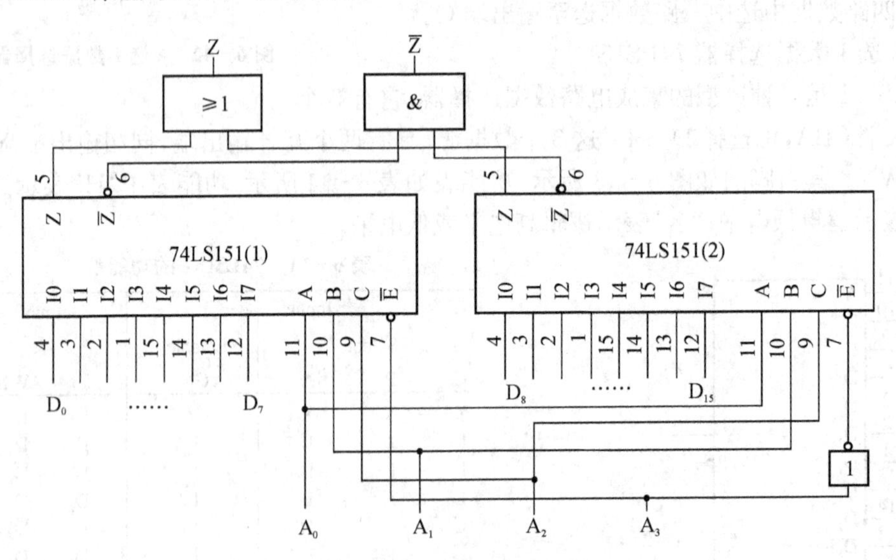

图 6-45　用 74LS151 组成 16 选 1 数据选择器

4. 数据选择器的应用

用 74LS153 实现逻辑函数 $Y=\overline{A}BC+A\overline{B}C+AB\overline{C}+ABC$

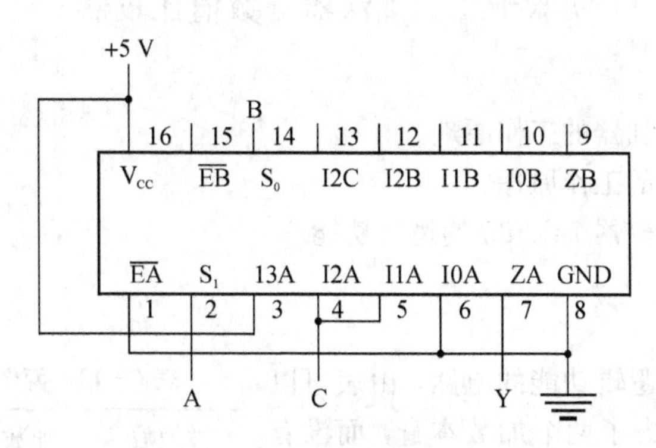

图 6-46 用 74LS153 实现逻辑函数

函数 Y 有三个输入变量 A、B、C,而数据选择器有两个地址输入端 S_1、S_0,少于 3 个。可考虑把数据输入端作为变量之一,如图 6-46 实现了函数 Y 的功能。即将 A、B 分别接选择器的地址端 S_1、S_0,并令 $I_0=0$,$I_1=I_2=C$。

三、实验设备与器材

1. 数字逻辑电路实验箱。

2. 数字万用表。

3. 芯片 74LS151、74LS153、74LS04、74LS08、74LS32。

四、实验内容及实验步骤

1. 测试 74LS151 的逻辑功能

在数字逻辑电路实验箱 IC 插座模块中找一个 DIP_16 的插座插上芯片 74LS151,并在 DIP_16 插座的第 8 脚接上实验箱的地(GND),第 16 脚接上电源(V_{CC})。将 74LS151 的输出端 Z 接到发光二极管上(逻辑电平显示单元),自己接线,按 74LS151 的真值表逐项进行测试,记录测试结果。

2. 测试 74LS153 的逻辑功能

测试方法与步骤同上,记录测试结果。

3. 用两片 74LS151 组成 16 选 1 数据选择器

按图 6-45 接线,自己设计,灵活利用逻辑电平输出拨位开关。记录结果并分析。

4. 用 74LS153 实现逻辑函数

参考图 6-46,分析该图的实现方法,并验证其逻辑功能。现要求实现 $F=\overline{A}B+A\overline{B}$,自己写出设计过程,画出接线图,并验证其逻辑功能。

五、实验预习要求

1. 复习数据选择器的工作原理。

2. 用数据选择器对实验内容中的各函数式进行预设计。

3. 思考:能否用数据选择器实现全加器功能。

六、实验报告要求

1. 用数据选择器对实验内容进行设计、写出设计全过程、画出接线图、进行逻辑功能测试。

2. 写出一篇有关编码器,译码器,数据选择器实验的收获与体会。

实验十二　加法器与数值比较器

一、实验目的

1. 掌握半加器和全加器的工作原理。

2. 掌握数值比较器的工作原理。

3. 掌握4位数值比较器74LS85的逻辑功能。

二、实验原理

1. 半加器

半加器是表6-13逻辑功能的电路，由表可以看出这种加法运算只考虑了两个加数本身，而没有考虑由低位来的进位，所以称为半加。下面就是一个最简单的半加器的真值表：

表6-13　两个1位二进制的加法

被加数A	加数B	和数S	进位数C
0	0	0	0
0	1	1	0
1	0	1	0
1	1	0	1

由真值表可得：

$S=\overline{A}B+A\overline{B}$

$C=AB$

用异或门和与门组成的半加器的原理图如图6-47所示。

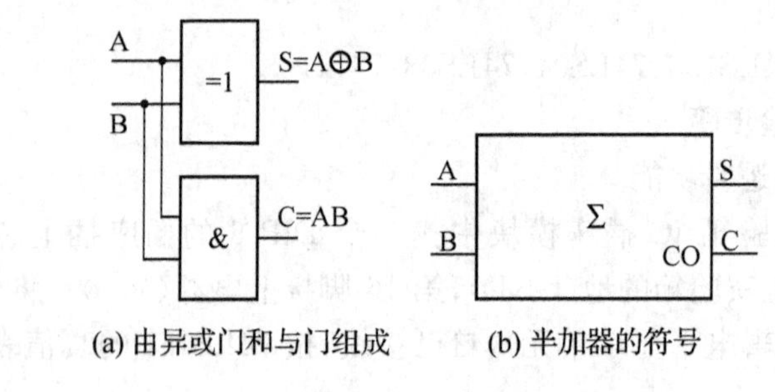

(a) 由异或门和与门组成　(b) 半加器的符号

图6-47　半加器

2. 全加器

全加器能进行加数、被加数和低位来的进位信号相加，并根据求和的结果给出该位的进位信号。

根据全加器的功能，可列出它的真值表，如表6-14所示。其中，C_{i-1}为相邻低位来的进位数，S_i为本位和数(称为全加和)，C_i为向相邻高位的进位数。

表6-14　全加器的真值表

A_i	B_i	C_{i-1}	S_i	C_i
0	0	0	0	0
0	0	1	1	0
0	1	0	1	0
0	1	1	0	1
1	0	0	1	0
1	0	1	0	1
1	1	0	0	1
1	1	1	1	1

由全加器的真值表可以写出S_i和C_i的逻辑表达式：

$S_i=A_i\oplus B_i\oplus C_{i-1}$，$C_i=A_iB_i+(A_i\oplus B_i)C_{i-1}$

它的原理图如图6-48所示。

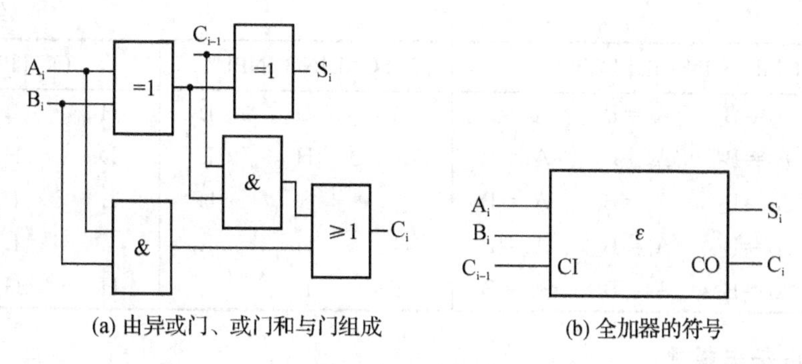

(a) 由异或门、或门和与门组成 (b) 全加器的符号

图 6-48 全加器

3. 数值比较器的原理

在数字系统中，常常要比较两个数的大小。数值比较器就是对两数 A、B 进行比较，以判断其大小的逻辑电路。比较结果有 A>B、A<B 和 A=B 三种情况。表 6-15 是最简单的 1 位数值比较器的真值表，图 6-49 为逻辑电路图。

表 6-15 1 位数值比较器的真值表

输入		输出		
A	B	$F_{A>B}$	$F_{A<B}$	$F_{A=B}$
0	0	0	0	1
0	1	0	1	0
1	0	1	0	0
1	1	0	0	1

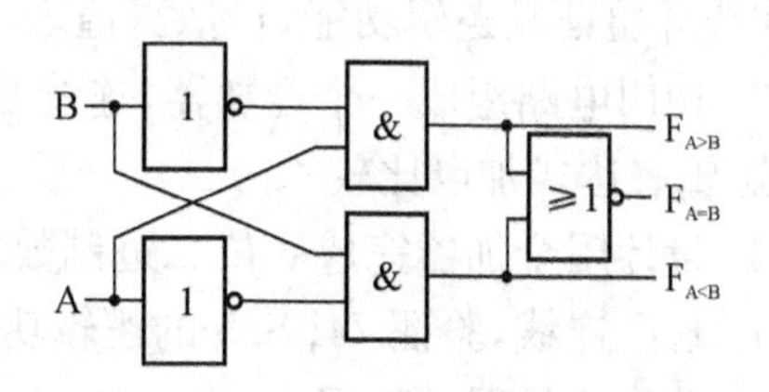

图 6-49 1 位数值比较器的逻辑电路图

对于多位的情况，一般说来，先比较高位，当高位不等时，两个数的比较结果就是高位的比较结果。当高位相等时，两数的比较结果由低位决定。

集成数值比较器 74LS85 是四位数值比较器，它的管脚图如图 6-50 所示，其真值表如表 6-16 所示。

其中 10、12、13、15 和 1、9、11、14 脚是输入端，5、6、7 脚为输出端，2、3、4 脚为级联输入端。8 脚为地，16 脚为电源。

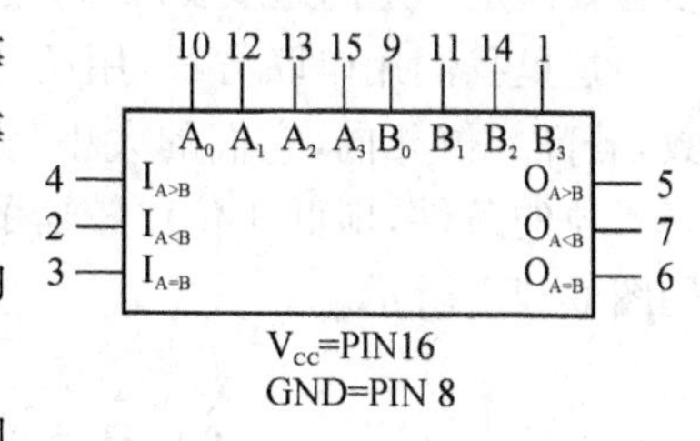

图 6-50 74LS85 的管脚图

表 6-16 74LS85 的真值表

COMPARING INPUTS				CASCADING INPUTS			OUTPUTS		
A_3B_3	A_2B_2	A_1B_1	A_0B_0	$I_{A>B}$	$I_{A<B}$	$I_{A=B}$	$O_{A>B}$	$O_{A<B}$	$O_{A=B}$
$A_3>B_3$	×	×	×	×	×	×	H	L	L
$A_3<B_3$	×	×	×	×	×	×	L	H	L
$A_3=B_3$	$A_2>B_2$	×	×	×	×	×	H	L	L
$A_3=B_3$	$A_2<B_2$	×	×	×	×	×	L	H	L
$A_3=B_3$	$A_2=B_2$	$A_1>B_1$	×	×	×	×	H	L	L
$A_3=B_3$	$A_2=B_2$	$A_1<B_1$	×	×	×	×	L	H	L
$A_3=B_3$	$A_2=B_2$	$A_1=B_1$	$A_0>B_0$	×	×	×	H	L	L
$A_3=B_3$	$A_2=B_2$	$A_1=B_1$	$A_0<B_0$	×	×	×	L	H	L

（续表 6－16）

COMPARING INPUTS				CASCADING INPUTS			OUTPUTS		
$A_3=B_3$	$A_2=B_2$	$A_1=B_1$	$A_0=B_0$	H	L	L	H	L	L
$A_3=B_3$	$A_2=B_2$	$A_1=B_1$	$A_0=B_0$	L	H	L	L	H	L
$A_3=B_3$	$A_2=B_2$	$A_1=B_1$	$A_0=B_0$	×	×	H	L	L	H
$A_3=B_3$	$A_2=B_2$	$A_1=B_1$	$A_0=B_0$	H	H	L	L	L	L
$A_3=B_3$	$A_2=B_2$	$A_1=B_1$	$A_0=B_0$	L	L	L	H	H	L

三、实验设备与器材

1. 数字逻辑电路实验箱。

2. 数字万用表。

3. 芯片 74LS85、74LS00、74LS04、74LS08、74LS32。

四、实验内容及实验步骤

1. 在数字逻辑电路实验箱 IC 插座模块中，插上实验需要的芯片，用门电路组成一个半加器，连线并验证其逻辑功能，自拟真值表，并将实验结果填入表中。

2. 用门电路组成一个全加器，连线并验证其逻辑功能，自拟真值表，并将实验结果填入表中与逻辑表达式加以比较。

3. 设计用全加器完成 8 位二进制数的相加，验证其逻辑功能。

4. 自己连线，验证 74LS85 的逻辑功能。

5. 数值比较器的扩展

数值比较器的扩展方式有串联和并联两种。一般位数较少的话，用串联方式；如果位数较多且要满足一定的速度要求时，用并联方式。

这里我们用串联方式，用两片 74LS85 组成 8 位数值比较器。我们知道，对于两个 8 位数，若高 4 位相同，它们的大小将由低 4 位的比较结果确定。因此，低 4 位的比较结果作为高 4 位的条件，即低 4 位比较器的输出端应分别与高 4 位比较器的 $I_{A>B}$、$I_{A<B}$和 $I_{A=B}$端连接，见图 6－51 所示。

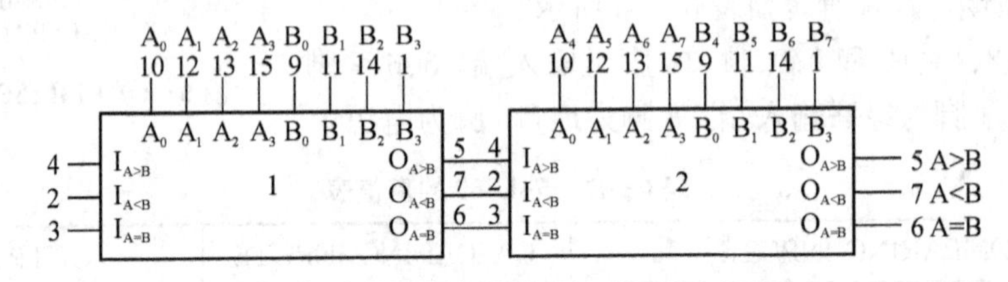

图 6－51　用两片 74LS85 组成 8 位数值比较器

具体的实验方法为：在 IC 插座模块上插上两片 74LS85（注意芯片插在 $DIP_1 6$ 的插座上），按照图 6－51 连线，实现 8 位数值比较器功能。

五、实验预习要求

1. 认真复习半加器、全加器、半减器、全减器和数值比较器的工作原理。

2. 自己查找资料学习如何使用 74LS85。

3. 实验前，画好实验用的电路图和表格。

六、实验报告要求

1. 参考课本及有关资料，设计简单的半减器和全减器，画出电路图和真值表，并验证其逻辑功能。

2. 用简单的逻辑门设计一个二位二进制数值比较器，画出逻辑电路图，将实验结果填入自制的表中。

3. 如何用全加器实现多位数的相加？

实验十三 组合逻辑电路的设计与测试

一、实验目的

1. 掌握组合逻辑电路的分析与设计方法。

2. 加深对基本门电路使用的理解。

二、实验原理

1. 组合电路是最常用的逻辑电路，可以用一些常用的门电路来组合完成具有其他功能的门电路。例如，根据与门的逻辑表达式 $Z = AB = \overline{\overline{A}+\overline{B}}$ 得知，可以用两个非门和一个或非门组合成一个与门，还可以组合成更复杂的逻辑关系。

2. 分析组合逻辑电路的一般步骤

(1) 由逻辑图写出各输出端的逻辑表达式。

(2) 化简和变换各逻辑表达式。

(3) 列出真值表。

(4) 根据真值表和逻辑表达式对逻辑电路进行分析，最后确定其功能。

3. 设计组合逻辑电路的一般步骤

(1) 根据任务的要求，列出真值表。

(2) 用卡诺图或代数化简法求出最简的逻辑表达式。

(3) 根据表达式，画出逻辑电路图，用标准器件构成电路。

(4) 最后，用实验来验证设计的正确性。

4. 组合逻辑电路的设计举例

(1) 用"与非门"设计一个表决电路。当 4 个输入端中有 3 个或 4 个"1"时，输出端才为"1"。

设计步骤：

根据题意，列出真值表如表 6－17 所示，再填入卡诺图表 6－18 中。

表 6－17 表决电路的真值表

D	0	0	0	0	0	0	0	0	1	1	1	1	1	1	1	1
A	0	0	0	0	1	1	1	1	0	0	0	0	1	1	1	1
B	0	0	1	1	0	0	1	1	0	0	1	1	0	0	1	1
C	0	1	0	1	0	1	0	1	0	1	0	1	0	1	0	1
Z	0	0	0	0	0	0	0	1	0	0	0	1	0	1	1	1

表 6-18　表决电路的卡诺图

BC \ DA	00	01	11	10
00				
01			1	
11		1	1	1
10			1	

然后,由卡诺图得出逻辑表达式,并演化成“与非”的形式:

$$Z = ABC + BCD + CDA + ABD$$
$$= \overline{\overline{ABD} \cdot \overline{BCD} \cdot \overline{ACD} \cdot \overline{ABC}}$$

最后,画出用“与非门”构成的逻辑电路如图 6-52 所示。

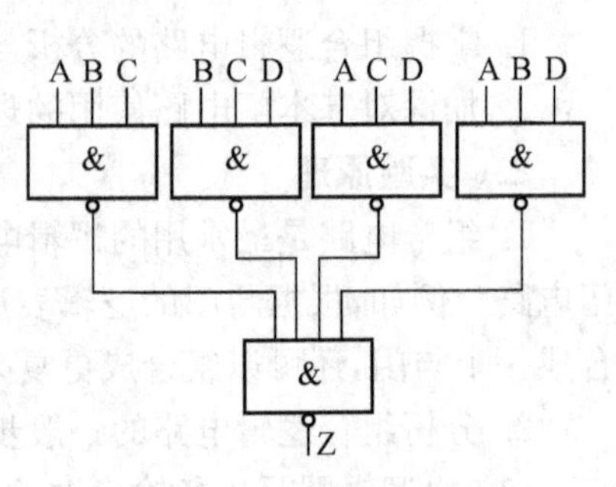

图 6-52　表决电路原理图

输入端接至逻辑开关(拨位开关)输出插口,输出端接逻辑电平显示端口,自拟真值表,逐次改变输入变量,验证逻辑功能。

(2) 试用 10-4 线优先编码器 74LS147(相关资料见实验六)和基本门电路构成输出为 8421BCD 码并具有编码输出标志的编码器。

逻辑图见图 6-53 所示。

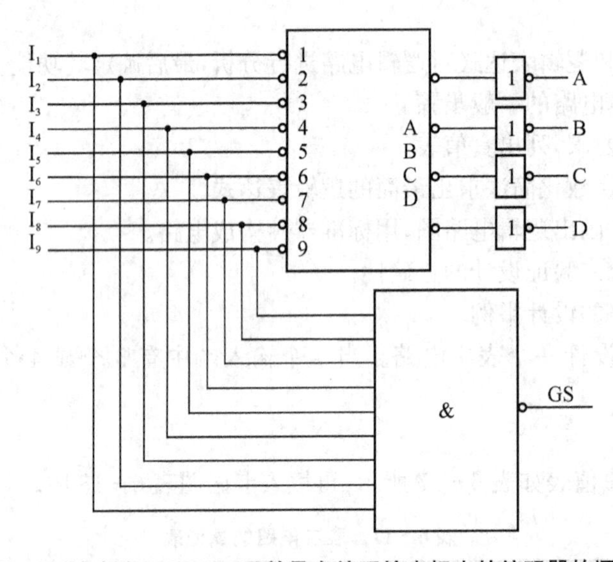

图 6-53　输出为 8421BCD 码并具有编码输出标志的编码器的逻辑图

三、实验设备与器材

1. 数字逻辑电路实验箱。
2. 数字万用表。
3. 芯片 74LS147、74LS00、74LS02、74LS04、74LS10、74LS20、74LS86。

四、实验内容实验步骤

1. 完成组合逻辑电路的设计中的两个例子。

2. 设计一个四人无弃权表决电路(多数赞成则提议通过即三人及三人以上),要求用4-2输入与非门来实现。

3. 设计一个保险箱用的4位数字代码锁,该锁有规定的地址代码A、B、C、D四个输入端和一个开箱钥匙孔信号E的输入端,锁的代码由实验者自编。当用钥匙开箱时,如果输入的四个地址代码正确,保险箱被打开;否则,电路将发出警报(可用发光二极管亮表示)。提示:4位数字代码锁,每位数字量为0~9,实现每位数字量的输入需要四个地址代码来译码,比如9需输入1001来表示1位数字代码,故需要16个输入量,共组成4位数字代码。

4. 用与非门74LS00和异或门74LS86设计一可逆的4位码变换器。

要求:

(1) 当控制信号C=1时,它将8421码转换成为格雷码;当控制信号C=0时,它将格雷码转换成为8421码。

(2) 写出设计步骤,列出码变换关系真值表并画出逻辑电路图。

(3) 连接电路并测试逻辑电路的功能。

五、实验预习要求

1. 复习各种基本门电路的使用方法。

2. 实验前,画好实验用的电路图和表格。

3. 自己参考有关资料画出实验内容2、3、4中的原理图,找出实验将要使用的芯片,以备实验时用。

六、实验报告要求

1. 将实验结果填入自制的表格中,验证设计是否正确。

2. 总结组合逻辑电路的分析与设计方法。

6.5　集成触发器实验

实验十四　触发器及其应用

一、实验目的

1. 掌握基本RS、JK、T和D触发器的逻辑功能。

2. 掌握集成触发器的功能和使用方法。

3. 熟悉触发器之间相互转换的方法。

二、实验原理

触发器是能够存储1位二进制码的逻辑电路,它有两个互补输出端,其输出状态不仅与输入有关,而且还与原先的输出状态有关。触发器有两个稳定状态,用以表示逻辑状态"1"和"0",在一定的外界信号作用下,可以从一个稳定状态翻转到另一个稳定状态,它是一个具有记忆功能的二进制信息存储器件,是构成各种时序电路的最基本逻辑单元。

1. 基本RS触发器

图6-54为由两个与非门交叉耦合构成的基本RS触发器,它是无时钟控制低电平直接触发的触发器。基本RS触发器具有置"0"、置"1"和保持三种功能。通常称$\overline{S}$为置"1"端,因为$\overline{S}$

$=0$ 时触发器被置"1"；$\overline{R}$为置"0"端，因为$\overline{R}=0$ 时触发器被置"0"。当$\overline{S}=\overline{R}=1$ 时状态保持，当$\overline{S}=\overline{R}=0$ 时为不定状态，应当避免这种状态。

基本 RS 触发器也可以用两个"或非门"组成，此时为高电平有效。

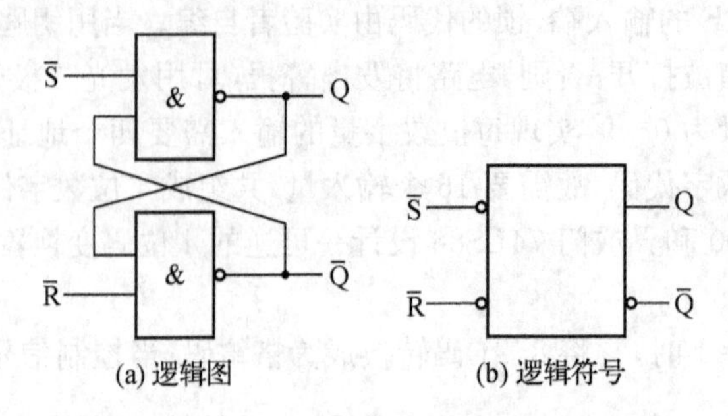

图 6-54　二与非门组成的基本 RS 触发器

基本 RS 触发器的逻辑符号见图 6-54(b)，二输入端的边框外侧都画有小圆圈，这是因为置 1 与置 0 都是低电平有效。

2. JK 触发器

在输入信号为双端的情况下，JK 触发器是功能完善、使用灵活和通用性较强的一种触发器。本实验采用 74LS112 双 JK 触发器，是下降边沿触发的边沿触发器。引脚逻辑图如图 6-55所示；JK 触发器的状态方程为：

$$Q^{n+1}=J\overline{Q}^n+\overline{K}Q^n$$

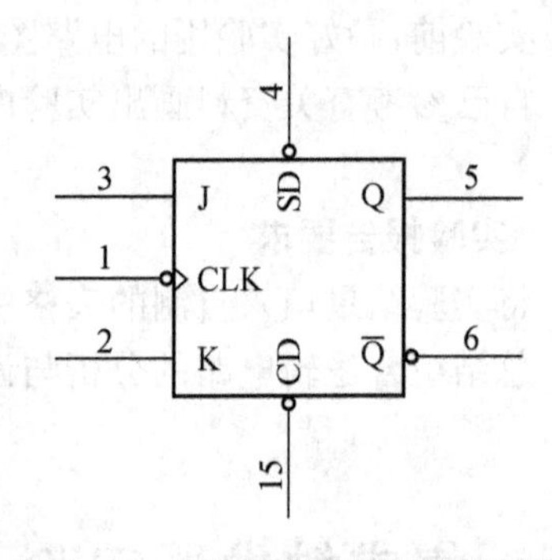

图 6-55　JK 触发器的引脚逻辑图

其中，J 和 K 是数据输入端，是触发器状态更新的依据，若 J、K 有两个或两个以上输入端时，组成"与"的关系。Q 和$\overline{Q}$为两个互补输入端。通常把 $Q=0$、$\overline{Q}=1$ 的状态定为触发器"0"状态；而把 $Q=1$，$\overline{Q}=0$ 定为"1"状态。

JK 触发器常被用作缓冲存储器，移位寄存器和计数器。

CC4027 是 CMOS 双 JK 触发器，其功能与 74LS112 相同，但采用上升沿触发，R、S 端为高电平有效。

3. T 触发器

在 JK 触发器的状态方程中，令 $J=K=T$ 则变换为：

$$Q^{n+1}=T\overline{Q^n}+\overline{T}Q^n$$

这就是 T 触发器的特性方程。由上式有：

当 $T=1$ 时，$Q^{n+1}=\overline{Q^n}$

当 $T=0$ 时，$Q^{n+1}=Q^n$

即当 $T=1$ 时，为翻转状态；当 $T=0$ 时，为保持状态。

4. D 触发器

在输入信号为单端的情况下，D 触发器用起来更为方便，其状态方程为：

$$Q^{n+1}=D$$

其输出状态的更新发生在CP脉冲的上升沿，故又称为上升沿触发的边沿触发器，触发器的状态只取决于时钟到来前D端的状态，D触发器的应用很广，可用作数字信号的寄存，移位寄存，分频和波形发生等。有很多型号可供各种用途的需要而选用。如双D(74LS74，CC4013)，四D(74LS175，CC4042)，六D(74LS174，CC14174)，八D(74LS374)等。

图6-56为双D(74LS74)的引脚排列图。

5. 触发器之间的相互转换

在集成触发器的产品中，每一种触发器都有自己固定的逻辑功能。但是可以利用转换的方法获得具有其他功能的触发器。例如将JK触发器的J、K两端接在一起，并认它为T端，就得到所需的T触发器。

JK触发器也可以转换成为D触发器，如图6-57所示。

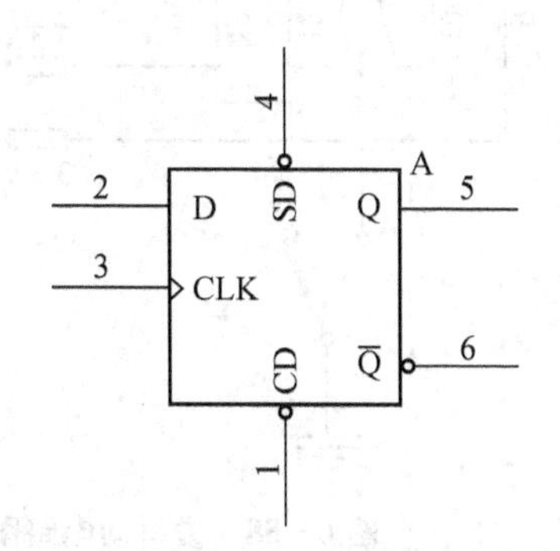

图6-56 双D触发器的引脚排列图

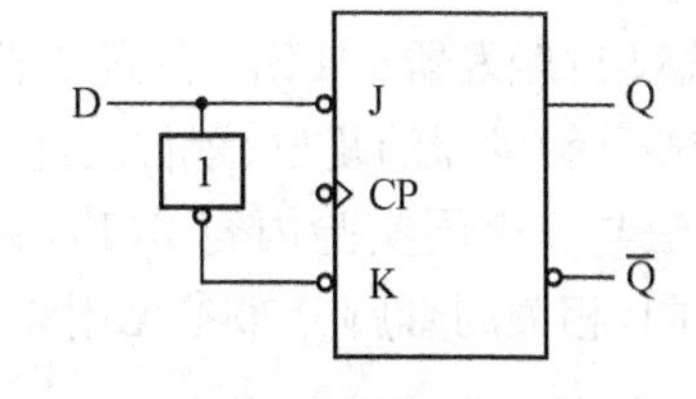

图6-57 JK触发器转换成为D触发器

三、实验设备与器材

1. 数字逻辑电路实验箱。

2. 双踪示波器，数字万用表。

3. 芯片74LS00、74LS04、74LS10、74LS74(或CC4013)、74LS112(或CC4027)、74LS02。

四、实验内容及实验步骤

1. 测试基本RS触发器的逻辑功能

按图6-54，用两个与非门组成基本RS触发器，输入端$\overline{S}$、$\overline{R}$接逻辑电平输出插孔(拨位开关输出端)，输出端Q和$\overline{Q}$接逻辑电平显示输入插孔(发光二极管输入端)，测试它的逻辑功能并画出真值表将实验结果填入表内。

将两个与非门换成两个或非门，要求同上，测试它的逻辑功能并画出真值表将实验结果填入表内。

2. 测试JK触发器74LS112的逻辑功能

(1) 测试JK触发器的复位、置位功能

任取一个JK触发器，$\overline{CD}$、$\overline{SD}$、J、K端接逻辑电平输出插孔，CP接单次脉冲源，输出端Q和$\overline{Q}$接逻辑电平显示输入插孔。要求改变$\overline{CD}$、$\overline{SD}$(J、K和CP处于任意状态)，并在$\overline{CD}$=0($\overline{SD}$=1)或$\overline{CD}$=0($\overline{SD}$=1)作用期间任意改变J、K和CP的状态，观察Q和$\overline{Q}$的状态，自拟表格并记录之。

(2) 测试JK触发器的逻辑功能

不断改变J、K和CP的状态，观察Q和$\overline{Q}$的状态变化，观察触发器状态更新是否发生在CP

的下降沿，记录之。

(3) 将JK触发器的J、K端连在一起，构成T触发器

在CP端输入1 Hz连续脉冲，观察Q端的变化，用双踪示波器观察CP、Q和$\overline{Q}$的波形，注意相位关系，描绘之。

(4) JK触发器转换成D触发器

按图6-57连线，方法与步骤同上，测试D触发器的逻辑功能并画出真值表将实验结果填入表内。

3. RS基本触发器的应用举例

图6-58是由基本RS触发器构成的去抖动电路开关，它是利用基本RS触发器的记忆作用来消除开关震动带来的影响。参考有关资料分析其工作原理，自己在实验电路板上搭建电路来验证该去抖动电路的功能。

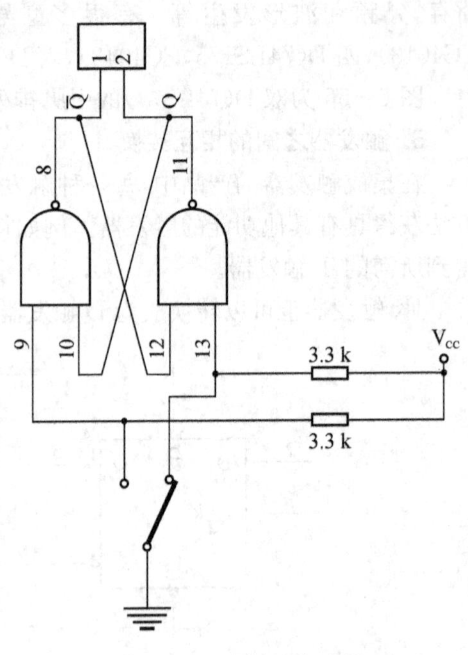

图 6-58 去抖动电路图

4. 测试双D触发器74LS74的逻辑功能

(1) 测试D触发器的复位、置位功能

测试方法与步骤同实验内容2(1)，只是它们的功能引脚不同，相关的管脚分布参见附录，自拟表格记录。

(2) 测试D触发器的逻辑功能

按表6-19要求进行测试，并观察触发器状态是否发生在CP脉冲的上升沿(即由0变1)，记录之。

表 6-19 测试D触发器的逻辑功能

D	CP	Q^{n+1}	
		$Q^n=0$	$Q^n=1$
0	0变1		
	1变0		
1	0变1		
	1变0		

五、实验预习要求

1. 复习有关触发器内容，熟悉有关器件的管脚分配。
2. 列出各触发器功能测试表格。
3. 参考有关资料查看74LS112和74LS74的逻辑功能。

六、实验报告要求

1. 列表整理各类触发器的逻辑功能。
2. 总结观察到的波形，说明触发器的触发方式。
3. 利用普通的机械开关组成的数据开关所产生的信号是否可以作为触发器的时钟脉冲信号，为什么？是否可以作为触发器的其他输入端的信号，又是为什么？

4. 思考：为什么图 6－58 所示的去抖动电路能去抖动？

七、触发器的使用规则

1. 通常根据数字系统的时序配合关系正确选用触发器，除特殊功能外，一般在同一系统中选择相同触发方式的同类型触发器较好。

2. 工作速度要求较高的情况下采用边沿触发方式的触发器较好。但速度越高，越易受外界干扰。上升沿触发还是下降沿触发，原则上没有优劣之分。如果是 TTL 电路的触发器，因为输出为“0”时的驱动能力远强于输出为“1”时的驱动能力，尤其是当集电极开路输出时上升沿更差，为此选用下降沿触发更好些。

3. 触发器在使用前必须经过全面测试才能保证可靠性。使用时必须注意置“1”和置“0”脉冲的最小宽度及恢复时间。

4. 触发器翻转时的动态功耗远大于静态功耗，为此系统设计者应尽可能避免同一封装内的触发器同时翻转(尤其是甚高速电路)。

5. CMOS 集成触发器与 TTL 集成触发器在逻辑功能、触发方式上基本相同。使用时不宜将这两种器件同时使用。因 CMOS 内部电路结构以及对触发时钟脉冲的要求与 TTL 存在较大的差别。

6.6　时序逻辑电路实验

实验十五　移位寄存器及其应用

一、实验目的

1. 掌握 4 位双向移位寄存器的逻辑功能与使用方法。

2. 了解移位寄存器的使用，实现数据的串行，并行转换和构成环形计数器。

二、实验原理

1. 移位寄存器是一个具有移位功能的寄存器，是指寄存器中所存的代码能够在移位脉冲的作用下依次左移或右移。既能左移又能右移的称为双向移位寄存器，只需要改变左右移的控制信号便可实现双向移位要求。根据寄存器存取信息的方式不同分为：串入串出、串入并出、并入串出、并入并出四种形式。

本实验选用的 4 位双向通用移位寄存器，型号为 74LS194 或 CC40194，两者功能相同，可互换使用，其逻辑符号及引脚排列如图 6－59 所示。

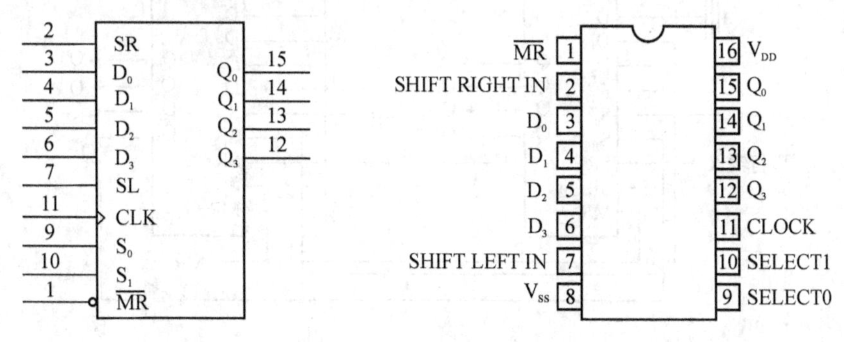

图 6－59　74LS194(或 CC40194)的逻辑符号及引脚排列

其中 SR 为右移串行输入端，SL 为左移串行输入端；功能作用如表 6－20 所示。

表 6－20 74LS194 的功能表

CLK	MR	S_1	S_0	功能	$Q_3Q_2Q_1Q_0$
×	0	×	×	清除	$\overline{MR}=0$，使 $Q_3Q_2Q_1Q_0=0000$，寄存器正常工作时，$\overline{MR}=1$
↑	1	1	1	送数	CLK 上升沿作用后，并行输入数据送入寄存器。$Q_3Q_2Q_1Q_0=D_3D_2D_1D_0$，此时串行数据（SR、SL）被禁止
↑	1	0	1	右移	串行数据送至右移输入端 SR，CLK 上升沿进行右移。$Q_3Q_2Q_1Q_0=Q_2Q_1Q_0SR$
↑	1	1	0	左移	串行数据送至左移输入端 SL，CLK 上升沿进行左移。$Q_3Q_2Q_1Q_0=SLQ_3Q_2Q_1$
↑	1	0	0	保持	CLK 作用后寄存器内容保持不变 $Q_3Q_2Q_1Q_0=Q_3^nQ_2^nQ_1^nQ_0^n$
↓	1	×	×	保持	$Q_3Q_2Q_1Q_0=Q_3^nQ_2^nQ_1^nQ_0^n$

2. 移位寄存器应用很广，可构成移位寄存器型计数器、顺序脉冲发生器和串行累加器；可用作数据转换，即把串行数据转换为并行数据，或把并行数据转换为串行数据等。

（1）环形计数器

把移位寄存器的输出反馈到它的串行输入端，就可以进行循环移位，如图 6－60 所示。

将输出端 Q_3 与输入端 SR 相连后，在时钟脉冲的作用下 $Q_0Q_1Q_2Q_3$ 将依次右移。同理，将输出端 Q_0 与输入端 SL 相连后，在时钟脉冲的作用下 $Q_0Q_1Q_2Q_3$ 将依次左移。

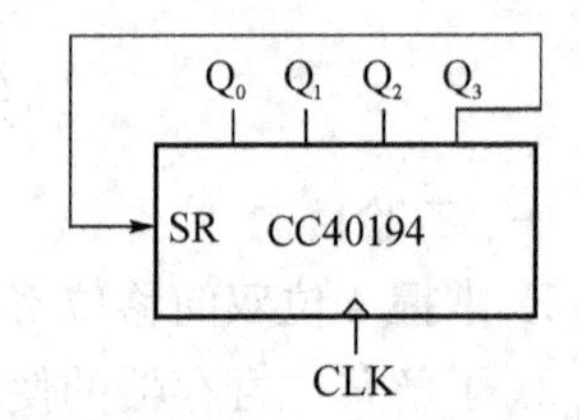

图 6－60 环形计数器示意图

（2）实现数据串、并转换

①串行/并行转换器

串行/并行转换是指串行输入的数据，经过转换电路之后变成并行输出。下面是用两片 74LS194 构成的七位串行/并行转换电路（图 6－61）。

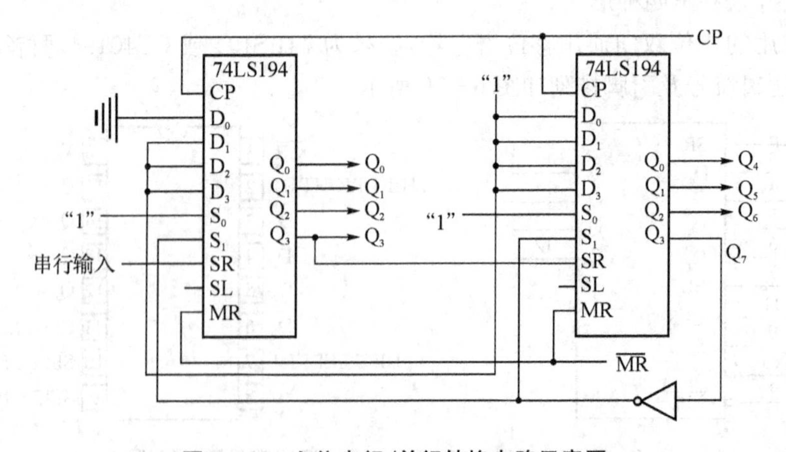

图 6－61 七位串行/并行转换电路示意图

电路中 S_0 端接高电平 1，S_1 受 Q_7 控制，两片寄存器连接成串行输入右移工作模式。Q_7 是转换结束标志。当 $Q_7=1$ 时，S_1 为 0，使之成为 $S_1S_0=01$ 的串入右移工作方式。当 $Q_7=0$ 时，S_1 为 1，有 $S_1S_0=11$，则串行送数结束，标志着串行输入的数据已转换成为并行输出。

②并行/串行转换器

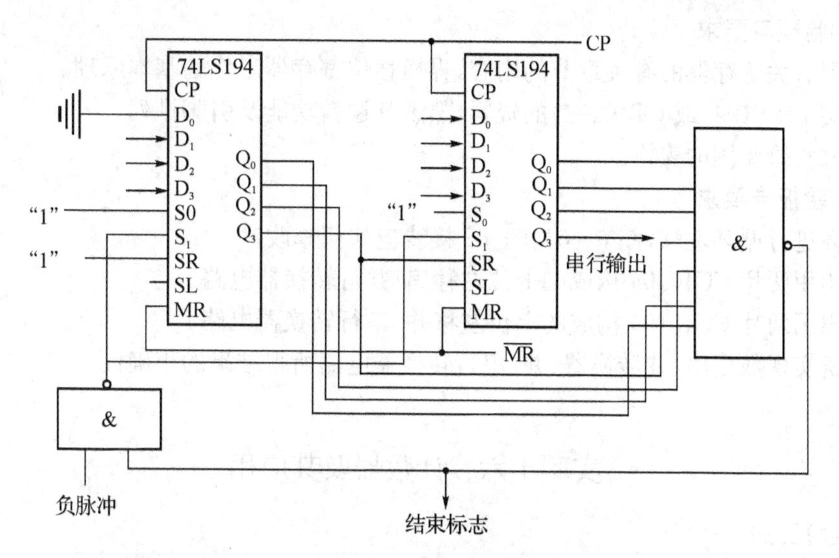

图 6-62　七位并行/串行转换电路示意图

并行/串行转换是指并行输入的数据，经过转换电路之后变成串行输出。用两片 74LS194 构成的七位并行/串行转换电路，如图 6-62 所示。与图 6-61 相比，它多了两个与非门，而且还多了一个转动换启动信号(负脉冲或低电平)，工作方式同样为右移。

对于中规模的集成移位寄存器，其位数往往以 4 位居多，当所需要的位数多于 4 位时，可以把几片集成移位寄存器用级连的方法来扩展位数。

三、实验设备与器材

1. 数字逻辑电路实验箱。

2. 双踪示波器，数字万用表。

3. 芯片 74LS00、74LS04、74LS30(8 输入与非门)、74LS194(或 CC40194)。

四、实验内容及实验步骤

1. 测试 74LS194(或 CC40194)的逻辑功能

参考图 6-59 连线，$\overline{MR}$、S_1、S_0、S_L、SR、D_0、D_1、D_2、D_3 分别接至逻辑开关的输出插孔；Q_0、Q_1、Q_2、Q_3 分别接至逻辑电平显示输入插孔。CP 接单次脉冲源。自拟表格，逐项进行测，并与实验指导书给出的功能表做对比。

注意：当接数码管时，因为所用数码管的驱动器 4511 是 BCD 码驱动器，所以，当 $Q_3Q_2Q_1Q_0$ 组成的 16 进制数大于 9 时，4511 处于消隐状态，数码管不显示；要看大于 9 的状态应该接四位发光二极管或用能显示十六进制的译码器，如 MC14495，CD14495 等。

2. 环形计数器

自拟实验线路用并行送数法预置计数器为某二进制代码(如 0100)，然后进行右移循环，观察寄存器输出端状态的变化；再进行循环左移，观察寄存器输出端状态的变化，将结果记录下来。

3. 实现数据的串行/并行转换

按图 6－61 连线,进行右移串入、并出实验,串入数据自定,自拟表格并记录下实验结果。

4. 实现数据的并行/串行转换

按图 6－62 连线,进行右移并入、串出实验,并入数据自定,自拟表格并记录下实验结果。

五、实验预习要求

1. 复习有关寄存器的有关章节的内容,弄懂移位寄存器工作的基本原理。
2. 查阅 74LS194(或 CC40194)的资料,熟悉其逻辑功能及引脚排列。
3. 画好实验要用的表格。

六、实验报告要求

1. 若要进行循环左移,图 6－61、6－62 接线应如何修改?
2. 画出用两片 CC40194 构成的七位左移串/并行转换器电路。
3. 画出用两片 CC40194 构成的七位左移并/串行转换器电路。
4. 分析实现数据串/并转换器、并/串行转换器电路所得结果的正确性。

实验十六　计数器及其应用

一、实验目的

1. 学会用集成电路构成计数器的方法。
2. 掌握中规模集成计数器的使用及功能测试方法。
3. 运用集成计数器构成 $1/N$ 分频器。

二、实验原理

计数器是数字系统中用得较多的基本逻辑器件,它的基本功能是统计时钟脉冲的个数,即实现计数操作,它也可用于分频、定时、产生节拍脉冲和脉冲序列等。例如,计算机中的时序发生器、分频器、指令计数器等都要使用计数器。

计数器的种类很多。按构成计数器中的各触发器是否使用一个时钟脉冲源来分,可分为同步计数器和异步计数器;按进位体制的不同,可分为二进制计数器、十进制计数器和任意进制计数器;按计数过程中数字增减趋势的不同,可分为加法计数器、减法计数器和可逆计数器;还有可预制数功能等。

1. 用 D 触发器构成异步二进制加法/减法计数器

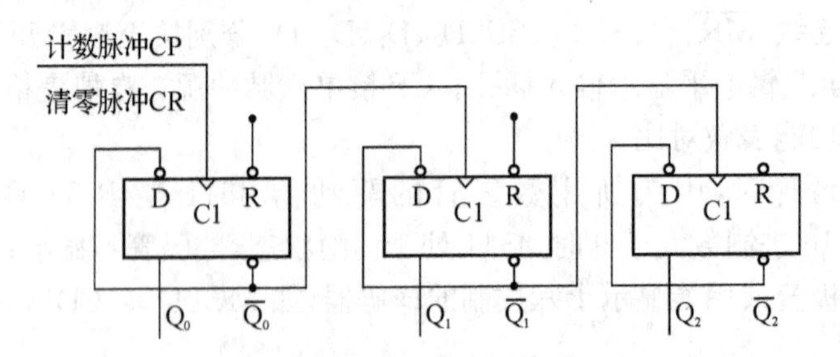

图 6－63　3 位二进制异步加法计数器

如图 6－63 所示,是由 3 个上升沿触发的 D 触发器组成的 3 位二进制异步加法计数器。图中各个触发器的反相输出端与该触发器的 D 输入端相连,就把 D 触发器转换成为计数型触发器 T。

将图 6－63 加以少许改变后，即将低位触发器的 Q 端与高一位的 CP 端相连，就得到 3 位二进制异步减法计数器，如图 6－64 所示。

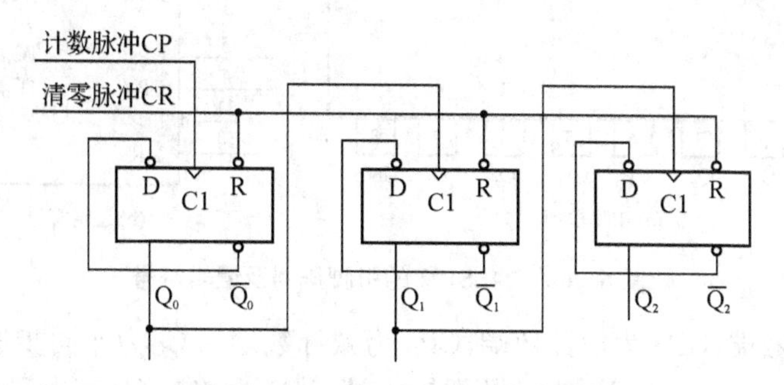

图 6－64 3 位二进制异步减法计数器

2. 异步集成计数器 74LS90

74LS90 为中规模 TTL 集成计数器，可实现二分频、五分频和十分频等功能，它由一个二进制计数器和一个五进制计数器构成。其引脚排列图见图 6－65 所示，其功能表如表 6－21 所示。

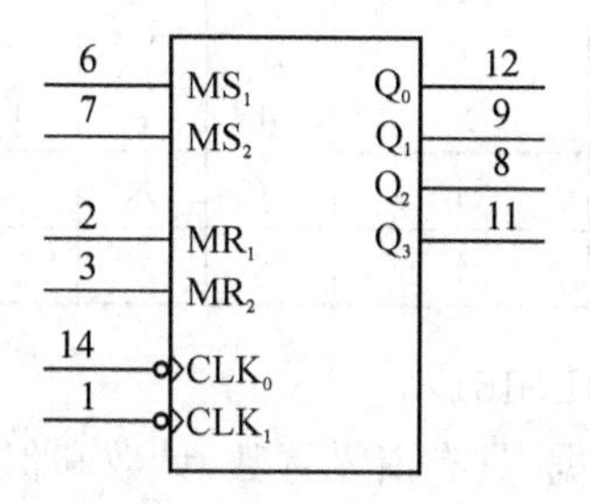

图 6－65 74LS90 的引脚排列图

表 6－21 74LS90 的功能表

RESET/SET INPUTS				OUTPUTS			
MR_1	MR_2	MS_1	MS_2	Q_0	Q_1	Q_2	Q_3
H	H	L	×	L	L	L	L
H	H	×	L	L	L	L	L
×	×	H	H	H	L	L	H
L	×	L	×	Count			
×	L	×	L	Count			
L	×	×	L	Count			
×	L	L	×	Count			

H＝High Voltage Level

L＝Low Voltage Level

X＝Don't Care

COUNT	OUTPUT			
	Q_0	Q_1	Q_2	Q_3
0	L	L	L	L
1	H	L	L	L
2	L	H	L	L
3	H	H	L	L
4	L	L	H	L
5	H	L	H	L
6	L	H	H	L
7	H	H	H	L
8	L	L	L	H
9	H	L	L	H

3. 中规模十进制计数器 74LS192(或 CC40192)

74LS192 是同步十进制可逆计数器，它具有双时钟输入，并具有清除和置数等功能，其引脚排列及逻辑符号如图 6－65 所示。

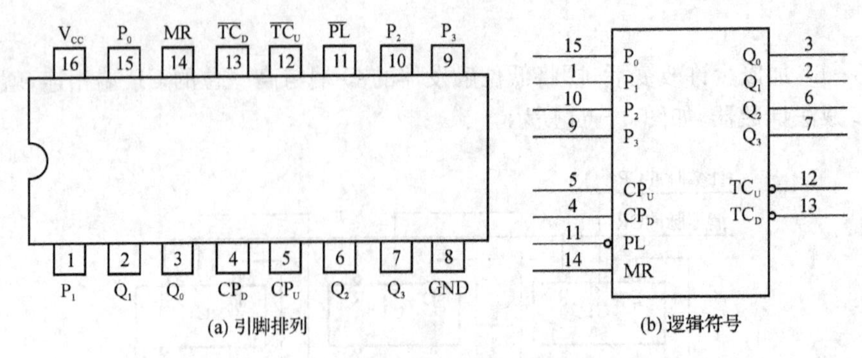

(a) 引脚排列　　(b) 逻辑符号

图 6-66　74LS192 的引脚排列及逻辑符号

图中：$\overline{PL}$为置数端，CP_U 为加计数端，CP_D 为减计数端，$\overline{TC_U}$为非同步进位输出端，$\overline{TC_D}$为非同步借位输出端，P_0、P_1、P_2、P_3 为计数器输入端，MR 为清零端（高电平清零），Q_0、Q_1、Q_2、Q_3 为数据输出端。

其功能表如表 6-22 所示。

表 6-22　74LS192 的功能表

输入								输出			
MR	$\overline{PL}$	CP_U	CP_D	P_3	P_2	P_1	P_0	Q_3	Q_2	Q_1	Q_0
1	×	×	×	×	×	×	×	0	0	0	0
0	0	×	×	d	c	b	a	d	c	b	a
0	1	↑	1	×	×	×	×	加计数			
0	1	1	↑	×	×	×	×	减计数			

4. 4 位二进制同步计数器 74LS161

该计数器能同步并行预置数据，具有清零置数，计数和保持功能，具有进位输出端，可以串接计数器使用。它的管脚排列如图 6-67 所示。

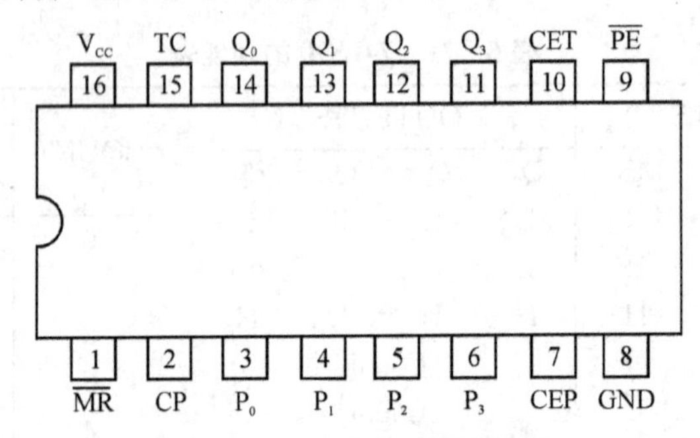

图 6-67　74LS161 管脚排列图

它的功能表如表 6-23 所示。

表 6-23　74LS161 功能表

$\overline{PE}$	Parallel Enable (Active LOW) Input
P_0-P_3	Parallel Inputs
CEP	Count Enable Parallel Input
CET	Count Enable Trickle Input
CP	Clock (Active HIGH Going Edge) Input

（续表 6 - 23）

$\overline{MR}$	Master Reset (Active LOW) Input
$\overline{SR}$	Synchronous Reset(Active LOW) Input
Q_0-Q_3	Parallel Outputs (Note b)
TC	Terminal Count Output (Note b)

从逻辑图和功能表可知，该计数器具有清零信号/MR，使能信号 CEP，CET，置数信号 PE，时钟信号 CP 和 4 个数据输入端 $P_0 \sim P_3$，4 个数据输出端 $Q_0 \sim Q_3$，以及进位输出 TC，且 $TC = Q_0 \cdot Q_1 \cdot Q_2 \cdot Q_3 \cdot CET$。

5. 计数器的级连使用

一个十进制计数器只能显示 0～9十个数，为了扩大计数器范围，常用多个十进制计数器级连使用。同步计数器往往设有进位(或借位)输出端，故可选用其进位(或借位)输出信号来驱动下一级计数器。下图为用 2 片 74LS192 级连使用构成 2 位十进制加法计数器的示意图如图 6 - 68 所示。

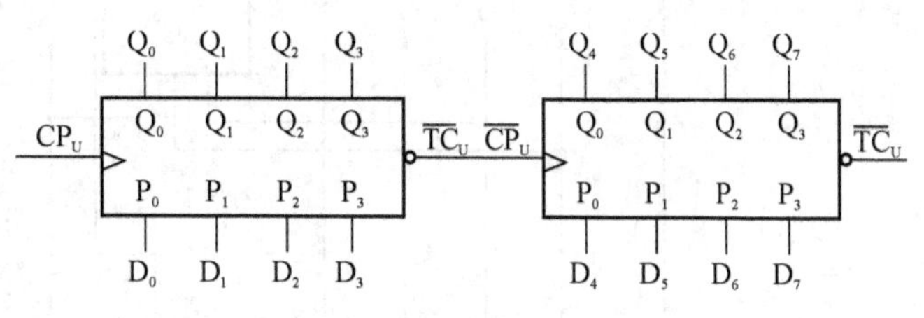

图 6 - 68 74LS192 级连示意图

6. 实现任意进制计数

(1) 用复位法获得任意进制计数器

假定已有一个 N 进制计数器，而需要得到一个 M 进制计数器时，只要 $M<N$，用复位法使计数器计数到 M 时置零，即获得 M 进制计数器。如图 6 - 69 所示为一个由 74LS192 十进制计数器接成的五进制计数器。

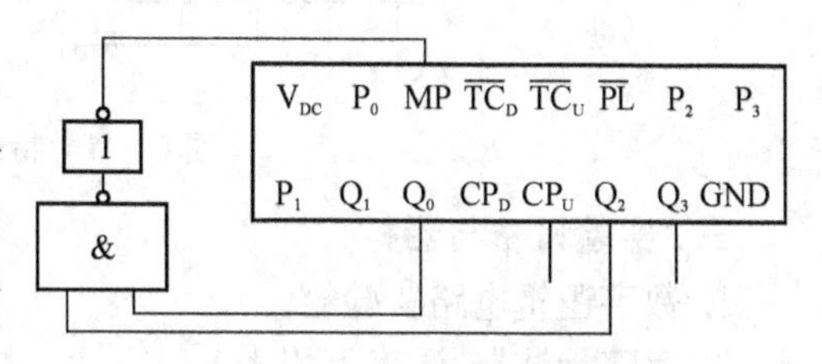

图 6 - 69 五进制计数器

(2) 利用预置功能获得 M 进制计数器

下图为用三个 74LS192 组成的 421 进制的计数器，注意此时 MR 都要接低电平。

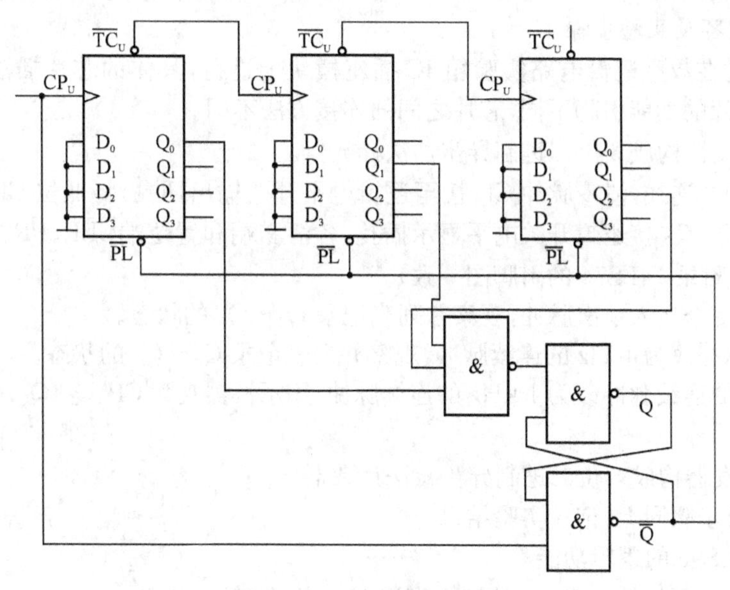

图 6 - 70 421 进制计数器

外加的由与非门构成的锁存器可以克服器件计数速度的离散性，保证在反馈置“0”信号作用下可靠置“0”。

图 6-71 是一个特殊的 12 进制的计数器电路方案。在数字钟里，对十位的计时顺序是 1、2、3、……、11、12，即是 12 进制的，且无数 0。如图 6-71 所示，当计数到 13 时，通过与非门产生一个复位信号，使 74LS192（第二片的时十位）直接置成 0000，而 74LS192（第一片），即十的个位直接置成 0001，从而实现了从 1 开始到 12 的计数。注意此时 MR 都要接低电平。

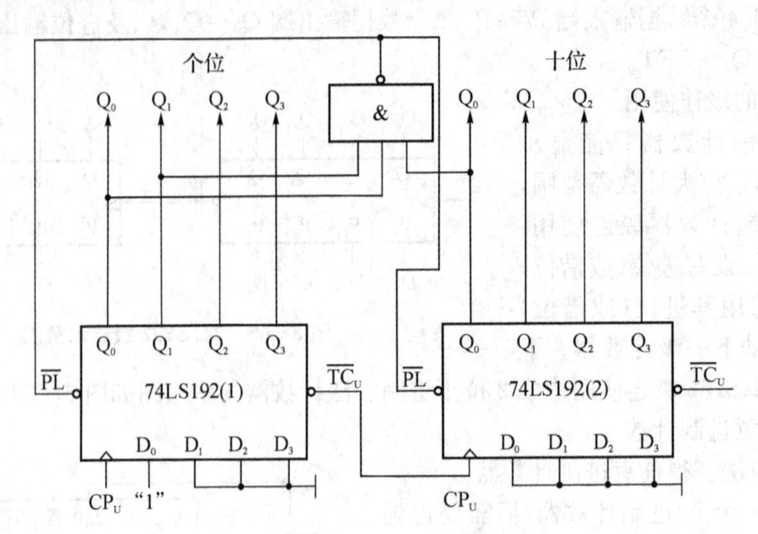

图 6-71　特殊的 12 进制计数器

三、实验设备与器材

1. 数字逻辑电路实验箱。

2. 双踪示波器，数字万用表。

3. 芯片 74LS00、74LS10、74LS04、74LS32、74LS74、74LS192（或 CC40192）、74LS90、74LS161、74LS248(74LS48)。

四、实验内容及实验步骤

以下实验均在数字逻辑电路实验箱 IC 插座模块上进行，具体的芯片插法与前述实验相同，区别在于芯片的功能引脚不同，芯片之间的连接方法不同。

1. 用 D 触发器构成 3 位二进制异步加法计数器。

①按图 6-63 连线，清零脉冲 CR 接至逻辑电平开关输出插孔，将低位 CP 端接单次脉冲源，输出端 Q_2、Q_1、Q_0 接逻辑开关电平显示插孔，各清零端和置位端$\overline{CLR}$、$\overline{PR}$接高电平“1”（这里的$\overline{CLR}$、$\overline{PR}$与附录 74LS74 的引脚图一致）。

②清零后，逐个送入单次脉冲，观察并列表记录 $Q_2 \sim Q_0$ 的状态。

③将单次脉冲改为 1 Hz 的连续脉冲，观察并列表记录 $Q_2 \sim Q_0$ 的状态。

④将 1 Hz 的连续脉冲改为 1 kHz 的连续脉冲，用示波器观察 CP、Q_2、Q_1、Q_0 端的波形，描绘之。

2. 用 D 触发器构成 3 位二进制异步减法计数器。

实验方法及步骤同上，记录实验结果。

3. 测试 74LS90 的逻辑功能

与别的芯片不同的是 74LS90 的第 5 脚接 V_{CC}，第十脚接 GND。

参考表6-21和图6-65。MS_1,MS_2,MR_1,MR_2都接"0",计数脉冲由单次脉冲源提供。有两种不同的计数情况。如果从CLK0端输入,从Q_0端输出,则是二进制计数器;如果从CLK_1端输入,从Q_3,Q_2,Q_1输出。则是异步五进制加法计数器;当Q_0和CLK_1端相连,时钟脉冲从CLK0端输入,从Q_3,Q_2,Q_1,Q_0端输出,则是8421码十进制计数器;当CLK_0端和Q_3端相连,时钟脉冲从CLK1端输入,从Q_3,Q_2,Q_1,Q_0端输出,则是对称二—五混合十进制计数器。输出端Q_3、Q_2、Q_1、Q_0接一译码器74LS248,经过译码后接至数码管单元的共阴数码管。自拟表格记录这两组不同连接的实验结果。

4. 测试74LS192(或CC40192)的逻辑功能

计数脉冲由单次脉冲源提供,清除端、置数端、数据输入端P_3、P_2、P_1、P_0分别接至逻辑电平输出插孔,输出端Q_3、Q_2、Q_1、Q_0接一译码器74LS248(或74LS48),经过译码后接至数码管单元的共阴数码,非同步进位输出端与非同步借位输出端接逻辑电平显示插孔。按表6-22逐项测试并判断该集成块的功能是否正常。具体的接法请参考附录和有关资料。

5. 测试74LS161的逻辑功能

具体的测试方法同实验内容2,3,只是74LS161的管脚分布不同,功能不同。同样需要将74LS161的输出经过译码后在数码管上显示出来,关于74LS161的功能及用法,74LS248的功能及用法请参考有关资料。

6. 如图6-68所示,用两片74LS192组成2位十进制加法计数器,输入1 Hz的连续脉冲,进行由00到99的累加计数,并记录之。同样可以将74LS192的输出端接译码器,用二个数码管来显示其计数情况。切记74LS192芯片清零信号高电平有效,计数时清零要接低电平。

7. 自己设计将二位十进制加法计数器改为2位十进制减法计数器,实现由99到00的递减计数,并记录之。具体的实现方法请自己查阅有关资料,画出详细的接线图,在实验板上实现。

8. 按图6-69电路进行实验,组成一个6进制计数器,记录实验结果,并仔细分析实验原理。

9. 按图6-70电路进行实验,组成一个421进制计数器,记录实验结果,并仔细分析实验原理。

10. 按图6-71电路进行实验,组成一个12进制计数器,记录实验结果,并仔细分析实验原理。

五、实验预习要求

1. 复习计数器的有关原理。
2. 绘出各实验内容的详细原理图。
3. 拟出各实验内容所需的测试记录表格。
4. 查相关资料,给出并熟悉实验所用各集成块的引脚排列图。

六、实验报告要求

1. 画出实验内容中的详细实验原理图。
2. 记录、整理实验数据及实验所得的有关波形。并对实验结果进行分析。
3. 总结使用集成计数器的体会。

七、思考题

1. 自己设计将二位十进制加法计数器改为2位十进制减法计数器,实现由99到00的递减计数，并记录之。具体的实现方法请自己查阅有关资料，画出详细的接线图，在实验板上实现。

2. 自己根据图 6 - 71 电路原理设计一个 24 进制计数器。

实验十七　脉冲分配器及其应用

一、实验目的

熟悉集成时序脉冲分配器的使用方法及其应用。

二、实验原理

1. 脉冲分配器的作用

脉冲分配器的作用是产生多路顺序脉冲信号，它可以由计数器和译码器组成，也可以由环形计数器构成，图 6 - 72 中 CP 端上的系列脉冲经 N 位二进制计数器和相应的译码器，可以转变为 2^N 路顺序输出脉冲。

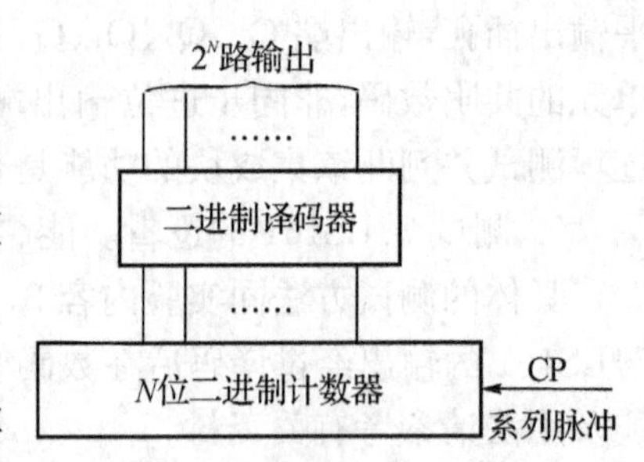

图 6 - 72　脉冲分配器的组成

2. 集成时序脉冲分配器 CC4017

CC4017 是按 BCD 计数/时序译码器组成的分配器，其引脚图与功能表如图 6 - 73 所示。

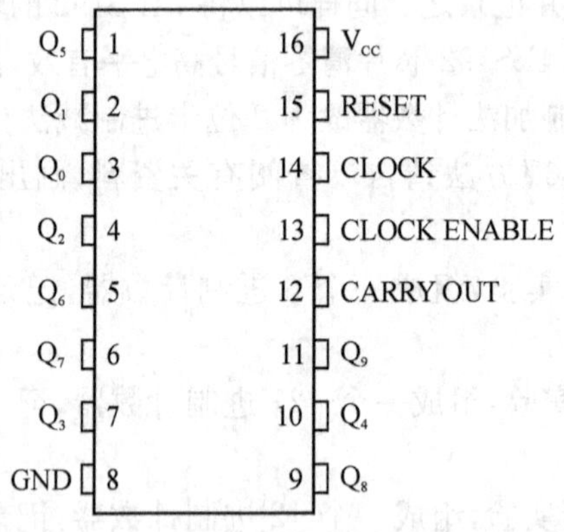

Clock	Clock Enable	Reset	Output State*
L	×	L	no change
×	H	L	no change
×	×	H	reset counter, Q_0 = H, $Q_1 - Q_9$ = L, C_0 = H
↑	L	L	advance to next state
↓	×	L	no change
×	↑	L	no change
H	↓	L	advance to next state

× = Don't care

* carry Out = H for

Q_0, Q_1, Q_2 or Q_4 = H; Carry Out = L othenvise.

图 6 - 73　CC4017 的引脚图与功能表

三、实验设备与器材

1. 数字逻辑电路实验箱。

2. 数字万用表，双踪示波器。

3. 芯片 CC4017、CC4013、CC4011、CC4069。

四、实验内容及实验步骤

1. CC4017 逻辑功能测试

(1) 参照图 6-73，13 脚和 15 脚接逻辑开关的输出插孔。CP 接单次脉冲源，0～9 10 个输出端接至逻辑电平显示输入插孔，按功能表要求操作各逻辑开关。清零后，连续送出 10 个脉冲信号，观察 10 个发光二极管的显示状态，并列表记录。

(2) CP 改接 1 Hz 连续脉冲，再次观察输出并记录之。

2. 按图 6-74 连线

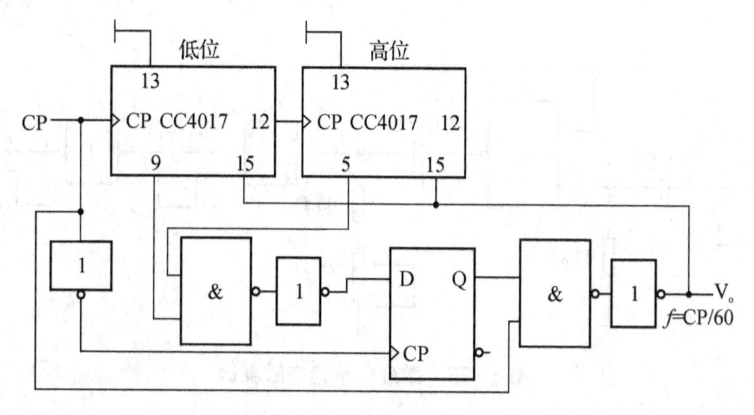

图 6-74　60 分频电路

用两片 CC4017 组成 60 分频电路，验证其正确性。

五、实验预习要求

1. 复习有关数据分配器的原理。

2. 按实验任务要求，设计实验线路，并拟定实验方案与步骤。

六、实验报告要求

1. 画出完整的实验原理图。

2. 总结分析实验结果。

6.7　脉冲信号的产生与整形实验

实验十八　单稳态触发器与施密特触发器

一、实验目的

1. 掌握门电路组成单稳态触发器的方法。

2. 熟悉数字单稳态触发器的逻辑功能及其使用方法。

3. 熟悉数字集成施密特触发器的性能及其功能。

二、实验原理

1. 单稳态触发器

特点:①电路只有一个稳态、一个暂稳态。

②在外来触发信号的作用下,电路由稳态翻转到暂稳态。

③暂稳态是一个不能长久保持的状态,由于电路中 RC 延时环节的作用,经过一段时间后,电路会自动返回到原态。暂稳态的持续时间取决于 RC 电路的参数值。

由于单稳态触发器具有以上特点,它被广泛地应用于脉冲波形的变换与延时中。单稳态电路有微分型与积分型两大类,这两类触发器对触发脉冲的极性与宽度有不同的要求。

(1) 微分型单稳态触发器

它的两个逻辑门是由 RC 耦合的,而 RC 电路为微分电路的形式,故称为微分型单稳态触发器。它可由与非门或或非门电路构成,这里我们只看由与非门组成的情况,电路图如图 6-75 所示。

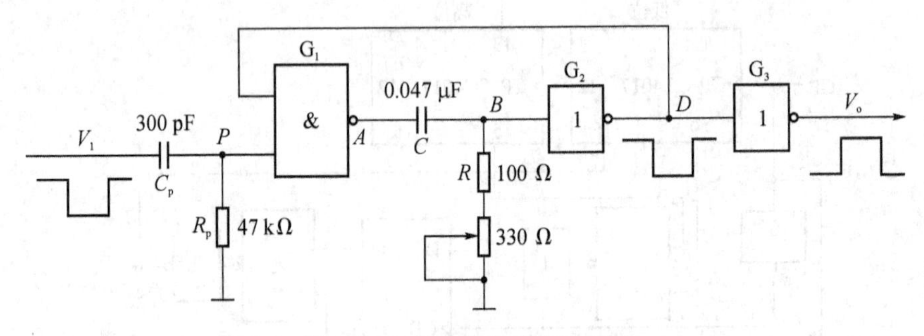

图 6-75　微分型单稳态触发器

该电路是负脉冲触发,其中,R_p、C_p 构成输入端微分直流电路。R、C 构成微分型定时电路,定时元件 R、C 的取值不同,输出脉宽 t_w 也不同,$t_w \approx (0.7 \sim 1.3)RC$。与非门 G_3 起整形、倒相的作用。

下面图 6-76 为微分型单稳态触发器各点的波形图,一般说来,单稳态触发器有以下几种状态:

①没有触发信号($t<t_1$)时,电路处于初始稳态。

②外加触发信号($t=t_1$ 时刻),电路由稳态翻转到暂稳态。

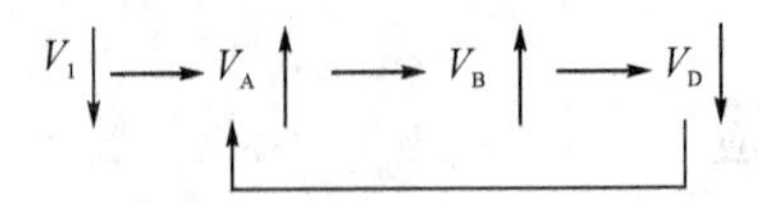

③持续暂稳态一段时间,$t_1<t<t_2$。

④当 $t=t_2$ 时,电路由暂稳态自动翻转。

C充电 → V_B↓ → V_D↑ → V_A↓

⑤恢复过程($t_2<t<t_3$),自动翻转时电路不是立

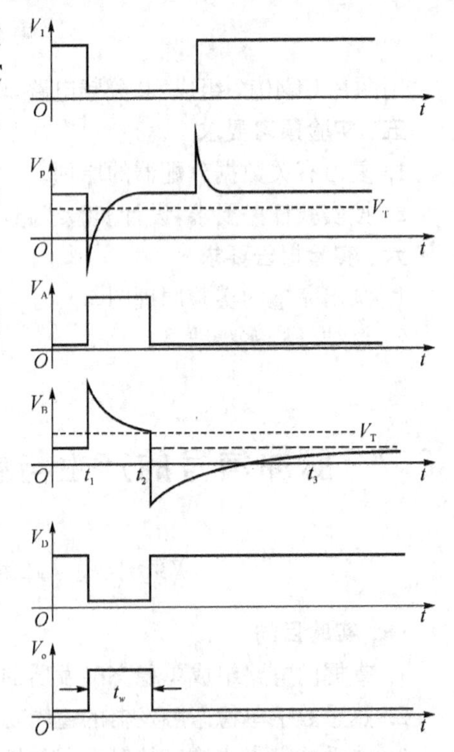

图 6-76　微分型单稳态触发器各点波形图

即回到初始稳态值，而是要有一段恢复时间的。

当 $t>t_3$ 后，如果 V_i 再出现负跳变，则电路将重复上述过程。

如果脉冲宽度较小时，则输入端可省去 R_p、C_p 微分电路了。

(2) 积分型单稳态触发器

如图 6-77 所示。

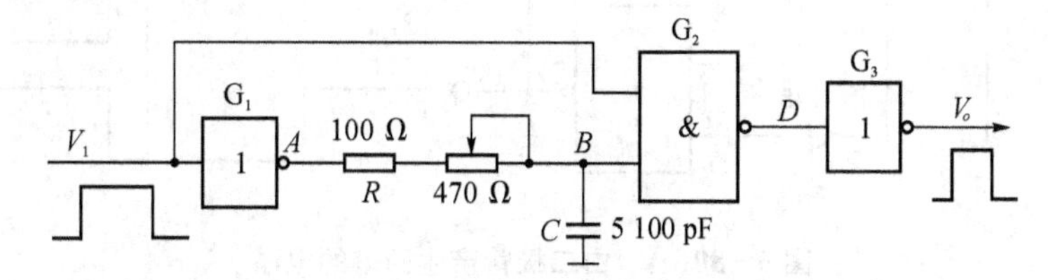

图 6-77　积分型单稳态触发器

电路采用正脉冲触发，触发脉冲宽度大于输出脉冲宽度的情况，其工作波形如图 6-78 所示。电路的稳定条件是 $R \leqslant 1\ \text{k}\Omega$，输出脉冲宽度为 $t_w \approx 1.1RC$。

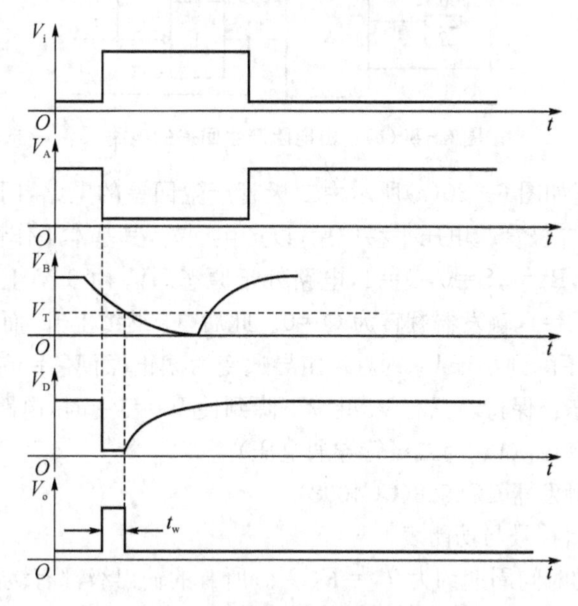

图 6-78　积分型单稳态触发器各点波形图

2. 施密特触发器

施密特触发器具有以下特点：

①施密特触发器属于电平触发，对于缓慢变化的信号仍然适用，当输入信号达到某一定的电压值时，输出电压会发生突变。

②输入信号增加和减少时，电路会有不同的阀值电压，它具有图 6-79 的传输特性。

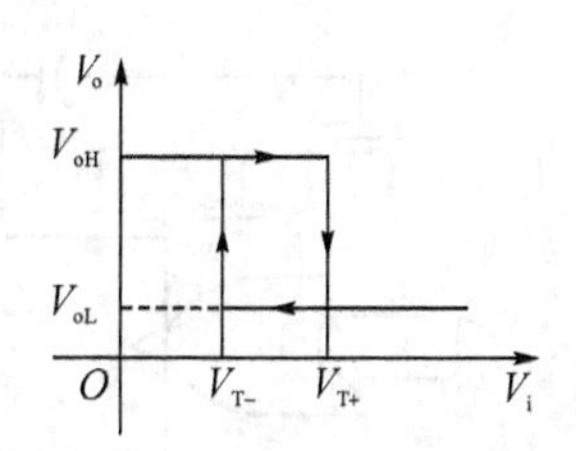

图 6-79　施密特触发器的传输特性

有两种典型的施密特触发器电路，如图 6-80 所示。

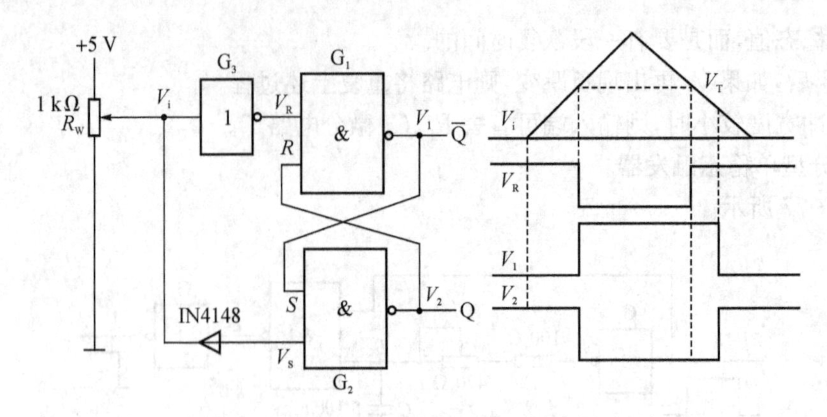

图 6-80(a)　由二极管产生回差的电器

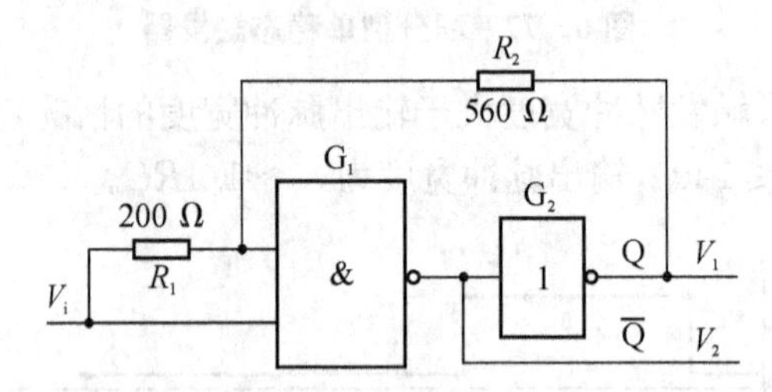

图 6-80(b)　由电阻产生回差的电路

这里我们分析一下如图 6-80(a)所示由二极管产生回差的电路，门 G_1、G_2 是基本 RS 触发器，门 G_3 是反相器，二极管起电压平移作用，以产生回差，其基本工作情况为：

设 $V_i=0$，G_3 截止，R=1，S=0，Q=1，电路处于原态。V_i 由 0 V 上升到电路的接通电位 V_T 时，G_3 导通，R=0，S=1，触发器翻转为 Q=0。此后，V_i 继续上升，而后下降至 V_T 时，电路状态不变。当 V_i 继续下降到小于 V_T 时，G_3 由导通变为截止，而 $V_S=V_T+V_D$ 为高电平，因而 R=1，S=1，触发器状态仍保持。只有 V_i 继续下降到使 $V_S=V_T$ 时，电路才翻回到 Q=1 的原态。电路的回差为 $\Delta V=V_D$（V_D 为二极管导通电压）。

3. 集成双单稳态触发器 CC4528(CC4098)

(1) CC4528 的逻辑符号与功能表

该单稳态触发器的时间周期约为 $T_X=R_XC_X$。所有的输出级都有缓冲级，以提供较大的驱动电流。图 6-81 为 CC4528 的逻辑符号与功能表。

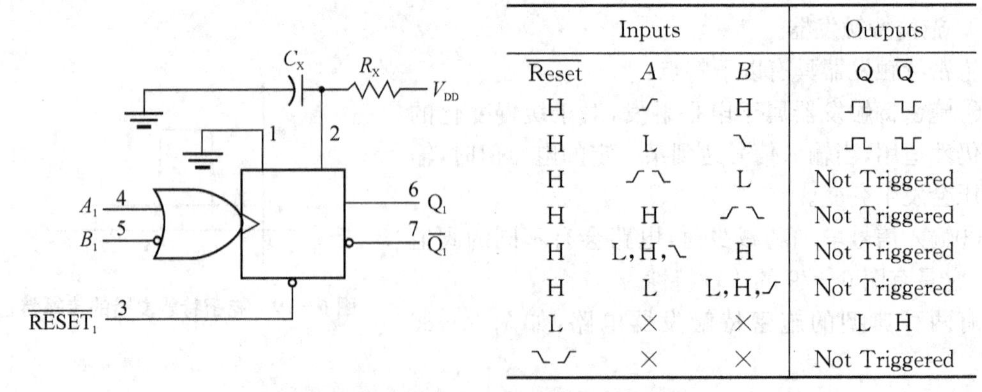

Inputs			Outputs
$\overline{Reset}$	A	B	Q $\overline{Q}$
H	↑	H	⊓ ⊔
H	L	↓	⊓ ⊔
H	↑↓	L	Not Triggered
H	H	↑↓	Not Triggered
H	L,H,↓	H	Not Triggered
H	L	L,H,↑	Not Triggered
L	×	×	L H
↓↑	×	×	Not Triggered

图 6-81　CC4528 的逻辑符号与功能表

(2) 应用实例

①实现脉冲延时,如图 6 - 82 所示。

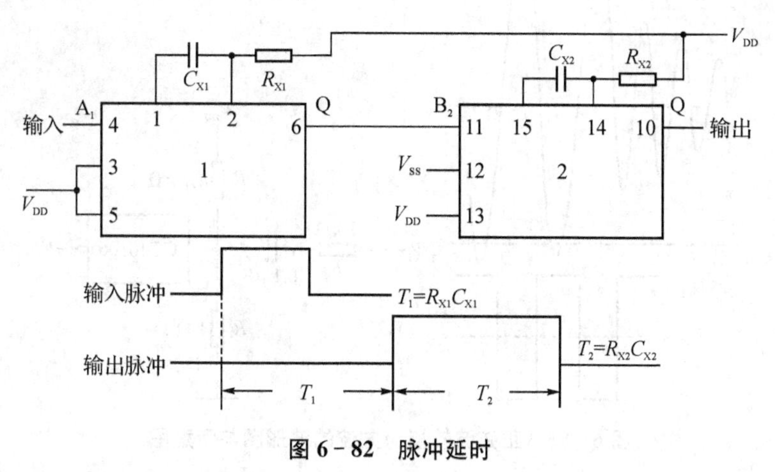

图 6 - 82　脉冲延时

②实现多谐振荡,如图 6 - 83 所示。

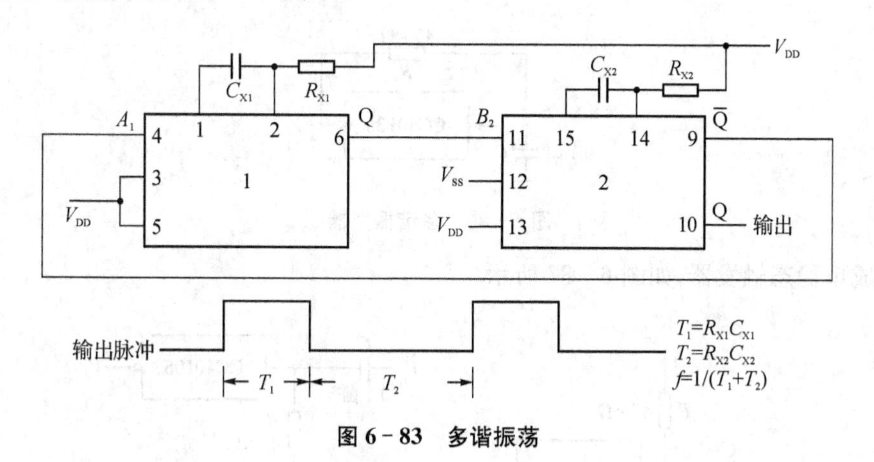

图 6 - 83　多谐振荡

4. 集成施密特触发器 CC40106

其引脚功能图为 6 - 84 所示。

它可用于波形的整形,也可用作反相器或构成单稳态触发器和多谐振荡器。

①将正弦波转换为方波,如图 6 - 85 所示。

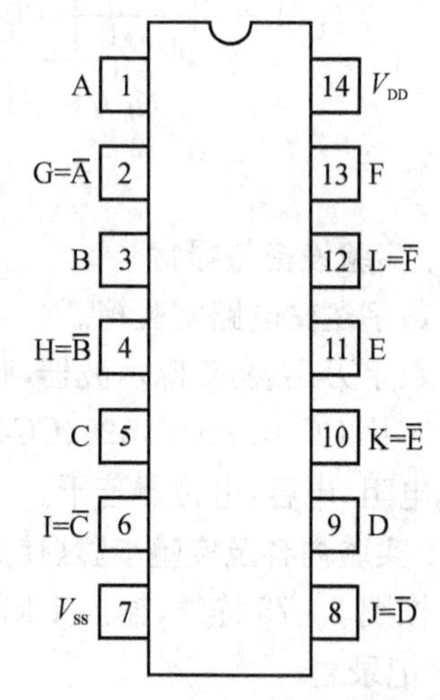

图 6 - 84　CC40106 的引脚功能图

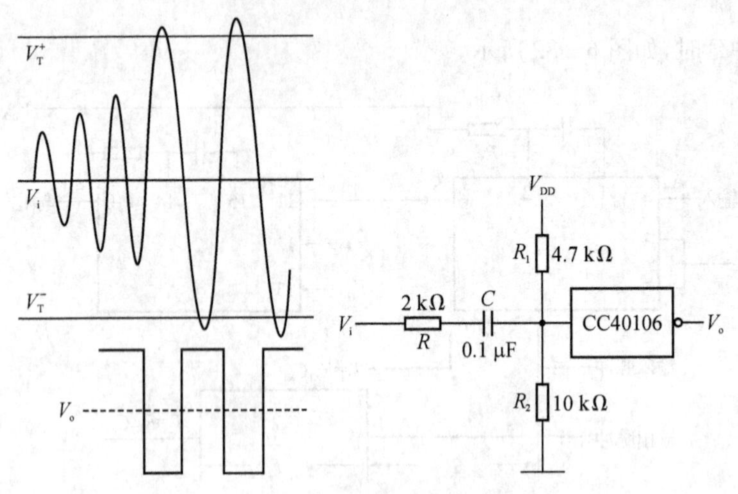

图 6－85　正弦波转换为方波的波形图与示意图

②构成多谐振荡器，如图 6－86 所示。

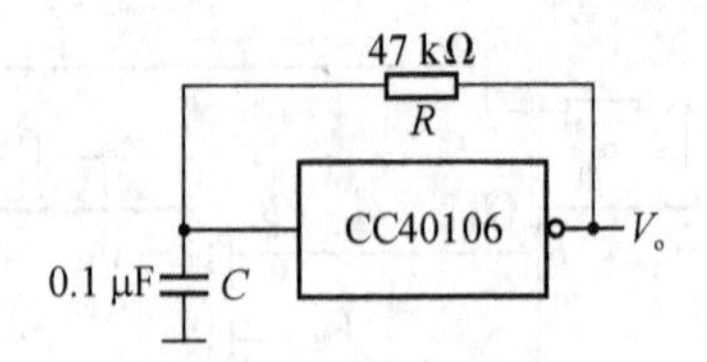

图 6－86　多谐振荡器

③构成单稳态触发器，如图 6－87 所示。

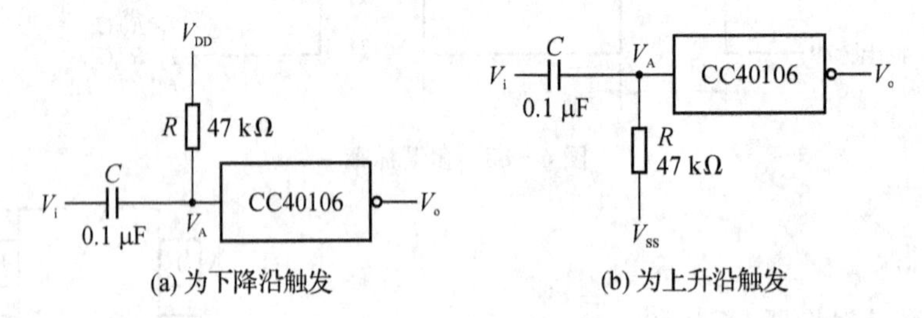

图 6－87　单稳态触发器

三、实验设备与器材

1. 数字逻辑电路实验箱。

2. 数字万用表，双踪示波器，脉冲源。

3. 芯片 CC4011、CC4528、CC40106、二极管 IN4148。

4. 电阻，电容，电位器若干。

四、实验内容及实验步骤（使用实验箱中的硬件资源搭建电路实现如下内容）

1. 按图 6－75 连线，输入 1 kHz 的连续脉冲，用双踪示波器观测 V_i、V_P、V_A、V_B、V_D 及 V_o 的波形，记录之。

2. 变 C 或 R 的值，重复实验 1 的内容。

3. 按图 6－77 连线，重复实验 1 的内容。

4. 按图 6－80(a)连线，令 V_i 由 0 V 到 5 V 变化，测量 V_1、V_2 的值。

5. 按图 6－82 连线，自己设计图中 C_{X1}、R_{X1}、C_{X2}、R_{X2}的值，输入 1 kHz 的连续脉冲，用双踪示波器观测输入、输出波形，测定 T_1 与 T_2。

6. 按图 6－83 连线，自己设计图中 C_{X1}、R_{X1}、C_{X2}、R_{X2}的值，用示波器观测输出波形，测定振荡频率。

7. 按图 6－86 连线，用示波器观测输出波形，测定振荡频率。

8. 按图 6－85 连线，构成整形电路，被整形信号可由音频信号源提供(可以由实验箱信号源部分的正弦波来模拟)，图中串联的 2 k 电阻起限流保护作用。将正弦信号频率置 1 kHz，调节信号电压由低到高观测输出波形的变化。记录输入信号为 0 V、0.25 V、0.5 V、1.0 V、1.5 V、2.0 V 时的输出波形。

9. 分别按图 6－87(a)、(b) 连线，在 V_i 处输入 5 V 正弦波信号进行实验，观察输入波形并记录实验结果。

五、实验预习要求

1. 复习有关单稳态触发器与施密特触发器的内容。

2. 画出实验用的详细线路图。

3. 拟定各实验的方法与步骤。

4. 拟好实验用的数据、表格等。

六、实验报告要求

1. 绘出实验线路图，记录波形。

2. 分析各实验结果的波形，验证有关的结论。

3. 总结单稳态触发器及施密特触发器的特点及应用。

实验十九　多谐振荡器

一、实验目的

1. 掌握使用门电路构成脉冲信号产生电路的基本方法。

2. 掌握影响输出脉冲波形参数的定时元件数值的计算方法。

3. 了解石英晶体稳频的原理和使用石英晶体构成振荡器的方法。

二、实验原理

多谐振荡器是一种自激振荡电路，该电路在接通电源后无需外接触发信号就能产生一定频率和幅值的矩形脉冲或方波。由于多谐振荡器在工作过程中不存在稳定状态，故又称为无稳态电路。与非门作为一个开关倒相器件，可用以构成各种脉冲波形的产生电路。电路的基本工作原理是利用电容的充放电，当输入电压达到与非门的阀值电压 V_T 时，门的输出状态即发生变化。因此，电路输出的脉冲波形参数直接取决于电路中阻容元件的数值。

1. 非对称型多谐振荡器

如图 6－88 所示，非门 G_3 用于输出波形整形。

非对称型多谐振荡器的输出波形是不对称的，我们用 t_{w1}、t_{w2}、T 分别表示充电时间、放电时间、脉冲周期。当用 TTL 与非门组成时，它们为：

$$t_{w1} = RC \quad t_{w2} = 1.2RC \quad T = 2.2RC$$

调节 R 与 C 的值，可改变输出信号的振荡频率，通常用改变 C 实现输出频率的粗调，改变电位器 R 实现输出频率的细调。

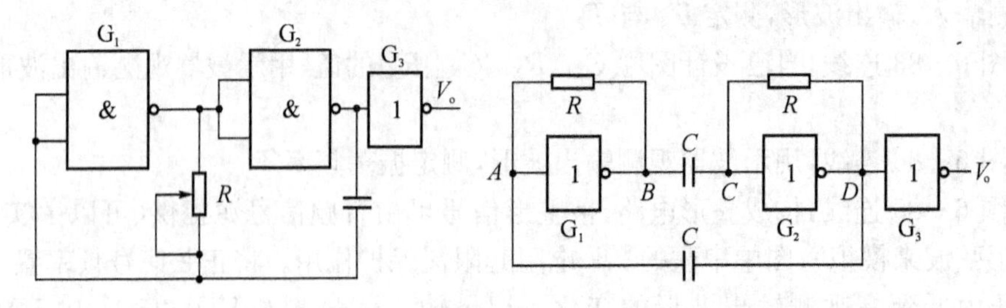

图 6－88　非对称型多谐振荡器　　图 6－89　对称型多谐振荡器

2. 对称型多谐振荡器

如上图 6－89 所示，设刚开始 $t=0$ 时接通电源，电容尚未充电，此时电路的状态为第一暂稳态。随着时间的增长，电容不断充电，V_A 不断增大，直到阈值电压 V_T 时，电路发生下述正反馈过程：

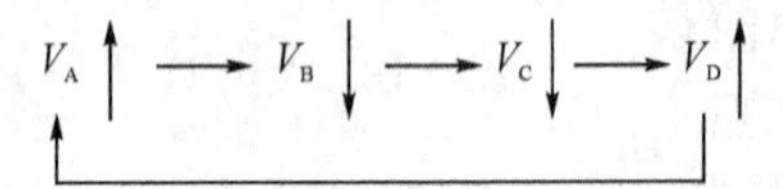

而后，电容充满电后开始放电，电路又发生下述正反馈过程：

$$V_A\downarrow \longrightarrow V_B\uparrow \longrightarrow V_C\uparrow \longrightarrow V_D\downarrow$$

其中，当 G_1 截止 G_2 导通的瞬间，电路为第二暂稳态。如此，电路将不停地在两个暂稳态之间往复振荡。

由于电路完全对称，电容器的充放电时间常数相同，故输出为对称的方波。改变 R 和 C 的值，可改变输出信号的振荡频率。如输出端加一非门，可实现输出波形整形。

一般取 $R\leqslant 1\ \text{k}\Omega$，当 $R=1\ \text{k}\Omega$，$C=100\ \text{pF}\sim100\ \mu\text{F}$ 时，$f=n\sim n\ \text{MHz}$，脉冲宽度 $t_{w1}=t_{w2}=0.7RC$，$T=1.4RC$。

3. 带 RC 电路的环形振荡器

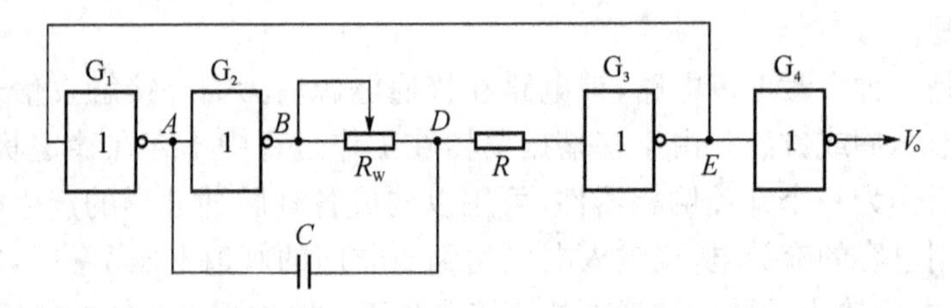

图 6－90　带 RC 电路的环形振荡器

电路如图 6－90 所示。其中 G_4 用于整形，以改善输出波形，R 为限流电阻，一般取 100 Ω，电位器 R_W 要求不大于 1 kΩ。电路利用电容 C 充放电过程，控制 D 点电压 V_D，从而控制与非门的自动启闭，形成多谐振荡，电容 C 的充电时间 t_{w1}、放电时间 t_{w2} 和总的振荡周期 T 分别为：

$$t_{w1}\approx 0.94RC,\ t_{w2}\approx 1.26RC,\ T\approx 2.2RC$$

调节 R 和 C 的值，可改变输出信号的振荡频率。

以上这些电路的状态转换都发生在与非门输入电平达到门的阀值电平 V_T 的时刻。在 V_T 附近电容器的充放电速度已经很缓慢，而且 V_T 本身也不够稳定，易受温度、电源电压变化等因素以及干扰的影响。因此，电路输出频率的稳定性较差。

4. 石英晶体振荡器

石英晶体的选频特性非常好，它有一个极为稳定的串联谐振频率，而且等效品质因素很高。只有频率等于串联谐振频率的信号最容易通过，而其他频率的信号均会被晶体所衰减。

当要求多谐振荡器的工作频率稳定性很高时，上述几种多谐振荡器的精度已不能满足要求。为此常用石英晶体作为信号频率的基准。用石英晶体与门电路构成的多谐振荡器常用来为微型计算机等提供时钟信号。

图 6－91 使用 TTL 器件和常用的晶体稳频多谐振荡器。

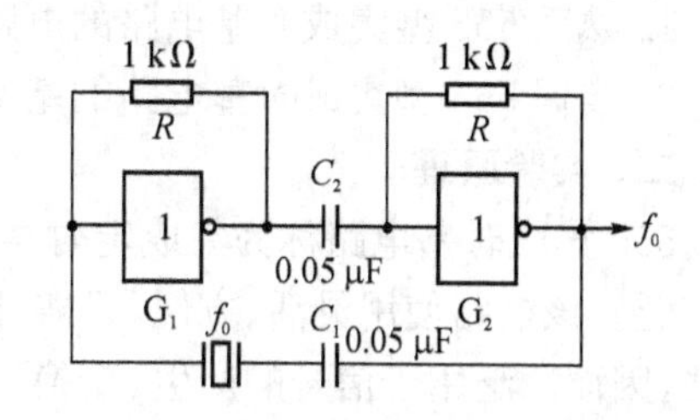

图 6－91　常用的晶体稳频多谐振荡器

三、实验设备与器材

1. 数字逻辑电路实验箱。

2. 双踪示波器，频率计，数字万用表，脉冲源。

3. 芯片 74LS00（或 CC4011）、晶振 4 MHz。

4. 电位器、电阻、电容若干。

四、实验内容及实验步骤（使用实验箱中的硬件资源在电路板上搭建电路实现如下内容）

1. 与非门 74LS00 按图 6－88 构成多谐振荡器，其中电阻 R 为 10 kΩ 的电位器，电容 C 为 0.01 μF。

(1) 用示波器观察输出波形及电容 C 两端的电压波形，列表记录之。

(2) 调节电位器观察输出波形的变化，测出上、下限频率。

(3) 用一只 100 μF 电容器跨接在 74LS00 的 14 脚与 7 脚的最近处，观察输出波形的变化及电源上纹波信号的变化记录之。（可以用 IC40 当元件库使用，在此插元件）

2. 用 74LS00 按图 6－89 接线，取 $R=1$ kΩ，$C=0.047$ μF，用示波器观察输出波形，记录之。

3. 用 74LS00 按图 6－90 接线，其中取限流电阻 R 为 510 Ω 电阻和 R_w 取 1 kΩ 的电位器串联，取 $C=0.1$ μF。

(1) R_w 调到最大时，观察并记录 A、B、D、E 及 V_o 各点电压的波形，测出 V_o 的周期 T 和 V_o 负脉冲宽度值（电容 C 的充电时间）并与理论计算值比较。

(2) 改变 R_w 值，观察输出信号 V_o 波形的变化情况。

4. 按图 6－91 接线，晶振选用 4 M（或其他），非门选用 74LS00 或用 74LS04，用示波器观测输出波形，用频率计测量输出信号频率，记录之。

五、实验预习要求

1. 复习自激多谐振荡器的工作原理。

2. 画出实验用的详细电路图。

3. 拟好记录、实验数据表格等。

六、实验报告要求

1. 画出实验电路，整理实验数据与理论值进行比较。
2. 画出实验观测到的工作波形图，对实验结果进行分析。

实验二十　555 定时器及其应用

一、实验目的

1. 熟悉 555 型集成时基电路的电路结构、工作原理及其特点。
2. 掌握 555 型集成时基电路的基本应用。

二、实验原理

555 集成时基电路称为集成定时器，是一种数字、模拟混合型的中规模集成电路，其应用十分广泛。该电路使用灵活、方便，只需外接少量的阻容元件就可以构成单稳、多谐和施密特触发器，因而广泛用于信号的产生、变换、控制与检测。它的内部电压标准使用了三个 5 k 的电阻，故取名 555 电路。其电路类型有双极型和 CMOS 型两大类，两者的工作原理和结构相似。几乎所有的双极型产品型号最后的三位数码都是 555 或 556；所有的 CMOS 产品型号最后四位数码都是 7555 或 7556，两者的逻辑功能和引脚排列完全相同，易于互换。555 和 7555 是单定时器，556 和 7556 是双定时器。双极型的电压是＋5 V～＋15 V，最大负载电流可达 200 mA，CMOS 型的电源电压是＋3 V～＋18 V，最大负载电流在 4 mA 以下。

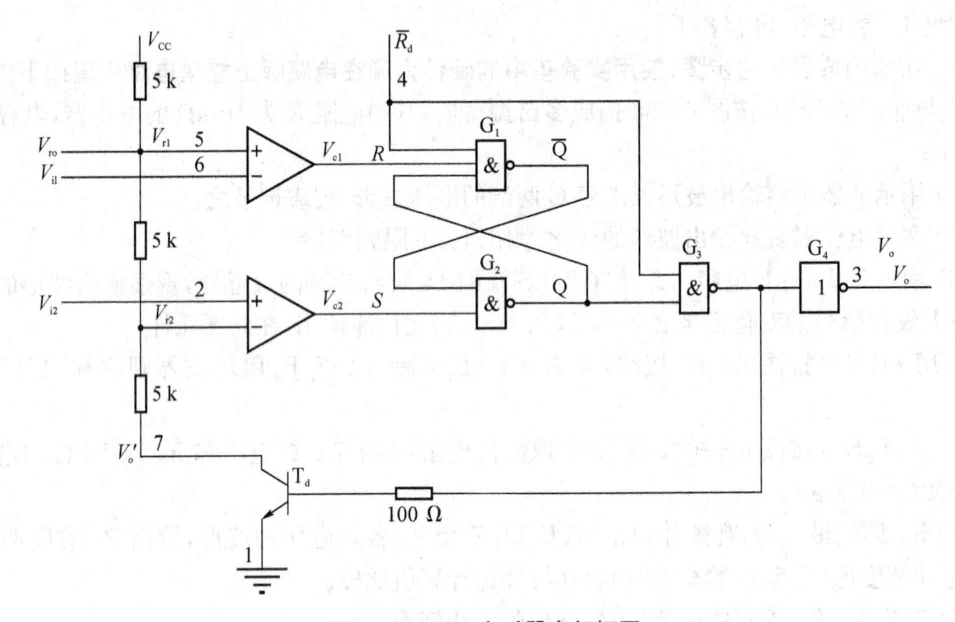

图 6－92　555 定时器内部框图

1. 555 电路的工作原理

555 电路的内部电路方框图如图 6－92 所示。它含有两个电压比较器，一个基本 RS 触发器，一个放电开关 T_d，比较器的参考电压由三只 5 kΩ 的电阻器构成分压，它们分别使低电平比较器 V_{r1}反相输入端和高电平比较器 Vr2 的同相输入端的参考电平为 $2/3V_{cc}$和$1/3V_{cc}$。V_{r1}和 V_{r2}的输出端控制 RS 触发器状态和放电管开关状态。当输入信号输入并超过 $2/3V_{cc}$时，触发器复位，555 的输出端 3 脚输出低电平，同时放电，开关管导通；当输入信号自 2 脚输入并低于 $1/3V_{cc}$时，触发器置位，555 的 3 脚输出高电平，同时充电，开关管截止。

$\bar{R}_D$ 是异步置零端，当其为 0 时，555 输出低电平。平时该端开路或接 V_{cc}。V_{ro}是控制电压端(5 脚)，平时输出 $2/3V_{cc}$作为比较器 V_{r1}的参考电平，当 5 脚外接一个输入电压，即改变了比较器的参考电平，从而实现对输出的另一种控制，在不接外加电压时，通常接一个 0.01 μF 的电容器到地，起滤波作用，消除外来的干扰，以确保参考电平的稳定。T_d 为放电管，当 T_d 导通时，将接于脚 7 的电容器提供低阻放电电路。

2. 555 定时器的典型应用

(1) 构成单稳态触发器

图 6 - 93 为由 555 定时器和外接定时元件 R、C 构成的单稳态触发器。D 为钳位二极管，稳态时 555 电路输入端处于电源电平，内部放电开关管 T 导通，输出端 V_o 输出低电平，当有一个外部负脉冲触发信号加到 V_i 端。并使 2 端电位瞬时低于 $1/3V_{cc}$，单稳态电路即开始一个稳态过程，电容 C 开始充电，V_c 按指数规律增长。当 V_c 充电到 $2/3V_{cc}$时，输出 V_o 从高电平返回低电平，放电开关管 T_d 重新导通，电容 C 上的电荷很快经放电开关管放电，暂态结束，恢复稳定，为下个触发脉冲的来到作好准备。波形图见图 6 - 94。

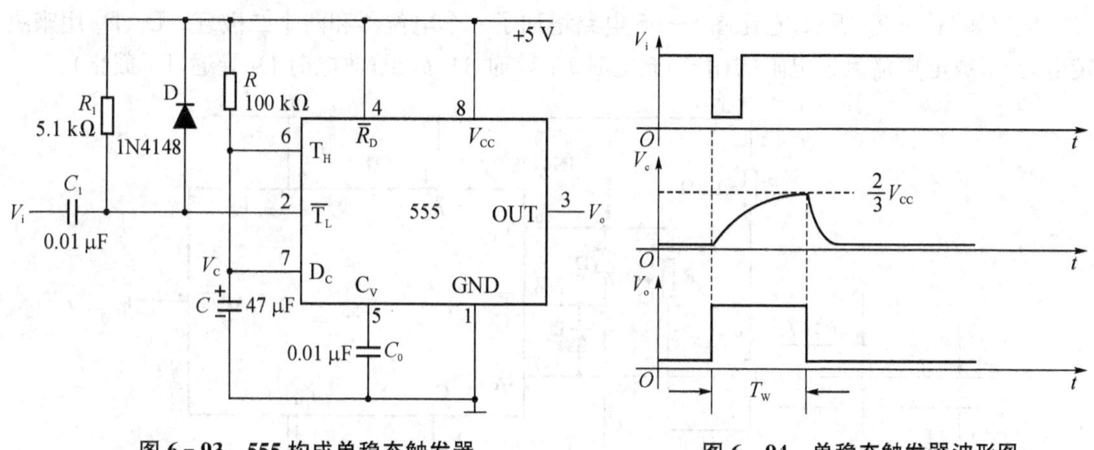

图 6 - 93　555 构成单稳态触发器　　　　**图 6 - 94　单稳态触发器波形图**

暂稳态的持续时间 T_w(即为延时时间)决定于外接元件 R、C 的大小，即 $T_w = 1.1RC$。

通过改变 R、C 的大小，可使延时时间在几个微秒和几十分钟之间变化。当这种单稳态电路作为计时器时，可直接驱动小型继电器，并可采用复位端接地的方法来终止暂态，重新计时。

(2) 构成多谐振荡器

如图 6 - 95，由 555 定时器和外接元件 R_1、R_2、C 构成多谐振荡器，脚 2 与脚 6 直接相连。电路没有稳态，仅存在两个暂稳态，电路亦不需要外接触发信号，利用电源通过 R_1、R_2 向 C 充电，以及 C 通过 R_2 向放电端 DC 放电，使电路产生振荡。电容 C 在 $2/3V_{CC}$和 $1/3V_{CC}$之间充电和放电，从而在输出端得到一系列的矩形波，对应的波形如图 6 - 96 所示。

输出信号的时间参数是：

$$T = t_{w1} + t_{w2}$$

$$t_{w1} = 0.7(R_1 + R_2)C$$

$$t_{w2} = 0.7R_2C$$

其中，t_{w1}为 V_C 由 $1/3V_{CC}$上升到 $2/3V_{CC}$所需的时间，t_{w2}为电容 C 放电所需的时间。

555 电路要求 R_1 与 R_2 均应不小于 1 kΩ，但两者之和应不大于 3.3 MΩ。

外部元件的稳定性决定了多谐振荡器的稳定性，555 定时器配以少量的元件即可获得较高精度的振荡频率和具有较强的功率输出能力。因此，这种形式的多谐振荡器应用很广。

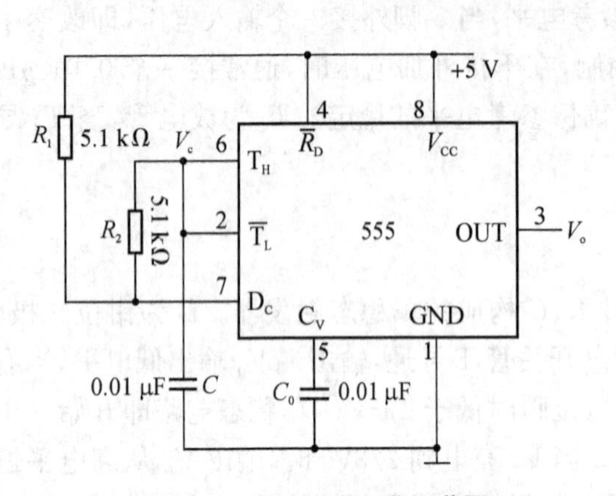

图 6-95　555 构成多谐振荡器

图 6-96　多谐振荡器的波形图

(3) 组成占空比可调的多谐振荡器

电路如图 6-97 所示，它比图 6-95 电路增加了一个电位器和两个二极管。D_1、D_2 用来决定电容充、放电电流流经电阻的途径（充电时 D_1 导通，D_2 截止；放电时 D_2 导通，D_1 截止）。

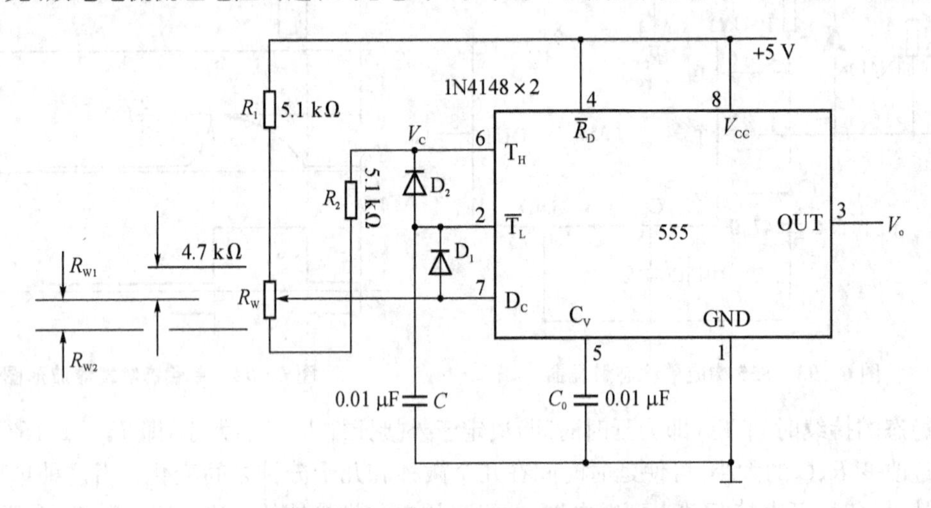

图 6-97　555 构成占空比可调的多谐振荡器

占空比
$$q=\frac{t_{w1}}{t_{w1}+t_{w2}}\approx\frac{0.7(R_1+R_{w1})C}{0.7(R_2+R_{w2})C}$$

可见，若取 $R_1=R_2$，电路即可输出占空比为 50% 的方波信号。

(4) 组成占空比连续可调并能调节振荡频率的多谐振荡器

对 C_1 充电时，充电电流通过 R_1、D_1、R_{w2} 和 R_{w1}，放电时通过 R_{w1}、R_{w2}、D_2、R_2。当 $R_1=R_2$、R_{w2} 调至中心点时，因为充放电时间基本相等，其占空比约为 50%，此时调节 R_{w1} 仅改变频率，占空比不变。如 R_{w2} 调至偏离中心点，再调节 R_{w1}，不仅振荡频率改变，而且对占空比也有影响。R_{w1} 不变，调节 R_{w2}，仅改变占空比，对频率无影响。因此，当接通电源后，应首先调节 R_{w1} 使频率至规定值，再调节 R_{w2}，以获得需要的占空比。图 6-98 为 555 构成占空比、频率均可调的多谐振荡器。

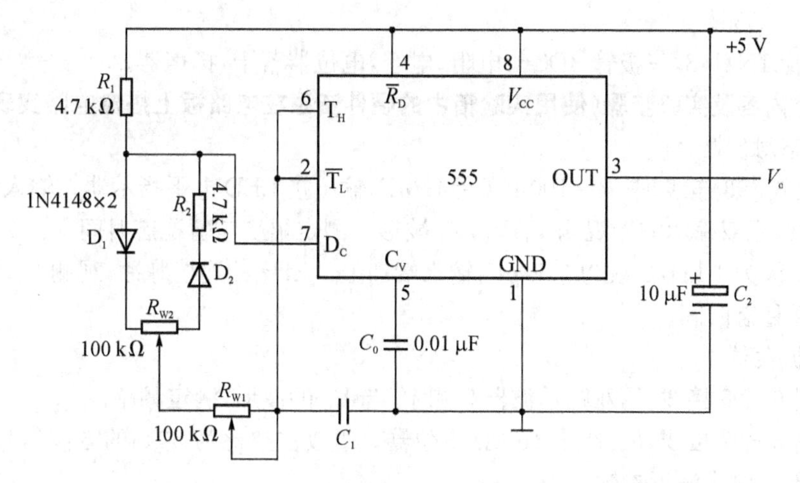

图 6-98　555 构成占空比、频率均可调的多谐振荡器

(5) 组成施密特触发器

电路如图 6-99 所示，只要将脚 2 和 6 连在一起作为信号输入端，即得到施密特触发器。图 6-100 画出了 V_s、V_i 和 V_o 的波形图。

设被整形变换的电压为正弦波 V_s，其正半波通过二极管 D 同时加到 555 定时器的 2 脚和 6 脚，得到的 V_i 为半波整流波形。当 V_i 上升到 $2/3V_{CC}$时，V_o 从高电平转换为低电平；当 V_i 下降到 $1/3V_{CC}$时，V_o 又从低电平转换为高电平。

回差电压：

$$\Delta V=\frac{2}{3}V_{CC}-\frac{1}{3}V_{CC}=\frac{1}{3}V_{CC}$$

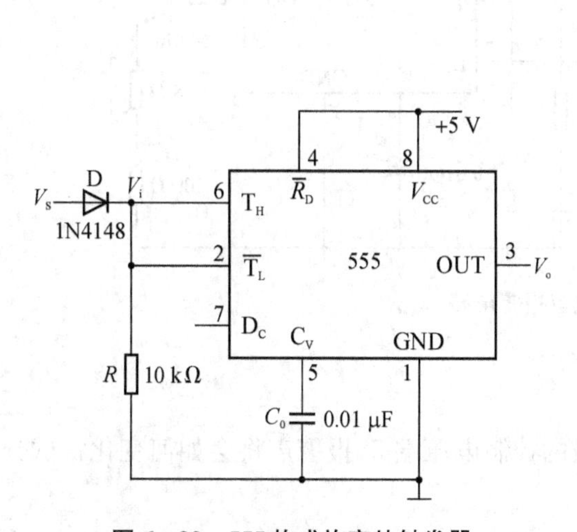

图 6-99　555 构成施密特触发器

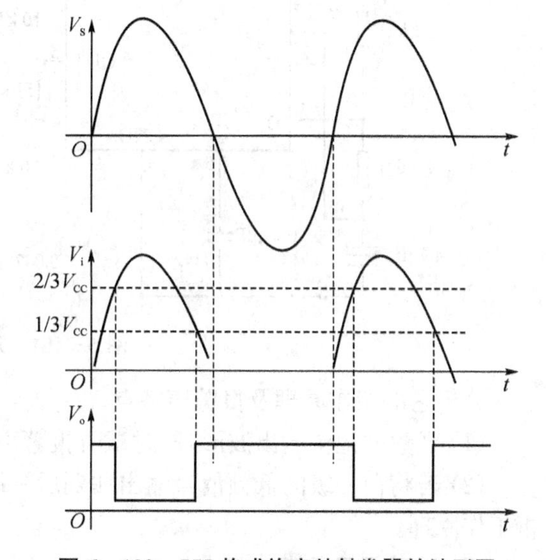

图 6-100　555 构成施密特触发器的波形图

三、实验设备与器材

1. 数字逻辑电路实验箱。

2. 数字万用表，双踪示波器，频率计。

3. 芯片 NE555。

4. 二极管 1N4148，三极管 3DG6，电阻，电容，电位器若干，扬声器。

四、实验内容及实验步骤(使用实验箱中的硬件资源在电路板上搭建电路实现如下内容)

1. 单稳态触发器

(1) 按图 6－93 连线，取 $R=100$ k，$C=47$ μF，输出接 LED 电平指示器。输入信号 V_i 由单次脉冲源提供，用双踪示波器观测 V_i，V_c，V_o 波形。测定幅度与暂稳态时间。

(2) 将 R 改为 1 kΩ，C 改为 0.1 μF，输入端加上 1 kHz 的连续脉冲，观测 V_i，V_c，V_o 波形。测定幅度与暂稳态时间。

2. 多谐振荡器

(1) 按图 6－95 接线，用双踪示波器观测 V_c 与 V_o 的波形，测定频率。

(2) 按图 6－97 接线，R_w 选用 10 kΩ 电位器。组成占空比为 50%的方波信号发生器。观测 V_c、V_o 波形。测定波形参数。

(3) 按图 6－98 接线，C_1 选用 0.1 μF。通过调节 R_{w1} 和 R_{w2} 来观测输出波形。

3. 施密特触发器

按图 6－99 接线，输入信号的音频信号由正弦信号模拟，预先调好 V_i 的频率为 1 kHz，幅度要求稍大于 5 V(不要过大)。接通电源，观测输出波形，测绘电压传输特性，算出回差电压 ΔU。

4. 多频振荡器实例一双音报警电路

电路图如图 6－101 所示。

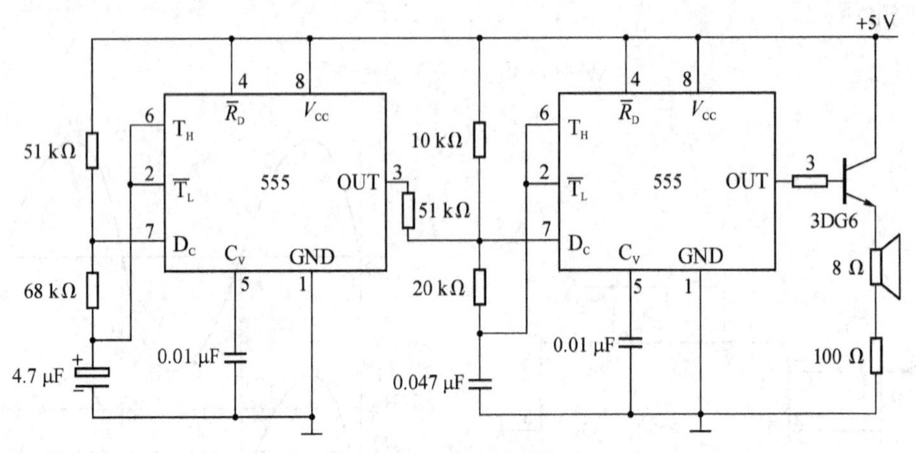

图 6－101 双音报警电路

分析它的工作原理及报警声特点。

(1) 观察并记录输出波形，同时试听报警声。

(2) 若将前一级的低频信号输出加到后一级的控制电压端 5，报警声将会如何变化？试分析工作原理。

五、实验预习要求

1. 复习有关 555 的工作原理及其应用。

2. 拟定实验中所需的数据、波形表格。

3. 拟定各次实验的步骤和方法。

六、实验报告要求

1. 绘出详细的实验线路图，定量绘出观测到的波形。
2. 分析、总结实验结果。
3. 绘出每个谐振电路充放电的等效电路图。
4. 按实验要求选定各电路参数，并进行理论计算输出脉冲的宽度和频率。
5. 在双音报警电路中，若将 0.047 μF 的电容分别改为 1 μF、10 μF，对报警声有何影响？

七、思考题

利用 555 定时器设计制作一触摸式开关定时控制器，每当用手触摸一次，电路即输出一个正脉冲宽度为 10 s 的信号。试画出电路并测试电路功能。

6.8　大规模集成电路实验

实验二十一　E^2PROM 只读存储器的应用

一、实验目的

1. 了解 E^2PROM 只读存储器的基本原理及应用。
2. 了解点阵显示字符的原理。
3. 了解行选线及列选线产生的原理及方法。

二、实验原理

可编程字符显示，是指显示的字符或图案可以通过编程的方法进行灵活变换。它的主要组成部分是：E^2PROM 只读存储器、发光二极管点阵显示屏、行选线产生电路、列选线产生电路、地址计数器和时钟脉冲源。其中，E^2PROM 只读存储器用于存放字符或图案的代码，它是可编程字符显示电路的核心部件，发光二极管点阵显示屏用来显示字符或图案，行选线与列选线产生电路分别为显示屏的行与列提供地址线，地址计数器为 E^2PROM 提供地址线，它的计数脉冲由时钟脉冲源提供。

电路的工作原理是：时钟脉冲输入时，地址计数器进行计数，E^2PROM 对应的地址单元中的代码输出，以驱动列选线产生电路。地址计数器同时又为行选线产生电路提供地址线，随着地址计数器计数值的变化，发光二极管显示屏逐行扫描，显示屏上显示出字符或图案。

1. E^2PROM 只读存储器

E^2PROM 只读存储器的内容可以按用户的需要写入，也可以通过电擦除，再写入新的内容，故称为电可擦除可编程只读存储器。

本实验用的芯片是 ATMEL 公司的 AT28C16，它的引脚功能图见图 6－102。其中，I/O_0～I/O_7 为数据输入端，A_0～A_{10} 是地址端，可寻地址为 211＝2 048(2 kB)个存储单元。片选信号 $\overline{CE}$，$\overline{CE}=0$ 时，E^2PROM 被选通；输出允许控制端 $\overline{OE}$，$\overline{OE}=0$ 时才有输出数据。

一般说来，显示的字符越多，E^2PROM 需要的存储容量就越大。当存储容量不够时，除了选用更大容量的芯片以外，还可以将同型号的多片 E^2PROM 芯片并联以扩展存储容量。图 6－103是两片 E^2PROM 芯片并联时的连接电路，其存储容量可以扩展到 4 kB。当控制端 C＝

0 时，输出的数据是 28C16(1)的内容；当控制端 C=1 时，输出的数据是 28C16(2)的内容。

引脚	名称	引脚	名称
1	A_7	24	V_{cc}
2	A_6	23	A_8
3	A_5	22	A_9
4	A_4	21	$\overline{WE}$
5	A_3	20	$\overline{OE}$
6	A_2	19	A_{10}
7	A_1	18	$\overline{CE}$
8	A_0	17	I/O_7
9	I/O_0	16	I/O_6
10	I/O_1	15	I/O_5
11	I/O_2	14	I/O_4
12	GND	13	I/O_3

Pin Name	Function
$A_0 \sim A_{10}$	Addresses
$\overline{CE}$	Chip Enable
$\overline{OE}$	Output Enable
$\overline{WE}$	Write Enable
$I/O_0 - I/O_7$	Data Inputs/Outputs
NC	No Connect
DC	Don't Connect

图 6-102　引脚功能图

2. 发光二极管矩阵显示屏(点阵)

发光二极管 8×8 矩阵是最基本的矩阵。图 6-104 所显示的就是 8×8 矩阵显示屏。它有 8 根行选线和 8 根列选线。其中，行选线接发光二极管的正极，列选线接发光二极管的负极。若要使某个发光二极管亮，则将与此管对应的行选线接高电平，列选线接低电平即可。

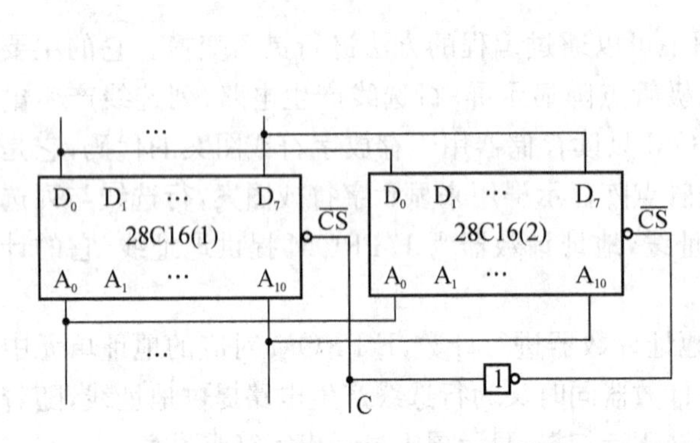

图 6-103　两片 E²PROM 芯片并联

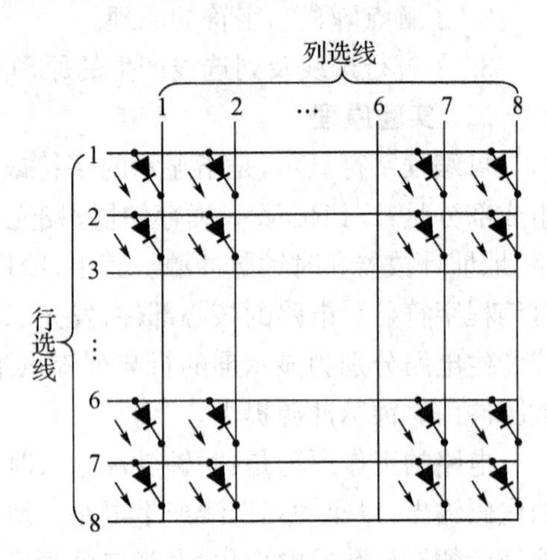

图 6-104　8×8 矩阵显示屏

3. 列选线和行选线产生电路

对于 8×8 的发光二极管矩阵(点阵)，有 8 根行选线和 8 根列选线，其中的列选线由 E²PROM的数据输出端提供，如图 6-105 所示。

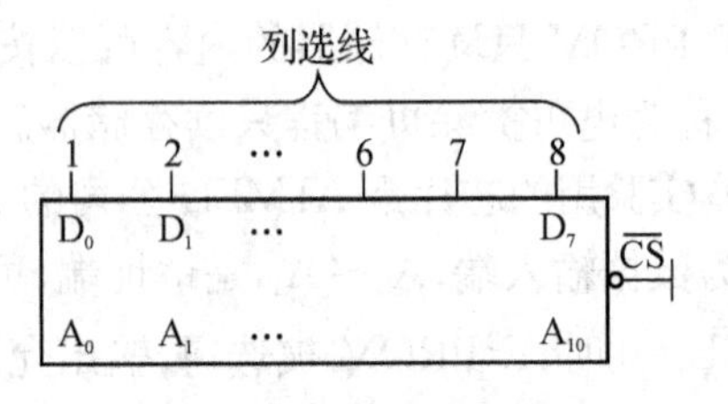

图 6-105　列选线产生电路

行选线用来对 8 行发光二极管进行逐行扫描，扫描一行，将此行的发光二极管正极接高电平。因此，要求行选线产生电路依次输出 8 个"1"的正脉冲，且反复循环，输出的每一个正脉冲都具有驱动发光二极管的能力，如图 6 - 106 所示。

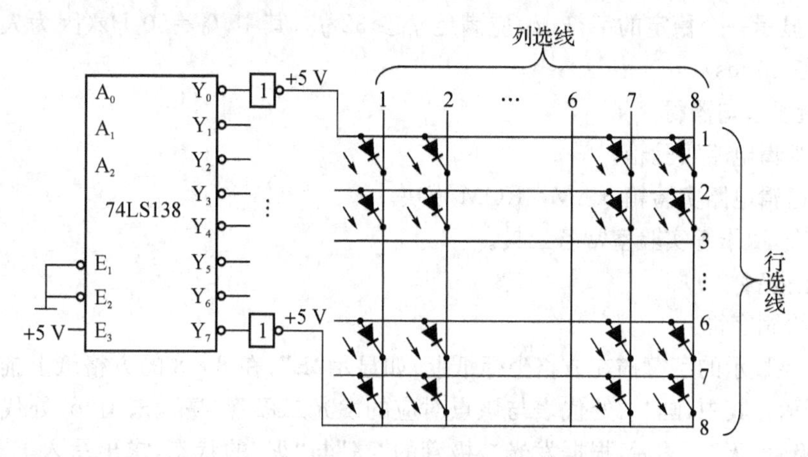

图 6 - 106　行选线产生电路

4. 地址计数器和时钟脉冲源

地址计数器提供 E^2PROM 需要的地址线。实验中使用的 E^2PROM　AT28C16 有 11 根地址线，那么地址计数器也应该有 11 个输出端才能满足要求。行选线产生电路需要的 3 根地址线（$A_0 \sim A_2$）可以从地址计数器中选出。

由图 6 - 106 可以看出，每扫描一行，对应 E^2PROM 的 1 个地址单元；扫描 8 行，对应 E^2PROM 的 8 个地址单元。这也就是说，在 8×8 矩阵显示屏上显示一个字符占用 E^2PROM 的 8 个地址单元。所以，可得 E^2PROM 的内存分配规律：低 3 位地址 $A_0 \sim A_2$ 产生的地址单元用于存放字符的代码，高 8 位地址 $A_3 \sim A_{10}$ 用于控制字符的切换。例如，显示"众友科技"4 个字，E^2PROM 的内存分配如表 6 - 24 所示。

表 6 - 24　E^2PROM 的内存分配表

地址						地址单元	字符代码
A_{10} ··· A_5	A_4	A_3	A_2	A_1	A_0		
0 ··· 0	0	0	0	0	0	00H	众
⋮ ⋮ ⋮	⋮	⋮	⋮	⋮	⋮	⋮	
0 ··· 0	0	0	1	1	1	07H	
0 ··· 0	0	1	0	0	0	08H	友
⋮ ⋮ ⋮	⋮	⋮	⋮	⋮	⋮	⋮	
0 ··· 0	0	1	1	1	1	0FH	
0 ··· 0	1	0	0	0	0	10H	科
⋮ ⋮ ⋮	⋮	⋮	⋮	⋮	⋮	⋮	
0 ··· 0	1	0	1	1	1	17H	
0 ··· 0	1	1	0	0	0	18H	技
⋮ ⋮ ⋮	⋮	⋮	⋮	⋮	⋮	⋮	
0 ··· 0	1	1	1	1	1	1FH	

由上表可以看出，实验中使用的 E^2PROM　AT28C16 最多可以存放 $2^8=256$ 个字符。时

钟脉冲源的作用是提供地址计数器需要的计数脉冲。低位地址计数器的时钟频率 f_1 控制行扫描的速度，f_1 越高，屏幕上显示的字符就越稳定。高位地址计数器的时钟频率 f_2 控制字符的切换速度，因此 $f_2 \ll f_1$，但 f_2 也不能太低，否则，字符的变换速度太慢，影响观看效果。经验表明，屏上要显示一个稳定的字符，f_1 应满足 $f_1 \geqslant 32\ f_0$，其中 $f_0 = 50$ Hz(因为人眼的视觉暂留时间一般是 20 ms)。

三、实验设备与器材

1. 数字逻辑电路实验箱。
2. 数字逻辑电路实验箱 RAM&ROM 模块。
3. 万用表，镊子等实验室常备工具。

四、实验内容

1. 手工绘制字符

首先，将要显示的字符描在方格坐标纸上，如显示“E”，在 8×8 的方格纸上描出的图形如图 6-107 所示。其中，画“o”处代表与该点对应的发光二极管“亮”，未画“o”处代表与该点对应的发光二极管“灭”。然后，根据发光二极管的“亮”与“灭”的状态，求出写入 E^2PROM 存储单元的十六进制代码。

求代码的方法是：发光二极管“亮”处对应的列线为“0”，即 E^2PROM 对应的数据线为“0”；发光二极管“灭”处对应的列线为“1”，即 E^2PROM 对应的数据线为“1”。按照列线 8～1 的顺序将第一行的“0”和“1”组成二进制码组。例如我们要显示 0 这个字符，第一行的代码应该为 C3H，第二行的代码为 DBH，以下依次为 DBH，DBH，DBH，DBH，DBH，C3H。同学们可以由此得到启发，手工绘制显示的字符。

2. 参考下面的实验框图及实验步骤，自己连线，完成实验。
3. 写出实验报告和做实验的心得体会。

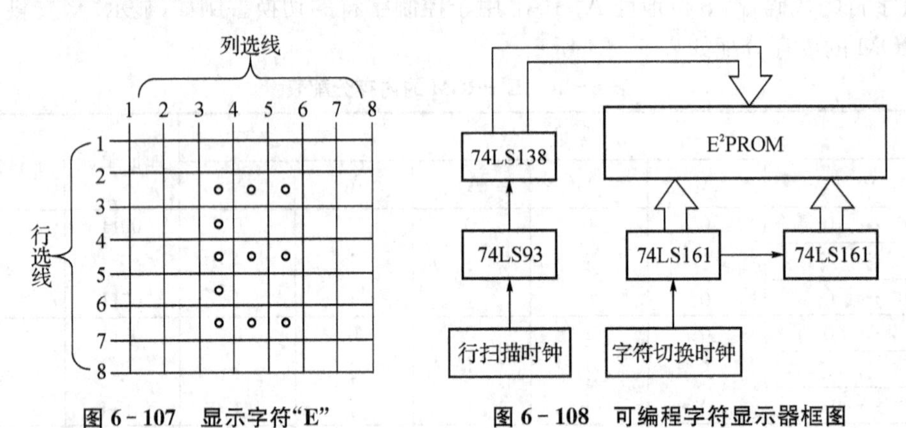

图 6-107 显示字符“E” 图 6-108 可编程字符显示器框图

五、实验步骤

1. 从实验箱右上角取出“RAM&ROM 模块”，将 E^2PROM 进行程序烧录(在实验箱中 AT28C16 已经烧录了字符，并且循环显示)。
2. 将“RAM&ROM 模块”与实验箱上的“线桥接口一”通过 40 芯数据连接线连接好。
3. 对照后面的“八、线桥连接示意图”，按如下描述进行线路连接。

①将“行扫描时钟”接信号源模块的 10 kHz 信号，“字符切换时钟”接信号源模块的 1 Hz

脉冲信号。E^2PROM 的“片选控制端”和“输出使能端”接低电平。

②将 R01 至 R08 分别对应接点阵模块的 R01 至 R08，L01 至 L08 分别对应接点阵模块的 L01 至 L08，“复位”接低电平触发开关。

③按下 ROM 实验模块 POW201 和信号源模块电源开关 POW1001，观察字符的显示。

④若字符显示 3 遍完毕后，点阵就不再显示任何字符，即“黑屏”，此时按下复位键，字符又重新显示。

六、实验预习要求

1. 预习 E^2PROM 的有关原理，有条件可以到网上查找相关的资料，下载其使用说明，提高阅读英文资料的能力。

2. 手工绘制字符，有条件可以使用烧录器烧录芯片或在老师的指导下，手动烧录芯片。

3. 仔细阅读实验指导书，找出不懂的地方。

七、实验报告要求

1. 绘出详细的实验线路图。

2. 设计显示字符的程序。

3. 烧录 E^2PROM，并进行调试。

4. 分析、总结实验结果。

八、线桥连接示意图

RAM、ROM 模块线桥连接如下所示。

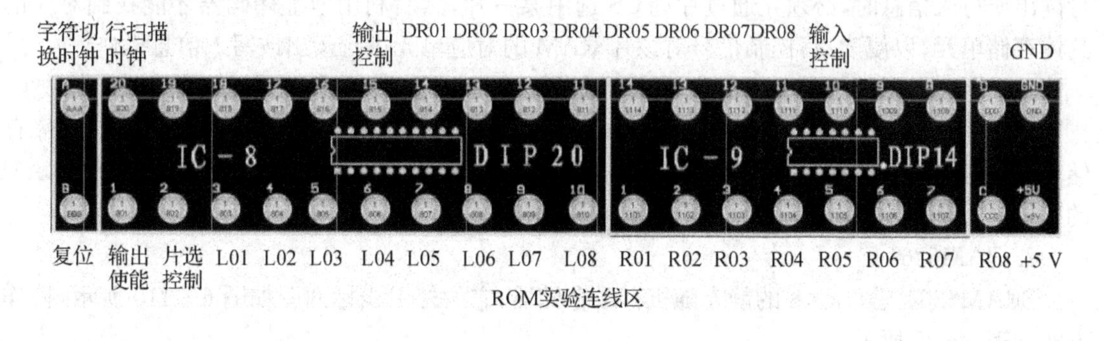

实验二十二　随机存取存储器(RAM)及其应用

一、实验目的

1. 熟悉静态随机存取存储器 6264 的原理及其应用。

2. 了解 SRAM 的读写原理。

3. 掌握地址显示和数据显示的原理。

二、实验原理

随机存取存储器(RAM)是指能够在存储器中的任意指定的地址单元随时写入(存取)或者读出(取出)信息的存储器，也叫读/写存储器。RAM 具有记忆功能，但停电(断电)后，所存信息(数据)会丢失，不利于数据的长期保存，所以，它多用于暂存中间过程的信息。

1. RAM 的结构和工作原理

图 6 - 109 是 RAM 的基本结构框图，它主要由存储单元矩阵、地址译码器和读/写控制电

路3部分组成。

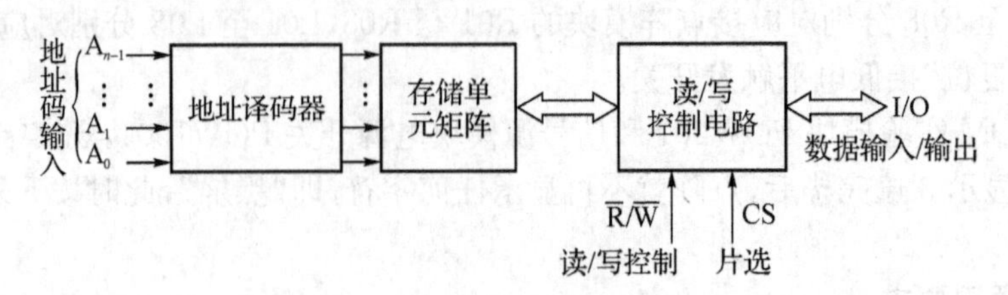

图 6-109　RAM 的基本结构框图

(1) 存储单元矩阵

存储单元矩阵是 RAM 的主体，一个 RAM 由若干个存储单元组成，每个存储单元可存放 1 位二进制数或 1 位二元代码。为了存储方便，通常将存储单元设成矩阵形式，所以称为存储矩阵。存储器中的存储单元越多，存储的信息就越多，表示该存储器的容量就越大。

(2) 地址译码器

为了对存储矩阵中的某个存储单元进行读出或写入信息，必须对每个存储器单元所在位置(地址)进行编码，然后当输入一个地址码时，就可利用地址译码器找到存储矩阵中相应的一个(或一组)单元进行读出或写入信息。

(3) 片选与读/写控制电路

由于集成度的限制，大容量的 RAM 往往由若干片 RAM 组成。当需要对某一个存储单元行读出或写入信息时，必须先通过片选 CS 选中某一片，然后利用地址译码器才能找到对应的具体存储单元，以便读/写控制信号对该片 RAM 的对应单元进行读出或写入信息操作。

除了上面介绍的三个主要部分外，RAM 的输出常采用三态门作为输出缓冲电路。

MOS 随机存取存储器有动态 RAM (DRAM) 和静态 RAM (SRAM) 两类。DRAM 靠存储单元中的电容暂存信息，由于电容上的电荷要泄漏，故需定时充电(通常称为刷新)，SRAM 的存储单元是触发器，记忆时间不受限制，无需刷新。

2. RAM6264

SRAM6264 是 8 k×8 的静态随机存取存储器，它的外引线排列图如图 6-110 所示，操作方式如表 6-25 所示。

引脚	名称	引脚	名称
1	NC	28	V_{cc}
2	A_{12}	27	$\overline{WE}$
3	A_7	26	CS_2
4	A_6	25	A_8
5	A_5	24	A_9
6	A_4	23	A_{11}
7	A_3	22	$\overline{OE}$
8	A_2	21	A_{10}
9	A_1	20	$\overline{CS_1}$
10	A_0	19	I/O_8
11	I/O_1	18	I/O_7
12	I/O_2	17	I/O_6
13	I/O_3	16	I/O_5
14	V_{ss}	15	I/O_4

图 6-110　6264 的外引线排列图

表 6-25　6264 的管脚功能图

Pin name	Function
A_0 to A_{12}	Address input
I/O_1 to I/O_8	Data input/output
$\overline{CS_1}$	Chip select 1
$\overline{CS_2}$	Chip select 2
$\overline{WE}$	Write enable
$\overline{OE}$	Output enable
NC	No connection
V_{cc}	Power supply
V_{ss}	Ground

3. 数据产生电路

数据产生电路的作用是产生写入 6264 的数据，并把它显示出来。在实验中采用的是手动直接输入数据的模式(利用逻辑电平输出模块实现)，来对 RAM 中被选中的地址单元进行写入数值。

4. 地址产生电路

地址产生电路的作用是用来选择 6264 的地址单元，在该实验中，同样采用的是手动直接输入数据的模式(利用逻辑电平输出模块实现)，来输入希望写入的 RAM 地址单元地址。

5. 数据的写入与读出

对于制造工艺，逻辑功能都已经比较成熟的专用 IC 来说，我们不必花太多的精力来研究芯片的内部结构，而要将精力放在实践中。为了能很好地说明 SRAM 芯片的写入与读出数据的过程，只对 RAM 的低 4 位地址线和低 4 位数据线进行控制与操作，而将高 9 位地址线接低，高 4 位数据线悬空。图 6 - 111 为 SRAM 的接线图。

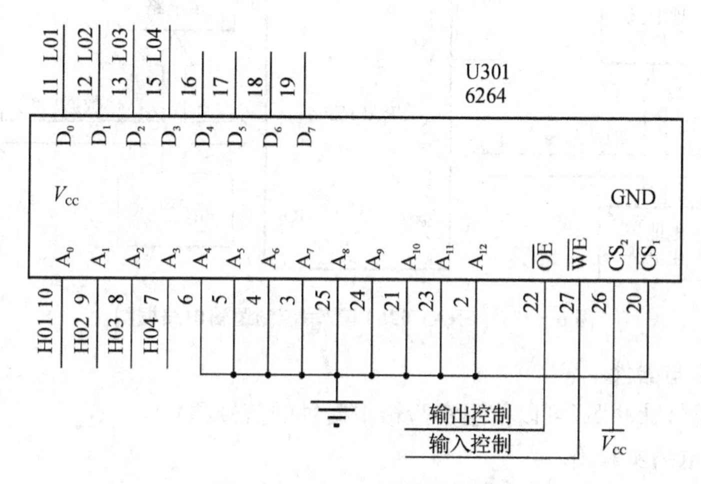

图 6 - 111 SRAM 的接线图

从 SRAM 中读数据的过程是：当该模块上电后，地址指针指向地址产生电路的初始状态值(一般情况下为 0000)。当输出控制键接低电平时，6264 处于读数据的工作状态，当前地址指针指向的存储单元的内容被读出放到数据总线上，于是数据显示器会自动将其显示出来。注意，此时数据锁存器必须处于高阻状态，这样才会避免数据总线上的相互干扰。拨动逻辑电平输出模块，改变地址指针的值，此时地址显示单元会显示出此时指针指向的地址单元，同时此单元的内容会自动读出并从数据显示单元显示出来。继续上述操作，读出 6264 其他地址单元的数据并将它们显示出来。当输出控制键接高电平，输入控制键接低电平，则 6264 处于写数据的工作状态，即可以将数据总线上的数据写入到 6264 相应的地址单元。关于 6264 写数据的具体过程，请同学们自己参考有关资料并结合读数据的过程来分析。

6. 外围电路及实验框图

该实验的核心是静态 RAM6264，其他的外围电路主要有：地址产生电路，数据产生电路，地址、数据显示电路等。地址数据显示电路则是通过一个单片机 89C2051 来译码实现 16 进制的数值显示。

有了以上各个功能模块的介绍后，相信同学们有了一个比较清楚的了解，下面给出 6264

的操作方式(见表 6-26)和实验的总框图(见图 6-112)。

表 6-26　6264 的操作方式

操作方式	$\overline{CE_1}$	CE_2	$\overline{OE}$	$\overline{WE}$	$IO_0 \sim IO_7$
未选中	1	×	×	×	高阻
未选中	×	0	×	×	高阻
输出禁止	0	1	1	1	高阻
读	0	1	0	1	D_{OUT}
写	0	1	1	0	D_{IN}
写	0	1	0	0	D_{IN}

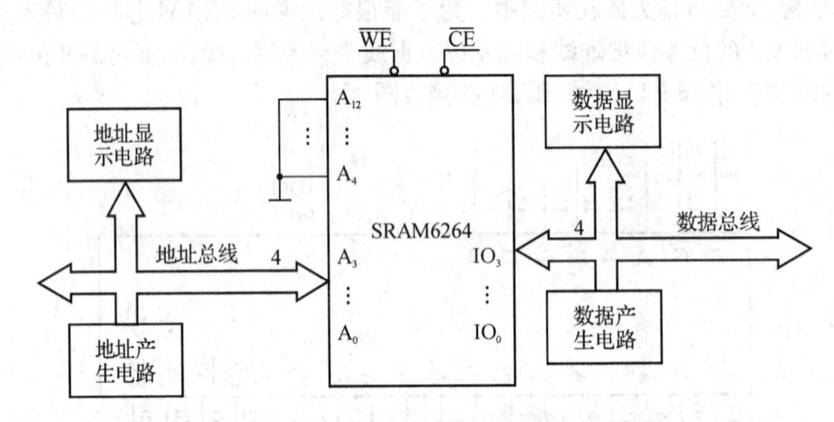

图 6-112　SRAM6264 读/写控制逻辑电路框图

三、实验设备与器件

1. 双踪示波器,脉冲源(可以使用实验箱中提供的信号源)。

2. 数字逻辑电路实验箱。

3. 数字逻辑电路实验箱 RAM&ROM 模块。

4. 数字万用表等实验室常备工具。

四、实验内容及步骤

1. 从实验箱右上角取出“RAM&ROM 模块”,将“RAM&ROM 模块”与实验箱上的“线桥接口一”通过 40 芯连接线相连接。

2. 对照实验二十一中的“八、线桥连接示意图”,按如下描述进行线路连接:

①将“输出控制”,“输入控制”插孔分别接逻辑电平输出的任意一个插孔。

②将“DR01”~“DR08”按顺序接逻辑电平输出的输出插孔,“DR01”~“DR04”为地址输入端 $D_1 \sim D_4$,“DR05”~“DR08”为数据输入端 DR4~DR1。

③POWER1002 使 RAM 模块上电。

④拨动逻辑电平输出,改变地址显示的值,从 0 到 F。当用“逻辑电平输出”输出 8421BCD 码时,地址显示为相应的数字。若此处正常,则表明地址产生单元正常。

⑤通过拨动逻辑电平输出,改变数据显示的值,从 0 到 F。当用“逻辑电平输出”输出 8421BCD 码时(注意逻辑电平输出的顺序),数据显示为相应的数字。若此处正常,则表明地址产生单元正常。

⑥RAM 的写入:将“输出控制”插孔接拨位开关插孔,并接高电平,“输入控制”接按键开关

插孔。用逻辑电平输出使地址输入为1010(即A),即地址显示为A。数据输入为0000(即0),按下按键开关,保持一段时间,待数据总线上数据稳定写入后,将松开按键开关,此时1010地址单元数据写入成功。用同样的方法将如下数据写入:

将数据0001(即1)写入到地址1011(即B)中

将数据0010(即2)写入到地址1100(即C)中

将数据0011(即3)写入到地址1101(即D)中

将数据0100(即4)写入到地址1110(即E)中

将数据0101(即5)写入到地址1111(即F)中

你也可以按照此方法向0～F任意单元写入0～F任意一个数值。记下你写入的数值及存放该数值的地址。

⑦RAM的读出:在上述接法的基础上,将数据输入连线("DR05"～"DR08")去掉。将"输出控制"所对应的拨位开关接低电平,使得RAM处于数据输出状态。控制地址为1010,则显示数据的数码管显示0000。随着地址从1011增大到1111,数据从0001到0101,看读出的数据是否与写入的对应。否则就无法判断是否写入或读出。

⑧在做此实验时,切忌断电,否则写入的数据将会丢失。

六、实验预习要求与思考题

1. 复习随机存取存储器(RAM)的工作原理。
2. 查阅6264的有关资料,熟悉其引脚排列及逻辑功能。
3. 复习优先编码器,同步二进制计数器的工作原理。
4. 分析如果去掉框图中74*LS*373,电路能否正常工作,为什么?
5. 请设计一个能寻址8 k地址范围的地址产生器。

七、实验报告要求

1. 绘出详细的实验线路图和实验用的表格。
2. 记录实验结果,并对实验结果进行分析。
3. 回答思考题,并写出做实验的心得体会。
4. 根据实验内容和实验步骤及实验结果来分析,6264的操作方式是否如表6-25所示。

八、线桥连接示意图

见实验二十一中RAM、ROM模块连接。

6.9 A/D与D/A转换实验

实验二十三 D/A转换实验

一、实验目的

1. 了解D/A转换器的基本工作原理和基本结构。
2. 掌握大规模集成D/A转换器的功能及其典型应用。

二、实验原理

本实验将采用大规模集成电路DAC0832实现D/A转换,通过手动做实验和PC机两种方式来实现转换过程。

1. D/A 转换器 DAC0832

DAC0832 是采用 CMOS 工艺制成的单片电流输出型 8 位数/模转换器。器件的核心部分采用倒 T 型电阻网络的 8 位 D/A 转换器，由倒 T 型 R－2R 电阻网络、模拟开关、运算放大器和参考电压 V_{REF} 四部分组成。运算的输出电压为

$$U_o = -\frac{V_{REF}R_F}{2^n R}(D_{n-1}\cdot 2^{n-1} + D_{n-2}\cdot 2^{n-2} + \cdots + D_0\cdot 2^0) \tag{23-1}$$

由上式可见，输出电压 U_o 与输入的数字量成正比，这就实现了从数字量向模拟量的转换，数字量通过 PC 机和手动两种方式来输入。

一个 8 位的 D/A 转换器，它有 8 个输入端，每个输入端是 8 位二进制数的一位，有一个模拟输出端，输入可有 $2^8=256$ 个不同的二进制组态，对应也有的 256 个不同模拟量（在一定范围内）输出。

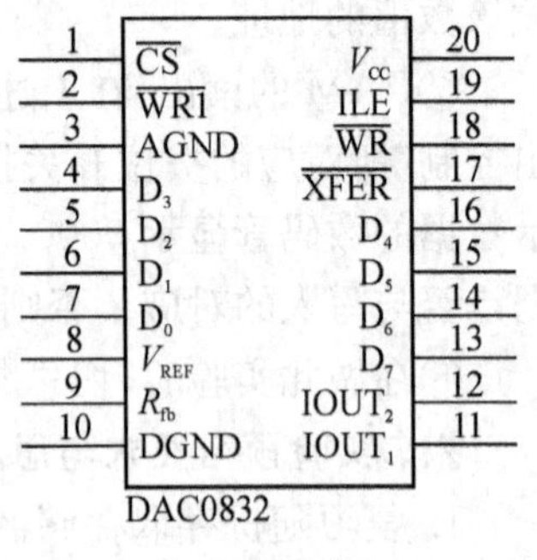

图 6－113　DAC0832 引脚图

图 6－113 所示为 DAC0832 的引脚图。

$D_0 \sim D_7$：数字信号输入端，我们通过 PC 机用软件来发送数字信号或者用拨位开关来输入数字量。

ILE：输入寄存器允许，高电平有效。

CS：片选信号，低电平有效。

WR1：写信号 1，低电平有效。

XFER：传送控制信号，低电平有效。

WR2：写信号 2，低电平有效。

I_{OUT1}，I_{OUT2}：DAC 电流输出端。

R_{fb}：反馈电阻，是集成在片内的外接运放的反馈电阻。

要注意的一点是：DAC0832 的输出是电流，要转换为电压，还必须经过一个外接的运放，为了要求 D/A 转换器输出为双极性，我们用两个运放来实现。

2. 原理框图（见图 6－114）

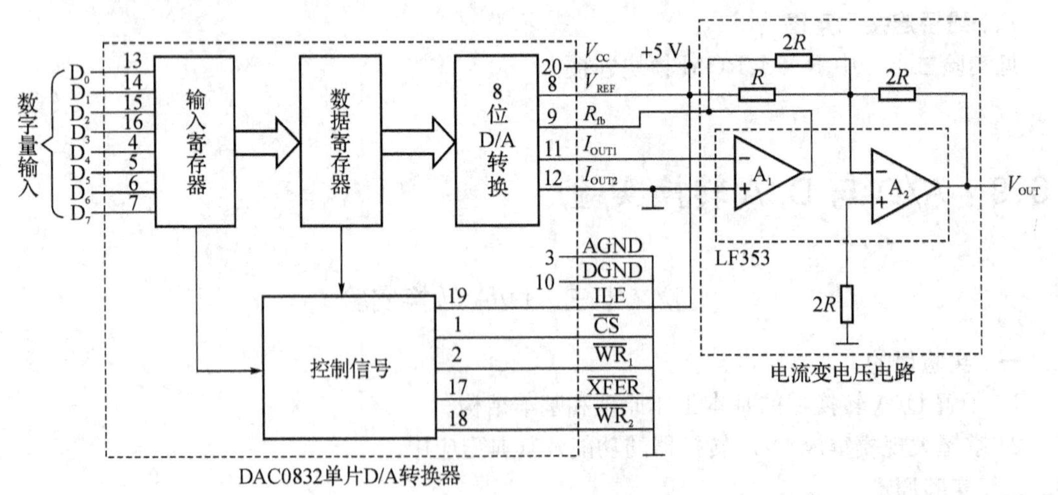

图 6－114　D/A 转换原理框图

3. 实验原理图(见图 6－115)

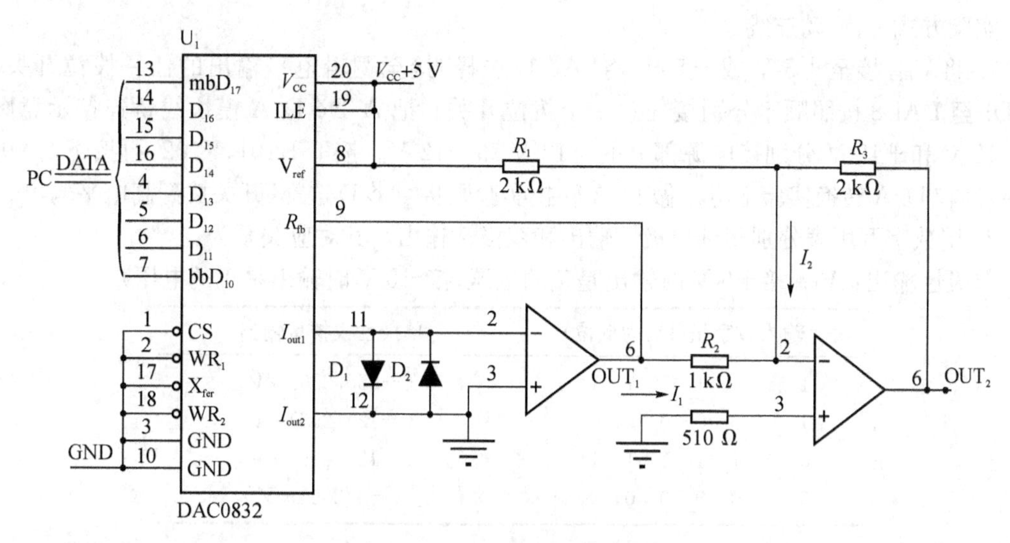

图 6－115　D/A 转换实验线路

上图所示单极性输出电压为:

$$V_{\mathrm{OUT1}}=-V_{\mathrm{REF}}(\text{数字码}/256) \tag{23-2}$$

双极性输出电压为:

$$V_{\mathrm{OUT2}}=-((R_3/R_2)V_{\mathrm{OUT1}}+(R_3/R_1)V_{\mathrm{REF}}) \tag{23-3}$$

化简得:

$$V_{\mathrm{OUT2}}=\frac{(\text{数字码}-128)}{128}\times V_{\mathrm{REF}} \tag{23-4}$$

此处建议最好用式(23－3)来计算 V_{OUT2} 的理论值,因为 DAC0832 的转换误差和运放的失调电压导致 V_{OUT1} 有误差,按照式(23－4)来计算 V_{OUT2},则 V_{OUT2} 的计算结果会把 V_{OUT1} 的误差放大 2 倍。

三、实验内容

1. 查阅有关资料,详细了解大规模集成电路 DAC0832 的原理及使用。
2. 使用数字逻辑电路实验箱,用手动输入数据的方式来进行 D/A 转换的实验。
3. 使用实验箱所附带程序,观察 PC 机用软件发送的数字信号,经过 D/A 转换的结果。
4. 参考有关资料后,自己设计一个只有单极性输出的 D/A 转换电路。
5. 根据实验步骤,完成实验,并详细填写实验报告。

四、实验设备与器材

1. 双踪示波器。
2. 数字逻辑电路实验箱。
3. 数字逻辑电路实验箱 A/D、D/A 模块。
4. 数字万用表。
5. PC 机。

五、实验步骤

参考本实验“八、线桥连接示意图”中“A/D&D/A 模块线桥连接示意图”,从实验箱右上角取出“A/D、D/A 模块”并将实验箱与模块上的“线桥接口一”通过配送的 40 芯连接线相连。

实验方式一：手动连线

1. 将 V_{REF} 接至+5 V 或−5 V，将“A&D 选择”接至逻辑电平输出的任一拨位开关，将 DAD1 至 DAD8 按照顺序分别接任意一个拨位开关。把 A/D&D/A 模块线桥连接示意图中的−12 V 和+12 V 分别接电源部分的−12 V 和+12 V。按下 K101，K102，再按下 SW901，使 A/D 和 D/A 转换实验上电。做 D/A 转换实验则将“A&D 选择”开关拨到高电平输出。

2. 用数字万用表分别测试单极性输出和双极性输出。其对应关系为：

单极性输出：（V_{REF} 接+5 V 时输出是负的电压，接−5 V 时输出是正的电压）

输入数字量（D_{10} 为低位）	单极性模拟量输出
1 1 1 1 1 1 1 1	$(-255/256)*V$
1 0 0 0 0 0 0 0	$(-128/256)*V$
0 1 1 1 1 1 1 1	$(-127/256)*V$
0 0 0 0 0 0 0 0	$(-0/256)*V$

双极性输出：（V_{REF} 接+5 V 和−5 V 时的电压输出刚好相反）

$V_{OUT2}=$（数字码−128）/128 * V

输入数字量（D_{10} 为低位）	$+V_{REF}$	$-V_{REF}$
1 1 1 1 1 1 1 1	$V_{REF}-1LSB$	$-V_{REF}+1LSB$
1 1 0 0 0 0 0 0	$V_{REF}/2$	$-V_{REF}/2$
1 0 0 0 0 0 0 0	0	0
0 1 1 1 1 1 1 1	$-1LSB$	$+1LSB$
0 0 1 1 1 1 1 1	$\|V_{REF}\|/2-1LSB$	$\|V_{REF}\|/2+1LSB$
0 0 0 0 0 0 0 0	$-V_{REF}$	$-+V_{REF}$

其中 V_{REF} 为参考电压，实验箱中为+5 V 和−5 V 可选，由于存在误差，因此所测得的电压值也存在一定的误差。

3. 将实验的结果填在表 6-27 中

表 6-27　实验结果

输入数字量								单极性输出		双极性输出	
DAD_9	DAD_8	DAD_7	DAD_6	DAD_5	DAD_4	DAD_3	DAD_2	+5 V	−5 V	+5 V	−5 V
0	0	0	0	0	0	0	0				
0	0	0	0	0	0	0	1				
0	0	0	0	0	0	1	0				
0	0	0	0	0	1	0	0				
0	0	0	0	1	0	0	0				
0	0	0	1	0	0	0	0				
0	0	1	0	0	0	0	0				
0	1	0	0	0	0	0	0				
1	0	0	0	0	0	0	0				
1	1	1	1	1	1	1	1				

实验方式二:利用上位机软件

4. 先在PC机安装数模、模数转换程序(软件见附带光盘,安装以默认方式进行,软件运行环境CMOS设置并行口工作模式为EPP方式),开启数模、模数转换程序界面(图6-116)。(注意拆除前面的实验连线)。

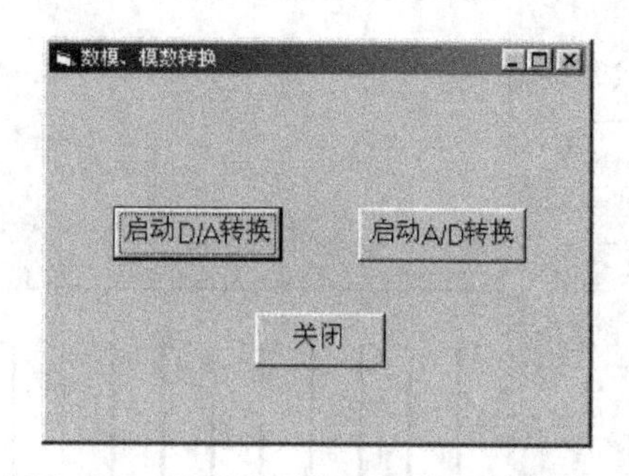

图6-116 数模、模数转换界面

将实验箱所附带的软件装入电脑后,在实验箱的并口1与计算机的并口之间连上25芯电脑线(实验箱所附带),V_{REF}接+5 V,A/D&D/A模块-12 V和+12 V分别连接电源部分的-12 V和+12 V,A&D接高。按下K101,K102,按下SW901,使其上电。在软件界面上按下启动D/A转换按钮,进入D/A转换界面,如图6-117所示。

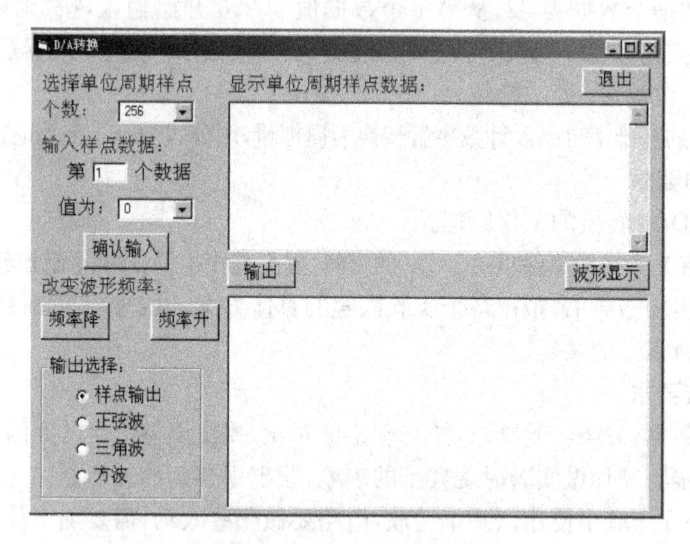

图6-117 D/A转换界面

(1) 先在D/A转换界面"输出选择"处选择正弦波,点击"输出"及"波形显示"按钮,用示波器观察双极性输出处波形为一正弦波,改变波形频率时只需按"频率降"或"频率升"按钮,可以在示波器观察到频率的变化情况,而在界面上显示的图形需按"波形显示"来更新画面。

(2) 在上步基础上,按"停止"按钮,重新选择输出为三角波,观察双极性输出处波形。

(3) 在上步基础上,按"停止"按钮,重新选择输出为方波,观察双极性输出处波形。

(4) 在上步基础上,按"停止"按钮,重新选择输出为样点输出,这时需要自己来建立一个周期的样点数据,由软件送出无穷个周期的样点数据,经过D/A转换为模拟量输出,我们以 32 个样点数据组成方波为例来说明，如图 6 - 118 所示。

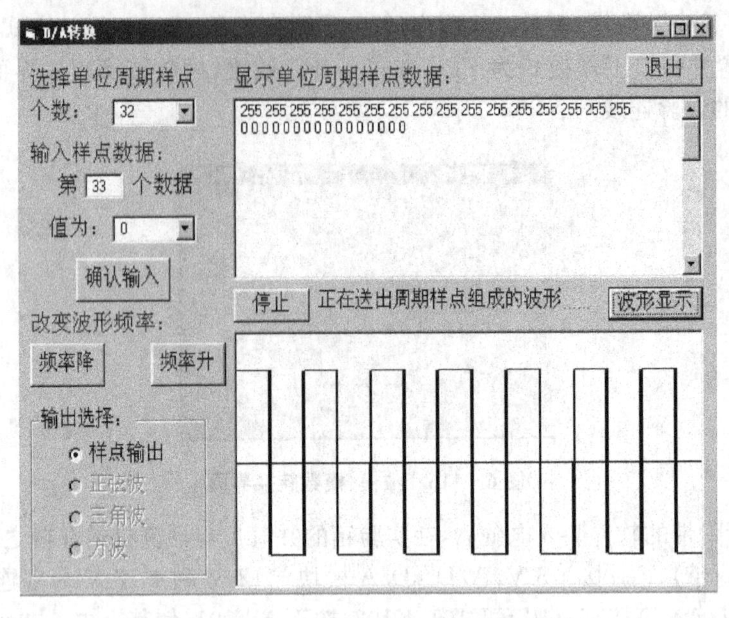

图 6 - 118　D/A 输出结果界面

先输入样点数据个数据为 32，从第 1 个数据值为 255 开始输入，按“确认输入”输入数字量，然后按“输出”按钮和“波形显示”按钮即可显示出方波波形，通过示波器观察双极性输出处波形为所组成的方波波形。

(5) 在步骤 4 的基础上自已设计数字量转换为模拟量，用公式 23 - 4 来验证转换的正确性。

六、实验预习要求

1. 复习有关 D/A 转换的工作原理。
2. 自己查找有关 D/A 转换和 DAC0832 的资料，提高查找相关资料和阅读英文资料的能力。
3. 仔细阅读实验指导书，拟出各个实验内容的具体方案，以备做实验时用。
4. 绘出实验所需要的表格。

七、实验报告要求

1. 记录实验数据，分析实验结果，并与理论值对比，找出误差产生的原因。
2. 根据实验步骤和你做实验时观察到的现象，绘出观察到的波形。
3. 思考，如果在实验中使用两片单运放，电路要做哪些改动，需要加上什么元器件？

八、线桥连接示意图

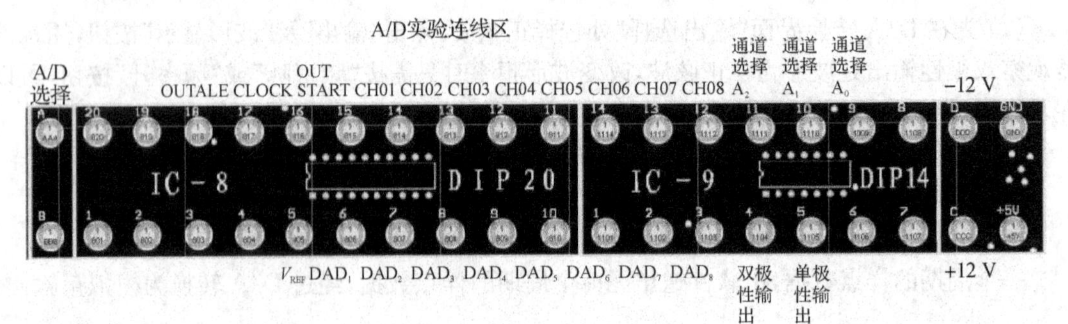

实验二十四　A/D转换实验

一、实验目的

1. 了解 A/D 转换器的基本工作原理和基本结构。

2. 掌握大规模集成 A/D 转换器的功能及其典型应用。

二、实验原理

1. 关于 A/D 转换

A/D 转换是把模拟量信号转换为与其大小成正比的数字量信号。A/D 转换的种类很多，根据转换原理可以分为逐次逼近式和双积分式。完成这种转换的线路有很多种，特别是大规模集成电路 A/D 转换器的问世，为实现上述转换提供了极大的方便。使用者可以借助手册提供的器件性能指标和典型应用电路，即可正确使用这些器件。

逐次逼近式转换的基本原理是用一个计量单位使连续量整量化（简称量化），即用计量单位与连续量做比较，把连续量变为计量单位的整数倍，略去小于计量单位的连续量部分，这样得到的整数量即数字量。显然，计量单位越小，量化的误差就越小。

实验中用到的 A/D 转换器是 8 路模拟输入 8 路数字输出的逐次逼近式 A/D 转换器件，转换时间约为 100 μs。

转换时间与分辨率是 A/D 转换器的两个主要技术指标。A/D 转换器完成一次转换所需要的时间即为转换时间，显然它反映了 A/D 转换的快慢。分辨率指最小的量化单位，这与 A/D转换的位数有关，位数越多，分辨率越高。

2. A/D 转换器 ADC0809

ADC0809 采用 CMOS 工艺制成的单片 8 位 8 通道逐次渐近型模/数转换器，其引脚排列如图 6 - 119 所示。

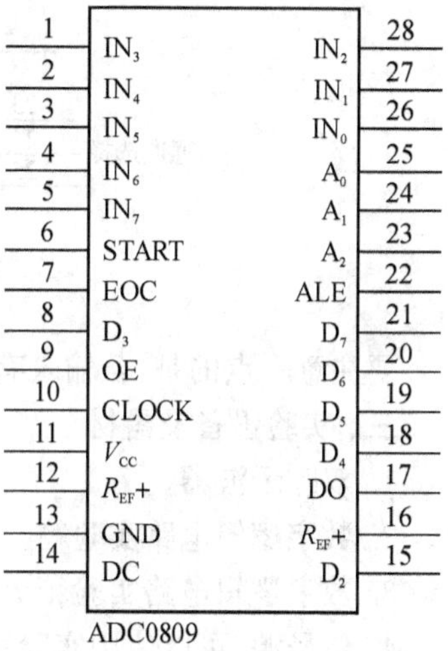

引脚	名称	名称	引脚
1	IN_3	IN_2	28
2	IN_4	IN_1	27
3	IN_5	IN_0	26
4	IN_6	A_0	25
5	IN_7	A_1	24
6	START	A_2	23
7	EOC	ALE	22
8	D_3	D_7	21
9	OE	D_6	20
10	CLOCK	D_5	19
11	V_{CC}	D_4	18
12	$R_{EF}+$	DO	17
13	GND	$R_{EF}+$	16
14	DC	D_2	15

ADC0809

图 6 - 119　ADC0809 引脚图

$IN_0 \sim IN_7$：8 路模拟信号输入端。

A_2、A_1、A_0：地址输入端。

ALE：地址锁存允许输入信号，在此脚施加正脉冲，上升沿有效，此时锁存地址码，从而选通相应的模拟信号通道，以便进行 A/D 转换。

START：启动信号输入端，应在此脚施加正脉冲，当上升沿到达时，内部逐次逼近寄存器复位，在下降沿到达后，开始 A/D 转换过程。

EOC：输入允许信号，高电平有效。

CLOCK(CP)：时钟信号输入端，外接时钟频率一般为 640 kHz。

V_{REF+} 接 +5 V，V_{REF-} 接地。

8 路模拟开关由 A_2、A_1、A_0 三地址输入端选通 8 路模拟信号中的任何一路进行 A/D 转换，地址译码与模拟输入通道的选通关系如表 6 - 28 所示。

一旦选通通道 X(0～7 通道之一)，其转换关系为：

$$\text{数字码} = V_{INX} \times \frac{256}{V_{REF}} \quad \text{且 } 0 \leqslant V_{INX} \leqslant V_{REF} = +5\ \text{V} \qquad (24-1)$$

表 6－28　通道地址表

A_2	A_1	A_0	选中的通道
0	0	0	CH_{01}
0	0	1	CH_{02}
0	1	0	CH_{03}
0	1	1	CH_{04}
1	0	0	CH_{05}
1	0	1	CH_{06}
1	1	0	CH_{07}
1	1	1	CH_{08}

实验电路如图 6－120 所示。

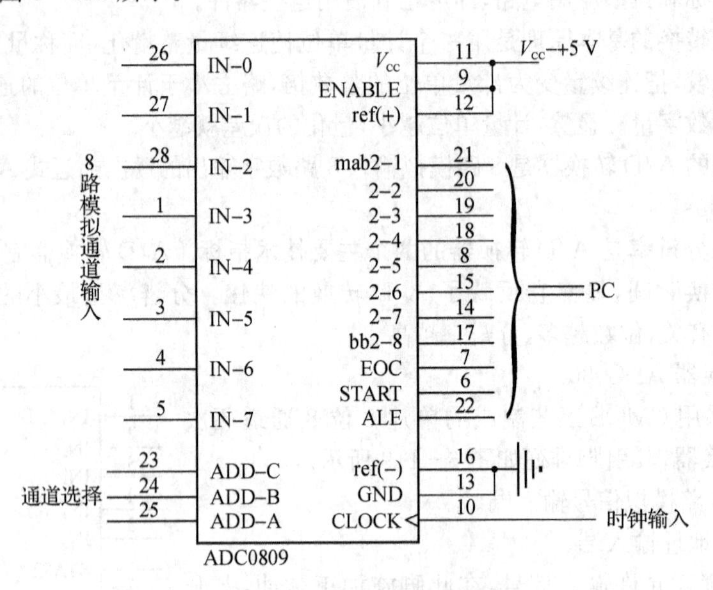

图 6－120　ADC0809 实验线路

要注意一点的是:若输入有负极性值时需要经过运放把电压转化到有效正电压范围内。

三、实验设备及器材

1. 双踪示波器。
2. 数字逻辑电路实验箱。
3. 数字逻辑电路实验箱 A/D、D/A 模块。
4. 信号源(可以使用实验箱中所带信号源)。
5. 数字万用表。
6. PC 机。
7. UA741,电阻电容若干。

四、实验内容

1. 查阅有关资料,详细了解大规模集成电路 ADC0809 的原理及使用。
2. 使用数字逻辑电路实验箱,用手动输入模拟量的方式来进行 A/D 转换的实验。
3. 使用实验箱所带程序,观察 PC 机通过软件处理数字信号,经过 A/D 转换的结果。

4. 参考有关资料后,自己设计一个 A/D 转换电路。

5. 根据实验步骤,完成实验,并详细填写实验报告。

五、实验步骤

参考实验二十三中"A/D&D/A 模块线桥连接示意图",从实验箱右上角取出"A/D、D/A 模块"并将实验箱与模块上的"线桥接口一"通过配送的 40 芯连接线相连接。

1. 先在 PC 机安装数模、模数转换程序(软件见附带光盘,安装以默认方式进行,软件运行环境 CMOS 设置并行口工作模式为 EPP 方式,操作系统要求为 Windows98)。

2. 将 A/D 转换所需要的时钟接信号源单元的 500 kHz 信号,即"CLOCK"接 500 kHz,A&D 选择接低,"OUTSTART"和"OUTALE"均接单次脉冲源的正脉冲信号。"通道选择 A_0,通道选择 A_1,通道选择 A_2"接逻辑电平输出的任意一个插孔,并都拨成低电平,此时就选择了"通道 CH01",所以转换所用的模拟量就应该从通道 CH01 输入。我们输入 4.5 V 直流电压(直流电压的得到可以使用元件库中的可调电阻进行分压,具体的接法为将可调电阻的中间抽头做电压输出,另外两端一端接+5 V,一端接 GND,这样可以得到 0~5 V 之间的任意电压值)。将 DAD1 至 DAD8 分别接电平显示的前 8 个插孔。然后按下 K101,SW901,POWER201 使信号源单元和 A/D 转换实验上电。再按一下 S201 产生一个正脉冲,启动 A/D 转换,这时可以看到在电平显示单元会指示相应的转换数字量(既可以从电平显示单元看,也可以从 A/D&D/A 模块上的指示灯看出,指示灯从 LED1 到 LED8 分别是从低到高)。

3. 用同样的方法测试直流电压 4 V,3.5 V,3 V,2.5 V,2 V,1.5 V,1 V 的转换结果。

4. 将实验箱所附带的软件装入 PC 机并做完步骤 2 和 3 的实验后,拆掉实验连线,只留下时钟连线 CLOCK、A&D 选择线、通道选择 A_0、通道选择 A_1、通道选择 A_3 的连线。在实验箱的并口 1 与计算机的并口之间连上 25 芯电脑线(实验箱所附带),然后按下 POWER201,SW901 使 A/D 转换上电。在软件界面上按下启动 A/D 转换按钮,进入 A/D 转换界面,如图 6-121 所示。

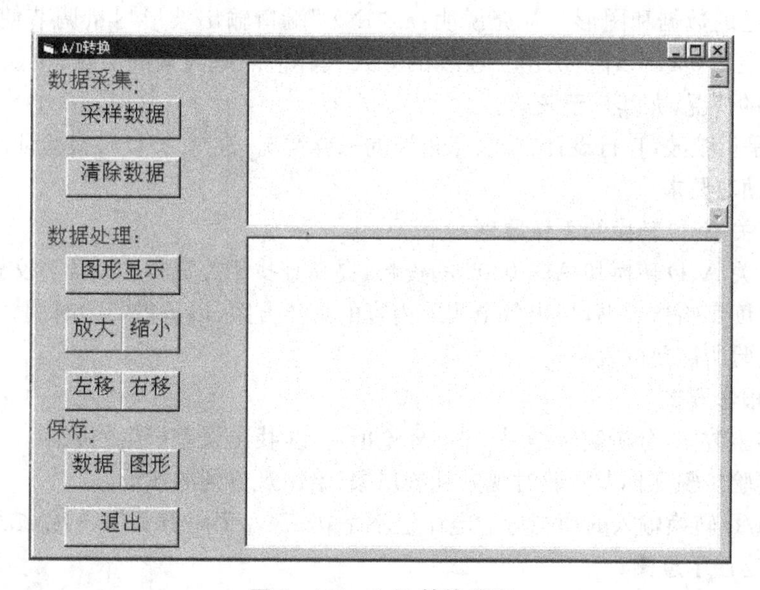

图 6-121　A/D 转换界面

5. "通道选择 A_0,通道选择 A_1,通道选择 A_3"都拨为低电平,此时就选择了"通道 CH01",

所以转换所用的模拟量就应该从通道 CH01 输入。

(1) 用直流信号源作为信号从通道 0 输入，启动 A/D 转换程序，输入为 4.5 V 时点击“采样数据”按钮，得到数据与公式 24－1 计算所得数据比较，看是否一致。调节信号源使输入为 4.0 V、3.5 V、3.0 V、2.5 V、2.0 V、1.5 V、1 V 时记录所转换的数字量，自拟表格记录之。

(2) 用 ICL8038(实验箱上之芯片)产生的交流信号作为信号源输入，先调节 ICL8038 的正弦波信号的频率达到最小 100 Hz 以下(频率选择跳线选择 TX_3，调节 W203)，由于 AD 转换时只识别正电压值且最高不超过＋5 V，这样我们需要对输入模拟量进行一定的电路处理：如图 6－122 所示连接，ICL8038 所产生之信号从图 6－122 的“OUT”端输入，从“INX”端输出之信号输入到通道 CH01 中，用示波器观察 INX 处波形，调节 ICL8038 处的 W206(峰峰值电压调节)和图 6－122 的 R_4(直流电平调节)使 INX 信号幅值在有效范围，即波形峰峰值在 0～5 V 之间，频率在 100Hz 以内。此电路的搭建可以在实验箱 DIP 插座上进行，同时使用实验箱中的元件库的电阻和可调电阻。

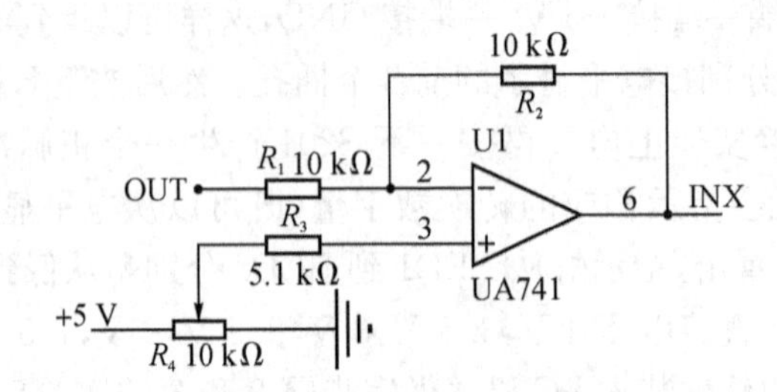

图 6－122　正弦输入信号产生波形图

启动 A/D 转换程序，点击“采样数据”按钮，等待数据采样完毕，然后我们通过软件处理数据，点击“图形显示”按钮，对比示波器波形和采样点描绘的波形是否一致，在数据框和图形框中数据和图形样点是一一对应的，可以通过数据处理的各种按钮功能来观察转换的正确性，另外可以保存自己的数据和图形。补充说明：a.“INX”端口输出波形尽量调节使峰峰值在 0～5 V之间，频率在 100 Hz 以内；b. 由于连线的方式或其他一些因素的干扰，可能导致采样输出的波形有失真的情况，尤其是正弦波。

(3) 上例是正弦波，自行设计方波、三角波的采样情况，进行 A/D 转换验证。

六、实验预习要求

1. 复习有关 A/D 转换的工作原理。
2. 查找有关 A/D 转换和 ADC0809 的资料，提高查找相关资料和阅读英文资料的能力。
3. 仔细阅读实验指导书，拟出各个实验内容的具体方案，以备做实验时用。
4. 绘出实验所需要的表格。

七、实验报告要求

1. 记录实验数据，分析实验结果，并与理论值对比，找出误差产生的原因。
2. 根据实验步骤和你做实验时观察到的现象，绘出观察到的波形。
3. 如果 A/D 转换输入的模拟量的电压值不是 0～5 V，而是有负值，转换结果有什么不同？

八、线桥连接示意图

见实验二十三中的“A/D&D/A 模块线桥连接示意”。

6.10 数字电路的分析、设计与实现

实验二十五 多功能数字钟的设计

一、实验目的

1. 掌握常见进制计数器的设计。

2. 掌握秒脉冲信号的产生方法。

3. 复习并掌握译码显示的原理。

4. 熟悉整个数字钟的工作原理。

二、实验原理

本实验要实现的数字钟的功能是：

(1) 准确计时，以数字形式显示时、分、秒的时间。

(2) 小时计时的要求为"12 翻 1"，分与秒的计时要求为 60 进制。

(3) 具有校时功能。

(4) 模仿广播电台整点报时(前四响为低音，最后一响为高音)。

数字钟一般由晶振、分频器、计时器、译码器、显示器和校时电路等组成，其原理框图如图 6-123 所示。

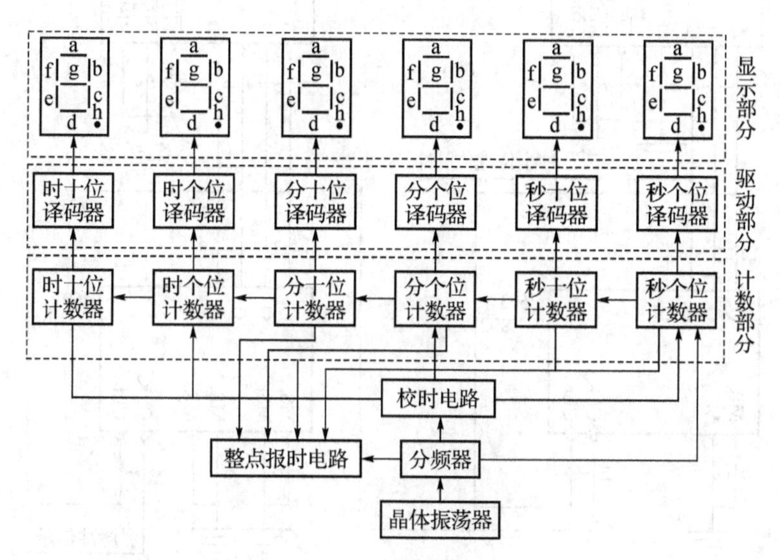

图 6-123 数字钟的原理框图

该电路的工作原理为：

由晶振产生稳定的高频脉冲信号，作为数字钟的时间基准，再经分频器输出标准秒脉冲。秒计数器计满 60 后向分计数器进位，分计数器计满 60 后向小时计数器进位，小时计数器按照"12 翻 1"的规律计数，到 12 小时计数器计满后，系统自动复位重新开始计数。计数器的输出经译码电路后送到显示器显示。计时出现误差时可以用校时电路进行校时。整点报时电路在每小时的最后 50 秒开始报时(奇数秒时)直至下一小时开始，其中前 4 响为低音，最后一响为高音。分别为 51 秒、53 秒、55 秒、57 秒发低音，第 59 秒发高音，高音低音均持续 1 秒。

1. 晶体振荡器

晶体振荡器是数字钟的核心。振荡器的稳定度和频率的精确度决定了数字钟计时的准确程度，通常采用石英晶体构成振荡器电路。一般来说，振荡器的频率越高，计时的精度也就越高。在此实验中，采用的是信号源单元提供的 1 Hz 秒脉冲，它同样是采用晶体分频得到的。

2. 分频器

因为石英晶体的频率很高，要得到秒脉冲信号需要用到分频电路。由晶振得到的频率经过分频器分频后，得到 1 Hz 的秒脉冲信号、500 Hz 的低音信号和 1 000 Hz 的高音信号。

3. 秒计时电路

由分频器来的秒脉冲信号，首先送到“秒”计数器进行累加计数，秒计数器应完成一分钟之内秒数目的累加，并达到 60 秒时产生一个进位信号，所以，选用一片 74LS90 和一片 74LS92 组成六十进制计数器，采用反馈归零的方法来实现六十进制计数。其中，“秒”十位是六进制，“秒”个位是十进制。

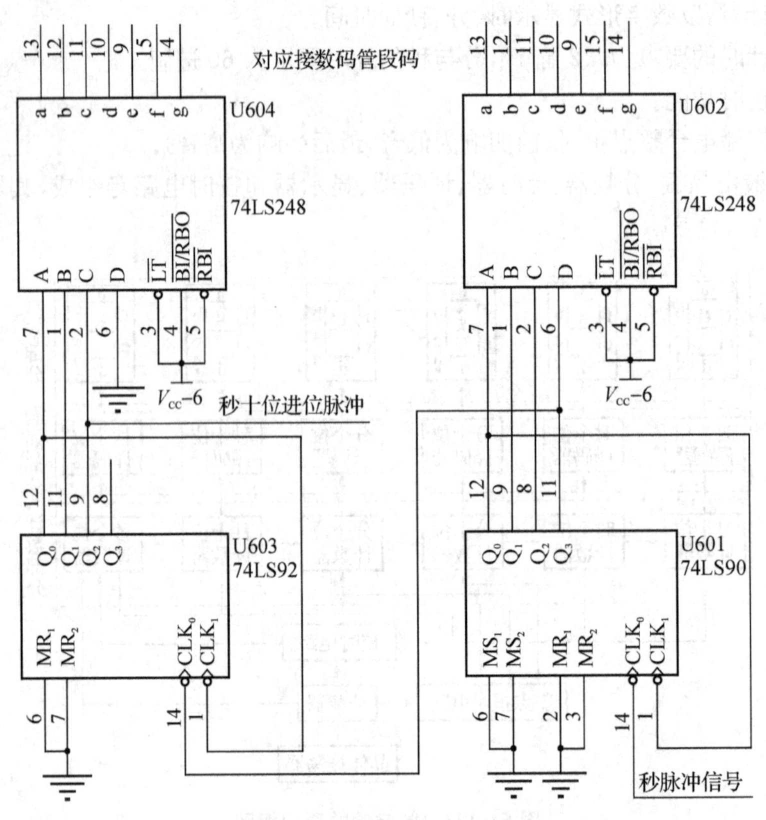

图 6－124　秒计时电路图

4. 分计时电路

“分”计数器电路也是六十进制，可采用与“秒”计数器完全相同的结构，用一片 74LS90 和一片 74LS92 构成。

5. 小时计时电路

“12 翻 1”小时计数器是按照“01—02—03—…—11—12—01—02—…”规律计数的，这与日常生活中的计时规律相同。在此实验中，小时的个位计数器由 4 位二进制同步可逆计数器

74LS191 构成，十位计数器由 D 触发器 74LS74 构成，将它们级连组成“12 翻 1”小时计数器。其电路图如图 6－125 所示。

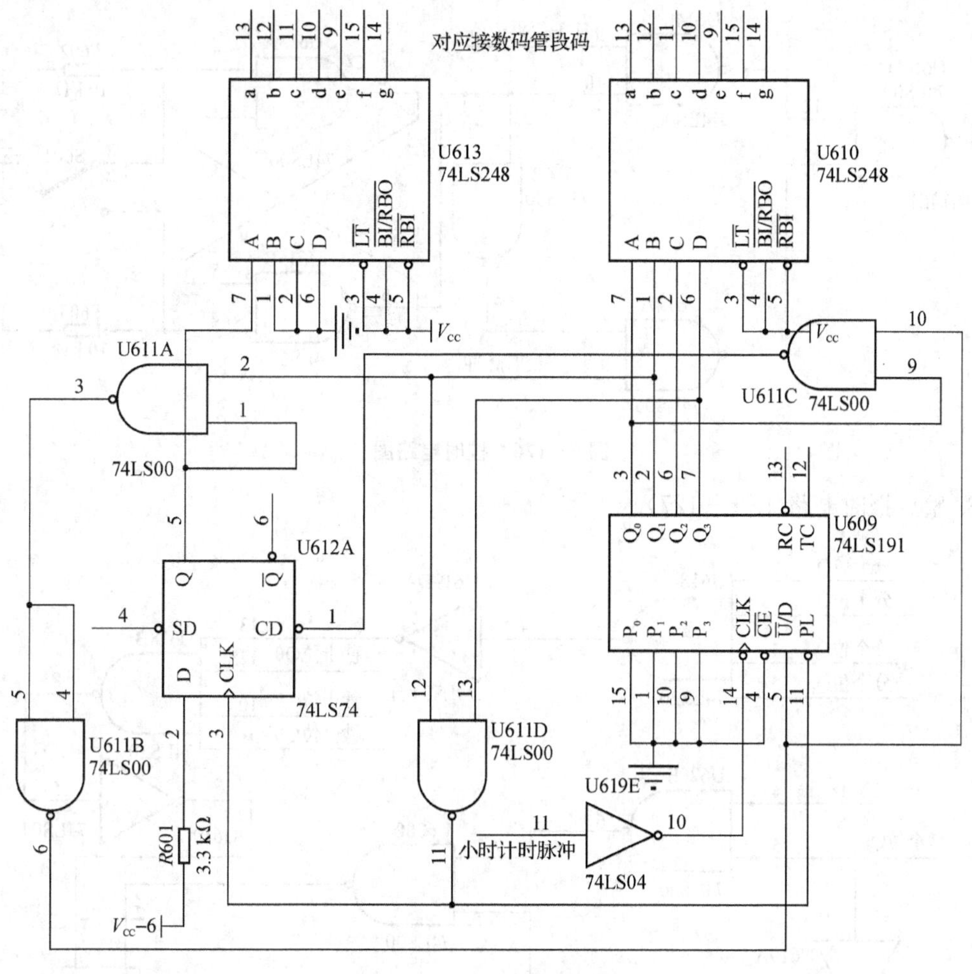

图 6－125　小时计时电路图

计数器的状态要发生两次跳跃：一是计数器计到 9，即个位计数器的状态为 $Q_{03}Q_{02}Q_{01}Q_{00}=1001$，在下一脉冲作用下计数器进入暂态 1010，利用暂态的两个 1 即 $Q_{03}Q_{01}$ 使个位异步置 0，同时向十位计数器进位使 $Q_{10}=1$；二是计数器计到 12 后，在第 13 个脉冲作用下个位计数器的状态应为 $Q_{03}Q_{02}Q_{01}Q_{00}=0001$，十位计数器的 $Q_{10}=0$。第二次跳跃的十位清 0 和个位置 1 信号可由暂态为 1 的输出端 Q_{10}、Q_{01}、Q_{00} 来产生。

6. 译码显示电路

译码电路的功能是将“秒”、“分”、“时”计数器中每个计数器的输出状态(8421 码)，翻译成七段数码管能显示十进制数所要求的电信号，然后再经数码管把相应的数字显示出来。

译码器采用 74LS248 译码/驱动器。

显示器采用七段共阴极数码管。

7. 校时电路

当数字钟走时出现误差时，需要校正时间。校时控制电路实现对“秒”、“分”、“时”的校准。

在此给出分钟的校时电路，小时的校时电路与它相似，不同的是进位位。其电路图如图 6-126 所示。

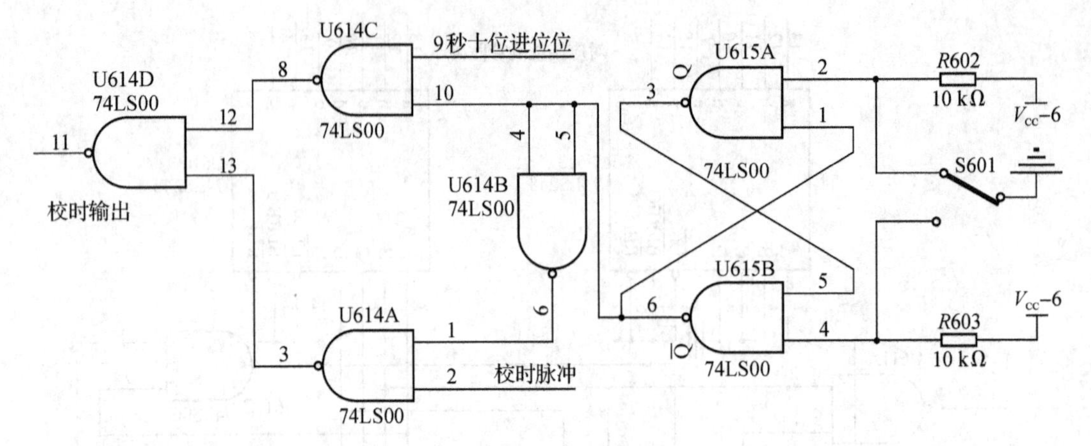

图 6-126　校时电路图

8. 整点报时电路(图 6-127)

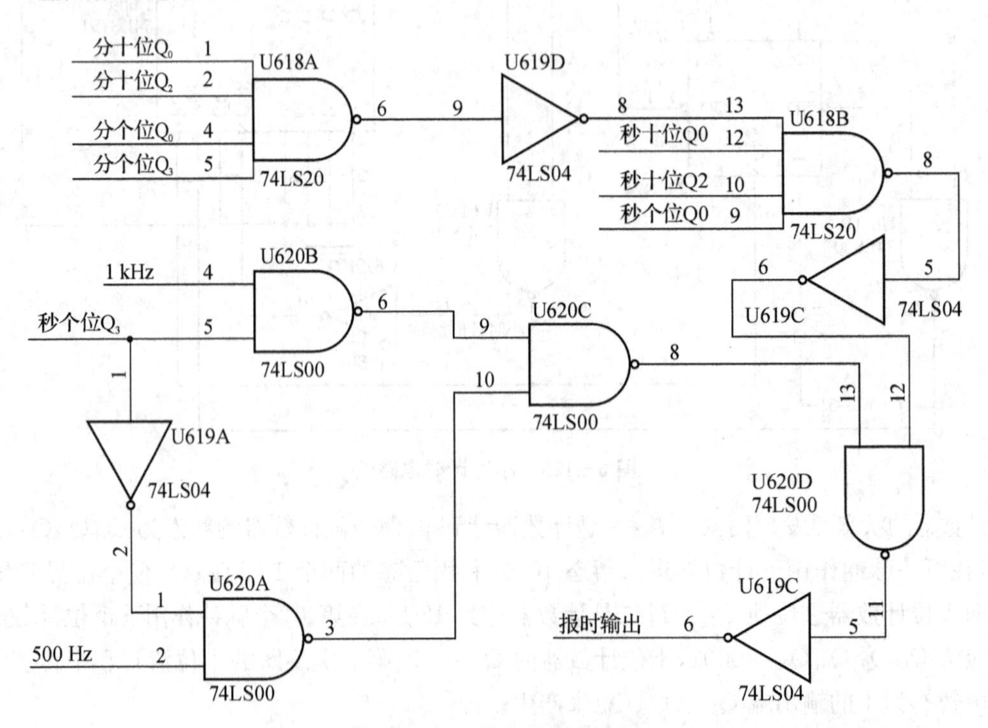

图 6-127　整点报时电路图

当"分""秒"计数器计时到 59 分 50 秒时，"分"十位的 $Q_{D4}Q_{C4}Q_{B4}Q_{A4}=0101$，"分"个位的 $Q_{D3}Q_{C3}Q_{B3}Q_{A3}=1001$，"秒"十位的 $Q_{D2}Q_{C2}Q_{B2}Q_{A2}=0101$，"秒"个位的 $Q_{D1}Q_{C1}Q_{B1}Q_{A1}=0000$，由此可见，从 59 分 50 秒到 59 分 59 秒之间，只有"秒"个位计数，而 $Q_{C4}=Q_{A4}=Q_{D3}=Q_{A3}=Q_{C2}=Q_{A2}=1$，将它们相与，即：$C=Q_{C4}Q_{A4}Q_{D3}Q_{A3}Q_{C2}Q_{A2}$，每小时最后十秒钟 C=1。在 51、53、55、57 秒时，"秒"个位的 $Q_{A1}=1$，$Q_{D1}=0$；在 59 秒时，"秒"个位的 $Q_{A1}=1$，$Q_{D1}=1$。

将 C，Q_{A1}，$\overline{Q_{D1}}$ 相与，让 500 Hz 的信号通过，将 C，Q_{A1}，Q_{D1} 相与，让 1 000 Hz 的信号通过就

可实现前 4 响为低音 500 Hz，最后一响为高音 1 000 Hz，当最后一响完毕时正好整点。

9. 报时音响电路

报时音响电路采用专用功率放大芯片来推动喇叭。报时所需的 500 Hz 和 1 000 Hz 音频信号，分别取自信号源模块的 500 Hz 输出端和 1 000 Hz 输出端。

三、实验设备与器材

1. 双踪示波器，脉冲源（可以使用实验箱所带信号源）。
2. 数字逻辑电路实验箱。
3. 数字逻辑电路实验箱数字钟模块。
4. 万用表等实验室常备工具。
5. 74LS00，74LS20、74LS04 芯片，10 kΩ 电阻。

四、实验内容

1. 设计实验所需的时钟电路，自己连线并调试。
2. 设计实验所需的分频电路，自己连线并调试，用示波器观察结果。
3. 设计实验所需的计数电路部分，自己连线并调试，将实验结果填入自制的表中。
4. 设计实验所需的校时电路和报时电路，自己搭建电路连线并调试，记下实验结果。
5. 根据数字钟电路系统的组成框图，按照信号的流向分级安装，逐级级联，调试整个电路，测试数字钟系统的逻辑功能并记录实验结果。

五、实验步骤

本实验提供的数字钟模块有完整的秒计时电路，分计时电路，时计时电路。本实验中的标识见“数字钟模块线桥连线示意图”。

1. 将“秒个位 Q_0”、“秒个位 Q_1”、“秒个位 Q_2”、“秒个位 Q_3”分别接至 LED 模块中一个带驱动数码管的 a，b，c，d 四个输入端。将“秒十位 Q_0”、“秒十位 Q_1”、“秒十位 Q_2”分别接至 LED 模块中一个带驱动数码管的 a，b，c 三个输入端，同时将此数码管的 d 输入端接地。“分个位”、“分十位”，“时个位”接法与上相同。将“时十位 Q_0”接 LED 模块中一个带驱动数码管的 a 输入端，同时此数码管其他输入端接地。

2. 秒计时电路的调试。将“秒计时脉冲”接信号源单元的 1 Hz 脉冲信号，此时秒显示将从 00 计时到 59，然后回到 00，重新计时。在秒位进行计时的过程中，分位和小时位均是上电时的初值。此步只关心秒十位和秒个位的情况。

3. 分计时电路的调试。将“分计时脉冲”接信号源单元的 1 Hz 脉冲信号，此时分显示将从 00 计时到 59，然后回到 00，重新计时。在分位进行计时的过程中，秒位和小时位均是上电时的初值。此步只关心分十位和分个位的情况。

4. 小时计时电路的调试。将“小时计时脉冲”接信号源单元的 1 Hz 脉冲信号，此时秒显示将从 01 计时到 12，然后回到 01，重新计时。

5. 数字钟级连实验调试。将“秒计时脉冲”接信号源单元的 1 Hz 脉冲信号，“秒进位脉冲”接“分计时脉冲”，“分进位脉冲”接“小时计时脉冲”，此时就组成了一个标准的数字钟。进位的规律为：秒位计时到 59 后，将向分位进 1，同时秒位变成 00，当分位和秒位同时变成 59 后，再来一个脉冲，秒位和分位同时变成 00，同分位向小时位进 1，小时的计时为从 01 计时到 12，然后回到 01。

6. 时电路。按照图 6 - 127 在 IC 插座模块搭建电路并正确连线。再将“秒计时脉冲”，“校时脉冲”,“校分脉冲”接信号源单元的 1 Hz 秒脉冲信号,“秒十位进位脉冲”接“秒十位进位位”,“分十位进位脉冲”接“分十位进位位”,“分校准”接“分计时脉冲”,“时校准”接“小时计时脉冲”,此时就可以对数字钟进行校准。在校准分位的过程中,秒位的计时和小时位不受任何影响,同样在校准小时位时,秒位和分位不受影响。

7. 保持步骤 5 的连线不变,按照图 6 - 127 在 IC 插座模块上搭建电路并正确连线。再将“报时输出”接扬声器的输入端(实验箱右下角),“报时高音”和“报时低音”分别接信号源单元的 1 kHz,500 Hz 信号。将分位调整到 59 分,当秒位计时到 51 秒时,扬声器将发出 1 秒左右的警告音,同样在 53 秒,55 秒,57 秒均发出警告音,在 59 秒时,将发出另外一种频率的警告音,提示此时已经是整点了,同时秒位和分位均变成 00,秒位重新计时,小时位加 1。

8. 注意,以上均是先连线,然后开 K102,POWER601,POWER201,POWER1201。

六、实验预习要求

1. 复习计数器、译码器及七段数码管的的原理及使用。

2. 绘出实验各组成部分的详细电路图。

3. 准备好实验用的表格等。

4. 仔细阅读实验指导书,弄清楚每一部分的实验原理。

七、实验报告要求

1. 绘出整个实验的线路图。

2. 分析、总结实验结果。

3. 思考:若将小时电路改为“24 翻 1”,则应作什么修改?若要给电路加上整点报时功能,几点则报几声,电路又该如何修改?

4. 级连时如果出现时序配合不同步,或尖峰脉冲干扰,引起逻辑混乱,试思考如何消除这些干扰和影响。

5. 显示中如果出现字符变化很快,模糊不清,试思考如何消除这种现象。

八、线桥连接示意图

数字钟模块线桥连线如下所示。

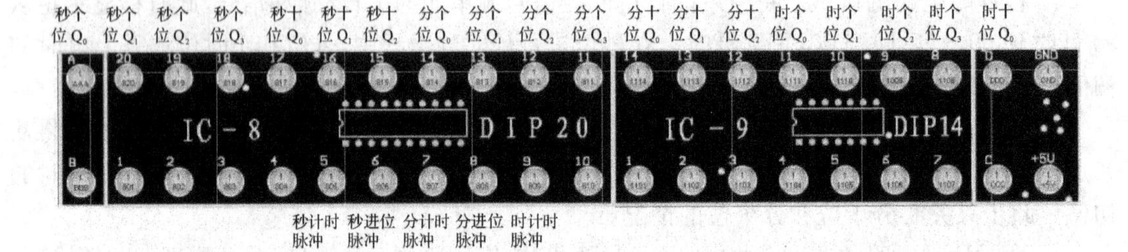

实验二十六　多路智力竞赛抢答器

一、实验目的

1. 进一步掌握优先编码器的工作原理。

2. 进一步掌握译码显示的原理。

3. 熟悉多路抢答器的工作原理。

4. 了解简单数字系统实验的调试及故障排除的方法。

二、实验原理

本实验要实现的多路智力竞赛抢答器的功能是：

(1) 同时可供多人参加比赛，从0开始给他们编号，各用一个抢答按钮，第一个按下抢答器的参赛者数码管显示对应的数字并报警。

(2) 给主持人设置一个控制开关，用来控制系统的清零和抢答的开始。

(3) 抢答器具有数据锁存和显示的功能。抢答开始后，若有选手按下抢答按钮，编号立即锁存，并在LED数码管上显示该选手的编号，同时扬声器给出声响提示。此外，还要封锁输入电路，禁止其他选手抢答。优先抢答选手的编号一直保持到主持人将系统清零为止。

一般来说，多路智力竞赛抢答器的的组成框图如图6-128所示。

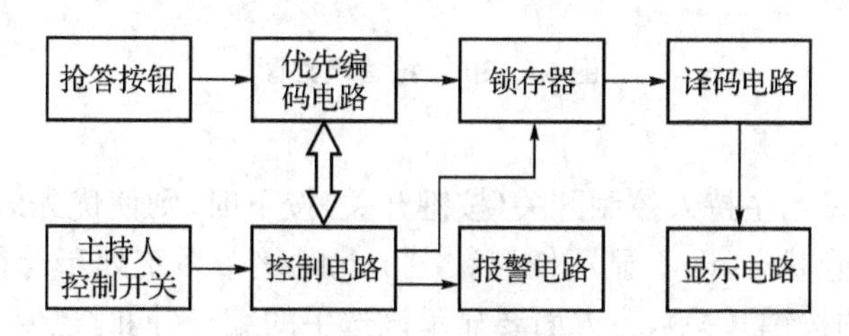

图6-128 多路智力竞赛抢答器的的组成框图

其工作过程是：接通电源后，节目主持人将开关置于清除位置，抢答器处于禁止工作状态，编号显示器灭灯，当节目主持人宣布抢答开始并将开关置于开始位置，抢答器处于工作状态，当选手按键抢答时，优先编码器立即分辨出抢答器的编号，并由锁存器锁存，然后由编码显示电路显示编号，同时，控制电路对输入编码进行封锁，避免其他选手再次进行抢答。当选手将问题回答完毕，主持人操作控制开关，使系统回复到禁止工作状态，以便进行下一轮的抢答。

1. 抢答电路

抢答电路的功能主要有两个：一是能分辨出选手按键的先后，并锁存优先抢答者的编号，供译码显示电路用；二是要使其他选手的按键操作无效。其工作框图为如图6-129所示。

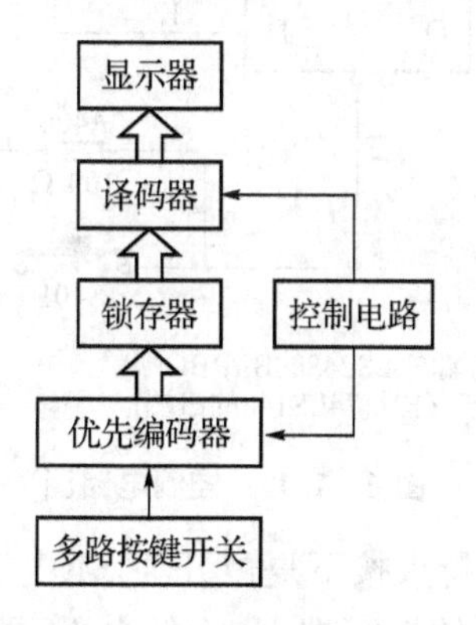

图6-129 抢答电路示意图

当处于工作状态时，有选手抢答后，按键信号送至优先编码器，经优先编码后再送至锁存器锁存，然后将锁存的信号送到译码显示电路显示，同时，控制电路将送一个信号到优先编码器使它停止工作。其抢答电路图如图6-130所示。

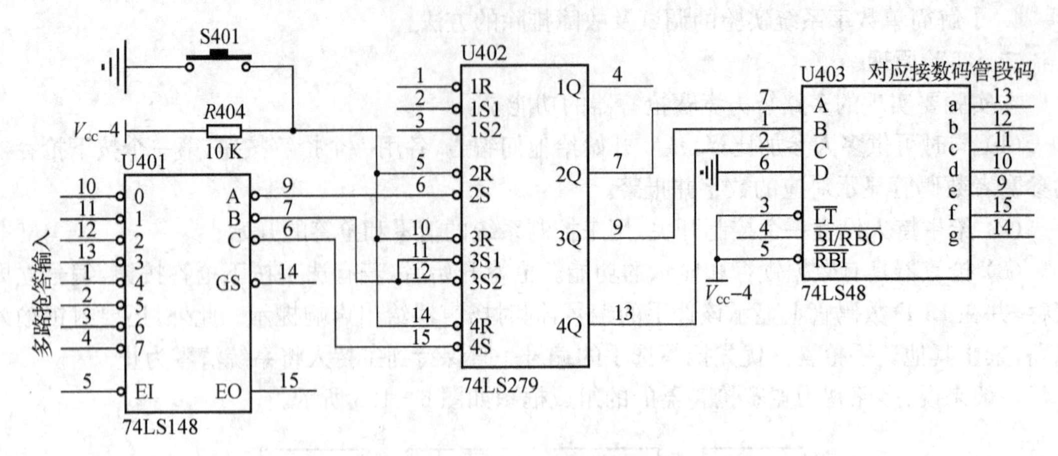

图 6-130　抢答电路图

2. 控制电路

控制电路的作用是当主持人控制开关(按键开关)按下时,则使优先编码器处于工作状态,同时译码电路处于消隐状态,即不显示任何数字。此时整个系统处于等待工作状态。当有选手抢答后(按下对应的按键开关),一方面要显示该选手的编号,同时还要给一个信号使得优先编码器处于禁止工作状态,封锁其他选手可能的抢答。当主持人再次按下主持人控制开关(按键开关)时,系统又重新回到等待工作状态,以便进行下一轮抢答。其具体电路图如图 6-131 所示。

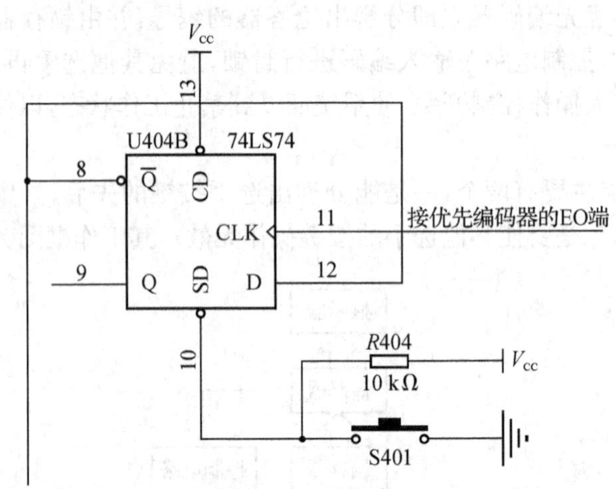

图 6-131　控制电路图

它的工作过程是这样的:当主持人按下复位开关 S401 后,D 触发器的置位端使其置 1,则它的反端即为 0,这时优先编码器的控制端 EI 为低电平,即打开控制端,处于等待工作状态。同时译码器的消隐输入端也为低电平,不显示任何数据。当有选手按下抢答键后,优先编码器的 EO 端立即由低电平变成高电平,在上升沿脉冲的作用下,D 触发器发生翻转,反端输出变成 1,优先编码器的 EI 端为高电平,封锁其他的抢答输入。同时译码器的消隐输入端变为 1,显示通过锁存器的抢答输入编号。这个号码一直等到主持人按下复位开关后才消失,否则始终显示,其他的抢答输入无效。

3. 报警电路

报警电路的主要作用是提示主持人,有选手抢答。报警电路主要由单稳态触发器 74121 及其一些外围电路组成。它的工作原理是当没有选手抢答时,单稳态触发器 74121 的 A_1 端为高电平,此时 74121 保持稳态,即输出端 Q 为低电平,与门关闭,报警音不能通过,则没有声响。当有选手抢答时,单稳态触发器 74121 的 A_1 端输入一个下降沿脉冲,此时 74121 处于下降沿触发状态,输出端 Q 出现一个高电平脉冲,持续时间由它所接的外围电路决定,高电平脉冲使与门短暂导通,此时扬声器将发出 1 kHz 的报警音,提示有选手抢答。使用单稳态触发器的主要目的是控制报警的时间,图 6-132 是报警电路的具体电路图。

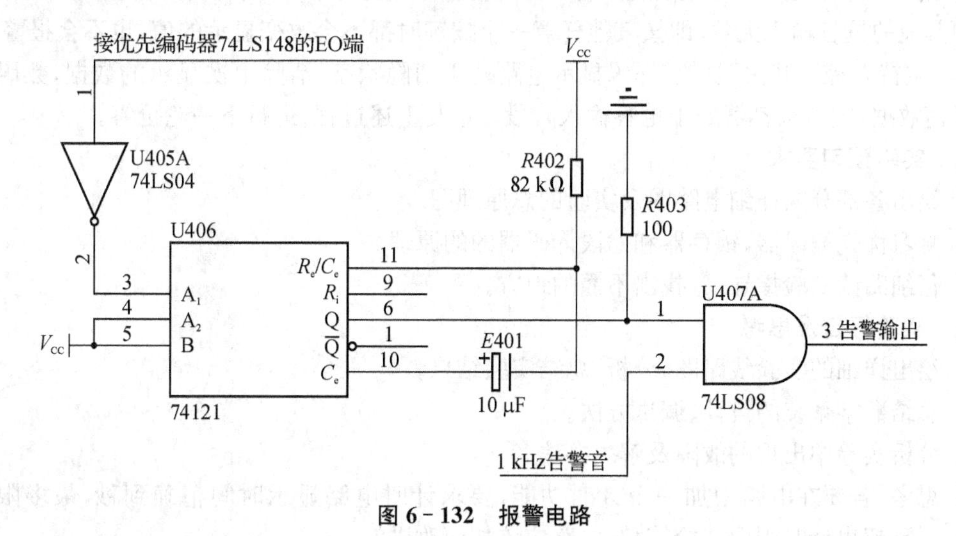

图 6-132　报警电路

三、实验设备与器材

1. 脉冲源(可以使用外接信号源,也可以使用实验箱所带信号源)。

2. 数字逻辑电路实验箱。

3. 数字万用表等实验室常备工具。

4. 74LS148、74LS279、74LS48、74LS74、74LS121、74LS08、74LS04 芯片、10 kΩ、82 kΩ、100 Ω电阻,10 μF 电解电容。

四、实验内容

1. 测试各触发器,优先编码器和七段译码器的逻辑功能。

2. 根据实验指导书将抢答电路、控制电路和报警电路三个部分在数字逻辑电路实验箱的 IC 插座模块中选择合适的插座搭建电路,并完成三个部分的连接,得到一个完整的抢答器电路,画出详细的电路原理图。

3. 调试搭建好的电路,直至正常工作。

4. 根据实验步骤完成实验,并用万用表测试 EI,EO,RI/RBO 等管脚电压变化情况。

五、实验步骤

注意:由于所有电路由实验者自行搭建完成,所以注意充分合理的利用实验箱的硬件和信号资源。

1. 画出详细的电路原理图,然后分三个部分搭建电路。逐一进行调试。

2. 将功能正常的三个部分进行连接，进行综合调试。调试过程中注意将对应输入、输出接口做下标记空出。

3. 将八路抢答输入(0～7)分别对应接八个按键开关的输出孔(不妨定义为 KKK_1～KKK_8)，“告警输出”接扬声器的输入端 SPC_2 孔，将“告警音”接信号源单元的 1 kHz 信号输出。

4. 按下 K101、K102 和 K201，将实验箱和信号源单元上电。

5. 按“主持人控制开关”复位，译码显示电路将处于消隐状态。此时抢答器就进入抢答阶段。

6. 按下八个按键开关中的任意一个，就将显示所对应的号码，同时扬声器发出短暂的报警音。而其他的抢答输入无效，即按其他任意一个按键时都不会改变显示的值，也不会报警。

7. “主持人控制开关”复位，译码显示电路处于消隐状态，清除上次显示的数据，数码管不显示任何数据，同时抢答器处于抢答输入阶段。重复上述过程，进行下一轮抢答。

六、实验预习要求

1. 绘出各部分的详细电路图及实验的总原理图。

2. 复习优先编码器，锁存器和七段译码器的的原理。

3. 仔细阅读实验指导书，找出不懂的地方。

七、实验报告及思考

1. 绘出详细的实验线路图，分析、总结实验结果。

2. 总结数字系统的设计、调试方法。

3. 分析实验中出现的故障及解决办法。

4. 思考：若要在电路中加一个计时功能，要求计时电路显示时间精确到秒，最多限制为 2 分钟，一旦超出计时则取消抢答权，电路应该如何改进?

5. 思考：在数字抢答器中，如何将序号为 0 的组号，在七段数码管上显示 8?

6. 思考：在调试过程中出现了那些问题？为什么会这样？总结原因与经验。

此实验主要培养学生的动手能力，所有电路需要自己搭建，除开本实验箱提供的线外，需要自配连线。

实验二十七　可控定时器实验

一、实验目的

1. 掌握常用信号的产生原理。

2. 了解可控定时器电路的基本原理。

3. 掌握集成同步十进制加减计数器的基本原理。

二、实验原理

本实验要实现的功能是：

①具有显示二位十进制数的功能。

②设置外部操作开关，控制定时器的直接清零、启动和暂停/连续功能。

③计时器为 0～99 内任意值递增，递减，其计时间隔为 1 秒。

④计时器递减到零时或递增到最大值时数码显示不能灭灯，同时发出报警信号。

可控定时器电路的总体框图为图 6－133 所示。

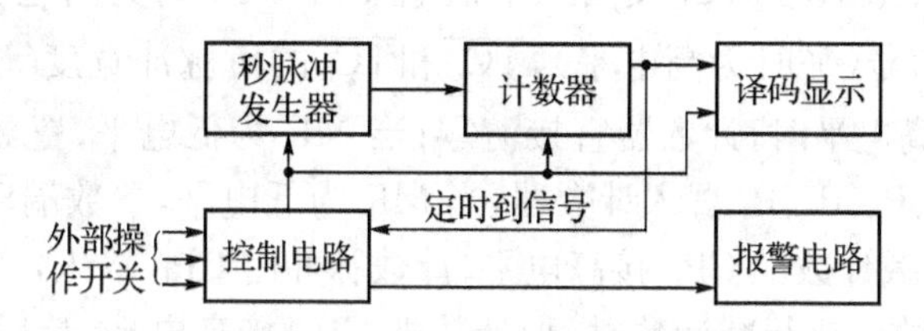

图 6－133 可控定时器电路的总体框图

由上图可以看出，定时电路一般由秒脉冲发生器、计数器、译码显示电路、辅助时序控制电路（简称控制电路）和报警电路等 5 个部分组成。其中，计数器和控制电路是系统的主要部分。计数器完成计时功能，而控制电路完成计数器的直接清零、启动计数、暂停/连续计数、译码显示电路的显示与灭灯、定时时间到报警等功能。秒脉冲发生器产生的信号是电路的时钟脉冲和定时标准，在本实验中，对此没有很高的要求，秒脉冲产生电路可以由 555 集成电路或多谐振荡器来产生，还可以使用实验箱中信号源部分的 1 Hz 秒脉冲信号。译码显示电路用 74LS248 和共阴的七段数码管组成。报警电路采用单稳态触发器 74121 加外围电路组成。

1. 十进制同步加/减计数器 74LS192（见图 6－134）

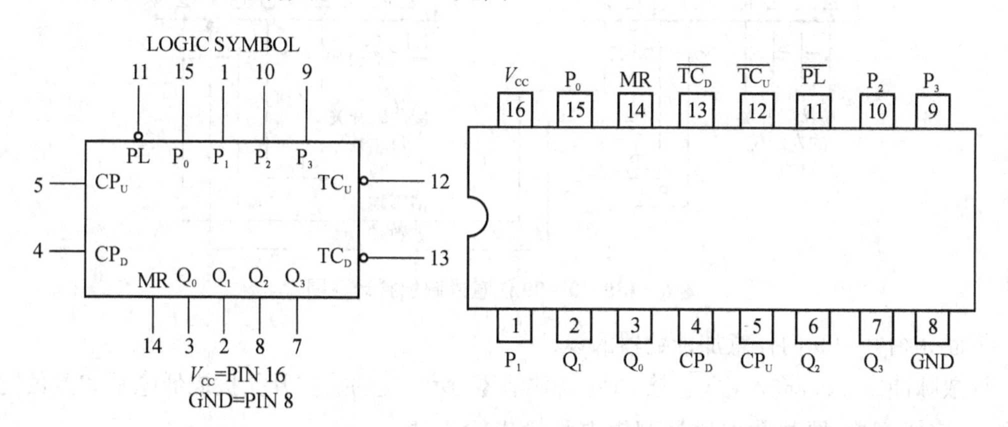

图 6－134 74LS192 管脚分布图

图中：$\overline{PL}$为置数端，CP_U 为加计数端，CP_D 为减计数端，$\overline{TC_U}$为非同步进位输出端，$\overline{TC_D}$为非同步借位输出端，P_0、P_1、P_2、P_3 为计数器输入端，MR 为清除端，Q_0、Q_1、Q_2、Q_3 为数据输出端。

其功能表如表 6－29 所示。

表 6－29 74LS192 功能表

输入								输出			
MR	$\overline{PL}$	CP_U	CP_D	P_3	P_2	P_1	P_0	Q_3	Q_2	Q_1	Q_0
1	×	×	×	×	×	×	×	0	0	0	0
0	0	×	×	d	c	b	A	d	c	b	a
0	1	↑	1	×	×	×	×	加计数			
0	1	1	↑	×	×	×	×	减计数			

当加计数到最大计数值时，$\overline{TC_U}$发出一个低电平信号(平时为高电平)，当减计数到零时，$\overline{TC_D}$输出一个低电平信号(平时为高电平)，$\overline{TC_U}$和$\overline{TC_D}$的负脉冲宽度等于时钟脉冲低电平宽度。当清除端MR为高电平时，计数器直接清零；当MR为低电平，置数端$\overline{PL}$也为低电平时，数据直接从置数端P_0、P_1、P_2、P_3置入计数器，当MR为低电平，置数端$\overline{PL}$为高电平时，执行计数功能。执行加计数，减计数端CP_D接高电平，计数脉冲由CP_U输入，在计数脉冲上升沿进行8421码十进制加法计数。执行减计数时，加计数端CP_U接高电平，计数脉冲由减计数端CP_D输入。

2. 0～99内任意进制加减计数器(见图6-135)

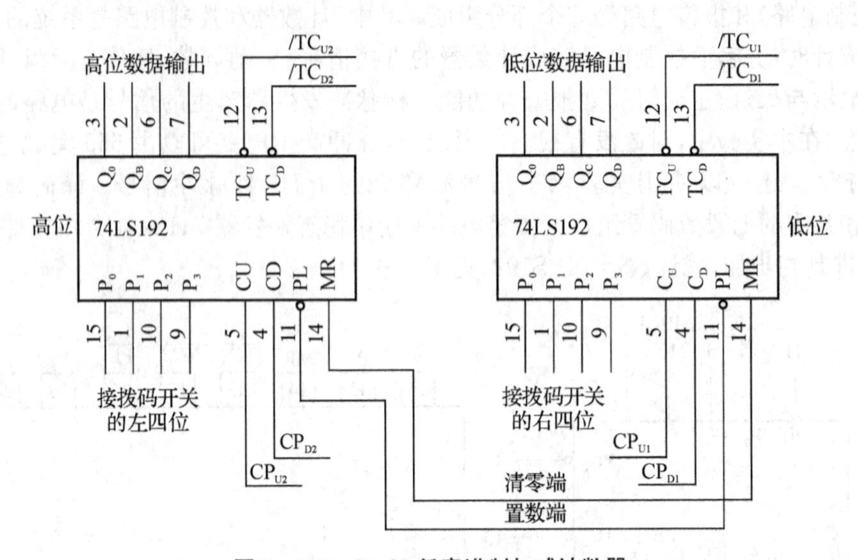

图6-135　0～99任意进制加减计数器

下面介绍0～99内任意加计数器的设计。

计数脉冲由CP_{U1}输入，$\overline{TC_{U1}}$接CP_{U2}，将“清零”所对应的拨位开关拨成低电平；“置数”拨成低电平，完成置数，置数数据通过逻辑电平输出输入置数数据。注意置数时不要将数据超过9，因为在此实验中使用的是七段译码器，显示超过9时就会出现看似乱码的段码，实际并非显示不正确，而是不合人们的常规。置数完成后将“置数端”置高电平，则在秒脉冲的作用下，开始加计时。

减计数器的设计与加计数器设计类似，仅作简单的修改。计数脉冲由CP_{D1}输入，$\overline{TC_{D1}}$接CP_{D2}。

3. 时钟信号控制电路

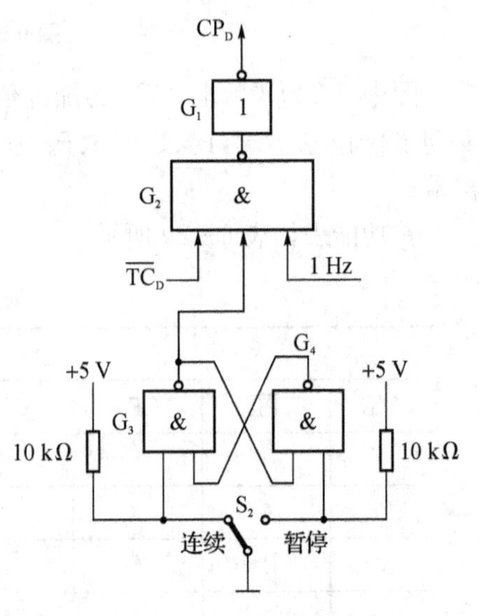

图6-136　时钟信号控制电路

电路图如图6-136所示，它控制1计数器的计数。当定时时间未到时，计数器高位的借位输出信号$\overline{TC_D}$为1，则计数脉冲受“暂停/连续”开关S_2的控制。当开关S_2处于“暂停”状态时，G_3输出0，G_2关闭，封锁1 Hz信号，计数器暂停计数；当开关S_2处于“连续”状态时，G_3

输出 1,G_2 打开,计数器在 1 Hz 信号的作用下,继续累计计数。当定时时间到时,$\overline{TC_D}=0$,G_2 关闭,封锁 1 Hz 信号,计数器保持 0 状态不变。从而实现了时钟信号控制的功能。

4. 报警电路(图 6-137)

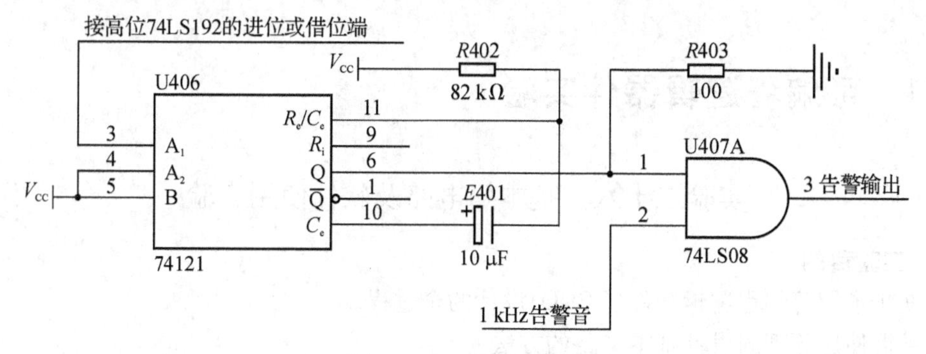

图 6-137 报警电路图

三、实验设备与器材

1. 脉冲源(可以使用实验箱信号源单元的 1 Hz 脉冲信号和 1 kHz 信号)。

2. 数字逻辑电路实验箱。

3. 万用表等实验室常备实验工具。

4. 74LS192 两片、74LS10、74LS04、74LS121、74LS08、10 kΩ 电阻两个、82 kΩ、100 Ω 电阻、10 μF 电解电容。

四、实验内容

1. 测试各触发器及各逻辑门的逻辑功能。

2. 测试集成同步十进制加/减计数器 74LS192 的逻辑功能。

3. 根据实验指导书将计数器与译码显示电路,控制电路,报警电路连成一个完整的定时电路,并画出完整的电路图。

4. 根据实验指导书搭建电路完成实验,并用万用表测试 74LS192 典型管脚的电平变化情况,并写出详细的实验报告。

五、实验步骤

1. 搭建电路,并调试直至各部分工作正常。

2. 对照实验原理中最开始的实验功能,检验搭建的电路是否能够完全实现设计目标。

3. 如果没有能够完全实现设计要求的功能,检查原因,排除故障;如果已经实现功能了,那么思考有没有其他的办法实现同样功能,电路是否可以简化。

六、实验预习要求

1. 复习集成同步十进制加/减计数器的工作原理。

2. 若用 555 电路产生秒脉冲信号,如何实现?

3. 仔细阅读实验指导书,分析定时电路的工作原理,画出各部分的电路图。

七、实验报告要求

1. 绘出完整的实验线路图,分析、总结实验结果。

2. 如何实现 0～99 秒内的任意加减定时?

3. 若要实现 NBA 中 24 秒定时,需要如何连接?

4. 交通路口中的计时电路可以用这个电路来实现吗？如果可以如何实现循环定时呢？

＊此实验主要培养学生的动手能力，所有电路需要自己搭建，除开本实验箱提供的线外，需要自配连线。

6.11　可编程逻辑器件实验

实验二十八　基本门电路及软件使用实验

一、实验目的

1. 初步了解可编程逻辑器件(CPLD)设计的全过程。
2. 掌握使用原理图设计基本电路的方法。
3. 初步掌握 Max＋plus II 和 ispDesignEXPERT 软件的使用。

二、实验步骤

1. Max＋plus II 部分

(1) 进入 WINDOWS 操作系统，打开 Max＋plus II。

①启动 File\project\name 菜单，输入设计项目的名字。点击 Assign\Device 菜单，出现图 6－138的对话框，依据设计要求选择器件(本实验选用 EPM7128SLC84－15)。

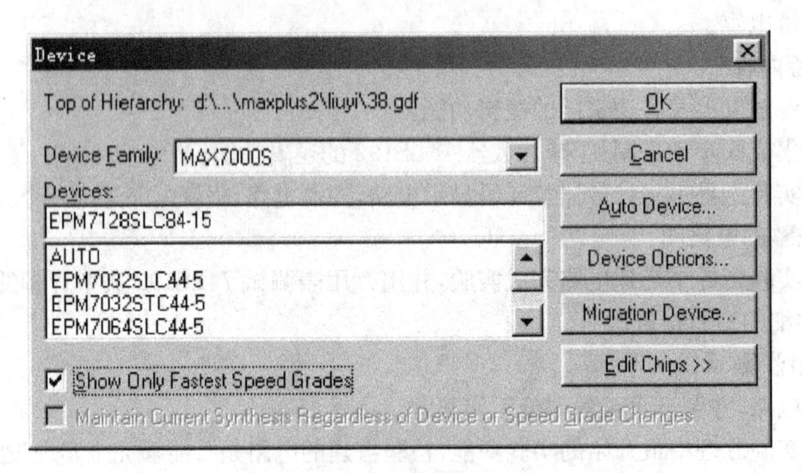

图 6－138　选择器件对话框

注：若找不到 EPM7128SLC84－15，请将上图 Show Only Fastest Speed Grades 前面的√去掉，就可找到 EPM7128SLC84－15。

②启动菜单 File\New，选择 Graphic Editor File，打开原理图编辑器，进行原理图设计输入如图 6－139 所示。

(2) 设计输入

①放置一个器件在原理图上

a. 点击 Symbol/Enter Symbol 进入图 6－140 所示界面。

b. 在光标处输入元件名称或用鼠标点击元件，按下 OK 键即可。

c. 如果安放相同元件，只要按住 Ctrl 键，同时用鼠标拖动该元件。

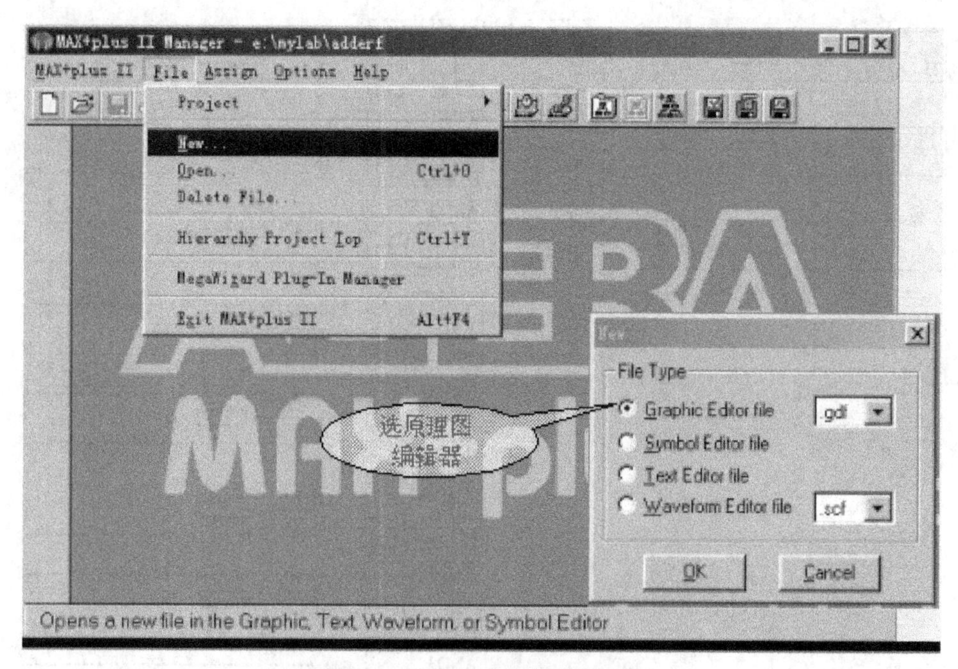

图 6 - 139　图形编辑器选择窗口

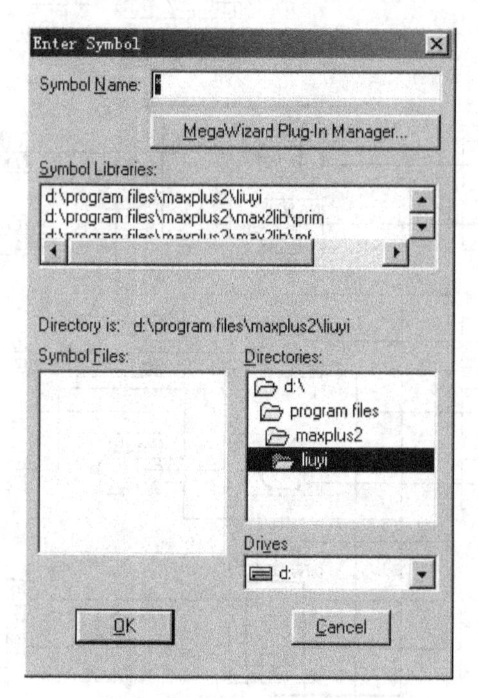

图 6 - 140　输入元件对话框

d. 图 6 - 141 为元件安放结果。

②添加连线到器件的管脚上

把鼠标移到引脚附近，则鼠标光标自动由箭头变为十字，按住鼠标左键拖动，即可画出连线，如图 6 - 142 所示。

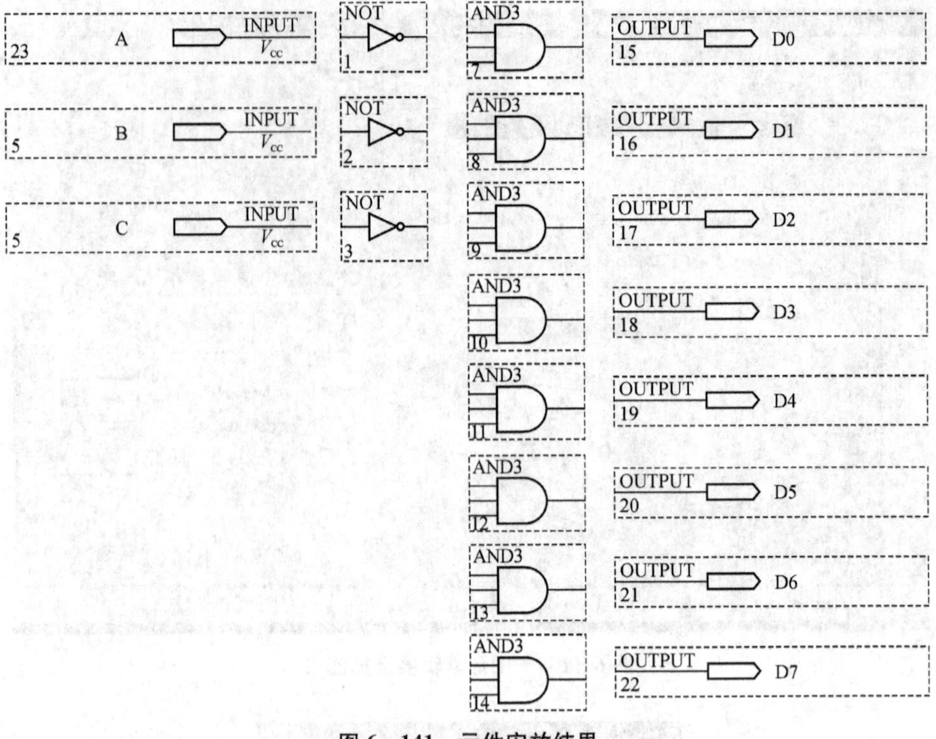

图 6－141　元件安放结果

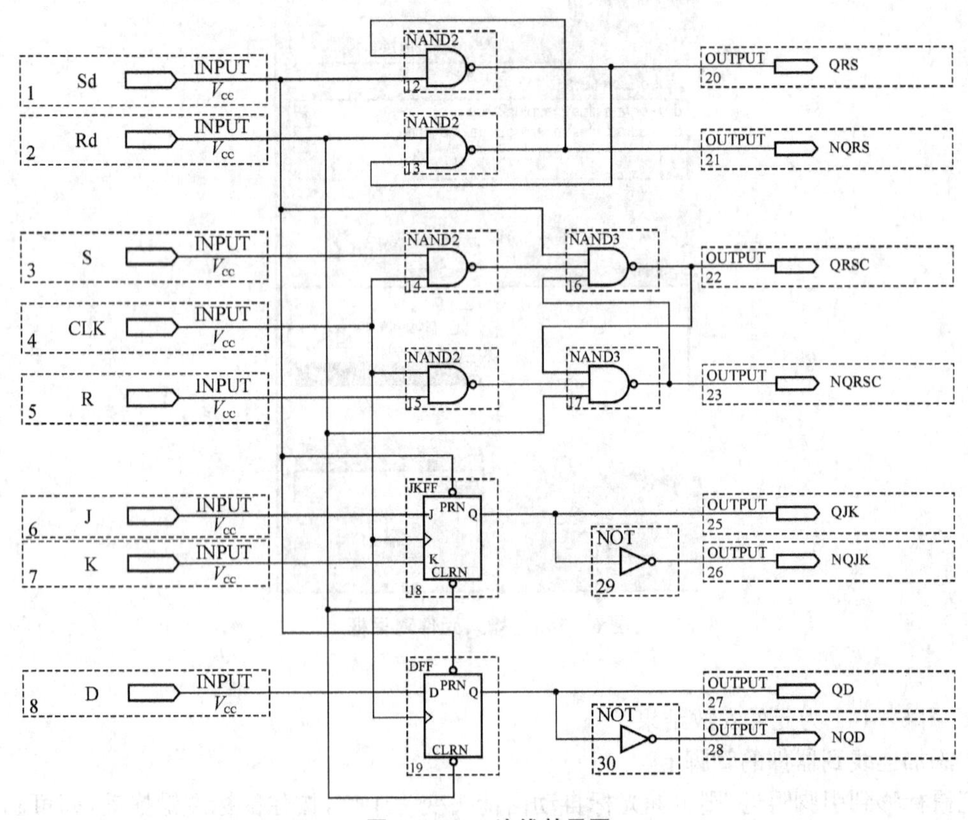

图 6－142　连线效果图

③保存原理图

单击保存按扭，对于第一次输入的新原理图，出现类似文件管理器的图框，选择合适目录、合适名称，保存刚才输入的原理图 6－142。原理图的扩展名为.gdf，本实验取名 test.gdf。（注意此文件名必须与项目名相同）

（3）编译

启动 Max＋plus II\COMPILER 菜单，按 START 开始编译，并显示编译结果，生成 pof 文件，以备硬件下载和编程时调用，同时生成.rpt 文件，可详细查看编译结果，如图 6－143 所示。

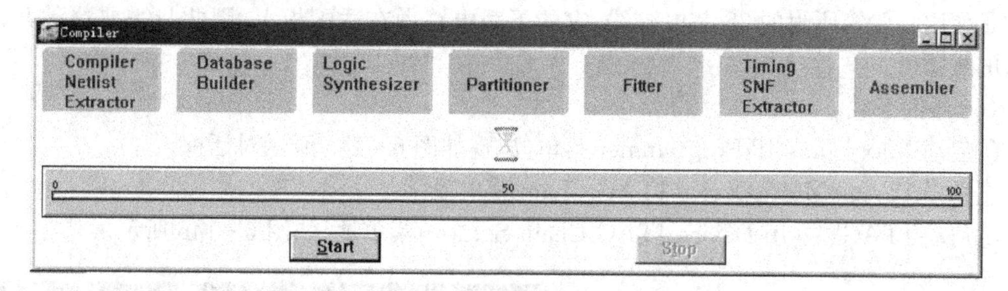

图 6－143　编译器的编译过程

（4）管脚的重新分配与定位

启动 Max＋plus II\Floorplan Editor 菜单命令，出现如图 6－144 所示的画面。

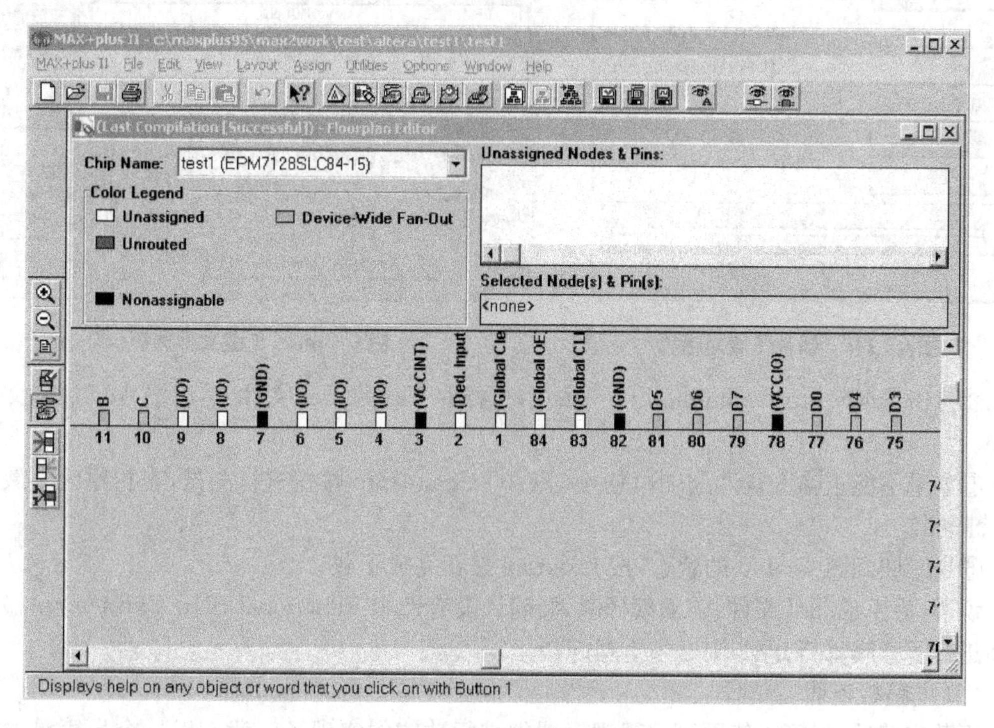

图 6－144　管脚的重新分配图

Floorplan Editor 显示该设计项目的管脚分配，这是由软件自动分配的。用户可随意改变管脚分配。管脚编辑过程如下：

①按下 ，所有输入、输出口都会出现在 Unassigned Nodes 栏框内。

②用鼠标按住某输入/输出口名称，并拖到下面芯片的某一管脚上，松开鼠标左键，便完成一个管脚的分配。

注意：芯片上有一些特定功能管脚，进行管脚编辑时一定要注意。另外，在芯片选择中，如果选 Auto，则不允许对管脚进行再分配。

(5) 下载所需的硬件资源

将 7128 适配板固定在主电路板上，将对应的数据跳线连好，用 25 芯的并口线与主机相连，打开主机电源。此时适配板上的电源指示灯亮，表明此时适配板已经上电。实验箱的下载方式是使用实验箱所附的 25 芯电脑线，它的下载电路做在适配板上，因此只需要这种并口对并口的线即可。

(6) 器件下载

①启动 Max+plus II\Programmer 菜单，出现如图 6-145 所示对话框。

②选择 JTAG\Multi-Device JTAG Chain 菜单项。

③启动 JTAG\Multi-Device JTAG Chain Setup…菜单项，如图 6-146 所示。

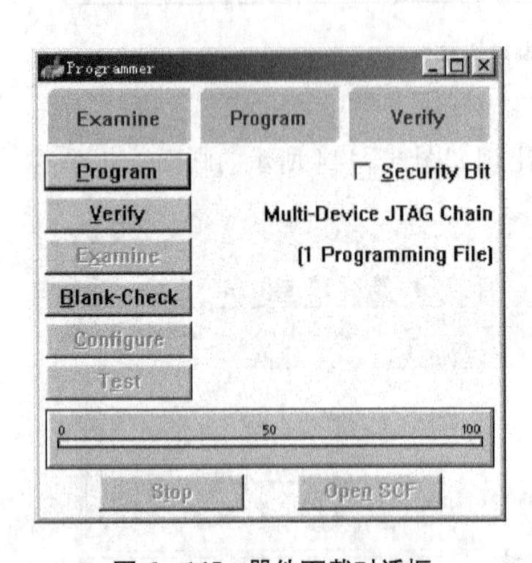

图 6-145 器件下载对话框

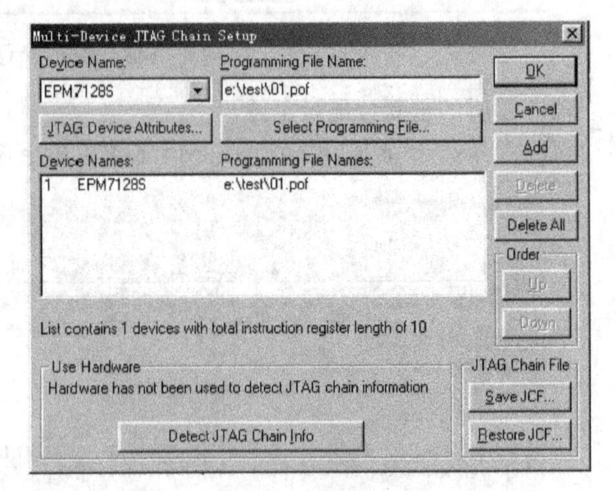

图 6-146 下载文件选择

④点击 Select programmimg File…按扭，选择要下载的.pof 文件，然后按 Add 加到文件列表中。

⑤如果不能正确下载，可点击 Detect JTAG Chain Info 按扭进行测试，查找原因。最后按 OK 键退出。

⑥这时回到图 6-145 的状态，按 Program 按扭完成下载。

说明：为生成.pof 文件，前面编译时，要确认没有选中 Functional SNF Extractor。如果下载前进行了管脚重新分配，则必须重新编译。

(7) 电路板连线

下载成功后，就可以使用可编程逻辑器件进行功能的实现了。我们以一个最简单的非门来说明。假设我们定义芯片 7128 的第 5 脚做输入用，第 50 脚做输出用，此时就可以在适配板上标有 5 的插孔输入一占空比不为 50%的方波，在标有 50 的插孔上测试输出波形，测试看到的应是输入波形的反向波形。

附:用硬件描述语言完成译码器的设计。

①生成设计项目文件。

②启动 File\New 菜单命令,如图 6-147 所示。

③选择 Text Editor file,点击 OK 按钮。

④键入程序如下:

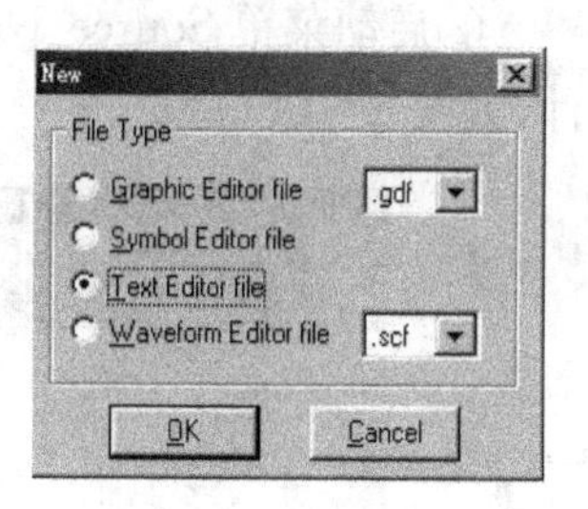

图 6-147

```
SUBDESIGN test1
(
  a,b,c:INPUT;
  d0,d1,d2,d3,d4,d5,d6,d7:OUTPUT;
)
BEGIN
  CASE(c,b,a)IS
    when 0=>d[7..0]=1;
    when 1=>d[7..0]=2;
    when 2=>d[7..0]=4;
    when 3=>d[7..0]=8;
    when 4=>d[7..0]=16;
    when 5=>d[7..0]=32;
    when 6=>d[7..0]=64;
    when OTHERS=>d[7..0]=128;
  END CASE;
END;
```

⑤生成.tdf 文件,然后进行编译即可。

管脚分配与下载均与原理图输入相同。

2. ispDesignEXPERT 部分

(1) 进入 Windows 操作系统,打开 ispDesignEXPERT。

①启动 File\Open Project 菜单,打开设计项目的名字。没有项目可以点击 File/New-Project,创建一个新项目。点击 Source\Open 菜单,出现图 6-148 对话框,依据设计选择器件。本实验一律选用 ispLSI1032E-70LJ84。至于软件的安装方法请参考实验箱附带光盘中的说明,安装一律按照默认路径进行,在一般情况下不要改动其路径。

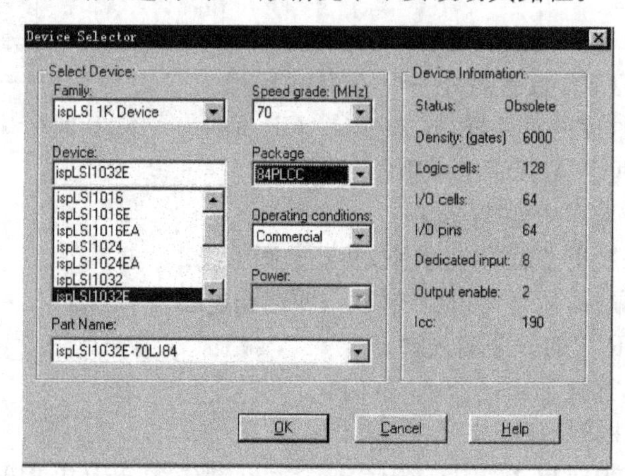

图 6-148 器件选择对话框

②启动菜单 Source\New，选择 Schematic，打开原理图编辑器，输入文件名进行原理图设计，如图 6－149 所示。

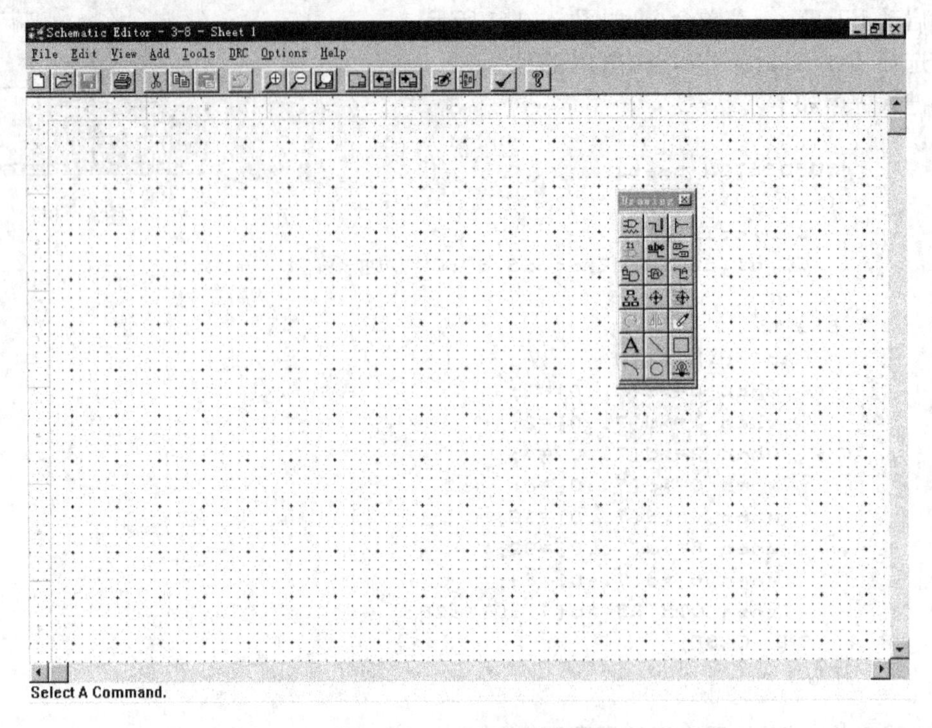

图 6－149　原理图编辑器

(2) 设计输入

①放置一个器件在原理图上。

a. 从菜单栏选择 Add，然后选择 Symbol，出现如图 6－150 所示的对话框。

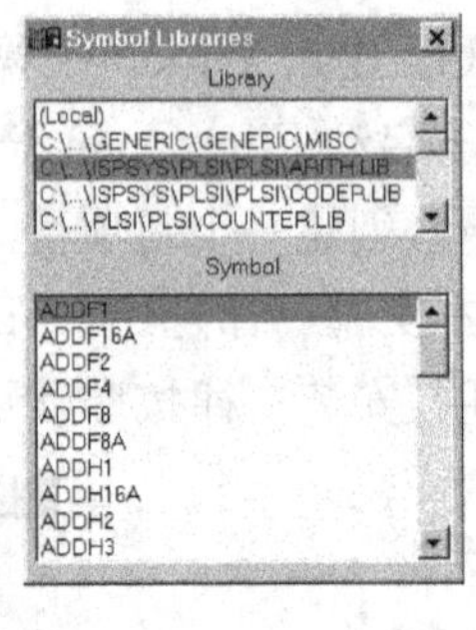

图 6－150　器件选择对话框

b. 选择 GATES. LIB 库，然后选择 G_2AND 元件符号。

c. 将鼠标移回到原理图纸上，注意此刻 AND 门粘连在你的光标上，并随之移动。

d. 单击鼠标左键，将符号放置在合适的位置。

e. 第一个 AND 门下面放置另外一个 AND 门。

f. 鼠标移回到元件库的对话框，并选择 G_2OR 元件。

g. OR 门放置在两个 AND 门的右边。

h. 现在选择 Add 菜单中的 Wire 项。

i. 单击上面一个 AND 门的输出引脚，并开始画引线。

j. 随后每次单击鼠标，便可弯折引线（双击便终止连线）。

k. 将引线连到 OR 门的一个输入脚。

l. 重复上述步骤，连接下面一个 AND 门。

②添加更多的元件符号和连线

a. 采用上述步骤，从 REGS. LIB 库中选一个 g_d 寄存器，并从 IOPADS. LIB 库中选择 G_OUTPUT 符号。

b. 将它们互相连接,实现如图 6-151 所示的原理图。

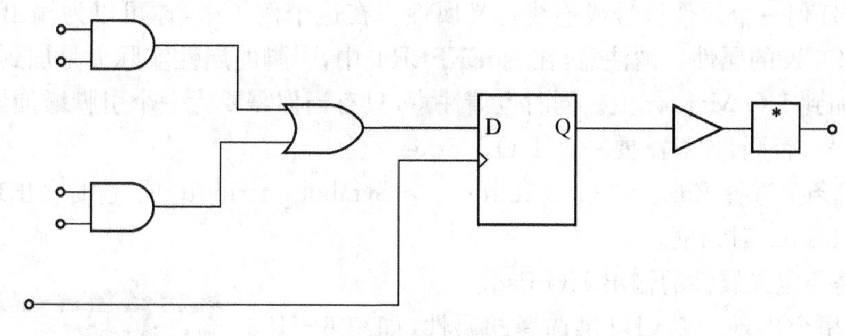

图 6-151　各器件互相连接图

③完成你的设计

在这一节,通过为连线命名和标注 I/O Markers 来完成原理图。

当要为连线加信号名称时,你可以使用 Synario 的特点,同时完成两件事——同时添加连线和连线的信号名称。这是一个很有用的特点,可以节省设计时间。I/O Markers 是特殊的元件符号,它指明了进入或离开这张原理图的信号名称。注意连线不能被悬空(dangling),它们必需连接到 I/O Marker 或逻辑符号上。这些标记采用与之相连的连线的名字,与 I/O Pad 符号不同,将在下面定义属性(Add Attributes)的步骤中详细解释。

a. 为了完成这个设计,选择 Add 菜单中的 Net Name 项。

b. 屏幕底下的状态栏将要提示你输入的连线名,输入"A"并按 Enter 键,连线名会粘连在鼠标的光标上。

c. 将光标移到最上面的与门输入端,并在引线的末连接端(也即输入脚左端的红色方块),按鼠标左键,并向左边拖动鼠标。这可以在放置连线名称的同时,画出一根输入连线。

d. 输入信号名称现在应该是加注到引线的末端。

e. 重复这一步骤,直至加上全部的输入"B","C","D"和"CK",以及输出"OUT"。

f. 在 Add 菜单中选择 I/O Marker 项,将会出现一个对话框,请选择 Input。

g. 将鼠标的光标移至输入连线的末端(位于连线和连线名之间),并单击鼠标的左键。这时会出现一个输入 I/O Marker,标记里面是连线名。

h. 鼠标移至下一个输入,重复上述步骤,直至所有的输入都有 I/O Marker。

i. 现在请在对话框中选择 Output, 然后单击输出连线端,加上一个输出 I/O Marker。

至此原理图就基本完成,它应该如图 6-152 所示。

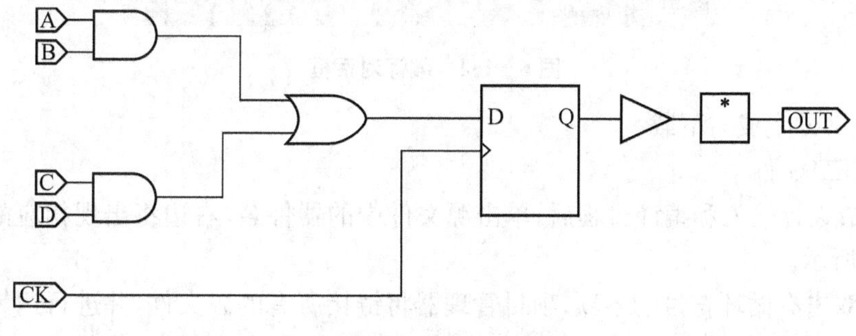

图 6-152　完成的原理图

④定义 pLSI/ispLSI 器件的属性(Attributes)

你可以为任何一个元件符号或连线定义属性。在这个例子中,你可以为输出端口符号添加引脚锁定 LOCK 的属性。请注意,在 ispEXPERT 中,引脚的属性实际上是加到 I/O Pad 符号上,而不是加到 I/O Marker 上。同时也请注意,只有当你需要为一个引脚增加属性时,才需要 I/O Pad 符号,否则,你只需要一个 I/O Marker.

a. 在菜单条上选择 Edit => Attribute => Symbol Attribute 项,这时会出现一个 Symbol Attribute Editor 对话框。

b. 双击需要定义属性的输出 I/O Pad。

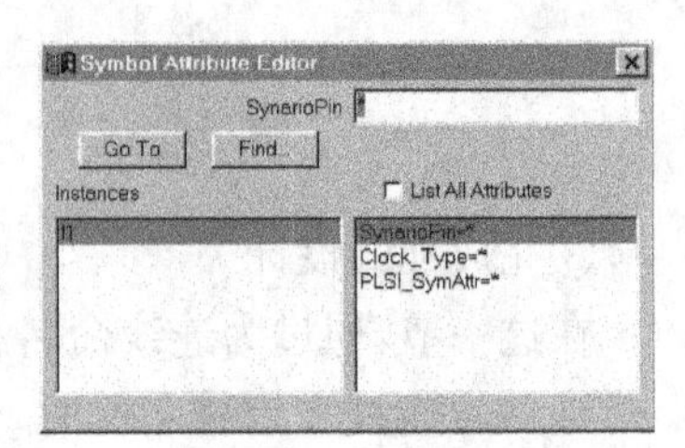

图 6-153　属性

c. 对话框里会出现一系列可供选择的属性,如图 6-153 所示。

d. 选择 Synario Pin 属性,并且把文本框中的“ * ”替换成“4”。

e. 关闭对话框。

注意:此时数字“4”出现在 I/O Pad 符号内。

⑤保存以完成的设计

a. 从菜单条上选择 File,并选 Save 命令。

b. 再次选 File,并选 Exit 命令。

(3) 编译

①在项目管理器左边选择源文件名,右边将出现该文件的编译过程。

②双击其编译过程,系统开始自动进行编译。如果源文件无误,编译通过后,将会出现一个绿色的“√”,如图 6-154 所示;否则会打开一个错误报告浏览器,报告出错信息。

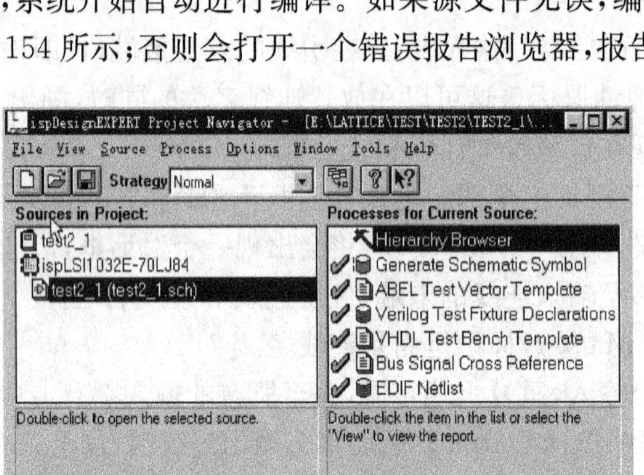

图 6-154　编译对话框

(4) JED 文件生成与下载

①生成 JED 文件

a. 在完成设计输入和编译过程后,单击源文件中的器件名,右边将出现相应的编译过程,如图 6-155 所示。

b. 依次双击有循环符号的各项,项目管理器将链接所有的源文件,并进行逻辑分割、布局和布线,最后将设计适配到所有器件中,并产生 JEDEC 文件,如图 6-156 所示。

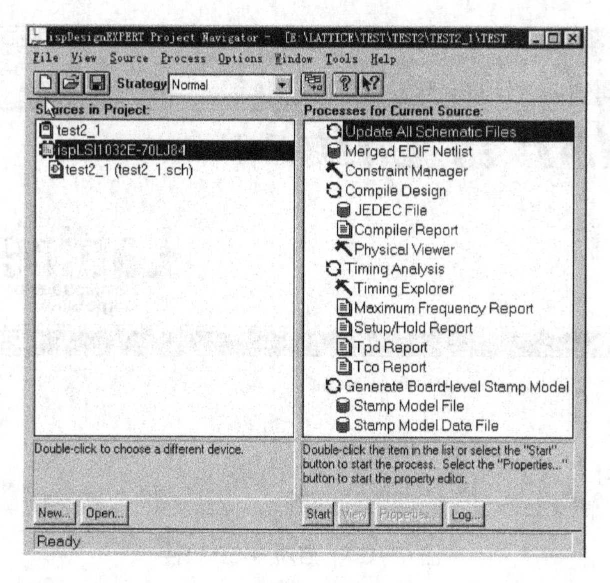

图 6-155

c. 如果设计正确,双击项目管理器中的 Compiler Report 项,可以在报告浏览器中查看引脚分配以及 JEDEC 文件等信息。

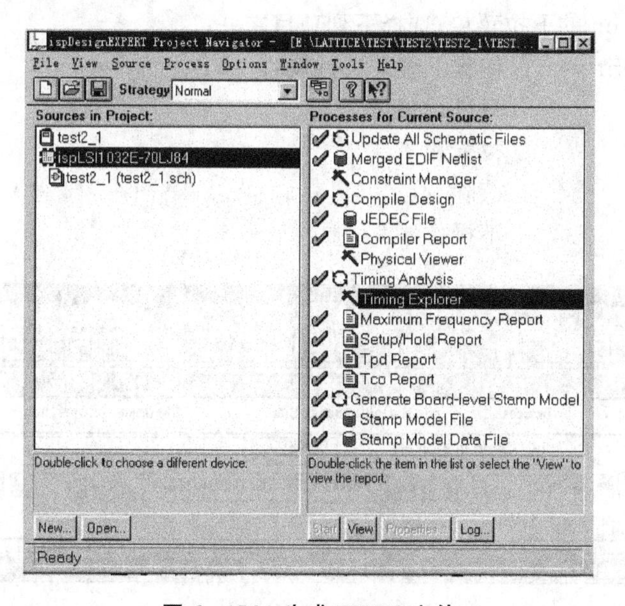

图 6-156 生成 JEDEC 文件

②JED 文件的下载

JEDEC 文件生成后,需要装入(即下载)到 ispLSI 器件中。LATTICE 公司有专门的器件下载软件——ISP Chain Download(IDCD)软件。IDCD 下载软件由计算机的并口经过编程电缆送到芯片的编程控制端,最终完成芯片设计。

a. 选择 Tools 菜单中的 ispDCD 项启动 IDCD 软件。如图 6-157 所示。

b. 选择菜单 File 中的 New 项,在 Options 中选择 ISP Chain Interface。在 IspInformatiom/Please Select the Default 中选中 1032 E。单击"OK"按钮确认后,屏幕上出现如图 6-158

图 6－157　启动 IDCD 软件

所示的画面。

c. 单击 Device 的下拉菜单，选择所需要的器件。

d. 单击“Browse”按钮，输入 JEDEC 文件名。注意选择正确的路径。

e. 单击 Operation 的下拉菜单，选择下列项目之一：

Program & Verifty：　编程下载并进行核对

Verify：　只进行核对

Checksum：　校验和

Erase：　擦除

No Operation：　不操作

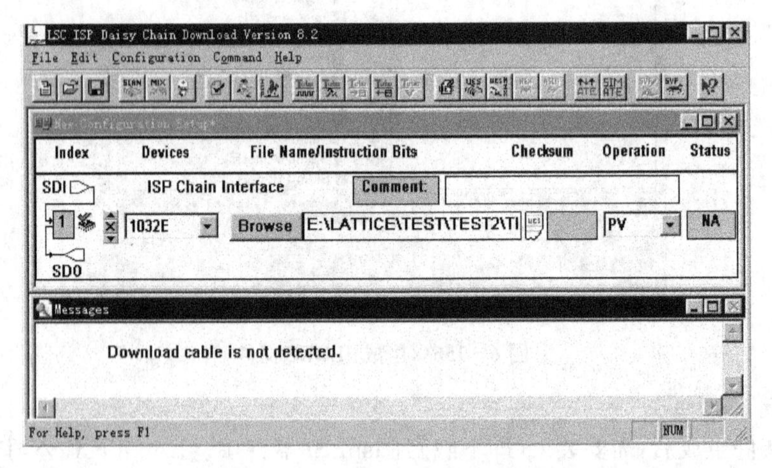

图 6－158　选中 1032E 后的对话框

f. 接上下载电缆线打开电源，单击 RUN 图标(图标为一个正在跑的小人)，开始下载。这时项目管理器右边的 Status 栏给出下载通过与否(PASS 或 FALL)的信息，下边的状态栏(message)提供下载的各种信息。如果下载成功，状态栏显示：Run Operation successful；否则，显示 Run Operation unsuccessful。

三、实验硬件要求

1. 数字逻辑电路实验箱。

2. 数字逻辑电路实验箱 1032E 适配板和 7128 适配板。

3. 信号源(可以使用实验箱中的信号源部分)。

4. 双踪示波器。

四、实验预习要求

1. 查找有关可编程逻辑器件方面的知识，加强对有关概念的理解。

2. 查找有关软件使用方面的书籍，仔细阅读其中的使用说明。

3. 如果有条件，自己学习安装 Max＋plus II 等软件，参考实验指导书学习它的使用方法。

4. 如果你想了解更多的了编程逻辑器件方面的知识，可以上网查找，再此提供一个基本的网址：http://www. FPGA. com. cn。

五、实验报告要求

1. 将你查找的有关可编程逻辑器件方面的知识汇总，写出一篇学习论文。

2. 将你学习到的有关 Max＋plus II 等软件的使用方法写出心得体会。

3. 根据实验指导书操作 Max＋plus II 等软件，完成下面的原理图输入，并且编译、下载，在适配板上实现其功能。

具体的电路原理图如图 6－159 所示(用 Max＋plus II 完成，下同)。

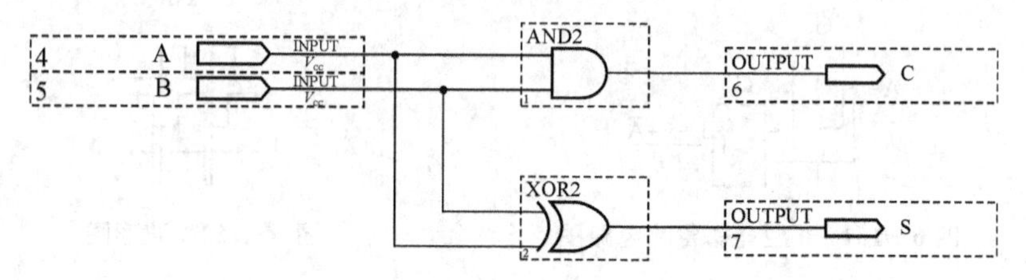

图 6－159 半加器原理图

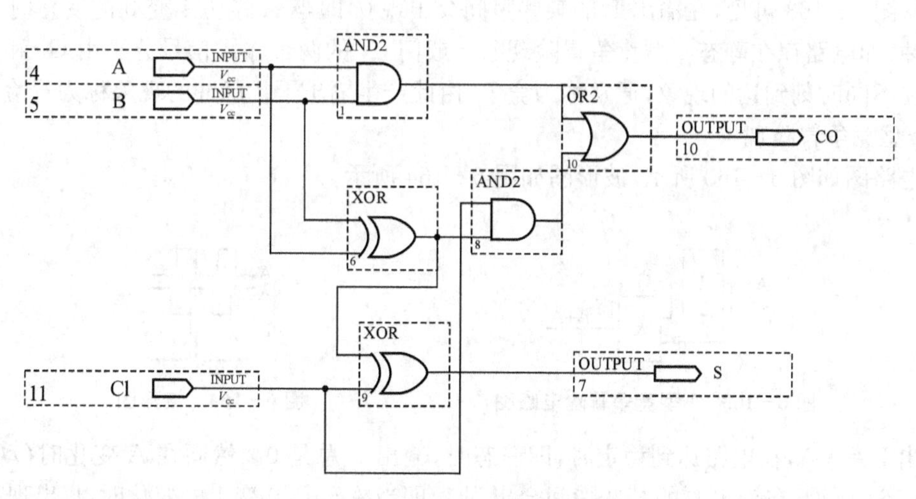

图 6－160 全加器原理图

＊7128 模块使用 MaxPluss II 软件，1032 模块使用 ispDesignEXPERT 软件，本实验箱仅

初步接触 EDA 功能，想深入学习可参考我们公司的 EDA 系列实验箱及相关资料。

实验二十九　竞争冒险实验

一、实验目的

1. 了解组合逻辑电路和时序逻辑电路竞争冒险现象产生的原因。
2. 了解冒险现象的消除方法。
3. 了解在软件中模拟竞争冒险产生的方法。
4. 初步了解 MAX＋plus II 软件的使用。

二、实验原理

1. 一般竞争冒险的产生及消除

(1) 理论上分析组合逻辑电路时，都没有考虑门电路的延迟时间对电路产生的影响。实际上，从信号输入到输出稳定都需要一定的时间。由于从输入到输出的过程中，不同通路上门的级数不同，或者门电路平均延迟时间的不同，使信号从输入经不同通路传输到输出级的时间不同。由于这个原因，可能会使逻辑电路产生错误输出。通常把这种现象称为竞争冒险。

(2) 竞争冒险现象有两种情况，分别是 0 型竞争冒险现象和 1 型竞争冒险现象。

①0 型竞争冒险现象

其电路图如图 6－161 所示，波形图如图 6－162 所示。

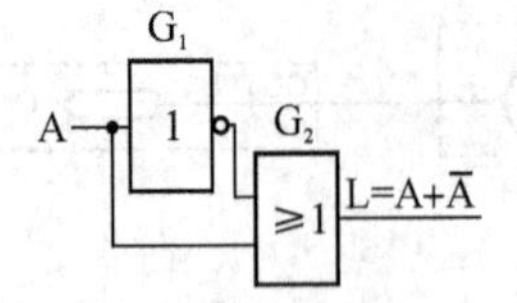

图 6－161　0 型竞争冒险电路图

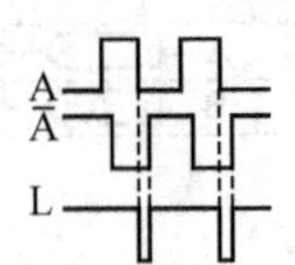

图 6－162　波形图

输出函数 $L=A+\overline{A}$，在电路达到稳定时，即静态时，输出 L 总是 1。然而在 A 变化时(动态时)，从图 6－163 可见，在输出 L 的某些瞬间会出现 0，即当 A 经历 1 变 0 的变化时，L 出现负窄脉冲，即电路存在静态 0 型竞争冒险现象。或门 G_2 的两个输入信号分别由 G_1 和 A 端两个路径在不同时刻到达的现象，通常称为竞争，由此产生输出干扰脉冲的现象称为冒险。

②1 型竞争冒险现象

其电路图如图 6－163 所示，波形图如图 6－164 所示。

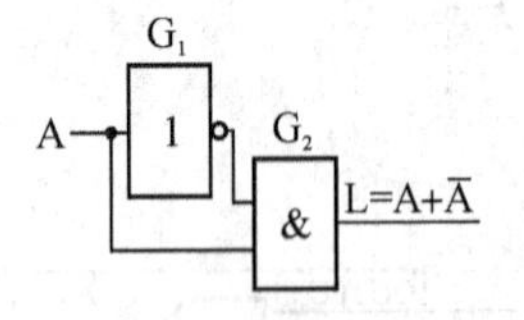

图 6－163　1 型竞争冒险电路图

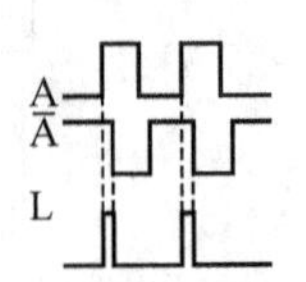

图 6－164　波形图

输出 $L=A\,\overline{A}$，在电路达到稳定时，即静态时，输出 L 总是 0。然而在 A 变化时(动态时)，从图 6－164 可见，在输出 L 的某些瞬间会出现 1，即当 A 经历 0 变 1 的变化时，L 出现窄脉冲，即电路存在静态 1 型竞争冒险现象。

(3) 总结

当电路中存在由反相器产生的互补信号，且在互补信号的状态发生变化时可能出现竞争冒险现象。

(4) 消除竞争冒险的方法

①发现并消掉互补变量

例如，函数式 $F=(A+B)(\overline{A}+C)$，在 $B=C=0$ 时，可得 $F=A\overline{A}$。若直接根据这个逻辑表达式组成逻辑电路，则可能出现竞争冒险。可以将函数式化为 $F=AC+\overline{A}B+BC$，根据这个表达式组成逻辑电路就不会出现竞争冒险。

②增加乘积项

例如，函数式 $L=AC+B\overline{C}$，当 $A=B=1$ 时，可得 $L=C+\overline{C}$，根据这个逻辑表达式组成逻辑电路，则可能出现竞争冒险。我们可利用代数恒等式将 L 化为 $F=AC+B\overline{C}+AB$，根据这个表达式组成逻辑电路就不会出现竞争冒险。

③输出端并联电容器

如果逻辑电路在较慢的速度下工作，为了消除竞争冒险现象，可以在输出端并联一个电容器，其容量为 4～20 pF 之间，它对于很窄的负跳变脉冲起到平波的作用，这时在输出端就不会出现逻辑错误。

2. 在 CPLD 中模拟竞争冒险的产生

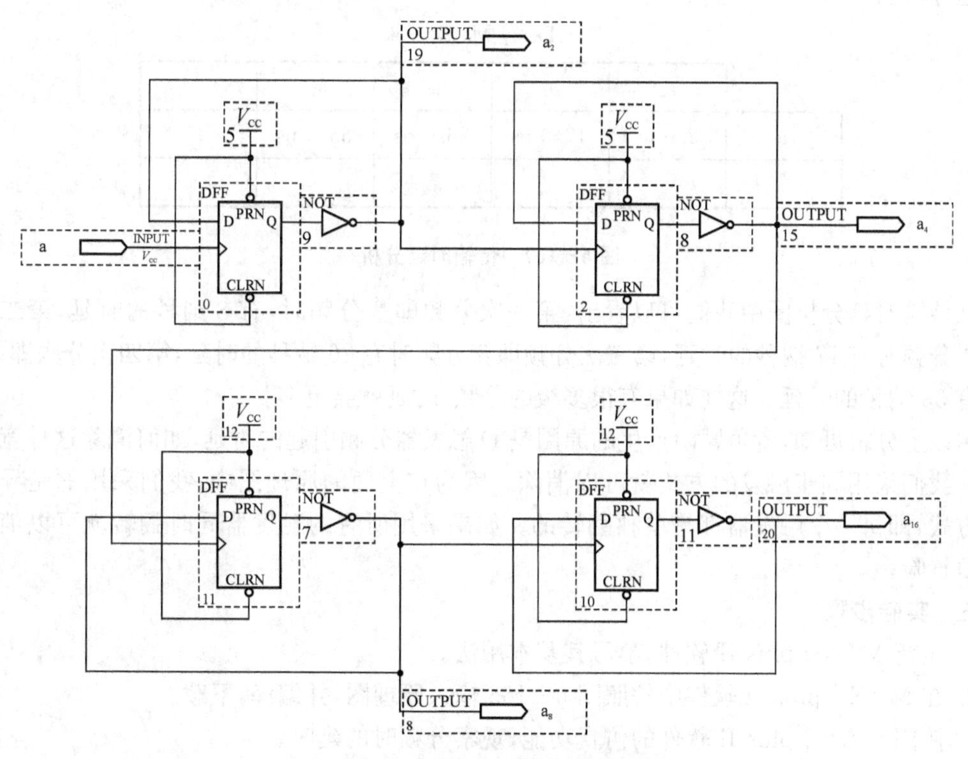

图 6-165 竞争冒险原理图

由于普通门电路的传输时延只有几十个纳秒，而且竞争冒险产生的脉冲很窄，用普通的示波器无法看清楚，要看到竞争冒险现象，就需要精度很高的示波器。如果用普通的硬件电路做的话，由于电路的分布电容和其他干扰，使得本来就很窄的脉冲被积分掉了，考虑到一般情况，我们采用可编程逻辑器件来做此实验。其原理图如图 6-165 所示。

要做此实验就要使用可编程逻辑器件及其相关软件。这方面的知识可以参照本实验指导书的可编程逻辑器件实验部分。在此我们使用 MAX＋plus II 软件的仿真功能，来观察使用 D 触发器做分频时产生的竞争冒险现象。需要说明的是，在本实验中我们没有做基本门电路产生的竞争冒险。我们做的是组合逻辑电路使用时产生的竞争冒险。它们的原理都相似，都是由于器件的时延引起的，都会造成一定的危害。

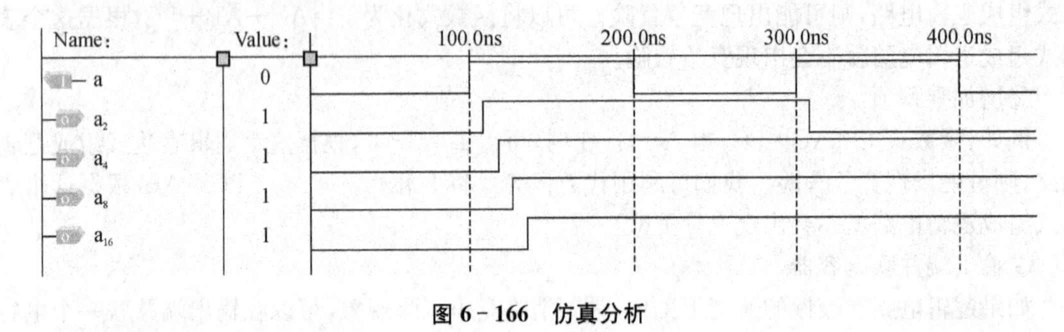

图 6-166 仿真分析

从仿真分析中能清楚地看到，在 2 分频，4 分频，8 分频，16 分频时，都有一定的传输时延，虽然只有几个或十几个纳秒，但分频的次数比较多，就可能造成影响。图 6-167 是器件的传输时延分析图。

Delay Matrix

	a_2	a_4	a_8	a_{16}	
a	8.0 ns	17.0 ns	26.0 ns	35.0 ns	

图 6-167 传输时延分析

从传输时延分析图中我们可以看出，第一次分频即 2 分频时，有 8 纳秒的时延，第二次分频即 4 分频时有 17 纳秒的时延，第三次分频即 8 分频时有 26 纳秒的时延，第四次分频即 16 分频时有 35 纳秒的时延。这样如果有很多级的分频，时延就会更多。

由以上分析可知，竞争冒险产生的原因是 D 触发器分频引起的时延，如何消除这种竞争冒险呢？我们采用同步触发的方式就可以消除。因为在上面的原理图中，我们采用的是异步触发的方式，即每一个触发器都是单独翻转的。如果采用所有的触发器同时翻转就可以消除这种竞争冒险。

三、实验步骤

1. 运行 MAX＋plus II 软件，学习其基本用法。
2. 在 MAX＋plus II 软件中按照图 6-165 输入原理图，并编译，下载。
3. 使用 MAX＋plus II 软件的仿真功能，观察分频时的延时。
4. 使用 MAX＋plus II 软件的时序分析功能，观察各级分频之间的时延。

四、实验报告要求

1. 在 MAX＋plus II 软件中观察实验现象，并找出产生这种现象的原因。
2. 通过本实验，你对竞争冒险有什么样的认识？并写一篇学习报告。
3. 思考：将原理图进行管脚分配，输入一定频率的波形，你能观察到什么实验现象？

实验三十　组合逻辑电路实验

一、实验目的

1. 掌握组合逻辑电路的设计方法。

2. 掌握组合逻辑电路的静态测试方法。加深CPLD设计过程的理解，并比较原理图输入和文本输入的优劣。

3. 进一步熟悉EDA软件使用的方法和有关可编程逻辑器件方面的知识。

4. 学习有关硬件描述语言方面的知识。

二、实验的硬件要求

1. 数字逻辑电路实验箱。

2. 数字逻辑电路实验箱1032E适配板和7128适配板。

3. PC机。

三、实验内容

1. 设计一个四舍五入判别电路，其输入为8421BCD码，要求当输入大于或等于5时，判别电路输出为1，反之为0。

2. 设计四个开关控制一盏灯的逻辑电路，要求合任一开关，灯亮；断任一开关，灯灭。

3. 设计一个优先权排队电路，排队顺序为：

A=1　最高优先级

B=1　次高优先级

C=1　最低优先级

要求输出端最高只能有一端为"1"，即只能是优先级较高的输入端所对应的输出端为"1"。

四、实验原理图及相应硬件描述语言

1. 四舍五入判别电路原理图(图6-168)：

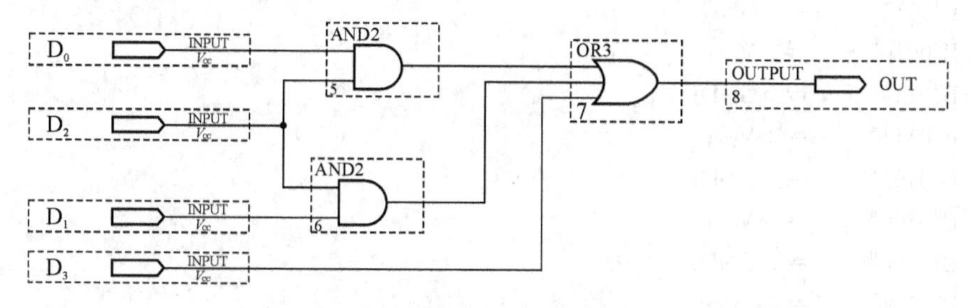

图6-168　四舍五入判别电路原理图

2. 四舍五入判别电路AHDL硬件描述语言输入：

```
SUBDESIGN t2_1
(
  d0,d1,d2,d3:INPUT;
  out:OUTPUT;
)
BEGIN
  IF ((d3,d2,d1,d0)>=5) THEN
    out=VCC;
```

```
  ELSE
out=GND;
END IF;
END;
```

3. 开关控制电路原理图(见图 6-169)

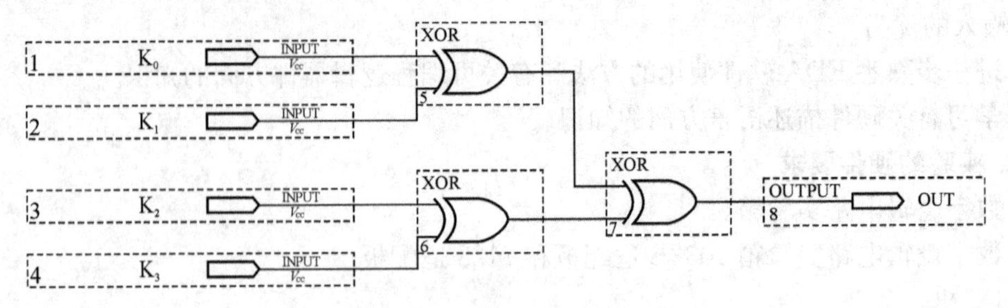

图 6-169 开关控制电路原理图

4. 开关控制电路 AHDL 硬件描述语言输入

```
SUBDESIGN t2_2
(
  k0,k1,k2,k3:INPUT;
  out:OUTPUT;
)
BEGIN
  TABLE
    (k3,k2,k1,k0) => out;
      B"0000"      =>GND;
      B"0001"      =>VCC;
      B"0011"      =>GND;
      B"0010"      =>VCC;
      B"0110"      =>GND;
      B"0111"      =>VCC;
      B"0101"      =>GND;
      B"0100"      =>VCC;
      B"1100"      =>GND;
      B"1101"      =>VCC;
      B"1111"      =>GND;
      B"1110"      =>VCC;
      B"1010"      =>GND;
      B"1011"      =>VCC;
      B"1001"      =>GND;
      B"1000"      =>VCC;
    END TABLE;
END;
```

5. 优先权排队电路原理图(见图 6－170)

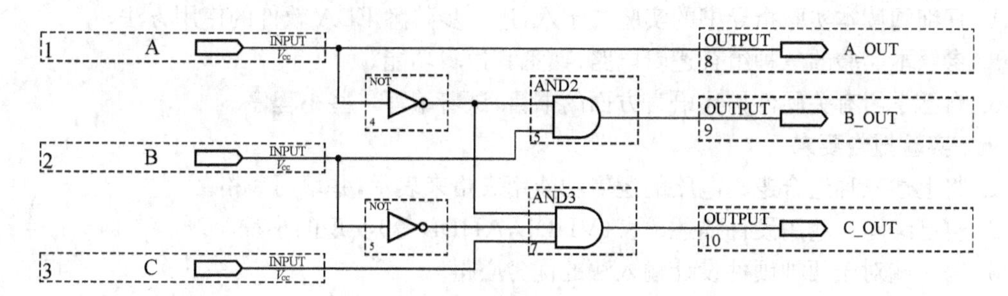

图 6－170　优先权排队电路原理图

6. 优先权排队电路 AHDL 硬件描述语言输入

```
SUBDESIGN t2_3
(
  a,b,c:INPUT;
  a_out,b_out,c_out:OUTPUT;
)
BEGIN
  IF a THEN
    a_out=VCC;
    b_out=GND;
    c_out=GND;
  ELSIF b THEN
    a_out=GND;
    b_out=VCC;
    c_out=GND;
  ELSIF c THEN
    a_out=GND;
    b_out=GND;
    c_out=VCC;
  ELSE
    a_out=GND;
    b_out=GND;
    c_out=GND;
  END IF;
END;
```

说明:以上三种组合逻辑电路的原理图均是用 Max＋plus II 软件完成的,相应的 isp-DesignEXPERT 软件设计请同学们自己参照实验二十八中该软件的使用方法来完成。

五、实验步骤

1. 参照实验指导书中提供的原理图,自己建立新的工程名和文件名,完成上述三种组合逻辑电路的原理图输入和硬件描述语言输入,并编译、下载。

2. 利用实验箱中提供的硬件资源来实现上述三种组合逻辑电路的功能。

3. 将你熟悉的比较简单的组合逻辑电路用原理图或者语言输入,实现其逻辑功能。

六、实验预习要求

1. 仔细阅读本实验指导书的实验二十八，进一步熟悉 EDA 软件的使用方法。
2. 参照本实验的三种组合逻辑电路，熟悉其逻辑功能。
3. 自己学习有关硬件描述语言方面的书籍，试着编写一些小程序。

七、实验报告要求

1. 将上述三种组合逻辑电路的逻辑功能用表格来表示，并填写表格。
2. 自己编写一些用硬件描述语言(VHDL，AHDL 等)实现的小程序。
3. 写一些对于两种硬件设计输入法的优劣心得。

实验三十一　触发器功能实验

一、实验目的

1. 掌握触发器功能的测试方法。
2. 掌握基本 RS 触发器的组成及工作原理。
3. 掌握集成 JK 触发器的逻辑功能及触发方式。
4. 掌握几种主要触发器之间相互转换的方法。
5. 通过实验，体会 CPLD 芯片的高集成度和多 I/O 口。

二、实验原理图(见图 6－171)

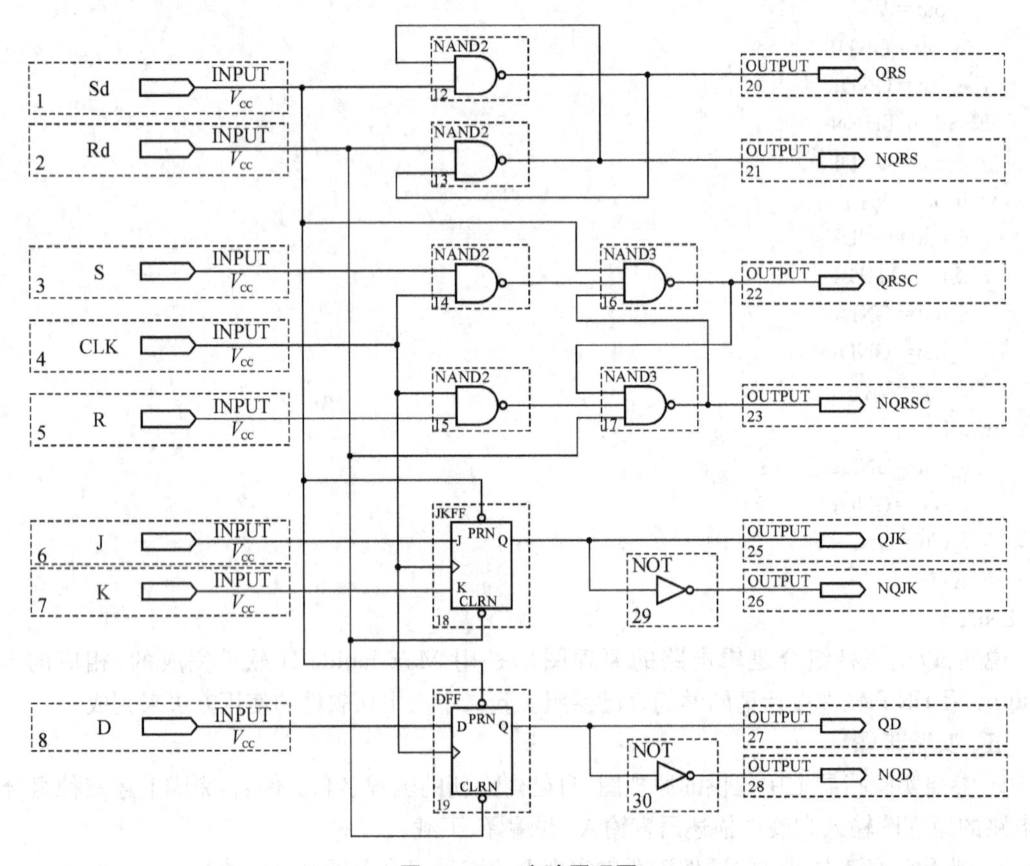

图 6－171　实验原理图

三、实验的硬件要求

1. 数字逻辑电路实验箱。

2. 数字逻辑电路实验箱1032E适配板和7128适配板。

3. 信号源(可用实验箱中的信号源单元)。

4. 双踪示波器。

5. PC机。

四、实验内容

1. 将基本RS触发器,同步RS触发器,J-K触发器,D触发器单独用原理图实现。并验证其逻辑功能。

2. 将基本RS触发器,同步RS触发器,J-K触发器,D触发器同时集成在一个CPLD芯片中(原理图输入),并验证其逻辑功能。

3. 研究触发器相互转化的方法,并用可编程逻辑器件实现。

五、实验预习要求

1. 复习有关触发器方面的知识,熟悉其功能及使用。

2. 复习Max+plus II和ispDesignEXPERT软件的使用方法。

3. 绘制实验所用表格,以备做实验时用。

六、实验步骤

1. 参照实验指导书中提供的原理图,自己建立新的工程名和文件名,完成基本RS触发器,同步RS触发器,J-K触发器,D触发器的单独输入。

2. 参照实验指导书中提供的原理图,自己建立新的工程名和文件名,将基本RS触发器,同步RS触发器,J-K触发器,D触发器同时输入在一个原理图中。

3. 分别将JK触发器和D触发器接成T触发器,模拟其工作状态,并画出其波形。

4. 利用实验箱所提供的硬件资源,实现各种触发器的逻辑功能。

七、实验报告要求

1. 认真填写实验表格(表6-30～表6-33)。

2. 思考:如何用硬件描述语言来实现基本RS触发器,同步RS触发器,J-K触发器,D触发器的功能?

3. 思考:用可编程逻辑器件实现基本RS触发器,同步RS触发器,J-K触发器,D触发器与集成的基本RS触发器,同步RS触发器,J-K触发器,D触发器有何相同与不同之处?

表6-30 基本RS触发器

Rd	Sd	Q	NQ	备注
0	1			
1	0			
1	1			
0	0			

表 6-31　RS 锁存器

R	S	CLK	Rd	Sd	Q^n	Q^{n+1}	Q^{n-1}	备注
×	×	×	1	0				
×	×	×	0	1				
×	×	×	0	0				
×	×	0	1	1				
0	0	1	1	1				
0	1	1	1	1				
1	0	1	1	1				
1	1	1	1	1				

表 6-32　JK 触发器

J	K	CLK	Rd	Sd	Q^n	Q^{n+1}	NQ^{n-1}
×	×	×	0	1			
×	×	×	1	0			
×	×	×	0	0			
×	×	0	1	1			
×	×	1	1	1			
0	0	※	1	1			
0	1	※	1	1			
1	0	↓	1	1			
1	1	↓	1	1			

表 6-33　D 触发器

INPUT				OUTPUT	
D	CLK	Rd	Sd	Q	NQ
×	×	0	1		
×	×	1	0		
×	×	0	0		
×	0	1	1		
×	1	1	1		
0	↑	1	1		
1	↑	1	1		

实验三十二　计数器实验

一、实验目的

1. 了解时序电路的经典设计方法(D 触发器、JK 触发器和一般逻辑门组成的时序逻辑电路)。

2. 了解通用同步计数器,异步计数器的使用方法。

3. 了解用同步计数器通过清零阻塞法和预置数法得到循环任意进制计数器的方法。

4. 了解同步计数器和异步计数器的区别。

二、实验的硬件要求

1. 数字逻辑电路实验箱。
2. 数字逻辑电路实验箱 1032E 适配板和 7128 适配板。
3. 信号源(可以使用实验箱中的信号源单元)。
4. 双踪示波器。
5. PC 机。

三、实验内容

1. 用 D 触发器设计异步四位二进制加法计数器。
2. 用 JK 触发器设计异步二—十进制减法计数器。
3. 用 74LS161 连接成六位二进制同步计数器。
4. 用 74LS390 连接成八位二—十进制异步计数器。

四、实验原理图及实验步骤

实验内容中的实验均要通过"扫描显示电路"进行显示,扫描显示电路的具体源代码如图 6-172 所示。

```
SUBDESIGN deled
(
  num[3..0]:INPUT;
  a,b,c,d,e,f,g:OUTPUT;
)
BEGIN
  TABLE
    num[3..0] => a,b,c,d,e,f,g;

    H"0"      => 1,1,1,1,1,1,0;
    H"1"      => 0,1,1,0,0,0,0;
    H"2"      => 1,1,0,1,1,0,1;
    H"3"      => 1,1,1,1,0,0,1;
    H"4"      => 0,1,1,0,0,1,1;
    H"5"      => 1,0,1,1,0,1,1;
    H"6"      => 1,0,1,1,1,1,1;
    H"7"      => 1,1,1,0,0,0,0;
    H"8"      => 1,1,1,1,1,1,1;
    H"9"      => 1,1,1,1,0,1,1;
    H"A"      => 1,1,1,0,1,1,1;
    H"B"      => 0,0,1,1,1,1,1;
    H"C"      => 1,0,0,1,1,1,0;
    H"D"      => 0,1,1,1,1,0,1;
    H"E"      => 1,0,0,1,1,1,1;
    H"F"      => 1,0,0,0,1,1,1;
  END TABLE;
END;
```

图 6-172 扫描显示电路源代码

1. D触发器构成的异步四位二进制加法计数器(见图6-173)

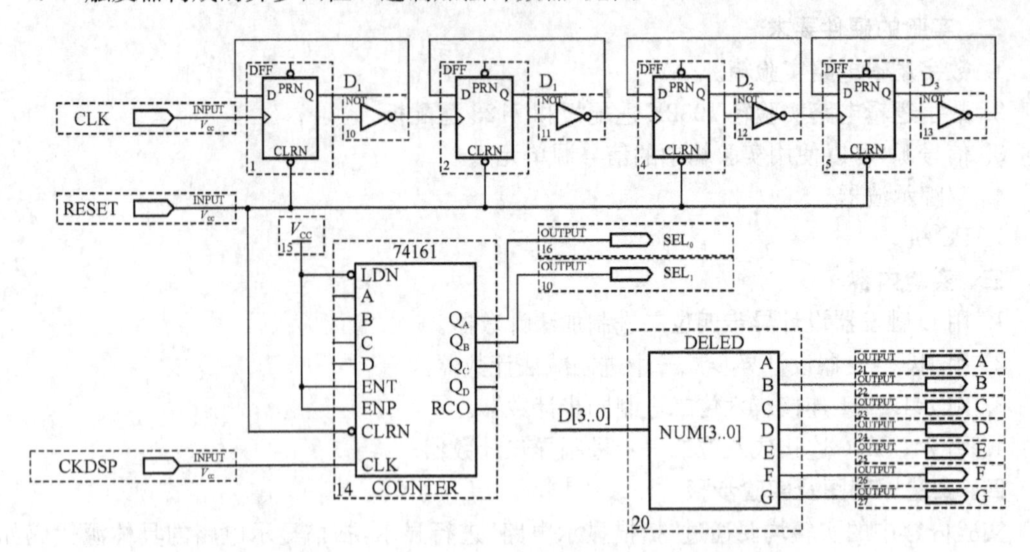

图6-173　D触发器构成的异步四位二进制加法计数器

连线说明:

①计数时钟频率CLK接1 Hz;扫描时钟频率CKDSP接大于1 kHz时钟。

②四位D触发器接成异步计数器。

③A…G为显示译码输出,代表数码管的七个段位(a,b,c,d,e,f,g),注意此时两个数码管必须同极性的数码管(均为共阴或均为共阳)。

④SEL_0~SEL_1为扫描地址(控制二位数码管的扫描顺序和速度),将SEL_0接一个数码管的第3和第8脚,SEL_1接另外一个数码管的第3和第8脚。

⑤二位数码管同时顺序显示0~F。

⑥具体连线根据实验内容完成时的管脚划分和定义,同相应的输入、输出接口功能模块相连。

2. JK触发器构成的异步二—十进制减法计数器(见图6-174)

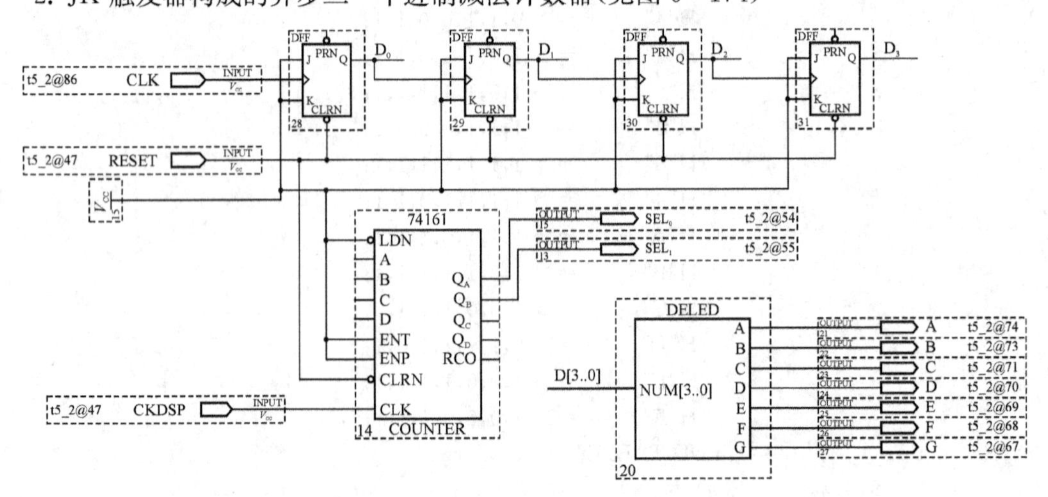

图6-174　JK触发器构成的异步二—十进制减法计数器

连线说明：

① 计数时钟频率 CLK 接 1 Hz；扫描时钟频率 CKDSP 接大于 1 kHz 时钟。

② 四位 JK 触发器接成异步计数器。

③ A…G 为显示译码输出，代表数码管的七个段位(a,b,c,d,e,f,g)，注意此时两个数码管必须同极性的数码管(均为共阴或均为共阳)。

④ $SEL_0 \sim SEL_1$ 为扫描地址(控制二位数码管的扫描顺序和速度)，将 SEL_0 接一个数码管的第 3 和第 8 脚，SEL_1 接另外一个数码管的第 3 和第 8 脚。

⑤具体连线根据实验内容完成时的管脚划分和定义，同相应的输入、输出接口功能模块相连。

3. 74LS161 连接成六位二进制同步计数器(见图 6－175)

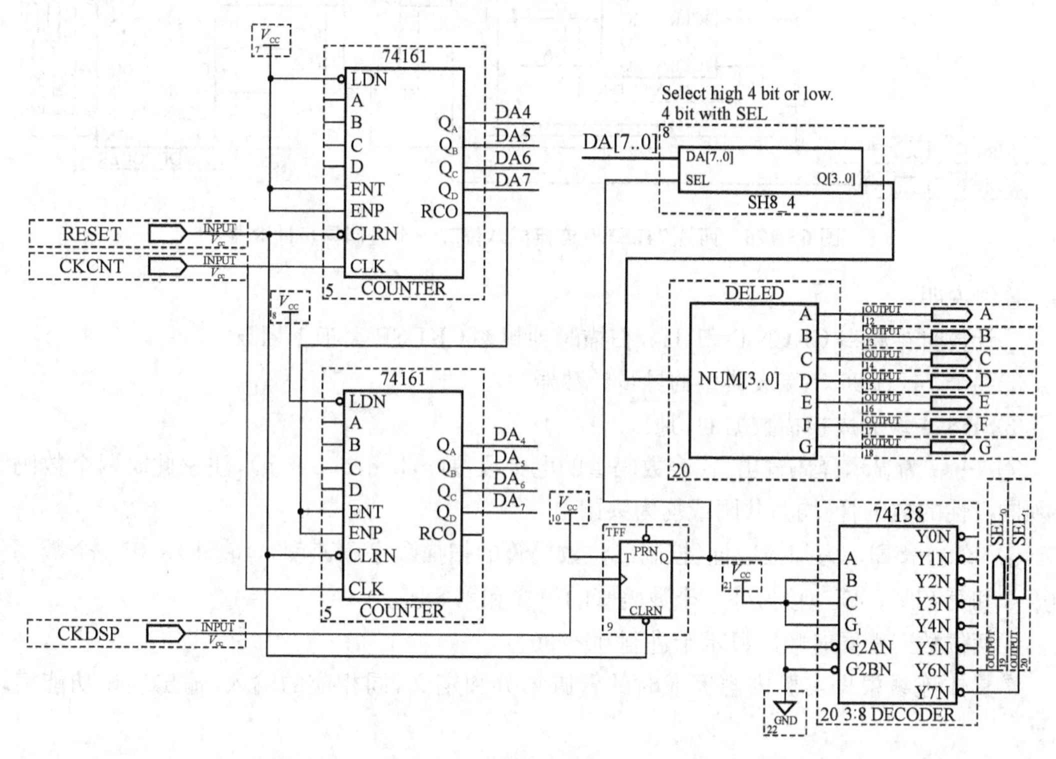

图 6－175　两片 74LS161 连接成六位二进制同步计数器

连线说明：

①计数时钟频率 CKCNT＝1 Hz，扫描时钟频率 CKDSP 大于 1 kHz。

②两个 74LS161 串接成典型的同步计数器。

③SH8_4 块完成扫描数据的切换。

④A…G 为显示译码输出，代表数码管的七个段位(a,b,c,d,e,f,g)，注意此时两个数码管必须同极性的数码管(均为共阴或均为共阳)。

⑤$SEL_0 \sim SEL_1$ 为扫描地址(控制二位数码管的扫描顺序和速度)，将 SEL_0 接一个数码管的第 3 和第 8 脚，SEL_1 接另外一个数码管的第 3 和第 8 脚。

⑥具体连线根据实验内容完成时的管脚划分和定义，同相应的输入、输出接口功能模块相连。

4. 用 74LS390 连接成八位二—十进制异步计数器(见图 6－176)。

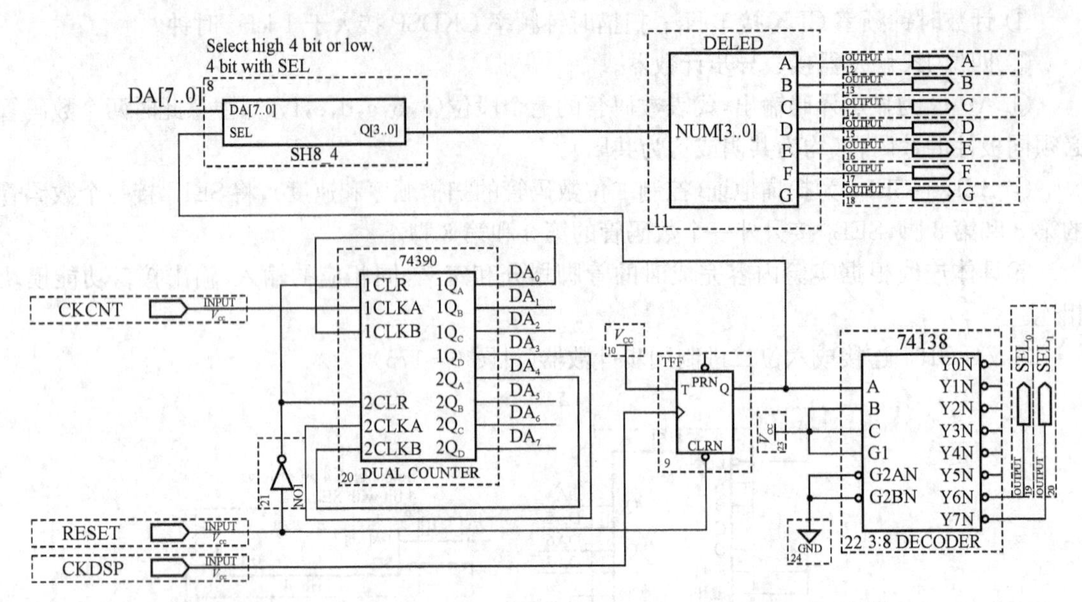

图 6－176　两片 74LS390 连接成八位二—十进制异步计数器

连线说明：

①计数时钟频率 CKCNT＝1 Hz，扫描时钟频率 CKDSP 大于 1 kHz。

②两个 74LS390 串接成典型的异步计数器。

③SH8_4 块完成扫描数据的切换。

④A…G 为显示译码输出，代表数码管的七个段位(a,b,c,d,e,f,g)，注意此时两个数码管必须同极性的数码管(均为共阴或均为共阳)。

⑤SEL_0～SEL_1 为扫描地址(控制二位数码管的扫描顺序和速度)，将 SEL_0 接一个数码管的第 3 和第 8 脚，SEL_1 接另外一个数码管的第 3 和第 8 脚。

⑥两位数码管同时顺序显示十进制 00～99。

⑦具体连线根据实验内容完成时的管脚划分和定义，同相应的输入、输出接口功能模块相连。

五、实验预习要求

1. 复习有关同步计数器及异步计数器方面的知识，熟悉其功能及使用。
2. 复习 Max＋plus II 和 ispDesignEXPERT 软件的使用方法。
3. 绘制实验所用表格，以备做实验时用。

六、实验报告要求

1. 认真观察实验现象，并做详细的实验记录。。
2. 思考：如何用硬件描述语言来实现常见计数器的功能？
3. 思考：如何用可编程逻辑器件实现一个数字钟的功能，要求数字钟有秒位，分位，时位，以 24 小时循环计时，秒脉冲使用信号源部分的 1 Hz 信号。如果有兴趣，可以做一些数字钟的扩展功能：有清零，调节小时、分钟功能；具有整点报时功能。

实验三十三　交通灯实验

一、实验目的

1. 熟悉 VHDL 语言编程，了解实际设计中的优化方案。

2. 熟悉在 Max＋plus II 和 ispDesignEXPERT 软件中使用硬件描述语言输入，编译的方法。

3. 了解硬件描述语言的语言规范。

二、实验硬件要求

1. 数字逻辑电路实验箱。

2. 数字逻辑电路实验箱 1032E 适配板和 7128 适配板。

3. PC 机。

三、实验内容

1. 用硬件描述语言实现交通灯实验。

2. 观察实验现象，并对比实际生活中的交通灯。

四、实验原理

要完成本实验，首先必须了解交通路灯的燃灭规律。本实验需要用到实验箱逻辑电平输出模块中的发光二极管，即红、黄、绿各四个发光二极管，如图 6－177 所示为十字路口交通灯的分布示意图(可通过实验箱中的逻辑电平输出模块来模拟)。

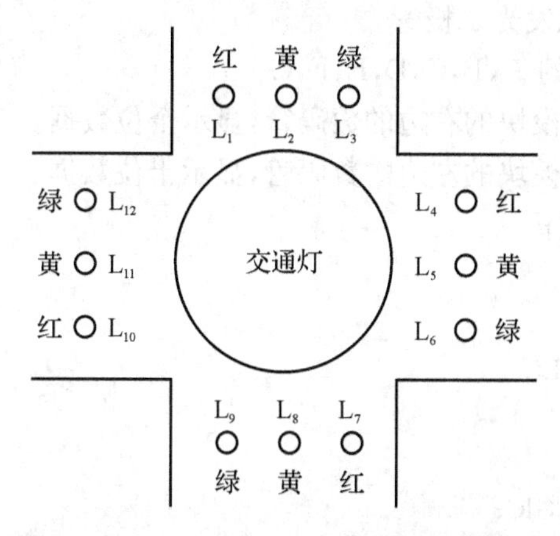

图 6－177　十字路口交通灯的分布示意图

依人们的交通常规，“红灯停，绿灯行，黄灯提醒”，其交通灯的燃灭规律为：初始态是两个路口的红灯全亮。之后，东西路口的绿灯亮，南北路口的红灯亮，东西方向开始通行，同时从 15 秒开始倒计时。倒计时到 5 秒时，东西路口绿灯开始闪烁，倒计时到 1 秒时东西绿灯灭，黄灯开始闪烁。倒计时到 0 秒后，东西路口红灯亮，同时南北路口的绿灯亮，南北方向开始通行，同样从 15 秒开始倒计时，再切换到东西路口方向，以后周而复始的重复上述过程。

提示：从上面的功能分析可知，主要设计模块是计数器模块，然后可根据计数器模块的计数状态设计输出状态即红绿灯信号控制模块。刚接触硬件描述语言时本实验有难度，想深入学习可考我们公司 EDA 系列实验箱及相关学习资料。本实验提供源程序，同学们可以参考相关硬件描述语言的教材读懂本实验程序，并在数电实验箱上模拟实现。下面提供顶层原理图、实验连线说明、源程序，自行编译、下载并进行实验验证。

1. 实验顶层原理图

实验顶层原理图如图 6-178 所示。

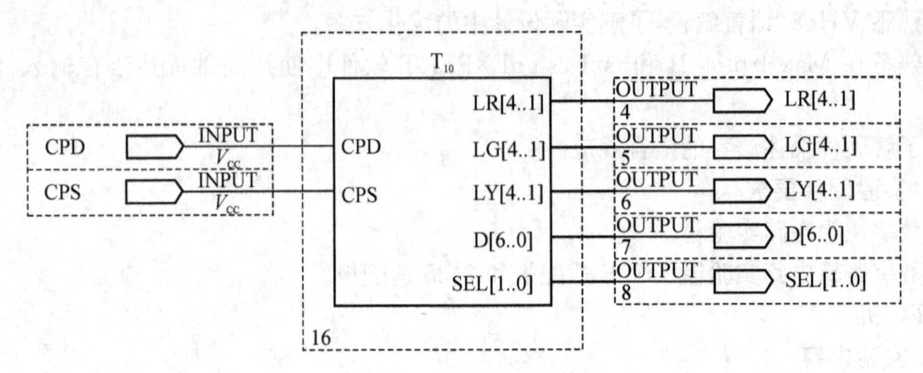

图 6-178　实验顶层原理图

2. 硬件连接（两个显示时间用的数码管必须为同极性，或共阳或共阴）

CPD：接 1 Hz 左右的时钟信号。

CPS：接 10 kHz 左右的时钟信号。

LR_1～LR_4：分别接红色发光二极管。

LG_1～LG_4：分别接绿色发光二极管。

LY_1～LY_4：分别接黄色发光二极管。

D_0～D_6：接数码管模块的 A，B，C，D，E，F，G。

SEL0：接实验箱数码管模块的右边的数码管，显示个位数据。

SEL1：接实验箱数码管模块的左边的数码管，显示十位数据。

3. 实验 VHDL 语言程序

——顶层 VHDL 文件：

```
LIBRARY ieee;
USE ieee.std_logic_1164.ALL;
ENTITY t10 IS
  PORT(
    cpd,cps: IN  STD_LOGIC;
    lr,lg,ly: OUT  STD_LOGIC_VECTOR(4 downto 1);
    d: OUT STD_LOGIC_VECTOR(6 downto 0);
    sel: OUT STD_LOGIC_VECTOR(1 downto 0));
END t10;
ARCHITECTURE a OF t10 IS
COMPONENT tbjsa
  PORT(
    cp: IN  STD_LOGIC;
    q: OUT  STD_LOGIC_VECTOR(4 downto 0));
END COMPONENT;
COMPONENT tbjsb
  PORT(
```

```
        cp: IN  STD_LOGIC;
        q: OUT   STD_LOGIC_VECTOR(2 downto 0));
  END COMPONENT;
  COMPONENT dk
    PORT(
        cp: IN STD_LOGIC;
        sj: IN   STD_LOGIC_VECTOR(4 downto 1);
        lr,lg,ly: OUT   STD_LOGIC_VECTOR(4 downto 1));
  END COMPONENT;
  COMPONENT sx
    PORT(
        sj: IN STD_LOGIC_VECTOR(3 downto 0);
        kz: IN STD_LOGIC;
        d: OUT   STD_LOGIC_VECTOR(6 downto 0));
  END COMPONENT;
  SIGNAL nsj: STD_LOGIC_VECTOR(4 downto 0);
  SIGNAL nwk: STD_LOGIC_VECTOR(2 downto 0);
  BEGIN
  l_a: tbjsa PORT MAP (cpd,nsj);
  l_b: tbjsb PORT MAP (cps,nwk);
  l_c: dk PORT MAP (cpd,nsj(4 downto 1),lr,lg,ly);
  l_d: sx PORT MAP (nsj(3 downto 0),nwk(0),d);
  sel(0)<= nwk(0);
  sel(1)<=not nwk(0);
  END a;

  LIBRARY ieee;
  USE ieee. std_logic_1164. ALL;
  ENTITY sx IS
    PORT(
        sj: IN STD_LOGIC_VECTOR(3 downto 0);
        kz: IN STD_LOGIC;
        d: OUT   STD_LOGIC_VECTOR(6 downto 0));
  END sx;
  ARCHITECTURE a OF sx IS
  SIGNAL nsjh,nsjl: STD_LOGIC_VECTOR(6 downto 0);
  BEGIN
  with sj select
  nsjh <= "0000110" when "1111",
          "0000110" when "1110",
          "0000110" when "1101",
          "0000110" when "1100",
          "0000110" when "1011",
```

```
        "0000110" when "1010",
        "0111111" when others;
with sj select
nsjl <= "0111111" when "0000",
        "0000110" when "0001",
        "1011011" when "0010",
        "1001111" when "0011",
        "1100110" when "0100",
        "1101101" when "0101",
        "1111101" when "0110",
        "0000111" when "0111",
        "1111111" when "1000",
        "1101111" when "1001",
        "0111111" when "1010",
        "0000110" when "1011",
        "1011011" when "1100",
        "1001111" when "1101",
        "1100110" when "1110",
        "1101101" when "1111",
        "0000000" when others;
with kz select
d <= nsjl when '0',
     nsjh when '1',
     "0000000" when others;
END a;

LIBRARY ieee;
USE ieee.std_logic_1164.ALL;
ENTITY tbjsa IS
  PORT(
    cp: IN STD_LOGIC;
    q: OUT STD_LOGIC_VECTOR(4 downto 0));
END tbjsa;
ARCHITECTURE a OF tbjsa IS
COMPONENT JKFF
  PORT (j: IN STD_LOGIC;
    k: IN STD_LOGIC;
    clk: IN STD_LOGIC;
    clrn: IN STD_LOGIC;
    prn: IN STD_LOGIC;
    q: OUT STD_LOGIC);
END COMPONENT;
SIGNAL vcc: STD_LOGIC;
```

```
SIGNAL njk,nq: STD_LOGIC_VECTOR(4 downto 0);
BEGIN
vcc <= '1';
njk(0) <= '1';
njk(1) <= nq(0);
njk(2) <= nq(0)and nq(1);
njk(3) <= nq(0)and nq(1)and nq(2);
njk(4) <= nq(0)and nq(1)and nq(2)and nq(3);
l1:
FOR i IN 4 downto 0 GENERATE
n_jk: JKFF PORT MAP (njk(i),njk(i),cp,vcc,vcc,nq(i));
q(i) <= not nq(i);
END GENERATE;
END a;

LIBRARY ieee;
USE ieee.std_logic_1164.ALL;
ENTITY tbjsb IS
  PORT(
    cp: IN STD_LOGIC;
    q: OUT STD_LOGIC_VECTOR(2 downto 0));
END tbjsb;
ARCHITECTURE a OF tbjsb IS
COMPONENT JKFF
  PORT (j: IN STD_LOGIC;
    k: IN STD_LOGIC;
    clk: IN STD_LOGIC;
    clrn: IN STD_LOGIC;
    prn: IN STD_LOGIC;
    q: OUT STD_LOGIC);
END COMPONENT;
SIGNAL vcc: STD_LOGIC;
SIGNAL njk,nq: STD_LOGIC_VECTOR(1 downto 0);
BEGIN
vcc <= '1';
njk(0) <= '1';
njk(1) <= nq(0);
l1:
FOR i IN 1 downto 0 GENERATE
n_jk: JKFF PORT MAP (njk(i),njk(i),cp,vcc,vcc,nq(i));
END GENERATE;
q(0) <= nq(0);
q(1) <= '0';
```

```
q(2) <= nq(1);
END a;

LIBRARY ieee;
USE ieee.std_logic_1164.ALL;
ENTITY dk IS
  PORT(
    cp: IN STD_LOGIC;
    sj: IN STD_LOGIC_VECTOR(4 downto 1);
    lr,lg,ly: OUT STD_LOGIC_VECTOR(4 downto 1));
END dk;
ARCHITECTURE a OF dk IS
SIGNAL ra,rb,ga,gb,ya,yb: STD_LOGIC;
BEGIN
ra <= sj(4);
rb <= not sj(4);
ga <= (not sj(4))and(sj(3)or(sj(2)and sj(1))or((sj(2)xor sj(1))and cp));
gb <= sj(4)and(sj(3)or(sj(2)and sj(1))or((sj(2)xor sj(1))and cp));
ya <= (not sj(4))and(not(sj(3)or sj(2)or sj(1)));
yb <= sj(4)and(not(sj(3)or sj(2)or sj(1)));
lr(1) <= ra;
lr(2) <= rb;
lr(3) <= ra;
lr(4) <= rb;
lg(1) <= ga;
lg(2) <= gb;
lg(3) <= ga;
lg(4) <= gb;
ly(1) <= ya;
ly(2) <= yb;
ly(3) <= ya;
ly(4) <= yb;
END a;
```

五、实验报告要求

1. 仔细分析该实验程序，可以试着将其分成几个基本模块，以备将来设计时随时调用。
2. 仔细分析该实验程序，看是否将其优化。
3. 仔细观察街道上的交通灯实况，根据实际情况或假想情况调整设计思路，参考如下：

IN6 L3 L4 L5 L6 L7 L8 L9 L10 L11 L12 L13 L14 L15 L16 L17 L18 IN7 Y0 ISPEN

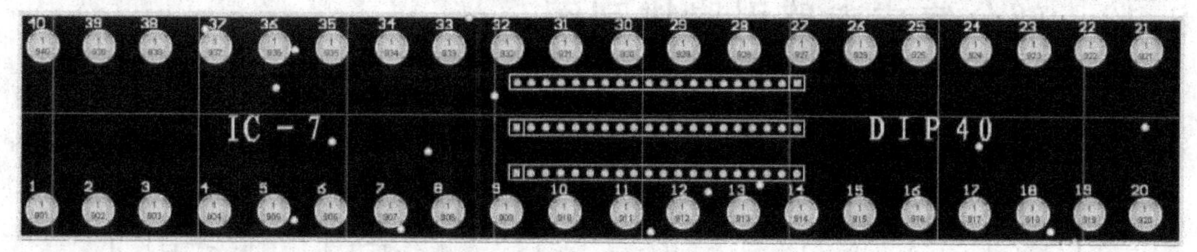

RESET SDI L26 L27 L28 L29 L30 L31 L32 L33 L34 L35 L36 L37 L38 L39 L40 L41 MODE TDO

L45 L46 L47 L48 L49 L50 L51 L52 L53 L54 L55 L56 L57 L58 L59 L60 SCLK Y3 Y2 GND

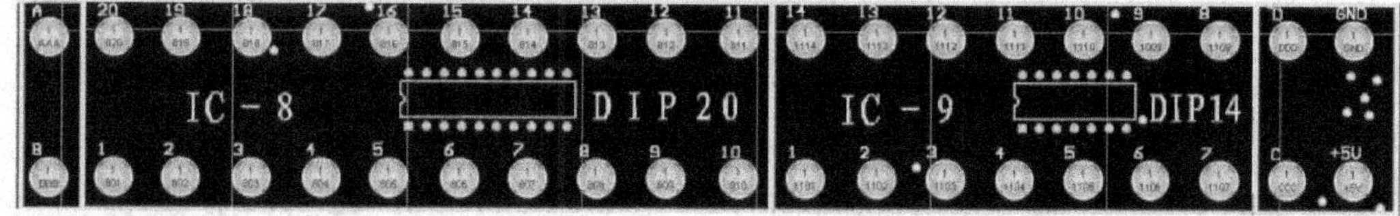

Y1 GOE0 L68 L69 L70 L71 L72 L73 L74 L75 L76 L77 L78 L79 L80 L81 L82 L83 GOE1 +5 V

A1 A2 A4 A5 A6 A8 A9 A10 A11 A12 TDI A15 A16 A17 A18 A20 A21 A22 TMS

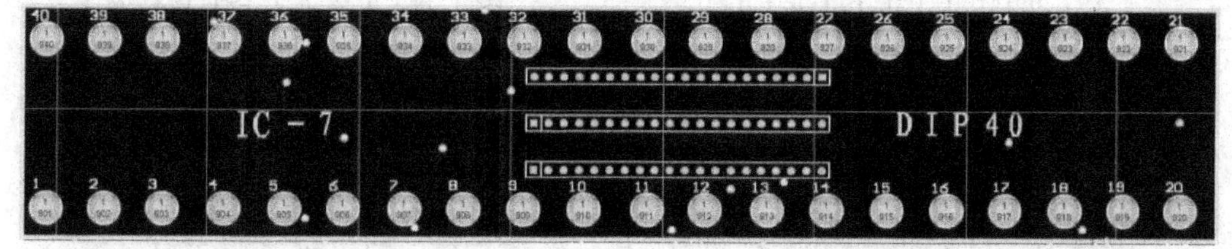

A24 A25 A27 A28 A29 A30 A31 A33 A34 A35 A36 A37 A39 A40 A41 A44 A45 A46 A48 A49

A50 A51 A52 A54 A55 A56 A57 A58 A60 A61 TCK A63 A64 A65 A67 A68 A69 A70

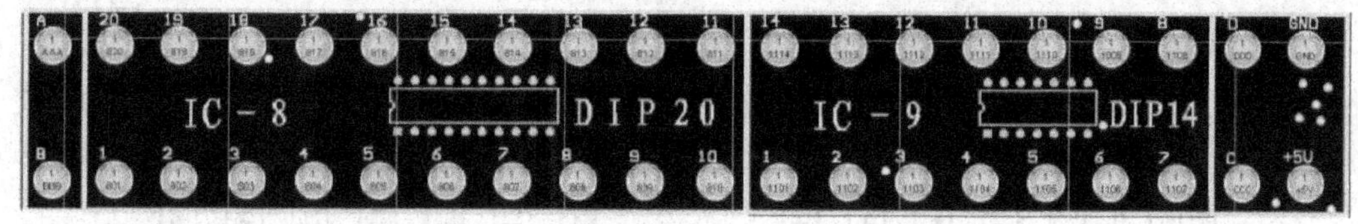

A73 A74 A75 A76 A77 A79 A80 A81 A83 A84

6.12　部分集成电路引脚排列图

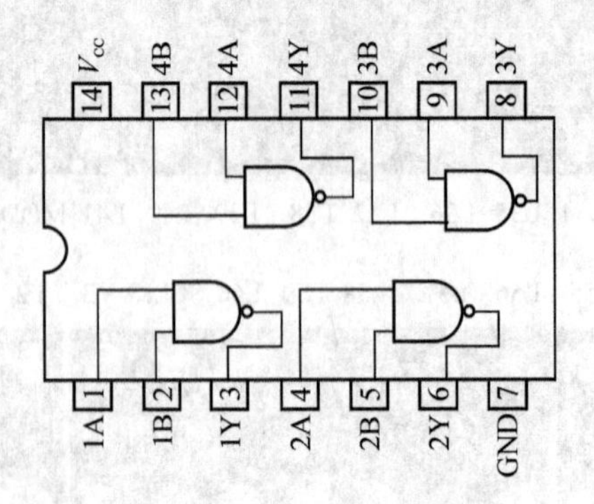

图 6 - 179　74LS00　二输入端四与非门

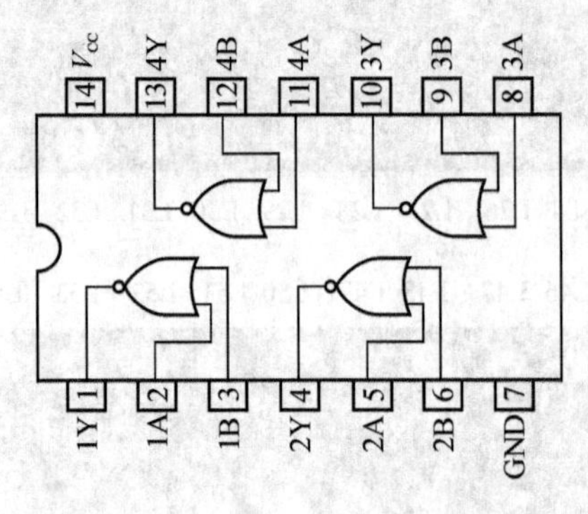

图 6 - 180　74LS02　二输入端四或非门

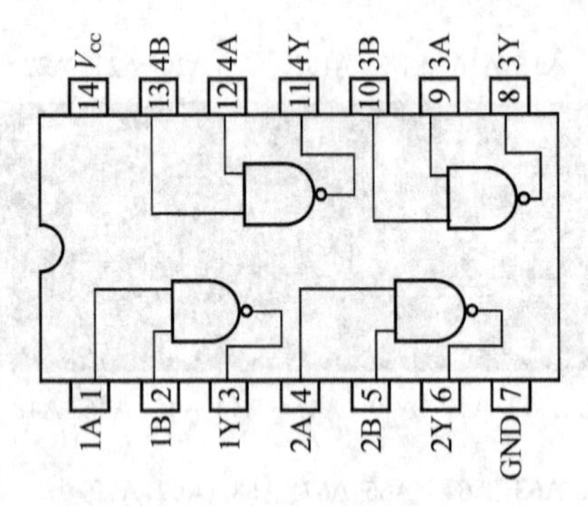

图 6 - 181　74LS03　二输入端四与非门(OC)

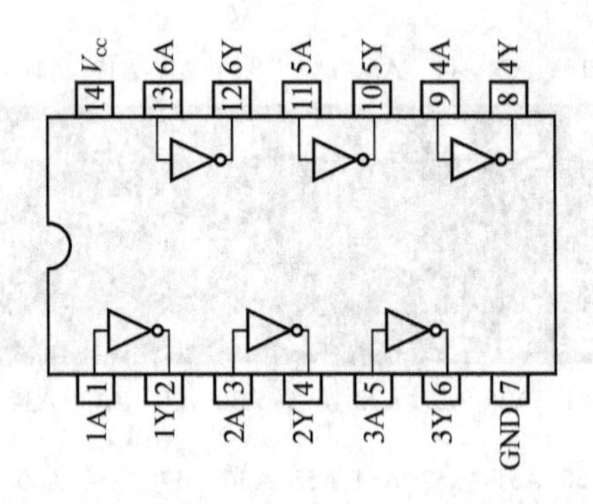

图 6 - 182　74LS04　六反相器

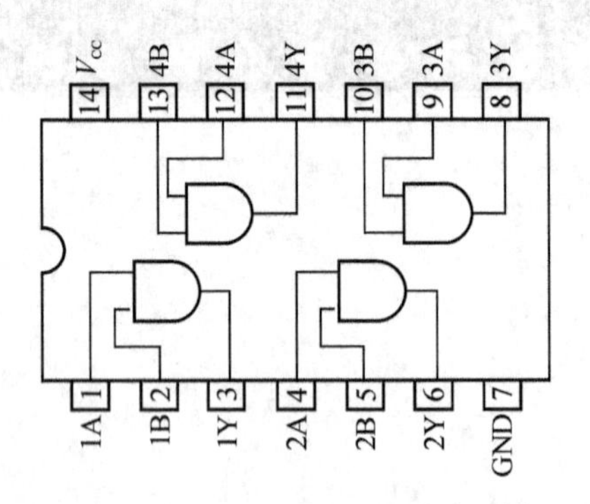

图 6 - 183　74LS08　二输入端四与门

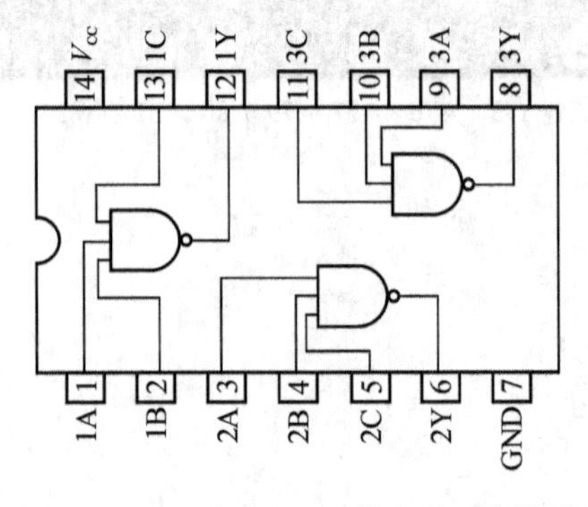

图 6 - 184　74LS10　三输入端三与非门

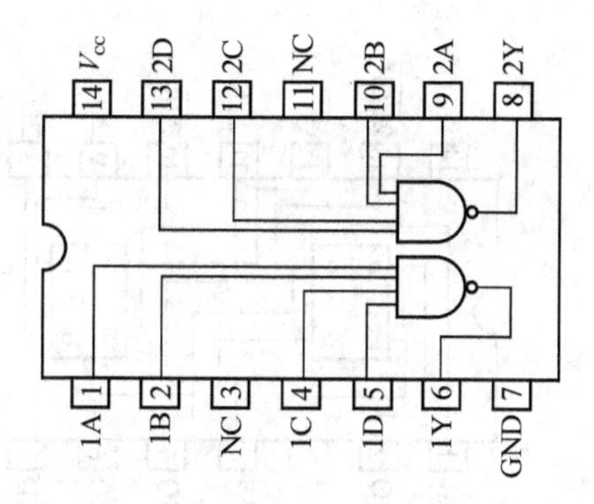

图 6-185 74LS20 四输入端二与非门

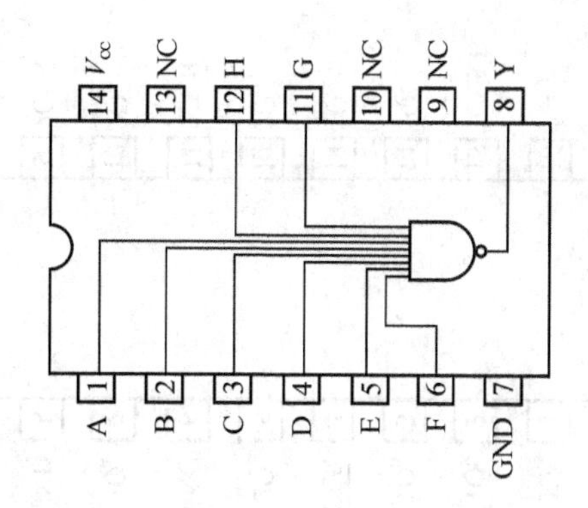

图 6-186 74LS30 八输入与非门

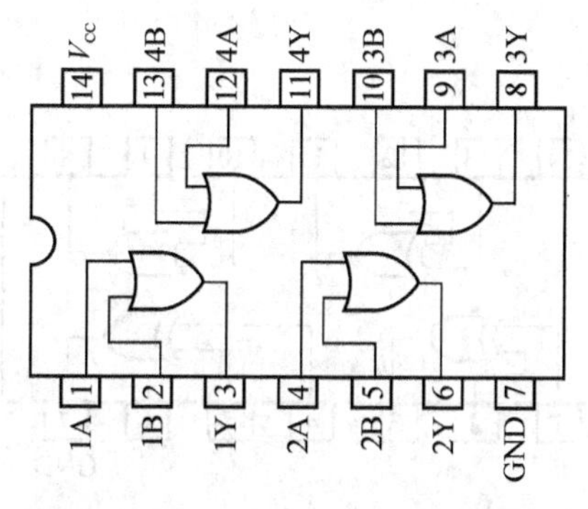

图 6-187 74LS32 二输入端四或门

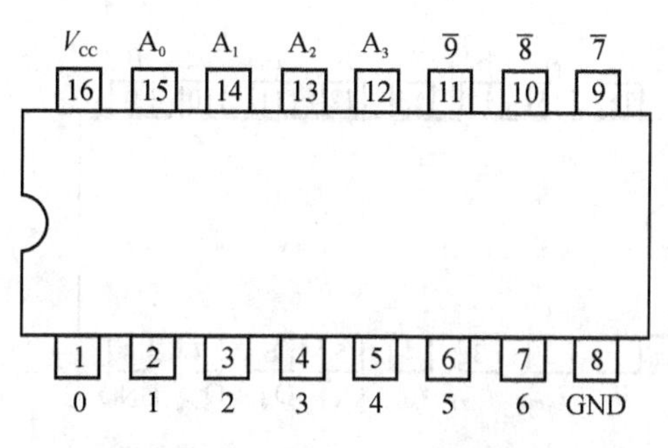

图 6-188 74LS42 4—10 译码器

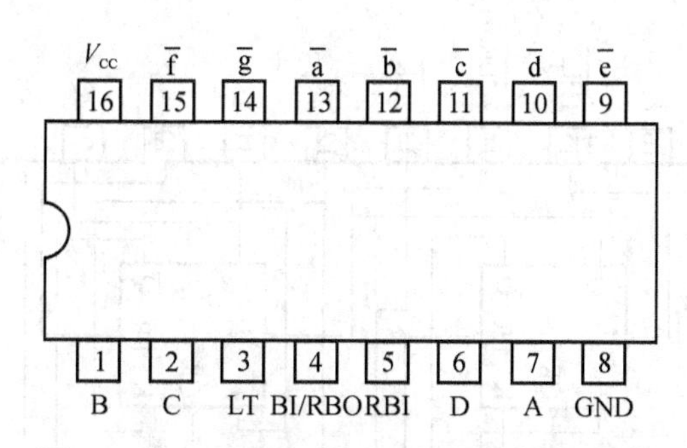

图 6-189 74LS47 共阳 4—7 译码器/驱动器

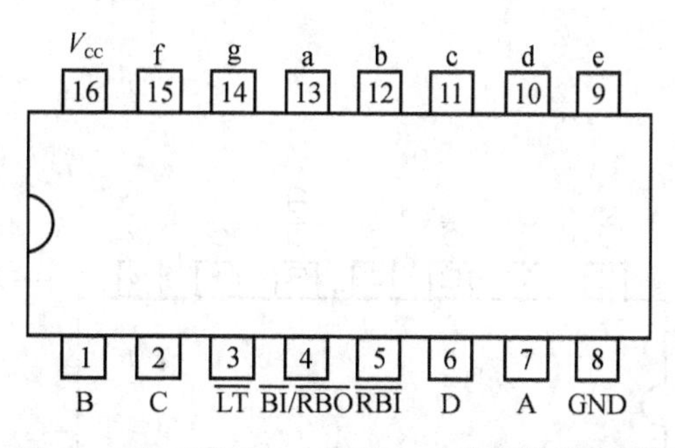

图 6-190 74LS48 共阴 4—7 译码器/驱动器

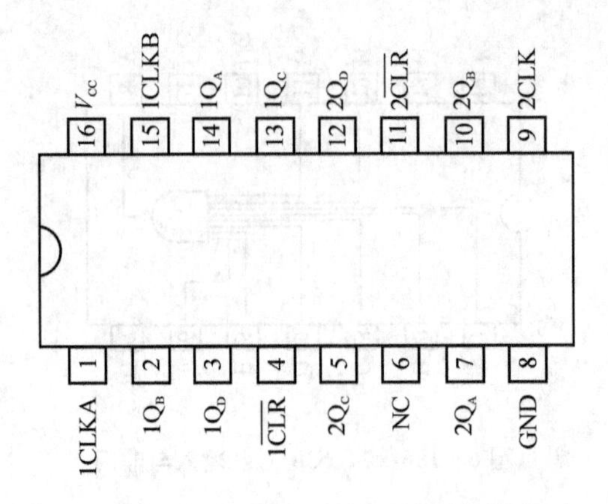

图 6－191 74LS68 十进制计数器

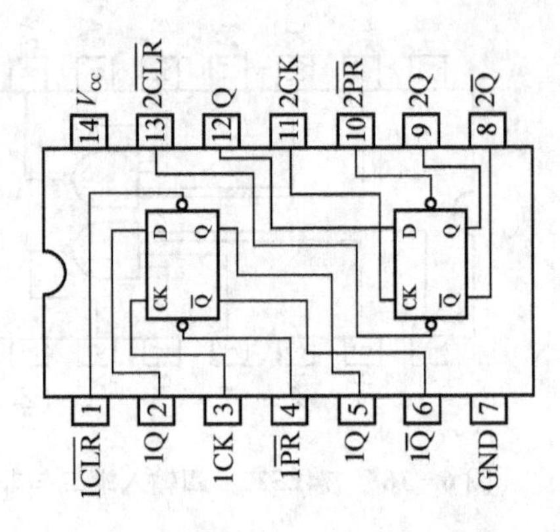

图 6－192 74LS74 上升沿 D 触发器

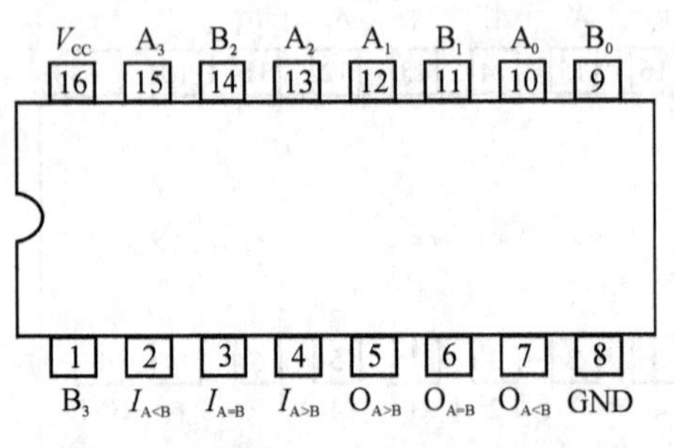

图 6－193 74LS85 集成数值比较器

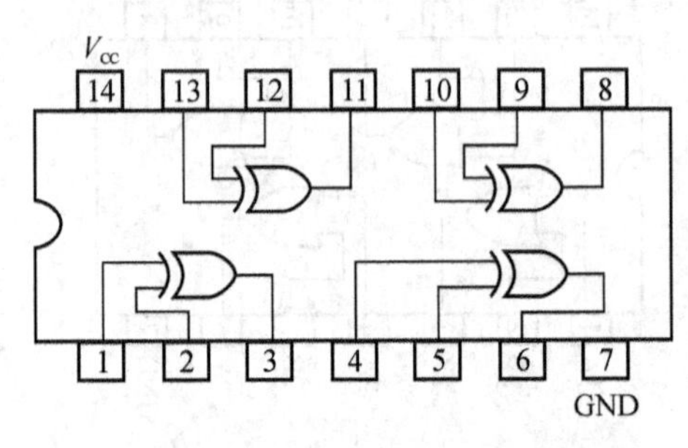

图 6－194 74LS86 二输入端四异或门

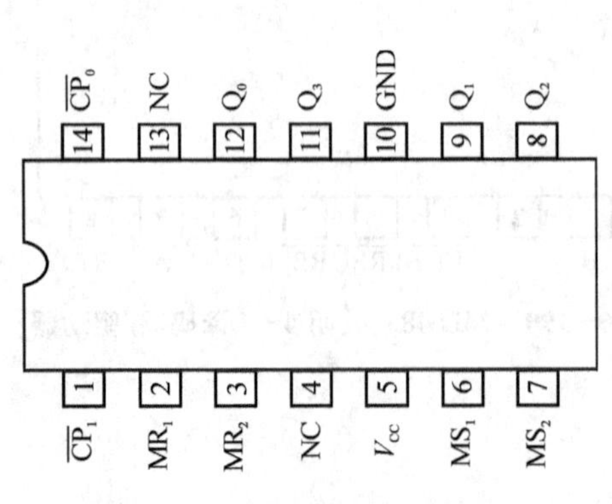

图 6－195 74LS90 十进制计数器

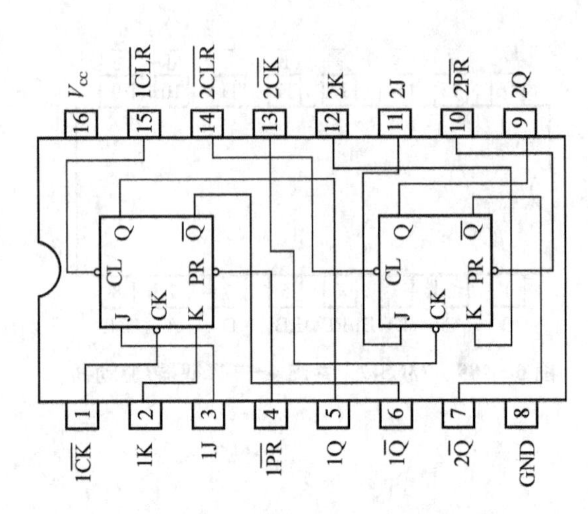

图 6－196 74LS112 双 J－K 触发器

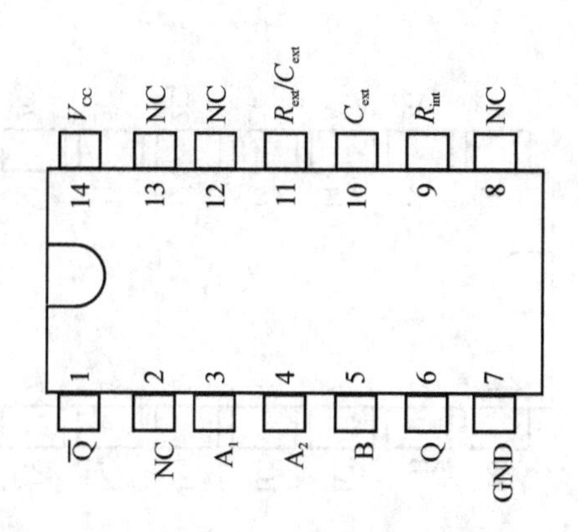

图 6-197 74LS121 可重触发单稳态触发器

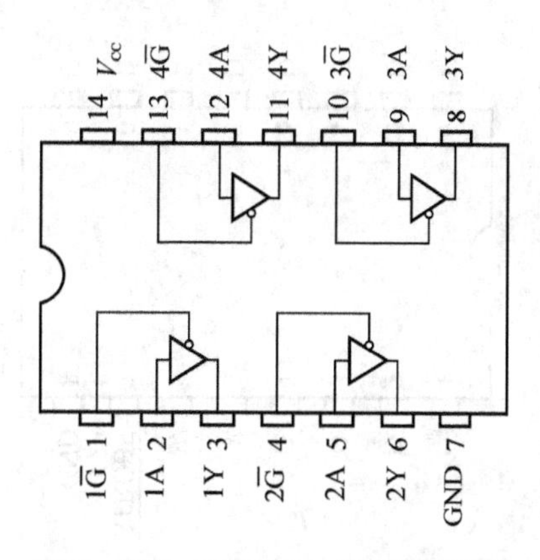

图 6-198 74LS125 四总线缓冲器

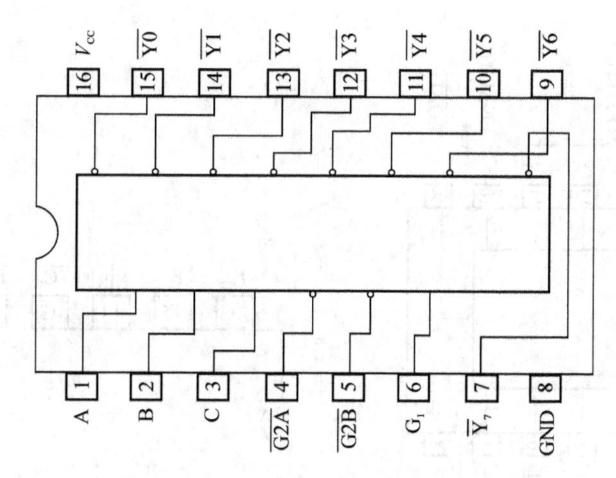

图 6-199 74LS138 3—8 线译码器

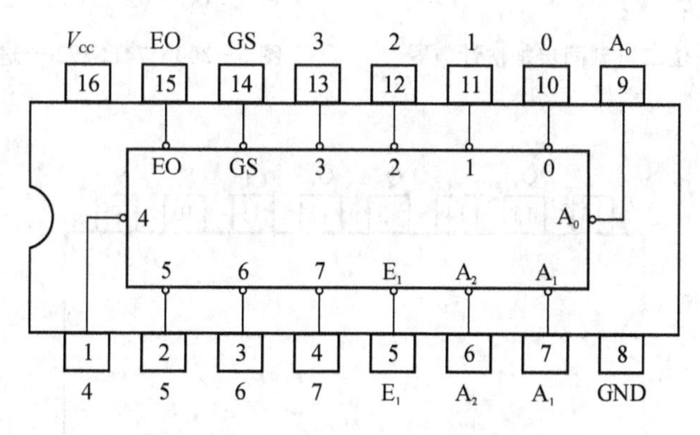

图 6-200 74LS148 8—3 优先编码器

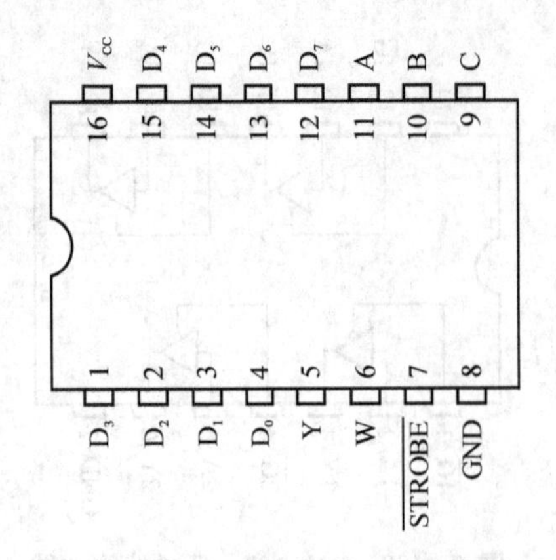

图 6-201　74LS151　8 选 1 数据选择器

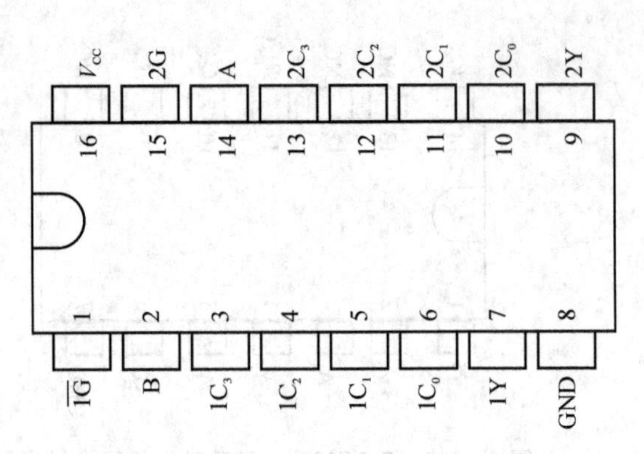

图 6-202　74LS153 双数据选择开关

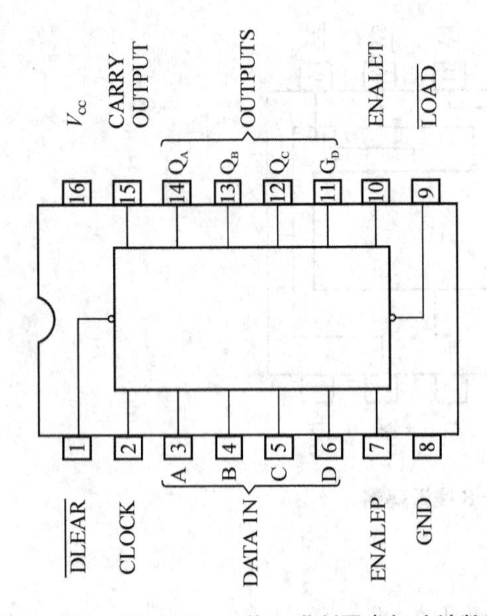

图 6-203　74LS161　4 位二进制同步加法计数器

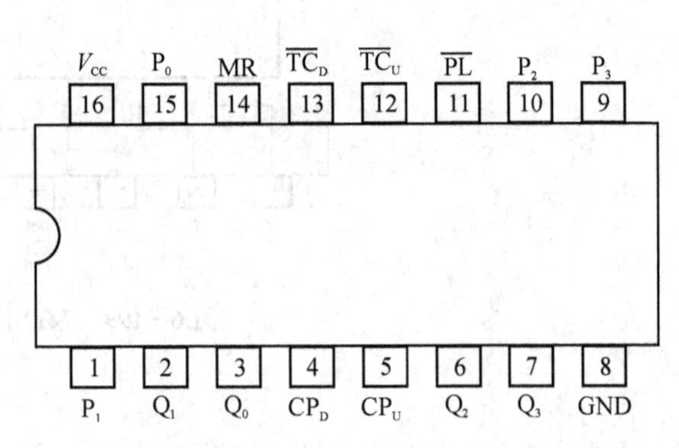

图 6-204　74LS192 十进制同步加/减计数器

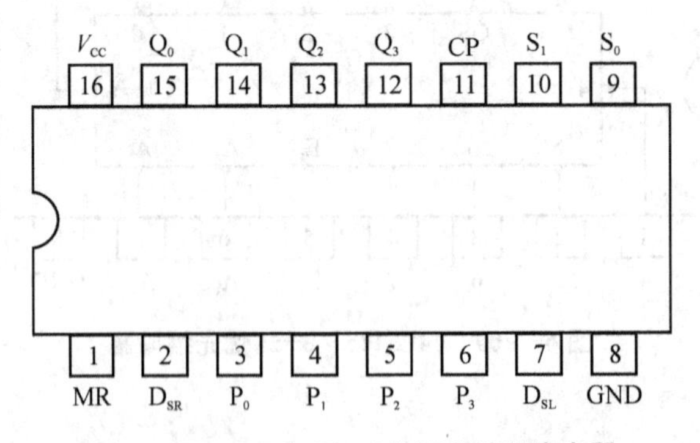

图 6-205　74LS194　4 位双向移位寄存器

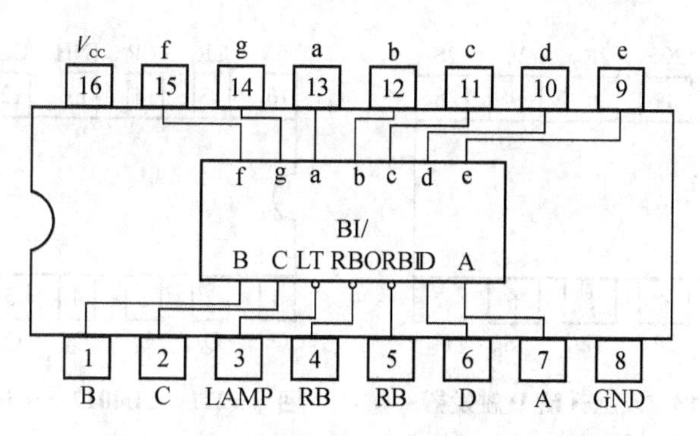

图 6-206 74LS248 共阴极译码驱动器

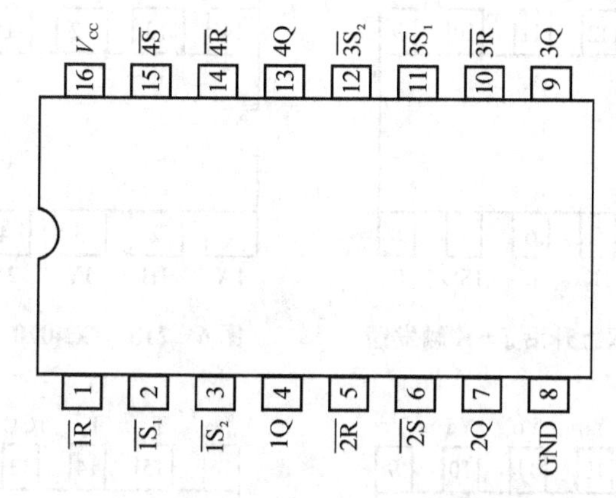

图 6-207 74LS279 4RS 触发器

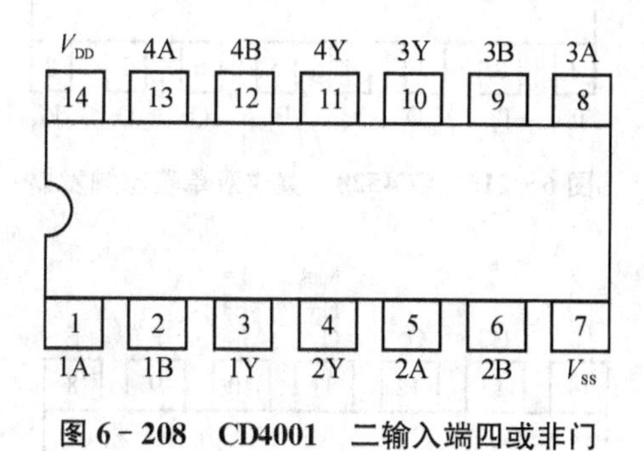

图 6-208 CD4001 二输入端四或非门

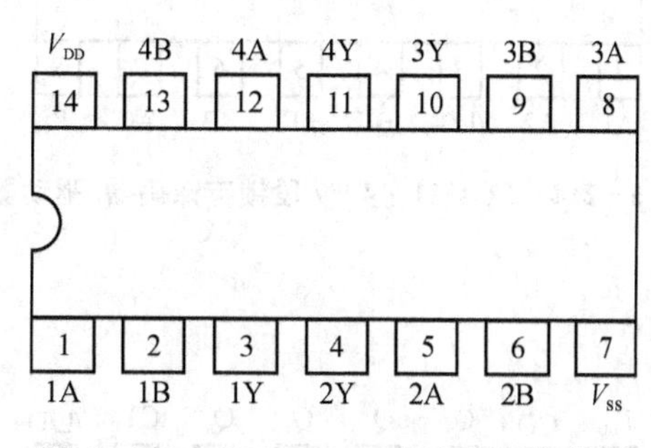

图 6-209 CD4011 二输入端四与非门

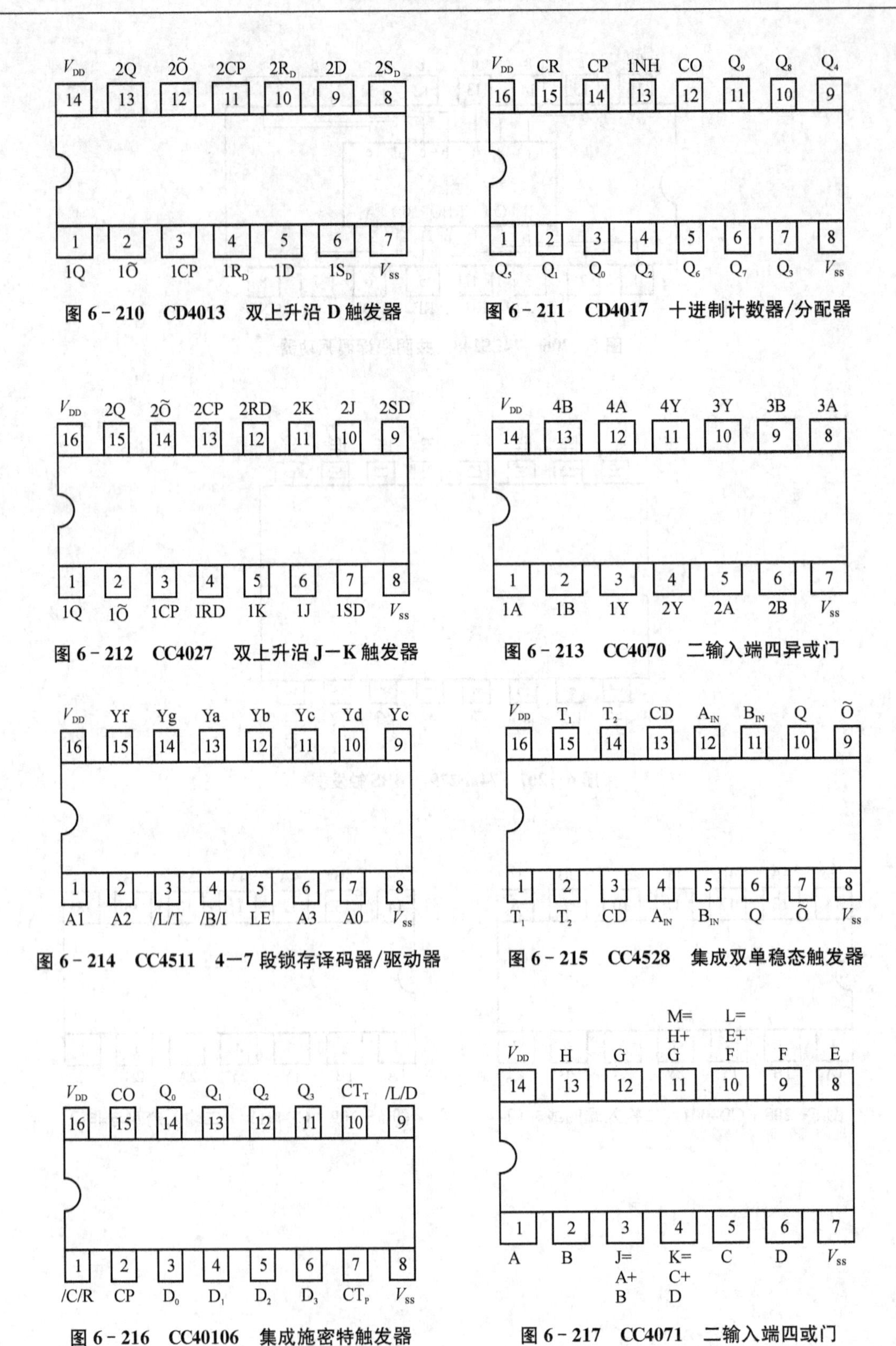

图 6-210　CD4013　双上升沿 D 触发器

图 6-211　CD4017　十进制计数器/分配器

图 6-212　CC4027　双上升沿 J—K 触发器

图 6-213　CC4070　二输入端四异或门

图 6-214　CC4511　4—7 段锁存译码器/驱动器

图 6-215　CC4528　集成双单稳态触发器

图 6-216　CC40106　集成施密特触发器

图 6-217　CC4071　二输入端四或门

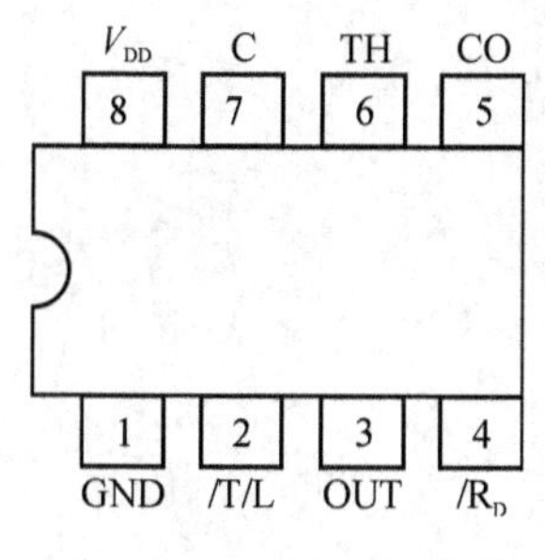

图 6－218　555　定时器

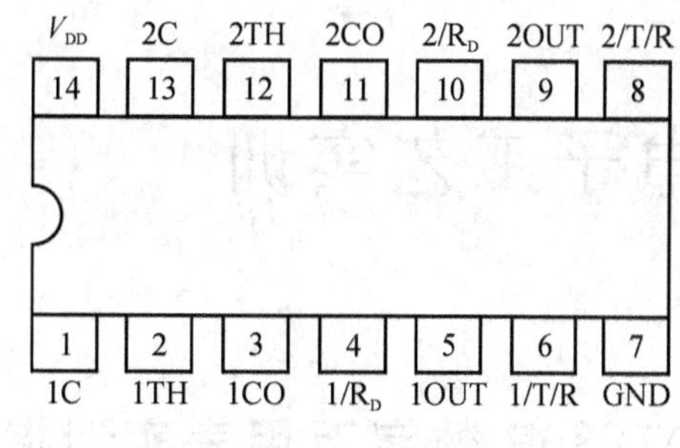

图 6－219　556　双定时器

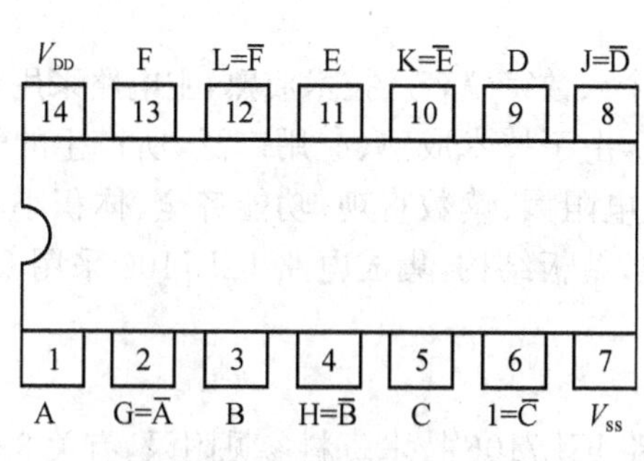

图 6－220　CC4069　六反相器

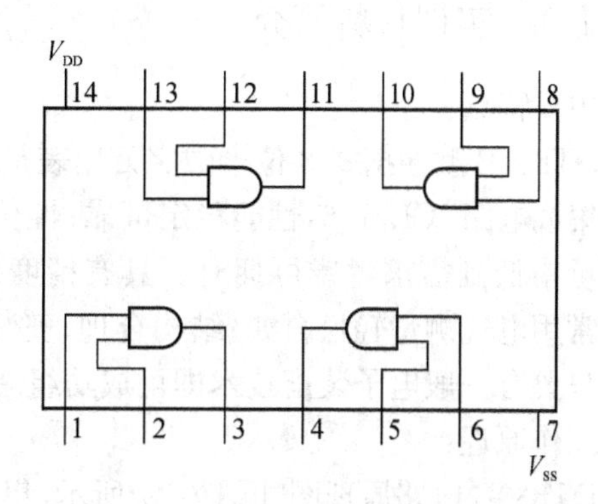

图 6－221　CC4081　二输入端四与门

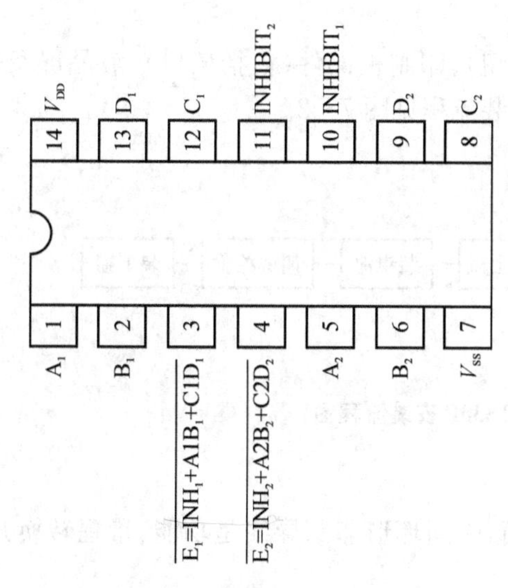

图 6－222　CC4085 二双与或非门

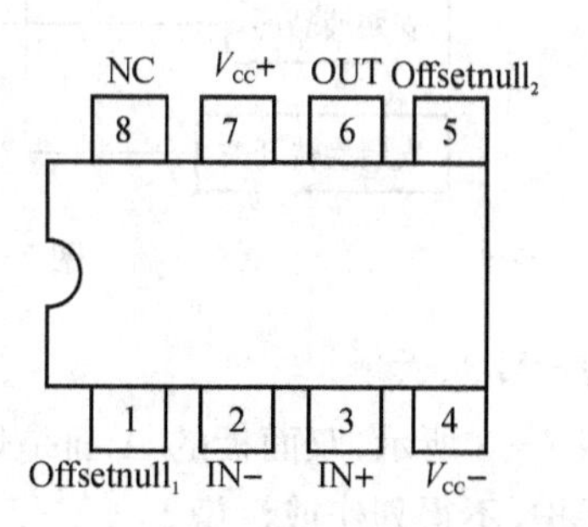

图 6－223　UA741　单运放

7 电子工艺实训

7.1 DT830B 数字万用表实训指导

7.1.1 实训材料简介

主要特点：

DT830B 型便携式 3 位半数字万用表是常用个人数字仪表。技术成熟，主电路采用典型数字表集成电路 ICL7106，性能稳定可靠；性价比高，由于技术成熟、应用广泛，所产生的规模效应使价格低到需求者皆可拥有。具有精度高、入电阻大、读数直观、功能齐全、体积小巧等优点。常用电气测量轻松自如；结构合理、安装简单，单板结构，集成电路 ICL7106 采用 COB 封装。只要有一般电子装配技术即可成功组装。

工作原理：

DT830B 电路原理图如图 7 - 1 所示，集成电路 ICL7106 技术资料参见附录，有关 3 位半数字万用表工作原理，参见童诗白教授《模拟电子技术基础》，高等教育出版社，p716～p737。

7.1.2 安装工艺

DT830B 由机壳塑料件（包括上下盖、旋钮）、印制板部件（包括插口）、液晶屏及表笔等组成，组装成功关键是装配印制板部件，整机安装流程见图 7 - 2。

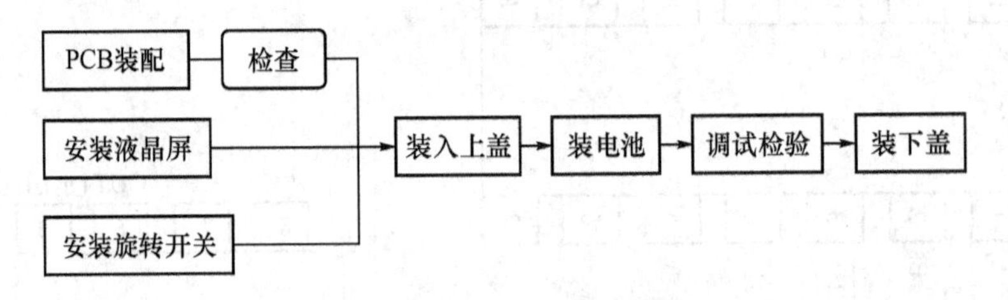

图 7 - 2　DT830B 安装流程图

1）印制板安装

如图 7 - 3 所示，双面板的 A 面是焊接面，中间环形印制导线是功能、量程转换开关电路，需小心保护，不得划伤或污染。

注意：安装前必须对照元件清单，仔细清理、测试元器件。

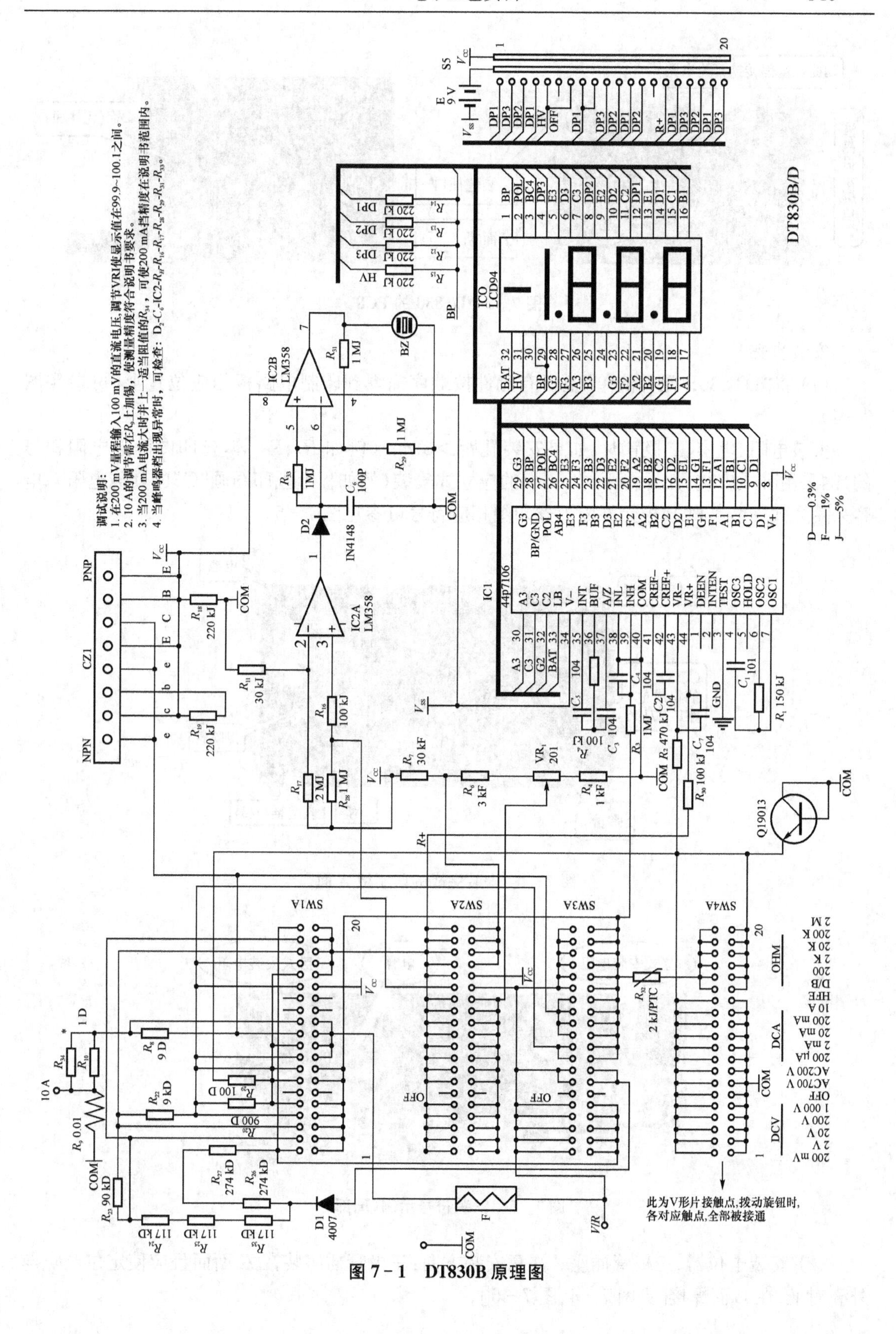

图 7-1 DT830B 原理图

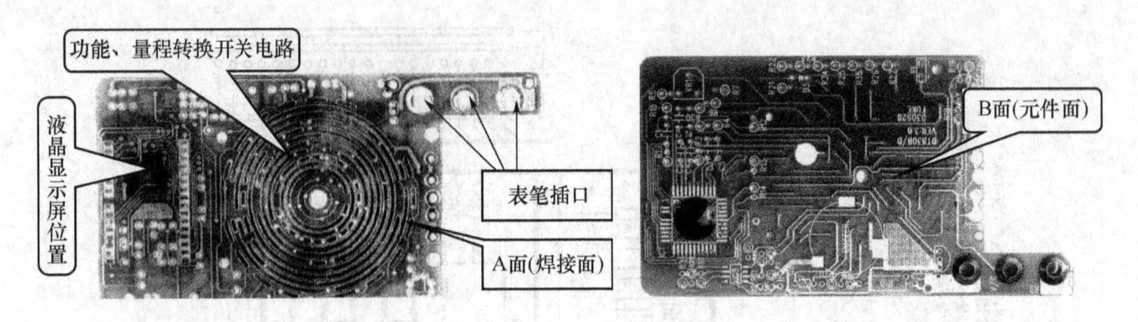

图 7-3 DT830 的 PCB

安装步骤

(1) 将"DT830B 元件清单"上所有元件按顺序插焊到印制电路板相应位置上(可参照图 7-4)。

安装电阻、电容、二极管时,如果安装孔距>8 mm(例如 R_8、R_{21} 等,丝印图画上电阻符号的)的采用卧式安装;如果孔距<5 mm 的应立式安装(例如板上丝印图画"O"的其他电阻);电容采用立式安装。PCB 板元件面上丝印图相应符号可参见图 7-5。

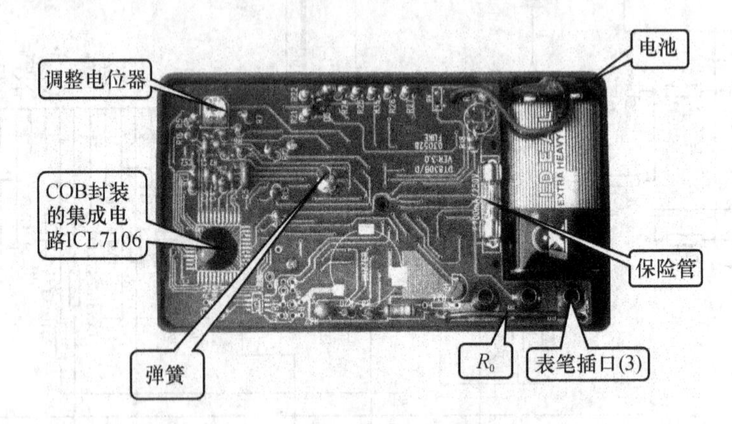

图 7-4 安装完成的印制板 A 面

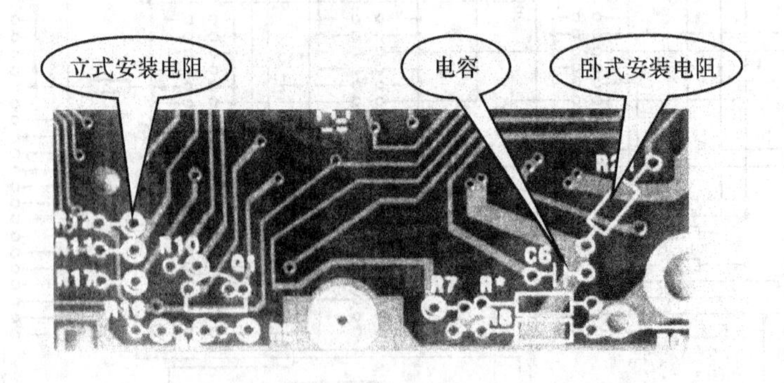

图 7-5 安装符号示例(局部)

(2) 安装电位器、三极管插座。注意安装方向:三极管插座装在 A 面而且应使定位凸点与外壳对准、在 B 面焊接[见图 7-4、图 7-5]。

(3) 安装保险座、R_0、弹簧。焊接点大,注意预焊和焊接时间(见图 7-4)。

(4) 安装电池线。电池线由 B 面穿到 A 面再插入焊孔、在 B 面焊接。红线接"+",黑线接"-"(见图 7-7)。

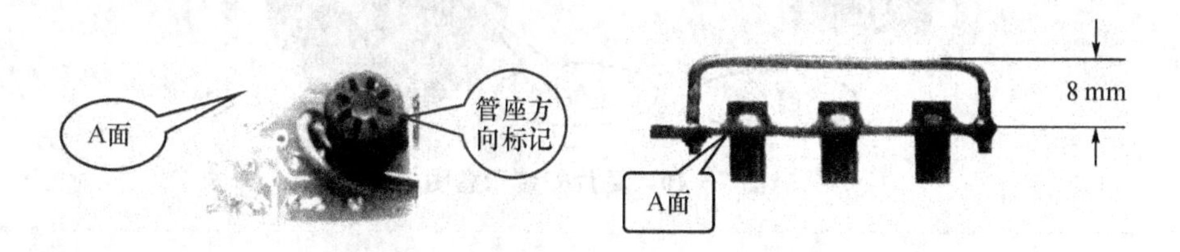

图 7-6 三极管插座安装　　　　图 7-7 R_0 安装

2) 液晶屏的安装

(1) 面壳平面向下置于桌面,从旋钮圆孔两边垫起约 5 mm(见图 7-8)。

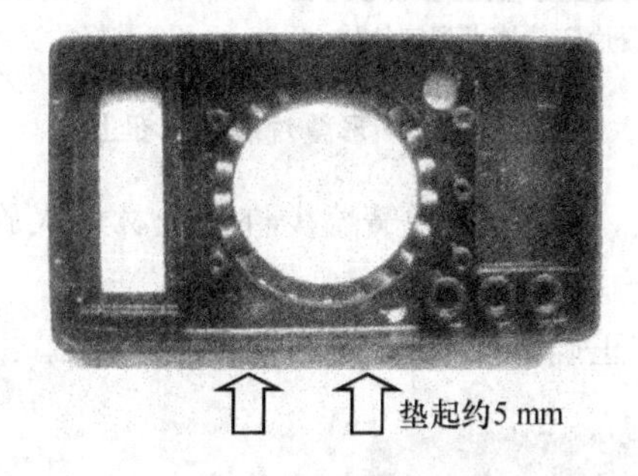

图 7-8 旋转圆孔两边垫起 5 mm

(2) 将液晶屏放入面壳窗口内,白面朝上,方向标记在右方;放入液晶屏支架,平面向下;用镊子把导电胶条放入支架两横槽中,注意保持导电胶条的清洁(见图 7-9)。

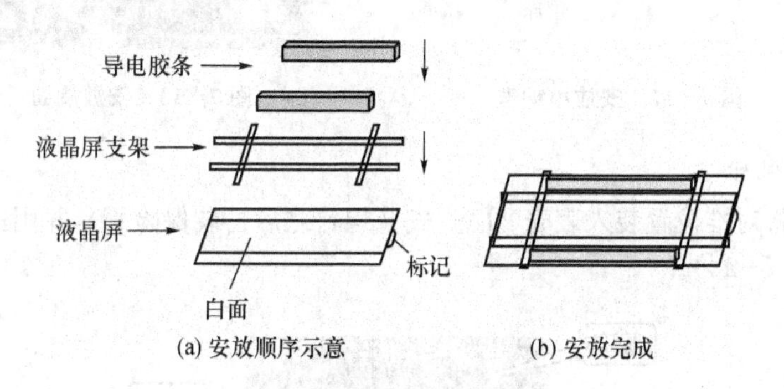

(a) 安放顺序示意　　(b) 安放完成

图 7-9 液晶屏放入面壳窗口内

3) 旋钮安装方法

(1) V 形簧片装到旋钮上,共六个(见图 7-10、图 7-11)。

注意:簧片易变形,用力要轻。

图 7-10　簧片安装示意图

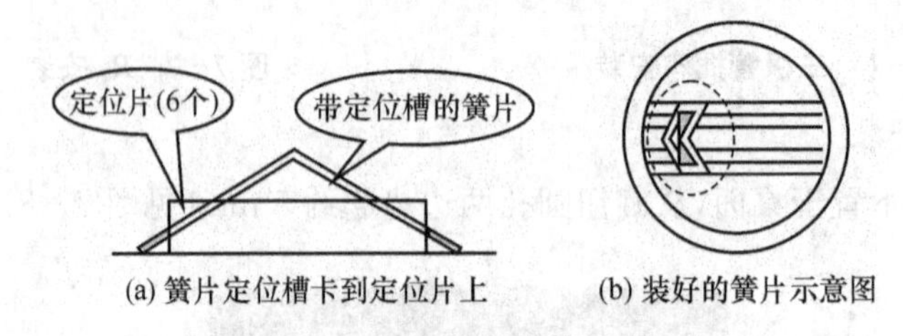

图 7-11　V 形簧片装到旋钮上

(2) 装完簧片把旋钮翻面，将两个小弹簧蘸少许凡士林放入旋钮两圆孔，再把两小钢珠放在表壳合适的位置上(见图 7-12)。

(3) 将装好弹簧的旋钮按正确方向放入表壳(见图 7-13)。

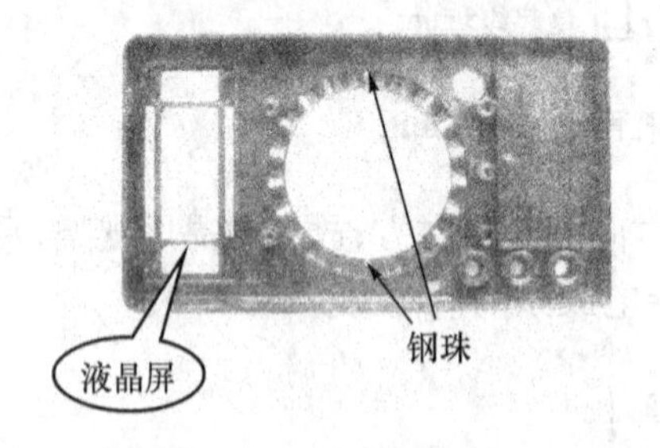

图 7-12　安放小钢珠

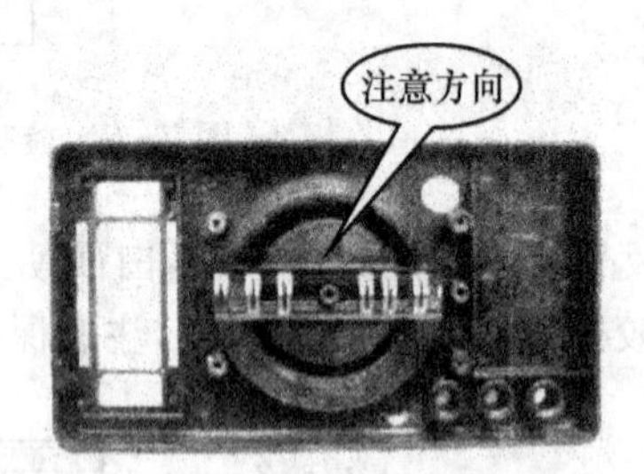

图 7-13　安放旋钮

4) 固定印刷板

(1) 将印刷板对准位置装入表壳(注意：安装螺钉之后再装保险管)，并用三个螺钉紧固(螺钉紧固位置见图 7-14)。

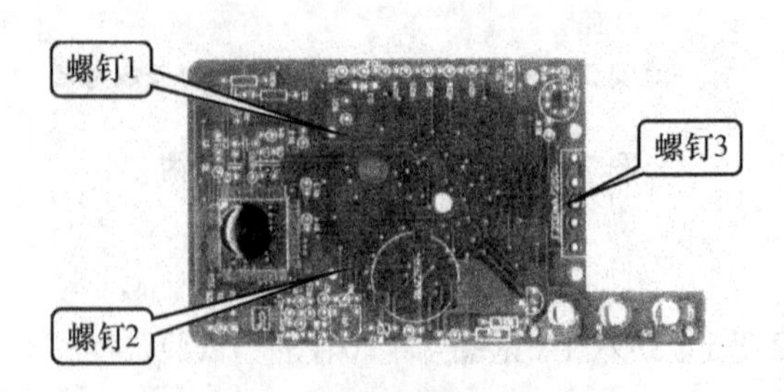

图 7-14　三个螺钉紧固孔的位置

(2) 装上保险管和电池，转动旋钮，液晶屏应正常显示。装好印刷板和电池的表体，如图 7-15 所示。

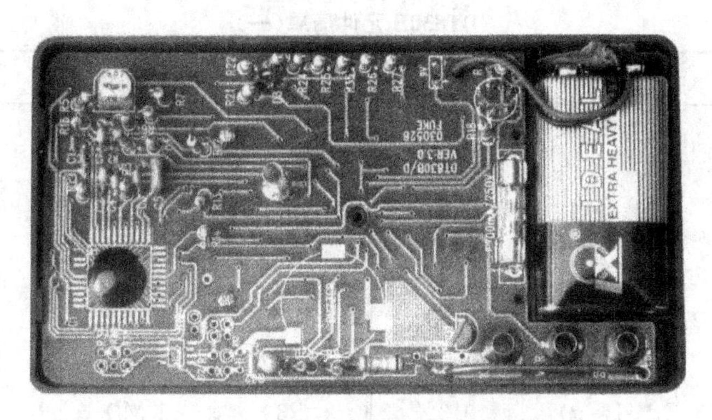

图 7-15 装好印制板和电池的表体

7.1.3 调试与总装

数字万用表的功能和性能指标由集成电路和选择外围元器件得到保证，只要安装无误，仅作简单调整即可达到设计指标。

1）校准检测

（1）校准和检测原理：以集成电路 7106 为核心构成的数字万用表基本量程为 200 mV 挡，其他量程和功能均通过相应转换电路转为基本量程。故校准时只须对参考电压 100 mV 进行校准即可保证基本精度。其他功能及量程的精确度由相应元器件的精度和正确安装来保证。

（2）使用仪器：KJ802 数字万用表校准测量仪（以下简称校测仪）。

注意：改仪器 DCV100 mV 挡作为校准电压源，内部用电压基准和运放调整，并用高档仪表校准。

（3）在装后盖前将转换开关置 200 mV 电压挡，插入表笔，将表笔测量端接校测仪的 DCV100 mV 插孔，调节万用表内电位器 VR1 使表显示 99.9～100.1 mV 即可。

（4）检测：将待测万用表置于校测仪相对应挡位，检查显示结果（使用方法参见 KJ802 使用说明书）。

2）总装

（1）贴屏蔽膜。将屏蔽膜上保护纸揭去，露出不干胶面，按图 7-16 位置贴到后盖内。

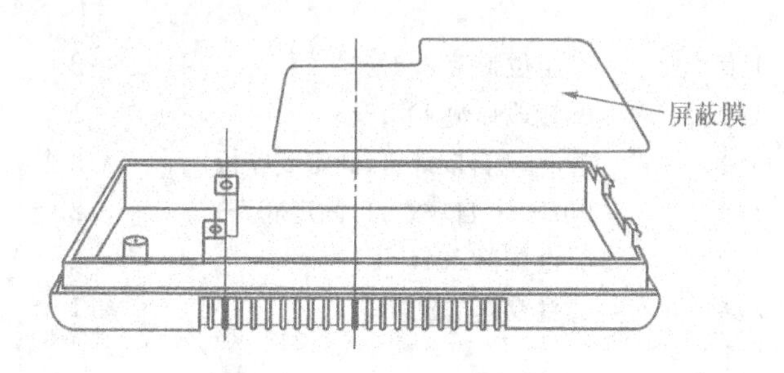

图 7-16 揭去保护纸示意图

（2）盖上后盖，安装后盖 2 个螺钉，至此安装、校准、检测全部完毕。

DT830B 元件清单罗列如下：

DT830B 元件清单(一)

代号	参数	精度	代号	参数	精度
R10	0.99	0.5%	R19	220 kΩ	5%
R8	9	0.3%	R12	220 kΩ	5%
R20	100	0.3%	R13	220 kΩ	5%
R21	900	0.3%	R14	220 kΩ	5%
R22	9 kΩ	0.3%	R15	220 kΩ	5%
R23	90 kΩ	0.3%	R2	470 kΩ	5%
R24	117 kΩ	0.3%	R3	1 MΩ	5%
R25	117 kΩ	0.3%	R32	2 kΩ	20%
R35	117 kΩ	0.3%			
R26	274 kΩ	0.3%	C1	100 pF	
R27	274 kΩ	0.3%	C2	100 nF	
R5	1 kΩ	1%	C3	100 nF	
R6	3 kΩ	1%	C4	100 nF	
R7	30 kΩ	1%	C5	100 nF	
R30	100 kΩ	5%	C6	100 nF	
R4	100 kΩ	5%			
R1	150 kΩ	5%	D3	1N4007	
R18	220 kΩ		Q1	9013	

DT830B 元件清单(二)

(1)

①底面壳各 1个 ④旋钮 1个

②液晶片 1片 ⑤屏蔽纸 1张

③液晶片支架 1个 ⑥功能面板 (已装好)

(2) 线路板部分

①IC：7106(全检)(已装好) ②表笔插孔柱 3个(已装好)

(3) 袋装部分

①保险管、座 1套 ⑧定位弹簧 2.8×5 2个

②HFE座 1个 ⑨接地弹簧 4×13.5 1个

③V型触片 6片 ⑩2＊8 自攻螺钉(固定线路板) 3个

④9 V电池 1个 ⑪2＊10 自攻螺钉(固定底壳) 2个

⑤电池扣 1个 ⑫电位器 201(VR1) 1个

⑥导电胶条 2条 ⑬锰铜丝电阻(R0) 1个

⑦滚珠 2个

(4) 附件

①表笔1副 ②说明书 ③电路图及注意要点1张

7.2　AM 收音机装配工艺

1）目的及要求

通过对一台正规产品“收音机”的安装、焊接及调试，了解电子产品的装配过程；掌握元器件的识别及质量检验；学习整机的装配工艺；培养动手能力及严谨的科学作风。具体要求如下：

（1）对照电原理图看懂接线图。

（2）了解图上的符号，并与实物对照。

（3）根据技术指标测试各元器件的主要参数。

（4）认真细心地安装焊接。

2）步骤

（1）按材料清单（见附录 2）清点全套零件，并负责保管。

（2）用万用表检测元器件（见表 7－1 和表 7－2），有关测量结果填入实习报告第 9 页表内。

注意：V5，V6 的 HFE（放大倍数）相差应不大于 20％，同学间可相互调整使其配对。

（3）对元器件引线或引脚进行镀锡处理，注意镀锡层未氧化（可焊性好）时可以不再处理。

（4）检查印刷板（见附录 1）的铜箔线条是否完好，有无断线及短路，特别注意边缘，见图 7－17。

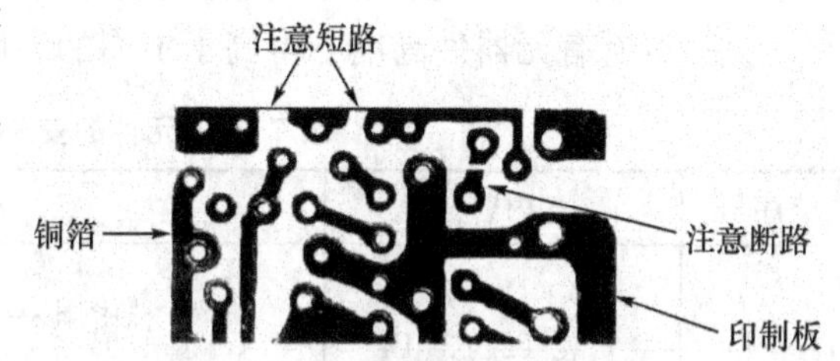

图 7－17　有问题的线路板示意图

表 7－1　用万用表检测元件

类别	测量内容	万用表功能及量程	禁止用量程
R	电阻值	Ω	
V	HFE（V5、V6 配对）	Ω×10，HFE	×1，×1 k
B	绕阻，电阻，绕阻与壳绝缘	Ω×1　见（表 7－2）	
C	绝缘电阻	Ω×k	
电解 CD	绝缘电阻及质量	Ω×k	

表 7－2　变压器的内阻

	T2（黑）本振线圈	T3（白）中周 1	T4（绿）中周 2
万用表挡位	Ω×1	Ω×1	Ω×1
	3　0.3 Ω　2　1　4　0.1 Ω　3.4 Ω	1 Ω　3.8 Ω　0.2 Ω	2.4 Ω　3 Ω　1 Ω

（续表 7－2）

	T5（蓝或白）输入变压器	T6（黄或粉）输出变压器
万用表挡位	Ω×10	Ω×1
	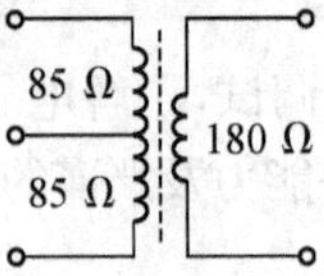 85 Ω　85 Ω　180 Ω	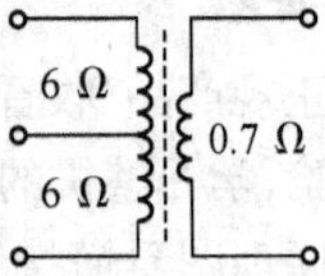 6 Ω　6 Ω　0.7 Ω

注意：(1) 为防止变压器原边与副边之间的短路，请测量变压器原边与副边之间的电阻。

(2) 若输入、输出变压器用颜色不好区分，可通过测量线圈内阻来区分。

3）安装元器件

元器件安装质量及顺序直接影响整机质量与成功率，合理的安装需要思考及经验。如表 7－3 所示安装顺序及要点是实践证明较好的一种安装方法。

注意：所有元器件高度不得高于中周的高度。

表 7－3　元件的安装顺序及要点（分类安装）

序号	内容	注意要点
1	安装 T2、T3、T4	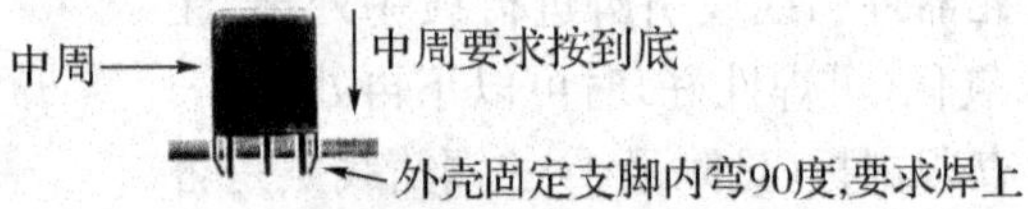 中周　中周要求按到底　外壳固定支脚内弯90度，要求焊上
2	安装 T5、T6	 经辅导人员检查后可以先焊　引线固定
3	安装 V1－V6	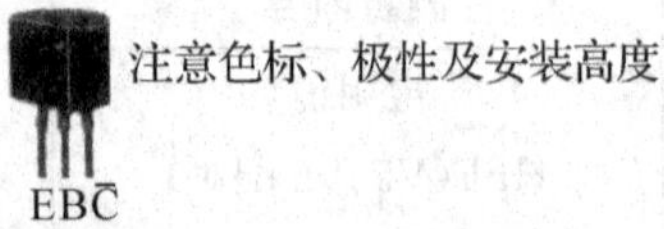 注意色标、极性及安装高度　EBC
4	安装全部 R	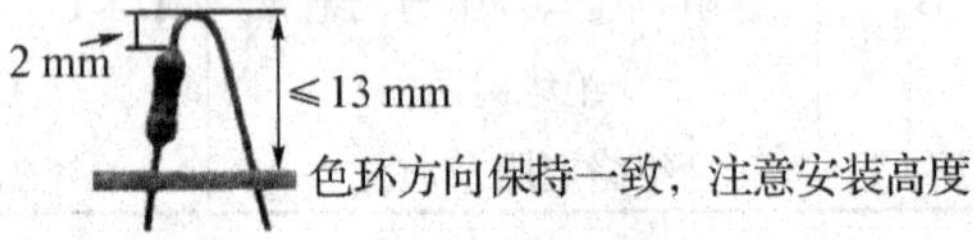 2 mm　≤13 mm　色环方向保持一致，注意安装高度
5	安装全部 C	 标记向外　+　－　极性　注意高度 <13 mm
6	安装双联电容，电位器及磁棒架	 磁棒架装在印制板和双联之间。　焊盘面　印制板　磁棒架　双联
7	焊前检查	检查已安装的元器件位置，特别注意 V（三极管）的管脚，经辅导人员检查后才许可进行下列工作

（续表 7－3）

序号	内容	注意要点
8	焊接已插上的元器件	焊接时注意锡量适中 焊锡 烙铁
9	修整引线	<2 mm 剪断引线多余部分、注意不可留得太长、也不可剪得太短
10	检查焊点	检查有无漏焊点、虚焊点、短接点 注意不要桥接
11	焊 T1、电池引线，装拨盘、磁棒等	焊 T1 时注意看接线图，其中的线圈 L2 应靠近双联电容一边，并按图连线；耳机插口及扬声器接线图参见图 7－18
12	其他	固定扬声器、装透镜、金属网罩及拎带等 扬声器 烙铁 垫纸 塑壳

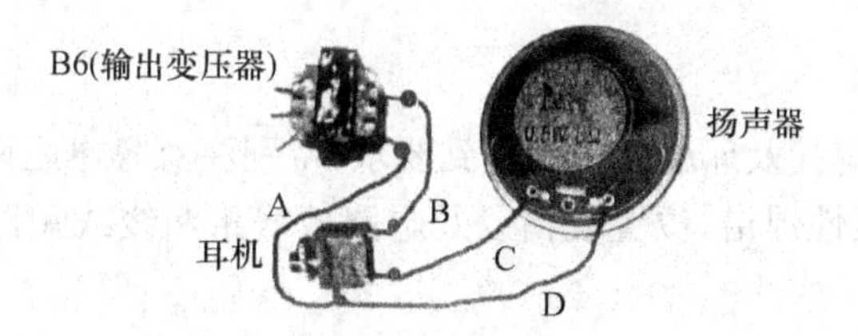

图 7－18 二级插座与变压器、扬声器连线图

4）检测调试

（1）目的

通过对收音机的通电检测调试，了解一般电子产品的生产调试过程，初步学习调试电子产品的方法，培养检测能力及一丝不苟的科学作风。

（2）步骤：见图 7－19 收音机调试程序示意图。

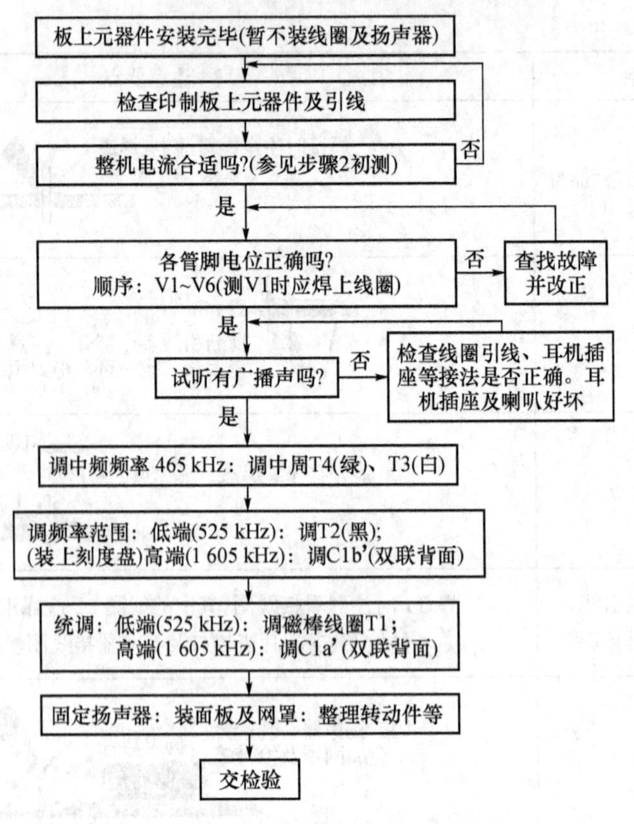

图 7-19　AM 收音机调试流程图

1. 检测

(1) 通电前的准备

①自检，互检，使得焊接及印刷板质量达到要求，特别注意各电阻阻值是否与图纸相同，各三极管，二极管是否有极性焊错，位置装错以及电路板线条断线或短路，焊接时有无焊锡造成电路短路现象。

②接入电源前必须检查电源有无输出电压(3 V)和引出线正负极是否正确。

(2) 初测：接入电源(注意＋、－极性)，将频率盘拨到 530 kHz 无台区，在收音机开关不打开的情况下首先测量整机静态工作总电流“I_o”，测量方法参见图 7-20，然后将收音机开关打开，分别测量三极管 T1～T6 的 E、B、C 三个电极对地的电压值(也叫静态工作点)，将测量结果填到实习报告第 9 页的表格中。测量时注意防止表笔要测量的点与其相邻点短接。

注意：该项工作非常重要，在收音机开始正式调试前该工作必须要做。表 7-4 中给出了参考测量值(测量单位：V)。

表 7-4

工作电压：E_C＝3 V				工作电流：I_o＝10 mA		
三极管	V1	V2	V3	V4	V5	V6
e	1	0	0.056	0	0	0
b	1.54	0.63	0.63	0.65	0.62	0.62
c	2.4	2.4	1.65	1.85	3	3

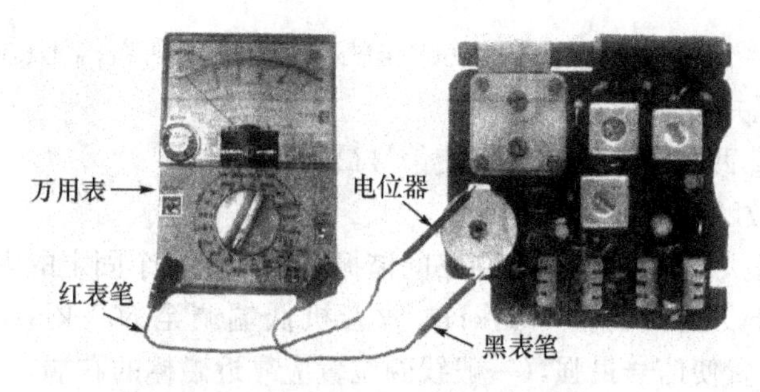

图 7－20 测量电流“I_o”时万用表的接法

如果 I_o＞15 mA 应立即停止通电，检查故障原因。I_o 过大或过小都反映装配中有问题，应该重新仔细检查。

(3) 试听：如果各元器件完好，安装正确，初测也正确，即可试听。接通电源，慢慢转动调谐盘，应能听到广播声，否则重复(1)要求的各项检查内容，找出故障并改正，注意在此过程中不要调中周及微调电容。

2. 调试：经过通电检查并正常发生后，可进行调试工作。

(1) 调中频频率(俗称调中周)

目的：将中周的谐振频率都调整到固定的中频频率“465 kHz”这一点上。

①将信号发生器(XG－25)的频率指针放在 465 kHz 位置上。

②打开收音机开关，频率盘放在最低位置(530 kHz)，将收音机靠近信号发生器。

③用改锥按顺序微调整 T4、T3(见图 7－21)。使收音机信号最强，这样反复调 T4、T3(2～3 次)，使信号最强，确认信号最强有两种方法：一是使扬声器发出的声音(1 kHz)达到最响为止；二是测量电位器 R_p 两端或 R8 对地的“直流电压”，指示值最大为止(此时可把音量调到最小)，后面两项调整同样可使用此法。

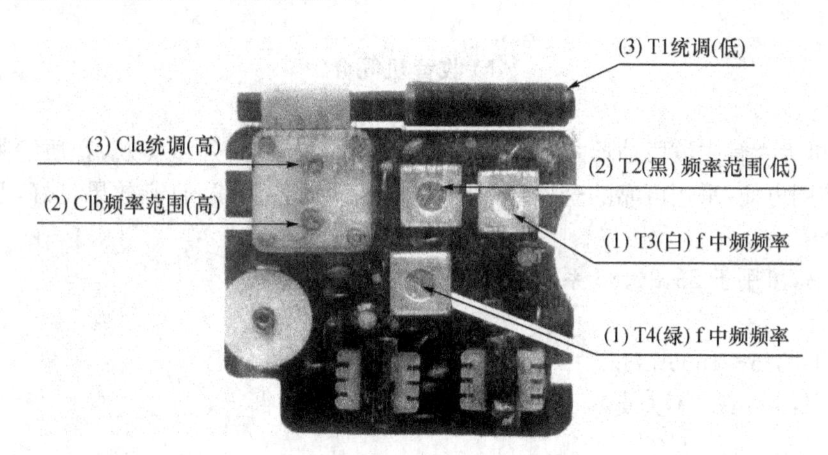

图 7－21 调试中可调元件位置图

(2) 调整频率范围(通常叫调复盖或对刻度)

目的：使双联电容全部旋入到全部旋出，所接收的频率范围恰好是整个中波波段，即525～1 605 kHz。

①低端调整：信号发生器调至 525 kHz，收音机调至 530 kHz 位置上，此时调整 T2 使收音

机信号声出现并最强。

②高端调整:再将信号发生器调到 1 600 kHz,收音机调到高端 1 600 kHz,调 Clb'(见图 7-21)使信号声出现并最强。

③反复上述①、②两项调整 2～3 次,使信号最强。

(3) 统调(调灵敏度,跟踪调整)

目的:使本机振荡频率始终比输入回路的谐振频率高出一个固定的中频频率"465 kHz"。

方法:低端:信号发生器调至 600 kHz,收音机低端调至 600 kHz,调整线圈 T1 见(图 7-21)在磁棒上的位置使信号最强,(一般线圈位置应靠近磁棒的右端)。

高端:信号发生器调至 1 500 kHz,收音机高端调至 1 500 kHz,调 C1a,使高端信号最强。

高低端反复 2～3 次,调完后即可用蜡将线圈固定在磁棒上。

注意:(1)上述调试过程应通过耳机监听。

(2) 如果信号过强,调整作用不明显时可逐渐改变收音机与信号发生器之间的距离,使调整作用更加敏感。

3. 验收

按产品出厂要求

(1) 外观:机壳及频率盘清洁完整,不得有划伤烫伤及缺损。

(2) 印制板安装整齐美观,焊接质量好,无损伤。

(3) 导线焊接要可靠,不得有虚焊,特别是导线与正负极片间的焊接位置和焊接质量。

(4) 整机安装合格:转动部分灵活,固定部分可靠,后盖松紧合适。

(5) 性能指标要求

①频率范围 525～1 605 kHz。

②灵敏度较高(相对)。

③音质清晰、宏亮、嗓音低。

附录:

AM 收音机简介

一、简介

该收音机为六管中波段袖珍式半导体管收音机,体积小巧、外型美观,音质清晰,宏亮,噪音低,携带使用方便,采用可靠的全硅管线路,具有机内磁性天线,收音效果良好,并设有外接耳机插口。

本说明书,可用于 83、84、85 系列袖珍机。

二、性能

频率范围:525～1605 kHz

输出功率:50 mW(不失真)　150 mW(最大)

扬声器:Φ57 mm　8 Ω

电源:3 V(两节五号电池)

体积:122 mm×65 mm×25 mm

重量:约 175 g(不带电池)

附录 1：AM 收音机印制板图及电原理图

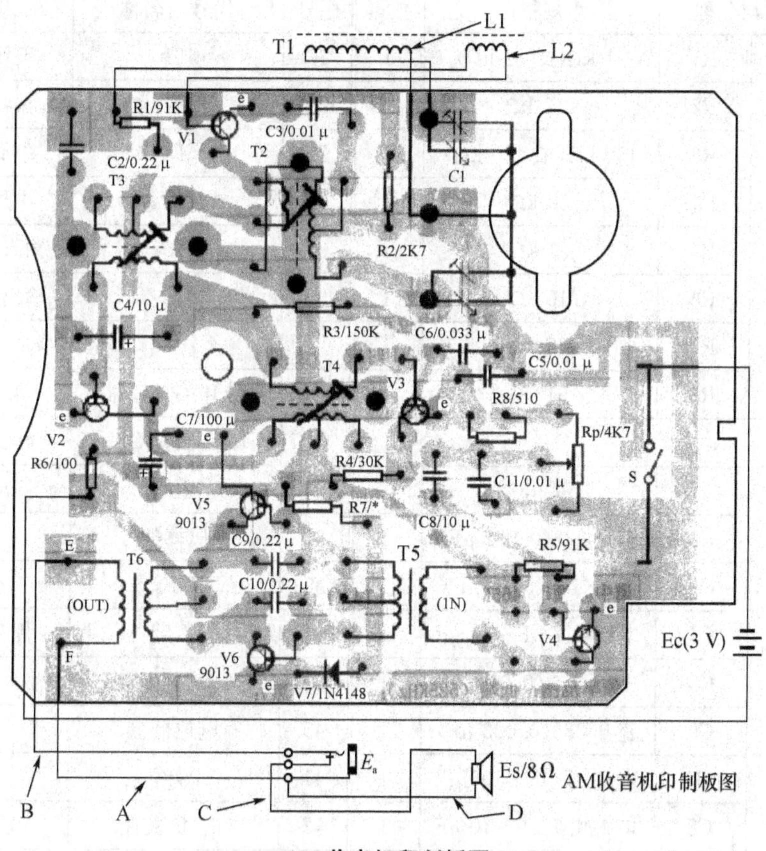

AM 收音机印制板图

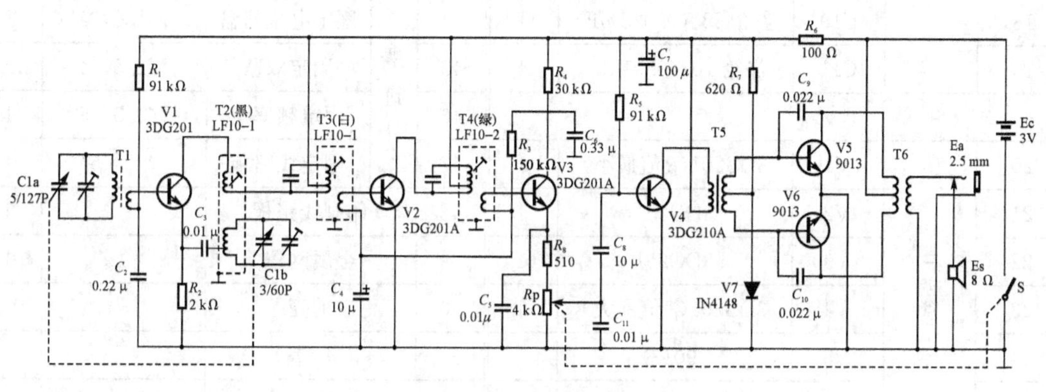

AM 收音机电原理图

附录 2　AM 收音机材料清单(超外差式六管收音机)

序号	代号与名称		规格	数量	序号	代号与名称		规格	数量
1	电阻	R1	91 kΩ(或 82 kΩ)	1	27		T1	天线线圈	1
2		R2	2.7 kΩ	1	28		T2	本振线圈(黑)	1
3		R3	150 kΩ(或 120 kΩ)	1	29		T3	中周(白)	1
4		R4	30 kΩ	1	30		T4	中周(绿)	1
5		R5	91 kΩ	1	31		T5	输入变压器	1
6		R6	100 Ω	1	32		T6	输出变压器	1
7		R7	620 Ω	1					
8		R8	510 Ω	1	33		带开关电位器	4.7 kΩ	1
					34		耳机插座(GK)	Φ2.5 mm	1
9	电容	C1	双联电容	1	35		磁棒	55×13×5	1
10		C2	瓷介 223(0.022 μF)	1	36		磁棒架		1
11		C3	瓷介 103(0.01 μF)	1	37		频率盘	Φ37	1
12		C4	电解 4.7 μF～10 μF	1	38		拎带	黑色(环)	1
13		C5	瓷介 103(0.01 μF)	1	39		透镜(刻度盘)		1
14		C6	瓷介 333(0.033 μF)	1	40		电位器盘	Φ20	1
15		C7	电解 47 μF～100 μF	1	41		导线		6 根
16		C8	电解 4.7 μF～10 μF	1	42		正、负极片		各 2
17		C9	瓷介 223(0.022 μF)	1	43		负极片弹簧		2
18		C10	瓷介 223(0.022 μF)	1	44	螺钉	固定电位器盘	M1.6×4	1
19		C11	涤纶 103(0.01μF)	1	45		固定双联	M2.5×4	2
					46		固定频率盘	M2.5×5	1
20	三极管	V1	3DG201(β 值最小)	1	47		固定线路板	M2×5	1
21		V2	3DG201	1	48		印刷线路板		1
22		V3	3DG201	1	49		金属网罩		1
23		V4	3DG201(β 值最大)	1	50		前壳		1
24		V5	9013	1	51		后盖		1
25		V6	9013	1	52		扬声器(Y)	8 Ω	1
26	(二极管)	V7	IN4148	1	53				

6管外差式收音机检测指南(仅供参考)

一、检测前提、要领及方法

1. 前提:安装正确。元器件无缺焊、错焊,连接无误,印制板焊点无虚焊、桥接等。

2. 要领:耐心细致、冷静有序。检测按步骤进行,一般由后级向前检测,先判定故障位置(信号注入法)。再查找故障点(电位法),循序渐进,排除故障。

忌讳乱调乱拆,盲目烫焊,导致越修越坏。

3. 方法

(1) 信号注入法:收音机是一个信号捕捉处理、放大系统,通过注入信号可以判定故障位置。

①用万用表 $R\times10$ 电阻挡,红表笔单接电池负极(地),黑表笔碰触放大器输入端(一般为三极管基极),此时扬声器可听到"咯咯"声。

②用手握改锥金属部分去碰放大器输入端,从扬声器听反应,此法简单易行,但相应信号微弱,不经三极管放大听不到。

(2) 电位法:用万用表测各级放大器或元器件工作电压(见附表1)可具体判定造成故障的元器件。

二、测量整机静态总电流

将万用表拨至100 mA直流电流挡,两表笔跨接于电流开关(开关为断开位置)的两端(若指针反偏,将表笔对调一下),测量总电流,测量时可能有如下四种结果:

1. 电流为0,这是由于电源的引线已断,或者电源的引线及开关虚焊所致。如果这一部分证明是完好的,应检查印刷电流板,看有无断裂处。

2. 电流在30 mA左右,这是由于C7、振荡线圈T2与地不相通的一组线圈(即T2次级)、T3、T4内部线圈与外壳、输入变压器T5初级、V1、V2、V4的集电极对地发生短路,印刷板上有桥接存在等。

3. 电流在15 mA~20 mA左右,可将电阻R7更换大一些的,如原为560Ω现换成1 kΩ。

4. 电流很大,表针满偏。这是由于输出变压器初级对地短路,或者V5或V6集电极对地短路(可能V5或V6的ce结击穿或搭锡所致)。另外,要重点检查V7(二极管),检查是否焊反,或测其两端电压(正常值应为0.62 V~0.65 V),如偏高,则应更换二极管。

5. 总电流基本正常(本机正常电流约为10 mA±2 mA),此时可进行下步检查。

三、判断故障位置

故障在低放之前还是低放之中(包括功放)的方法:

1. 接通电源开关将音量电位器开至最大,喇叭中没有任何响声。可以判定低放部分肯定有故障。

2. 判断低放之前的电路工作是否正常方法如下:将音量调小,万用表拨至直流0.5 V挡,两表笔并接在音量电位器非中心端的另两端上,一边从低端到高端拨动调谐盘,一边观看电表指针。若发现指针摆动,且在正常播出一句话时指针摆动次数约在十次左右。即可断定低放之前电路工作是正常的。若无摆动,则说明低放之前的电路中也有故障,这时仍应先解决低放中的问题,然后再解决低放之前电路中的问题。

四、完全无声故障检修(低放故障)

将音量开大,用万用表直流电压10 V挡,黑表笔接地,红表笔分别触碰电位器的中心端和

非接地端(相当于输入干扰信号),可能出现三种情况:

(1) 碰非接地端喇叭中无“咯咯”声,碰中心端时喇叭有声。这是由于电位器内部接触不良,可更换或修理排除故障。

(2) 碰非接地端和中心端均无声,这时用万用表 $R\times10$ 挡,两表笔并接碰触喇叭引线,触碰时喇叭若有“咯咯”声,说明喇叭完好。然后用万用表电阻挡点触 T6 次级两端,喇叭中如无“咯咯”声,说明耳机插孔接触不良,或者喇叭的导线已断;若有“咯咯”声,则把表笔接到 T6 初级两组线圈两端,这是若无“咯咯”声,就是 T6 初级有断线。

①将 T6 初级中心抽头处断开,测量集电极电流

a. 电流正常:说明 V5 和 V6 工作正常,T5 次级无断线。

b. 电流为 0:则可能是 R7 断路或阻值变大;V7 短路;T5 次级断线;V5 和 V6 损坏(同时损坏情况较少)

c. 电流比正常情况下:则可能是 R7 阻值变小;V7 损坏;V5 或 V6 有漏电;T5 初、次级有短路;C9 或 C10 有漏电或短路。

②测量 V4 的直流工作状态,若无集电极电压,则 T5 初级断线;若无基极电压,则 R5 开路;C8 和 C11 同时短路较少,C8 短路而电位器刚好处于最小音量处时,会造成基极对地短路。若红表笔触碰电位器中心端无声,触碰 V4 基极有声,说明 C8 开路或失效。

(3) 用干扰法触碰电位器的中心端和非接地端,喇叭中均有声,则说明低放工作正常。

五、无台故障检修(低放前故障)

无声指将音量开大,喇叭中有轻微的“沙沙”声,但调谐时收不到电台。

1. 测量 V3 的集电极电压:若无,则 R4 开路或 C6 短路;若电压不正常,检查 R4 是否良好。测量 V3 的基极电压:若无,则可能 R3 开路(这时 V2 基极也无电压),或 T4 次级断线,或 C4 短路。注意此管工作在近似截止的工作状态,所以它的射极电压很小,集电极电流也很小。

2. 测量 V2 的集电极电压。无电压,是 T4 初级断线;电压正常而干扰信号的注入在喇叭中不能引起声音,是 T4 初级线圈或次级线圈有短路,或槽路电容(200p)短路。电压正常时喇叭发声。(槽路电容装在中周内)

3. 测量 V2 的基极电压:无电压,系 T3 次级断线或脱焊。电压正常,但干扰信号的注入不能在喇叭中引起响声,是 V2 损坏。电压正常,喇叭有声。

4. 测量 V1 的集电极电压。无电压,是 T2 次级线圈,T3 初级线圈有断线。电压正常,喇叭中无“咯咯”声,为 T3 初级线圈或次级线圈有短路,或槽路电容短路。如果中周内部线圈有短路故障时,由于匝数较少,所以较难测出,可采用替代法加以证实。

5. 测量 V1 的基极电压。无电压,可能时 R1 或 T1 次级开路;或 C2 短路。电压高于正常值,系 V1 发射结开路。电压正常,但无声,是 V1 损坏。

至此如果仍收不到电台,进行下面的检查

6. 将万用表拨至直流电压 10V 挡,两表笔并接于 R2 两端,用镊子将 T2 的初级短路一下,看表针指示是否减少(一般减小 0.2～0.3V 左右),如电压不减小,说明本机振荡没有起振,振荡耦合电容 C3 失效或开路,C2 短路(V1 射极无电压),T2 初级线圈内部短路或断路,双联质量不好。如电压减小很少,说明本机振荡太弱,或 T2 受潮,印刷板受潮,或双联漏电,或微调电容不好,或 V1 质量不好,此法同时可检测 V1 偏流是否合适。电压减小正常,断定故障在输入回路。查双联有无短路,电容质量如何,磁棒线圈 T1 初级是否断线。到此收音机应能收到

电台播音，可以进入调试。

正常时各级晶体管静态工作电压和电流如下所示(静态工作点参考)

测试点	发射极电压(V)	基极电压(V)	集电极电压(V)	集电极电流(mA)	备注
V1	1.1～1.3	1.4～1.9	2.5	0.4左右	
V2	0	0.7	2.5	0.1～0.2左右	
V3	0.05	0.7	1.7	0.2左右	该管近似截止状态
V4	0	0.7	1.9	1.5左右	
V5	0	0.65	3	1～2.5	
V6	0	0.65	3	1～2.5	
V7				2.5～3	二极管

8 实验中常用的电子器件

8.1 部分电气图形符号

8.1.1 电阻器、电容器、电感器和变压器

参见表 8-1。

表 8-1 电阻器、电容器、电感器和变压器符号

图形符号	名称与说明	图形符号	名称与说明
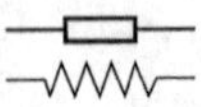	电阻器一般符号		电感器、线圈、绕组或扼流图。注:符号中半圆数不得少于 3 个
	可变电阻器或可调电阻器	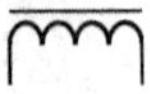	带磁芯、铁芯的电感器
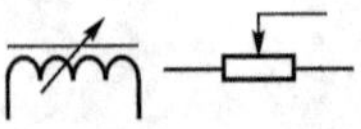	滑动触点电位器		带磁芯连续可调的电感器
 +	极性电容		双绕组变压器 注:可增加绕组数目
	可变电容器或可调电容器	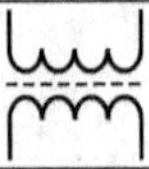	绕组间有屏蔽的双绕组变压器 注:可增加绕组数目
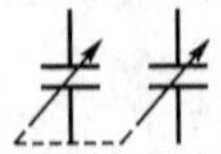	双联同调可变电容器 注:可增加同调联数	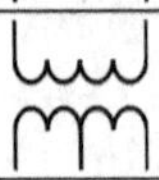	在一个绕组上有抽头的变压器
	微调电容器		

8.1.2 半导体管

参见表 8-2。

表 8-2 半导体管

图形符号	名称与说明	图形符号	名称与说明
	二极管的符号	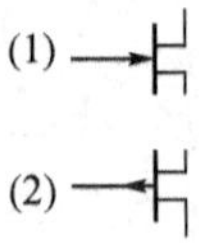 (1) (2)	JFET 结型场效应管 (1) N 沟道 (2) P 沟道
	发光二极管		

（续表 8-2）

图形符号	名称与说明	图形符号	名称与说明
	光电二极管		PNP 型晶体三极管
	稳压二极管		NPN 型晶体三极管
	变容二极管		全波桥式整流器

8.1.3 其他电气图形符号

参见表 8-3。

表 8-3 其他电气图形符号

图形符号	名称与说明	图形符号	名称与说明
	具有两个电极的压电晶体注:电极数目可增加	或	接机壳或底板
	熔断器		导线的连接
	指示灯及信号灯		导线的不连接
	扬声器		动合(常开)触点开关
	蜂鸣器		动断(常闭)触点开关
	接大地		手动开关

8.2 常用电子元器件型号命名法及主要技术参数

8.2.1 电阻器和电位器

1）电阻器和电位器的型号命名方法

参见表 8-4。

表 8-4　电阻器型号命名方法

第一部分:主称		第二部分:材料		第三部分:特征分类			第四部分:序号
符号	意义	符号	意义	符号	意义		
					电阻器	电位器	
R	电阻器	T	碳膜	1	普通	普通	对主称、材料相同,仅性能指标、尺寸大小有差别,但基本不影响互换使用的产品,给予同一序号;若性能指标、尺寸大小明显影响互换时,则在序号后面用大写字母作为区别代号
W	电位器	H	合成膜	2	普通	普通	
		S	有机实芯	3	超高频	——	
		N	无机实芯	4	高阻	——	
		J	金属膜	5	高温	——	
		Y	氧化膜	6	——	——	
		C	沉积膜	7	精密	精密	
		I	玻璃釉膜	8	高压	特殊函数	
		P	硼碳膜	9	特殊	特殊	
		U	硅碳膜	G	高功率	——	
		X	线绕	T	可调	——	
		M	压敏	W	——	微调	
		G	光敏	D	——	多圈	
		R	热敏	B	温度补偿用	——	
				C	温度测量用	——	
				P	旁热式	——	
				W	稳压式	——	
				Z	正温度系数	——	

示例:

(1) 精密金属膜电阻器

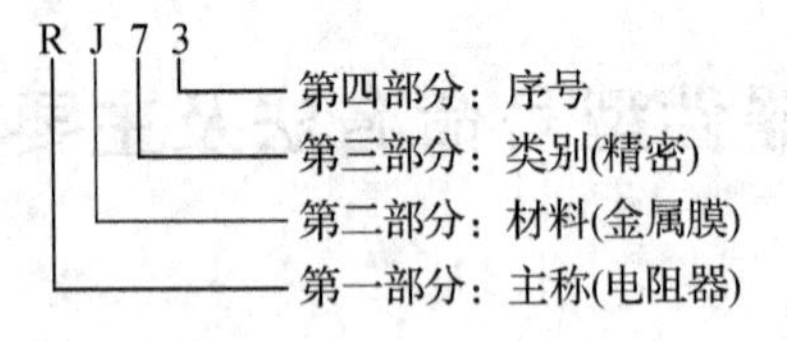

(2) 多圈线绕电位器

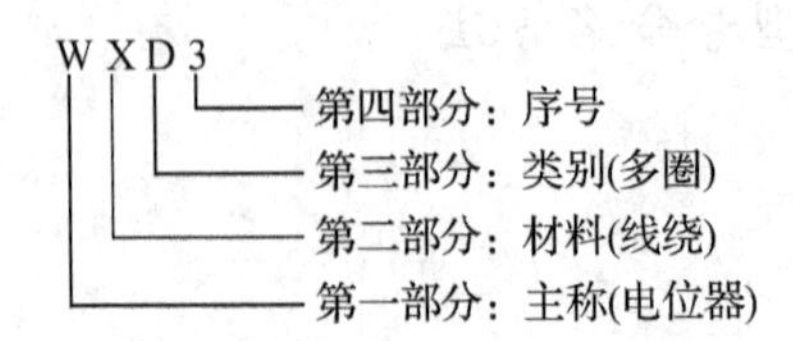

2）电阻器的主要技术指标

(1) 额定功率

电阻器在电路中长时间连续工作不损坏，或不显著改变其性能所允许消耗的最大功率称为电阻器的额定功率。电阻器的额定功率并不是电阻器在电路中工作时一定要消耗的功率，而是电阻器在电路工作中所允许消耗的最大功率。不同类型的电阻具有不同系列的额定功率，如表 8-5 所示。

表 8-5　电阻器的功率等级

名称	额定功率(W)					
实芯电阻器	0.25	0.5	1	2	5	—
线绕电阻器	0.5 25	1 35	2 50	6 75	10 100	15 150
薄膜电阻器	0.025 2	0.05 5	0.125 10	0.25 25	0.5 50	1 100

(2) 标称阻值

阻值是电阻的主要参数之一，不同类型的电阻，阻值范围不同，不同精度的电阻其阻值系列亦不同。根据国家标准，常用的标称电阻值系列如表 8-6 所示。E24、E12 和 E6 系列也适用于电位器和电容器。

表 8-6　标称值系列

标称值系列	精度	电阻器(W)、电位器(W)、电容器标称值(pF)							
E24	±5%	1.0 2.2 4.7	1.1 2.4 5.1	1.2 2.7 5.6	1.3 3.0 6.2	1.5 3.3 6.8	1.6 3.6 7.5	1.8 3.9 8.2	2.0 4.3 9.1
E12	±10%	1.0 3.3	1.2 3.9	1.5 4.7	1.8 5.6	2.2 6.8	2.7 8.2	—	—
E6	±20%	1.0	1.5	2.2	3.3	4.7	6.8	8.2	—

表中数值再乘以 10^n，其中 n 为正整数或负整数。

(3) 允许误差等级

参见表 8-7。

表 8-7　允许误差等级

允许误差(%)	±0.001	±0.002	±0.005	±0.01	±0.02	±0.05	±0.1
等级符号	E	X	Y	H	U	W	B
允许误差(%)	±0.2	±0.5	±1	±2	±5	±10	±20
等级符号	C	D	F	G	J(Ⅰ)	K(Ⅱ)	M(Ⅲ)

3）电阻器的标志内容及方法

(1) 文字符号直标法：用阿拉伯数字和文字符号两者有规律的组合来表示标称阻值，额定功率、允许误差等级等。符号前面的数字表示整数阻值，后面的数字依次表示第一位小数阻值和第二位小数阻值，其文字符号所表示的单位如表 8-8 所示。如 1R5 表示 1.5 Ω，2K7 表示 2.7 kΩ。

表 8-8　文字符及其对应单位

文字符号	R	K	M	G	T
表示单位	欧姆(Ω)	千欧姆(10^3 Ω)	兆欧姆(10^6 Ω)	千兆欧姆(10^9 Ω)	兆兆欧姆(10^{12} Ω)

例如：

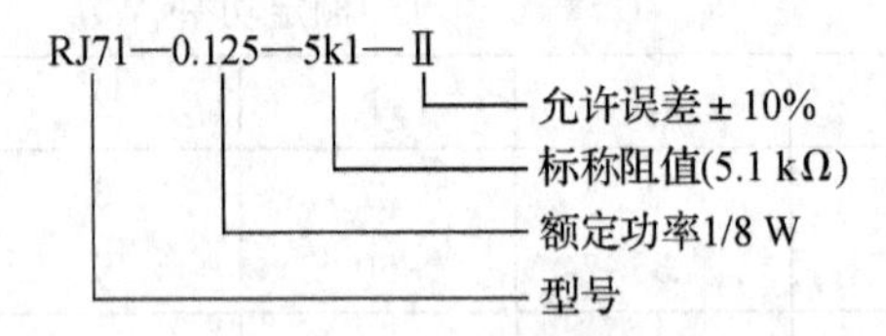

由标号可知，它是精密金属膜电阻器，额定功率为 1/8 W，标称阻值为 5.1 kΩ，允许误差为 ±10%。

(2) 色标法：色标法是将电阻器的类别及主要技术参数的数值用颜色(色环或色点)。

标注在它的外表面上。色标电阻(色环电阻)器可分为三环、四环、五环三种标法。其含义如图 8-1 和图 8-2 所示。

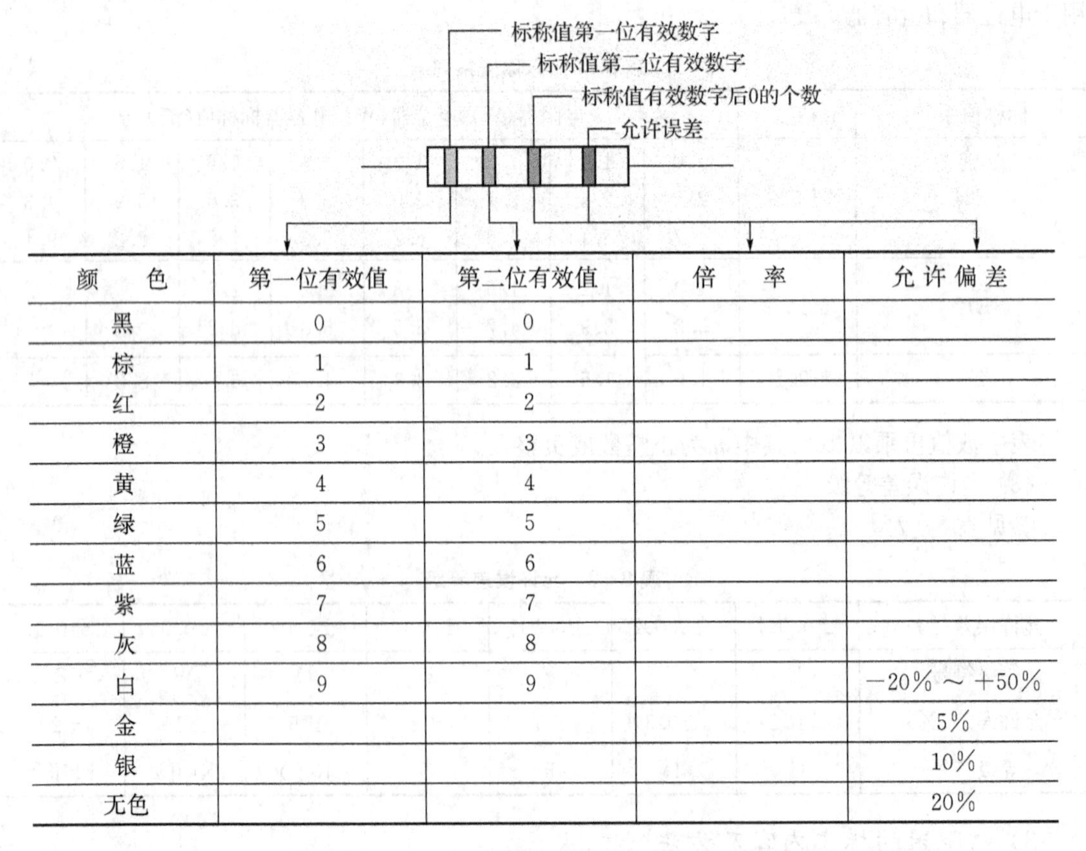

颜　色	第一位有效值	第二位有效值	倍　率	允许偏差
黑	0	0		
棕	1	1		
红	2	2		
橙	3	3		
黄	4	4		
绿	5	5		
蓝	6	6		
紫	7	7		
灰	8	8		
白	9	9		−20% ～ +50%
金				5%
银				10%
无色				20%

图 8-1　两位有效数字阻值的色环表示法

三色环电阻器的色环表示标称电阻值(允许误差均为±20%)。例如,色环为棕黑红,表示 $10\times10^2=1.0\ \text{k}\Omega\pm20\%$的电阻器。

四色环电阻器的色环表示标称值(二位有效数字)及精度。例如,色环为棕绿橙金表示 $15\times10^3=15\ \text{k}\Omega\pm5\%$的电阻器。

五色环电阻器的色环表示标称值(三位有效数字)及精度。例如,色环为红紫绿黄棕表示 $275\times10^4=2.75\ \text{M}\Omega\pm1\%$的电阻器。

一般四色环和五色环电阻器表示允许误差的色环的特点是该环离其他环的距离较远。较标准的表示应是表示允许误差的色环的宽度是其他色环的(1.5～2)倍。

有些色环电阻器由于厂家生产不规范,无法用上面的特征判断,这时只能借助万用表判断。三位有效数字阻值的色环表示法如图 8-2 所示。

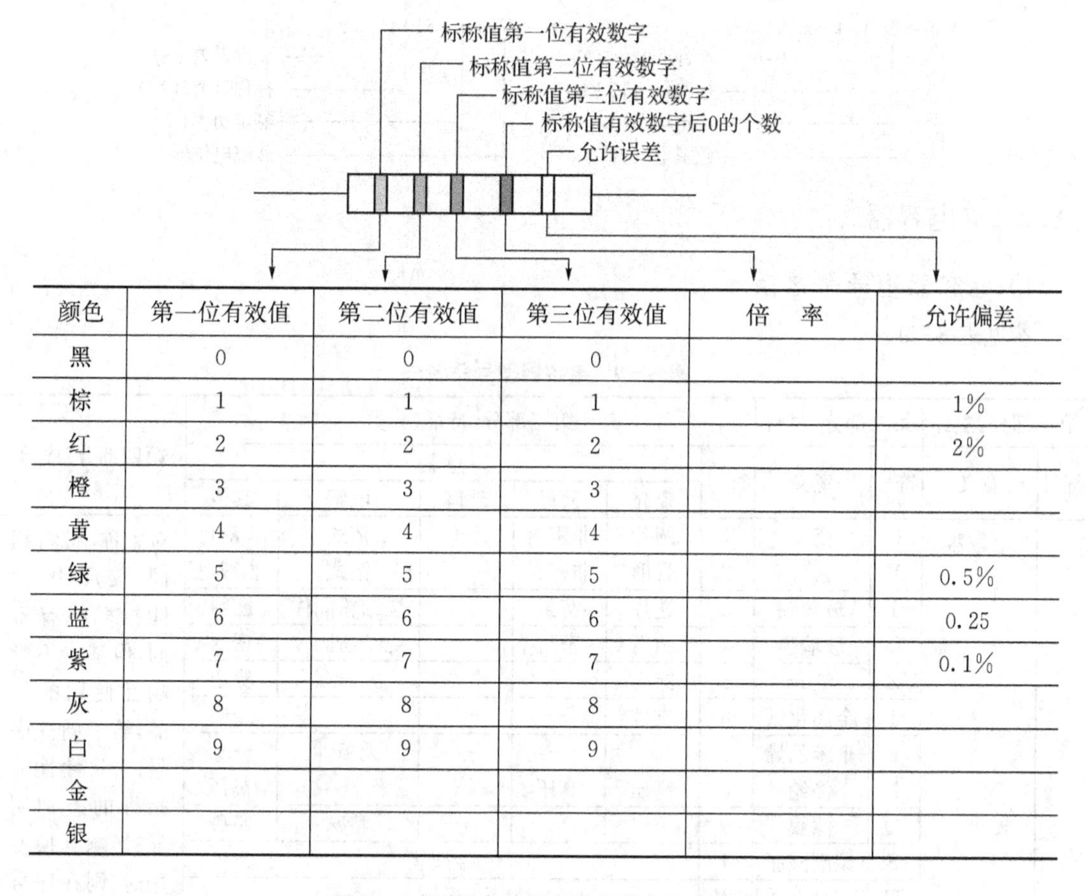

颜色	第一位有效值	第二位有效值	第三位有效值	倍　率	允许偏差
黑	0	0	0		
棕	1	1	1		1%
红	2	2	2		2%
橙	3	3	3		
黄	4	4	4		
绿	5	5	5		0.5%
蓝	6	6	6		0.25
紫	7	7	7		0.1%
灰	8	8	8		
白	9	9	9		
金					
银					

图 8-2　三位有效数字阻值的色环表示法

4) 电位器的主要技术指标

(1) 额定功率

电位器的两个固定端上允许耗散的最大功率为电位器的额定功率。使用中应注意额定功率不等于中心抽头与固定端的功率。

(2) 标称阻值

标在产品上的名义阻值,其系列与电阻的系列类似。

(3) 允许误差等级

实测阻值与标称阻值误差范围根据不同精度等级可允许±20%、±10%、±5%、±2%、±1%的误差。精密电位器的精度可达0.1%。

(4) 阻值变化规律

指阻值随滑动片触点旋转角度(或滑动行程)之间的变化关系,这种变化关系可以是任何函数形式,常用的有直线式、对数式和反转对数式(指数式)。

在使用中,直线式电位器适合于作分压器;反转对数式(指数式)电位器适合于作收音机、录音机、电唱机、电视机中的音量控制器。维修时若找不到同类品,可用直线式代替,但不宜用对数式代替。对数式电位器只适合于作音调控制等。

5) 电位器的一般标志方法

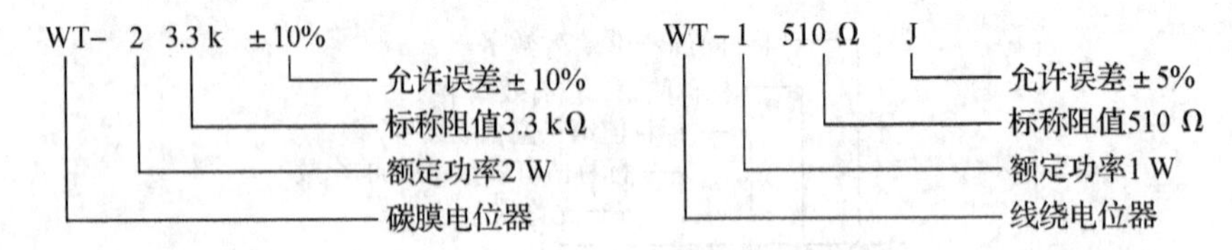

8.2.2 电容器

1) 电容器型号命名法

参见表8－9。

表8－9　电容器型号命名法

第一部分:主称		第二部分:材料		第三部分:特征、分类						第四部分:序号
符号	意义	符号	意义	符号	意义					
					瓷介	云母	玻璃	电解	其他	
	电容器	C	瓷介	1	圆片	非密封	—	箔式	非密封	对主称、材料相同,仅尺寸、性能指标略有不同,但基本不影响互使用的产品,给予同一序号;若尺寸性能指标的差别明显;影响互换使用时,则在序号后面用大写字母作为区别代号
		Y	云母	2	管形	非密封	—	箔式	非密封	
		I	玻璃釉	3	迭片	密封	—	烧结粉固体	密封	
		O	玻璃膜	4	独石	密封	—	烧结粉固体	密封	
		Z	纸介	5	穿心	—	—	—	穿心	
		J	金属化纸	6	支柱	—	—	—	—	
		B	聚苯乙烯	7	—	—	—	无极性	—	
		L	涤纶	8	高压	高压	—	—	高压	
		Q	漆膜	9	—	—	—	特殊	特殊	
		S	聚碳酸脂	J	金属膜					
		H	复合介质	W	微调					
		D	铝							
		A	钽							
		N	铌							
		G	合金							
		T	钛							
		E	其他							

示例:

(1) 铝电解电容器

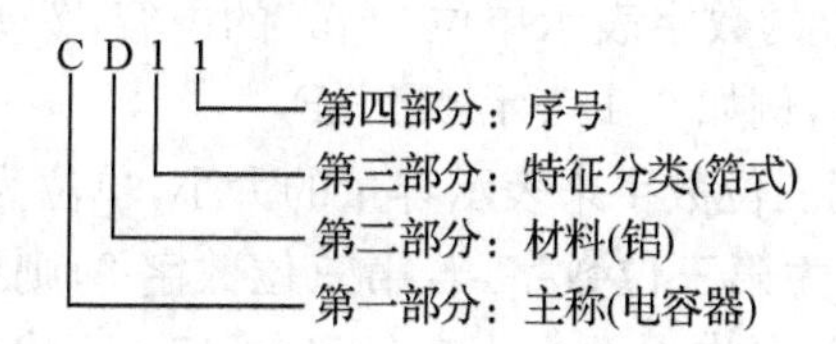

(2) 圆片形瓷介电容器

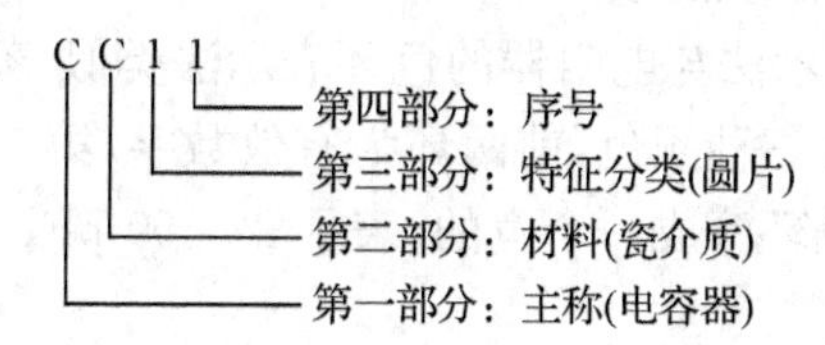

(3) 纸介金属膜电容器

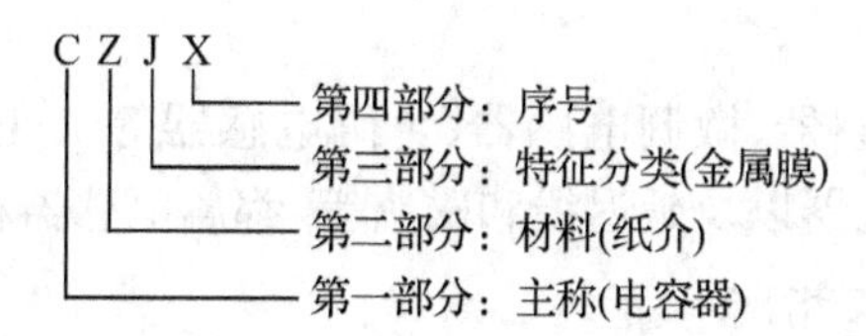

2) 电容器的主要技术指标

(1) 电容器的耐压：常用固定式电容的直流工作电压系列为：6.3 V、10 V、16 V、25 V、40 V、63 V、100 V、160 V、250 V、400 V。

(2) 电容器容许误差等级：常见的有七个等级如表 8-10 所示。

表 8-10

容许误差	±2%	±5%	±10%	±20%	+20% −30%	+50% −20%	+100% −10%
级别	0.2	Ⅰ	Ⅱ	Ⅲ	Ⅳ	Ⅴ	Ⅵ

(3) 标称电容量

表 8-11 固定式电容器标称容量系列和容许误差

系列代号	E24	E12	E6
容许误差	±5%(Ⅰ)或(J)	±10%(Ⅱ)或(K)	±20%(Ⅲ)或(m)
标称容量对应值	10,11,12,13,15,16,18,20,22,24,27,30, 33,36,39,43,47,51,56,62,68,75,82,90	10,12,15,18,22,27, 33,39,47,56,68,82	10,15,22,23,47,68

注：标称电容量为表中数值或表中数值再乘以 10^n，其中 n 为正整数或负整数，单位为 pF。

3) 电容器的标志方法

(1) 直标法 容量单位：F(法拉)、μF(微法)、nF(纳法)、pF(皮法或微微法)。

1 法拉＝10^6 微法＝10^{12} 微微法， 1 微法＝10^3 纳法＝10^6 微微法

1 纳法＝10^3 微微法

例如：4n7—表示 4.7 nF 或 4 700 pF；0.22—表示 0.22 μF；51—表示 51 pF。

有时用大于 1 的两位以上的数字表示单位为 pF 的电容，例如 101 表示 100 pF；用小于 1 的数字表示单位为 μF 的电容，例如 0.1 表示 0.1 μF。

(2) 数码表示法　一般用三位数字来表示容量的大小，单位为 pF。前两位为有效数字，后一位表示位率。即乘以 10^i，i 为第三位数字，若第三位数字 9，则乘 10^{-1}。如 223 J 代表 22×10^3 pF＝22 000 pF＝0.22 μF，允许误差为±5%；又如 479 K 代表 47×10^{-1} pF，允许误差为±5%的电容。这种表示方法最为常见。

(3) 色码表示法　这种表示法与电阻器的色环表示法类似，颜色涂于电容器的一端或从顶端向引线排列。色码一般只有三种颜色，前两环为有效数字，第三环为位率，单位为 pF。有时色环较宽，如红红橙，两个红色环涂成一个宽的，表示 22 000 pF。

8.2.3　电感器

1) 电感器的分类

常用的电感器有固定电感器、微调电感器、色码电感器等。变压器、阻流圈、振荡线圈、偏转线圈、天线线圈、中周、继电器以及延迟线和磁头等，都属电感器种类。

2) 电感器的主要技术指标

(1) 电感量

在没有非线性导磁物质存在的条件下，一个载流线圈的磁通量与线圈中的电流成正比其比例常数称为自感系数，用 L 表示，简称为电感。即：

$$L=\frac{\varphi}{I}$$

式中：φ——磁通量；I——电流强度

(2) 固有电容：线圈各层、各匝之间、绕组与底板之间都存在着分布电容。统称为电感器的固有电容。

(3) 品质因数

电感线圈的品质因数定义为：

$$Q=\frac{\omega L}{R}$$

式中：ω——工作角频率，L——线圈电感量，R——线圈的总损耗电阻

(4) 额定电流：线圈中允许通过的最大电流。

(5) 线圈的损耗电阻：线圈的直流损耗电阻。

3) 电感器电感量的标志方法

(1) 直标法。单位 H(亨利)、mH(毫亨)、μH(微亨)。

(2) 数码表示法。方法与电容器的表示方法相同。

(3) 色码表示法。这种表示法也与电阻器的色标法相似，色码一般有四种颜色，前两种颜色为有效数字，第三种颜色为倍率，单位为 μH，第四种颜色是误差位。

8.2.4 半导体分立器件

1) 半导体分立器件的命名方法

(1) 我国半导体分立器件的命名法

参见表 8-12。

表 8-12 国产半导体分立器件型号命名法

第一部分		第二部分		第三部分				第四部分	第五部分
用数字表示器件电极的数目		用汉语拼音字母表示器件的材料和极性		用汉语拼音字母表示器件的类型				用数字表示器件序号	用汉语拼音表示规格的区别代号
符号	意义	符号	意义	符号	意义	符号	意义		
2	二极管	A	N 型,锗材料	P	普通管	D	低频大功率管		
		B	P 型,锗材料	V	微波管		(f_α<3 MHz,		
		C	N 型,硅材料	W	稳压管		$P_C \geqslant 1$ W)		
		D	P 型,硅材料	C	参量管	A	高频大功率管		
				Z	整流管		($f_\alpha \geqslant 3$ MHz		
3	三极管	A	PNP 型,锗材料	L	整流堆		$P_C \geqslant 1$ W)		
		B	NPN 型,锗材料	S	隧道管	T	半导体闸流管		
		C	PNP 型,硅材料	N	阻尼管		(可控硅整流器)		
		D	NPN 型,硅材料	U	光电器件	Y	体效应器件		
		E	化合物材料	K	开关管	B	雪崩管		
				X	低频小功率管	J	阶跃恢复管		
					(f_α<3 MHz,	CS	场效应器件		
					P_C<1 W)	BT	半导体特殊器件		
				G	高频小功率管	FH	复合管		
					($f_\alpha \geqslant 3$ MHz	PIN	PIN 型管		
					P_C<1 W)	JG	激光器件		

示例：

①锗材料 PNP 型低频大功率三极管

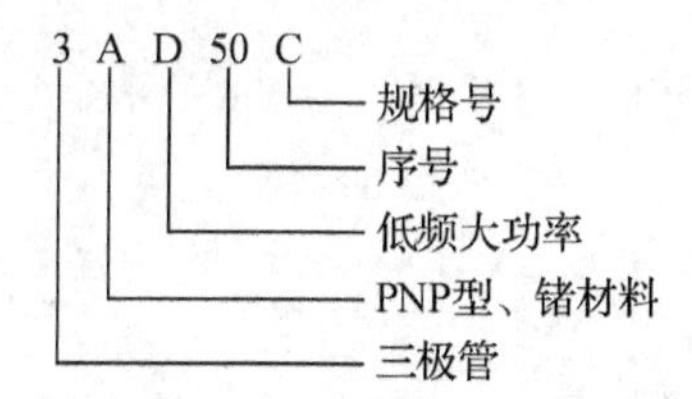

②硅材料 NPN 型高频小功率三极管

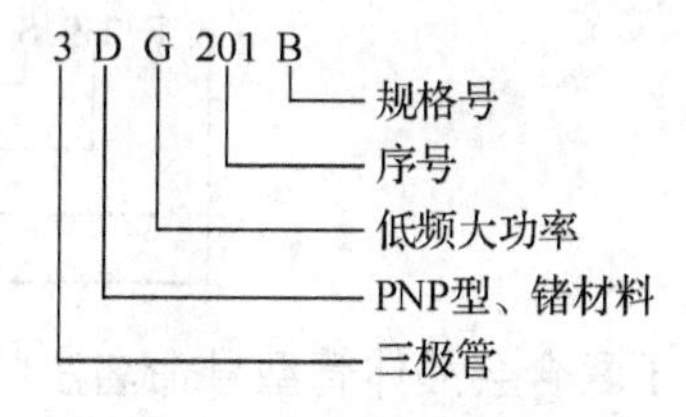

③N 型硅材料稳压二极管

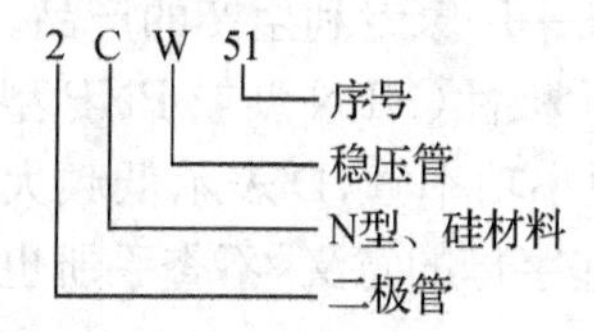

④单结晶体管

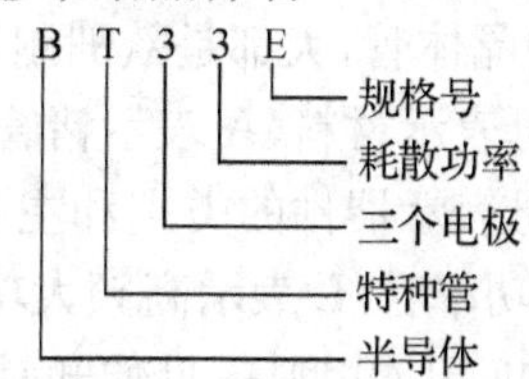

(2) 国际电子联合会半导体器件命名法

参见表 8 - 13。

表 8 - 13　国际电子联合会半导体器件型号命名法

第一部分		第二部分				第三部分		第四部分	
用字母表示使用的材料		用字母表示类型及主要特性				用数字或字母加数字表示登记号		用字母对同一型号者分挡	
符号	意义	符号	意义	符号	意义	符号	意义	符号	意义
A	锗材料	A	检波、开关和混频二极管	M	封闭磁路中的霍尔元件	三位数字	通用半导体器件的登记序号(同一类型器件使用同一登记号)	A B C D E …	同一型号器件按某一参数进行分挡的标志
		B	变容二极管	P	光敏元件				
B	硅材料	C	低频小功率三极管	Q	发光器件				
		D	低频大功率三极管	R	小功率可控硅				
		E	隧道二极管	S	小功率开关管				
C	砷化镓	F	高频小功率三极管	T	大功率可控硅	一个字母加两位数字	专用半导体器件的登记序号(同一类型器件使用同一登记号)		
D	锑化铟	G	复合器件及其他器件	U	大功率开关管				
		H	磁敏二极管	X	倍增二极管				
R	复合材料	K	开放磁路中的霍尔元件	Y	整流二极管				
		L	高频大功率三极管	Z	稳压二极管即齐纳二极管				

示例：

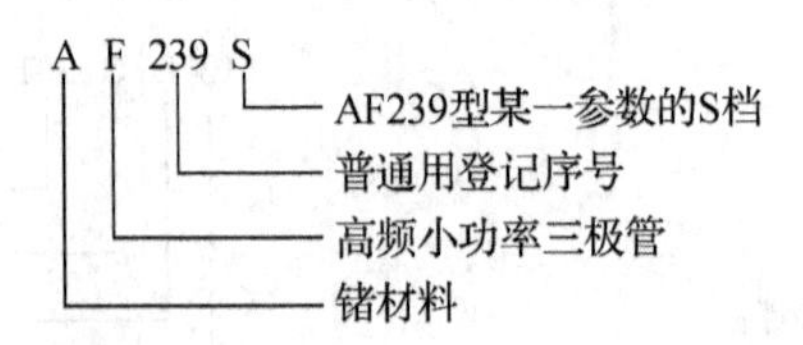

国际电子联合会晶体管型号命名法的特点：

①这种命名法被欧洲许多国家采用。因此，凡型号以两个字母开头，并且第一个字母是A,B,C,D或R的晶体管，大都是欧洲制造的产品，或是按欧洲某一厂家专利生产的产品。

②第一个字母表示材料(A表示锗管，B表示硅管)，但不表示极性(NPN型或PNP型)。

③第二个字母表示器件的类别和主要特点。如C表示低频小功率管，D表示低频大功率管，F表示高频小功率管，L表示高频大功率管等。若记住了这些字母的意义，不查手册也可以判断出类别。例如，BL49型，一见便知是硅大功率专用三极管。

④第三部分表示登记顺序号。三位数字者为通用品；一个字母加两位数字者为专用品，顺序号相邻的两个型号的特性可能相差很大。例如，AC184 为 PNP 型，而 AC185 则为 NPN 型。

⑤第四部分字母表示同一型号的某一参数(如 h_{FE}或 N_F)进行分挡。

⑥型号中的符号均不反映器件的极性(指 NPN 或 PNP)。极性的确定需查阅手册或测量。

(3) 美国半导体器件型号命名法

美国晶体管或其他半导体器件的型号命名法较混乱。这里介绍的是美国晶体管标准型号命名法，即美国电子工业协会(EIA)规定的晶体管分立器件型号的命名法，如表 8-14 所示。

表 8-14　美国电子工业协会半导体器件型号命名法

<table>
<tr><th colspan="2">第一部分</th><th colspan="2">第二部分</th><th colspan="2">第三部分</th><th colspan="2">第四部分</th><th colspan="2">第五部分</th></tr>
<tr><td colspan="2">用符号表示用途的类型</td><td colspan="2">用数字表示PN结的数目</td><td colspan="2">美国电子工业协会(EIA)注册标志</td><td colspan="2">美国电子工业协会(EIA)登记顺序号</td><td colspan="2">用字母表示器件分挡</td></tr>
<tr><td>符号</td><td>意义</td><td>符号</td><td>意义</td><td>符号</td><td>意义</td><td>符号</td><td>意义</td><td>符号</td><td>意义</td></tr>
<tr><td rowspan="2">JAN或J</td><td rowspan="2">军用品</td><td>1</td><td>二极管</td><td rowspan="4">N</td><td rowspan="4">该器件已在美国电子工业协会注册登记</td><td rowspan="4">多位数字</td><td rowspan="4">该器件在美国电子工业协会登记的顺序号</td><td rowspan="4">A
B
C
D
⋮</td><td rowspan="4">同一型号的不同挡别</td></tr>
<tr><td>2</td><td>三极管</td></tr>
<tr><td rowspan="2">无</td><td rowspan="2">非军用品</td><td>3</td><td>三个 PN 结器件</td></tr>
<tr><td>n</td><td>n个 PN 结器件</td></tr>
</table>

示例：

①JAN2N2904

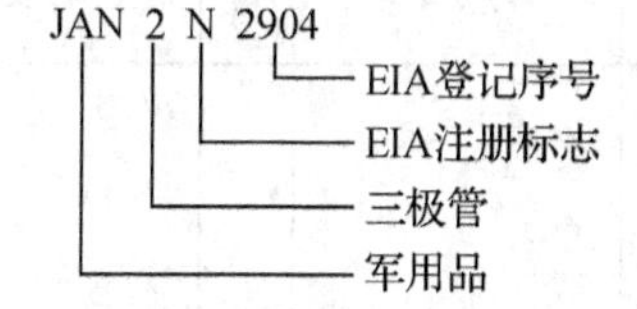

②1N4001

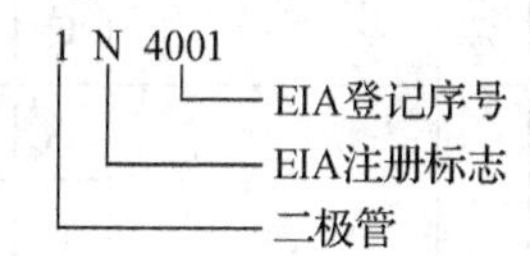

美国晶体管型号命名法的特点：

①型号命名法规定较早，又未作过改进，型号内容很不完备。例如，对于材料、极性、主要特性和类型，在型号中不能反映出来。例如，2N 开头的既可能是一般晶体管，也可能是场效应管。因此，仍有一些厂家按自己规定的型号命名法命名。

②组成型号的第一部分是前缀，第五部分是后缀，中间的三部分为型号的基本部分。

③除去前缀以外，凡型号以 1N、2N 或 3N……开头的晶体管分立器件，大都是美国制造的，或按美国专利在其他国家制造的产品。

④第四部分数字只表示登记序号，而不含其他意义。因此，序号相邻的两器件可能特性相差很大。例如，2N3464 为硅 NPN，高频大功率管，而 2N3465 为 N 沟道场效应管。

⑤不同厂家生产的性能基本一致的器件，都使用同一个登记号。同一型号中某些参数的差异常用后缀字母表示。因此，型号相同的器件可以通用。

⑥登记序号数大的通常是近期产品。

(4) 日本半导体器件型号命名法

日本半导体分立器件(包括晶体管)或其他国家按日本专利生产的这类器件，都是按日本工业标准(JIS)规定的命名法(JIS-C-702)命名的。

日本半导体分立器件的型号由五至七部分组成。通常只用到前五部分。前五部分符号及意义如表8-15所示。第六、七部分的符号及意义通常是各公司自行规定的。第六部分的符号表示特殊的用途及特性，其常用的符号有：

M—松下公司用来表示该器件符合日本防卫厅海上自卫队参谋部有关标准登记的产品。

N—松下公司用来表示该器件符合日本广播协会(NHK)有关标准的登记产品。

Z—松下公司用来表示专用通信用的可靠性高的器件。

H—日立公司用来表示专为通信用的可靠性高的器件。

K—日立公司用来表示专为通信用的塑料外壳的可靠性高的器件。

T—日立公司用来表示收发报机用的推荐产品。

G—东芝公司用来表示专为通信用的设备制造的器件。

S—三洋公司用来表示专为通信设备制造的器件。

第七部分的符号，常被用来作为器件某个参数的分挡标志。例如，三菱公司常用R,G,Y等字母；日立公司常用A,B,C,D等字母，作为直流放大系数 h_{FE} 的分挡标志。

表8-15　日本半导体器件型号命名法

第一部分		第二部分		第三部分		第四部分		第五部分	
用数字表示类型或有效电极数		S表示日本电子工业协会(EIAJ)的注册产品		用字母表示器件的极性及类型		用数字表示在日本电子工业协会登记的顺序号		用字母表示对原来型号的改进产品	
符号	意义	符号	意义	符号	意义	符号	意义	符号	意义
0	光电（即光敏）二极管、晶体管及其组合管	S	表示已在日本电子工业协会(EIAJ)注册登记的半导体分立器件	A	PNP型高频管	四位以上的数字	从11开始，表示在日本电子工业协会注册登记的顺序号，不同公司性能相同的器件可以使用同一顺序号，其数字越大越是近期产品	A B C D E F ⋮	用字母表示对原来型号的改进产品
				B	PNP型低频管				
				C	NPN型高频管				
				D	NPN型低频管				
1	二极管			F	P控制极可控硅				
2	三极管、具有两个以上PN结的其他晶体管			G	N控制极可控硅				
				H	N基极单结晶体管				
				J	P沟道场效应管				
3 ⋮	具有四个有效电极或具有三个PN结的晶体管			K	N沟道场效应管				
				M	双向可控硅				
$n-1$	具有 n 个有效电极或具有 $n-1$ 个PN结的晶体管								

示例：

①2SC502A（日本收音机中常用的中频放大管）

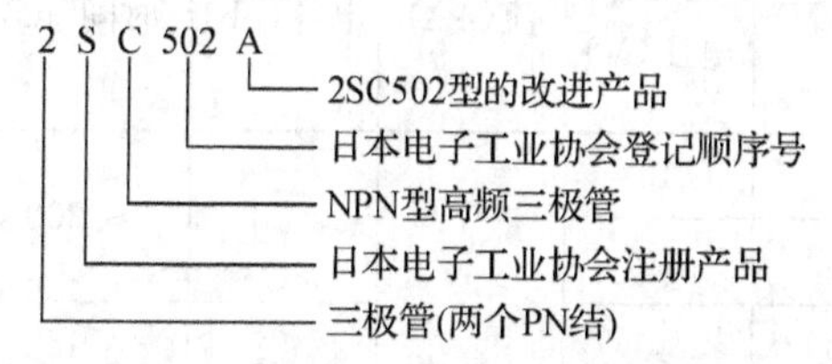

②2SA495（日本夏普公司 GF-9494 收录机用小功率管）

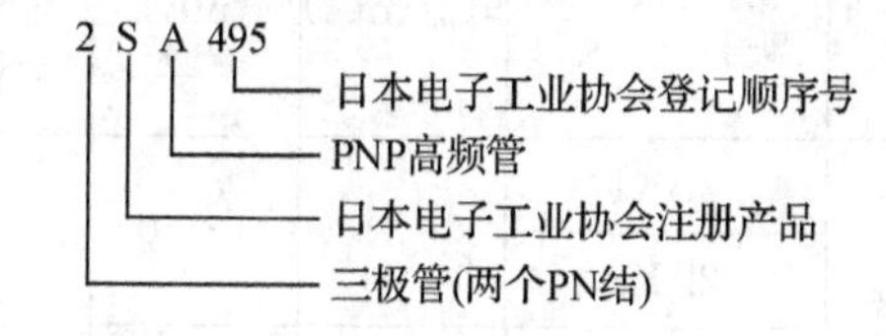

日本半导体器件型号命名法有如下特点：

①型号中的第一部分是数字，表示器件的类型和有效电极数。例如，用“1”表示二极管，用“2”表示三极管。而屏蔽用的接地电极不是有效电极。

②第二部分均为字母 S，表示日本电子工业协会注册产品，而不表示材料和极性。

③第三部分表示极性和类型。例如用 A 表示 PNP 型高频管，用 J 表示 P 沟道场效应三极管。但是，第三部分既不表示材料，也不表示功率的大小。

④第四部分只表示在日本工业协会(EIAJ)注册登记的顺序号，并不反映器件的性能，顺序号相邻的两个器件的某一性能可能相差很远。例如，2SC2680 型的最大额定耗散功率为 200 mW，而 2SC2681 的最大额定耗散功率为 100 W。但是，登记顺序号能反映产品时间的先后。登记顺序号的数字越大，越是近期产品。

⑤第六、七两部分的符号和意义各公司不完全相同。

⑥日本有些半导体分立器件的外壳上标记的型号，常采用简化标记的方法，即把 2S 省略。例如，2SD764，简化为 D764，2SC502A 简化为 C502A。

⑦在低频管(2SB 和 2SD 型)中，也有工作频率很高的管子。例如，2SD355 的特征频率 f_T 为 100 MHz，所以，它们也可当高频管用。

⑧日本通常把 $P_{cm} \geqslant 1$ W 的管子，称做大功率管。

2）常用半导体二极管的主要参数

参见表 8-16。

表 8-16 部分半导体二极管的参数

类型	型号＼参数	最大整流电流(mA)	正向电流(mA)	正向压降(在左栏电流值下)(V)	反向击穿电压(V)	最高反向工作电压(V)	反向电流(μA)	零偏压电容(pF)	反向恢复时间(ns)
普通检波二极管	2AP9	≤16	≥2.5	≤1	≥40	20	≤250	≤1	f_H(MHz) 150
	2AP7		≥5		≥150	100			
	2AP11	≤25	≥10	≤1		≤10	≤250	≤1	f_H(MHz) 40
	2AP17	≤15	≥10			≤100			

（续表 8-16）

类型	参数 型号	最大整流电流(mA)	正向电流(mA)	正向压降（在左栏电流值下）(V)	反向击穿电压(V)	最高反向工作电压(V)	反向电流(μA)	零偏压电容(pF)	反向恢复时间(ns)
锗开关二极管	2AK1		≥150	≤1	30	10		≤3	≤200
	2AK2				40	20			
	2AK5		≥200	≤0.9	60	40		≤2	≤150
	2AK10		≥10	≤1	70	50			
	2AK13		≥250	≤0.7	60	40		≤2	≤150
	2AK14				70	50			
硅开关二极管	2CK70A～E		≥10					≤1.5	≤3
	2CK71A～E		≥20	≤0.8					≤4
	2CK72A～E		≥30		A≥30 B≥45 C≥60 D≥75 E≥90	A≥20 B≥30 C≥40 D≥50 E≥60			
	2CK73A～E		≥50						
	2CK74A～D		≥100						
	2CK75A～D		≥150	≤1				≤1	≤5
	2CK76A～D		≥200						
整流二极管	2CZ52B…H	2	0.1	≤1		25…600			同 2AP 普通二极管
	2CZ53B…M	6	0.3	≤1		50…1 000			
	2CZ54B…M	10	0.5	≤1		50…1 000			
	2CZ55B…M	20	1	≤1		50…1 000			
	2CZ56B…B	65	3	≤0.8		25…1 000			
	1N4001…4007	30	1	1.1		50…1 000	5		
	1N5391…5399	50	1.5	1.4		50…1 000	10		
	1N5400…5408	200	3	1.2		50…1 000	10		

3）常用整流桥的主要参数

参见表 8-17。

表 8-17 几种单相桥式整流器的参数

参数 型号	不重复正向浪涌电流/A	整流电流/A	正向电压降/V	反向漏电/μA	反向工作电压/V	最高工作结温/℃
QL1	1	0.05	≤1.2	≤10	常见的分挡为：25，50，100，200，400，500，600，700，800，900，1 000	130
QL2	2	0.1				
QL4	6	0.3				
QL5	10	0.5				
QL6	20	1				
QL7	40	2		≤15		
QL8	60	3				

4）常用稳压二极管的主要参数

参见表 8-18。

表 8-18 部分稳压二极管的主要参数

测试条件	工作电流为稳定电流	稳定电压下	环境温度<50℃		稳定电流下	稳定电流下	环境温度<10℃
型号 参数	稳定电压(V)	稳定电流(mA)	最大稳定电流(mA)	反向漏电流	动态电阻(Ω)	电压温度系数/10⁻⁴(℃)	最大耗散功率(W)
2CW51	2.5～3.5	10	71	≤5	≤60	≥−9	0.25
2CW52	3.2～4.5		55	≤2	≤70	≥−8	
2CW53	4～5.8		41	≤1	≤50	−6～4	
2CW54	5.5～6.5		38	≤0.5	≤30	−3～5	
2CW56	7～8.8		27		≤15	≤7	
2CW57	8.5～9.8		26		≤20	≤8	
2CW59	10～11.8	5	20		≤30	≤9	
2CW60	11.5～12.5		19		≤40	≤9	
2CW103	4～5.8	50	165	≤1	≤20	−6～4	1
2CW110	11.5～12.5	20	76	≤0.5	≤20	≤9	
2CW113	16～19	10	52	≤0.5	≤40	≤11	
2CW1A	5	30	240		≤20		1
2CW6C	15	30	70		≤8		1
2CW7C	6.0～6.5	10	30		≤10	0.05	0.2

5）常用半导体三极管的主要参数

(1) 3AX51(3AX31)型 PNP 型锗低频小功率三极管

参见表 8-19。

表 8-19　3AX51(3AX31)型半导体三极管的参数

原型号		3AX31				测试条件
新型号		3AX51A	3AX51B	3AX51C	3AX51D	
极限参数	P_{CM}(mW)	100	100	100	100	T_a=25℃
	I_{CM}(mA)	100	100	100	100	
	T_{jM}(℃)	75	75	75	75	
	BV_{CBO}(V)	≥30	≥30	≥30	≥30	I_C=1 mA
	BV_{CEO}(V)	≥12	≥12	≥18	≥24	I_C=1 mA
直流参数	I_{CBO}(μA)	≤12	≤12	≤12	≤12	V_{CB}=−10 V
	I_{CEO}(μA)	≤500	≤500	≤300	≤300	V_{CE}=−6 V
	I_{EBO}(μA)	≤12	≤12	≤12	≤12	V_{EB}=−6V
	h_{FE}	40～150	40～150	30～100	25～70	V_{CE}=−1 V　I_C=50 μA
交流参数	f_α(kHz)	≥500	≥500	≥500	≥500	V_{CB}=−6 V　I_E=1 mA
	N_F(dB)	—	≤8	—	—	V_{CB}=−2 V　I_E=0.5 mA　f=1 kHz
	h_{ie}(kΩ)	0.6～4.5	0.6～4.5	0.6～4.5	0.6～4.5	V_{CB}=−6 V　I_E=1 mA　f=1 kHz
	h_{re}(×10)	≤2.2	≤2.2	≤2.2	≤2.2	
	h_{oe}(μs)	≤80	≤80	≤80	≤80	
	h_{fe}	—	—	—	—	
h_{FE}色标分挡		(红)25～60；(绿)50～100；(蓝)90～150				
管脚		B　E　C				

(2) 3AX81 型 PNP 型锗低频小功率三极管

参见表 8-20。

表 8-20　3AX81 型 PNP 型锗低频小功率三极管的参数

型号		3AX81A	3AX81B	测试条件
极限参数	P_{CM}(mW)	200	200	
	I_{CM}(mA)	200	200	
	T_{jM}(℃)	75	75	
	BV_{CBO}(V)	−20	−30	I_C=4 mA
	BV_{CEO}(V)	−10	−15	I_C=4 mA
	BV_{EBO}(V)	−7	−10	I_E=4 mA

（续表 8-20）

型 号		3AX81A	3AX81B	测 试 条 件
直流参数	$I_{CBO}(\mu A)$	≤30	≤15	$V_{CB}=-6$ V
	$I_{CEO}(\mu A)$	≤1 000	≤700	$V_{CE}=-6$ V
	$I_{EBO}(\mu A)$	≤30	≤15	$V_{EB}=-6$ V
	$V_{BES}(V)$	≤0.6	≤0.6	$V_{CE}=-1$ V　$I_C=175$ mA
	$V_{CES}(V)$	≤0.65	≤0.65	$V_{CE}=V_{BE}$　$V_{CB}=0$　$I_C=200$ mA
	h_{FE}	40～270	40～270	$V_{CE}=-1$ V　$I_C=175$ mA
交流参数	f_β(kHz)	≥6	≥8	$V_{CB}=-6$ V　$I_E=10$ mA
h_{FE}色标分挡		(黄)40～55 (绿)55～80 (蓝)80～120 (紫)120～180 (灰)180～270 (白)270～400		
管 脚		B E C		

(3) 3BX31 型 NPN 型锗低频小功率三极管
参见表 8-21。

表 8-21　3BX31 型 NPN 型锗低频小功率三极管的参数

型 号		3BX31M	3BX31A	3BX31B	3BX31C	测 试 条 件
极限参数	P_{CM}(mW)	125	125	125	125	$T_a=25$℃
	I_{CM}(mA)	125	125	125	125	
	T_{jM}(℃)	75	75	75	75	
	BV_{CBO}(V)	−15	−20	−30	−40	$I_C=1$ mA
	BV_{CEO}(V)	−6	−12	−18	−24	$I_C=2$ mA
	BV_{EBO}(V)	−6	−10	−10	−10	$I_E=1$ mA
直流参数	$I_{CBO}(\mu A)$	≤25	≤20	≤12	≤6	$V_{CB}=6$ V
	$I_{CEO}(\mu A)$	≤1 000	≤800	≤600	≤400	$V_{CE}=6$ V
	$I_{CBO}(\mu A)$	≤25	≤20	≤12	≤6	$V_{EB}=6$ V
	$V_{BES}(V)$	≤0.6	≤0.6	≤0.6	≤0.6	$V_{CE}=6$ V　$I_C=100$ mA
	$V_{CES}(V)$	≤0.65	≤0.65	≤0.65	≤0.65	$V_{CE}=V_{BE}$　$V_{CB}=0$ $I_C=125$ mA
	h_{FE}	80～400	40～180	40～180	40～180	$V_{CE}=1$ V $I_C=100$ mA
交流参数	f_b(kHz)	—	—	≥8	f_α≥465	$V_{CB}=-6$ V　$I_E=10$ mA
h_{FE}色标分挡		(黄)40～55 (绿)55～80 (蓝)80～120 (紫)120～180 (灰)180～270 (白)270～400				
管 脚		B E C				

(4) 3DG100(3DG6) 型 NPN 型硅高频小功率三极管

参见表 8 - 22。

表 8 - 22　3DG100(3DG6) 型 NPN 型硅高频小功率三极管的参数

原型号		3DG6				测试条件
新型号		3DG100A	3DG100B	3DG100C	3DG100D	
极限参数	P_{CM}(mW)	100	100	100	100	
	I_{CM}(mA)	20	20	20	20	
	BV_{CBO}(V)	≥30	≥40	≥30	≥40	$I_C=100\ \mu A$
	BV_{CEO}(V)	≥20	≥30	≥20	≥30	$I_C=100\ \mu A$
	BV_{EBO}(V)	≥4	≥4	≥4	≥4	$I_E=100\ \mu A$
直流参数	I_{CBO}(μA)	≤0.01	≤0.01	≤0.01	≤0.01	$V_{CB}=10$ V
	I_{CEO}(μA)	≤0.1	≤0.1	≤0.1	≤0.1	$V_{CE}=10$ V
	I_{CBO}(μA)	≤0.01	≤0.01	≤0.01	≤0.01	$V_{EB}=1.5$ V
	V_{BES}(V)	≤1	≤1	≤1	≤1	$I_C=10$ mA　$I_B=1$ mA
	V_{CES}(V)	≤1	≤1	≤1	≤1	$I_C=10$ mA　$I_B=1$ mA
	h_{FE}	≥30	≥30	≥30	≥30	$V_{CE}=10$ V　$I_C=3$ mA
交流参数	f_T(MHz)	≥150	≥150	≥300	≥300	$V_{CB}=10$ V　$I_E=3$ mA　$f=100$ MHz　$R_L=5\ \Omega$
	K_P(dB)	≥7	≥7	≥7	≥7	$V_{CB}=-6$ V　$I_E=3$ mA　$f=100$ MHz
	C_{ob}(pF)	≤4	≤4	≤4	≤4	$V_{CB}=10$ V　$I_E=0$
h_{FE}色标分挡		(红)30～60 (绿)50～110 (蓝)90～160 (白)>150				
管 脚		B E C				

(5) 3DG130(3DG12) 型 NPN 型硅高频小功率三极管

参见表 8 - 23。

表 8 - 23　3DG130(3DG12) 型 NPN 型硅高频小功率三极管的参数

原 型 号		3DG12				测 试 条 件
新 型 号		3DG130A	3DG130B	3DG130C	3DG130D	
极限参数	P_{CM}(mW)	700	700	700	700	
	I_{CM}(mA)	300	300	300	300	
	BV_{CBO}(V)	≥40	≥60	≥40	≥60	$I_C=100\ \mu A$
	BV_{CEO}(V)	≥30	≥45	≥30	≥45	$I_C=100\ \mu A$
	BV_{EBO}(V)	≥4	≥4	≥4	≥4	$I_E=100\ \mu A$

(续表 8-23)

原型号		3DG12				测试条件
新型号		3DG130A	3DG130B	3DG130C	3DG130D	
直流参数	I_{CBO}(μA)	≤0.5	≤0.5	≤0.5	≤0.5	V_{CB}=10 V
	I_{CEO}(μA)	≤1	≤1	≤1	≤1	V_{CE}=10 V
	I_{CBO}(μA)	≤0.5	≤0.5	≤0.5	≤0.5	VEB=1.5 V
	V_{BES}(V)	≤1	≤1	≤1	≤1	I_C=100 mA I_B=10 mA
	V_{CES}(V)	≤0.6	≤0.6	≤0.6	≤0.6	I_C=100 mA I_B=10 mA
	h_{FE}	≥30	≥30	≥30	≥30	V_{CE}=10 V I_C=50 mA
交流参数	f_T(MHz)	≥150	≥150	≥300	≥300	V_{CB}=10 V I_E=50 mA f=100 MHz R_L=5 Ω
	K_P(dB)	≥6	≥6	≥6	≥6	V_{CB}=−10 V I_E=50 mA f=100 MHz
	C_{ob}(pF)	≤10	≤10	≤10	≤10	V_{CB}=10 V I_E=0
h_{FE}色标分挡		(红)30~60 (绿)50~110 (蓝)90~160 (白)>150				
管脚		B E C				

(6) 9011~9018 塑封硅三极管

参见表 8-24。

表 8-24 9011~9018 塑封硅三极管的参数

型号		(3DG)9011	(3CX)9012	(3DX)9013	(3DG)9014	(3CG)9015	(3DG)9016	(3DG)9018
极限参数	P_{CM}(mW)	200	300	300	300	300	200	200
	I_{CM}(mA)	20	300	300	100	100	25	20
	BV_{CBO}(V)	20	20	20	25	25	25	30
	BV_{CEO}(V)	18	18	18	20	20	20	20
	BV_{EBO}(V)	5	5	5	4	4	4	4
直流参数	I_{CBO}(μA)	0.01	0.5	0,5	0.05	0.05	0.05	0.05
	I_{CEO}(μA)	0.1	1	1	0.5	0.5	0.5	0.5
	I_{EBO}(μA)	0.01	0.5	0,5	0.05	0.05	0.05	0.05
	V_{CES}(V)	0.5	0.5	0.5	0.5	0.5	0.5	0.35
	V_{BES}(V)		1	1	1	1	1	1
	h_{FE}	30	30	30	30	30	30	30
交流参数	f_T(MHz)	100			80	80	500	600
	C_{ob}(pF)	3.5			2.5	4	1.6	4
	K_P(dB)							10
h_{FE}色标分挡		(红)30~60 (绿)50~110 (蓝)90~160 (白)>150						
管脚		E B C						

6）常用场效应管主要参数

参见表 8－25。

表 8－25　常用场效应三极管主要参数

参数名称	N 沟道结型				MOS 型 N 沟道耗尽型		
	3DJ2	3DJ4	3DJ6	3DJ7	3D01	3D02	3D04
	D～H	D～H	D～H	D～H	D～H	D～H	D～H
饱和漏源电流 I_{DSS}(mA)	0.3～10	0.3～10	0.3～10	0.35～1.8	0.35～10	0.35～25	0.35～10.5
夹断电压 V_{GS}(V)	$<\|1\sim9\|$	$<\|1\sim9\|$	$<\|1\sim9\|$	$<\|1\sim9\|$	$\leqslant\|1\sim9\|$	$\leqslant\|1\sim9\|$	$\leqslant\|1\sim9\|$
正向跨导 g_m(μV)	>2 000	>2 000	>1 000	>3 000	≥1 000	≥4 000	≥2 000
最大漏源电压 BV_{DS}(V)	>20	>20	>20	>20	>20	>12～20	>20
最大耗散功率 P_{DNI}(μW)	100	100	100	100	100	25～100	100
栅源绝缘电阻 r_{GS}(Ω)	$\geqslant10^8$	$\geqslant10^8$	$\geqslant10^8$	$\geqslant10^8$	$\geqslant10^8$	$\geqslant10^8\sim10^9$	≥100
管 脚	G S D　或　D S G						

8.2.5　模拟集成电路

1）模拟集成电路命名方法(国产)

参见表 8－26。

表 8－26　器件型号的组成

第 0 部分		第一部分		第二部分	第三部分		第四部分	
用字母表示器件符合国家标准		用字母表示器件的类型			用字母表示器件的工作温度范围		用字母表示器件的封装	
符号	意义	符号	意义		符号	意义	符号	意义
		T	TTL	用阿拉伯数字表示器件的系列和品种代号	C	0～70℃	W	陶瓷扁平
		H	HTL		E	−40～85℃	B	塑料扁平
		E	ECL		R	−55～85℃	F	全封闭扁平
C	中国制造	C	CMOS				D	陶瓷直插
		F	线性放大器				P	塑料直插
		D	音响、电视电路		M ……	−55～125℃ ……	J	黑陶瓷直插
		W	稳压器				K	金属菱形
		J	接口电路				T	金属圆形

示例：

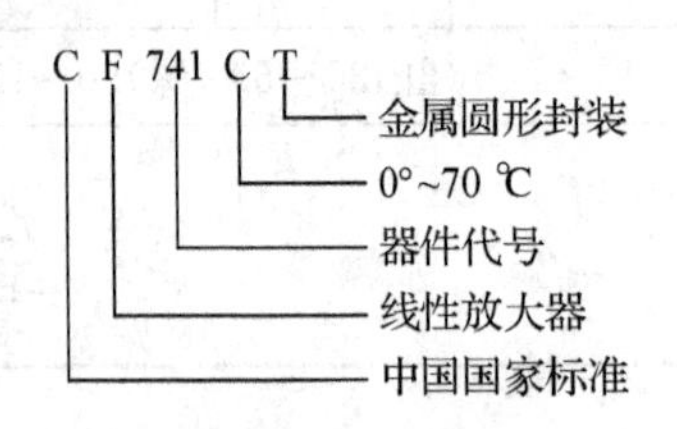

2) 国外部分公司及产品代号

参见表 8-27。

表 8-27 国外部分公司及产品代号

公司名称	代号	公司名称	代号
美国无线电公司(BCA)	CA	美国悉克尼特公司(SIC)	NE
美国国家半导体公司 (NSC)	LM	日本电气工业公司(NEC)	μPC
美国莫托洛拉公司(MOTA)	MC	日本日立公司(HIT)	RA
美国仙童公司(PSC)	μA	日本东芝公司(TOS)	TA
美国德克萨斯公司(TII)	TL	日本三洋公司(SANYO)	LA,LB
美国模拟器件公司(ANA)	AD	日本松下公司	AN
美国英特西尔公司(INL)	IC	日本三菱公司	M

3) 部分模拟集成电路引脚排列

(1) 运算放大器,如图8-3所示。

(2) 音频功率放大器,如图 8-4 所示。

(3) 集成稳压器,如图 8-5 所示。

正电源
输出端
调零端
8 7 6 5
LM741
1 2 3 4
调零端
负输入端
正输入端
负电源

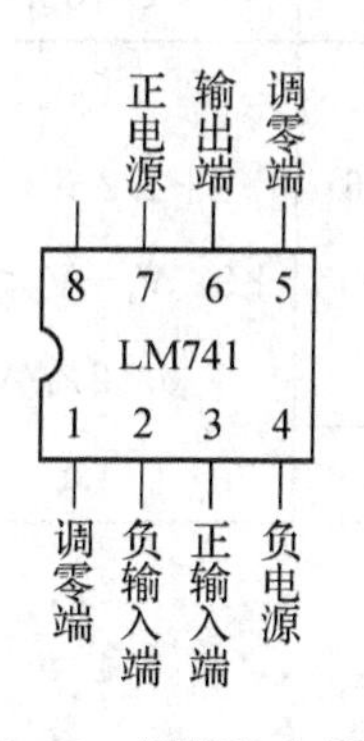

图 8-3 运算放大器图

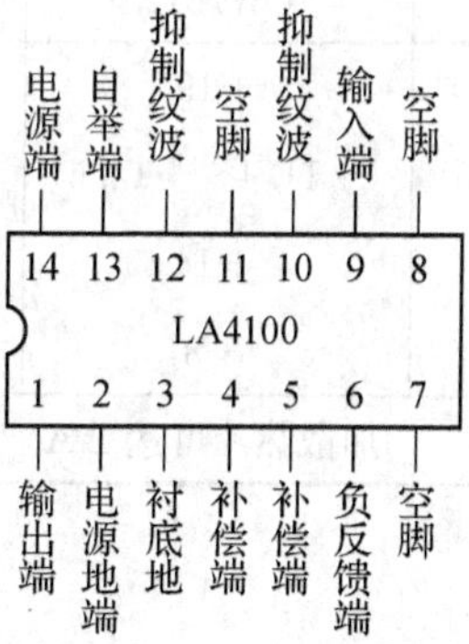

电源端
自举端
抑制纹波
空脚
抑制纹波
输入端
空脚
14 13 12 11 10 9 8
LA4100
1 2 3 4 5 6 7
输出端
电源地端
衬底地
补偿端
补偿端
负反馈端
空脚

图 8-4 音频功率放大器图

LM
317
调整
输入
1 2 3
输出

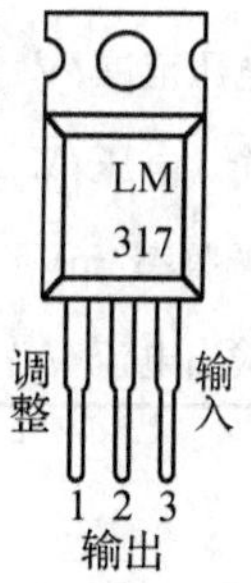

图 8-5 集成稳压器图

4) 部分模拟集成电路主要参数

(1) μA741 运算放大器的主要参数

参见表 8-28。

表 8-28 μA741 的性能参数

电源电压$+U_{CC}$ $-U_{EE}$	$+3$ V～$+18$ V,典型值$+15$ V -3 V～-18 V, -15 V	工作频率	10 kHz
输入失调电压 U_{IO}	2 mV	单位增益带宽积 A_u · BW	1 MHz
输入失调电流 I_{IO}	20 nA	转换速率 S_R	0.5 V/μs
开环电压增益 A_{uo}	106 dB	共模抑制比 CMRR	90 dB
输入电阻 R_i	2 MΩ	功率消耗	50 mW
输出电阻 R_o	75 Ω	输入电压范围	±13 V

(2) LA4100、LA4102 音频功率放大器的主要参数

参见表 8-29。

表 8-29　LA4100～LA4102 的典型参数

参数名称	条件	典型值	
		LA4100	LA4102
耗散电流(mA)	静态	30.0	26.1
电压增益(dB)	$R_{NF}=220\ \Omega, f=1$ kHz	45.4	44.4
输出功率(W)	THD=10%, $f=1$ kHz	1.9	4.0
总谐波失真(×100)	$P_0=0.5$ W, $f=1$ kHz	0.28	0.19
输出噪声电压(mV)	$R_g=0, U_G=45$ dB	0.24	0.21

注：$+U_{CC}=+6$ V(LA4100)$+U_{CC}=+9$ V(LA4102) $R_L=8$ W

(3) CW7805、CW7812、CW7912、CW317 集成稳压器的主要参数

参见表 8-30。

表 8-30　CW78××，CW79××，CW317 参数

参数名称/单位	CW7805	CW7812	CW7912	CW317
输入电压/V	+10	+19	−19	≤40
输出电压范围/V	+4.75～+5.25	+11.4～+12.6	−11.4～−12.6	+1.2～+37
最小输入电压/V	+7	+14	−14	$+3\leqslant V_i-V_o\leqslant+40$
电压调整率/mV	+3	+3	+3	0.02%/V
最大输出电流/A	加散热片可达 1 A			1.5

参 考 文 献

1 李桂安.电工电子实践初步.南京:东南大学出版社,1999
2 王橙非.电路与数字逻辑设计实践.南京:东南大学出版社,2002
3 黄正瑾.电子设计竞赛赛题解析(一).南京:东南大学出版社,2003
4 江冰.电子技术基础及应用.北京:机械工业出版社,2002